"十二五"普通高等教育本科国家级规划教材

iCourse·教材

Environmental Chemistry

环境化学

（第二版）

朱利中　主编

高等教育出版社·北京

内容提要

本书为"十二五"普通高等教育本科国家级规划教材。

本书共分五章,包括绪论、大气环境化学、水环境化学、土壤环境化学、污染物的生物及生态效应。重点阐述了主要化学污染物在大气、水体和土壤环境中的存在、迁移转化、归趋及生物生态效应。本书紧密结合我国乃至全球关注的重大环境问题,在介绍环境化学基本内容的基础上,注意适当反映环境化学领域的最新研究进展。本次修订进一步丰富了生物转化反应动力学、定量结构-活性关系等方面的内容。

本书可作为高等学校环境科学及相关专业的教材或参考书,也可作为环境保护工作者的参考读物。

图书在版编目(C I P)数据

环境化学/朱利中主编. --2 版. --北京:高等教育出版社,2022.6(2024.8重印)

ISBN 978-7-04-057760-0

Ⅰ.①环… Ⅱ.①朱… Ⅲ.①环境化学-高等学校-教材 Ⅳ.①X13

中国版本图书馆 CIP 数据核字(2022)第 019767 号

Huanjing Huaxue

| 策划编辑 陈正雄 | 责任编辑 陈正雄 | 封面设计 张 志 | 版式设计 马 云 |
| 插图绘制 黄云燕 | 责任校对 王 雨 | 责任印制 刁 毅 | |

出版发行	高等教育出版社	网 址	http://www.hep.edu.cn
社 址	北京市西城区德外大街 4 号		http://www.hep.com.cn
邮政编码	100120	网上订购	http://www.hepmall.com.cn
印 刷	三河市华润印刷有限公司		http://www.hepmall.com
开 本	787mm×1092mm 1/16		http://www.hepmall.cn
印 张	23	版 次	2011 年 6 月第 1 版
			2022 年 6 月第 2 版
字 数	540 千字		
购书热线	010-58581118	印 次	2024 年 8 月第 3 次印刷
咨询电话	400-810-0598	定 价	45.50 元

环境化学

（第二版）

朱利中　主编

1　计算机访问 http://abook.hep.com.cn/124429，或手机扫描二维码、下载并安装 Abook 应用。

2　注册并登录，进入"我的课程"。

3　输入封底数字课程账号（20位密码，刮开涂层可见），或通过 Abook 应用扫描封底数字课程账号二维码，完成课程绑定。

4　单击"进入课程"按钮，开始本数字课程的学习。

"环境化学"是环境科学专业核心课程之一。数字课程资源来源于国家精品课程和国家级精品资源共享课"环境化学"成果，与朱利中主编《环境化学》（第二版）配套使用。数字课程资源包括制作精良的电子教案，与教材内容密切联系，教学适用性好，便于读者开展自主学习。

　　课程绑定后一年为数字课程使用有效期。受硬件限制，部分内容无法在手机端显示，请按提示通过计算机访问学习。

　　如有使用问题，请发邮件至 abook@hep.com.cn。

扫描二维码
下载 Abook 应用

说课

参考教案

http://abook.hep.com.cn/124429

第二版前言

环境化学是一门研究有害化学物质在环境介质中的存在、化学特性、行为和效应及其控制的化学原理和方法的科学。它试图从化学角度阐述和解释环境的结构、功能、状态和演化过程及其与人类行为的关系;它以化学物质引起的环境问题为主要研究对象,阐述和解释环境问题的化学本质及其控制的化学原理。

编者在多年从事环境化学教学实践的基础上,1994年编写出版了《环境化学》(杭州大学出版社),1999年修订再版。2004年编者团队负责的"环境化学"课程入选国家精品课程。为更好满足我国环境科学专业教学的基本要求,及时反映环境化学学科的发展状况,编者重新组织团队对原来的《环境化学》进行了重大修改,新版本由2011年由高等教育出版社出版,并先后入选普通高等教育"十一五"国家级规划教材、"十二五"普通高等教育本科国家级规划教材,2021年获首届全国教材建设奖全国优秀教材(高等教育类)二等奖。鉴于近十年间,国内外环境化学研究取得了重要进展,环境化学研究面临新的任务和挑战,编者深感有必要对教材内容再次进行调整和充实,以更好反映当今环境化学学科的发展现状和方向。

《环境化学》(第二版)保持了第一版的章节结构,适当补充了环境化学研究的最新进展,介绍了当前环境化学研究领域的若干重要问题,涉及新兴环境问题及新污染物、环境化学研究新方法及手段,融合环境污染过程、污染控制与环境修复技术等相关内容,并更新补充了文献资料。本教材涵盖了环境化学的基础知识,包括大气环境化学、水环境化学、土壤环境化学、污染物的生物及生态效应,重点介绍环境问题的发展历程和环境化学的发展趋势,化学污染物在大气、水体及土壤环境中的存在状态、迁移转化、生物生态效应及控制技术原理。

第二版共分五章。其中,第一、二章由朱利中教授修订,第三章由杨坤教授修订,第四章由陈宝梁教授修订,第五章由周培疆教授修订,全书由朱利中教授统稿并审核。此外,吉林大学董德明教授审阅了全书,并提出了许多宝贵意见。高等教育出版社陈文编审、陈正雄副编审对本书编写修订出版给予了热情的指导与帮助,在此表示衷心感谢。

由于环境化学发展十分迅速,该领域涉及的问题非常多而复杂,而编者学识和水平有限,教材尚不能涵盖环境化学领域研究的最新进展,部分论述还不成熟,书中错误与不妥之处在所难免,敬请读者批评指正,以便不断完善教材。

朱利中

2021. 10. 19

第一版前言

环境是一个复杂的多介质开放体系,化学污染物种类繁多、浓度范围广,并以不同价态、形态赋存,它们在同一介质或不同介质间迁移转化,乃至发生长距离迁移;环境介质组成等对化学污染物迁移转化与生物有效性有重要影响;环境中多种污染物之间相互作用,会产生复合污染效应;化学污染物可通过食物链等途径影响人类健康。

环境化学是在化学科学传统理论和方法基础上发展起来的,研究有害化学物质在环境介质中的存在、化学特性、行为、效应及其控制的化学原理和方法的科学。它是环境科学的核心组成部分,也是化学科学的重要分支学科。

环境化学的特点是从微观的原子、分子水平,研究宏观环境现象与变化的化学机理及其防治途径,其核心是研究环境中化学污染物的迁移转化和生物生态效应。环境化学主要包括环境分析化学、环境污染化学和污染控制化学等。

鉴于我国学科分类及高等院校环境专业的课程设置情况,我们在多年从事环境化学教学的基础上,曾编写出版了《环境化学》。近十多年来,环境化学在与其他学科的交叉融合中得到迅速发展,研究方法不断完善、研究内容不断丰富、研究深度不断增加、研究领域不断扩大,在解决重大环境问题中发挥着至关重要的作用。为更好地体现我国环境科学专业教学规范的基本要求,紧密结合我国和全球关注的重大环境问题,在阐述环境化学基本内容的基础上,反映环境化学的发展现状,力求使环境化学教材具有先进性、科学性、系统性、实用性及可读性,为此,我们组织编写了此书。

全书共分五章。第一章绪论,简要介绍了环境问题的发展历程及人们对其认识的过程,环境化学的研究内容、特点及发展概况,当前环境化学研究领域的若干重要问题;第二、三、四章分别为大气环境化学、水环境化学、土壤环境化学,着重介绍主要化学污染物在大气、水体和土壤环境中的存在、迁移转化行为及危害;第五章为污染物的生物及生态效应,简要介绍了污染物在生物体内的归趋,污染物的生物吸收及其在生物体内的运输、分布、转化、富集与积累等过程特征,同时分析和阐述了污染物的生物生态效应及污染物的结构-效应关系。

本书由朱利中教授主编,并编写了第一、二章,杨坤教授、陈宝梁教授分别编写了第三、四章,周培疆教授编写了第五章。吉林大学董德明教授审阅了全书,并提出了许多宝贵意见。高等教育出版社陈文编辑对本书的编写和出版给予了热情的指导与帮助。编者谨在此一并致谢。

本书可作为高等院校有关环境科学及相关专业的环境化学教学用书,也可作为环保工作者的参考读物。因编者学识和水平有限,书中错误与不妥之处在所难免,敬请读者批评指正。

朱利中

2011.3.25

目　　录

第一章 绪 论

内容提要

环境化学主要研究环境中污染物的浓度水平、存在形态、迁移转化行为、生物生态效应及其控制的化学原理。环境化学是环境科学的核心组成部分,也是化学科学的重要分支学科。环境化学在与其他学科的综合交叉中得到迅速发展,在解决重大环境问题中起着十分重要的作用。本章简要介绍了环境问题的发展历程及人们对其的认识过程,环境化学的研究内容、特点及发展概况,当前环境化学研究领域的若干重要问题;阐述了环境污染源、环境污染物、环境效应及其影响因素,以及环境介质中污染物的迁移转化过程。

环境化学(environmental chemistry)是一门研究有害化学物质在环境介质中的存在、化学特征、行为和效应及其控制的化学原理和方法的科学,是人们在认识和解决环境问题过程中逐渐形成和发展起来的。环境化学强调从化学角度阐述和解释环境的结构、功能、状态和演化过程及其与人类行为的关系,从而区别于环境科学的其他分支学科;以环境问题为主要研究对象,阐述和解释环境问题的化学本质及其控制的化学原理,为调控人类活动的行为提供科学依据,从而区别于化学科学的其他分支科学。

环境化学是以化学物质(主要是污染物质)引起的环境问题为研究对象,以解决环境问题为目标的一门新兴交叉学科;其研究领域非常广泛,几乎深入环境的各个方面,如大气环境、水环境、土壤环境及生物圈,从污染物的环境背景调查、环境质量监测、迁移转化过程、区域环境过程、生物生态效应到环境污染控制与修复,乃至全球环境问题的认识,无不依赖于环境化学的发展。环境化学不仅可以帮助识别化学污染物的来源、种类、数量和赋存形态等,还可以描述和预测污染物的环境过程及未来变化趋势,并为环境污染控制与修复提供方法原理和技术手段。因此,环境化学是随环境问题的出现而产生的,它贯穿于环境问题研究的全过程,在认识与解决环境问题中发挥着十分重要的作用。

第一节 环境化学概述

一、环境问题

人类在漫长的历史中,运用自己的智慧和劳动,不断利用改造自然,创造和改善自己的生存条件,但由于资源的过度开采、污染物排放超出地球的承载力,带来了一系列环境问题。环境问题广义上是指任何不利于人类生存和发展的环境结构和状态的变化,如环境污染和生态破坏等。

　　环境污染是指由于人为因素使环境的结构或状态发生变化,环境质量下降,从而扰乱和破坏了生态系统和人们的正常生活和生产条件。具体是指有害物质对大气、水体、土壤和动植物的污染,并达到致害的程度,生态系统遭到破坏,以及因固体废物、噪声、振动、恶臭、放射性等造成的环境损害。造成环境污染的因素有物理的、化学的和生物的三方面,其中因化学物质引起的占80%~90%。

　　环境问题自古就有,而人们对环境问题的认识有个发展过程。早在春秋战国时期,齐相管仲、荀子提出了朴素的生态学思想,充分认识到生境对生物的重要作用。如荀子说“川渊者,龙鱼之居也;山林者,鸟兽之居也”“川渊枯则龙鱼去之,山林险则鸟兽去之”。产业革命特别是第二次世界大战后,社会生产力的迅速发展,机器的广泛使用,为人类创造了大量的财富,而工业生产排放的大量废物进入环境,导致许多国家发生严重的环境污染。随着人类经济社会的发展,环境问题也在不断地产生和发展。环境污染公害事件发生频率加快,污染范围由局地向区域,再向全球逐步发展,严重制约了人类经济社会的可持续发展。

　　20世纪40—50年代人们开始认识到环境污染;60年代人们仍把环境问题只当成一个污染问题,认为环境问题主要是城市和工农业发展带来的大气、水体、土壤、固体废物和噪声等污染,未能从战略上重视土地沙化、森林破坏和物种灭绝等生态环境破坏问题。1938年,瑞士化学家穆勒(Paul Müller)发现滴滴涕(DDT)有惊人的杀虫效果。之后,人们开始大量生产和使用DDT、六六六等有机氯农药,在短期内起到了极佳的杀虫效果,显著提高了农作物的产量。与此同时,有机氯农药对大气、水体、土壤等环境造成不同程度的污染,影响粮食、蔬菜等农产品的安全。美国海洋生物学家卡森(Rachel Carson)经过4年的调查,于1962年出版了《寂静的春天》一书,阐述了有机氯农药对环境的污染,用生态学原理分析了这些化学杀虫剂对生态系统的危害。

　　1972年,在瑞典斯德哥尔摩召开了联合国人类环境会议。会议发表的《人类环境宣言》中明确指出,环境问题不仅表现在水、气、土壤等的污染已达到危险程度,而且表现在生态环境的破坏和资源的枯竭;同时指出一部分环境问题是由于贫穷造成的,并明确提出发展中国家要在发展中解决环境问题。此次会议是人类认识环境问题的一个里程碑,会后正式成立了联合国环境规划署(UNEP)。

　　20世纪80年代,人们对环境问题的认识有了新的发展,提出了可持续发展战略,从保护环境和资源、满足当代和后代的需要出发,强调世界各国政府和人民要对经济社会发展和环境保护两大任务负起历史责任,并把两者结合起来。

　　20世纪90年代,可持续发展的思想得到巩固和发展。1992年6月,在巴西里约热内卢召开联合国环境与发展大会,发表了《里约环境与发展宣言》《21世纪议程》等重要文件,促使环境保护和经济社会协调发展,以实现人类的持续发展。2002年9月,联合国在南非约翰内斯堡召开全球峰会,通过了《可持续发展问题世界首脑会议执行计划》,促使环境保护与经济社会协调发展。

　　与此同时,持久性有机污染物(POPs)对生态系统及人体健康的影响日益引起人们的关注。1995年5月,联合国环境规划署理事会通过了《关于持久性有机污染物的18/32号决议》。2001年在瑞典签署了《关于持久性有机污染物的斯德哥尔摩公约》,旨在减少或消除POPs的排放,保护人类健康和环境免受其危害。

　　为人类免受气候变暖的威胁,1992年5月9日联合国大会通过了《联合国气候变化框架公约》。1995 年起,每年召开公约缔约方会议(Conference of the Parties,COP)以评估应对气候变化的进展。1997 年 12 月,在日本京都召开了《联合国气候变化框架公约》第三次缔约方会议,通过了旨在限制发达国家温室气体排放量,以抑制全球变暖的《京都议定书》。议定书规定,到 2012 年,所有发达国家二氧化碳等 6 种温室气体的排放量,要比 1990 年减少 5.2%。具体地说,各发达国家从 2008 年到 2012 年必须完成的削减目标是:与 1990 年相比,欧盟削减 8%、美国削减 7%、日本削减 6%、加拿大削减 6%、东欧各国削减 5%~8%。新西兰、俄罗斯和乌克兰可将排放量稳定在 1990 年的水平。议定书同时允许爱尔兰、澳大利亚和挪威的排放量比 1990 年分别增加 10%、8% 和 1%。2007 年 12 月在印度尼西亚巴厘岛召开了联合国气候变化大会,会议的主题是"从气候变化的毁灭性灾难中拯救我们的地球",试图找到一条遏制全球气候变化的新途径。2009 年 12 月,哥本哈根联合国气候变化大会,即《联合国气候变化框架公约》第十五次缔约方会议暨《京都议定书》第五次缔约方会议通过了《哥本哈根议定书》,提出了《京都议定书》的后续方案。2015 年 12 月,巴黎联合国气候变化大会通过了《巴黎协定》,该协定为 2020 年后全球应对气候变化行动做出安排。《巴黎协定》的主要目标是将 21 世纪全球平均气温较前工业化时期上升幅度控制在 2 ℃ 以内,并努力将全球气温上升幅度控制在 1.5 ℃ 以内。

1995 年起,科学家开展了印度洋试验(INDOEX),发现灰霾笼罩亚洲大部分地区,其中污染最严重的是印度北部和中国东部,并推测这一现象可能影响到区域辐射胁迫及区域和全球气候,该现象被称为亚洲棕云(Asian brown cloud)。2002 年 8 月,联合国环境规划署发表了《亚洲棕云:气候及其他环境影响》,描述了南亚空气污染出现的新情况。之后,在非洲、美洲、欧洲也陆续发现了棕云现象,由此,亚洲棕云被重新命名为大气棕云(atmospheric brown clouds)。灰霾对空气质量、人体健康、气候变化、生态系统产生了严重影响,其成因与控制成为国内外环境领域研究的热点之一。

20 世纪 90 年代以来,我国大气环境逐渐出现复合污染,在酸雨尚未得到有效控制的情况下,许多城市大气 $PM_{2.5}$、VOCs、O_3 超标,京津冀、珠江三角洲和长江三角洲等人口稠密、经济发达地区灰霾污染严重。2013 年 9 月,我国开始实施《大气污染防治行动计划》,提出经过五年努力,全国空气质量总体改善,重污染天气较大幅度减少;京津冀、长江三角洲、珠江三角洲等区域空气质量明显好转。力争再用五年或更长时间,逐步消除重污染天气,全国空气质量明显改善。之后,我国先后发布实施了《水污染防治行动计划》和《土壤污染防治行动计划》,旨在改善水环境和土壤环境质量,保障国家生态环境安全。

随着环境问题的日益严重,人类对环境问题的认识也在不断提高。如人们越来越清楚地看到,环境问题已不再是某个国家和局部地区的事情。温室效应、臭氧层破坏、酸雨等已远远超出国家和地区的局限而成为全球性问题。环境污染及生态破坏已严重威胁人类的生存和发展,成为世界各国政府、公众关注的热点问题。由此,推动了环境科学的形成和发展。

二、环境化学的研究内容

环境化学是环境科学的核心组成部分,也是化学科学一个新的重要分支。环境化学是在化学科学基本理论和方法学原理的基础上发展起来的,其主要研究内容为:有害物质在环境介质中存在的浓度水平和赋存形态;潜在有害物质的来源及其在环境介质中和不同介质之间的化学行为及归趋;有害物质对环境和生态系统及人体健康产生效应的机制和风险;有害物质已造成影响的缓解和消除及防止产生危害的方法和途径。环境化学的特点是从微观的原子、分子水平上,研究宏观的环境现象与变化的化学机制及其防治途径,其核心是研究环境中化学污染物的迁移转化行为和生物生态效应。

环境化学自从 20 世纪 70 年代形成以来,在与其他学科的交叉融合中得到迅速发展,在解决重大环境问题中发挥着至关重要的作用,并逐渐形成了环境化学的分支学科。国内学术界普遍认为环境化学的分支学科如下:① 环境分析化学,应用现代分析化学的新原理、新方法和新技术鉴别和测定环境介质中有害化学物质的种类、浓度及存在形态。② 环境污染化学,用化学的基本原理和方法研究化学污染物在大气、水体、土壤环境介质中的形成机制、迁移转化和归趋过程中的化学行为和生物生态效应,为环境污染控制与修复提供科学依据;主要研究领域包括大气污染化学、水污染化学、土壤污染化学等。③ 污染控制化学,研究与环境污染控制和修复有关的化学机制及工艺技术中的化学基础问题,为开发经济、高效的环境污染控制与修复技术,发展清洁工艺提供理论依据。④ 污染生态化学,在种群、个体、细胞和分子水平上研究化学污染物与生物之间的相互作用过程及化学污染物引起生态效应的化学原理、过程和机制,即宏观上研究化学物质在维持和破坏生态平衡中的基本作用,微观上研究化学物质和生物体相互作用过程的化学机制。⑤ 环境理论化学,应用物理化学、系统科学和数学的基本原理和方法及计算机仿真技术,研究环境化学中的基本理论问题,主要包括环境系统热力学、动力学、化学污染物结构-活性关系及环境化学行为与预测模型。

实际环境问题是非常复杂的。环境本身是一个多因素的开放体系,其污染物含量很低、浓度范围广,并以不同形态存在,它们在同一介质及不同介质之间迁移转化或相互作用,乃至发生长距离迁移;介质组成对污染物的赋存形态、迁移转化与生物有效性有重要影响;环境中通常存在多种污染物的复合污染,表现出复合生物生态效应,许多化学原理和方法不宜直接运用;正确认识和解决环境问题需要环境化学及相关学科的参与和协作,其中环境化学起着非常重要的作用,如污染物的环境背景调查、环境质量监测与评价、环境质量基准和标准的制定、污染控制和修复、区域乃至全球环境问题都需要环境化学参与解决。因此,环境化学贯穿于认识与解决环境问题的全过程,在环境保护中发挥着重要作用:① 为识别化学污染物的来源、种类和数量提供分析测试手段。② 从分子和细胞水平上认识化学污染物的环境界面行为、评价其生物生态风险。③ 为环境污染控制和污染环境修复提供技术原理和手段。④ 为描述和预测化学污染物的结构-效应关系及制定环境标准提供基础数据和理论依据。⑤ 促进环境科学与化学其他分支学科的发展,丰富环境科学的内容。随着我国环境保护事业的迅速发展,环境化学研究也取得了丰硕成果。环境科学工作者结合我国环境问题的实际情况,在环境分析化学、环境污染化学、污染控制化学等方面进行了广泛深入的研究和探索,对我国环境化学及环境保护事业的发展起到了重要的推动作用。

三、环境化学的发展概况

环境化学的发展历程大致可分为四个阶段,即孕育阶段(1970 年以前)、形成阶段(20 世纪 70 年代)、发展阶段(20 世纪 80 年代)和成熟阶段(1990 年以后)。

第二次世界大战以后至 20 世纪 60 年代,世界主要发达国家的经济从恢复逐渐走向高速发展。由于当时人们只注重发展经济而忽视了对环境的保护,导致不断发生环境污染和危害人群健康的事件,如洛杉矶光化学烟雾事件、伦敦烟雾事件、日本的痛痛病事件和水俣病事件等,促使人们认识到环境问题的重要性,并研究造成环境污染的原因和寻找控制污染的途径。20世纪60年代初,由于发现有机氯农药污染及危害,开始研究农药残留的检测方法和环境行为。分析化学和化学工程分别被应用到污染物测定和污染治理,形成了环境化学的雏形。

20世纪70年代,为推动国际重大环境前沿问题的研究,国际科学联盟理事会于1969年成立了环境问题专业委员会(SCOPE),1971年出版第一部专著《全球环境监测》。之后,陆续出版了一系列与环境化学有关的专著,初步确定了环境化学的研究对象、范围和内容。1972年,联合国人类环境会议以后,国际上先后成立了全球环境监测系统(GEMS)和国际潜在有毒化学品登记机构(IRPTC),并促进各国建立相应的环境保护机构,我国也提出了建设项目中防治污染的设施,应当与主体工程"同时设计、同时施工、同时投产使用"("三同时")的环保方针。这一时期,开始研究酸雨、大气及水污染防治等,关注的污染物主要包括SO_2、粉尘、COD、BOD、重金属等。与此同时,美国《化学文摘》(CA)从1971年的第74卷开始在"环境"主题下收录文献,此后以每年平均约100篇文献的速度直线上升,1979年收录的文献达1 150篇,标志着环境化学作为一个独立的学科已初步形成,并得到了快速发展。

20世纪80年代,环境化学进入了全面发展阶段,各研究领域开始向纵深发展,出现一些新的发展趋势。一是全面开展对主要元素,尤其是生命必需元素的生物地球化学循环和主要循环之间的相互作用,人类活动对这些循环产生的干扰和影响,以及对这些循环有重大影响的各种因素的研究。二是重视化学品安全性评价和环境致癌物的研究,探讨化学污染物在多介质界面之间的迁移转化行为。三是较为深入研究臭氧层损耗、温室效应等全球性环境问题及由此引起的次级环境效应等。四是污染控制化学的研究,从深入开展污染末端控制的过程化学和材料化学研究以寻找更加高效的控制方法和材料,逐步转向"污染预防"研究;提出了"污染预防""清洁生产"等概念。对危险废物污染、地下水污染、海洋污染、大面积酸化引起的种群消失和生态系统破坏、农业化学品滥用、污灌及酸沉降引起的土壤退化和食品污染等问题也极为关注,开展了广泛的研究。随着环境问题逐渐成为全球关注的焦点,其他传统乃至新兴学科几乎都向环境领域渗透,有力推动了环境化学的发展。

20世纪90年代以后,环境化学在与其他学科的交叉渗透中逐渐形成自己的学科特色,在环境分析化学、环境污染化学、污染控制化学、污染生态化学等领域的研究得到了迅速的发展,环境化学发展趋于成熟。1998年开始,美国《化学文摘》在环境主题词下设置了环境、环境分析、环境模拟、环境污染治理、环境生态毒理、环境污染迁移和环境标准等次主题词,美国化学会也设立了环境化学专业委员会。在这一阶段,环境化学研究的某些重点领域取得了突破性进展。如生物芯片在环境分析化学中的应用、内分泌干扰物(EDCs)/持久性有机污染物的筛选、大气对流层的自由基化学、气溶胶多相化学反应及其对酸雨形成等的影响、湖泊富营养化水华爆发的促进因子、磷化氢在湖泊生物地球化学循环中的作用、POPs传输机理、化学污染物在土壤或沉积物固-液界面行为及调控、土壤中重金属的存在形态及其生物有效性、土壤中有机污染物的降解、土壤中温室气体的释放、复合污染过程及效应、低剂量效应、分子水平上的生态毒理学、环境污染控制和污染环境修复的新技术和新原理、化学污染物的结构-效应关系等方面的研究均取得了重要进展,并提出了"绿色化学""工业生态学"等概念。三十多年来,特别是近十年来环境化学研究领域论文增长非常快,环境化学在解决重大环境问题等方面发挥越来越重要的作用,许多成果被学术界广泛认可。由于早期在判定氯氟烃类(CFCs)损耗平流层臭氧方面所做的重大贡献,1995 年,美国科学家罗兰(Sherwood Rowland)和莫利纳(Mario Molina)及德国科学家克鲁岑(Paul Crutzen)获得诺贝尔化学奖。

环境化学是一门快速发展的新兴交叉学科。围绕解决日益严重的环境问题、实施可持续发展战略,环境化学研究不断向纵深发展,研究理念从被动研究重大环境问题转向主动预防、解决可能出现的环境问题,并推动了其他学科和相关技术的发展。环境化学发展呈现出如下特点与态势:① 研究方法不断完善,环境化学工作者越来越多地应用化学、地学、生物学、毒理学、流行病学及数学等其他学科的新思维、新方法和新技术研究环境问题,如在环境污染化学领域,应用大气科学的方法和数学模型研究污染物的长距离传输;在理论环境化学领域,应用定量结构-效应关系研究污染物的剂量-效应关系和结构-毒性关系;在环境毒理学领域,应用基因组学、代谢组学、蛋白质组学及金属组学等各种组学技术研究相关科学问题。此外,环境化学还从传统的热力学平衡方法发展到应用动力学方法及同位素示踪法,研究污染物多介质环境过程及效应。② 研究内容不断丰富,主要表现在:关注的污染物不断增加,从重金属、常见有机污染物逐渐转向持久性有机污染物和新污染物,如溴代联苯醚、全氟辛烷化合物、内分泌干扰物、纳米颗粒物、抗生素抗性基因及污染物的降解和代谢产物;研究体系更加接近真实环境,由单一污染发展到复合污染,由单一介质发展到多介质体系。③ 研究深度不断增加,由传统的现状调查等发展到注重机制机理研究,从分子、细胞、个体、种群水平发展到生态系统研究;从研究高浓度、单一污染的短期生态效应转向研究低浓度、复合污染的长期效应。④ 研究领域不断扩大,由室内环境发展到室外环境,由多介质界面行为研究发展到区域环境过程,由区域环境发展到全球环境,从生物有效性发展到毒性机制,从生态毒理学发展到健康效应;环境化学不断与其他学科交叉和渗透,形成了环境与健康等新的重要研究方向。

四、环境化学研究领域的若干重要问题

环境化学在解决重大环境问题中起着十分重要的作用,其研究领域已深入环境的各个方面。近几十年来,环境化学研究重点关注的问题有全球气候变化、酸沉降、气溶胶化学、室内空气污染及健康风险、水体富营养化、土壤和地下水污染及修复、污染物多介质界面行为及调控、持久性有机污染物和内分泌干扰物、纳米颗粒物的环境行为及生物效应、抗生素抗性基因环境行为及健康风险、重金属和类金属污染、复合污染及生物效应、绿色化学、食品安全及生态安全等方面。

全球气候变化是当前和今后环境化学关注的重要问题。政府间气候变化专门委员会(IPCC)已全面阐述了全球变化的科学依据,并根据观测数据和模拟结果提供了全球变化的证据,分析了影响辐射平衡的大气辐射活性物种的辐射胁迫。事实上,除 CO_2、CH_4、CFCs、N_2O 等温室气体外,大气中 O_3、颗粒物等痕量物质都会对全球气候和人体健康产生明显影响。2000 年,欧美科学家发现了一种迄今辐射效应最强($0.57 \ W \cdot m^{-2} \cdot ppb^{-1}$,ppb 为体积分数,即 10^{-9})的温室气体——SF_5CF_3,这种气体有很长的生命周期。另外,气候变化会影响大气痕量物种迁移转化等化学行为。

酸沉降对生态系统的影响及危害仍是全球性的重大环境问题。酸沉降导致土壤和水体酸化并引起一系列生态环境问题,如森林枯萎和农作物减产等。酸沉降的形成机制、影响因

素和污染防治仍受到人们的广泛关注。开发清洁能源,提高能源利用效率,减少 SO_2、NO_x 排放是酸沉降防治中需解决的重要问题。

气溶胶是分散在大气中的固态或液态颗粒物质。大气中各种化学物质在气溶胶上的非均相化学反应对酸雨、光化学烟雾、臭氧层破坏等有重要影响。因此,20 世纪 90 年代以来,大气环境化学的研究重点逐渐转向气溶胶,包括大气气溶胶的表征、气溶胶的形成机制及大气化学过程、气溶胶对大气能见度及气候变化的影响、气溶胶的健康效应、气溶胶污染防治等。

室内空气污染往往比室外更严重,主要污染物包括醛酮化合物、多环芳烃(PAHs)、苯系物(BTEX)、SO_2、NO_x、可吸入颗粒物、细菌、病毒、放射性物质等。室内污染对人体健康有重要影响。美国历时 5 年的专题调查发现,室内空气污染是室外的 2~5 倍,甚至 100 倍;68% 的人体疾病与室内污染有关。室内空气污染、健康风险及控制越来越受到人们的重视。

水体富营养化是重要的水环境问题之一,受到世界各国的普遍关注。欧洲、非洲、北美洲和南美洲分别有 53%、28%、48% 和 41% 的湖泊存在不同程度的富营养化现象,亚太地区 54% 的湖泊处于富营养化。我国水体富营养化问题也十分严重,滇池、巢湖、太湖、东湖等多次出现蓝藻爆发现象,近岸海域有时也出现蓝藻爆发现象。蓝藻的爆发机制及控制仍是我国及世界各国急需解决的重要问题。

土壤是生态系统的核心介质,也是各种污染物的源与汇。农药和化肥的大量施用、污水灌溉、大气的干湿沉降和垃圾填埋渗漏等,造成土壤重金属和有机物污染日趋严重。土壤污染物可经挥发进入大气,通过淋溶作用对地表水、地下水造成次生污染,还会影响植物生长发育、土壤内部生物群落的变化与物质的转化及植物生长发育;污染物可通过土壤-作物系统迁移积累,影响农产品安全。土壤污染严重时,还会影响土壤本身的生产和生态功能。当前,土壤环境化学的研究重点是土壤中污染物的源汇机制、赋存状态、复合污染过程、迁移转化行为及其生物生态效应、土壤污染缓解与修复、土壤温室气体释放与控制等。

污染物多介质界面行为研究是环境化学的核心内容,是人类认知污染物环境过程与效应、发展污染控制新材料与新技术的重要基础。污染物进入环境后可在土壤/沉积物-水-空气-生物介质间发生一系列物理、化学和生物过程,并产生耦合作用,其中界面行为影响其赋存状态、迁移转化及区域环境过程,决定其生物有效性与生态效应。污染物环境界面行为主要包括发生在固-液/气界面的吸附-脱附、挥发等物理过程,沉淀-溶解、氧化还原、配位、水解等化学过程,发生在固/液/气-生物界面的吸附富集、跨膜运输、转化降解等生物过程。根据污染物的性质,可采用物理、化学、生物方法调控污染物的界面行为,发展基于污染物界面行为及生物有效性调控的污染控制技术。如环境污染控制应用中,活性炭、催化剂等环境功能材料均是基于污染物在多介质界面间的迁移转化,改变介质组成、电荷及材料表面性质等,可调控污染物吸附-脱附、电子转移等界面过程或与介质之间的相互作用,提高污染物的去除效率。通过调控有机污染物的固-液/气/生物界面行为及生物有效性,可发展有机污染土壤修复新方法、新技术。

POPs 是一类难以通过物理、化学或生物降解去除的有机污染物。POPs 具有低水溶性、高脂溶性、半挥发性和难降解性的特点,可在环境介质之间跨界面迁移,乃至经过长距离迁移到偏远的极地,因此,POPs 的污染范围大、持续时间长,可通过空气、水体和食物链在区域和全球范围内迁移。大多数 POPs 具有致癌、致畸和致突变效应,易在生物体内富集并通过食物链放大作用,最终危害人体健康。

内分泌干扰物具有类雌激素的作用,能导致包括人类在内的各种生物的生殖功能下降、生殖器肿瘤、免疫力下降,并引起各种生理异常,危害生物和人类健康,还可在一定时期内导致种属畸形变异,威胁生物和人类生存和繁衍。因此,EEDs污染可能会成为影响人类生存和繁衍的重大环境问题。

纳米材料具有小尺寸效应、表面效应、量子尺寸效应、高反应活性等独特理化性质,在工业、医学、环境污染控制等领域的应用日趋广泛。然而,纳米技术产业化应用导致各种纳米物质通过不同途径进入环境,进而对生态环境乃至人类健康产生影响。为此,人们重点研究了纳米颗粒物的源汇机制、迁移、转化和归趋,复杂环境介质中纳米颗粒物与其他污染物的相互作用行为,纳米颗粒物的环境行为与生物效应评价方法体系,纳米材料的生物学效应、作用机制及影响因素,为评价纳米材料潜在的生态风险提供科学依据。

抗生素抗性基因被列为一类新污染物,与传统化学污染物在环境中发生吸附、降解等物理化学过程导致其浓度降低或生物有效性变化不同,抗性基因不仅可通过宿主微生物的繁殖而传播扩增,而且可通过基因横向转移将抗性传播给其他菌群,造成抗性基因在环境中累积、传播和持续存在。抗性基因的广泛传播和暴发性,导致其一旦失控将严重威胁公共安全,造成比化学污染物更大的危害。不同国家陆续发现可抵抗几乎所有抗生素的超级细菌。联合国环境规划署《2017年前沿报告》将抗生素耐药性列为六大新兴环境问题之首。

环境中重金属(汞、镉、铬、铅、铜、锌等)及类金属(砷、硒等)的浓度水平、存在形态、迁移转化、生物效应及控制仍是环境化学研究的重要内容之一。应特别关注城市污水处理厂污泥农用可能造成的土壤重金属污染,以及由此引起的农产品和地下水的次生污染。在生物作用下一些重金属和类金属可转化成毒性更大的金属有机化合物,它们的环境行为和生物生态效应是环境化学研究的重要问题。最近十多年,环境中汞和砷的迁移转化、生物地球化学循环及生物效应又成了环境领域的研究热点之一。

不同种类污染物可通过不同途径进入大气、水体、土壤等环境介质,形成复合污染。复合污染具有普遍性、多样性和复杂性。环境介质中不同污染物之间相互作用,从而影响其迁移转化等环境化学行为及生物生态效应。2003年,加利福尼亚大学海斯(Hayes)等证实复合污染效应的存在。研究复合污染效应对制定环境质量基准及标准有重要意义。因此,复合污染及生物效应研究受到环境科学工作者的高度关注。

绿色化学(green chemistry)旨在化学产品设计、开发和加工过程中都应减少或消除使用或产生对人类健康和环境有害的物质。绿色化学倡导用化学的技术和方法减少或停止那些对人类健康、社区安全、生态环境有害的原料、催化剂、溶剂和试剂、产物、副产物等的使用与产生。自从1991年美国环境保护局采纳绿色化学这个名词以来,绿色化学研究发展迅速。绿色化学的创导者阿纳斯塔斯(Paul T. Anastas)等提出了绿色化学的12条原理。当前,绿色化学的主要研究方向包括:探索利用化学反应的选择性,提高反应的原子经济性,降低产品的生态效应,增进对环境的友好程度;发展和应用对人类和环境无毒无害的试剂和溶剂,特别是开发超临界流体、离子液体和水等介质的化学反应;大力开发新型环境友好催化剂;采用新型反应器及过程强化技术、新型分离技术等。

食品安全及生态安全正日益受到人们的重视。食品安全是指保证食品足够的数量和质量。化肥和农药的使用在满足食品生产数量方面起了至关重要的作用,但同时也带来了环境污染,并影响食品的质量。污染物可影响作物的遗传表达与生长发育,进而影响作物的产量与品质。20世纪90年代以来,转基因作物在提高食品产量方面做出了重要贡献。然而,转基因生物对食品安全和人体健康,乃至生态环境的影响目前尚不完全清楚,环境化学家应关注研究转基因食品可能给人类健康和生态安全带来的负面影响。

五、环境化学的发展趋势

随着科学技术的高速发展和学科间的交叉渗透,环境化学得到迅速发展;同时,随着经济社会的快速发展,人们对环境保护提出了更高的要求,环境化学将面临更大的挑战和良好的发展机遇。

环境分析化学主要运用现代分析化学的新原理、新方法和新技术鉴别和测定环境介质中有害化学物质的种类、价态、形态与浓度水平。自从1966年英国《分析化学文摘》开辟空气、水、废物文摘专栏开始收录有关环境分析化学方面的论文以来,环境分析化学发展非常迅速。从经典手工操作的化学分析到连续自动化的现代仪器分析,从常量分析到微量、痕量、超痕量分析,从宏观分析到表面结构和微区分析,从单元素分析到复杂物质分析,从常见污染物分析到新污染物分析,从单一分析方法到多种分析方法联用,从污染物定性定量分析到毒性及在环境中的迁移转化分析等。随着理论化学、材料化学和仪器分析的不断发展,环境分析化学面临新的机遇与挑战,其中,复杂介质中痕量污染物分离分析是当前面临的重要挑战之一。为此,开发采样和预处理新材料及方法,发展谱学及显微等高分辨高灵敏分析测试技术,联合应用多种物理化学分析表征技术,并结合生物毒理等多方面信息,实现多种复杂介质中微小尺度下痕量污染物的分子水平准确分析鉴定。今后环境分析化学发展的主要方向是应用激光、微波、分子束、核技术、纳米技术等高新技术,从根本上革新原来的分析方法、步骤和程序,进一步提升环境分析化学的研究水平。

近几十年,环境污染化学在解释典型污染物的环境行为和重大环境污染事件的化学机制方面取得了重要突破,如臭氧层损耗、温室效应、酸雨及灰霾等全球性或区域性大气环境问题,水体中典型重金属形态变化、有机污染物降解、水体富营养化等水环境过程,土壤污染物的生物有效性、污染物多介质界面行为的化学机制与调控原理等。今后,环境污染化学将加强污染物多介质界面行为与生物化学过程的耦合机制研究,研究尺度将由局部地区拓展到区域和全球范围,研究方式由定性描述向定量预测发展,并重点研究复合污染过程等。

20世纪80年代以来,污染控制理念由污染源末端治理向"预防为主""综合利用""零排放"等过渡,污染控制化学开始在"清洁生产""绿色化学""生态工业""循环经济"等全过程控制模式中发挥重要作用。目前,污染控制化学面临着巨大挑战,既要从源头控制并减少污染物产生,也要提高末端污染治理效率,修复已被污染的环境。在环境污染控制与修复实践中,污染控制过程与机制逐渐清晰,污染控制化学得到了很大发展,并推动了一系列新型高效的环境功能材料、清洁生产与污染物削减技术、环境污染控制与修复技术的研发及应用,有效促进了环境保护和经济社会的可持续发展。环境功能材料和污染控制过程的化学研究、温室气体和酸雨及臭氧层损耗前体物排放阻断技术原理与方法、挥发性有机污染物和臭氧及灰霾污染治理、难降解有机废水治理、土壤/地下水污染缓解与修复技术原理与方法、多种污染控制技术联用方法、多介质环境污染协同治理技术等备受关注,并仍将是今后污染控制化学的研究重点。

近年来,污染生态化学主要研究典型化学污染物在生态系统中的积累、迁移转化、降解代谢、生物毒性效应及机理、生态风险及其快速准确诊断等,在保护生物多样性、农产品安全生产、绿色化学、污染环境修复与控制等方面发挥了重要作用。对污染物的生态效应研究已从单一化合物发展到复合污染,从点源到面源,从直接生物毒性到间接效应(如食物链传递放大、作物代谢及对品质的影响等),从人类健康效应到野生生物安全,从局部环境影响到全球生态风险。从发展趋势看,污染生态化学将加强研究污染物在生物–环境介质的界面行为、环境中污染物的转化与生物有效性、环境污染物的致毒/脱毒过程及应用、污染环境修复基准、生态系统化学污染阻控的新方法与新技术等。

随着环境化学行为研究的不断深入,理论环境化学开始关注并研究环境污染热力学和动力学、化学污染物在环境介质中的微观界面行为及反应机理、污染物环境归趋和生态风险评价的数学模型、污染物的界面效应和环境现象的非线性和非平衡理论、环境化学方法学体系等。从发展趋势看,环境理论化学将利用大数据分析预测环境污染的趋势,为环境污染风险管控提供科学依据。

第二节　环境污染物

进入环境后使环境的正常组成和性质发生变化而直接或间接有害于人类的物质称为环境污染物。这类物质有的是自然界释放的,有的是人类活动产生的。有些物质原本是生产中有用的物质,甚至是人和生物所必需的营养元素,由于未被充分利用而大量排放,则可能成为环境污染物。环境科学领域主要研究人类生产和生活排放的污染物。有的污染物进入环境后,可通过物理、化学反应或在生物作用下转变成新的危害更大的污染物,也可能降解成无害物质。不同污染物共存时,会产生复合污染效应,拮抗作用使毒性降低,协同作用则使毒性增大。

一、环境污染源

环境污染源是造成环境污染的污染物发生源,通常指向环境排放有害物质或对环境产生有害影响的场所、设备和装置。按来源污染源可分为天然污染源和人为污染源。天然污染源是指自然界自行向环境排放有害物质或造成危害影响的场所,如正在活动的火山。人为污染源是指人类社会活动所形成的污染源,是环境保护中研究和控制的主要对象。人为污染源通常可分为工业污染源、农业污染源、交通运输污染源和生活污染源。

(1)工业污染源:工业生产中一些环节,如原料生产、加工过程、燃烧过程、加热和冷却过程、成品整理过程等使用的生产设备或生产场所都可能成为工业污染源。例如,煤燃烧过程会排放一氧化碳、二氧化硫、氮氧化物、多环芳烃、重金属和粉尘等污染物。电镀工业废水中主要含铬、镉、镍、锌等重金属离子、酸和碱及各种电镀助剂。化工生产过程排放的废气主要含硫化氢、氮氧化物、氟化氢、氯化氢、甲醛、氨及挥发性有机污染物等有害气体。工业污染源对环境危害最大。

(2)农业污染源:农业生产中对环境造成危害的农田和各种农业设施称为农业污染源,大多为面源污染。不合理施用化肥和农药会破坏土壤结构和自然生态系统,这类污染物随水土流失进入水体;畜禽养殖场、农副产品加工厂的有机废物也可进入水体,导致水质恶化,有时造成河流、水库、湖泊等水体的富营养化。作物秸秆、畜禽粪便等农业废物处理不当也会产生环境污染,其中畜禽粪便还会造成抗生素抗性基因污染,威胁人类健康。农田土壤可释放甲烷、一氧化二氮等温室气体,而氨对灰霾的形成有较大影响。农业污染源对环境污染的贡献率在逐渐增大。

（3）交通运输污染源:指对周围环境造成污染的交通运输设备和设施。这类污染源发出噪声,引起振动,排放废气、粉尘,泄漏有害液体,排放清洗废水(包括油轮压舱水)等。交通运输污染源排放的主要污染物有一氧化碳、氮氧化物、二氧化硫、碳氢化合物、含铅化合物、多环芳烃、石油及其制品等有毒有害化合物,对城市环境、河流、湖泊、海湾和海域构成威胁(特别是发生油轮沉没等事故)。汽车尾气是城市大气污染物的主要来源。

（4）生活污染源:人类生活活动产生的废水、废气和固体废物都会造成环境污染。城市和人口密集的居民区是人类活动的聚集地,也是主要的生活污染源。生活污染源主要有:一是消耗能源排放废气造成大气污染,如在我国一些城镇中,居民使用小煤炉做饭、取暖,在城市区域范围内构成大气的面源污染。二是生活污水,主要包括洗涤和粪便污水,它含耗氧有机物、合成洗涤剂以及细菌、病毒和寄生虫等病原体。生活污水进入环境,不但污染水体,还能传播疾病。三是固体废物,包括厨房垃圾、废塑料、废旧电器、废纸、金属、煤灰和渣土等。

二、环境污染物的类别

按物理和化学性状的变化,环境污染物可分为一次污染物和二次污染物。一次污染物也称为原生污染物(primary pollutant),指由污染源直接排入环境的,其物理和化学性状未发生变化的污染物;二次污染物(secondary pollutant)指在物理、化学因素或生物作用下发生变化,或与环境中其他物质发生反应所形成的物理、化学性状与一次污染物不同的新污染物。按受污染物影响的环境要素,环境污染物可分为大气污染物、水体污染物、土壤污染物等。按污染物的存在形态,污染物可分为气体污染物、液体污染物和固体污染物。按污染物的性质可分为化学污染物、物理污染物和生物污染物。化学污染物可分为无机污染物和有机污染物,通常将其分为以下九大类。

（1）元素:重金属(汞、镉、铬、铅、铜、锌等)和类金属(砷、硒等)、卤素、磷等。

（2）无机物:一氧化碳、氮氧化物(如一氧化氮、二氧化氮等)、氰化物、卤化氢、卤间化合物(如 ClF、BrF_3、IF_5、$BrCl$、IBr_3 等)、卤氧化物(ClO_2)、次氯酸及其盐、无机硫化合物(如 H_2S、SO_2、H_2SO_3、H_2SO_4)、无机磷化合物(如 PH_3、PX_3、PX_5 等)、无机砷化合物(如 H_3AsO_3、H_3AsO_4)、石棉等。

（3）烃类化合物:烷烃、烯烃、芳烃(如苯系物等)、多环芳烃(PAHs)等。

（4）含氧有机化合物:酚类化合物(苯酚、2,4-二甲酚)、环氧乙烷、醚(如甲基叔丁基醚)、醇、醛(如甲醛、乙醛)、酮(如环己酮)、有机酸、酯、酐等。

（5）有机氮化合物:如胺、腈、硝基甲烷、硝基苯、三硝基甲苯(TNT)、亚硝胺等。

（6）有机卤化物:有机氯农药(如六六六、DDT、氯丹、七氯)、四氯化碳、烷烃和烯烃的卤化物(如氯乙烯)、芳香族卤化物(如氯苯、五氯苯、多氯萘)、氯代苯酚(2-氯苯酚、2,4-二氯苯酚、五氯苯酚)、多氯联苯(PCBs)、多溴联苯醚(PBDEs)及二噁英类等。

（7）有机硫化合物:烷基硫化物、硫醇、硫基甲烷、二甲砜、硫酸二甲酯等。

（8）有机磷化合物：磷酸酯类化合物（如磷酸三甲酯、磷酸三乙酯、焦磷酸四乙酯）、有机磷农药等。

（9）金属有机化合物：甲基汞、二甲基汞、四乙基铅、三丁基锡、三苯基锡、一甲基或二甲基胂酸等。

由于化学污染物的种类非常多，其中一些是持久性有机污染物，并具有"三致"效应，有的还是内分泌干扰物，对生态环境及人类健康有重要影响。为此，许多国家都筛选出其中毒性大、难降解、残留时间长、在环境中分布广泛、出现频率高的污染物作为优先污染物（priority pollutants），进行优先监测与控制。1976 年，美国环境保护署（EPA）率先公布了 129 种优先污染物，并根据其理化性质及生物效应，如溶解性、降解性、挥发性、辛醇 - 水分配系数（K_{ow}）、归趋等，将 129 种优先污染物分为 10 大类，即金属与无机化合物、农药、多氯联苯、卤代脂肪烃、醚类、单环芳香族化合物、苯酚类和甲酚类、邻苯二甲酸酯类、多环芳烃、亚硝胺和其他化合物。我国在 20 世纪 80 年代末也提出了 68 种水中优先控制污染物，其中 58 种为有机污染物、10 种为无机污染物。当前，人们最关注的化学污染物主要是持久性有机污染物、内分泌干扰物、抗生素抗性基因及汞、砷等无机污染物。

三、环境效应及其影响因素

环境效应指自然过程或人类生产和生活活动对环境造成污染和破坏，从而导致环境系统结构和功能发生变化的现象。环境效应又可分为环境物理效应、环境化学效应和环境生物效应。

（1）环境物理效应：如噪声、光污染、电磁辐射、地面沉降、热岛效应、温室效应等，是由物理作用引起的。如地处平原的大城市，过量开采地下水，会引起地面沉降。燃料燃烧放出大量热量，加上城市下垫面结构的变化，街道和建筑群辐射的热量，使城市气温高于周围地区，即产生热岛效应。大气中二氧化碳、甲烷等温室气体浓度不断增加，产生温室效应。工业烟尘和风沙等颗粒物可使大气能见度下降，还能与二氧化碳等一起影响地球的辐射平衡。由机器振动和交通车辆等产生的噪声可影响人类的思维能力，降低工作效率，甚至危害人体健康。

（2）环境化学效应：是指在各种环境因素影响下，物质之间发生化学反应所引起的环境效应。如湖泊/土壤的酸化、土壤的盐碱化、局部地区发生光化学烟雾及雾霾、有毒有害固体废物填埋造成的地下水污染等。如酸雨造成湖泊等地表水体和土壤酸化，对生态环境、建筑物及人类健康产生重大影响，同时造成严重的经济损失。大量碱性物质或可溶性盐在水体和土壤中长期积累，或受到海水长期浸渍，或长期利用含盐碱成分的废水灌溉农田，都会造成土壤盐碱化，并导致土壤板结与肥力下降、农业减产。在耗氧有机物降解产生的二氧化碳、酸、碱、盐等的作用下，土壤和沉积物中碳酸盐矿物和大量的交换性钙、镁离子将溶解至水中，使地下水硬度升高。目前，我国北京、西安、沈阳等城市地下水硬度呈上升趋势。填埋在地下的有毒有害废物经土壤的渗透传输可导致地下水污染。

（3）环境生物效应：是指环境因素变化而导致生态系统变异的现象。大型水利工程可阻断鱼、虾、蟹等水生生物的洄游途径，从而影响它们的生长繁殖。大量工业废水、农业及生活污水排入江、河、湖、海，影响水体的物理化学性质，对水生生态系统产生毒性效应，使鱼类受害，数量减少，甚至灭绝。如水环境中的内分泌干扰物会使水生动物性别变异，乃至出现雌雄同体现象。多种污染物共存时,会产生复合效应。即使污染物的浓度非常低,也会产生低剂量效应。如当暴露在低于美国 EPA 安全饮用水标准 30 倍(0.1 μg/L)的阿特拉津时,雄性非洲爪蛙变成雌雄同体。环境污染物可以通过呼吸、食物链等途径进入人体,影响人类健康。环境生物效应事件非常多,如在日本汞、镉污染分别引起了全球关注的水俣病和痛痛病。

四、环境中污染物的迁移转化过程

污染物的迁移是指环境中污染物的空间位移及其所引起的富集、分散和消失的过程。而污染物的转化是指环境中的污染物通过物理、化学或生物的作用,改变存在形态或转变为另一种物质的过程。污染物的迁移和转化常常是同时发生的。

环境中污染物的迁移主要有机械迁移、物理-化学迁移和生物迁移三种方式,其中物理-化学迁移是最重要的迁移形式。重金属等无机污染物可通过溶解-沉淀、氧化还原、水解、配位和螯合、吸附-解吸等物理化学作用实现迁移转化。有机污染物还可通过挥发、化学降解和生物降解等作用实现迁移转化。污染物也可通过生物体的吸收、代谢、生长、死亡等过程实现生物迁移转化。许多污染物可通过食物链传递产生放大积累作用,这是污染物生物迁移的重要形式。如加拿大安大略湖的黑背水鸟对多氯联苯的富集高达 2 500 万倍。

污染物可在同一环境介质内,也可在不同环境介质间发生迁移转化。例如,大气中二氧化硫可通过扩散和被气流搬运而迁移,也可通过光化学氧化或颗粒物表面的催化氧化反应转化成三氧化硫、硫酸及硫酸盐等,并对酸雨形成产生重要作用。大气中氮氧化物、碳氢化合物可通过光化学氧化生成臭氧、过氧乙酰硝酸酯等光化学氧化剂,在一定气象条件下形成光化学烟雾,危害生物生长和人体健康。

水体中污染物可通过溶解态随水流动或通过吸附于悬浮物而传输,如随悬浮物的沉降进入沉积物中;部分污染物也可通过挥发作用进入大气。污染物还可通过氧化还原、配位、水解和生物降解等作用发生转化,包括存在形态和价态的变化。如在不同环境条件下 Cr(Ⅲ)和 Cr(Ⅵ)、As(Ⅲ)和 As(Ⅴ)之间可相互转化。环境中污染物的迁移转化行为及生物生态效应与其存在形态有关。

土壤是自然环境中微生物最活跃的场所。微生物降解对污染物,特别是有机污染物的迁移转化起重要作用。土壤 pH、有机质含量、离子交换能力、氧化还原电位、温度、湿度和微生物种类等会影响污染物的迁移转化。污染物的赋存形态与土壤氧化还原电位密切相关,如砷在旱地氧化条件下为+5 价,在水田还原条件下为+3 价。土壤中重金属离子可影响有机污染物的迁移转化;许多有机污染物可通过微生物作用降解为二氧化碳和水。

土壤是污染物的源与汇,各种污染物可在土壤/沉积物-水-空气-生物不同介质间发生迁移转化(图1-1)。例如,大气中的污染物可通过干、湿沉降进入土壤,污染物也通过污水灌溉、农药化肥施用、地表径流等途径进入土壤,进入土壤后的污染物可经挥发作用进入大气;通过淋溶、解吸作用,随地表径流进入地表水,或下渗进入地下水;污染物也可在土壤中发生化学降解和生物降解,其中微生物降解对土壤污染物的转化起重要作用;污染物还可被植物吸收迁出土体,通过土壤-植物系统、经由食物链最后进入人体。土壤有机质及矿物质对污染物的吸附作用,可降低其生物有效性。

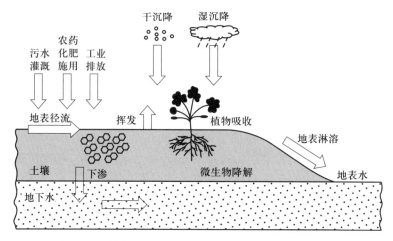

图 1-1   污染物在土壤-水-空气-生物介质间的迁移转化

图 1-2 是汞在同一环境介质和不同环境介质间迁移转化的示意图。沉积物中二价汞可通过氧化还原反应转化成一价汞和单质汞;也可在微生物的作用下转化成甲基汞和二甲基汞,并进入水中,其中的甲基汞可被水生生物吸收,二甲基汞则可直接挥发到空气中,并分解为单质汞和乙烷等。

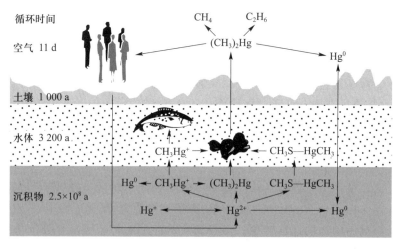

图 1-2   汞的迁移转化循环

环境中污染物的浓度水平、源汇机制、存在形态、迁移转化与归趋、生物生态效应及控制技术原理是环境化学的重要研究内容。

 问题与习题

1. 试述环境问题的发展过程。
2. 试述环境化学的研究内容及发展现状。

3. 举例说明环境污染效应。

4. 举例说明环境中污染物的迁移转化过程。

主要参考文献

1. 王春霞,朱利中,江桂斌. 环境化学学科前沿与展望[M]. 北京:科学出版社,2011.

2. 国家自然科学基金委员会化学科学部,叶常明,王春霞,金龙珠. 21 世纪的环境化学[M]. 北京:科学出版社,2004.

3. 戴树桂. 环境化学[M]. 2 版. 北京:高等教育出版社,2006.

4. 戴树桂. 环境化学进展[M]. 北京:化学工业出版社,2005.

5. 朱利中. 有机污染物界面行为调控技术及其应用[J]. 环境科学学报,2012,32(11):2641-2649.

6. Manahan S E. Environmental chemistry [M]. 6th Edition. Boca Raton:Lewis Publishers,1994.

7. Pruden A,Pei R T,Storteboom H,et al. Antibiotic resistance genes as emerging contaminants:Studies in northern Colorado [J]. Environmental science & technology,2006,40(23):7445-7450.

第二章　大气环境化学

内容提要

　　大气环境化学主要研究大气污染物和其他对环境有重要影响的痕量物质的存在形式、来源、迁移转化、归趋行为及其对大气质量的影响。本章简要介绍大气结构与组成、大气中的主要污染物及其迁移转化、大气污染效应等。重点阐述光化学烟雾、酸沉降化学、气溶胶化学及温室效应、臭氧层破坏等重要大气环境问题及其形成机制。

　　大气是指包围在地球表面并随地球旋转的空气层。它不仅养育了地球上的生命,保护它们免遭外层空间各种有害因素的袭扰,而且参与地球表面的各种过程,如水循环、化学和物理风化、陆地上和海洋中的光合作用等。同时,大气中发生的各种物理过程和风、雨、雷、电等天气现象都直接或间接与大气成分、结构、状态有关,还直接影响人类的活动。

　　当今世界上最引人瞩目的环境问题如温室效应、臭氧层破坏、酸雨、灰霾等均由大气污染所致,这些已远远超出国家和地区的界线,而成为全球性问题。大气污染物可通过扩散输送,最终将扩散到整个大气层,严重威胁人类的生存和发展。因此,大气的结构、组成及性质,大气中污染物的迁移转化行为以及所造成的影响,逐渐受到人们的关注,并推动大气环境化学的形成与发展。

　　19 世纪中叶,瑞典大气科学家罗斯贝(C. G. Rossby)和英国化学家史密斯(R. A. Smith)分别研究了大气颗粒物的扩散和全球循环及降水的化学组分,开创了大气化学研究的先河。但一个世纪以来,这方面的研究进展缓慢。20 世纪 40 年代起,国际上先后发生了洛杉矶光化学烟雾(1944 年)、伦敦烟雾(1950 年)、日本四日市哮喘事件(1961 年)等大气污染事件,使大气污染问题研究得到重视。通过研究大气光化学烟雾,发现了自由基氧化链式反应及大气颗粒物的协同作用对人体健康的影响。60 年代后,酸性降水在北欧、北美、亚洲相继出现,科学家开展了酸雨形成机理的研究,发现了酸化的前体物(SO_2 和 NO_x)及几种氧化成酸的途径和致酸作用的机理。70 年代后,科学家发现了南极臭氧洞,并进行跟踪监测和实验研究,证实氯氟烃(CFCs)等对平流层中臭氧层耗损的作用;同时发现大气中二氧化碳、甲烷、一氧化二氮、氯氟烃等痕量气体浓度增加引起的温室效应及其对全球气候变暖产生的影响。近十多年来,我国和其他经济快速发展国家的大城市先后出现大气复合型污染,具有颗粒物、挥发性有机物及地面臭氧浓度高等特点,一些地方灰霾、光化学烟雾和酸雨污染同时出现,严重影响人类健康,制约经济社会的可持续发展。这一系列大气污染问题,从局部地区的光化学烟雾污染、城市大气复合污染,到跨国界的酸性降水、颗粒物污染,乃至影响遍及全球的臭氧层破坏和温室效应,使人类的生存环境受到严重威胁,由此引起国际社会和科学家的普遍关注,大气环境化学研究以前所未有的速度迅速发展。

　　大气环境化学主要研究大气中污染物的来源、存在形态、迁移转化过程及机制,探讨大气污染效应等。其任务是为大气污染防治、改善大气环境质量提供理论依据。目前,大气环境化学研究的主要内容包括大气污染物的表征、大气污染的化学过程、全球大气环境中的化学变化、大气污染的化学模式等。

第一节　大气的结构和组成

一、大气层的结构

地表大气的平均压力为 101.325 kPa,相当于每平方厘米地球表面包围着 1 034 g 空气;地球总表面积为 $5.1×10^8$ km²,因此,大气总质量约为 $5.2×10^{15}$ t,相当于地球质量的百万分之一。随着高度增加,大气逐渐变稀薄,气压下降。大气质量的 99.9% 集中在 50 km 高度以下的范围内,99% 集中在 35 km 高度以下,90% 集中在 30 km 高度以下,约 50% 集中在 6 km 高度以下,而 100 km 高度以上的大气质量仅为整个大气圈质量的百万分之一。

根据大气本身的物理或化学性质、特别是温度在垂直方向上的变化,可将大气分为若干层。通常根据温度的垂直分布将大气分为对流层、平流层、中间层、热层等(见图 2-1)。

1. 对流层

对流层(troposphere)是大气的最低层,其厚度因纬度和季节而异;在赤道附近为 17~18 km,中纬度地区为 10~12 km,两极地区为 8~9 km;对流层夏季较厚,冬季较薄。对流层有两个显著的特点:一是气温随高度增加而降低,近地面大气的平均温度约为 15 ℃,对流层顶的气温约为-56 ℃。气温随高度的变化通常以气温垂直递减率表示,即每垂直升高 100 m 气温的变化值。一般说来,对流层的气温垂直递减率平均为 0.6 ℃/100 m。在对流层,由于靠近地面的空气受地面发射出来的热量影响而膨胀上升,上面的冷空气则会下降,故在垂直方向上形成强烈的对流。二是密度大,大气总质量的 75% 和 90% 的水蒸气集中在对流层。对流层的主要物质有 N_2、O_2、H_2O、Ar 和 CO_2 等。根据受地表各种活动影响程度的不同,对流层又可分为边界层和自由大气层。在离地面 1~2 km 至对流层顶称为自由大气层,该层受地面影响较小,可以不考虑摩擦力的影响;主要天气过程如雨、雪、雹的形成均在此层。在 1~2 km 高度以下,受地表的机械、热力学作用影响强烈,称为边界层或摩擦层,也称低层大气;排入大气的污染物绝大部分会停留在此层。由此可见,对流层和人类的关系最密切。

对流层,特别是边界层气温的垂直变化是比较复杂的。由于大气主要依靠地面发射的

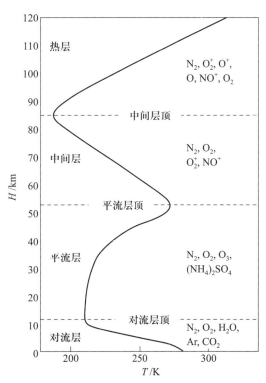

图 2-1　大气温度、化学
组成的垂直分布

长波辐射而增温,所以近地面层的温度比上层高。然而,边界层的气温垂直递减率可以大于零、等于零或小于零。气层的气温垂直递减率等于零时称为等温气层;小于零时称为逆温气层,它的厚度下限称为逆温高度,上下限的温度差称为逆温强度。根据形成的原因逆温可分为:① 辐射逆温,在晴朗无风的夜间,强烈的有效辐射使地面和近地面大气层强烈冷却降温,便出现了上暖下冷的逆温现象;辐射逆温可在全年出现。② 地形逆温,如在盆地和谷地中,由于山坡散热快,冷空气沿斜坡下滑,在盆地或谷地内聚集,较暖的空气被抬到上层形成逆温。③ 峰面逆温,即两种气团相遇时,暖气团位于冷气团之上形成逆温。逆温是很重要的大气现象,许多严重的大气污染事件都与之有关。

2. 平流层

平流层(stratosphere)是指从对流层顶到高度约 55 km 的大气层。在平流层下部,即 30~35 km 高度以下,随高度的降低,温度变化并不大,气温趋于稳定,所以称这部分为同温层。在 30~35 km 高度以上,温度随高度增加而明显上升。平流层具有以下特点:一是温度随高度增加而上升;二是空气没有对流运动,平流运动占显著优势;三是空气比对流层稀薄得多,水汽、尘埃含量甚微,很少出现天气现象;四是该层的主要物质是 O_3、N_2、O_2,在 15~35 km 高度范围内,有厚约 20 km 的臭氧层,因臭氧具有吸收太阳短波紫外线的能力,使人类等免受紫外线的辐射。在平流层中,没有上下对流的扩散运动,大气稳定。因此,污染物一旦进入平流层,停留时间会很长,从而造成较大的全球性影响。平流层与人类的关系仅次于对流层。

3. 中间层

中间层(mesosphere)是指从平流层顶到 85 km 高度的大气层。温度随高度增加而降低,其顶部温度可下降到 $-113\ ℃ \sim -83\ ℃$。这一层大气变得较稀薄,存在的主要物质是 O_2、N_2、NO^+、O_2^+ 等。中间层空气的对流运动非常激烈。

4. 热层

热层(thermosphere)是指从距地面 85 km 到约 500 km 的大气层。热层空气更加稀薄,大气质量仅占总质量的 0.5%。热层有两个显著的特点:一是温度随高度增高而迅速上升。由于小于 175 nm 的太阳紫外线辐射几乎全部被该层中分子氧和原子氧吸收,其能量大部分用于气层增温,同时热层内物质稀少,热量无法传递出去,气层内温度可达 1 000 ℃ 以上;当然,热层的温度与太阳活动有关,当太阳活动加强时,温度随高度很快增加,因此,热层气温昼夜变化很大。二是空气处于高度电离状态。在太阳紫外线和宇宙射线的作用下,大气中 O_2 分子和部分 N_2 分子发生电离,变成 O_2^+、O^+ 及 NO^+ 等离子,故热层又称电离层。

热层以上的大气层称为散逸层,是地球大气的最外层,也是大气圈和星际空间的过渡层,但无明显的边界线。散逸层大气极为稀薄,其密度几乎与太空密度相同,故又称外大气层。由于受地心引力较小,气体及颗粒物可从散逸层飞出地球重力场而进入星际空间。散逸层的温度随高度增加而略有增高,在太阳紫外线和宇宙射线的作用下,层内大部分分子发生电离。

二、大气的能量平衡

地球上全部生命过程都是依赖太阳提供的辐射能来维持的。地球接受太阳辐射,同时以同样的速度将吸收的能量辐射回太空,以保持自身的热平衡,这对控制地球表面温度极为重要。太阳辐射能的输入和输出构成了大气的能量平衡。

1. 太阳辐射

太阳可以看成一个离地面 $1.5×10^8$ km、直径为 $1.4×10^6$ km 的球形光源。太阳表面的温度大约为 6 000 K,高温炽热气体以电磁辐射的形式放射出能量。太阳辐射光谱几乎包括了整个电磁波谱,但太阳辐射光谱 99% 以上的能量集中在 150～4 000 nm;其中红外线部分(波长>760 nm)占总能量的 43%,可见光部分(400～760 nm)约占 50%,紫外线部分(波长<400 nm)约占 7%,太阳最大辐射能力所对应的波长为 475 nm。图 2-2 为太阳辐射光谱分布。

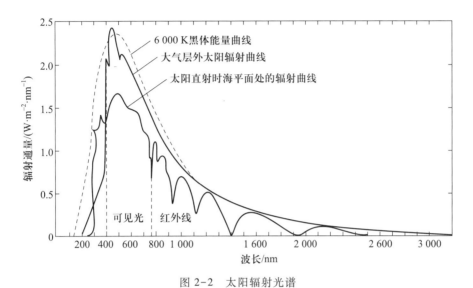

图 2-2　太阳辐射光谱

(引自唐孝炎等,2006)

入射到地球表面的太阳光可看成平行光束,入射到地球大气层外界的太阳光总强度可用太阳常数(solar constant)表示。太阳常数的定义为:当日地间处于平均距离时,大气上界垂直于太阳光线的平面上单位面积、单位时间内接受太阳辐射的总能量。1981 年世界气象组织(WMO)公布的太阳常数值为($1 367±7$)W/m^2。

2. 大气成分对太阳辐射的吸收

太阳辐射穿过大气时,由于大气吸收和散射作用,使投射到大气上界的辐射不能全部到达地面,到达地面的太阳能仅为 50%,约 30% 的能量反射回宇宙空间,约 20% 的能量被大气吸收。太阳辐射通过大气层到达地面的过程中,大气各种组分,包括气态的 N_2、O_2、O_3、H_2O、CO_2 和颗粒物,能吸收或反射/散射一定波长的太阳辐射。波长小于 290 nm 的太阳辐射被 N_2、O_2、O_3 分子吸收,并使其解离:

$$N_2 + h\nu \xrightarrow{<120\ nm} N + N$$

$$O_2 + h\nu \xrightarrow{<240\ nm} O + O$$

$$O_3 + h\nu \xrightarrow{220\ nm<\lambda<240\ nm} O + O_2$$

由于 N_2、O_2、O_3 的吸收,波长小于 290 nm 的太阳辐射不能到达地面,而 800～2 000 nm 的长波辐射则几乎都被水分子和 CO_2 吸收。因此,只有波长为 300～800 nm 的光能透过大气到达地面,构成所谓的"光谱窗",这部分约占太阳辐射总能量的 41%。

经过大气层到达地面的太阳辐射,并不全部被地球吸收,而要被地面反射一部分。反射率取决于地表的性质和状态。例如,森林的反射率为 10%～20%,耕地为 10%～20%,沙漠为 25%～40%,雪地为 60%～80%,海洋为 6%～10%(纬度低于 70°)、15%～20%(纬度高于 70°);地球的平均反射率为 31%。

3. 地球的能量平衡

地球吸收太阳辐射能量后,为了保持其热平衡,必须将这部分能量辐射返回太空,这一过程称为地球辐射。根据 Wein 位移定律,黑体最大辐射能力所对应的波长 λ_m 与热力学温度 T 成反比,其数学表达式为:$\lambda_m = 2\ 897/T$。地球表面的温度为 285～300 K,由此可以算得,地球辐射的波长都在 4 μm 以上,最大辐射位于 10 μm 处,即地球辐射主要为红外长波辐射。

地球辐射的能量主要被低层大气中的 CO_2 和水汽吸收。4～8 μm 和 13～20 μm 部分的地球辐射能量很容易被大气中的水汽和 CO_2 所吸收;而 8～13 μm 的辐射很少被吸收(见图 2-3),称之为"大气窗"(atmospheric window),这部分长波辐射可以穿过大气到达宇宙空间。

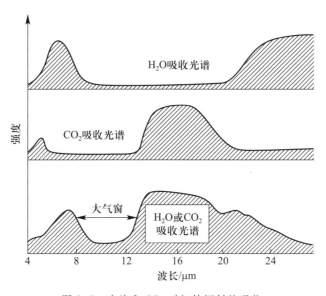

图 2-3　水汽和 CO_2 对红外辐射的吸收

CO_2 和水汽吸收地球辐射的能量后,又以长波辐射的形式将能量放出。这种辐射是向四面八方的,而在垂直方向上则有向上和向下两部分,向下的部分与地球辐射方向相反,被称为"大气逆辐射"。由于大气逆辐射的作用,一部分地球辐射又被返回地面,使实际损失的热量比它们长波辐射放出的热量少。

包围着地球的大气层在相当程度上可让波长较短的太阳辐射透过并到达地面,又几乎可以全部吸收地球表面的长波辐射。由于在很长时期内地面的平均温度基本上维持不变,因此可以认为入射的太阳辐射和出射的地球长波辐射的收支是基本平衡的,见图 2-4。

由此可见,发生于地球和大气间的能量得失过程是与化学物种的光化学、光吸收作用密切相关的,尤其是 O_3、水汽和 CO_2 等,所以大气中这些成分的变化会对地球的能量平衡产生很大的影响。如近地面大气中水汽和 CO_2 含量增加,它们对地球长波辐射的吸收,在近地

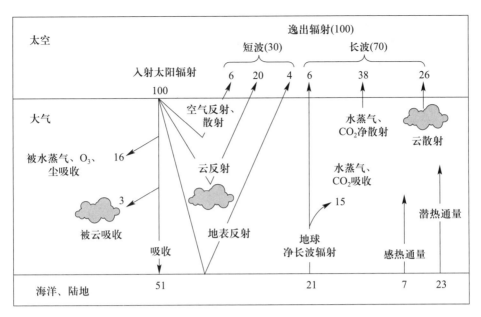

图 2-4　地球的能量平衡

（引自唐孝炎等，2006）

面与大气之间形成一个绝热层，使近地面的热量得以保持，从而导致全球气温升高，产生所谓的"温室效应"（greenhouse effect）。引起温室效应的物质主要有 CO_2、CH_4、N_2O、氯氟烃（CFCs）等。迄今，人们发现温室效应最强的物质是 CF_3SF_5。

人类活动一定程度上可改变地球的能量平衡。如上所述，CO_2 和水汽等浓度增加可引起大气温度上升；但大气颗粒物浓度上升可增加对短波辐射的散射，可能降低大气的温度；故大气温度取决于大气中 CO_2、水汽及颗粒物等的相对浓度。当然，人类通过耕作和城市化等改变了地球的表面，从而改变地面的反射率，也可引起能量平衡的变化。总之，影响地球与大气能量平衡的因素是复杂的。

三、大气的主要成分

大气主要由氮、氧和几种惰性气体组成，它们约占大气总量的 99.9% 以上；除气体外，大气中还悬浮着大量固体和液体颗粒，如水滴、灰尘、盐粒、花粉等。对流层清洁大气的组成见表 2-1。大气可以看成是各种气体和颗粒物组分的储库，大气中某种组分存在的平均时间称为停留时间（τ）。所有大气组分都有一个停留时间，但长短相差很大。

表 2-1　对流层清洁大气的组成及循环

气体	平均浓度/(mL·m⁻³)	近似停留时间/a	循环
N_2	780 840	10^6	生物活动和微生物活动
O_2	209 460	10	生物活动和微生物活动
Ar	9 340	—	无循环
Ne	18	—	无循环
Kr	1.1	—	无循环

气体	平均浓度/(mL·m⁻³)	近似停留时间/a	循环
Xe	0.09	—	无循环
CH_4	1.65	7	生物活动和化学过程
CO_2	332	15	人类活动和生物活动
CO	0.05~0.2	65(d)	人类活动和生物活动
H_2	0.58	10	生物活动和化学过程
N_2O	0.33	10	生物活动和化学过程
SO_2	10^{-5}~10^{-4}	40(d)	人类活动和化学过程
NH_3	10^{-4}~10^{-3}	20(d)	生物活动、化学过程、雨除
$NO+NO_2$	10^{-6}~10^{-2}	1(d)	人类活动、化学过程、闪电
O_3	10^{-2}~10^{-1}	?	化学过程
HNO_2	10^{-5}~10^{-3}	1(d)	化学过程、雨除
H_2O	变化	10(d)	物理化学过程
He	5.2	10	物理化学过程

（引自 Seinfeld,1986）

1. 大气组分的分类

按照停留时间的长短,大气组分可分为三类:① 准永久性气体:N_2、Ar、Ne、Kr、Xe;② 可变组分:CO_2、CH_4、H_2、N_2O、O_3、O_2;③ 强可变组分:H_2O、CO、NO、NH_3、SO_2、碳氢化合物(HC)、颗粒物、H_2S。

准永久性气体也称恒定组分,它们在大气中不发生化学变化,停留时间很长(10^6~10^7 a),即使它们的源分布不均匀,也会在全球范围内被混合均匀。可变组分在大气中的停留时间为 2~10 a。强可变组分(也称不定组分)的停留时间均小于 1 a,通常为几天或几周;如大气中 H_2S 和 SO_2 的停留时间分别为 0.5 d 和 2 d。大气中强可变组分主要来自人为源,其次是天然源。可变组分和强可变组分在大气中停留时间短,有可能参与平流层或对流层中的化学过程,它们在大气中的时空分布受局地源影响,在不同地区或高度,往往有很大差异。如冶炼厂、火力发电厂所在地上空的大气中含烟尘、SO_2、NO_x 等强可变组分较多;在化工区周围的大气中含有较多的无机或有机物质;当这些物质在大气中达到一定浓度时,就有可能产生局部的大气污染。

2. 大气组分的源、汇和循环

大气中准永久性气体的浓度不变,但整个大气仍是一个动态体系;各种组分可通过大气圈与其他三个圈之间发生物理、化学或生物化学过程,不断进行物质交换或转化,即构成所谓的"气体循环"。产生气体的过程称为气体的源,包括大气中的化学过程、生物活动、火山喷发以及人类活动等。由大气中去除气体的过程,如化学过程和生物活动、物理过程等就是被去除气体的汇。例如,大气中的水汽主要来自海水的蒸发,少量来自江河、湖泊水的蒸发以及生物圈、土壤、植物的蒸腾作用;大气中的水汽又可以遇冷凝结成雨、雪等降水回到地表,这就构成了大气中水的循环。因蒸腾作用在不断地进行,而降水是间歇性的,故造成了大气中水汽的浓度因地而异。

　　大气中含有丰富的氮,但不能直接为植物利用。固氮细菌、蓝绿藻、雷电作用可将空气中的氮转化成硝酸盐,植物从土壤中吸收硝酸盐和铵盐,并在体内转化成各种氨基酸,然后再合成各种蛋白质。动物通过食用植物而获取氮,蛋白质进入食物链。动植物死亡后,其中的蛋白质被生物分解成铵盐返回土壤,一部分被植物直接吸收;另一部分被细菌逐渐转化为亚硝酸盐和硝酸盐,既可被植物吸收,也可被细菌的脱氮作用转化成 N_2O,或通过反硝化作用产生 N_2;而亚硝酸盐也可通过化学去氮作用转化成 N_2 或 NO;土壤中的铵盐也可转化成 NH_3,并进入大气,对颗粒物形成有较大的影响。由此可见,氮是通过无机化学过程、有机化学过程及微生物作用进行循环的。大气中氧等其他组分也都有各自的循环。

第二节　大气污染物及其来源

　　大气污染物的种类很多,其物理和化学性质非常复杂。若按物理状态,大气污染物可分为气态污染物和颗粒态污染物两大类。按化学组成,大气污染物可分为八类:含硫化合物、含氮化合物、含碳化合物、光化学氧化剂、含卤素化合物、持久性有机污染物、颗粒物、放射性物质。在这八类污染物中,有些是由污染源直接排放到大气的,如一氧化碳、二氧化硫、氧化亚氮、一氧化氮等,称为一次污染物;有些是一次污染物经物理化学反应转化形成的污染物,如二氧化氮、三氧化硫、硫酸盐颗粒物及光化学氧化剂等,称为二次污染物。下面简单介绍大气主要污染物及其来源。

一、大气污染物的来源

(一) 人为源

　　大气污染物主要来自天然源及人为源,其中人类生产和生活活动是大气污染物的重要来源。通常所说的大气污染源一般是指由人类活动向大气输送污染物的发生源。

1. 燃料燃烧

　　当今世界能源的主要来源是煤、石油、天然气等燃料的燃烧。因此,燃料燃烧过程是向大气输送污染物的重要发生源。

　　煤是主要的工业和民用燃料,其主要成分是碳、氢、氧及少量硫、氮等元素,此外还含有金属硫化物或硫酸盐等微量组分。煤燃烧时除产生大量尘埃外,还会产生一氧化碳、二氧化碳、硫氧化物(SO_2 及少量 SO_3)、氮氧化物(NO_x)、碳氢化合物、重金属(如汞)等有害物质。燃煤排放的 SO_2 占人为源的70%,NO_2 和 CO_2 约占50%,粉尘则占40%左右。

　　以内燃机为主的各种交通运输工具也是重要的大气污染物发生源。内燃机排放的废气中含有一氧化碳、氮氧化物、碳氢化合物、含氧有机物、硫氧化物、颗粒物及含铅化合物等多种有害物质。汽车尾气排放是城市大气污染的主要来源。

2. 工业排放

　　工业生产过程排放到大气中的污染物种类多、数量大,是大气的重要污染源。工业排放污染物的组成与其企业的性质有关。例如,有色金属冶炼主要排放二氧化硫、氮氧化物、颗粒物及重金属等;石油工业则主要排放硫化氢和各种碳氢化合物;化学工业则排放硫化氢、氮氧化物、氟化氢、氨、挥发性有机物(VOCs)等。

3. 农业排放

施用农药及化肥对提高农业产量起着十分重要的作用,但在一定程度上会对环境造成不利影响,如大气污染等。例如,施入土壤的氮肥,经一系列的生物化学过程会产生氮氧化物释放到大气中。其中 N_2O 不易溶于水、化学活性差,可传输到平流层,与臭氧作用,使臭氧层遭到破坏。化肥给环境带来的不利影响正逐渐被人们所认识。农药对大气的污染主要是在喷洒过程中,一部分农药以气溶胶的形式散逸到大气中,残留在作物上或黏附在作物表面的农药也可挥发到大气中。由于农药及化肥的施用量相当大,对大气环境造成的影响不能忽视。另外,农作物秸秆焚烧会产生一氧化碳、氮氧化物、二氧化硫、多环芳烃及颗粒物等大气污染物;禽畜养殖也会产生氨等大气污染物。因此,农业生产过程也是大气的重要污染源之一。

4. 固体废物焚烧

固体废物处理与处置方法主要有焚烧法、填埋法等。其中,焚烧法是处理可燃性有机固体废物的有效方法,还能从固体废物中获得能量,该法主要用于城市垃圾的处理。固体废物焚烧过程中会排放二噁英等污染物,造成大气污染或二次污染。

(二)天然源

大气污染物的天然源主要有自然尘(扬尘、沙尘暴、土壤粒子等)、森林及草原火灾(排放 CO、CO_2、SO_2、NO_x、$VOCs$)、火山活动(排放火山灰、SO_2 等)、森林排放(主要为萜烯类碳氢化合物)、海浪飞沫(主要为硫酸盐与亚硫酸盐)等。与人为源相比,天然源所排放的大气污染物种类少、浓度低,但从全球角度看,天然源是重要的,在某些情况下甚至比人为源更重要。例如,1991 年菲律宾的皮纳图博火山和日本的云仙岳火山、2010 年冰岛艾雅法拉火山喷发,对附近地区乃至全球大气环境等造成严重的影响。

二、大气主要污染物

(一)含硫化合物

大气中的含硫化合物主要有 SO_2、SO_3、H_2S、H_2SO_4、亚硫酸盐及硫酸盐,还有含量极低的氧硫化碳(COS)、二硫化碳(CS_2)、二甲基硫$[(CH_3)_2S]$ 等。大气中部分含硫化合物的本底浓度和停留时间见表 2-2。含硫化合物是大气中最重要的污染物之一,主要来自矿物燃料的燃烧、有机质的分解和燃烧、海洋及火山活动等。我国能源结构仍以燃煤为主,随着机动车数量的迅速增长,城市大气污染已由煤烟型污染向煤烟和机动车尾气复合型污染转变。SO_2 是酸雨的主要前体物,而 H_2S 在大气中可被氧化成 SO_2。

表 2-2   大气中部分含硫化合物的本底浓度和停留时间

含硫化合物	本底浓度(体积分数)	停留时间
SO_4^{2-}	约 2 $\mu g/m^3$	7~22.7 d
SO_2	$0.2 \times 10^{-9} \sim 10 \times 10^{-9}$	<3~6.5 d
H_2S	$0.2 \times 10^{-9} \sim 20 \times 10^{-9}$	<1~4 d
COS	约 5 000 $\times 10^{-12}$	~2 a
CS_2	$15 \times 10^{-12} \sim 30 \times 10^{-12}$	短

(引自唐孝炎等,2006)

1. 二氧化硫

二氧化硫(SO_2)是无色、有刺激性气味的气体，对人体呼吸道及植物生长危害较大，能刺激人的眼睛、损伤呼吸器官，高含量的 SO_2 会损伤植物叶子组织，乃至抑制植物生长。

大气中 SO_2 主要来自含硫燃料的燃烧及冶金、硫酸制造等工业过程，即：$S+O_2=SO_2$，通常煤的含硫量为 0.5% ~ 6%，石油含硫量为 0.5% ~ 3%。全球每年由人为源排入大气的 SO_2 约为 $146×10^6$ t，其中约 60% 来自煤燃烧，30% 左右来自石油燃烧和炼制过程。

SO_2 是重要的大气污染物。大气(尤其在污染大气)中 SO_2 易通过光化学氧化、催化氧化等形成 SO_3，最终转变成硫酸或硫酸盐，并通过干沉降或湿沉降(酸雨)降落到地面，对生态环境造成较大的危害。SO_2 的干沉降速率一般为 0.2 ~ 1.0 cm/s。我国酸雨属硫酸型酸雨，即致酸物质主要是 SO_4^{2-}。SO_2 转化成硫酸或硫酸盐后，其危害增大。

2. 低价硫化合物

含硫化合物主要来自火山喷发、海水浪花和生物活动等天然源。其中火山喷发的含硫化合物大部分以 SO_2 形式存在，少量以 H_2S 和(CH_3)$_2$S(DMS)形式存在；海浪带出的含硫化合物主要是 SO_4^{2-}；生物活动产生的含硫化合物主要以 H_2S 和 DMS 形式存在，少量以 CS_2、CH_3SSCH_3 及 CH_3SH 形式存在。天然源排放的硫主要以低价态形式存在，主要包括 H_2S、DMS、COS 和 CS_2，而 CH_3SSCH_3 和 CH_3SH 次之。如海洋排放的低价态硫化物主要为 DMS。DMS 在全球硫循环中起较重要的作用。

大气中的 H_2S 主要来自天然源排放($100×10^6$ t/a)。除火山活动外，H_2S 主要来自动植物机体的腐烂，即主要由动植物机体中的硫酸盐经微生物的厌氧活动还原产生。大气中 H_2S 的人为源排放量不大($3×10^6$ t/a)。清洁大气中 H_2S 可能主要来自 COS、CS_2 的氧化：

$$·OH + COS \Longrightarrow ·SH + CO_2$$
$$·OH + CS_2 \Longrightarrow COS + ·SH$$
$$·SH + HO_2· \Longrightarrow H_2S + O_2$$
$$·SH + CH_2O \Longrightarrow H_2S + HCO$$
$$·SH + H_2O_2 \Longrightarrow H_2S + HO_2·$$
$$·SH + ·SH \Longrightarrow H_2S + S$$

H_2S 在大气中易被 ·OH、O、O_3 氧化成 SO_2，而 H_2S 的主要去除反应为

$$·OH + H_2S \Longrightarrow H_2O + ·SH$$

大气中 H_2S 的本底值一般为 0.2~20 μL/m^3，停留时间为 1~4 d。

H_2S 与 O_3 的反应也是重要的氧化反应：

$$H_2S + O_3 \Longrightarrow H_2O + SO_2$$

该反应在均匀气相中很慢，若有气溶胶质点存在则反应要快得多。如 1 μL/m^3 的 H_2S，在含 0.05 mL/m^3 O_3 及 10 000 个颗粒/cm^3 的大气中，其寿命(停留时间)估计为 28 h。由于 H_2S、O_2 及 O_3 均溶于水，故在有云和雾的大气中，H_2S 的氧化速率更快。

大气中硫的迁移途径为：① 降雨和水的冲刷；② 土壤和植物的扩散吸收；③ 固体颗粒的沉降。SO_4^{2-} 的干沉降速率一般为 0.1~0.8 cm/s。Beilk 等估计降雨和水的冲刷对硫酸盐迁移的贡献率分别是 20%、70%；估计硫酸盐的年清除量为 $2.4×10^8$ t。

(二) 含氮化合物

含氮化合物的种类很多，大气中重要的含氮化合物有 N_2O、NO、NO_2、NH_3、HNO_2、HNO_3

和铵盐,还有少量的 N_2O_3、N_2O_4、NO_3、N_2O_5,其中 NO 和 NO_2 统称为氮氧化物(NO_x),是大气中最重要的污染物之一,它能参与酸雨及光化学烟雾的形成,而 N_2O 是重要的温室气体。清洁大气和污染大气中含氮化合物的浓度范围见表 2-3。

表 2-3   大气中含氮化合物的浓度

含氮化合物	清洁大气/($\mu L \cdot m^{-3}$)	污染大气/($\mu L \cdot m^{-3}$)	停留时间/d
NO	0.01~5	50~70	约 1~10
NO_2	0.1~10	50~250	约 1~10
HNO_3	0.02~0.03	3~50	—
NH_3	1~6	10~25	约 14
HNO_2	0.001	1~8	—
N_2O	310±2	310±2	约 150(a)
NH_4^+	1.5 $\mu g/m^3$	—	2~8
NO_3^-	0.2 $\mu g/m^3$	—	2~8

(引自唐孝炎等,2006)

1. 氧化亚氮

氧化亚氮(N_2O)为无色气体,是低层大气中含量最高的含氮化合物。大气中 90% 的 N_2O 来自土壤中硝酸盐(NO_3^-)经细菌的脱氮作用:

$$NO_3^- + 2H_2 + H^+ \longrightarrow \frac{1}{2}N_2O + \frac{5}{2}H_2O$$

大气中的 N_2O 浓度一直呈上升趋势。自从 1750 年以来,N_2O 浓度增加了 $46×10^{-9}$(体积分数)。大气中 N_2O 既有天然源,又有人为源。天然源以海洋和热带森林为主;人为源主要包括农田氮肥的施用、工业生产和家畜养殖过程,并以人为源排放导致的增加为主。N_2O 的化学活性低,在低层大气中非常稳定,是停留时间最长的含氮化合物,但它能吸收地面辐射,是主要的温室气体之一。N_2O 难溶于水,寿命又长,可传输到平流层,发生光解作用。

$$N_2O + h\nu \xrightarrow{\leqslant 315\ nm} N_2 + O$$

$$N_2O + O \longrightarrow N_2 + O_2$$

$$N_2O + O \longrightarrow 2NO$$

最后一个反应是平流层中 NO 的天然源,而 NO 对臭氧层有破坏作用。

2. 氮氧化物

氮氧化物(NO_x)是大气中主要的含氮污染物,其人为源和天然源都十分重要。生物源、闪电等均可产生 NO_x,如由生物机体腐烂形成的硝酸盐,经细菌作用产生 NO,随后缓慢氧化形成 NO_2;生物源产生的 N_2O 氧化形成 NO_x;有机体中氨基酸分解产生的氨经 ·OH 氧化形成 NO_x。

NO_x 的人为源主要是燃料燃烧或化工生产过程,包括工业窑炉、氮肥生产和汽车尾气排放等。燃烧源可分为流动燃烧源和固定燃烧源。城市大气中 NO_x 约有 2/3 来自汽车等流动源的排放,1/3 来自固定燃烧源的排放。燃烧过程主要产生 NO,占 90% 以上;NO_2 占 0.5%~10%。

燃烧过程中 NO_x 的形成一般有两种途径:① 燃烧过程中燃料中的含氮化合物热解和氧化生成 NO_x。如石油中的吡啶(C_5H_5N)、哌啶($C_5H_{11}N$)、喹啉(C_9H_7N)和煤中的链状、环状含氮化合物在燃烧过程中易被氧化成 NO。② 燃烧过程中空气中的 N_2 在高温条件下氧化生成 NO_x。

$$O_2 \longrightarrow O\cdot + O\cdot$$
$$O\cdot + N_2 \longrightarrow NO + N\cdot$$
$$N\cdot + O_2 \longrightarrow NO + O\cdot$$
$$N + \cdot OH \longrightarrow NO + H\cdot$$
$$NO + \frac{1}{2}O_2 \longrightarrow NO_2$$

一般条件下,空气中的氮和氧不能直接化合为氮的氧化物,只有在温度高于 1 200 ℃ 时,氮才能与氧结合生成 NO:

$$N_2 + O_2 \longrightarrow 2NO$$

上述反应的速率随温度增高而加快。燃烧过程中生成 NO 的量主要与燃烧温度和空燃比(空气质量与燃料质量的比值)有关。燃烧的温度越高,形成 NO 的数量越多。当燃烧完全时,即无过量的 O_2 时,空气质量与燃料质量的比例称为化学计量空燃比。典型汽油的化学计量空燃比为 14.6。若空气与燃料混合物中空气的量少于化学计量空燃比,称此燃料混合物为"富"燃料,而空气过量时,称为"贫"燃料。以汽车为例,NO 生成量与燃烧温度的关系见表 2-4,而尾气中 HC、CO 及 NO_x 的排放量与空燃比的关系见图 2-5。

表 2-4　NO 生成量与燃烧温度的关系

温度/K	NO 浓度/$(mL \cdot m^{-3})$
293	<0.001
700	0.3
800	2.0
1 811	3 700.0
2 473	25 000.0

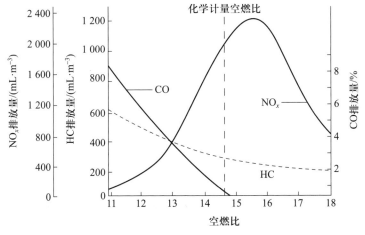

图 2-5　HC、CO 及 NO_x 的排放量与空燃比的关系

(引自 Seinfeld,1986)

据估算,燃烧 1 t 天然气产生 6.35 kg NO_x,燃烧 1 t 石油或煤分别产生 9.1~12.3 kg 或 8~9 kg NO_x。2000 年全球人为源排放 51.9 Tg(N)/a。当前,化石燃料燃烧排放的 NO_x 量逐渐增加,受到全球密切关注。美国和欧洲 NO_x 排放量相对稳定,而亚洲 NO_x 排放量会继续增加。

NO_x 是最重要的大气污染物,参与光化学烟雾及二次颗粒物的形成,是重要的酸雨前体物,对水体富营养化及生态系统退化等有重要影响。如低层大气中的 NO_2 吸收紫外线后分解为 NO 和氧原子,并引发一系列反应,导致光化学烟雾的形成。大气中的 NO_x 最终转化为硝酸和硝酸盐颗粒,并通过湿沉降和干沉降过程去除。

3. 氨

大气中的氨(NH_3)主要来自动物废弃物、土壤腐殖质的氨化、土壤 NH_3 基肥料的损失以及工业排放,其生物来源主要是由细菌分解废弃有机体中的氨基酸而产生的。燃煤也是 NH_3 的重要来源。

氨在对流层大气中主要转化为气溶胶铵盐,如(NH_4)$_2SO_4$。另外,NH_3 可被氧化生成 NO_3,而 NO_3 则可转化成硝酸盐。铵盐或硝酸盐均可经湿沉降和干沉降去除。

(三) 含碳化合物

大气中含碳化合物主要包括碳的氧化物(如一氧化碳和二氧化碳)、碳氢化合物(HC,如挥发性有机物)及烃的含氧衍生物(如醛、酮、酸等)。

1. 碳的氧化物

一氧化碳(CO)是一种无色、无味、毒性极强的气体,也是排放量最大的大气污染物之一。CO 是在燃烧不完全时产生的,如氧气不足时:

$$C + \frac{1}{2}O_2 \longrightarrow CO$$

$$C + CO_2 \longrightarrow 2CO$$

CO 的生成量与空燃比有关,如空燃比超过 15,则汽车尾气中没有 CO。此外,高温时 CO_2 可分解产生 CO 和原子氧。燃烧过程是城市大气中 CO 的主要来源。据估计,全球人为源排放 CO 为 $(6~12.5) \times 10^8$ t/a,其中 80% 是由汽车排放的。

CO 主要来自天然源,自然排放的 CO 远远超过人为源。CO 的天然源主要包括:甲烷的转化,海水中 CO 的挥发,植物排放的烃类(主要是萜烯)经 ·OH 氧化产生 CO,植物叶绿素的光解,森林火灾、农业废弃物焚烧。其中甲烷的转化过程最为重要,有机体分解产生的 CH_4 经 ·OH 氧化可形成 CO:

$$CH_4 + \cdot OH \longrightarrow \cdot CH_3 + H_2O$$

$$\cdot CH_3 + O_2 \longrightarrow HCHO + \cdot OH$$

$$HCHO + h\nu \longrightarrow CO + H_2$$

CO 的去除途径主要是被土壤中某些细菌吸收,并代谢为 CO_2 和 CH_4;CO 与 ·OH 反应可转化为 CO_2,这是大气中 CO 去除的主要途径。

CO 在大气中的停留时间较短,约为 0.4 a(在热带仅为 0.1 a),其环境本底浓度随纬度和高度有较明显的变化。城市大气中 CO 浓度比农村要高得多,其浓度与交通密度有关,还与地形及气象条件有关。

CO 的主要危害在于能参与光化学烟雾的形成。CO 本身也是一种温室气体,可以导致温室效应,还可以通过消耗·OH 使甲烷积累,而间接导致温室效应的发生。

二氧化碳(CO_2)是无毒、无味的气体。由于它是重要的温室气体,能造成全球气候的重大变化,故引起人们的普遍关注。

CO_2 的天然源主要包括:① 海洋脱气,海水中 CO_2 的含量通常比大气圈高 60 多倍,估计大约有 1×10^{11} t 的 CO_2 在海洋和大气圈之间不停地交换;② CH_4 转化,在平流层中 CH_4 与·OH 反应,最终被氧化为 CO_2;③ 动植物呼吸、腐败作用以及生物质的燃烧。CO_2 不仅来源于地表,地球内部大量的 CO_2 通过突发式、阵发式和渐进式释放,成为大气 CO_2 浓度升高不可忽视的源。

CO_2 的人为源主要是化石燃料的燃烧。据估计,由化石燃料燃烧排放到大气中的 CO_2 量,19 世纪 60 年代平均约 5.4×10^8 t/a,20 世纪初为 41×10^8 t/a,1970 年增加到 154×10^8 t/a,1999 年则达到 242×10^8 t/a。2019 年全球化石燃料燃烧排放的 CO_2 量为 368×10^8 t/a。

自然界中碳通过大气、海洋和生物圈,形成了 CO_2 与各种含碳化合物的自然循环。这种循环使大气中 CO_2 平均含量维持在 290×10^{-6}(体积分数)。但由于人类活动向大气排放 CO_2 的量逐年增加,同时由于人类大量砍伐森林、毁灭草原,使地球表面的植被日趋减少,导致整个植物界从大气中吸收 CO_2 的数量逐渐减少。由此,碳的正常循环被破坏,全球大气 CO_2 浓度正在急剧上升。1880—1970 年,大气中 CO_2 浓度(体积分数)从 280×10^{-6} 增至 330×10^{-6},1988 年 CO_2 浓度为 350×10^{-6},2001 年 CO_2 浓度为 370×10^{-6},2019 年 CO_2 浓度达 414.7×10^{-6}。大气中 CO_2 浓度上升主要由化石燃料燃烧所致。

CO_2 是最重要的温室气体。CO_2 分子对可见光几乎完全不吸收,但对红外热辐射,特别是对波长为 $12 \sim 18$ μm 范围的光,则是一个很强的吸收体。因此,低层大气中的 CO_2 能够有效地吸收地面发射的长波辐射,使近地面大气变暖,产生温室效应。应用目前的碳循环模式可以预测 2100 年大气 CO_2 浓度(体积分数)将为 $540 \times 10^{-6} \sim 970 \times 10^{-6}$。早在 20 世纪 50 年代曾有人提出,如果大气中 CO_2 增加两倍,全球气温将升高 3.6 ℃。按照目前大气中 CO_2 浓度的增加速率,几十年之后,整个地球的气候会明显变暖,给人类带来严重的后果,如使旱灾地区面积扩大,影响农业生产,还将导致地球表面冰川和冰帽融化,以致海平面上升 $60 \sim 70$ cm,使部分沿海城市被上涨的海水所淹没,后果不堪设想。改变土地利用方式一定程度上可影响大气 CO_2 的浓度。

2. 碳氢化合物

碳氢化合物(HC)是大气中重要的污染物,包括烷烃、烯烃(如乙烯、丙烯、苯乙烯和丁二烯)、芳香烃(如单环芳烃、多环芳烃)等。大气中碳氢化合物以气态和颗粒态的形式存在,其中碳原子数为 $1 \sim 10$ 的碳氢化合物主要以气态形式存在。挥发性有机物(volatile organic compounds,VOCs)是大气中普遍存在的一类有机污染物,具有分子量小、饱和蒸气压较高(>133.32 Pa)、沸点较低($50 \sim 250$ ℃)、亨利常数较大、辛烷值较小等特征。VOCs 是臭氧和二次有机颗粒物的重要前体物,在大气化学反应过程中起着极其重要的作用。VOCs 易与大气中各种气体(如 NO,NO_2)、氧化剂、·OH 等发生化学反应,生成有机气溶胶等二次污染物,参与光化学烟雾的形成。VOCs 主要来自天然源,植被排放的 VOCs 量远远超过人为源。1995 年 Guenther 等估算,全球植物 VOCs 排放量达 1.150×10^6 t/a,约占全球 VOCs 年排放量的 90%;其中,植物释放 VOCs 总量中异戊二烯约占 44%。除植物释放等天然源外,

VOCs的人为源十分复杂,其中固定源包括化石燃料燃烧、废弃物燃烧、溶剂使用、石油储运、工业过程等,流动源包括机动车、飞机、轮船等交通工具的排放,无组织排放源包括生物质燃烧、溶剂挥发等过程。汽车尾气排放是城市大气中VOCs的主要来源。

CH_4是大气中丰度最高的气态有机物,占气态有机物的80%~85%。除CH_4外,VOCs在大气化学中具有重要作用。因此,在早期大气污染研究中通常把碳氢化合物分为甲烷(CH_4)和非甲烷烃(NMHC)两大类。

(1)甲烷(CH_4):CH_4是无色气体、化学性质稳定。大气中CH_4的浓度在含碳化合物中仅次于CO_2。近100年来大气中CH_4浓度上升了1倍,2018年达$1\,858\times10^{-9}$(体积分数)。CH_4是重要的温室气体之一,可吸收波长为$7.7\ \mu m$的红外辐射,其温室效应比CO_2大20倍以上,对全球温室效应的贡献约占20%。

无论是天然源,还是人为源,除生物质燃烧过程、原油及天然气的泄漏外,甲烷都来自厌氧细菌的发酵过程。该过程可发生在沼泽、泥塘、湿冻土带、水稻田底部等环境,反刍动物及蚂蚁等的呼吸过程也可产生CH_4。表2-5列出了CH_4的主要排放源。

美国科罗拉多大学的唐纳德·约翰逊估计,一头牛每天排泄CH_4 200~400 L,全世界约有牛、羊和猪12×10^8头,每年将产生大量的甲烷。水稻田是大气CH_4重要排放源之一,在厌氧条件下,微生物代谢有机质产生CH_4。气温、土壤组成及性质和耕作方式对水稻田CH_4排放有重要影响;在不同的生长期,水稻田CH_4排放量也不同。随着全球人口增长,水稻田面积扩大,复种指数提高,CH_4排放量亦将随之增加。我国水稻种植面积约占全球的30%,因此,水稻田CH_4减排对我国乃至全球控制温室气体排放有重要意义。

表2-5 甲烷(CH_4)的主要排放源(IPCC,1995)

排放源	排放量/$(10^{12}\ g\cdot a^{-1})$
天然源	
湿地	115(5~150)
白蚁	20(10~50)
海洋	10(5~50)
其他	15(10~40)
天然源小计	160(110~210)
人为源	
化石燃料(煤、石油、天然气)	100(70~120)
反刍动物	85(65~100)
水稻田	60(20~100)
生物质燃烧	40(20~80)
废弃物填埋	40(20~70)
动物排泄物	25(20~30)
下水道处理	25(15~80)
人为源小计	375(300~450)
总计	535(410~600)

大气中 CH_4 的主要去除过程是与 $\cdot OH$ 自由基的反应：

$$CH_4 \ + \ \cdot OH \longrightarrow \cdot CH_3 \ + \ H_2O$$

大气中 CH_4 的寿命约为 11 a。目前排放到大气中的 CH_4 大部分被 $\cdot OH$ 氧化，每年留在大气中的 CH_4 约 0.5×10^8 t，从而导致大气中 CH_4 浓度上升。因此，大气中 CO 等消耗 $\cdot OH$ 的物质增加，会导致 CH_4 浓度的上升。Rasmussen 等估计，近 200 年来，大气中 CH_4 浓度上升，70% 是直接排放的结果，30% 则是大气中 $\cdot OH$ 浓度下降所致。

土壤是大气 CH_4 重要的汇，排水良好的土壤，如占地球陆地面积 30% 的林地可直接吸收大气中的 CH_4，土壤湿度、孔隙状况、理化特性和枯枝落叶等会影响土壤吸收 CH_4 的特性。对流层中少量 CH_4 会扩散进入平流层，与氯原子发生反应：

$$CH_4 \ + \ \cdot Cl \longrightarrow \cdot CH_3 \ + \ HCl$$

该反应可间接减少对 O_3 的损耗，形成的 HCl 可以扩散到对流层通过降水被清除。

（2）非甲烷烃（nonmethane hydrocarbon，NMHC）：NMHC 是指除甲烷以外的所有可挥发的碳氢化合物（其中主要是 C2~C8）。与甲烷不同，NMHC 有较大的光化学活性，是形成光化学烟雾的前体物。大气中 NMHC 的环境本底值：海洋上空为 8 $\mu g/m^3$，陆地上空为 50 $\mu g/m^3$；烷烃（主要是乙烷、丙烷、丁烷）约为 3 $\mu L/m^3$，烯烃（主要是乙烯、丙烯、丁烯）约为 1 $\mu L/m^3$。城市大气中 NMHC 的浓度明显高于环境本底。如我国兰州市 NMHC 的平均浓度曾为 1 000~2 000 $\mu L/m^3$。

大气中 NMHC 的种类很多，组成因来源而异，其中排放量最大的是植物释放的萜烯类化合物，约占 NMHC 排放总量的 65%。已鉴定出的主要有 α-蒎烯、β-蒎烯、香叶烯、d-苧烯、正庚烷、异戊（间）二烯、檀萜、莰烯、α-紫罗烯、β-紫罗烯、α-莺尾酮等。1979 年 Graedel 指出植物释放的 NMHC 可达 367 种。乙烯是植物释放的最简单的有机化合物之一，而最主要的是异戊（间）二烯（isoprene）和单萜烯（monoterpene），它们会在大气中发生化学作用而形成光化学氧化剂或气溶胶颗粒。

NMHC 的人为源十分复杂。据统计汽油燃烧排放 NMHC 的量约占人为源总量的 38.5%；焚烧、溶剂蒸发分别占人为源的 28.3%、11.3%；石油蒸发和运输损耗、废物提纯分别约占人为源的 8.8% 和 7.1%；以上五类污染源的排放量占人为源总量的 94%。但区域大气中 NMHC 的来源因地而异，如城市大气中的 NMHC 大多来自机动车尾气的排放，其中汽油车主要排放乙烯、异戊烷、苯、甲苯等，柴油车主要排放乙烯、丙烯和 C8 以上的正构烷烃等，汽油车尾气苯系物的比例高于柴油车。

大气中 NMHC 可通过化学反应或转化成有机气溶胶而去除。烷烃、烯烃、芳香烃、含氧有机物和含硫有机物分别可与 $\cdot OH$、O_3、O、HO_2 和 NO_3 等发生一系列自由基反应，其中最重要的是与 $\cdot OH$ 的反应。此外，在降雨过程中，雨水可溶解和冲刷对流层大气中的挥发性有机物。

（3）多环芳烃（polycyclic aromatic hydrocarbons，PAHs）：两个或两个以上苯环以稠环方式相连的化合物，是环境中广泛存在的一类持久性有机污染物。它主要来自石油、煤等化石燃料及木材、秸秆等的不完全燃烧过程，火山喷发、森林火灾也可产生 PAHs。经干湿沉降过程，大气中的 PAHs 可进入水体、土壤和生物体，并在大气圈、水圈、土壤圈及生物圈中不断进行循环。迄今，已发现 200 多种 PAHs，其中相当部分 PAHs 具有致癌、致畸和致突变的"三致"效应，被美国环境保护署列入优先污染物名单的 16 种 PAHs 见表 2-6。

表 2-6 16 种 PAHs 的基本性质

英文名称	中文名称	分子量	分子式	结构式	致癌性
naphthalene	萘	128	$C_{10}H_8$		o/+
acenaphthene	二氢苊	154	$C_{10}H_6(CH_2)_2$		o/+
acenaphthylene	苊	152	$C_{10}H_6(CH)_2$		o/+
fluorene	芴	166	$C_{13}H_{10}$		o/+
phenanthrene	菲	178	$C_{14}H_{10}$		o/+
anthracene	蒽	178	$C_{14}H_{10}$		+
fluoranthrene	荧蒽	202	$C_{16}H_{10}$		o/+
pyrene	芘	202	$C_{16}H_{10}$		+
benzo[a]anthracene	苯并[a]蒽	228	$C_{18}H_{22}$		+
chrysene	䓛	228	$C_{18}H_{22}$		o/+

续表

英文名称	中文名称	分子量	分子式	结构式	致癌性
benzo[k]fluoranthene	苯并[k]荧蒽	252	$C_{20}H_{12}$	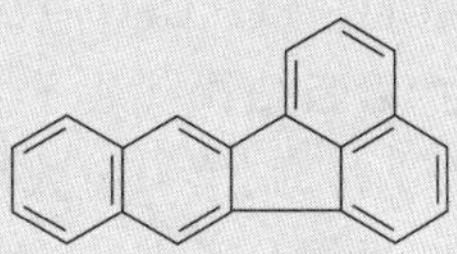	o/+
benzo[b]fluoranthene	苯并[b]荧蒽	252	$C_{20}H_{12}$	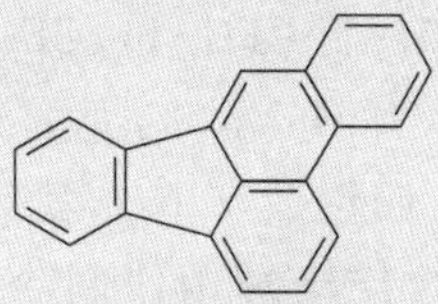	o/+
benzo[a]pyrene	苯并[a]芘	252	$C_{20}H_{12}$	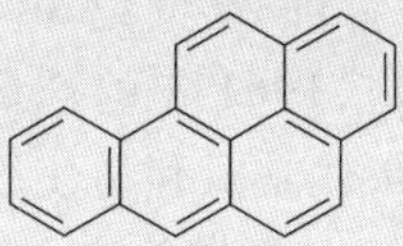	++
indeno[1,2,3-c,d]pyrene	茚并[1,2,3-c,d]芘	276	$C_{22}H_{12}$	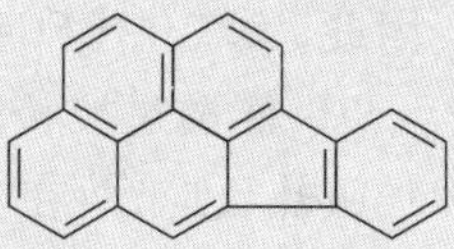	o/+
benzo[g,h,i]perylene	苯并[g,h,i]苝	276	$C_{22}H_{12}$	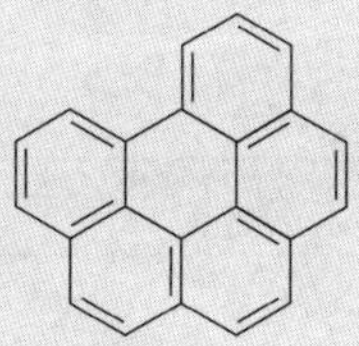	o/+
dibenz[a,h]anthracene	二苯并[a,h]蒽	276	$C_{22}H_{14}$	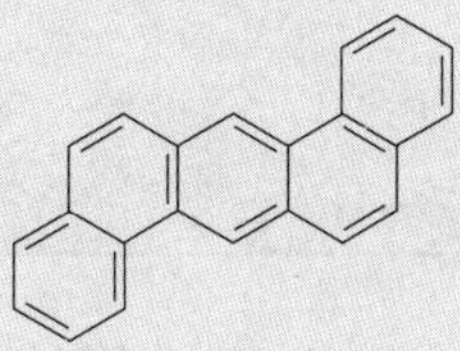	+

注:o/+为怀疑具有致癌性;+为致癌;++为强致癌

大气中 PAHs 以气态和颗粒态两种形式存在,其形态分布受本身的物理化学性质和环境的影响,其中 2~3 环小分子量 PAHs 主要以气态形式存在,4 环 PAHs 在气态和颗粒态中分布大致相当,5~7 环大分子量 PAHs 绝大部分以颗粒态形式存在,但在一定条件下两者可以互相转化。分子量较大的 PAHs 大多具有致癌性,且绝大部分吸附在细颗粒物上,因此对人体健康的影响较大。大气中 PAHs 的存在形态、源解析、迁移转化过程及健康风险仍将是人们关注的热点问题之一。

（四）含卤素化合物

大气中含卤素化合物主要指有机卤代烃和无机卤代化合物,其中有机卤代烃对环境影响较大。有机卤代烃包括卤代脂肪烃和卤代芳烃,其中多氯联苯(PCBs)及有机氯农药(如DDT、六六六)等高级卤代烃以颗粒态(气溶胶)的形式存在,而含两个或两个以下碳原子的卤代烃则以气态形式存在。对环境影响最大,需特别引起关注的卤代烃是氯氟烃类。

1. 氯氟烃类

氯氟烃类化合物(或称氟利昂类)是指同时含有氯和氟的烃类化合物,包括 CFC-11、CFC-12、CFC-113、CFC-114、CFC-115 等,简称为 CFCs。CFC 是 chloro、fluoro、carbon 的缩写,后面的数目依次代表了 CFC 中含 C、H、F 的原子数。第一个数字表示碳原子数-1(当碳原子数为 1 时,则第一个数字为 0,并省略),第二个数字表示氢原子数+1,第三个数字表示氟原子数;根据分子中 C、H、F 的个数,可推断出氯原子的数目。例如,CFC-113,其分子式为 $C_2F_3Cl_3$;而 CFC-11、CFC-22 的分子式分别为 CCl_3F、$CHClF_2$。分子中含溴的卤代烷烃,商业名称为 Halon(哈龙)。常用的特种消防灭火剂有 Halon 1211、Halon 1301、Halon 2401 等;在此,四位数字依次表示为碳、氟、氯、溴的原子数;如 Halon 1211 的分子式为 CF_2ClBr。

CFCs 广泛被用作制冷剂、气溶胶喷雾剂、泡沫塑料的发泡剂、电子工业清洗剂和消防灭火剂等。自 20 世纪 30 年代生产使用 CFCs 以来,人类向大气层排放的 CFCs 量激增,如 CFC-11,1961 年的产量约为 6 万吨,1974 年增至 37 万吨,CFC-12 则由 11 万吨增至 45 万吨;80 年代是氟利昂使用的高峰期,每年向大气释放约 35 万吨 CFC-11。由于发现 CFCs 排放是破坏臭氧层的主要因素,全球采取了一系列行动停止生产和使用 CFCs,并逐步使用替代物。因此,大气中 CFCs 浓度增长速度有所减缓。

由于 CFCs 能透过波长大于 290 nm 的辐射,故在对流层不会发生光解反应;它们与·OH 的反应为强吸热反应,故在对流层难以被·OH 氧化;由于 CFCs 不溶于水,故不易被降水清除。CFCs 在对流层大气中十分稳定,寿命很长,见表 2-7。

表 2-7　大气中 CFCs 和 Halon 的寿命

化合物	大气中的寿命/a	化合物	大气中的寿命/a
CFC-11	45	CFC-22	1.7
CFC-12	100	CFC-123	1.3
CFC-113	85	Halon 1211	16
CFC-115	1 700		

排放进入对流层的氯氟烃类化合物不易在对流层被去除,它们唯一的去除途径是扩散至平流层,在强紫外线作用下进行光解,其反应式可表示如下:

$$CFXCl_2 \ + \ h\nu(175\sim220\ nm) \longrightarrow \ \cdot CFXCl \ + \ \cdot Cl(X 为 F 或 Cl) \qquad (2-1)$$
$$\cdot Cl \ + \ O_3 \longrightarrow ClO\cdot \ + \ O_2 \qquad (2-2)$$
$$ClO\cdot \ + \ O \longrightarrow \cdot Cl \ + \ O_2 \qquad (2-3)$$

反应(2-2)、(2-3)是链式反应,循环进行的结果是 1 个·Cl 原子可以消耗 10 万个 O_3 分子,结果使臭氧层遭到破坏。各种 CFCs 都能在光解时释放·Cl,因此在大气中寿命越长的 CFCs,危害越大。

由于 CFCs 化合物寿命不同,进入平流层的能力不同,造成臭氧损耗的潜在能力也不相同。一般采用臭氧损耗潜势能(ozone depletion potential,ODP)表示它们对臭氧损耗的影响。ODP 的定义为

ODP=单位质量物种引起的 O_3 损耗/单位质量 CFC-11 引起的 O_3 损耗

1988 年在荷兰海牙会议上公布的 CFCs 和 Halon 的 ODP 见表 2-8。

氯氟烃类化合物的排放使大气臭氧层受到极大的破坏,故必须严格控制 CFCs 的生产和使用。1987 年 9 月在加拿大蒙特利尔召开国际会议,通过了《关于消耗臭氧层物质的蒙特利尔议定书》(简称《蒙特利尔议定书》),并于 1989 年 1 月 1 日起生效。《蒙特利尔议定书》中明确提出需要限制的 8 种含卤素有机物:CFC-11、CFC-12、CFC-113、CFC-114、CFC-115、Halon 1211、Halon 1301、Halon 2402。《蒙特利尔议定书》伦敦修正案则要求在 2000 年或 2005 年前全部停止生产和使用 CFCs、四氯化碳和氯仿等。

表 2-8 CFCs 和 Halon 的 ODP

化合物	ODP(WMO,2006)	ODP(《蒙特利尔议定书》)
CFCs-11	1.0	1.0
CFCs-12	1.0	1.0
CFCs-113	1.0	0.8
CFCs-114	1.0	1.0
CFCs-115	0.44	0.6
CFCs-22	—	0.04
CFCs-123	0.02	0.02
CFCs-124	0.022	0.022
CFCs-142b	0.07	0.065
CFCs-134a	0	0
CFCs-143a	0	0
CFCs-152a	0	0
Halon 1211	7.1	3.0
Halon 1301	16	10.0
Halon 2402	11.5	6.0

从表 2-8 可以看出,凡被卤素全取代的氯氟烷烃具有很长的大气寿命,而在烷烃分子中尚有 H 未被完全取代的 CFCs,则寿命要短得多。近几十年来,国际上一直致力于寻找用来代替长寿命 CFCs 的物质,如用 HCFC-123 代替 CFC-11,以减少 CFCs 对大气臭氧层的破坏作用。当 CFCs 被逐渐淘汰,氢氯氟烃(HCFCs)和氢氟碳化合物(HFCs)等卤代烃取代 CFCs 时,大气中 CFCs 替代物的浓度快速上升。1992 年《蒙特利尔议定书》哥本哈根修正案规定,HCFCs 也将逐渐消减,到 2004、2010、2015 年发达国家分别减少 35%、65%、90%,到 2020 年将停止生产 HCFCs。

CFCs 类物质也是温室气体,尤其是 CFC-11、CFC-12,它们吸收红外线的能力比 CO_2 要强得多。CFCs 分子的主要吸收频谱为 $800 \sim 2\,000\ cm^{-1}$,与 CO_2 的吸收频谱不相重合。每个

CFC-12 分子产生的温室效应相当于 15 000 个 CO_2 分子。虽然 HCFCs 对臭氧层的破坏作用较小,但这类物质也是温室气体。1984 年,美国科学家评估 CFCs 对环境影响的报告指出,大气中痕量气体(包括 CO_2、N_2O、CH_4、CFCs 等)造成的温室效应,CFCs 的贡献约占 20%。由于大气中温室气体浓度的变化,CFCs 对温室效应的相对贡献也会发生变化。

因此,CFCs 浓度增加具有破坏平流层臭氧和影响对流层气候的双重效应。但也有研究表明,大气中 CO_2、N_2O、CH_4 等痕量气体浓度增加,均能减轻对全球臭氧层的耗损程度,可以抵消一部分由 CFCs 引起的平流层臭氧耗损。臭氧耗损与温室效应存在着较复杂的关系。

2. 持久性有机污染物

大气中的含卤素化合物除氯氟烃类外,还有其他含卤素的持久性有机污染物(persistent organic pollutants,POPs)。POPs 是指具有长期残留性、生物蓄积性、半挥发性和高毒性,通过各种环境介质(大气、水、土壤、生物体等)能够长距离迁移并长期存在于环境,进而对人类健康和环境具有严重危害的天然或人工合成的有机污染物。这些污染物不仅具有较高的"三致"效应,而且能够导致生物体内分泌紊乱、生殖和免疫机能失调及其他器官的病变等。2001 年 5 月 23 日,92 个国家和地区签署了《关于持久性有机污染物的斯德哥尔摩公约》(POPs 公约),首批要控制和消除的 12 类对人类健康和生态环境最具危害的 POPs 分别是艾氏剂(aldrin)、狄氏剂(dieldrin)、异狄氏剂(endrin)、DDT、七氯(heptachlor)、氯丹(chlordane)、灭蚁灵(mirex)、毒杀酚(toxaphene)、六氯苯(HCB)、多氯联苯(PCBs)、多氯代二苯并二噁英(PCDDs)和多氯代二苯并呋喃(PCDFs)。2009 年新增 9 种 POPs,分别是 α-六氯环己烷和 β-六氯环己烷、六溴联苯醚和七溴联苯醚、四溴联苯醚和五溴联苯醚、十氯酮、六溴联苯、林丹、五氯苯、全氟辛烷磺酸及其盐、全氟辛基磺酰氟。2011 年至 2017 年 POPs 公约缔约方大会先后四次将硫丹、六溴环十二烷(HBCD)、多氯萘、六氯丁二烯、五氯苯酚、短链氯化石蜡(SCCPs)增列为 POPs 名单。其中毒性最强、对人体健康和环境影响最大的 POPs 是 PCDDs 和 PCDFs,它们分别有 75 种、135 种同系物;而 PCBs 有 209 种同系物。

PCDDs 和 PCDFs 主要来自垃圾焚烧、化石燃料燃烧、钢铁冶炼、氯碱工业和纸浆漂白等工业过程。

大气中 POPs 以气态和颗粒态形式存在,其形态分布与 POPs 本身的物理化学性质、环境温度和相对湿度等有关。一定条件下 POPs 会发生光化学降解,也会通过干湿沉降进入土壤和水体等环境介质,还可通过大气环流进行远距离迁移,到达地球两极乃至珠穆朗玛峰。因此,大气中 POPs 的污染来源、迁移转化、健康风险及控制一直是国际上环境领域的研究热点。

3. 氟化物

大气中的氟化物主要包括氟化氢(HF)、四氟化硅(SiF_4)、氟硅酸(H_2SiF_6)、全氟代烃类(CF_4、CF_3CF_3)及六氟化硫(SF_6)等,来自铝的冶炼、磷矿石加工、磷肥生产等过程。HF 主要以气体和含氟飘尘的形式污染大气,并能很快与大气中的水汽结合,形成氢氟酸气溶胶;四氟化硅在大气中与水汽反应形成水合氟化硅和易溶于水的氟硅酸。降水可把大气中的氟化物带到地面。

氟有很高的生物活性,对许多生物具有明显的毒性;如氟化物对蚕桑、柑橘等植物的生长有较大的危害。CF_4、CF_3CF_3、SF_6 具有很强的温室效应,它们在大气中的寿命分别为

50 000 a、10 000 a 及 3 200 a。

大气中全氟与多氟有机化合物（PFCs）通常分为两类，一类是 PFCs 前体物，通常包括 5 种：氟调醇（FTOHs）、氟调聚丙烯酸酯（FTACs）、全氟磺酰胺（FOSAs）、全氟磺酰胺基乙醇（FOSEs）和氟调聚烯烃（FTOs）。PFCs 前体物为中性、挥发性和半挥发性物质，其溶解度较低。FTOHs 和 FTOs 的蒸气压相对较高，FTACs 与 FOSAs、FOSEs 的蒸气压较低。另一类是全氟烷酸类化合物（perfluoroalkyl acids，PFAAs），包括全氟烷基羧酸（PFCAs）和全氟烷基磺酸（PFSAs），与其他氟化物不同，一般 $pKa<3$，蒸气压低，且 PFAAs 的蒸气压随着碳链增加而降低。超过 99.99% 的 PFAAs 分子以阴离子形式存在，具有极低的挥发性和较高的水溶性。

全球大气中均有 PFCs 存在，基本呈现城市—郊区—农村—海面及偏远地区递减趋势。PFCs 的物理化学性质（蒸气压、水溶性等）及环境条件（温度、湿度、悬浮颗粒物浓度等）决定其在气相和颗粒相中的分布。PFAAs 蒸气压较低，具有很高的表面活性及形成胶束的能力，主要以颗粒形态存在，FTOHs 等前体物蒸气压较高，通常以气态存在，在城市和农村大气中 FTOHs 含量大约为 $50\sim1\,200$ pg/m^3。大气中的 PFCs 可通过干湿沉降进入土壤、地下水及江河湖泊，同时降雪在融化过程中可能有部分 PFCs 挥发进入大气。PFCs 也可进行长距离迁移。

（五）光化学氧化剂

大气中的光化学氧化剂，如臭氧（O_3）、过氧乙酰硝酸酯（PAN）、二氧化氮（NO_2）、醛类（RCHO）、过氧化氢（H_2O_2）等都是由天然源和人为源排放的 NO_x 和碳氢化合物在太阳光照射下发生光化学反应而生成的二次污染物。在光化学氧化剂中，一般 O_3 占 90% 以上，其次是 PAN。

1. 臭氧

臭氧（O_3）是天然大气中重要的微量组分，平均含量为 $0.01\sim0.1$ mL/m^3；大部分集中在 $10\sim30$ km 的平流层，对流层 O_3 仅占 10% 左右。当发生光化学烟雾时，O_3 浓度可高达 $0.2\sim0.5$ mL/m^3。O_3 不仅能阻止 $\lambda<290$ nm 的紫外线到达地面，而且改变透入对流层阳光的辐射分布。同时，O_3 吸收光后的分解产物引发了大气中的热化学过程；尤为重要的是，分解产物中的电子激发态原子具有足够的能量与其他不能与基态氧反应的分子发生反应，从而导致·OH 等重要自由基的生成，由此活跃了大气中的化学反应过程。因此，O_3 在大气化学中起着十分重要的作用。

对流层大气中 O_3 浓度增高，会造成一系列不利于人体健康的影响，如 O_3 对眼睛和呼吸道有刺激作用，对肺功能也有影响。O_3 对动植物也是有害的，如可导致叶子损伤、影响植物生长，降低产量。烟草、菠菜、燕麦等对 O_3 敏感的植物，在含 $0.05\sim0.15$ mL/m^3 O_3 的空气中接触 $0.5\sim8$ h，就会出现伤害。

对流层大气中 O_3 的天然源最主要的有两个：一是由平流层输入，二是光化学反应产生 O_3。自然界的光化学过程是对流层 O_3 的重要来源，由 CO 产生 O_3 的光化学机制为

$$CO + \cdot OH \longrightarrow CO_2 + \cdot H$$
$$\cdot H + O_2 + M \longrightarrow HO_2\cdot + M$$
$$HO_2\cdot + NO \longrightarrow NO_2 + \cdot OH$$
$$NO_2 + h\nu \longrightarrow NO + O$$
$$O + O_2 + M \longrightarrow O_3 + M$$

也有人认为天然 CH_4 是 O_3 的前体物,即 CH_4 与·OH 反应生成·CH_3,经一系列中间反应生成 CO,最终经大气光化学反应生成 O_3。此外,人们还发现植物排放的萜类碳氢化合物和 NO 经光化学反应也可产生 O_3。

O_3 的人为源包括交通运输、石油化学工业及火力发电厂。在城市,汽车尾气排放大量 NO 和烯烃类化合物,只要在阳光照射及合适的气象条件下就可以生成 O_3,它是光化学烟雾的产物。石油化学工业及火力发电厂等排放的 NO_x 和碳氢化合物,在合适的条件下也能形成 O_3。此外,生物质燃烧产生 CO、CO_2、CH_4、碳氢化合物和 NO_x,在阳光作用下也能产生 O_3。

对流层中 O_3 主要通过均相(气相)或非均相的光化学及热化学反应去除。经非均相反应去除 O_3 的量约为总汇的 1/3。

大气中的奇氧反应,即 $O_3+O \longrightarrow O_2+O_2$ 是耗损 O_3 的基本反应,它可以通过三种途径来实现。一是由·OH 构成的催化循环反应:

$$O + HO_2· \longrightarrow ·OH + O_2$$
$$·OH + O_3 \longrightarrow HO_2· + O_2$$

净反应:$O + O_3 \longrightarrow O_2 + O_2$

其中,O 可由 $NO_2+h\nu \longrightarrow NO+O$ 提供。

二是由 NO 构成的催化循环反应:

$$NO + O_3 \longrightarrow NO_2 + O_2$$
$$NO_2 + O \longrightarrow NO + O_2$$

净反应:$O + O_3 \longrightarrow O_2 + O_2$

其中,NO 可由 NO_2 光解或 N_2O 与 O 的反应提供,对流层中还可直接来自人为源排放等。

三是由 Cl·构成的催化循环:

$$Cl· + O_3 \longrightarrow ClO· + O_2$$
$$ClO· + O \longrightarrow Cl· + O_2$$

净反应:$O + O_3 \longrightarrow O_2 + O_2$

因此,大气中 NO、NO_2、N_2O、Cl·、ClO·等活性粒子的增多,会加快 O_3 的损耗。对流层中 O_3 主要是与·OH、NO 等反应;而平流层中 O_3 的去除主要是与 ClO·、NO 等的反应。

2. 过氧乙酰硝酸酯

过氧乙酰硝酸酯系列 $RCH_2C(O)OONO_2$ 是光化学烟雾污染产生的重要二次污染物,通常包括:过氧乙酰硝酸酯(peroxyacetyl nitrate,PAN)、过氧丙酰硝酸酯(PPN)、过氧丁酰硝酸酯(PBN),其中 PAN 是该系列的代表,通常被视为光化学烟雾的特征污染物。

PAN 全部是由污染产生的。大气中测出 PAN 即可作为发生光化学烟雾的依据。PAN 的浓度通常随光化学氧化剂的总浓度而变化,与 O_3 浓度变化相似,呈明显的日变化和月变化,一天中最高值出现在正午前后,一年中夏季最高,冬季最低。

PAN 是由 NO_2 和乙醛作用产生的。因此,凡能产生乙醛或乙酰基的物质都可能产生 PAN:

$$CH_3CHO + ·OH \longrightarrow CH_3CO· + H_2O$$
$$CH_3CO· + O_2 \longrightarrow CH_3C(O)OO·$$
$$CH_3C(O)OO· + NO_2 \longrightarrow CH_3C(O)OONO_2 \quad （PAN）$$

PAN 能刺激眼睛,也有可能诱发皮肤癌;还能对植物生长等产生不利的影响。

PAN 的去除主要是通过热分解反应。在遇热情况下,PAN 分解成 NO_2 和 $CH_3C(O)OO\cdot$。因此,PAN 还能参与降水的酸化。

(六)汞

作为一种全球性污染物,汞污染已给人类的生活和健康造成了很大的影响。排放到大气中的单质汞(Hg^0)可在区域和全球范围内随大气环流长距离传输,并沉降到一些远离污染源的地区,导致生物体内汞和甲基汞含量增加。

大气中汞的来源有人为源和天然源。人为源包括化石燃料燃烧、城市垃圾和医疗垃圾焚烧、有色金属冶炼、氯碱工业、水泥制造、土法炼金和炼汞活动等。人为活动已造成 154 万 t 的汞排放到环境中;1850—2010 年间,全球燃煤造成 3.8 万 t 的汞排放,其中 2.64 万 t 释放到大气中;而 2010 年全球人为活动向大气排放汞约为 1 960 t。亚洲是全球人为源汞排放最多的地区,汞排放量约为 1 179 t/a。由于人类活动的影响,工业革命以来全球大气汞沉降已增加了 3 倍。天然源主要包括火山与地热活动、森林火灾、土壤和水体及植物表面汞的蒸发,以及先前沉降下来的汞的二次排放等,据估计全球天然源向大气排放汞 3 000 ~ 5 000 t/a。与人为源不同,天然源向大气排放的汞 99% 以上是 Hg^0。根据已有观测和模型估算,我国自然地表过程(包括裸露地、地表水和森林土壤等)的汞排放量与人为源相当。

我国汞排放量约为 500~700 t/a,约占全球人为汞排放量的 25%~30%。1998 年之前,我国人为汞排放主要来自工业燃煤锅炉;1999—2004 年间,汞排放主要来自锌冶炼;2005—2008 年间,汞排放主要来自燃煤电厂;2009 年之后主要来自水泥生产。2000—2010 年间,我国汞排放从 356 t 增加到 538 t。我国城市、农村和偏远地区大气汞浓度分布和变化范围很大,城市地区总气态汞浓度是北美和欧洲地区的 1.5~5 倍,颗粒态汞浓度比北美和欧洲高 2 个数量级;沿海地区和偏远的背景区总气态汞、颗粒态汞和活性汞低于内地城市地区。相应地,城市地区和背景区大气汞沉降分别比北美高出 1~2 个数量级和 1~2 倍。2013 年,140 多个国家在联合国框架下签署了《水俣公约》,旨在全球范围内减少汞排放,减少汞对生态环境和人类健康的危害。2013—2017 年间,我国汞排放量从 571 t 降低到 444 t,大气汞含量降低了 0.29 ng/m^3,汞沉积通量降低了 17 $\mu g/(m^2 \cdot a)$。

气态汞含量受人为、自然排放以及大气转化的影响,在大气中的停留时间为 0.5~1 a。陆地生态系统中的植物叶片能够吸收气态汞(Hg^0),并通过落叶进行积累,积累量占人类排放汞的 50%~60%,土壤孔隙中的 Hg^0 含量一般为 0.3~0.6 ng/m^3,而常绿阔叶林中土壤孔隙的 Hg^0 含量高达 69.6±5.8 ng/m^3。

汞的化学形态和物理化学性质影响其大气化学行为,决定其在大气中的停留时间和输送范围。含汞化合物具有半挥发性,在大气中以气态和颗粒态存在。Hg^0 具有挥发性,性质稳定,在大气中停留时间约为 1 a,可以全球输送。大气中 Hg^0 可以被 O_3、$\cdot OH$ 及各种卤素(Cl_2、Br_2、BrO 等)氧化成 Hg^{2+}。由于 Hg^{2+} 更溶于水,更易沉淀,所以 Hg^0 的氧化是大气汞沉降最重要的过程之一。

汞污染是当前全球最重要的环境问题之一,而大气汞在全球汞循环中占有十分重要的地位。大气中汞污染的来源、迁移转化、归趋及控制,是近 20 年来国内外环境科学与工程领域的研究热点之一。

（七）气溶胶

气溶胶虽然不是大气的主要成分,但它是大气中普遍存在而无恒定化学组成的聚集体。因来源或形成条件不同,其化学组成和物理性质差异很大,并具有一定污染源的特征。

大气中稳定存在的气溶胶,其粒径范围为 $0.1 \sim 10~\mu m$,粒径大于 $10~\mu m$ 的气溶胶颗粒(降尘)易受重力作用或撞击沉降到地面而被清除。粒径在 $100~\mu m$ 以下的气溶胶,称为总悬浮物,其中粒径在 $10~\mu m$ 以下的气溶胶颗粒又称飘尘。

气溶胶颗粒的来源非常复杂,既有天然源,又有人为源,其中天然源大约是人为源的 5 倍多;既有一次气溶胶颗粒,又有二次气溶胶颗粒。风沙、火山喷发、森林火灾、海水溅沫和生物排放等天然源及人工翻土、开发矿山、燃料燃烧等人为源均排放一次气溶胶颗粒。而上述过程中排放的 H_2S、NH_3、NO_x 和挥发性有机物等,经过一系列物理化学过程可形成新的细粒子,即二次气溶胶颗粒。

大气中气溶胶含量随地区、气候等条件的不同而异。城市大气中气溶胶的质量浓度约为 $100~\mu g/m^3$,乡村则为 $30 \sim 50~\mu g/m^3$。气溶胶的组成与污染源密切相关。

大气中气溶胶含有许多金属及非金属元素,它是持久性有毒有害污染物的载体,也是 NO_x、O_3、SO_2 及有机污染物等多相反应的载体,它参与大气降水过程,对酸雨及光化学烟雾的形成、臭氧层破坏等有重要影响,对海洋生产力及全球气候变化有一定的影响。气溶胶的形成机制及生物地球化学/环境效应见图 2-6。

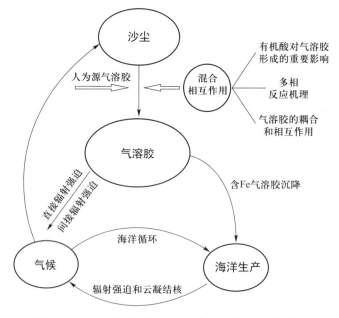

图 2-6　气溶胶的形成机制及生物地球化学/环境效应

20 世纪 90 年代以来,大气环境化学研究重点已逐渐转向气溶胶,并成为大气化学研究中最前沿的领域。当今大气气溶胶研究已进入到一个新的阶段,从人为源逐渐向天然源、生物地球化学源发展;从总体颗粒物的表征向单个颗粒物,由微米级向亚微米,甚至纳米级的粒度发展;从一般无机元素组分向元素碳、有机碳、酸碱性基团、有机分子发展;从室外环境向室内环境、区域环境、全球环境发展;从对流层向平流层发展;并将气溶胶的特性与环境效应(如气候效应)、生态效应(如健康效应)以及大气化学过程密切结合起来,向更深的层次和更广的范围发展。气溶胶的组成、来源、形成过程及其危害等将另节详细讨论。

三、大气污染效应

当前世界上最受关注的温室效应、酸雨及臭氧层破坏等全球环境问题及灰霾、光化学烟雾等区域环境问题均与大气污染有关。以下简要介绍大气污染效应。

1. 对大气性质的影响

气溶胶颗粒对光有散射和吸收作用,会导致霾的出现,降低大气能见度,影响城市景观及交通运输。大气中气溶胶也会影响地球的热平衡。

大气能见度可由下式计算:

$$r = 1\,207.5/c$$

式中:r——能见度,km;

c——微粒浓度,$\mu g/m^3$。

影响大气能见度的主要物质是硫酸盐、硝酸盐和碳黑等颗粒物,各组分的贡献大小与大气污染类型有关。如曾有研究表明,在京津地区大气污染对能见度影响的诸因素中,硫酸盐占首位,其贡献率达50%以上,气溶胶颗粒含碳化合物的贡献为20%~30%,两者的贡献70%~80%。大气污染还可引起雾的形成和沉降,减弱太阳光辐射,改变温度和风的分布。

2. 对材料的影响

大气污染可使一些材料变脏或使之遭受化学侵蚀,从而影响材料的性质。如含硫化合物能腐蚀油漆、水泥等;臭氧能氧化橡胶等,加速其老化。

3. 对植物生长的影响

SO_2、PAN和乙烯等污染物随空气通过植物的呼吸作用进入植物体内。污染物进入叶子破坏叶绿素,从而影响植物的光合作用,抑制植物生长以致死亡。

4. 对人体健康的影响

大气污染对人体健康的影响是最重要的污染效应,主要是对人的眼睛、皮肤和呼吸系统的危害,其中以对呼吸系统的危害最大。

第三节　大气中污染物的迁移

大气中污染物的迁移可使其空间分布发生变化,而不改变它们的化学组成,但污染物在大气中的迁移常伴随着形态的转化。如由于温度的差异,在炎热的赤道地区,持久性有机污染物(POPs)容易挥发到大气中,并向两极传输。在迁移过程中,蒸气压低的先沉降,而蒸气高的继续向两极输送;经过多次沉降、挥发,最后输送到寒冷的高纬度地区。在传输过程中,POPs不断进行着分离,挥发性强的容易输送到两极地区。从大气环境迁移到水体、土壤等环境介质是污染物的重要汇过程。

一、大气污染物的汇机制

排放到大气中的污染物,在污染源附近浓度较大,随后被周围空气逐渐稀释;这个过程受到许多因素影响。大气污染物可通过干沉降、湿沉降及化学反应过程而去除。

1. 干沉降

重力沉降,与植物、建筑物或地面/土壤相碰撞而被捕获(被表面吸附或吸收)的过程,统称为干沉降。重力沉降仅对直径大于 10 μm 的颗粒物有效。气溶胶颗粒从大气向地表沉降的过程取决于其粒径、密度和空气黏性系数,同时受空气动力学阻力、黏滞层阻力和表面收集阻力的影响,这些阻力分别与大气层温度、风速、相对湿度等微气象条件密切相关。与植物相碰撞可能是细小颗粒在近地面处较有效的去除过程,去除效率与颗粒大小,植物表面大小、形状及湿度有关。对气态污染物,干沉降也是重要的去除途径。大气污染物干沉降过程、机制及其影响因素有待进一步研究。

2. 湿沉降

大气中的物质通过降水而落到地面的过程称为湿沉降。被降水湿去除或湿沉降对气体或颗粒物都是最有效的大气净化机制。湿沉降可分为雨除(rainout)和冲刷(washout)。雨除是指被去除物质参与了成云过程,即作为云滴的凝结核,使水蒸气凝结,同时吸收大气中的气态污染物,在云内部发生化学反应;冲刷是指在雨滴下落过程中,雨滴冲刷所经过大气中的气溶胶颗粒和气态污染物,雨滴内部也会发生化学反应。

3. 化学去除

污染物在大气中通过化学反应生成其他气体或颗粒而使原污染物在大气中消失的过程,称为化学去除。对于某些气态污染物(如 SO_2),此过程是重要的汇机制,不过这种机制也可能产生新的污染物,因而又有新污染物的去除问题。

上述三种去除过程存在着一定的联系,如排放到大气中的 SO_2,经过一系列化学反应可转化成硫酸及硫酸盐气溶胶,其中一部分由干沉降去除,而大部分则通过湿沉降去除。

除上述去除过程外,对流层中的污染物也可向平流层输送,从而消除或减少某些污染气体和气溶胶颗粒。表 2-9 列出了一些典型气态污染物的汇过程。

表 2-9   大气中典型气态污染物的汇过程

气体	汇
二氧化硫(SO_2)	降水清除:雨除、冲刷;气相或液相氧化成硫酸盐
	土壤:微生物降解、物理和化学反应、吸收
	植被:表面吸收、消化摄取
	海洋和河流吸收等
硫化氢(H_2S)	氧化为二氧化硫
臭氧(O_3)	光解;在植被、土壤、雪和海洋表面上的化学反应
氮氧化物(NO_x)	土壤:化学反应
	植被:吸收、消化摄取
	气相或液相化学反应
一氧化碳(CO)	平流层:与·OH反应
	土壤:微生物作用

续表

气体	汇	
二氧化碳（CO$_2$）	植被：光合作用、吸收	
	海洋：吸收等	
甲烷（CH$_4$）	土壤：微生物作用	
	植被：化学反应、细菌活动	
	对流层及平流层：化学反应	
挥发性有机物（VOCs）	氧化为 CO 和 CO$_2$；向颗粒物转化	
	土壤：微生物活动	
	植被：吸收、消化摄取	

（引自唐孝炎等，2006）

二、影响大气污染物迁移的因素

大气中污染物可发生三种类型的作用，即大气化学作用、气象学作用及流体力学作用。其中气象学作用既包括气象条件对污染物分散、迁移的影响，又包括污染物进入大气后引起的气象变化。

大气遭污染的程度，主要取决于污染源排放的特征、排放量和污染源的远近，还取决于大气对污染物的扩散能力。如污染源分布及排放相对稳定的情况下，大气颗粒物的浓度主要取决于其在各种气象条件下的输送、扩散情况。大气的扩散能力主要受风（风向、风速）和大气稳定度的影响。风向决定着大气污染物的扩散方向，风速决定着大气污染物的稀释速度。一般情况下，大气中污染物的浓度与总排放量成正比，与风速成反比。大气扩散可使污染物稀释，浓度降低，有时也可导致由源排放的污染物影响较远处居民的生活环境。此外，由于城市气温高于四周，往往形成城市热岛，市区被污染的暖气流上升，并从高层向四周扩散；郊区较清洁的冷空气则从低层吹向市区，构成局部环流，这样加强了城区与郊区的气体交换，但也使污染物在一定程度上局限于此局部环流之中，而不易向更大范围扩散、稀释。由此可见，气象学作用是复杂的。

大气的动力学和热力学因子是影响大气污染的主要气象因子。热力学因子主要有大气温度、温度层结构及大气稳定度，动力学因子主要有风和风的垂直切变等。大气稳定度是影响大气扩散能力的另一项重要气象因子。大气稳定度高，污染物不易扩散。大气稳定度与气温垂直递减率有关，而气团的绝热温度递减率是大气稳定与不稳定的分界线（图 2-7）。许多严重的大气污染事件，如光化学烟雾等都与逆温现象有关。

大气污染对气象的影响是显而易见的，如大气中 CO$_2$、N$_2$O、CH$_4$ 及 CFCs 浓度增加，引起温室效应，使全球气温变暖。大气颗粒物也可通过多种途径直接或间接影响气候。首先，气候变化与辐射收支有关，大气污染可以通过影响辐射收支影响气候。颗粒物本身可以参与成云，颗粒物数量和成分不一样会对云的形成产生影响。其次，大气污染会造成其他圈层的改变。

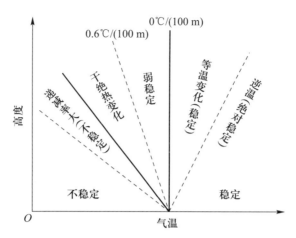

图 2-7　大气稳定度与气温垂直递减率的关系

第四节　大气中污染物的转化

大气中污染物经过光解、氧化还原等化学反应转化成无毒化合物,从而基本消除污染,或转化成毒性更大的二次污染物。如大气中的二氧化硫经光化学氧化、催化氧化等作用转化为硫酸或硫酸盐(二次污染物),从而对酸雨和灰霾等的形成产生重要影响。对流层和平流层大气化学较为重要和普遍存在的反应,主要有光化学反应、自由基反应和活性粒子(或活性化学物种)反应。大气中污染物的化学转化,大多是由光化学反应引发所致。较重要的光化学反应包括光解反应、激发态分子的反应及光催化反应;其中光解反应是造成近地面大气二次污染,如光化学烟雾和酸沉降,去除对流层中活性化学物质,使之不能进入对流层或导致平流层臭氧耗损的重要反应。光解反应往往是大气中链式反应的引发反应,是产生活性化学物种和自由基的重要源泉。因此,光解反应对大气中许多污染物的降解和去除起着举足轻重的作用。

大气光化学是大气污染化学的重要组成部分,是对流层和平流层化学过程研究的核心内容,也是大气化学基础研究的前沿领域。

一、光化学反应基础

1. 光化学定律

格鲁塞斯(Grotthuss)与德雷珀(Draper)提出了光化学第一定律:只有被分子吸收的光,才能有效地引起分子的化学变化。此定律是定性的,但它却是近代光化学的重要基础。

比尔-朗伯定律(Beer-Lambert Law)给出了定量关系式:

$$\lg(I_0/I) = \varepsilon \cdot c \cdot l \quad \text{或} \quad \ln(I_0/I) = \alpha \cdot c \cdot l$$

式中:　　　　I_0、I——入射光强度和透射光强度;

　　　　　　　l——容器的长度;

　　　　　　　c——气体的浓度;

$\lg(I_0/I)$、$\ln(I_0/I)$——气体的吸收率;

ε、α——比例常数。

爱因斯坦(Einstein)等提出了光化学第二定律:在光化学反应的初级过程中,被活化的分子数(或原子数)等于吸收光的量子数,或者说分子对光的吸收是单光子过程,即光化学反应的初级过程是由分子吸收光子开始的。此定律又称爱因斯坦光化当量定律,适用于对流层中的光化学过程。

2. 光化学的初级过程和量子产额

一个原子、分子、自由基或离子吸收一个光子所引发的反应,称为光化学反应。光化学反应的起始反应(初级过程)是:

$$A \quad + \quad h\nu \longrightarrow A^* \tag{2-4}$$

式中 A^* 为 A 的激发态,激发态物种 A^* 进一步发生下列各种过程:

$$光解(离)过程:A^* \longrightarrow B_1 \quad + \quad B_2 \quad + \quad \cdots \tag{2-5}$$

$$直接反应:A^* \quad + \quad B \longrightarrow C_1 \quad + \quad C_2 \quad + \quad \cdots \tag{2-6}$$

$$辐射跃迁:A^* \longrightarrow A \quad + \quad h\nu(荧光、磷光) \tag{2-7}$$

$$无辐射跃迁(碰撞失活):A^* \quad + \quad M \longrightarrow A \quad + \quad M \tag{2-8}$$

其中反应(2-5)、反应(2-6)为光化学过程,反应(2-7)、反应(2-8)为光物理过程。对于大气环境化学来说,光化学过程最重要的是受激发的分子会在激发态通过反应而产生新的物种。

根据爱因斯坦光化学第二定律,$E = h\nu = hc/\lambda$,如果一个分子吸收一个光量子,则一摩尔分子吸收的总能量为

$$E = h\nu N_0 = N_0 hc/\lambda$$

式中:λ——光量子的波长,cm;

　　h——普朗克常量,6.626×10^{-34} J·s;

　　c——光速,$2.997\,9 \times 10^{10}$ cm/s;

　　N_0——阿伏伽德罗常数,6.022×10^{23} mol^{-1};代入上式得

$$E = 119.62 \times 10^6/\lambda$$

式中:E——1 mol 分子吸收的总能量,J/mol;

　　λ——光量子的波长,nm。

若 $\lambda = 300$ nm,$E = 398.7$ kJ/mol;$\lambda = 700$ nm,$E = 170.9$ kJ/mol。

一般化学键的键能>167.4 kJ/mol,因此波长>700 nm 的光量子就不能引起光化学反应。

由于被化学物种吸收的光量子不一定全部能引起反应,所以引入光量子产率的概念来表示光化学反应的效率。光物理过程的相对效率也可用量子产率来表示。

当分子吸收光时,第 i 个光化学或光物理过程的初级量子产率 φ_i 可由下式给出:

$$\varphi_i = \frac{i\,过程所产生的激发态分子数目}{吸收的光子数目}$$

对于光化学过程,一般有两种量子产率:初级量子产率(φ)和总量子产率(Φ)。初级量子产率仅表示初级过程的相对效率,总量子产率则表示包括初级过程和次级过程在内的总

效率。

如果一个物质在光吸收过程中有部分进行光物理过程,又有部分产生光化学过程,那么,所有初级过程量子产率之和必定等于 1,即 $\sum \varphi_i = 1.0$。

单个初级过程的初级量子产率不会超过 1,只能小于 1。当化学过程的 $\varphi \ll 1$ 时,物理过程可能是很重要的。但光化学反应的总量子产率可能大于 1,甚至远大于 1。这是由于光化学初级过程后往往伴随热反应的次级过程,特别是发生链式反应,其量子产率可大大增加。

例如,H_2 和 Cl_2 混合物光解,发生链式反应:

$$Cl_2 \; + \; h\nu \longrightarrow 2Cl\cdot$$
$$Cl\cdot \; + \; H_2 \longrightarrow HCl \; + \; H\cdot$$
$$H\cdot \; + \; Cl_2 \longrightarrow HCl \; + \; Cl\cdot$$
$$2Cl\cdot \longrightarrow Cl_2$$

该链式反应总量子产率可达 10^6。

初级光化学过程包括光解离过程、分子内重排等。分子吸收光后可解离产生原子、自由基等,它们可通过次级过程进行热反应。光解产生的自由基及原子往往是大气中 $\cdot OH$、$HO_2\cdot$ 和 $RO\cdot$ 等的重要来源;对流层和平流层大气中的主要化学反应都与这些自由基或原子反应有关。

3. 光化学反应速率与日照强度的关系

对于一般光解初始反应

$$A \; + \; h\nu \longrightarrow A^* \longrightarrow C$$
$$\varphi_c = (d[C]/dt)/I_a = -(d[A]/dt)/I_a$$

令 R 为反应速率,则:

$$R = -d[A]/dt = k[A] = \varphi_c \cdot I_a \quad (k \text{ 为反应速率常数})$$

由比尔-朗伯定律可以导出:

$$I_a = I_0 \varepsilon_\lambda [A]$$
$$R = k[A] = \varphi_c I_0 \varepsilon_\lambda [A]$$
$$k = \varphi_c I_0 \varepsilon_\lambda$$

式中:I_0、I_a——入射光(日照)、吸收光的强度;

ε_λ——物质 A 对波长 λ 光的吸收系数。

由于当波长一定时,φ_c、ε_λ 是常数,因此,物质 A 在单位浓度时的 k,主要取决于日照强度 I_0。日照强度(辐射强度)随太阳光射到地面的角度不同而变化。太阳光线与地面垂线的夹角叫作天顶角(Z),见图 2-8。正午太阳光垂直地面时,$Z = 0°$;日出和日落时,$Z = 90°$。图 2-9 是 $Z = 0°$ 和 $Z = 80°$ 时日照强度随波长的分布示意图。

显然,影响低层大气光化学反应的辐照强度是日照时、月照时、年照时及纬度的函数。处于最大日照强度附近的小时数是决定低层大气光化学反应速率最重要的因素。在许多地方,最大日照强度随季节和纬度而显著变化。由此可见,物质发生光化学反应要有合适波长的光照射,以保证有足够大的吸收系数 ε_λ,同时有足够大的辐射 I_0,才能使光化学反应有足够大的反应(初始反应)速率常数。否则,光化学反应的量子产率很低,甚至难以观察到。

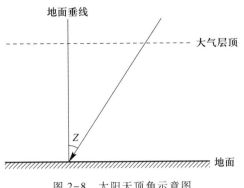

图 2-8　太阳天顶角示意图

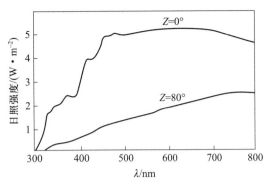

图 2-9　$Z=0°$ 和 $Z=80°$时日照强度
随波长的分布

二、大气中污染物重要的光化学反应

由于高层大气中的 N_2、O_2 特别是平流层中的 O_3 对于 $\lambda<290$ nm 的光近乎完全吸收,故低层大气中的污染物主要吸收 $300\sim700$ nm(相当于 $399\sim171$ kJ/mol)的光线;下面就主要污染物的光吸收和初始光解反应特性作一介绍。

1. NO_2 的光解

NO_2 是城市大气中最重要的光吸收分子。NO_2 的键能为 300.5 kJ/mol,它在大气中很活泼,可参与许多光化学反应。在低层大气中,它可吸收紫外线和部分可见光。NO_2 吸收波长小于 420 nm 的光,发生光解:

$$NO_2 + h\nu(\lambda \leqslant 420 \text{ nm}) \longrightarrow NO + O$$
$$O + O_2 \overset{M}{\longrightarrow} O_3$$

这是大气中唯一已知的 O_3 人为来源。当波长 300 nm$<\lambda\leqslant380$ nm 时,其量子产率 $\varphi\approx1$;当 $\lambda>380$ nm 时,φ 迅速下降;当 $\lambda=405$ nm 时,$\varphi=0.36$;当 $\lambda>420$ nm 时,$\varphi=0$,即 NO_2 不再发生光解。

2. O_3 的光解

O_3 的键能为 101.2 kJ/mol,光解后产生的原子氧和分子氧是否为激发态取决于激发能。

$$O_3 + h\nu(\lambda\leqslant320 \text{ nm}) \longrightarrow O_2(^1\triangle g) + O(^1D)$$

$O_2(^1\triangle g)$ 和 $O(^1D)$ 都是激发态。

$$O_3 + h\nu(\lambda\geqslant320 \text{ nm}) \longrightarrow O_2(^1\triangle g \text{ 或} ^1\textstyle\sum g^+) + O(^3P)$$

反应成了自旋禁戒跃迁。

$$O_3 + h\nu(\lambda=440\sim850 \text{ nm}) \longrightarrow O_2(x^3\textstyle\sum g^-) + O(^3P)$$

$O_2(x^3\sum g^-)$ 和 $O(^3P)$ 都是基态。

O_3 光解在 $\lambda=300$ nm 时,$\varphi=1$;$\lambda<300$ nm 时,φ 值略小于 1;$\lambda>300$ nm 时,φ 逐渐下降。

由 O_3 产生的 $O(^1D)$ 一般有两个去除途径,即与水蒸气反应生成·OH,或被空气去活。

3. SO_2 对光的吸收

SO_2 分解成 SO 和 O 的解离能为 565 kJ/mol,这相当于波长为 218 nm 光子的能量,所以在低层大气中 SO_2 不发生光解;但 SO_2 在 $240\sim330$ nm 区域有强吸收:

$$SO_2 \;+\; h\nu \longrightarrow SO_2(^1A_2, {}^1B_1)$$

$SO_2(^1A_2, {}^1B_1)$ 是两种单重激发态。而在 340~400 nm 处有一弱吸收:

$$SO_2 \;+\; h\nu \longrightarrow SO_2(^3B_1)$$

$SO_2(^3B_1)$ 为三重态。所形成激发态分子的化学反应活性有所提高,但对流层中 SO_2 的转化去除并不靠光解反应。

4. 硝酸和烷基硝酸酯的光解

硝酸中 HO—NO_2 的键能为 199.4 kJ/mol,对波长 120~335 nm 的光均有不同程度的吸收,光解反应为

$$HNO_3(HONO_2) \;+\; h\nu \longrightarrow NO_2 \;+\; \cdot OH$$

$RONO_2$ 的光解反应为

$$RONO_2 \;+\; h\nu \longrightarrow NO_2 \;+\; RO\cdot$$

上述反应对波长 300 nm 以上的光吸收弱,所以它们在大气污染化学中并不重要。

5. 亚硝酸和烷基亚硝酸酯

亚硝酸中 HO—NO 的键能为 201.1 kJ/mol,H—ONO 的键能为 324.0 kJ/mol。HNO_2 能吸收 200~400 nm 波长的光,并发生光解反应:

$$HNO_2 \;+\; h\nu \longrightarrow NO \;+\; \cdot OH$$
$$\longrightarrow NO_2 \;+\; H\cdot$$

RONO 的光解反应为

$$RONO \;+\; h\nu \longrightarrow NO \;+\; RO\cdot$$

由于 HNO_2 吸收 300 nm 以上的光而解离,因此,HNO_2 光解可能是大气中 $\cdot OH$ 的重要来源之一。

6. 醛的光解

(1) 甲醛(HCHO)是对流层大气重要的光吸收物质,能吸收 290~370 nm 波长的光,并进行光解:

$$HCHO \;+\; h\nu \xrightarrow{\;a\;} H\dot{C}O \;+\; H\cdot \quad \lambda < 370 \text{ nm}$$
$$\xrightarrow{\;b\;} CO \;+\; H_2 \quad \lambda < 320 \text{ nm}$$

其中途径 a 尤其重要,入射光 λ 从 240 nm 到 305 nm,其量子产率从 0.27 增到最大值 0.75,当 $\lambda > 336$ nm 时,途径 a 的量子产率小于 0.1。生成的 HCO· 和 H· 很快与 O_2 反应生成 $HO_2\cdot$,因而也是 $\cdot OH$ 的来源。当 λ 为 333 nm 时,途径 b 的量子产率达到最大。

(2) 乙醛可能的光解过程为

$$CH_3CHO \;+\; h\nu \longrightarrow CH_3\dot{C}O \;+\; H\cdot$$
$$\longrightarrow \cdot CH_3 \;+\; H\dot{C}O$$

因此,醛类光解是大气中 $HO_2\cdot$ 的重要来源之一。

7. 过氧化物的光解

过氧化物在波长 300~700 nm 范围内有微弱吸收,发生如下光解:

$$ROOR' \;+\; h\nu \longrightarrow RO\cdot \;+\; R'O\cdot$$

大气中光化学反应的产物主要是自由基。由于这些自由基的存在,使大气中化学反应活跃,诱发或参与大量其他反应,使一次污染物转化为二次污染物。

8. 卤代烃的光解

大气污染化学中卤代甲烷的光解较为重要,在近紫外线照射下,其解离方式为

$$CH_3X + h\nu \longrightarrow \cdot CH_3 + X\cdot$$

式中:X——F、Cl、Br、I。

如果卤代烃中含有一种以上的卤素,则较弱的键先断裂,其键强顺序为 CH_3—F> CH_3—H>CH_3—Cl>CH_3—Br>CH_3—I。例如,CCl_3Br 光解生成 $\cdot CCl_3$+Br$\cdot$。高能量的短波紫外线照射,可能使两个键断裂,但难以使三个键断裂。

三、大气中重要的自由基及其来源

自由基反应是大气化学反应过程中的核心反应。过去认为一些大气污染物的化学转化,如 $H_2S \longrightarrow SO_2 \longrightarrow H_2SO_4$、$SO_4^{2-}$,$NH_3 \longrightarrow HNO_3$、$NO_3^-$ 及 $CH_4 \longrightarrow CO_2$ 等主要是被大气中的 O_2、H_2O_2 等氧化剂所氧化;由于 O—O 键的键能较强(494 kJ/mol),在常温下不能与大气中大多数还原性气体反应,故这些还原性气体并不是被氧气所氧化,而主要是被大气中存在的高活性自由基氧化。

1961 年 Leighto 首次提出在污染空气中有自由基产生,到 20 世纪 60 年代末,在光化学烟雾形成机理实验中才确认自由基的存在。自由基的产生与大气光化学反应密切相关。可以说,大气光化学反应除激发态化学物种的反应外,主要是通过自由基链式反应进行的。自由基链式反应的链增长速率极快,在适当条件下,初级自由基一旦形成,链增长反应便可爆炸式地进行。光化学烟雾的形成、酸雨前体物的氧化、臭氧层的破坏等都与此有关;许多有机污染物在对流层中的降解也与此有关。已经发现大气中存在各种自由基,如 $\cdot OH$、$HO_2 \cdot$、$NO_3 \cdot$、$R \cdot$、$RO_2 \cdot$、$RO \cdot$、$RCO \cdot$、$RCO_2 \cdot$、$RC(O)O_2 \cdot$、$RC(O)O \cdot$ 等,其中 $\cdot OH$、$HO_2 \cdot$、$RO \cdot$、$RO_2 \cdot$ 是大气中重要的自由基,而 $\cdot OH$ 是迄今为止发现的氧化能力最强的化学物种,几乎能使所有的有机物氧化。下面主要介绍大气中重要自由基的来源。

1. 氢氧自由基

氢氧自由基(hydroxyl radical,$\cdot OH$)是大气中最重要的自由基,其全球平均浓度约为 7×10^5 个/cm^3。研究表明,$\cdot OH$ 能与大气中各种微量气体反应,并几乎控制了这些气体的氧化和去除过程。如 $\cdot OH$ 与 SO_2、NO_2 均相氧化生成 $HOSO_2$ 和 $HONO_2$ 是造成环境酸化的重要原因之一;$\cdot OH$ 与烷烃、醛类以及烯烃、芳烃和卤代烃的反应速率常数要比 O_3 大几个数量级。由此可见,大气化学反应过程中 $\cdot OH$ 是十分活泼的氧化剂。$\cdot OH$ 的来源主要有以下几个方面。

(1) O_3 光解

$\cdot OH$ 的初始天然来源是 O_3 的光解。当 O_3 吸收波长小于 320 nm 的光子时,发生以下过程,得到的激发态原子氧 $O(^1D)$ 与 H_2O 分子碰撞生成 $\cdot OH$:

$$O_3 + h\nu(\lambda<320\ nm) \longrightarrow O(^1D) + O_2$$
$$O(^1D) + H_2O \longrightarrow 2\cdot OH$$

(2) HNO_2 光解

$$HONO + h\nu(\lambda<400\ nm) \longrightarrow \cdot OH + NO$$

而 HONO 的可能来源有:NO_2+H_2O、$\cdot OH$+NO、NO+NO_2+H_2O,也可能来自汽车尾气的直接排放。

(3) H_2O_2 光解

$$H_2O_2 + h\nu(\lambda<360\ nm) \longrightarrow 2\cdot OH$$

（4）过氧化羟基自由基与 NO 反应

$$HO_2 \ + \ NO \longrightarrow NO_2 \ + \ \cdot OH$$

以上四个光解反应中，HNO_2 光解是 $\cdot OH$ 的主要来源，而 $\cdot OH$ 非传统再生机制是形成高浓度 $\cdot OH$ 的内在动力。在清洁地区 $\cdot OH$ 主要来自 O_3 的光解。

2. 过氧化羟基自由基

过氧化羟基自由基（$HO_2\cdot$）主要来自大气中甲醛（HCHO）的光解：

$$HCHO \ + \ h\nu(\lambda < 370 \ nm) \longrightarrow H\cdot \ + \ \overset{\cdot}{H}CO$$

$$H\cdot \ + \ O_2 \ \overset{M}{\longrightarrow} \ HO_2\cdot$$

$$\overset{\cdot}{H}CO \ + \ O_2 \longrightarrow CO \ + \ HO_2\cdot$$

任何反应只要能生成 $H\cdot$ 或 $\overset{\cdot}{H}CO$ 就是对流层 $HO_2\cdot$ 的源。CH_3CHO 光解也能生成 $H\cdot$ 和 $\overset{\cdot}{H}CO$，因而也是 $HO_2\cdot$ 的源，但它在大气中的浓度比 HCHO 要低得多，故远不如 HCHO 重要。

清洁大气中 $\cdot OH$ 和 $HO_2\cdot$ 能相互转化。$\cdot OH$ 的主要去除过程是与 CO 和 CH_4 反应：

$$CO \ + \ \cdot OH \longrightarrow CO_2 \ + \ H\cdot$$

$$CH_4 \ + \ \cdot OH \longrightarrow \cdot CH_3 \ + \ H_2O$$

所产生的 $H\cdot$ 和 $\cdot CH_3$ 能很快与大气中的 O_2 分子结合，生成 $HO_2\cdot$ 和 $CH_3O_2\cdot$（$RO_2\cdot$）自由基。而大气中 $HO_2\cdot$ 的重要去除过程是与 NO 或 O_3 反应，将 NO 转化成 NO_2，与此同时又产生 $\cdot OH$：

$$HO_2\cdot \ + \ NO \longrightarrow NO_2 \ + \ \cdot OH$$

$$HO_2\cdot \ + \ O_3 \longrightarrow 2O_2 \ + \ \cdot OH$$

此反应是 $HO_2\cdot$ 与 $\cdot OH$ 相互转化的关键反应。

$HO_2\cdot$ 和 $\cdot OH$ 还会通过复合反应而去除，例如：

$$HO_2\cdot \ + \ \cdot OH \longrightarrow H_2O \ + \ O_2$$

$$\cdot OH \ + \ \cdot OH \longrightarrow H_2O_2$$

$$HO_2\cdot \ + \ HO_2\cdot \longrightarrow H_2O_2 \ + \ O_2$$

生成的 H_2O_2 可以被雨水带走。

3. 烃基、烃类含氧自由基或过氧自由基

大气中 $R\cdot$、$RO\cdot$ 和 $RO_2\cdot$ 等主要来源如下：

$$RCHO \ + \ h\nu \longrightarrow R\cdot \ + \ \overset{\cdot}{H}CO$$

$$RCOR \ + \ h\nu \longrightarrow R\cdot \ + \ \overset{\cdot}{R}CO$$

$$R\cdot \ + \ O_2 \longrightarrow RO_2\cdot$$

$$\overset{\cdot}{R}CO \ + \ O_2 \longrightarrow RC(O)O_2\cdot$$

大气中各种自由基有其形成的途径，同时又可以通过多种反应而去除。虽然它们寿命很短，但由于形成反应和去除反应构成了循环，所以它们作为中间体在大气中保持一定的浓度。尽管自由基的浓度很低，然而却是大气中的高活性组分，在大气环境化学中占有重要地位。

四、氮氧化物的转化

NO_x 是大气中重要的气态污染物之一，NO、NO_2 溶于水后可生成亚硝酸和硝酸。当

NO_x 与其他污染物共存时,在阳光照射下可以发生光化学烟雾。下面简要介绍大气中 NO_x 的重要化学反应。

1. NO 的化学反应

大气中 NO 十分活跃,它能与 $RO_2\cdot$、$HO_2\cdot$、$\cdot OH$、$RO\cdot$ 等自由基反应,也能与 O_3 和 NO_3 等气体分子反应。这些反应在大气化学中具有重要意义。

（1）NO 向 NO_2 的转化

大气中 NO 向 NO_2 的转化反应包含在 $\cdot OH$ 引发的碳氢化合物的链式反应之中,当碳氢化合物与 $\cdot OH$ 反应生成的自由基再与 O_2 生成 $RO_2\cdot$ 或 $HO_2\cdot$ 等过氧自由基时,就可将 NO 氧化成 NO_2。

$$RO_2\cdot \ + \ NO \ \xrightarrow{a} \ RO\cdot \ + \ NO_2$$
$$\xrightarrow{b} \ RONO_2$$

当烷基（R）中 $n(C) \geqslant 4$ 时,b 过程强于 a 过程。a 过程生成的 $RO\cdot$ 可以和 O_2 作用生成醛和 $HO_2\cdot$,$HO_2\cdot$ 又可导致 NO 分子的转化:

$$HO_2\cdot \ + \ NO \ \longrightarrow \ \cdot OH \ + \ NO_2$$

在一个碳氢化合物被 $\cdot OH$ 氧化的循环中,往往有两个 NO 被氧化成 NO_2,同时 $\cdot OH$ 得到复原。上述反应在 NO 的氧化中起着很重要的作用。

（2）NO 与 O_3 的反应

$$NO \ + \ O_3 \ \longrightarrow \ NO_2 \ + \ O_2$$

NO 和 O_3 的反应速率很快,当空气中 O_3 浓度为 $30 \ mL/m^3$,则少量 NO 仅在 1 分钟内即氧化完全。但当 NO 比 O_3 浓度大时,每生成一个分子 NO_2 的同时,要消耗一个 O_3;在空气中不能同时得到高浓度的 O_3 和 NO,在 NO 浓度未下降时,O_3 浓度不会上升得很高。因此,这个反应控制了污染地区 O_3 浓度的高值。

（3）NO 与 $\cdot OH$、$RO\cdot$ 的反应

大气中 NO 可以与 $\cdot OH$、$RO\cdot$ 发生反应:

$$NO \ + \ \cdot OH \ \longrightarrow \ HONO$$
$$NO \ + \ RO\cdot \ \longrightarrow \ RONO$$
$$\longrightarrow \ R_1R_2CO \ + \ HONO$$

所生成的 HONO 和 RONO 极易光解。因此,这个反应在白天不易维持。

（4）NO 与 NO_3 的反应

$$NO \ + \ NO_3 \ \longrightarrow \ 2NO_2$$

此反应很快,故大气中 NO_3 只有当 NO 浓度很低时,才有可能以显著量存在。

2. NO_2 的化学反应

NO_2 光解反应是它在大气中最重要的化学反应,是大气中 O_3 生成的引发反应,也是 O_3 唯一的人为来源。

假定 NO_2 在仅充有 N_2 的简单系统中进行短时光解,认为至少要发生以下 7 个相关反应:

$$NO_2 \ + \ h\nu \ \longrightarrow \ NO \ + \ O \tag{2-9}$$
$$NO_2 \ + \ O \ \longrightarrow \ NO \ + \ O_2 \tag{2-10}$$
$$NO_2 \ + \ O \ \xrightarrow{M} \ NO_3 \tag{2-11}$$

$$NO + O \xrightarrow{M} NO_2 \tag{2-12}$$

$$NO + NO_3 \longrightarrow 2NO_2 \tag{2-13}$$

$$NO_2 + NO_3 \xrightarrow{M} N_2O_5 \tag{2-14}$$

$$N_2O_5 \longrightarrow NO_3 + NO_2 \tag{2-15}$$

显然,反应(2-10)、(2-11)、(2-14)是 NO_2 的去除反应。作为 NO_2 光解初始反应产物的 NO 和 O 等继续参与反应(2-10)~(2-13)等次级反应。作为反应中间体,如 NO,它通过反应(2-9)、(2-10)形成,又通过反应(2-12)、(2-13)去除。体系中其他物质如 NO_2、O、NO_3、N_2O_5 等都存在类似的形成和去除反应。

如果 NO_2 是在清洁空气(含 N_2 和 O_2)中进行长时间光解,除存在上述 7 个反应外还要发生以下 4 个反应:

$$O + O_2 \longrightarrow O_3 \tag{2-16}$$

$$NO + O_3 \longrightarrow NO_2 + O_2 \tag{2-17}$$

$$NO_2 + O_3 \longrightarrow NO_3 + O_2 \tag{2-18}$$

$$2NO + O_2 \longrightarrow 2NO_2 \tag{2-19}$$

可见,有 O_2 存在时将发生形成 O_3 的重要反应(2-16),O_3 是由 NO_2 光解产生的二次污染物。NO_2 也能与 $\cdot OH$、$HO_2\cdot$、$RO\cdot$、$RO_2\cdot$ 及 O_3、NO_3 等反应,其中比较重要是与 $\cdot OH$、O_3 和 NO_3 的反应。

(1) NO_2 与 $\cdot OH$ 的反应

$$NO_2 + \cdot OH \xrightarrow{M} HONO_2$$

此反应是大气中气态 HNO_3 的主要来源,对酸雨的形成有重要贡献。白天 $\cdot OH$ 浓度高时,此反应会有效地进行。

(2) NO_2 与 O_3 的反应

$$NO_2 + O_3 \xrightarrow{a} NO_3 + O_2$$
$$\xrightarrow{b} NO + 2O_2$$

此反应在对流层大气中也是一个重要的反应,尤其在 NO_2 和 O_3 浓度较高时,它是大气 NO_3 的主要来源,此反应在夜间也能发生。

(3) NO_2 与 NO_3 的反应

$$NO_2 + NO_3 \xrightarrow{M} N_2O_5$$

生成的 N_2O_5 又可解离为 NO_2 和 NO_3。

3. 硝酸和亚硝酸

NO_x 能在大气和云雾液滴中转化成硝酸和亚硝酸:

$$2NO_2 + H_2O \xrightarrow{M} HNO_3 + HNO_2$$

$$N_2O_5 + H_2O \xrightarrow{M} 2HNO_3$$

$$NO + NO_2 + H_2O \longrightarrow 2HNO_2(夜间进行)$$

在白天的日光照射下,污染大气中 $\cdot OH$ 和 $HO_2\cdot$ 能将 NO_2 和 NO 很快氧化成 HNO_3 和 HNO_2:

$$NO_2 \ + \ \cdot OH \longrightarrow HNO_3$$

$$NO \ + \ \cdot OH \longrightarrow HNO_2$$

$$NO_2 \ + \ HO_2 \cdot \longrightarrow HNO_2 \ + \ O_2$$

上述反应生成的 HNO_3 和 HNO_2 是大气中 NO_x 的主要归趋,可通过颗粒物吸附和雨除、冲刷过程沉降到地面。另外,HNO_3 和 HNO_2 可以通过化学反应或光解而去除。

（1）HNO_2

HNO_2 光解很快,是大气中 $\cdot OH$ 的主要来源之一,尤其是在污染地区、黎明时分,光解是 HNO_2 在大气中最主要的反应:

$$HONO \ + \ h\nu \xrightarrow{\lambda < 400 \ nm} \cdot OH \ + \ NO$$

白天,HNO_2 在大气中只能停留 $10 \sim 20$ min。此外,HNO_2 还能与 $\cdot OH$ 反应:

$$HONO \ + \ \cdot OH \longrightarrow H_2O \ + \ NO_2$$

（2）HNO_3

HNO_3 的主要化学反应有:

$$HNO_3 \ + \ \cdot OH \longrightarrow H_2O \ + \ NO_3$$

$$HNO_3 \ + \ NH_3 \longrightarrow NH_4NO_3 (颗粒)$$

NH_4NO_3 易吸湿潮解。在 $25 \ ℃$ 温度条件下,当相对湿度（RH）$\leqslant 62\%$ 时,以固态存在;当 RH$>62\%$,则以液态存在。

大气中过氧乙酰硝酸酯和烷基硝酸酯的相关化学反应将在有关章节中介绍。

五、碳氢化合物的氧化与光化学烟雾

（一）碳氢化合物的氧化

碳氢化合物主要来自天然源,但在大气污染严重的局部地区,碳氢化合物主要来自人类活动,其中又以汽车排放为主。除个别碳氢化合物（如某些多环芳烃）之外,作为一次污染物,它本身的危害并不严重。但碳氢化合物可以被大气中的原子 O、O_3、$\cdot OH$ 及 $HO_2 \cdot$ 等氧化,特别是被 $\cdot OH$ 氧化,产生危害严重的二次污染物,并积极参与光化学烟雾的形成。烃类可被氧化成醛、酮、醇、酸、酯等类化合物,同时产生各种自由基。

1. 烷烃的氧化

烷烃主要与 $\cdot OH$ 和原子 O 反应:

$$RH \ + \ \cdot OH \longrightarrow R \cdot \ + \ H_2O$$

$$RH \ + \ O \longrightarrow R \cdot \ + \ \cdot OH$$

RH 与 $\cdot OH$ 的反应速率比与原子 O 的反应速率快得多,而且反应速率随 RH 分子中碳原子数目增加而增大。烷烃与 O_3 的反应缓慢,故不太重要。

2. 烯烃的氧化

烯烃的反应活性比烷烃大,故易与 $\cdot OH$、O、O_3 及 $HO_2 \cdot$ 等反应。丙烯与 $\cdot OH$、O、O_3 反应如下:

$$CH_3CH = CH_2 \ + \ \cdot OH \xrightarrow{a} CH_3\overset{\cdot}{C}HCH_2OH$$

$$\xrightarrow{b} CH_3CH(OH)\overset{\cdot}{C}H_2$$

由于途径 a 生成的 β-羟基烷基自由基比途径 b 生成的 α-羟基烷基自由基更稳定,反应途径 a 占 65%,途径 b 占 35%。

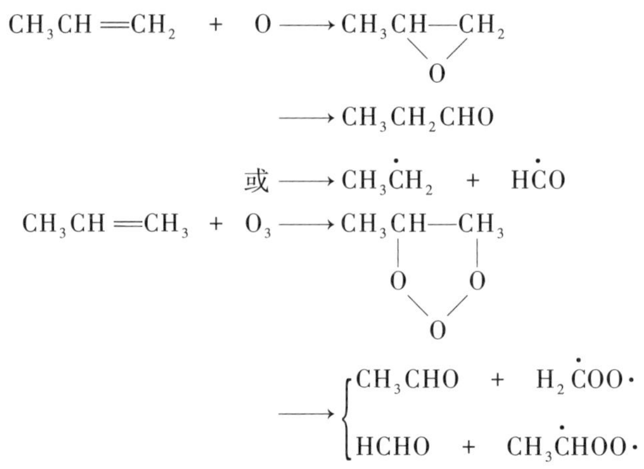

$$CH_3CH=CH_2 + O \longrightarrow CH_3CH-CH_2$$
$$\underset{\displaystyle O}{\diagdown\diagup}$$

$$\longrightarrow CH_3CH_2CHO$$

$$或 \longrightarrow CH_3\overset{\displaystyle \cdot}{C}H_2 + H\overset{\displaystyle \cdot}{C}O$$

$$CH_3CH=CH_3 + O_3 \longrightarrow CH_3CH-CH_3$$
$$\underset{\displaystyle O}{|}\quad\underset{\displaystyle O}{|}$$
$$\diagdown\!\!O\!\!\diagup$$

$$\longrightarrow \begin{cases} CH_3CHO + H_2\overset{\displaystyle \cdot}{C}OO\cdot \\ HCHO + CH_3\overset{\displaystyle \cdot}{C}HOO\cdot \end{cases}$$

3. 芳烃的氧化

芳烃与·OH 的反应如下：

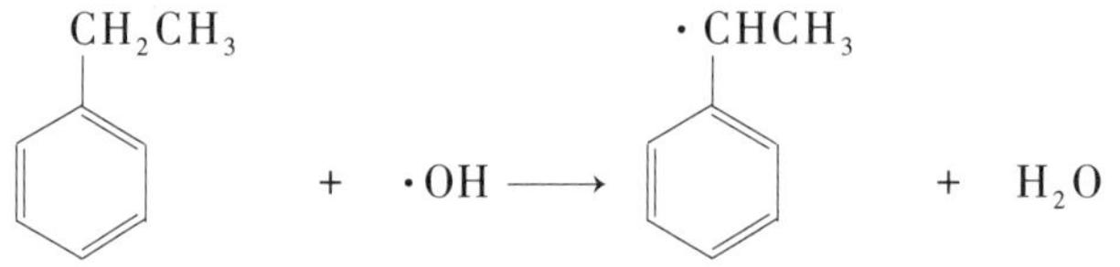

由此可见，不同碳氢化合物的氧化会产生各种各样的自由基，除·OH、HO$_2$·外，还有 R·、
$\overset{\displaystyle \cdot}{R}CO$、RO·、ROO·、RC(O)OO·、RC(O)O·等。这些活泼自由基能促进 NO 向 NO$_2$ 的转化，并传
递各种反应形成光化学烟雾中重要的二次污染物，如臭氧、醛类、PAN(过氧乙酰硝酸酯)等。

（二）光化学烟雾

大气中碳氢化合物(HC)和氮氧化物(NO$_x$)等一次污染物，在阳光照射下发生光化学反应
生成一些氧化性很强的 O$_3$、醛类、PAN、HNO$_3$ 等二次污染物。人们把参与光化学反应过程的
一次污染物和二次污染物的混合物(其中有气体和颗粒物)所形成的烟雾，称为光化学烟雾
(photochemical smog)。

1. 光化学烟雾的化学特征

1943 年，美国洛杉矶首次出现了光化学烟雾事件。20 世纪 50 年代以来，美国其他城市
和世界各地，如日本东京、大阪，英国伦敦及澳大利亚、德国等国的大城市相继出现光化学烟
雾污染。光化学烟雾的特征是烟雾呈蓝色，具有强氧化性，能使橡胶开裂，刺激人的眼睛，伤
害植物叶子，并使大气能见度降低。光化学烟雾的形成条件是大气中有 NO$_x$ 和碳氢化合物
存在，大气湿度较低，而且有强的阳光照射。这样在大气中就会发生一系列复杂的反应，生
成一些二次污染物，如 O$_3$、醛类、PAN、H$_2$O$_2$ 等。光化学烟雾一般发生在大气湿度较低、气
温为 24~32 ℃的夏季晴天，其刺激物浓度的高峰出现在中午或稍后，污染区域往往在污染
源下风向几十至几百千米处。光化学烟雾是一种循环过程，白天生成，傍晚消失。

光化学氧化剂的生成不仅包括光化学氧化过程，而且还包括一次污染物的扩散输送过程。
因此，光化学氧化剂污染不只是城市大气环境问题，而是区域性污染问题。短距离传输可造成
O$_3$ 等的最大浓度出现在污染源的下风向;中尺度传输可使 O$_3$ 等扩散至约百千米的下风向;如

果同大气高压系统相结合可传输几百千米。所以，一些乡村地区也有光化学烟雾污染的现象。

20世纪50年代初，美国加利福尼亚大学的哈根-斯密特（Haggen-Smit）确定了空气中刺激性气体为 O_3，初次提出了有关光化学烟雾形成的机理，认为洛杉矶光化学烟雾是由汽车尾气中的 NO_x 和碳氢化合物在强太阳光作用下，发生光化学反应而形成的。大气中 O_3 浓度升高是光化学烟雾污染的标志。世界卫生组织和美国、日本等许多国家均把臭氧或光化学氧化剂（O_3、NO_2、PAN 等）的水平作为判断大气质量的标准之一，并据此来发布光化学烟雾的警报。

洛杉矶光化学烟雾事件发生后，不少学者对洛杉矶污染大气成分的变化规律进行了现场测定和人工模拟实验，以研究光化学烟雾形成的机理。

既然汽车尾气是形成光化学烟雾的主要前体污染物，因此，可以预料在某种程度上污染物的浓度水平应当与交通量有关。图 2-10 是 1965 年 7 月 19 日洛杉矶某些一次及二次污染物的实测含量变化情况。由图可见，污染物的浓度变化与交通量和日照等气象条件有密切联系。CO 和 NO 的浓度最大值出现在上午 7 时左右，即一天中车辆来往最频繁时刻，碳氢化合物浓度也有类似的变化。值得指出的是 NO_2 的峰值要比 NO、CO 的峰值推迟 3 h，而 O_3 峰值推迟 5 h 出现，同时 NO 和 CO 的浓度随之相应降低。说明 NO_2 和 O_3 并非一次污染物，而是日光照射下光化学作用产生的二次污染物。傍晚车辆虽然也较频繁，但由于阳光太弱，NO_2 和 O_3 值不出现明显峰值，不足以发生光化学反应而生成烟雾。

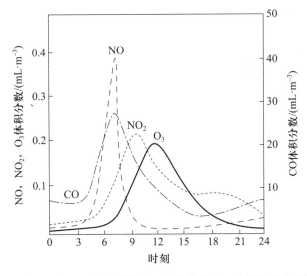

图 2-10　1965 年 7 月 19 日洛杉矶某些一次污染物和二次污染物的实测含量变化
（引自 EPA Document AP 84,1971）

为了弄清光化学反应的规律，验证上述实测结果，人们利用烟雾箱在人工光源照射下模拟大气光化学反应。图 2-11 是经紫外线照射后 C_3H_6-NO-空气（O_2、N_2）混合体系中初始反应物和产物时间变化曲线。从图中可知，随 NO 和 C_3H_6 等初始反应物的氧化消耗，NO_2 和醛类浓度增加；当 NO 耗尽时，NO_2 出现最大值。此后，随着 NO_2 的消耗（浓度下降），开始出现 O_3 和其他氧化剂如过氧乙酰硝酸酯（PAN）。因此，无论是实测还是实验模拟均表明：① NO 被氧化为 NO_2；② 碳氢化合物氧化消耗；③ NO_2 分解，O_3、PAN 等的生成，是光化学烟雾形成过程的基本化学特征。

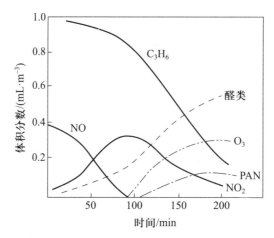

图 2-11   紫外线照射下 C_3H_6-NO-空气混合体系中初始反应物与产物的时间变化曲线

（引自 Agnew,1968）

2. 光化学烟雾形成的机理

实际光化学烟雾的形成反应要比上述模拟实验中的反应复杂得多。仅汽车尾气排放出的碳氢化合物就有一百多种,每一种都有一系列的链式反应,其反应总数是惊人的。据报道,已研究过的反应达 300 个以上。通过光化学烟雾模拟实验,已初步明确在碳氢化合物和 NO_x 相互作用过程中主要有以下基本反应:

（1）NO_2 光解是光化学烟雾形成的主要初始反应,并生成 O_3:

$$NO_2 + h\nu \longrightarrow NO + O$$
$$O + O_2 + M \longrightarrow O_3 + M$$
$$O_3 + NO \longrightarrow NO_2 + O_2$$

所产生的 O_3 因氧化 NO 被消耗而无剩余,所以产生光化学烟雾必须有碳氢化合物存在。

（2）碳氢化合物被 $\cdot OH$、O 和 O_3 氧化,产生醛、酮、醇、酸等产物以及中间产物 $RO_2 \cdot$、$HO_2 \cdot$、$R\dot{C}O$ 等重要的自由基:

$$RH + O \xrightarrow{O_2} RO_2 \cdot + \cdot OH$$
$$RH + \cdot OH \xrightarrow{O_2} RO_2 \cdot + H_2O$$

RCHO 与 $\cdot OH$ 反应如下:

$$RCHO + \cdot OH \longrightarrow R\dot{C}O + H_2O$$
$$R\dot{C}O + O_2 \longrightarrow RC(O)O_2 \cdot$$

丙烯的氧化反应如下:

$$CH_3CH=CH_2 \begin{cases} \xrightarrow{O} CH_3CH_2CHO \text{ 和 } CH_3\dot{C}H_2 + H\dot{C}O \\ \xrightarrow{O_3} CH_3\dot{C}HOO\cdot + HCHO \\ \xrightarrow{\cdot OH} CH_3CH(OH)\dot{C}H_2 \xrightarrow{O_2} CH_3CH(OH)CH_2O_2\cdot \end{cases}$$

（3）过氧自由基引起 NO 向 NO_2 转化，并导致 O_3 和 PAN 等氧化剂的生成（自由基传递形成稳定的最终产物，使自由基消除而终止反应）：

$$RO_2 \cdot \ + \ NO \longrightarrow NO_2 \ + \ RO \cdot (RO_2 \cdot 包括 HO_2 \cdot) \tag{2-20}$$

$$\cdot OH \ + \ NO \longrightarrow HNO_2 \tag{2-21}$$

$$\cdot OH \ + \ NO_2 \longrightarrow HNO_3 \tag{2-22}$$

$$RC(O)O_2 \cdot \ + \ NO_2 \longrightarrow RC(O)O_2NO_2 \tag{2-23}$$

由于反应（2-20）使 NO 快速氧化成 NO_2，从而加速 NO_2 光解，使二次产物 O_3 净增。同时 $RO_2 \cdot$（如丙烯与 O_3 反应生成的双自由基 $CH_3\overset{\cdot}{C}HOO \cdot$）与 O_2 和 NO_2 相继反应产生过氧乙酰硝酸酯（PAN）类物质。

$$CH_3\overset{\cdot}{C}HOO \cdot \ + \ O_2 \longrightarrow CH_3C(O)OO \cdot \ + \ \cdot OH$$

$$CH_3C(O)OO \cdot \ + \ NO_2 \longrightarrow CH_3C(O)OONO_2(PAN)$$

可以认为上述反应是大大简化了的光化学烟雾形成的基本反应。1986 年 Seinfeld 用 12 个化学反应概括了光化学烟雾形成的整个过程：

引发反应：
$$NO_2 \ + \ h\nu \longrightarrow NO \ + \ O$$
$$O \ + \ O_2 \ + \ M \longrightarrow O_3 \ + \ M$$
$$NO \ + \ O_3 \longrightarrow NO_2 \ + \ O_2$$

传递反应：
$$RH \ + \ \cdot OH \xrightarrow{O_2} RO_2 \cdot \ + \ H_2O$$
$$RCHO \ + \ \cdot OH \xrightarrow{O_2} RC(O)O_2 \cdot \ + \ H_2O$$
$$RCHO \ + \ h\nu \xrightarrow{2O_2} RO_2 \cdot \ + \ HO_2 \cdot \ + \ CO$$
$$HO_2 \cdot \ + \ NO \longrightarrow NO_2 \ + \ \cdot OH$$
$$RO_2 \cdot \ + \ NO \xrightarrow{O_2} NO_2 \ + \ R'CHO \ + \ HO_2 \cdot$$
$$RC(O)O_2 \cdot \ + \ NO \xrightarrow{O_2} NO_2 \ + \ RO_2 \cdot \ + \ CO_2$$

终止反应：
$$\cdot OH \ + \ NO_2 \longrightarrow HNO_3$$
$$RC(O)O_2 \cdot \ + \ NO_2 \longrightarrow RC(O)O_2NO_2$$
$$RC(O)O_2NO_2 \longrightarrow RC(O)O_2 \cdot \ + \ NO_2$$

1997 年，该简化机制包括的反应增加至 20 个。光化学烟雾形成机理可简述如下：清晨大量的碳氢化合物和 NO 由汽车尾气及其他污染源排入大气。由于晚间 NO 氧化的结果，已有少量 NO_2 存在。当日出时，NO_2 光解离提供原子氧，然后 NO_2 光解反应及一系列次级反应发生，$\cdot OH$ 开始氧化碳氢化合物，并生成一批自由基，它们有效地将 NO 转化为 NO_2，使 NO_2 浓度上升，碳氢化合物及 NO 浓度下降；当 NO_2 达到一定值时，O_3 开始积累，而自由基与 NO_2 的反应又使 NO_2 的增长受到限制；当 NO 向 NO_2 转化速率等于自由基与 NO_2 的反应速率时，NO_2 浓度达到极大，此时 O_3 仍在积累之中；当 NO_2 下降到一定程度时，会影响 O_3 的生成量；当 O_3 的积累与消耗达成平衡时，O_3 达到极大。光化学烟雾的形成过程见图 2-12。

随着对光化学烟雾形成机理认识的深入，后来有人提出了涉及上百个反应、数十种化学物种的机理，如特定光化学机理和归纳化学机理等。1990 年 McKeen 等在美国东部的 O_3 区域模式中涉及 35 个化学物种、93 个化学反应（其中 15 个为光化学反应），用三维中度气象欧拉模式进行模拟和预测，获得了非甲烷烃和 NO_x 在 60 km×60 km 和 1 800 m 高度以下范

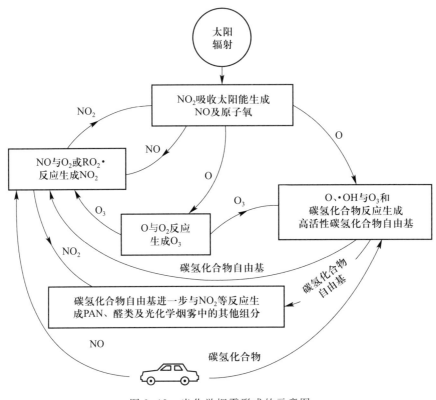

图 2-12   光化学烟雾形成的示意图

围内生成的 O_3 浓度分布及迁移变化的结果,为进一步研究 O_3 的形成条件、分布规律和浓度预测打下了模式模拟的基础。

应当指出,大气中含有碳氢化合物和 NO_x 是产生光化学烟雾的必要条件,而有机物的反应活性对光化学烟雾形成有很大的影响。有机物的反应活性大致顺序为:有内双键的烯烃>二烷基或三烷基芳烃和外双键烯烃>乙烯>单烷基芳烃>C_5 和 C_5 以上烷烃>$C_2 \sim C_5$ 烷烃。另外,NO_x 和碳氢化合物的初始浓度大小,可影响 O_3 的生成量和生成速率。当 c_{NMHC}/c_{NO_x} 高时,NO_x 少,O_3 生成受 NO_x 量的限制;因此,NO_x 对 O_3 生成非常灵敏。当 c_{NMHC}/c_{NO_x} 低时,O_3 生成不受 NO_x 量的限制,而受制于光照时间和 O_3 的形成速率。可见,大气中 c_{NMHC}/c_{NO_x} 对 O_3 生成量,即 O_3 在大气环境中的浓度有控制作用。

继洛杉矶之后,光化学烟雾污染在世界各地不断出现。我国兰州西固地区也出现过光化学烟雾。自 20 世纪 50 年代至今,对光化学烟雾的研究,包括发生源、发生条件、反应机理及模型、对生物体的毒性、监测和控制等方面都开展了大量的工作,并取得了许多成果。

预防光化学烟雾发生最好的方案是控制污染源,包括固定源和汽车尾气等移动源的排放,特别是要控制碳氢化合物、NO_x 及 CO 的排放。另一方案是在大气中散发控制自由基形成的化学抑制剂,以消除自由基,抑制链式反应的进行,从而控制光化学烟雾的形成。由于·OH 被认为是促成光化学烟雾形成的主要活性物质,故对清除·OH 的抑制剂研究得较多。人们发现二乙基羟胺(DEHA)、苯胺、二苯胺、酚等对·OH 有不同的抑制作用。用 DEHA 作为·OH 的抑制剂,其反应为

$$(C_2H_5)_2NOH + \cdot OH \longrightarrow (C_2H_5)_2NO + H_2O$$

如在大气中喷洒 0.05 mg/L 的 DEHA，能有效抑制光化学烟雾的形成。但在使用过程中要注意抑制剂对人体和动植物的毒害作用，并注意抑制剂产生的二次污染，因此，必须全面评价抑制剂的环境影响。DEHA 等化学抑制剂仅能延缓光化学烟雾的发生，但不能从根本上解决问题。只有控制碳氢化合物和 NO_x 的排放量，才能避免光化学烟雾的发生。

六、二氧化硫的转化

二氧化硫(SO_2)是重要的大气污染物。1952 年轰动世界的伦敦烟雾事件造成 4 000 人死亡，促使人们对 SO_2 污染及控制问题进行广泛的研究。

大气中 SO_2 的主要化学演变过程：SO_2 被氧化成 SO_3，SO_3 被水吸收形成 H_2SO_4，再遇 NH_4^+ 等形成 $(NH_4)_2SO_4$ 或其他硫酸盐，然后以颗粒(气溶胶)形式参与循环。已证实，对陆地及水生生态系统、人体健康、能见度和气候等产生不利影响的主要物质不是 SO_2 本身，而是其氧化产物。

在 SO_2 向硫酸及硫酸盐转化过程中，SO_2 向 SO_3 转化是关键一步。由于转化反应可以在气体中、液滴里和固体颗粒表面上进行，涉及氧化反应、催化反应及光化学反应等多种复杂反应；因此，大气中 SO_2 的氧化途径有：气相氧化、液相氧化、在颗粒物表面上的氧化。环境条件(如反应物组成、光强、温度和催化剂等)对其影响较大。

(一) SO_2 的气相氧化

SO_2 的气相氧化包括直接光氧化及均相气相氧化。

1. 直接光氧化

大气中 SO_2 受太阳辐射被缓慢地氧化成 SO_3，若有 H_2O，SO_3 迅速转化成 H_2SO_4。SO_2 主要的光氧化反应如下：

$$SO_2 + h\nu(290\sim340\ nm) \longrightarrow {}^1SO_2$$
$$SO_2 + h\nu(340\sim400\ nm) \longrightarrow {}^3SO_2$$
$$^1SO_2 + M \longrightarrow {}^3SO_2 + M$$
$$^1SO_2 + M \longrightarrow SO_2 + M$$
$$^3SO_2 + M \longrightarrow SO_2 + M$$
$$^3SO_2 + O_2 \longrightarrow SO_4 \longrightarrow SO_3 + O$$
$$SO_4 + SO_2 \longrightarrow 2SO_3$$
$$SO_3 + H_2O \longrightarrow H_2SO_4$$

大气中 SO_2 的光氧化速率约为 10^{-7} mol·L^{-1}·s^{-1} 或 4×10^{-4} mol·L^{-1}·h^{-1}。如果有碳氢化合物和 NO_x 存在，SO_2 的光氧化速率明显加快。

2. 均相气相氧化

大气中 SO_2 主要被 $\cdot OH$、$HO_2\cdot$ 和 $RO_2\cdot$ 等自由基氧化：

$$\cdot OH + SO_2 \xrightarrow{M} HOSO_2\cdot$$

$HOSO_2\cdot$ 能进一步与大气中的 O_2 作用：

$$HOSO_2\cdot + O_2 \xrightarrow{M} HO_2\cdot + SO_3$$

$$SO_3 \quad + \quad H_2O \longrightarrow H_2SO_4$$

反应过程中产生的 $HO_2\cdot$，通过 $HO_2\cdot \quad + \quad NO \longrightarrow \cdot OH \quad + \quad NO_2$，使 $\cdot OH$ 再生，上述氧化过程可循环进行。

大气中 SO_2 还可与 $HO_2\cdot$、$CH_3CHO_2\cdot$、$CH_3O_2\cdot$ 等自由基反应氧化生成 SO_3：

$$HO_2\cdot \quad + \quad SO_2 \longrightarrow \cdot OH \quad + \quad SO_3$$

$$CH_3CHO_2\cdot \quad + \quad SO \longrightarrow CH_3CHO \quad + \quad SO_3$$

$$CH_3O_2\cdot \quad + \quad SO_2 \longrightarrow CH_3O\cdot \quad + \quad SO_3$$

$$CH_3C(O)O_2\cdot \quad + \quad SO_2 \longrightarrow CH_3C(O)O\cdot \quad + \quad SO_3$$

一般情况下，$CH_3O_2\cdot$、$CH_3CHO_2\cdot$ 和 $CH_3C(O)O_2\cdot$ 与 SO_2 的反应可忽略不计，但当光化学烟雾形成反应中存在较高浓度的碳氢化合物时，上述反应不能忽略。在均相气相氧化中，SO_2 被 $HO_2\cdot$ 和 $\cdot OH$ 氧化的反应比较重要，其中 SO_2 与 $\cdot OH$ 的反应更为重要，氧化速率约是 $HO_2\cdot$ 的12倍。

大气中 SO_2 均相气相氧化的总速率约为 1.2×10^{-6} mol·$L^{-1}\cdot s^{-1}$ 或 0.43% mol·$L^{-1}\cdot s^{-1}$，比直接光氧化过程要快得多，这种转化是低层大气中 SO_2 转化的主要机制。有关湿度、温度及光强等的影响仍需进一步研究。

（二）SO_2 的液相氧化

SO_2 溶于云雾后可被其中的 O_3、H_2O 所氧化，其中 SO_2 溶于水是发生液相氧化的先决条件：

$$SO_2(g) \quad + \quad H_2O(l) \overset{K_H}{\rightleftharpoons} (H_2O\cdot SO_2)_l$$

$$(H_2O\cdot SO_2)_l \overset{K_{s1}}{\rightleftharpoons} HSO_3^- \quad + \quad H^+$$

$$HSO_3^- \overset{K_{s2}}{\rightleftharpoons} SO_3^{2-} \quad + \quad H^+$$

由此，可计算出各种形态 $S(IV)$ 的摩尔分数：

$$\alpha_0 = \frac{[SO_2\cdot H_2O]}{[S(IV)]} = \left[1 + \frac{K_{s1}}{[H^+]} + \frac{K_{s1}K_{s2}}{[H^+]^2}\right]^{-1}$$

$$\alpha_1 = \frac{[HSO_3^-]}{[S(IV)]} = \left[1 + \frac{[H^+]}{K_{s1}} + \frac{K_{s2}}{[H^+]}\right]^{-1}$$

$$\alpha_2 = \frac{[SO_3^{2-}]}{[S(IV)]} = \left[1 + \frac{[H^+]}{K_{s2}} + \frac{[H^+]^2}{K_{s1}K_{s2}}\right]^{-1}$$

从式中可以看出，$S(IV)$ 的存在形态与 pH 有关，在高 pH 范围 $S(IV)$ 以 SO_3^{2-} 为主，中间 pH 范围以 HSO_3^- 为主，低 pH 范围以 $H_2O\cdot SO_2$ 为主。各种形态的 $S(IV)$ 可被 O_2、O_3、H_2O_2 氧化，也可被金属催化氧化。

1. 被 O_2 非催化氧化

其氧化反应速率为

$$R_{O_2} = d[SO_4^{2-}]/dt = k_{O_2}[S(IV)]$$

式中：k_{O_2}——被 O_2 氧化的反应速率常数，s^{-1}；

$[S(IV)]$——各种四价含硫化合物（$SO_2\cdot H_2O$、HSO_3^-、SO_3^{2-}）浓度的总和，在液相反应中 k_{O_2} 有时与溶液的 pH 有关：

$$k_{O_2} = 2.74 \times 10^{-6} \text{ s}^{-1} (\text{pH} = 4 \sim 7)$$

2. 被 O_3 氧化

其反应式可表示如下：

$$HSO_3^- + O_3 \longrightarrow HSO_4^- + O_2$$

氧化反应速率为

$$R_{O_3} = k_{O_3}[O_3][S(\text{IV})]$$
$$k_{O_3} = 4.4 \times 10^5 [H^+]^{-0.1} \quad (k_{O_3} \text{ 单位：L} \cdot \text{mol}^{-1} \cdot \text{s}^{-1})$$

即 k_{O_3} 与溶液的 pH 有关：

$$\text{pH} = 4 \text{ 时}, k_{O_3} = 7.13 \times 10^5 \text{ L} \cdot \text{mol}^{-1} \cdot \text{s}^{-1}$$
$$\text{pH} = 5 \text{ 时}, k_{O_3} = 1.79 \times 10^6 \text{ L} \cdot \text{mol}^{-1} \cdot \text{s}^{-1}$$
$$\text{pH} = 6 \text{ 时}, k_{O_3} = 4.50 \times 10^6 \text{ L} \cdot \text{mol}^{-1} \cdot \text{s}^{-1}$$

3. 被 H_2O_2 氧化

其氧化反应速率为

$$R_{H_2O_2} = k_{H_2O_2}[S(\text{IV})][H_2O_2] (k_{H_2O_2} \text{ 单位：L} \cdot \text{mol}^{-1} \cdot \text{s}^{-1})$$

同样，$k_{H_2O_2}$ 与溶液的 pH 有关：

$$\text{pH} = 4.3 \text{ 时}, k_{H_2O_2} = 1.3 \times 10^3 \text{ L} \cdot \text{mol}^{-1} \cdot \text{s}^{-1}$$
$$\text{pH} = 5.4 \text{ 时}, k_{H_2O_2} = 5.4 \times 10^2 \text{ L} \cdot \text{mol}^{-1} \cdot \text{s}^{-1}$$
$$\text{pH} = 6.6 \text{ 时}, k_{H_2O_2} = 27 \text{ L} \cdot \text{mol}^{-1} \cdot \text{s}^{-1}$$

4. 在金属离子存在下的催化氧化

SO_2 的催化氧化可用下式表示：

$$2SO_2 + 2H_2O + O_2 \xrightarrow{\text{催化剂}} 2H_2SO_4$$

催化剂可以是 M_2SO_4，也可以是 MCl；$FeCl_3$、$MgCl_2$、$Fe_3(SO_4)_3$ 及 $MgSO_4$ 是经常悬浮在大气中的催化剂。在高湿度时，这些颗粒起凝聚中心的作用，从而易形成小液滴，随后过程是 SO_2 的吸收及 O_2 穿过气溶胶的氧化。有人认为这个过程可能包括 SO_2 被液滴表面吸收、SO_2 向液滴内部扩散、内部的催化反应。

实验表明，液滴的 pH 能影响催化反应的速率；该反应在碱性及中性条件下较快，而在酸性条件下较慢；另外相对湿度也能影响氧化过程，湿度降低，氧化速率减慢。

一般认为 SO_2 的催化氧化为一级反应，速率常数随催化剂类型及相对湿度而改变。催化剂对 SO_2 氧化的影响如表 2-10 所示。

表 2-10 催化剂对 SO_2 氧化的影响

催化剂	质量/g	平均停留时间/h	SO_2 浓度/$(\text{mL} \cdot \text{m}^{-3})$	转化分数	有效因子
NaCl	0.36	1.7	14.4	0.069	1.0
$CuSO_4$	0.15	1.7	14.4	0.068	2.4
$MnCl_2$	0.255	0.52	3.3	0.052	3.5
$MnSO_4$	0.51	0.52	3.3	0.365	12.2

（1）三价铁的催化氧化，其氧化反应速率为

$$R_{Fe}=k_{Fe}[Fe(Ⅲ)][S(Ⅳ)]^{n}$$

n 的大小与 pH 有关。pH$\leqslant$4 时，$n=1$ 时；pH$\geqslant$5 时，$n=2$；其 k 值为

$$pH=3 时，\quad k_{Fe}=300\ L\cdot mol^{-1}\cdot s^{-1}$$
$$pH=4 时，\quad k_{Fe}=1.6\times10^{3}\ L\cdot mol^{-1}\cdot s^{-1}$$
$$pH=5 时，\quad k_{Fe}=130\ L^{2}\cdot mol^{-2}\cdot s^{-1}$$

（2）二价锰的催化氧化，当 $[S(Ⅳ)]<5\times10^{-5}\ mol\cdot L^{-1}$ 时，其氧化反应速率为

$$R_{Mn}=k_{Mn}[Mn^{2+}][S(Ⅳ)]^{3/2}$$

一般估计 SO_2 在液相中的催化氧化速率比 O_2 的非催化氧化快两个数量级。

综上所述，SO_2 的液相氧化有多种途径，总的液相氧化速率应是各个氧化速率的总和。而各种氧化途径的速率也有较大的差别，由估算可得

$$R_{H_2O_2}\approx10R_{O_3}\approx100R_{催}\approx1\ 000R_{O_2}(pH=5,25\ ℃)$$

即溶于液相的 SO_2 主要被其中的 H_2O_2 和 O_3 所氧化。

一般大气中存在于液相（云、雾）中的 SO_2 只占整个大气的一小部分，若用 f 表示液相中 SO_2 占全部 SO_2 的分数，则

$$(-d[SO_2]/dt)_{水}=f\cdot\sum R_i$$

式中：$\sum R_i$——各种液相速率的总和。典型的 f 为 $(1\sim10)\times10^{-8}$，若取 $f=2\times10^{-8}$，则

$$(-d[SO_2]/dt)_{水}\approx5\times10^{-5}\ mol\cdot L^{-1}\cdot s^{-1}\approx18\%\ mol\cdot L^{-1}\cdot s^{-1}$$

即液相中每小时有 18% 的 SO_2 被氧化。

（三）SO_2 在颗粒物表面的氧化

被吸附在颗粒物表面的 SO_2 也可发生反应，如 SO_2 与颗粒物表面的 $\cdot OH$ 反应，最后生成 SO_4^{2-}；其反应速率与颗粒物的组成有关。从实验数据估计其反应速率约为

$$(-d[SO_2]/dt)_{颗粒物}\approx0.1\varphi[SO_2]$$

式中：φ——SO_2 分子与颗粒物碰撞以后，被吸附在颗粒物上或发生反应的分数，其值与颗粒物的组成有关，见表 2-11。因此，

$$(-d[SO_2]/dt)_{颗粒物}\approx(0.1\sim100)\times10^{-5}\ mol\cdot L^{-1}\cdot s^{-1}$$

由于颗粒物对 SO_2 的吸附容量有限，一般说来，$[SO_2]_{吸附/颗粒物}\approx10^{-4}$。可以认为，在颗粒物表面被氧化的 SO_2 数量是有限的。

表 2-11　不同颗粒物的 φ 值

颗粒物	MgO	Fe_2O_3	Al_2O_3	MnO_2	PbO	NaCl	石灰
$\varphi/10^{-5}$	100	55	40	30	7	0.3	0.1~50

综上所述，大气中 SO_2 的氧化有多种途径。其主要途径是 SO_2 的均相气相氧化和液相氧化。SO_2 氧化转化机制视具体环境条件而异。例如，白天低湿度条件下，以光氧化为主；而在高湿度条件下，催化氧化则可能是主要的，往往生成 H_2SO_4（气溶胶），若有 NH_3 吸收，在液滴中就会生成 $(NH_4)_2SO_4$。

（四）硫酸烟雾

硫酸烟雾也称伦敦烟雾，最早发生在英国伦敦。大气中 SO_2 等含硫化合物在水雾、含有

重金属的颗粒物或氮氧化物存在时,可发生一系列化学或光化学反应而生成硫酸或硫酸盐气溶胶。这种污染多发生在冬季、气温较低、湿度较高和日光较弱的气象条件下。如1952年12月在伦敦发生的一次硫酸烟雾污染事件。当时伦敦上空受冷高压控制,高空中的云阻挡了太阳光,地面温度迅速降低,相对湿度高达80%,于是就形成了雾。由于地面温度低,上空又形成了逆温层。大量居民家庭的烟囱和工厂排放出来的烟积聚在低层大气中,难以扩散,故在低层大气中形成很浓的黄色烟雾。

　　在硫酸烟雾形成的过程中,SO_2转化为SO_3的氧化反应主要靠雾滴中锰、铁及氨的催化作用而加速完成。当然SO_2的氧化速率还会受到其他污染物、温度及光强等因素的影响。

　　从组成上看,硫酸烟雾为还原性烟雾,主要是由燃煤引起的;而光化学烟雾是氧化性烟雾,主要是由汽车尾气排放引起的。两种类型的烟雾污染可交替发生。表2-12比较了两种类型烟雾的区别。

表2-12　硫酸烟雾和光化学烟雾的区别

项目	硫酸烟雾	光化学烟雾
污染物	颗粒物、SO_2、硫酸雾等	碳氢化合物、NO_x、O_3、PAN、醛类
燃料	煤	汽油、煤气、石油
季节	冬季	夏、秋季
气温	低(4 ℃以下)	高(24 ℃以上)
湿度	高	低
日光	弱	强
O_3浓度	低	高
出现时间	白天夜间连续	白天
危害	对呼吸道有刺激作用,严重时导致死亡	对眼和呼吸道有刺激作用,O_3等有强氧化破坏作用,严重时导致死亡

七、酸沉降化学

　　酸沉降是指大气中的酸性物质通过降水,如雨、雪、冰雹等迁移到地表(湿沉降),或酸性物质在气流的作用下直接迁移到地表(干沉降)的过程。酸沉降化学就是研究在干、湿沉降过程中与酸有关的各种化学问题,包括降水的化学组成,酸的来源、形成过程和机理、存在形式、化学转化,以及降水组成的变化与趋势等。

　　酸沉降化学研究开始于酸雨。20世纪50年代欧洲发现降水酸性逐渐增强的趋势,酸雨问题受到普遍重视。由于酸雨的危害较大,形成过程复杂,影响面广、持久,还可以远距离输送,酸雨问题受到了全世界的关注。各国相继大力开展酸雨的研究,纷纷建立酸雨的监测网站,制订长期的研究计划,开展国际合作。后来,在研究中发现酸的干沉降不能低估,引起不良环境效应的往往是干、湿沉降综合作用的结果。因此,过去被大量引用的"酸雨"的提法也逐渐被"酸沉降"所取代。

因酸的干沉降研究工作起步较晚,故有关这方面的资料较少。本节将着重介绍酸的湿沉降化学,主要内容包括酸雨的研究概况、形成机理及危害等。

（一）酸雨的研究概况

酸雨是指 pH 小于 5.6 的雨雪或其他形式的大气降水。最早引起注意的是酸性降雨,所以习惯上统称为酸雨。

现代酸雨的研究是从早期的降水化学发展而来的。早在 1761—1767 年,马格拉夫（Marggraf）测定了雨雪等降水的化学组成。1872 年英国化学家史密斯（R. A. Smith）在其《空气和雨：化学气象学的开端》一书中首先使用了"酸雨"这一概念,指出降水的化学性质受燃煤和有机物分解等因素的影响,同时也指出酸雨对植物和材料是有害的。

20 世纪以来,全世界酸雨污染范围日益扩大,由北欧扩展到中欧,又由中欧扩展到东欧,几乎整个欧洲地区都在降酸雨。在美国东部和加拿大南部酸雨也曾成为棘手的问题。在北美地区,降水 pH 为 3~4 的酸雨已司空见惯。美国 15 个州降雨的 pH 平均值在 4.8 以下,西弗吉尼亚州甚至下降到 1.5,这是最严重的酸性降水记录。在加拿大,酸雨的危害面积曾达 120 万~150 万 km^2。之后,酸雨也席卷了亚洲大陆。1971 年日本就有酸雨的报道,该年 9 月,东京的一场小雨,有十几个行人感到眼睛刺痛。1983 年日本环境厅组织酸雨委员会进行降水化学组成的监测和湖泊水质调查。几年的调查结果表明,降水年平均 pH 为 4.3~5.6。

我国是继欧洲和北美之后的世界三大酸雨区之一,对酸雨的研究始于 20 世纪 70 年代末期。当时在北京、上海、南京、重庆和贵阳等城市开展了局部研究,发现这些地区在不同程度上存在酸雨问题,西南地区则很严重。1982—1984 年我国开展了酸雨的调查,为搞清降水酸度及化学组成的时空分布情况,1985—1986 年在全国范围内布设了 189 个监测站,523 个降水采样点,对降水数据进行了全面系统的分析。结果表明,降水年平均 pH 小于 5.6 的地区主要分在秦岭—淮河以南,以北仅有个别地区;降水年平均 pH 小于 5.0 的地区主要在西南、华东及东南沿海一带。即我国酸雨由北向南逐渐加重,长江以南酸雨已是比较普遍的问题。酸雨污染最严重的西南地区,如重庆、贵阳两市降水 pH 的月平均值几乎都在 5 以下。1986 年以后我国酸雨发展日趋严重,酸雨面积逐渐扩大,部分南方省市出现年平均 pH<4。1998 年,全国降水年平均 pH 为 4.13~7.79,降水年平均 pH<5.6 的城市占 52.8%,以煤烟型为主的大气污染导致酸雨的覆盖面积约占国土面积的 30%,呈明显的区域性特征。为控制我国大气 SO_2 污染和酸雨不断恶化的趋势,1998 年 1 月国务院正式批准了《酸雨控制区和二氧化硫污染控制区划分方案》（两控区方案）。"两控区"涉及 27 个省、自治区、直辖市,面积达 109 万 km^2,占国土面积的 11.14%,其中酸雨控制区为 80 万 km^2,占国土面积的 8.14%,SO_2 污染控制区为 29 万 km^2,占国土面积的 3.0%。该方案的实施对抑制我国酸雨污染起到了重要作用。2008 年我国监测的 477 个城市（县）中,降水年平均 pH<5.6 的城市占 38.6%;酸雨主要分布在长江以南,四川、云南以东的区域,包括浙江、福建、江西、湖南和重庆的大部分地区及长江三角洲、珠江三角洲地区。2018 年,酸雨控制区面积约 53 万 km^2,占国土面积的 5.5%。酸雨污染主要分布在长江以南、云贵高原以东地区,主要包括浙江、上海的大部分地区、福建北部、江西中部、湖南中东部、广东中部和重庆南部。我国酸雨的主要致酸物质是硫酸盐,降水中 SO_4^{2-} 的含量普遍都很高。

酸雨是降水水质变化的主要表现形式之一,已成为大气污染的重要特征,是当代全球性的环境问题之一。有关酸雨的研究及防治日益受到各国的重视。

（二）降水的化学性质

1. 降水的化学组成

降水的化学组成通常包括以下几类：

（1）大气固定气体成分：O_2、N_2、CO_2、H_2 及惰性气体。

（2）无机物：土壤矿物离子 Al^{3+}、Ca^{2+}、Mg^{2+}、Fe^{3+}、Mn^{2+} 和硅酸盐等；海洋盐类离子 Na^+、Cl^-、Br^-、SO_4^{2-}、HCO_3^- 及少量 K^+、Mg^{2+}、Ca^{2+}、I^- 和 PO_4^{3-}；大气转化产物 SO_4^{2-}、NO_3^-、Cl^- 和 H^+；人为排放物 As、Cd、Cr、Co、Cu、Pb、Mn、Mo、Ni、V、Zn、Ag 和 Sn。

（3）有机物：有机酸（以甲酸、乙酸为主，曾测出 $C_1 \sim C_{30}$ 酸）、醛类（甲醛、乙醛等）、烯烃、芳烃和烷烃。世界各地降水中均已发现有机酸的存在。虽然通常认为降水酸度主要来自硫酸和硝酸等强酸，但多年来实测结果表明有机弱酸（甲酸和乙酸等）也对降水酸度有贡献。在美国城市地区，有机酸对降水自由酸度的贡献率为 16%～35%；而在偏远地区，它们可能成为降水的主要致酸物质，对酸度的贡献有时可高达 60% 以上。

（4）光化学反应产物：H_2O_2、O_3 和 PAN 等。

（5）不溶物：雨水中的不溶物来自土壤粒子和燃料燃烧排放尘粒中的不溶物部分，其含量可达 $1\sim3$ mg/L。

降水中最重要的离子是 SO_4^{2-}、NO_3^-、Cl^- 和 NH_4^+、Ca^{2+}、H^+，它们参与了地表土壤的平衡，对陆地生态系统和水生生态系统有很大的影响。

降水的化学组成受许多因素影响，不仅有地域变化，降水与降水之间的变化，而且在同一次降水中，其组成浓度还随时间变化。这些变化除了与云的结构、云中雨除与云下冲刷效率的时空差别有关，还与酸雨前体物的排放有关。

通常大气降水的化学组成具有以下特点：第一，降水中离子成分有较明显的地理分布规律。近海地区的降水中通常含有较多的 Na^+、Cl^- 和 SO_4^{2-}；而在远离海洋的森林草原地区，降水中含 HCO_3^-、SO_4^{2-}、Ca^{2+} 和有机成分；在工业区和城市，降水中则含较多的 SO_4^{2-}、NO_3^- 和 NH_4^+。第二，降水组成与降水持续时间有关。如 Cl^-，一般前 10～15 分钟收集的雨水中 Cl^- 含量较高；其他离子成分也有类似的规律。第三，降水组成与降水量有关。一般说来，降水量大，降水中各组分浓度低，反之亦然；这与雨滴粒径分布及在大气中的停留时间有关。第四，降水的化学组成与天气类型有关。不同季节酸雨前体物的排放源和排放量有较大差别，天气条件各异，大气扩散条件也不相同。一般认为夏季的阵雨比冬季的锋面暴雨能更有效地清除大气中的硫酸和硫酸盐，降水 pH 的最低值出现在与冷锋空气团有关的阵雨和雷阵雨中。

2. 降水的 pH 及酸雨的定义

通常认为"天然"降水的 pH 为 5.6。此值来自如下考虑：在未被污染的大气中，影响天然降水 pH 的因素仅为大气中的 CO_2；根据 CO_2 的全球大气含量（330 mL/m^3）与纯水的平衡：

$$CO_2(g) + H_2O \overset{K_H}{\rightleftharpoons} CO_2 \cdot H_2O$$

$$CO_2 \cdot H_2O \overset{K_1}{\rightleftharpoons} H^+ + HCO_3^-$$

$$HCO_3^- \overset{K_2}{\rightleftharpoons} H^+ + CO_3^{2-}$$

式中:K_H——CO_2 的亨利常数。

按电中性原理得

$$[H^+] = [OH^-] + [HCO_3^-] + 2[CO_3^{2-}]$$
$$= K_w/[H^+] + K_1 K_H p_{CO_2}/[H^+] + 2K_1 K_2 K_H p_{CO_2}/[H^+]^2$$

式中:K_w——水的离子积;

p_{CO_2}——CO_2 在大气中的分压;

K_1——$CO_2 \cdot H_2O$ 的一级电离常数;

K_2——$CO_2 \cdot H_2O$ 的二级电离常数。

计算得洁净降水的 pH 为 5.6,故 pH 小于 5.6 的降水被认为是酸雨。

通过对降水的多年观察,近年来研究人员已经对 pH = 5.6 能否作为酸性降水的界限及判别人为污染的界限提出了异议。其主要论点如下:① 在高清洁大气中,除 CO_2 外还存在各种酸、碱性气态和气溶胶物质,它们通过成云过程和降水冲刷过程进入雨水,降水酸度是其中各种酸、碱性物质综合作用的结果,其 pH 不一定正好是 5.6。② 作为对降水 pH 有决定影响的强酸,尤其是硫酸和硝酸,并不都来自人为源。如火山喷发排放的 SO_2 和海盐中的 SO_4^{2-} 等都对雨水有贡献。③ 降水 pH>5.6 的地区并不表明没有人为污染,有的地区大气中酸性物质污染严重,但碱性尘粒或其他碱性物质如 NH_3 含量高,降水冲刷的结果使 pH 大于 5.6。④ H^+ 浓度不是一个守恒量,它不能表示降水受污染的程度。同一酸度的降水,其中的 SO_4^{2-}、NO_3^- 等含量可以相差很大。在偏远地区,降水 pH 低不一定表示污染严重;城市附近的降水,有时 pH 并不低,但降水实际上已受到了污染。降水 pH 与其中酸、碱离子的平衡有关。

综上所述,pH = 5.6 不是一个判别降水是否酸化和受到人为污染的合理界限。于是人们提出了降水 pH 的背景值和降水污染与否的判别标准问题。

由于世界各地区自然条件不同,如地质、气象、水文等的差异,会造成各地区降水 pH 的不同。世界某些地区降水 pH 的背景值为 4.79~5.00,均小于或等于 5.0(见表 2-13),因而认为将 5.0 作为酸雨 pH 的界限更符合实际情况。

有人认为 pH 大于 5.6 的降水也未必没有受到酸性物质的人为干扰,因为即使有人为干扰,如果不是很强烈,由于雨水有足够的缓冲容量,不会使雨水呈酸性;而 pH 为 5.0~5.6 的雨水有可能受到人为活动的影响,但没有超过天然硫的影响范围,或者说人为影响即使存在,也不超出天然缓冲作用的调节能力,因为雨水与天然硫平衡时的 pH 即为 5.0。如果雨水 pH 小于 5.0,可以确信人为影响是存在的。所以,以 5.0 作为酸雨 pH 的界限更为确切。

表 2-13   世界某些降水 pH 的背景值

地点	样品数	pH 背景值
中国丽江	280	5.00
印度洋阿姆斯特丹岛(Amsterdan)	26	4.92
美国阿拉斯加 Poker Flat	16	4.94
澳大利亚凯瑟琳(Katherine)	40	4.78
委内瑞拉圣卡洛斯(San Carlos)	14	4.81
大西洋百慕大群岛圣乔治岛(St. Georges)	67	4.79

　　由于实际大气是一个非常复杂的体系,所以降水的酸性是进入水中各种物质综合作用的结果,降水的酸性取决于其中酸、碱性离子浓度的相对大小。许多事实证明,随着化石燃料消费的逐年增加,SO_2、NO_x 排放量亦有所增加,致使大气酸化加剧。一些背景采样点的连续观测结果表明,降水 pH 呈逐年下降趋势。例如,日本岩手县绫里 1976 年到 1992 年的降水 pH 从 5.20 降至 4.85。全球大气组成正在逐渐变化,这无疑与全球酸性污染物排放量逐年增加及气溶胶酸化缓冲能力下降密切相关。大气中 CO_2 含量大约以每年 2 mL/m^3 的速度增加,2019 年已达 414.7 mL/m^3。因此,全球降水酸度背景值不是恒定不变的,从这个意义上说,将背景值下降到某一定值没有多大实际意义。所以,现在仍以 pH = 5.6 作为酸性降水的判断标准。

3. 降水中的离子平衡

　　降水中的主要离子有:阴离子 SO_4^{2-}、NO_3^-、Cl^-、HCO_3^-;阳离子 H^+、NH_4^+、Ca^{2+}、K^+、Mg^{2+}、Na^+。由于雨水呈电中性,因而其中的阴阳离子应基本平衡:

$$[H^+]+[NH_4^+]+[Na^+]+[K^+]+2[Ca^{2+}]+2[Mg^{2+}]（阳离子）$$
$$= 2[SO_4^{2-}]+[NO_3^-]+[Cl^-]+[HCO_3^-]（阴离子）$$

当代表酸性物质的阴离子总量大于代表碱性物质的阳离子总量时,降水的 pH 降低,便形成酸雨。一般情况下,降水酸度主要取决于 SO_4^{2-}、NO_3^-、Ca^{2+}、NH_4^+、K^+ 等离子的平衡。SO_4^{2-}、NO_3^- 的前体物 SO_2、NO_x 主要来自燃煤及汽车尾气的排放,Ca^{2+}、NH_4^+ 主要来自人为源,也有天然源。

　　大气中 SO_2 和 NO_x 的浓度高时,降水中 SO_4^{2-} 和 NO_3^- 的浓度也高,使降水酸化。但由于中和作用,当 Ca^{2+}、NH_4^+ 等碱性阳离子含量也较高时,很可能不表现为酸雨,甚至可能呈碱性降水。相反,即使大气中 SO_2 和 NO_x 的浓度不高,但碱性物质相对更少,则降水仍然有较高的酸度。例如,我国北方气候干燥,土壤呈碱性,且土壤颗粒易被风刮到大气中,其中的 Ca^{2+}、NH_4^+ 等碱性阳离子对雨水中的酸起中和作用;南方气候湿润,土壤呈酸性,因而大气中缺少碱性物质,对雨水中酸的中和能力较低,这是我国酸性降水区域主要集中在南方的重要原因之一。表 2-14 列出了重庆、北京、瑞典、美国降水中的酸碱成分及降水酸度。可以看出,重庆降水中酸性物质的含量比北京少,但碱性物质的含量比北京相对更少,所以重庆降水的 pH 较北京低。比较瑞典与美国的降水成分,可以得到同样的结果。故降水 pH 和 SO_4^{2-} 浓度之间没有良好的相关性。

表 2-14　雨水酸度与酸碱成分　　　　　　　　　　　　单位:$\mu g/mL$

地点	pH	SO_4^{2-}	NO_3^-	Ca^{2+}	NH_4^+
重庆	4.12	13.29	1.39	1.53	1.21
北京	6.7	13.11	3.12	3.68	2.54
瑞典	4.3	3.4	1.9	0.28	0.56
美国	3.92	6.0	2.4	0.30	0.20

　　值得指出的是,我国酸雨的形成与 SO_2 的浓度及转化条件有关。西南地区大多使用高硫煤,因此 SO_2 的排放量很高;重庆、贵阳的气象条件和地形不利于 SO_2 的扩散,高温和高湿

度又有利于 SO_2 的转化,加上土壤呈酸性,大气中碱性物质少,使该地区成为强酸雨区。

综上所述,人为源和天然源排入大气的许多气态或固态物质对酸雨的形成产生多种影响。例如,飞灰中的 CaO、土壤中的 $CaCO_3$、天然源和人为源中的 NH_3 及其他碱性物质,可以中和酸。降水的酸度与其中的化学组成和离子平衡密切相关。颗粒物中的 Mn^{2+}、Fe^{2+} 等是成酸反应的催化剂,H_2O_2、O_3 及 $\cdot OH$、$HO_2\cdot$ 等对 SO_2、NO_2 的氧化起重要作用。

（三）酸雨的形成

酸雨的形成涉及一系列复杂的物理、化学过程,包括污染物的远程输送过程、成云过程、成雨过程,以及在这些过程中发生的气相、液相和固相等均相或非均相化学反应等。

1. 大气中酸性物质的形成

影响降水酸性的主要物质是 H_2SO_4、HNO_3,还有一些有机酸。人类活动排入大气中的 SO_2 和 NO_x,一部分通过干沉降直接回到地面,剩余部分在大气中通过光化学氧化、自由基氧化、催化氧化等多种途径转化为 H_2SO_4 和 HNO_3。有关 SO_2 和 NO_x 氧化成 H_2SO_4、HNO_3 的机理已在第二节作过介绍,这里简要叙述酸性物质形成的主要过程。

图 2-13 概括了大气中 SO_2 和 NO_x 转化成 H_2SO_4 和 HNO_3 的主要途径,总体可分为三种转化过程:① SO_2 和 NO_x 在气相中氧化成 H_2SO_4 和 HNO_3,以气溶胶或气体的形式进入液相;② SO_2 和 NO_x 溶入液相后,在液相中被氧化成 SO_4^{2-} 和 NO_3^-;③ SO_2 和 NO_x 在气液界面发生化学反应转化为 SO_4^{2-} 和 NO_3^-。

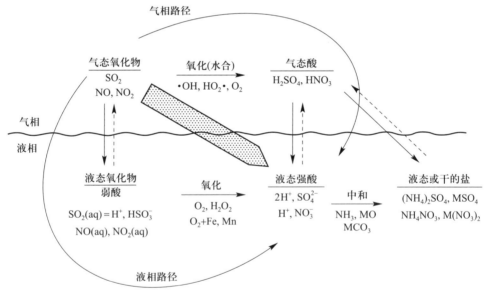

图 2-13　大气中 SO_4^{2-} 和 NO_3^- 生成的主要路径

(引自 Schwartz,1985)

SO_2 和 NO_x 的气相转化主要通过与 $\cdot OH$ 反应来完成:

$$SO_2 + \cdot OH \xrightarrow{\text{多步}} H_2SO_4 \tag{2-24}$$

$$NO_2 + \cdot OH \longrightarrow HNO_3 \tag{2-25}$$

在大气环境中,估计反应(2-24)产生的 H_2SO_4 占气相反应总量的 98% 以上;反应(2-25)

是气相产生 HNO_3 最主要的反应,它比反应(2-24)约快 10 倍。

大气中有机酸主要是由碳氢化合物转化而来的,如乙醛和乙烯的反应机制大致如下:

$$乙醛:CH_3CHO + HO_2 \cdot \longrightarrow CH_3CO_2 \cdot + H_2O$$

$$CH_3CHO + \cdot OH \longrightarrow CH_3\overset{\cdot}{C}O + H_2O$$

$$CH_3CHO + 2O_2 + h\nu \longrightarrow CH_3O_2 \cdot + HO_2 \cdot + CO$$

$$CH_3\overset{\cdot}{C}O + O_2 \longrightarrow CH_3CO_3 \cdot$$

$$CH_3CO_3 \cdot + CH_3O_2 \cdot \longrightarrow CH_3COOH + HCHO + O_2$$

$$乙烯:CH_2{=}CH_2 + \cdot OH \xrightarrow{O_2} HOC_2H_4O_2 \cdot + \cdot C_2H_3$$

$$HOC_2H_4O_2 \cdot \xrightarrow{多步} HCOOH$$

$$\cdot C_2H_3 \xrightarrow{多步} HCOOH$$

$$CH_2{=}CH_2 + O_3 \longrightarrow \cdot CH_2OO^* + HCHO$$

$$\cdot CH_2OO^* \xrightarrow{M} HCOOH$$

此外,烷烃在气相中也可以氧化成有机酸。有机酸的生成机制目前还不十分清楚。

SO_2 和 NO_x 的液相氧化,首先是它们由气态转入水相,这主要通过气体在溶液中的吸收(溶解)平衡来实现。吸收平衡服从亨利定律。SO_2 和 NO_x 在水相中可以多种形态存在,它们的摩尔分数与 pH 有关。如在典型大气液滴的 pH 为 2~6 时,$S(\mathrm{IV})$ 主要存在形态是 HSO_3^-。溶于水中的 SO_2 和 NO_x 可被 H_2O_2、O_3 及 $\cdot OH$、$HO_2 \cdot$ 等氧化成 SO_4^{2-} 和 NO_3^-。例如:

$$H_2O_2 + HSO_3^- \longrightarrow SO_4^{2-} + H^+ + H_2O$$

$$O_3 + HSO_3^- \longrightarrow H^+ + SO_4^{2-} + O_2$$

$$2NO_2 + HSO_3^- \xrightarrow{H_2O} 2NO_2^- + 3H^+ + SO_4^{2-}$$

研究表明,当 pH<5 时,H_2O_2 氧化 $S(\mathrm{IV})$ 是最有效的途径;当 pH>5 时,O_3 氧化 $S(\mathrm{IV})$ 比 H_2O_2 快 10 倍;Fe^{3+} 和 Mn^{2+} 催化 O_2 氧化 $S(\mathrm{IV})$ 在高 pH 下可能比较重要;NO_2 对 $S(\mathrm{IV})$ 的氧化不重要。

NO_x 可被 $\cdot OH$、H_2O_2、O_3 等氧化成 NO_3^-:

$$\cdot OH + NO \longrightarrow HONO$$

$$\cdot OH + NO_2 \longrightarrow NO_3^- + H^+$$

$$H_2O_2 + HONO \longrightarrow NO_3^- + H^+ + H_2O$$

$$O_3 + NO_2^- \longrightarrow NO_3^- + O_2$$

后两个反应与 pH 有很大关系。此外,PAN 的水解可能对大气中 NO_3^- 有所贡献。

2. 降水的酸化过程

大气降水酸度与其中酸、碱物质的性质及相对比例有关。下面简要介绍这些物质进入降水,造成降水酸化的过程。

酸雨的形成过程包括雨除和冲刷。在自由大气里,由于存在 0.1~10 μm 的凝结核而造成水蒸气的凝结,然后通过碰并和聚结等过程进一步生长从而形成云滴和雨滴。在云内,云滴相互碰并或与气溶胶颗粒碰并,同时吸收大气中的气态污染物,在云内部发生化学反应,这个过程为污染物的云内清除或雨除(in-cloud scavenging/rainout)。在雨滴下落过程中,雨滴冲刷着所经过大气中的气体和气溶胶,雨滴内部也会发生化学反应,这个过程为污染物的云下清除或冲刷(below-cloud scavenging/washout)。这些过程即为降水对大气中气态物质和颗粒物的清除过程,在这些清除过程中降水被酸化,如图2-14所示。

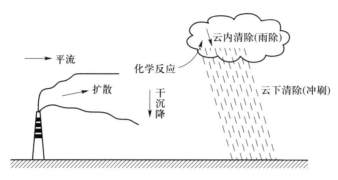

图2-14   降水的酸化过程示意图

(1) 云内清除(雨除)过程:大气中硫酸盐和硝酸盐等气溶胶可作为活性凝结核参与成云过程;此外,水蒸气过饱和时也能产生成核作用。由于水蒸气凝结在云滴上和云滴间的碰并,使云滴不断生长,与此同时,各种气态污染物溶于云滴中并发生各种化学反应;当云滴成熟后即变成雨从云基下落。

大气污染物的云内清除(雨除)过程包括气溶胶颗粒的雨除和微量气体的雨除。气溶胶颗粒可通过以下三种机理进入云滴:① 气溶胶颗粒作为水蒸气的活性凝结核进入云滴。② 气溶胶颗粒和云滴碰并。气溶胶颗粒通过布朗运动和湍流运动与云滴碰并。粒径小于 $0.01~\mu m$ 的气溶胶颗粒几乎都经该机理进入云滴。③ 气溶胶颗粒受力运动,并沿着蒸汽压梯度方向移动而进入云滴。在对流层大气中,若气溶胶浓度小于 $200\sim300~\mu g/m^3$,则几乎全部粒子在成云过程中被清除。作为活性凝结核进入云滴、参与雨除过程是气溶胶颗粒雨除的主要机制。

气态污染物的雨除对云水组成的影响与气溶胶的雨除同样重要。微量气体的雨除取决于气体分子的传质过程和在溶液中的反应性,同时还与云的类型和云滴谱有关。在气态污染物的云内清除过程中,其中一些物质被氧化,如 $S(IV)$ 被氧化成 $S(VI)$;故化学氧化速率是整个过程的限速步骤,液相氧化反应的速率取决于氧化剂的类型和浓度,而气态污染物在云滴中的溶解度与气相浓度和云滴 pH 有关。

(2) 云下清除(冲刷)过程:雨滴离开云基,在其下落过程中有可能继续吸收和捕获大气中的气态污染物和气溶胶,这就是污染物的云下清除或冲刷作用。它包括微量气体(气态污染物)及气溶胶的云下清除。

● 微量气体的云下清除。云下清除过程与气体分子同液相的交换速率、气体在水中的溶解度和液相氧化速率及雨滴在大气中的停留时间等因素有关。

雨滴进入大气后会产生气态污染物从气相向液相的传质过程或从液相向气相的传质过程,传质系数随雨滴粒径增加而减小。由于雨滴在大气中的停留时间较短,因此,雨滴内的一些快反应如离子反应,H_2O_2、O_3、$\cdot OH$、$HO_2\cdot$ 及 Mn^{2+}、Fe^{3+} 等对 $S(IV)$ 的氧化反应,才会对雨滴的化学组成产生影响,而大多数的慢反应对雨滴的影响较小。在污染气体的云下清除过程中,气液间传质速率和液相反应速率共同决定污染气体在液相的反应速率。气液传质速率控制了大雨滴中的液相反应速率,化学反应速率则控制了小雨滴的液相反应速率。

在水中溶解度极大或在溶液中仅参加快速离子反应使溶解度增大的微量气体,它们的云下清除是不可逆的,其去除率与已进入液相的浓度无关,仅与气相浓度有关。不可逆清除的气体在液相中的总浓度随雨滴降落距离而线性增加。气体不可逆清除的清除率与其他气体无关,仅与自身的特性和雨滴谱及降水量有关;清除率随降水量增加而增加。

研究表明,雨水对 SO_2 气体的清除系数与雨强、气相 SO_2 浓度、NH_3 浓度、氧化剂浓度及雨水的 pH 初值有关,它们之间有复杂的相互作用。

● 气溶胶的云下清除。雨滴在下落过程中捕获气溶胶颗粒。气溶胶被捕获后,其中的可溶部分如 SO_4^{2-}、NO_3^-、NH_4^+、Ca^{2+}、Mg^{2+}、Mn^{2+}、Fe^{2+}、H^+ 及 OH^- 等会释放出来,从而影响雨滴的化学组成和酸度。

刘帅仁等研究了云下清除过程中气溶胶对雨水酸化的作用。结果表明,气溶胶对雨水酸度有影响,若气溶胶 pH 低于雨水的 pH,则气溶胶起酸化作用;反之,则起碱化作用;气溶胶的酸化作用强于碱化作用。在一般含量(10^3 个/cm^3)下,酸性气溶胶是雨水 H^+ 的重要来源,碱性气溶胶可消耗雨水中的 H^+;气溶胶对雨水 SO_4^{2-} 的贡献较小。酸性气溶胶对雨水的酸化作用随 SO_2 浓度增大而减弱,而碱性气溶胶对雨水的碱化作用随 SO_2 浓度增大而增强;云内清除过程是雨水 SO_4^{2-} 的重要来源,云下气溶胶清除过程对 SO_4^{2-} 贡献较小。HNO_3 对雨水 H^+ 的贡献比同浓度的 SO_2 要大几倍,气溶胶对雨水 NO_3^- 的贡献相当于 1 ng/mL HNO_3 的贡献,随着 HNO_3 浓度的增大,气溶胶的相对贡献迅速减少。气溶胶是雨水中 NH_4^+ 的重要来源,相当于 NH_3 浓度为 5～8 ng/mL 时对 NH_4^+ 的贡献。

云内清除和云下清除过程受大气污染程度和许多环境参数的影响。云内清除和云下清除对酸雨形成的相对贡献在不同地理区域、不同源排放和不同气象条件等情况下是不同的。观测结果表明,在我国一些重污染地区,云下清除过程是很重要的。如重庆和北京地区云下清除过程的数值模拟结果表明,重庆雨水中的 H^+ 来源以云下 SO_2 氧化为主,气溶胶起碱化作用;北京雨水中的 H^+ 主要来自云内清除过程,云下气体 NH_3 和气溶胶起碱化作用。可见,北京地区 NH_3 浓度高是雨水不酸的首要原因。

由此可见,酸雨形成过程是非常复杂的。酸雨前体物 SO_2、NO_x 除局地源排放外,还可以由远距离输送而来。如我国南方酸性降水存在着局地冲刷和中长距离传输双重形成机制。南方大气 SO_2 浓度较高的某些山区城市降水酸化的主要来源为局地冲刷。南方春季常出现大面积酸性降水,其主要来源是污染物的中长距离传输。在一定气象条件下污染物可传输数百千米或更远,使下风区域云水和降水酸化。因此,南方酸性降水大多为局地冲刷和传输双重来源。当云水酸度相同时,各个城市酸性气体的浓度和气溶胶的缓冲能力决定了局地冲刷和传输对降水酸度的相对贡献。

如前所述,导致降水酸化的主要物质是硫酸,其次是硝酸,还有有机酸等其他酸类。现以 SO_2、NO_x 造成降水酸化为例,概述酸雨的形成过程:① 由源排放的气态 SO_2、NO_x 经气相反应生成 H_2SO_4、HNO_3 或硫酸盐、硝酸盐气溶胶;② 云形成时,含 SO_4^{2-} 和 NO_3^- 的气溶胶颗粒以凝结核的形式进入降水;③ 云滴吸收了 SO_2、NO_x 气体,在水相氧化形成 SO_4^{2-}、NO_3^-;

④ 云滴成为雨滴,降落时清除了含有 SO_4^{2-}、NO_3^- 的气溶胶;雨滴下降时吸收 SO_2、NO_x,再在水相中转化成 SO_4^{2-}、NO_3^-。前两个过程为雨除,后两个过程为冲刷;在这些过程中同时进行着 SO_2、NO_x 的吸收及其液相氧化;H_2O_2、O_3 及 $\cdot OH$、$HO_2\cdot$ 对 SO_2、NO_x 液相氧化起重要作用。

大气中的其他气态物质如 NH_3、H_2O_2、O_3 和碳氢化合物等也会被清除进入降水,其中一些物质(如碳氢化合物)可发生氧化转化,从而对降水起酸化作用。因此,酸雨形成是酸化的化学过程与清除的物理过程交织在一起的。

3. 酸雨模式

为模拟酸雨的发生过程,预测酸性物质的浓度和沉降的时空分布,并为有效控制酸雨提供理论依据,20 世纪 80 年代以来,人们开发了一系列酸沉降(酸雨)模式。酸雨物理化学模式可阐明区域性污染物的迁移、转化及干、湿沉降的规律,预测其浓度分布和污染趋势,估算跨国界污染物的通量等。这一类模式有太平洋西北国家实验室模式(PNNL)、欧洲区域性空气污染模式(EURMAP-1)和先进的统计轨道区域性空气污染模式(ASTRAP)。这三种模式用于模拟美国东北部和加拿大东部地区污染物的区域性迁移和沉降。这些模式中的化学过程主要用转化与清除过程的经验关系,仅限于对 SO_2 和硫酸盐的描述。

化学模式能否正确应用于实际大气环境,依赖于气象背景场的精确程度。美国酸雨 10 年评价研究项目中创立的区域酸沉降模式(RADM)是较完整的酸沉降大气质量模式。它是在中尺度气象模式的背景场上,包括污染物迁移、转化和干、湿沉降的三维欧拉模式。在化学模式中包括 36 个化学物种间的 77 个反应,主要研究云内化学过程,后修改成包括 63 个化学物种间的 157 个反应的 RADM-Ⅱ 模式。它曾用于美国东部、加拿大东南部和西大西洋区域的大气环境研究。

中国气象科学院和北京大学对 RADM 模式加以修改,在我国首次开发了在中尺度气象模式输出的气象背景基础上,除云内清除过程外还加入云下清除过程痕量气体和气溶胶的传输、扩散、气液相化学反应及干、湿沉降的三维欧拉模式。有关酸雨物理、化学模式这里不再详述。

(四) 酸雨的危害

酸雨的危害是多方面的。

(1) 对土壤生态的危害:酸性物质不仅可以湿沉降,也可以干沉降于土壤。一方面,土壤中钙、镁、钾等养分被淋溶,导致土壤日益酸化、贫瘠化,影响植物生长;另一方面,酸化可影响土壤微生物的活性。

(2) 对水生生态系统的危害:酸雨可使湖泊、河流等地表水酸化,污染饮用水源。当水体 pH<5 时,鱼类生长繁殖即会受到严重影响;流域土壤和湖、河底泥中的有毒金属,如铝等则会溶解在水中,毒害鱼类。水质变酸还会引起水生生态系统结构变化;酸化后的湖泊与河流中,鱼类会减少甚至绝迹。曾有研究表明,瑞典有 90 000 个湖泊,其中 20 000 个已遭到某种程度的酸雨损害(超过 20%),4 000 个生态系统已被破坏。挪威南部 5 000 个湖泊中有 1 750 个已经鱼虾绝迹。加拿大安大略省已有 2 000~4 000 个湖泊变成酸性,鳟鱼和鲈鱼已不能生存。

(3) 对陆生生态系统的影响:受到酸雨侵蚀的叶子,植物叶绿素含量降低,光合作用受阻,使农作物产量降低,也可使森林生长速率降低。当土壤酸化严重时,会引起植物根系严重枯萎,导致植物死亡。酸雨还会影响土壤微生物的群落结构。

（4）对材料和古迹的影响：酸雨加速了许多用于建筑结构、桥梁、水坝、工业装备、供水管网及通信电缆等材料的腐蚀，还能严重损害古迹、历史建筑及其他重要文化设施。

（5）对人体健康的影响：酸雨不仅可造成很大的经济损失，也可危害人体健康，这种危害可能是间接的，也可能是直接的。如酸雨可使地下水中铝、铜、锌、镉等浓度上升，会间接影响人体健康。

第五节　气溶胶化学

一、气溶胶的定义、分类及来源

1. 气溶胶的定义

气溶胶（aerosol）是指液体或固体颗粒均匀地分散在气体中形成的相对稳定的悬浮体系。所谓液体或固体颗粒，通常称为颗粒物或颗粒，是指动力学直径为 $0.003\sim100\ \mu m$ 的液滴或固态颗粒。该粒径范围的下限为目前能测出的最小尺寸，上限则为在空气中不能长时间悬浮而降落的颗粒尺寸。由于颗粒比气态分子大而比粗尘粒小，因而它们不像气态分子那样服从气体分子运动规律，但也不会受地心引力作用而沉降，具有胶体的性质，故称为气溶胶。实际上大气中颗粒物的直径一般为 $0.001\sim100\ \mu m$；大于 $10\ \mu m$ 的颗粒能够依其自身重力作用降落到地面，称为降尘；小于 $10\ \mu m$ 的颗粒，在大气中可较长时间飘浮，称为飘尘。

2. 气溶胶的分类

按照颗粒物成因不同，气溶胶可分为分散性气溶胶和凝聚性气溶胶两类。分散性气溶胶是固态或液态物质经粉碎、喷射，形成微小颗粒，分散在大气中形成的气溶胶。凝聚性气溶胶则是由气体或蒸气（其中包括固态物质升华而成的蒸气）遇冷凝聚成液态或固态颗粒而形成的气溶胶。例如，二氧化硫转化成硫酸或硫酸盐气溶胶的过程如下：

（1）二氧化硫气体的氧化过程：

$$SO_2(g)\ \xrightarrow[O_2,H_2O]{h\nu}\ H_2SO_4(g)$$

（2）气相中的成核过程：

$$mH_2SO_4(g)\ +\ nH_2O(g)\ \longrightarrow\ \underset{(液相硫酸雾核)}{mH_2SO_4\cdot nH_2O}$$

在过饱和的 H_2SO_4 蒸气中，由于分子热运动碰撞而使分子互相合并成核，形成液相硫酸雾核，其粒径大约是几埃。硫酸雾核的生成速率取决于硫酸的蒸气压和相对湿度的大小。

（3）颗粒成长过程：

$$\underset{(液相硫酸雾核)}{mH_2SO_4\cdot nH_2O}\ \longrightarrow\ \underset{颗粒(液体)}{H_2SO_4}\ \xrightarrow{其他气体、固体颗粒}\ \underset{(固体)}{硫酸盐颗粒}$$

硫酸颗粒通过布朗运动逐渐凝集长大。如果与其他污染气体（如氨、有机蒸气、农药等）碰撞，或被吸附在大气中固体颗粒物的表面，与颗粒物中碱性物质发生化学变化，生成硫酸盐气溶胶。又如，海浪飞溅或液态农药喷洒形成的微小液滴，悬浮于大气中，这种由于分散而形成的液态气溶胶又称为液雾。

根据颗粒物理状态不同,可将气溶胶分为三类:① 固态气溶胶——烟和尘;烟是指燃烧过程产生的或燃烧产生的气体通过转化形成的粒径小于 1 μm 的颗粒,尘是指通过各种碎裂过程而直接产生的粒径小于 1 μm 的固体颗粒;② 液态气溶胶——雾;③ 固液混合态气溶胶——烟雾(smog);烟雾颗粒的粒径一般小于 1 μm。

按粒径大小气溶胶又可分为:① 总悬浮颗粒物(total suspended particulates,TSP),用标准大容量采样器(流量为 1.1~1.7 m³/min)在滤膜上所收集到的颗粒物总质量,通常称为总悬浮颗粒物;它是分散在大气中各种颗粒的总称。② 飘尘,可在大气中长期飘浮的悬浮物,是粒径小于 10 μm 的颗粒物;飘尘可携带污染物进行远距离传输,还是大气化学反应的载体;飘尘可被人直接吸入呼吸道并造成危害,因此,飘尘是最引人注目的研究对象之一。③ 降尘,是指粒径大于 10 μm,由于自身重力作用会很快沉降下来的颗粒。单位面积的降尘量可作为评价大气污染程度的指标之一。④ 可吸入颗粒物(inhalable particles,IP)或 PM_{10},易于通过呼吸过程而进入呼吸道的颗粒。国际标准化组织(ISO)建议将 IP 定为粒径 $D_p \leqslant$ 10 μm 的颗粒。这里 D_p 是空气动力学直径,其定义为与所研究颗粒有相同终端降落速率、相对密度为 1 的球体的直径,它反映颗粒大小与沉降速率的关系,所以可直接表达出颗粒的性质和行为,如颗粒在空中的停留时间,不同大小颗粒在呼吸道中沉积的不同部位等,PM_{10} 是指粒径 $D_p \leqslant$ 10 μm 颗粒物的质量浓度。⑤ 细颗粒物或 $PM_{2.5}$,气溶胶颗粒可分为细颗粒 ($D_p \leqslant 2.5$ μm)和粗颗粒 ($D_p > 2.5$ μm)两大类。$PM_{2.5}$ 是指粒径 $D_p \leqslant 2.5$ μm 颗粒物的质量浓度。在环境保护领域常用 TSP、PM_{10}(或 IP)、$PM_{2.5}$ 和降尘量定量描述和评价大气气溶胶环境质量。气溶胶的形态、形成过程及环境效应见表 2-15。

表 2-15   气溶胶形态、形成过程及环境效应

形态	分散质	粒径/μm	形成特征	主要效应
轻雾(mist)	水滴	>40	雾化、冷凝过程	净化空气
浓雾(fog)	液滴	<10	雾化、蒸发、凝结和凝聚过程	降低能见度,有时影响人体健康
粉尘(dust)	固体颗粒	>1	机械粉碎、扬尘、煤燃烧	能形成水核
烟尘(气)(fume)	固、液颗粒	0.01~1	蒸发、凝聚、升华等过程,一旦形成很难再分散	影响能见度
烟(smoke)	固体颗粒	<1	升华、冷凝、燃烧过程	降低能见度,影响人体健康
烟雾(smog)	液滴、固体颗粒	<1	冷凝过程、化学反应	降低能见度,影响人体健康
烟炱(soot)	固体颗粒	约为 0.5	燃烧、升华、冷凝过程	影响人体健康
灰霾(haze)	液滴、固体颗粒	<1	凝聚过程、化学反应	湿度小时有吸水性,其他同烟

(引自唐孝炎等,2006)

3. 气溶胶的来源

气溶胶颗粒的来源有天然源和人为源。气溶胶颗粒可分为一次气溶胶颗粒和二次气溶胶颗粒。一次气溶胶颗粒是由污染源直接释放到大气中的颗粒物,如土壤颗粒、海盐颗粒、燃烧烟尘等,大部分粒径在 2 μm 以上。二次气溶胶颗粒,也称二次颗粒物,是由大气中某

些污染气体组分(如二氧化硫、氮氧化物、碳氢化合物)之间,或它们与大气正常组分(如氧气)之间通过光化学氧化或其他化学反应转化成的颗粒物,如二氧化硫转化成硫酸盐。二次气溶胶颗粒的粒径一般为 $0.01 \sim 1\ \mu m$。表 2-16 为气溶胶全球排放量及来源分配。

表 2-16 气溶胶全球排放量及来源分配($D_p < 20\ \mu m$)

来源		排放量/(10^8 t·a^{-1})
天然源	风沙	$0.5 \sim 2.5$
	森林火灾	$0.01 \sim 0.5$
	海盐颗粒	3.0
	火山灰	$0.25 \sim 1.5$
	H_2S、NH_3、NO_x、HC 转化	$3.45 \sim 11.0$
	小计	$7.21 \sim 18.5$
人为源	沙石(农业活动)	$0.5 \sim 2.5$
	露天燃烧	$0.02 \sim 1.0$
	直接排放	$0.1 \sim 0.9$
	SO_2、NO_x、HC 转化	$1.75 \sim 3.35$
	小计	$2.37 \sim 7.55$
总计		$9.58 \sim 26.05$

气溶胶的天然源排放量是人为源排放量的两倍多。随着工业的不断发展,气溶胶颗粒来源中,人为源所占比例逐年增加。另外,由天然源和人为源排放的 NH_3、SO_2、NO_x、HC 等气态污染物转化成二次气溶胶颗粒达 $(5.2 \sim 14.35) \times 10^8$ t/a,占全球每年气溶胶排放总量的 $54\% \sim 71\%$。其中 $80\% \sim 90\%$ 的细颗粒物是二次气溶胶,对大气环境质量及人体健康有很大的影响。

二、气溶胶的粒径分布

气溶胶粒径分布是指所含颗粒浓度按粒子大小的分布情况。气溶胶颗粒大小决定它们在大气中的传输、寿命和物理化学性质;气溶胶颗粒数浓度、化学组成的粒径分布可提供其来源等信息。如汽车、木炭燃烧过程等产生的气溶胶颗粒可以小到几纳米,大到 $1\ \mu m$;扬尘、花粉和海盐颗粒一般大于 $1\ \mu m$,大气光化学反应产生的气溶胶一般小于 $1\ \mu m$。气溶胶颗粒的浓度通常采用单位体积气溶胶颗粒的数目(N)、颗粒的总表面积(S)、颗粒的总体积(V)或颗粒的总质量(m)表示,分别称为颗粒数浓度、表面积浓度、体积浓度和质量浓度。

图 2-15 是某城市大气颗粒物的颗粒数浓度、表面积浓度、质量浓度或体积浓度分布曲线。由图可见,在污染城市大气中绝大多数颗粒的粒径约为 $0.01\ \mu m$;表面积浓度主要取决于 $0.2\ \mu m$ 的颗粒;质量浓度或体积浓度分布呈双峰型,其中一个峰在 $0.3\ \mu m$ 左右,另一个峰在 $10\ \mu m$ 附近,也就是说,大气中 $0.3\ \mu m$ 和 $10\ \mu m$ 的颗粒占质量或体积的多数。显然这三种方法表示的结果是不同的。

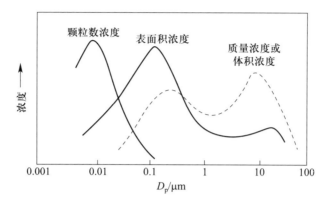

图 2-15   某城市大气颗粒物浓度分布曲线

　　Whitby 等概括提出了气溶胶颗粒的三模态模型并解释气溶胶的来源和归趋。按照这个模型,气溶胶颗粒可表示为三种模结构: $D_p \leqslant 0.05$ μm 的粒子称为爱根(Aitken)核模, 0.05 μm$< D_p \leqslant 2$ μm 的粒子称为积聚模(accumulation mode), $D_p > 2$ μm 的粒子称为粗粒子模(coarse particle mode),见图 2-16。图中还表示出气溶胶按颗粒数、表面积、质量或体积的粒径分布及各个模态颗粒的主要来源和去除机理。

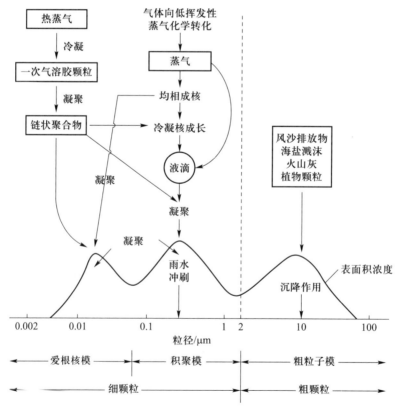

图 2-16   气溶胶的粒径分布及来源和去除机理

(引自 Whitby,1978)

由图 2-16 可见,爱根核模(0.005 ~ 0.05 μm)主要来自燃烧过程所产生的一次气溶胶颗粒,以及气体分子通过化学反应均相成核生成的二次气溶胶颗粒;积聚模(0.05 ~ 2 μm)主要来自爱根核模的凝聚,燃烧过程所产生的蒸气冷凝、凝聚,以及大气化学反应所产生的各种气体分子转化成的二次气溶胶颗粒,两者合称为细粒子(0.005 ~ 2 μm)。二次气溶胶颗粒多在细粒子范围。粗粒子模直径大于 2 μm,主要来自机械过程所产生的扬尘、海盐溅沫、火山灰和风沙等一次气溶胶颗粒。低层大气中细粒子随高度变化不大,粗粒子受地区局部排放源影响较明显。应当指出,气溶胶粒径分布,除了以上所述的三模态模型外,还有颗粒数密度、表面积密度及体积密度分布函数和累积分布表示法。

气溶胶颗粒成核是通过物理和化学过程形成的。气体经过化学反应,向颗粒转化的过程从动力学角度上可以分为四个阶段:① 均相成核或非均相成核,形成细粒子分散在空气中;② 在细粒子表面,经过多相气体反应,使颗粒长大;③ 由布朗运动凝聚和湍流运动凝聚,颗粒继续长大;④ 通过干沉降(重力沉降或与地面碰撞后沉降)和湿沉降(雨除和冲刷)过程而清除。

图 2-17 描述了大气中气态分子,如 SO_2、NO_2、VOCs 等在不同湿度、温度、光照(紫外-可见光)条件下的气溶胶成核过程及多相生长成为簇粒子的机理。

分子   簇粒子   纳米颗粒物   粗粒子

图 2-17 大气中分子向气溶胶转化过程示意图

三、气溶胶颗粒的化学组成

气溶胶颗粒的化学组成十分复杂,与其来源、粒径大小有密切关系,还与地点和季节等有关。例如,来自地表土、由污染源直接排入大气中的颗粒物及来自海水溅沫的盐粒等一次气溶胶颗粒往往含有大量的 Fe、Al、Si、Na、Mg、Cl 和 Ti 等元素;而二次气溶胶颗粒则含有硫酸盐、铵盐和有机物等。不同粒径大小气溶胶颗粒的化学组成有很大差异,如硫酸盐气溶胶颗粒多居于积聚模中,而地壳组成元素(如 Si、Ca、Al、Fe 等)主要存在于粗粒子模中。

对流层气溶胶主要来自人类活动,其化学组分可分为无机组分和有机组分,包括硫酸盐、铵盐、硝酸盐、钠盐、氯盐、微量金属、含碳物质(元素碳和有机碳)、地壳元素和水等,其中,硫酸盐、铵盐、有机碳(OC)和元素碳(EC)及某些过渡金属主要存在于细粒子中,而地壳元素和生物有机物(花粉、孢子植物碎屑等)主要存在于粗粒子中;硝酸盐在细粒子和粗粒子中都存在。硝酸盐细粒子通常来自硝酸与氨反应生成的硝酸铵,而硝酸盐粗粒子主要来自粗粒子与硝酸的反应。

对陆地性气溶胶,与人类活动密切相关的化学组分可归纳为三类:水溶性离子组分(硫酸及硫酸盐、硝酸及硝酸盐)、有机物组分和微量元素组分。

1. 气溶胶颗粒中的水溶性离子组分

水溶性离子是气溶胶的重要化学组分。乡村地区气溶胶中的水溶性离子组分随着粒径的减小而增加,在 0.1~0.35 μm 时可达 80%。气溶胶的水溶性离子组分具有吸湿性,能够在低于水的饱和蒸汽压条件下形成雾滴,因此,水溶性离子组分在大气过程中起重要作用。水溶性离子组分中阴离子主要有硫酸根、硝酸根、卤素离子,阳离子主要有铵离子、碱金属和碱土金属离子;其中,硫酸根、硝酸根和铵离子为二次水溶性离子,其前体物为二氧化硫(及二甲基硫)、氮氧化物和氨等。

(1)硫酸及硫酸盐:煤、石油等化石燃料燃烧过程中排放大量的 SO_2,其中一部分可通过多种途径氧化成硫酸或硫酸盐,可严重影响大气环境质量。硫酸或硫酸盐是大气细粒子的重要组成部分。陆地性气溶胶颗粒中 SO_4^{2-} 的平均含量为 15%~25%,而海洋性气溶胶颗粒中 SO_4^{2-} 量可达 30%~60%。大多数陆地性气溶胶颗粒具有的共同特点是:95%的 SO_4^{2-} 和 96.5%的 NH_4^+ 都集中在积聚模中,而且 SO_4^{2-} 和 NH_4^+ 的粒径分布也没有明显的差别。硫酸和硫酸盐是大气中最主要的强酸物质,是导致降水酸化的主要因素之一。硫酸和硫酸盐主要分布在亚微米级范围的颗粒中,不易沉降,可通过呼吸道进入肺部,对人体健康有明显影响;硫酸和硫酸盐有较高的消光系数,是影响大气能见度的最重要因素之一;研究表明,当粒径为 0.1~1.0 μm 时对光线产生最大的散射;此外,硫酸和硫酸盐在大气化学和全球气候变化等过程中起着十分重要的作用。

(2)硝酸及硝酸盐:大气中一次性排放的硝酸盐很少。硝酸和硝酸盐是大气光化学反应的典型产物。大气中的 NO 和 NO_2 分别被氧化成 NO_2 和 N_2O_5 等,进而和水蒸气反应生成 HNO_2 和 HNO_3,由于它们比硫酸容易挥发,因而很难形成凝聚状的硝酸(迅速挥发成分子态)。一般经过下述反应生成低挥发性的硝酸盐:

$$NH_3 \ + \ HNO_3 \longrightarrow NH_4NO_3$$

然后再发生成核和凝聚生长作用而形成颗粒物,并成为大气颗粒物的重要组成部分。

NO_x 在空气中也可被水滴吸收,并被水中的 O_2 或 O_3 氧化成 NO_3^-,如果有 NH_4^+ 存在,则可促进 NO_x 的溶解,增加硝酸盐颗粒物的形成速率。

在城市污染大气中,硝酸盐主要以硝酸铵的形式存在于细粒子中;几乎所有地区细粒子中 SO_4^{2-} 都占优势。另外,硫酸盐气溶胶和硝酸盐气溶胶的形成对气溶胶颗粒的分布有影响。

硝酸和硝酸盐是大气中十分重要的污染组分,是 NO_x 的最后氧化形式,在大气 NO_x 循环中起重要作用。硝酸和硝酸盐对酸沉降有重要贡献。

(3)其他水溶性离子组分:大气气溶胶还含有其他水溶性离子组分,包括 Cl^-、NH_4^+、Na^+、K^+、Ca^{2+}、Mg^{2+} 等。海盐粒子是大气颗粒物中 Cl^- 的主要贡献者。沿海地区大气颗粒物中 Cl^- 主要存在于粗粒子中;化石燃料燃烧也可向大气中排放氯,使得燃煤取暖地区冬季大气细粒子中会产生 Cl^- 富集。

城市大气中气态氨与硫酸和硝酸结合成盐,形成硫酸铵和硝酸铵,是大气细粒子极为重要的组成部分,也是城市大气二次污染的标志物。沿海地区大气颗粒物中 Na^+ 几乎都来自海洋排放,并以粗粒子模存在,因此,通常被作为海洋源的参比元素。大气颗粒物中 K^+ 主要以细粒子模存在,并推断主要来自燃烧过程,特别是生物质燃烧。大气颗粒物中 Ca^{2+} 主要来自土壤,以粗粒子模存在,是土壤扬尘的标志元素。大气颗粒物中 Mg^{2+} 既有海洋源的贡献,又有土壤源的贡献,并且都分布在粗粒子模中,含量相对较低。

2. 气溶胶颗粒中的有机物组分

气溶胶颗粒中的有机物(particulate organic matter, POM)的粒径多数为 0.1~5 μm,其中大部分是 $D_p \leqslant 2$ μm 的细粒子。有机物主要包括烷烃、烯烃、芳香烃和多环芳烃等,此外还含有亚硝胺、含氮杂环化合物、环酮、醌类、酚类和酸类等;其质量浓度相差很大,数量级从 ng/m³ 到 mg/m³,且因地而异。

有机物是大气颗粒物的主要组分,占颗粒物总质量的 10%~50%,对大气能见度和全球气候变化等有重要影响。气溶胶中有机物种类繁多、结构复杂、浓度低且物理化学性质差异大,是近年来人们研究的重点之一。

(1) 气溶胶中的有机碳和元素碳:大气气溶胶中有机物按测量方法可分为有机碳(OC)和元素碳(EC)。有机碳是指颗粒有机物中的碳元素,而元素碳包括颗粒物中以单质形态存在的碳和少量高分子量难溶有机物中的碳。在气溶胶中元素碳一般被有机物包裹在内部,因此,很难完全区分开元素碳和有机碳。颗粒有机物中除含碳元素外,还包括氧、氢和氮等其他元素。

(2) 气溶胶中有机物的化学组成:气溶胶颗粒中往往同时存在数百种有机污染物,按其来源可分为两类,一是以颗粒物形式直接排入大气的一次有机物,如植物蜡、树脂、长链烃等;二是由人为和生物排放的挥发性有机物转化生成的多官能团氧化态有机物,即二次有机气溶胶(secondary organic aerosol, SOA),在大气颗粒物中的占比可达 20%~90%。在我国碳质气溶胶占 $PM_{2.5}$ 的比例平均为 30%,城市地区远高于其他地区。目前,已鉴别出来的有机物包括正构烷烃、正构烷酸、正构烷醛、脂肪族二元羧酸、双萜酸、芳香族多元酸、多环芳烃、多环芳酮、多环芳醌、甾醇化合物、含氮化合物等。这些化合物仅占颗粒有机物质量的 10%~40%,城市大气中二次有机碳占颗粒物总有机碳的 17%~65%,如北京大气 SOA 的背景浓度约为 2 μg/m³,二次有机碳对大气总有机碳的贡献比例为 20%~50%。PAHs 具有"三致"效应,是大气颗粒物中研究最多的有机物,它可以气态和颗粒态形式存在,其形态分布与本身的物理化学性质及温度、湿度等环境条件有关。一般情况下,城市大气中 PAHs 的含量不仅具有冬高、夏低的季节变化规律,还具有明显的日变化。

水溶性有机物(WSOC)是大气气溶胶的主要组分之一,对气溶胶的环境效应,特别是辐射强迫方面有十分重要的贡献。此外,通过改变气溶胶的吸湿性,WSOC 还可显著降低大气能见度。通常情况下,WSOC 可占 POM 的 20%~70%。WSOC 的组成十分复杂,经常被测定出来的物种是一些分子量相对低的一元羧酸、二元羧酸、酮酸、醛酸、醇类、醛类、多羟基化合物等;其中含量最丰富的二元羧酸在城市地区可占 WSOC 的 4%~14%,在乡村地区则小于 2%。这些二元羧酸既可以通过化石燃料和生物质燃烧直接排入大气,也可以是大气中有机物氧化形成的二次污染物。

大气中的有机物按其饱和蒸气压的大小可分为挥发性有机物(VOCs, >10^{-5} kPa)、半挥发性有机物(SVOCs, 10^{-5}~10^{-9} kPa)和非挥发性有机物(NVOCs, <10^{-9} kPa)。挥发性有机物主要以气态形式存在,半挥发性有机物在大气中可以气态和颗粒态形式存在,而非挥发性有机物则主要存在于颗粒态中。有机物的气-固分配由其蒸气压、浓度、温度、湿度及颗粒物的组成和化学特性所决定。半挥发性有机物来自燃烧源的一次排放和大气光化学反应的二次转化。一般认为,半挥发性有机物存在于气态,直到其浓度达到某个临界值时,被吸附到合适的颗粒物表面或通过均相成核进入颗粒态,这时半挥发性有机物的气态与颗粒态之间达到热力学平衡。

颗粒有机物来自污染源直接排放进入大气的一次源和通过气态有机物化学反应产生的二次源。颗粒有机物一次源和二次源的相对贡献取决于局地源排放类型、气象条件和大气化学转化等。一次颗粒有机物是由燃烧源、化学源、地质（石油）源和天然（生物）源排放产生的。植物的分解和分散是一次颗粒有机物的重要天然来源,而生物质和化石燃料燃烧是一次颗粒有机物两个最重要的人为源。一般情况下,挥发性有机物氧化态的蒸气压比还原态要低得多,可与大气中·OH、NO_3^-、O_3 等发生均相/非均相氧化反应生成二次颗粒有机物（二次有机气溶胶）。二次有机气溶胶对区域空气质量和全球气候的影响十分显著,其形成及控制是近十多年来大气环境化学的研究热点之一。

由于认识到 SOA 对环境、气候和人类健康的重要影响,国内外许多学者对 SOA 的形成机制和时空分布开展了大量研究,然而这些研究大都基于 VOCs 氧化反应形成的 SOA,而对源于低挥发性有机物（LVOCs）的 SOA 形成机制研究则相对较少。Robinson 等首次研究证实了大气中的 LVOCs 是一个动态体系,发现初级有机气溶胶（POA）经排放稀释到大气后,也存在挥发过程;进一步研究表明,这些来源于 POA 的挥发组分,在大气中的光氧化反应也会导致 SOA 的产生,其对 SOA 的贡献远大于直接排放到大气中的传统 VOCs 对 SOA 的贡献。为此,Robinson 等提出在新的有机气溶胶评估体系中,必须考虑 POA 在大气中的气态-颗粒态的分配、LVOCs 大气氧化反应对 SOA 的贡献。Huffman 等的外场研究进一步证实Robinson 等的观点。我国学者的外场观测也证实了城市大气中除传统的 VOCs 外,还含有大量的来源于机动车、煤或生物质燃烧及焦油厂等排放的多环芳烃等 LVOCs,而近期的外场研究也表明,20% 的 SOA 可能来源于 LVOCs 的大气氧化反应。大气中 LVOCs 的氧化反应十分复杂,但类似于大气中 VOCs 的氧化反应,主要被大气中·OH、O_3、NO_3^- 和 Cl 原子等氧化。这些 LVOCs 在大气中的氧化对我国城市大气有机气溶胶的贡献、形成过程与机理、环境与气候健康效应有待进一步研究。

3. 气溶胶颗粒中的微量元素组分

大气气溶胶包含不少地壳物质和微量元素。现已发现存在于气溶胶颗粒中的元素达70 余种,其中 Cl、Br 和 I 主要以气体形式存在于大气中,它们在气溶胶颗粒中分别占总量的2%、3.5% 和 17%。Cl^- 主要分布在粗粒子模范围,地壳元素如 Si、Fe、Al、Sc、Na、Ca、Mg 和 Ti一般以氧化物的形式存在于粗粒子模中;Zn、Cd、Ni、Cu、Pb 和 S 等元素则大部分存在于细粒子中。

气溶胶颗粒中的微量元素来自天然源和人为源,但主要来自人为活动,它们都属于一次气溶胶颗粒。不同类型的污染源所排放的主要元素也不同。全球排放清单表明,大多数人为产生的 Be、Co、Mo、Sb 和 Se 主要来自燃煤排放,而 As、Cd 和 Cu 主要来自冶炼厂,Mn 和 Cr 主要来自制铁、炼钢和铁合金工业的排放。另外,土壤中主要有 Si、Al 和 Fe,汽车排放的尾气中含Pb、Cl 和 Br 等,燃烧油料会排放 Ni、V、Pb 和 Na 等,垃圾焚烧炉则排放 Zn、Sb 和 Cd 等。

气溶胶颗粒中微量元素的种类和浓度与污染源有关;不同城市和地区及同一地区的不同时期,各种元素的排放量也不同,且各种微量元素在粗、细粒子中的分布也不一样。

四、灰霾

灰霾（也称为霾）是指空气中的灰尘、硫酸、硝酸、碳氢化合物等气溶胶颗粒形成的大气混浊现象,使水平能见度小于 10 km。按照我国现行国家标准,能见度低于 10 km,相对湿度小于 95% 时,排除降水、沙尘暴、扬沙、浮尘、烟雾、吹雪、雪暴等天气现象造成的视程障碍,就可判断为灰霾。同时规定,形成灰霾的 4 种主要大气成分的指标(直径小于 2.5 μm 的气溶胶质量浓度、直径小于 1 μm 的气溶胶质量浓度、气溶胶散射系数、气溶胶吸收系数),只要任何一个成分指标超过限值,即便能见度大于 10 km,也认为是灰霾。

我国灰霾污染主要发生在京津冀、珠江三角洲和长江三角洲等人口稠密、经济发达的地区,四川盆地等灰霾污染也较重。2012 年 5 月,我国将大气细颗粒物($PM_{2.5}$)首次纳入《环境空气质量标准》(GB 3095—2012),并在全国 338 个地级及以上城市迅速落实开展 $PM_{2.5}$ 监测和治理工作。2012 年秋冬季至 2013 年 1 月,北京地区及整个东部地区,出现了长时间、大面积灰霾,其中 2013 年 1 月 14 日灰霾的污染面积超过 100 万 km^2,影响东北、华北、华中和四川盆地的大部分地区。2013 年 9 月,我国实施《大气污染防治行动计划》以来,典型工业污染源,如燃煤电厂排放 SO_2、NO_x 颗粒物等控制方面取得了显著成效。2017 年京津冀、长江三角洲、珠江三角洲等区域 $PM_{2.5}$ 下降大约 1/3,空气质量得到明显改善。然而,秋冬季重霾时有发生、区域性 O_3 污染逐渐显现。目前,我国灰霾主要发生在京津冀及周边地区、长江三角洲和汾渭平原,灰霾污染防治形势依然严峻。

雾和霾的区别主要在于水分含量的大小:水分含量达到 90% 以上的为雾,水分含量低于 80% 的为霾。水分含量为 80%~90% 的,是雾和霾的混合物,但主要成分是霾。按能见度来区分:如果目标物的水平能见度降低到 1 km 以内,就是雾;水平能见度在 1~10 km 的,称为轻雾或霭;水平能见度小于 10 km,且是灰尘颗粒造成的,就是霾或灰霾。另外,雾的厚度只有几十米至 200 m,霾则有 1~3 km;雾呈乳白色、青白色,霾则是黄色、橙灰色;雾的边界很清晰,但霾则与周围环境边界不明显。

灰霾形成有三方面因素:一是水平方向静风现象的增多。近年来随着城市建设的迅速发展,大楼越建越高,增大了地面摩擦系数,使风流经城区时明显减弱。静风现象增多,不利于大气污染物向城区外围稀释扩散,并容易在城区内积累高浓度污染物。二是垂直方向的逆温现象。污染物在正常气候条件下,从气温高的低空向气温低的高空扩散,逐渐循环排放到大气中。逆温可导致污染物停留,不能及时稀释扩散。三是悬浮颗粒物的增加。随着工业的发展和机动车辆的增多,污染物排放和城市悬浮物大量增加,直接导致大气能见度降低。

灰霾组成非常复杂,包括数百种大气颗粒物。除一次排放,二次污染导致灰霾的机理尚不完全清楚。近十多年来,灰霾的大气化学成因研究主要集中在以下方面:① 大气氧化性。基于外场观测,发现 O_3、HONO、HCHO 和双羰基醛类的光解是珠江三角洲和北京地区日间 HO_x 自由基的主要初级来源,而臭氧烯烃反应和 NO_3 自由基的氧化反应是夜间 HO_x 自由基的主要初级来源。HONO 作为·OH 的重要初级来源之一,在典型大气环境中都观测到较高的 HONO 浓度。土壤排放、吸附态硝酸的光解和 NO_2 水解的光增强反应是日间 HONO 的可能来源。② 新粒子形成促进灰霾形成。学术界已广泛认可硫酸分子在大气成核过程中的关键作用,但新粒子触发了哪些多相化学反应,进而促进灰霾发生的机理有待深入研究。③ 颗粒物表面酸碱性与高相对湿度下化学反应活性。气态污染物的反应活性与细颗粒物表面的酸碱性密切相关,高湿度有利于细颗粒物的吸湿生长,变成消光作用非常强的积聚态颗粒物,使能见度急剧下降。但细颗粒物表面酸碱性和吸收增长过程中的化学组成变化有待深入研究。④ 二次有机气溶胶形成。·OH、NO_3 和 O_3 气相氧化形成 SOA 的反应机理研究较多,而 NO_x 浓度、种子气溶胶酸碱性的影响显著。⑤ 细颗粒物多相化学反应活性。污染气体通过吸附、溶解、摄取和化学转化等,使气相物种的大气寿命发生改变或形成新的气相物种,与颗粒物表面、液滴发生多相化学反应形成二次物种,包括颗粒物的形貌、组成、密度、光学性质等发生变化对灰霾形成的作用,至今认识还十分有限。当前,灰霾成因研究主要集中在大气复合污染生成的关键化学过程、大气物理过程与大气复合污染相互作用机理等方面。

五、气溶胶的危害

气溶胶的危害主要表现在对人体健康的影响,特别是直径小于 10 μm 的气溶胶颗粒,如矿物颗粒物、海盐、硫酸盐、硝酸盐、有机气溶胶颗粒等。当气溶胶颗粒通过呼吸道进入人体时,有部分颗粒可以附着在呼吸道上,甚至进入肺部沉积下来(图 2-18),直接影响人的呼吸,引起鼻炎、支气管炎等病症,还会诱发肺癌,危害人体健康。降尘在空中停留时间短,不易吸入,危害不大。可被吸入的飘尘因粒径不同而滞留在呼吸道的不同部位。大于 5 μm 的飘尘,多滞留在上呼吸道,小于 5 μm 的多滞留在细支气管和肺泡。颗粒越小,越容易通过呼吸道进入肺部,其中粒径小于 1 μm 的颗粒可直达肺泡内。进入肺部的颗粒,由于其本身的毒性或携带有毒物质,往往和 SO_2、NO_2 产生联合作用,造成对人体的危害,如损伤黏膜、肺泡,引起支气管和肺部炎症,长期作用导致肺心病,严重时可导致死亡。

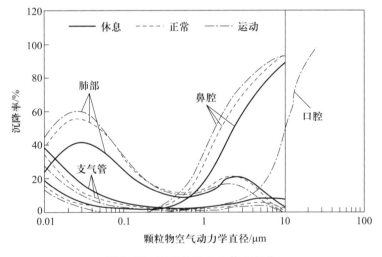

图 2-18   颗粒物进入人体的部位

侵入人体深部组织细颗粒的化学组成不同对健康产生不同的危害。例如,硫酸雾侵入肺泡引起肺水肿和肺硬化而导致死亡,故硫酸雾的毒性比气体 SO_2 的毒性要高 10 倍以上。含重金属的颗粒物会造成人体重金属累积性慢性中毒。特别是某些气溶胶颗粒,如焦油蒸气、煤烟、汽车尾气等常含有 PAHs 类化合物,进入人体后可能造成器官组织的癌变。细颗粒的危害较大不仅表现在可吸入性上,还由于其有毒污染物的含量远高于粗颗粒。例如,北京大气颗粒物的成分测定结果表明,PAHs 的 90%集中在 3 μm 以下的颗粒物中。

此外,气溶胶颗粒具有对光的散射和吸收作用,特别是 0.1~1 μm 粒径的颗粒(燃烧、工业排放和二次气溶胶)与可见光的波长相近,对可见光的散射作用十分强烈,是造成大气能见度降低的重要原因。气溶胶是大气中 SO_2、NO_x 及有机物等多相化学反应的载体,对酸沉降及光化学烟雾的形成等有重要影响。气溶胶对全球气候变化的影响已引起了人们的注意。气溶胶颗粒对气候的影响因其排放区域不同有很大差异。在季风地区排放的气溶胶可能会立即引发降水,而在沙漠地区排放的气溶胶可能会在大气中滞留很多天。就等量气溶胶排放而言,西欧地区排放的气溶胶颗粒对全球产生的平均冷却效应是印度排放的气溶胶颗粒的 14 倍。

由此可见,气溶胶的危害和影响与其颗粒大小和化学组成密切相关。

六、气溶胶污染源的识别

根据大气中气溶胶的化学组成判别其污染源及其贡献率的研究,是大气颗粒物表征的重要内容。人们希望能从大量观测到的数据中,经过处理和分析得到有关各种有害成分的源及其贡献的有用信息,为控制气溶胶的人为污染源提供科学依据。气溶胶颗粒的污染源常用推断方法有相对浓度法、富集因子法(EF)、相关分析法、化学质量平衡法(CMB)和因子分析法[(又可分为主因子分析法(PFA)和目标转移因子分析法(TTFA)]。

富集因子法是推断气溶胶污染源的有效方法。该方法的基本原理为:首先选定一个比较稳定(受人类活动影响小)的元素 r(如 Si、Al、Fe、Sc 等)为参比元素(基准),若颗粒物中待考查元素为 i,将 i 与 r 在颗粒物中的浓度比值 $(X_i/X_r)_{气溶胶}$ 和它们在地壳中的浓度(丰度)比值 $(X_i/X_r)_{地壳}$ 进行比较,求得富集因子 $(EF)_{地壳}$:

$$(EF)_{地壳} = (X_i/X_r)_{气溶胶}/(X_i/X_r)_{地壳}$$

若计算出的 $(EF)_{地壳} = 1$,说明这个元素来源于地壳;但考虑到自然界有许多因素会影响大气中元素的浓度,故提出当 $(EF)_{地壳} > 10$ 时,可认为该元素被富集了,即可能与某些人为活动有关。此时,可进一步相对于某人为污染源如汽车尾气、煤燃烧等求出 $(EF)_{汽车}$ 或 $(EF)_{煤}$等。若求得的某项值接近 1,则可证明某元素的富集与该污染源有关。

杨绍晋等曾选 Se 作为参比元素,用富集因子法判断北京中关村地区大气气溶胶中的污染元素及其来源。计算出颗粒物中各元素的富集因子,其部分结果列于表 2-17,从列出的 EF 值可看出许多元素在颗粒物中的相对浓度,与其在地壳中的相对浓度是非常接近的,如 Fe、Co、Cr、Hf、Rb、Cs、Ba、U、Th 及稀土元素的富集因子都接近于 1,大部分元素的 EF 都小于 10,说明它们都来自地壳。只有 Se、Sb、As、Br、W 的 EF 大于 10,说明这些元素被富集,还有其他来源。根据中关村的具体情况,结合颗粒物浓度的季节变化规律,估计导致上述元素富集的主要污染源可能是燃煤。用煤中元素平均含量,按 $(EF)_{煤} = (X_i/X_{Se})_{气溶胶}/(X_i/X_{Se})_{煤}$计算出对煤的富集因子。结果表明,那些相对于地壳富集因子大于 10 的元素,相对于煤的成分时则普遍降至 10 以下,有些已经接近 1,说明这些元素在颗粒物中的富集主要与燃煤有关。

张远航、唐孝炎等采用主因子分析法(PFA)和目标转移因子分析法(TTFA)推断了兰州西固地区的气溶胶污染源:① 西固区虽属石油化工区,但煤飞灰污染比油污染严重,气溶胶细粒子的 44%,粗粒子的 45% 由煤飞灰源贡献,而石油、化工源分别贡献 27.5% 和 14.3%。② 水泥/玻璃工业污染源的影响也不能忽视,其对粗、细粒子的贡献分别为 27.3% 和 13%,该污染源包括玻璃制造业和建筑业。

表 2-17   北京中关村地区大气颗粒物中元素的(EF)$_{地壳}$

元素	1980. 1	1980. 2	1980. 3	1980. 7	1980. 8	1980. 9
Se	243	366	367	542	283	267
Sb	39	70	125	680	820	260
As	32	44	39	73	69	38
Br	9	33	18	37	11	11
W	12	17	32	25	17	13
Ga	6. 3	0. 9	8. 3	3. 0	3. 7	2. 8
Ba	1. 4	1. 4	1. 2	2. 6	1. 1	2. 0
Cr	0. 9	1. 0	1. 3	2. 0	1. 4	2. 3
Hf	2. 6	2. 8	2. 4	1. 7	1. 6	1. 8
Fe	0. 6	0. 6	0. 7	—	0. 8	1. 1
Co	2. 3	2. 1	2. 3	2. 3	2. 2	2. 3
La	0. 9	1. 2	1. 1	0. 9	0. 9	1. 0
Ce	1. 5	1. 0	1. 1	1. 0	1. 0	1. 0
Cs	1. 6	1. 8	2. 0	2. 7	2. 0	2. 0
Na	0. 2	0. 2	0. 2	0. 3	0. 3	0. 3
U	2. 0	2. 4	1. 9	1. 6	1. 1	1. 3
Th	1. 8	1. 8	1. 6	1. 3	1. 4	1. 4

陈宗良等用多元回归分析法计算得到风沙、土壤、煤炭燃烧、汽车燃油和二次污染等污染源对总悬浮颗粒物(TSP)和苯溶物(BS)的贡献及贡献率(见表 2-18)。

表 2-18   大气污染源对总悬浮颗粒物(TSP)和苯溶物(BS)的贡献

大气污染物	对 TSP 的贡献		对 BS 的贡献	
	大气中的浓度/($\mu g \cdot m^{-3}$)	贡献率/%	大气中的浓度/($\mu g \cdot m^{-3}$)	贡献率/%
风沙、土壤	283. 3	48. 0	6. 2	17. 6
煤炭燃烧	113. 8	22. 9	17. 5	49. 0
汽车烧油	70. 9	14. 3	9. 3	25. 9
二次污染	47. 0	9. 5	0. 6	1. 7
其他污染源	41. 9	8. 4	2. 1	5. 8

第六节   大气污染物对平流层臭氧的影响

平流层集中了大气中约 90% 的臭氧(O_3),O_3 是平流层大气最关键的组分,O_3 浓度的峰值出现在 20~25 km 高度处,O_3 分子浓度相对较高,因而被称为臭氧层。臭氧在大气中垂直高度的总含量相当于标准状态下 0.3 cm 左右厚度的气体层。其最大浓度出现的高度随地理位置和季节而不同,赤道附近最大浓度出现在 25 km 左右,中纬度地区出现在 20 km 左右,极地则位于 16 km 左右。夏季臭氧浓度高于冬季。臭氧对平流层的温度结构和大气运动起决定性的作用。与对流层中地表 O_3 的作用不同,平流层中 O_3 能强烈吸收紫外线,特别是能有效地阻挡住 200~300 nm 波长的短波紫外辐射进入地面,对地球上的生命起着至关重要的保护作用。如果平流层 O_3 含量减少,会使其吸收紫外辐射的能力大大减弱,导致到达地球表面的辐射强度明显增加,严重影响人类健康与生态环境安全。臭氧层损耗的环境影响基本上是与相应的紫外辐射变化相联系的。另外,O_3 吸收阳光中的紫外线、可见光及 9~10 μm 波长的红外线,加热了平流层。所以,O_3 浓度的变化也将影响平流层大气的温度和运动,乃至全球的热平衡和气候变化。臭氧层损耗已成为当前人类面临的重大环境问题之一。

一、平流层化学研究概况

1930 年,英国科学家查普曼(Sidney Chapman)开创了平流层化学的先河,以纯氧体系中氧的光解和再结合的平衡模型为依据,首先揭示了臭氧层产生的原因,指出平流层臭氧的形成与去除是一个自然过程,提出了平流层臭氧的形成理论。到 20 世纪 70 年代,一些研究者开始分析平流层 O_3 生成和消除的定量关系,发现 Chapman 机理尚不够完善。

20 世纪 60 年代,由于平流层大气受超音速飞机排放的水蒸气、NO_x 等的污染,Hampson、Hunt 等提出了含氢自由基与 O_3 反应的机理及水蒸气损耗平流层臭氧的可能性,修正了 Chapman 机理。20 世纪 70 年代初,Crutzen 和 Johnston 分别提出了 NO_x 分解 O_3 的催化机理。1974 年,Stolarski 和 Cicerone 等提出含氯自由基催化分解 O_3 的可能性。之后不久,Molina 和 Rowland 又提出,被广泛用作制冷剂和喷雾剂的氯氟烃类气体在平流层中光解产生含氯自由基,导致 O_3 的损耗。

1985 年英国科学家 Farman 等首次发现了南极"臭氧洞"。大气臭氧损耗问题引起全世界的关注。众多科学观测和研究证实了氯和溴在平流层通过催化过程破坏 O_3 是造成南极臭氧洞的根本原因。1987 年由美国发起的南极上空臭氧实验获得了重要结果。同年,美国、英国、挪威和德国的 200 多名科学家对北极臭氧层的考察表明,北极上空 CFCs 浓度比原先估计的高 50 倍。1988 年英国又进行了第二次南极考察。平流层臭氧化学研究发展很快,科学家已基本探明了平流层臭氧生成、特别是去除的机理。

大气中的奇氧反应,即 $O_3+O\rightarrow2O_2$,是 O_3 损耗的基本反应。而平流层大气中一些微量成分,如 NO_x、HO_x 及 ClO_x、BrO_x 等对 O_3 分解有催化作用,即会加速 O_3 的损耗。平流层中这些自由基在不同高度,其作用有所不同,它们之间存在相互耦合作用。人类的某些活动能直接或间接地向平流层提供这些物种,致使平流层臭氧的稳定性受到威胁。

CFCs、N_2O、CH_4 的变化会直接影响平流层 O_3,因为它们在平流层中是奇氯、奇氮和奇氢活性物种的主要来源,而活性物种又控制了平流层 O_3 的分布。同时,CH_4 能将原子氯转化成非活性形式的 HCl,从而降低 Cl 的催化效率。CO_2 能改变平流层的温度结构,从而影响 O_3 生成和消耗的反应速率。CO_2 和 CH_4 在控制对流层 O_3 和·OH 浓度上起主要作用。而·OH 则控制含氢气体(如 CH_4、CH_3Cl)在对流层的光化学寿命,从而控制了它们进入平流层的通量。由此可见,影响臭氧层的因素是多方面的。本节将简介氯氟烃类等对平流层臭氧的影响。

二、氯氟烃类对臭氧层的破坏

1974 年，Molina 和 Rowland 提出由人类活动排放到对流层中的氯氟烃类（CFCs）可以被输送进入平流层，并在紫外辐射下光解产生氯原子。其中，$CFCl_3$、$C_2F_2Cl_2$ 是向平流层提供氯原子的重要污染源，进而引起臭氧的损耗。其源反应有二，一是氯氟烃类在平流层中光解而释放出氯原子：

$$CFCl_3 + h\nu \xrightarrow{\quad (185\ nm < \lambda < 227\ nm) \quad} \cdot CFCl_2 + \cdot Cl$$

继续反应可使分子中的全部氯原子都以自由基的形式释放到大气中：

$$CFCl_3 + h\nu \longrightarrow 3 \cdot Cl + CF$$
$$CF_2Cl_2 + h\nu \longrightarrow 2 \cdot Cl + CF_2$$
$$CF_3Cl + h\nu \longrightarrow \cdot Cl + CF_3$$
$$\cdots\cdots$$

另一个源反应是氯氟烃类与 $O(^1D)$ 的反应，即

$$O(^1D) + CF_nCl_{4-n} \longrightarrow \cdot CF_nCl_{3-n} + \cdot ClO$$

一个分子 $CFCl_3$ 可形成三个 $\cdot ClO$。$\cdot ClO$ 和 $\cdot Cl$ 均可参与催化 O_3 的损耗反应，其消除 O_3 的催化循环反应如下：

$$\cdot Cl + O_3 \longrightarrow \cdot ClO + O_2$$
$$\cdot ClO + O \longrightarrow \cdot Cl + O_2$$

$$\overline{\text{总反应：} O_3 + O \longrightarrow 2O_2}$$

在平流层催化反应中一个氯原子可以和 10^5 个 O_3 分子发生链式反应。因此，即使进入平流层的 CFCs 量极微小，也能导致臭氧层的破坏，而且由于大气中 CFCs 的寿命极长（见表 2-7），即使停止向大气排放 CFCs，过去已排放的 CFCs 造成 O_3 的损耗仍可持续几十年。

为描述和预测各种卤代烃对臭氧层造成的威胁和影响，已经建立了各种化学模式和大气动力学模式。计算可得大气中各种微量组分浓度变化和对臭氧损耗的影响，见表 2-19。模式计算表明，对臭氧层损耗影响最大的还是 CFC-11 和 CFC-12。CH_3CCl_3 虽然相对损耗率小，但由于其排放量大，对臭氧仍有显著的损耗。

表 2-19   对 O_3 损耗相对贡献的计算值

化学物质	估算 1985 年的排放量/(10^4 t)	相对损耗率	贡献率/%
CFC-11	238	1.00	25.8
CFC-12	412	1.00	44.7
CCl_4	66	1.06	7.6
CFC-113	138	0.78	11.7
CH_3CCl_3	474	0.10	5.1
Halon 1301(CF_3Br)	3	11.4	3.7
Halon 1211(CF_2ClBr)	3	2.7	0.9
CFC-22	72	0.05	0.4

注：相对损耗率＝单位质量某物种引起的 O_3 损耗/单位质量 CFC-11 引起的 O_3 损耗

为保护臭氧层,必须减少 CFCs 的排放量,为此提出四条途径:① 改进设备以减少操作过程的损失;② 回收利用化学品;③ 寻找对臭氧层影响小或影响不大的 CFCs 来代替 CFC-11、CFC-12 等;④ 研究用非 CFCs 产品代替 CFCs。其中切实可行的途径是寻找 CFCs 的代用品,如 CFC-21($CHFCl_2$)、CFC-22(CHF_2Cl)、CFC-134a(CF_3CH_2F)等代替 CFC-11、CFC-12,对缓和 O_3 损耗将起到一定的作用。

三、含氮化合物、甲烷及二氧化碳对平流层臭氧的影响

1. 含氮化合物

1969 年 Paul Crutzen 提出平流层含氮化合物的光化学机制。在一些实测数据的基础上,提出 $NO-NO_2$ 催化循环,是平流层臭氧损耗最重要的反应:

$$NO + O_3 \longrightarrow NO_2 + O_2$$
$$NO_2 + O \longrightarrow NO + O_2$$

净反应:$O_3 + O \longrightarrow 2O_2$

平流层中的 NO 来自对流层地表天然过程排放的 N_2O,N_2O 进入平流层后发生光解反应,产生 NO:

$$N_2O + O(^1D) \longrightarrow 2NO$$

虽然该反应的量子产率很低,但反应所产生的 NO 可以使 NO_x 循环,是平流层 O_3 损耗的一个重要途径。

2. 甲烷

甲烷增加会使从地面到 45 km 处 O_3 量增高,以 O_3 总量计,最大值发生在 15 km 和 25 km 附近。

(1) 甲烷氧化对臭氧层的影响:在对流层和低平流层,通过 CH_4 和 NO_x 之间的光化学反应,CH_4 氧化产生 O_3。

(2) 甲烷与含氯化合物作用对臭氧层的影响:在平流层,CH_4 既是 Cl_x 的源,又是 Cl_x 的汇,反应式为:

$$CH_4 + \cdot Cl \longrightarrow HCl + \cdot CH_3$$
$$\cdot OH(来自 CH_4) + HCl \longrightarrow \cdot Cl + H_2O$$

在离地面 35～40 km 处,O_3 的显著增加来源于 ClO_x 的减少,在这一区域,$\cdot Cl$ 与 CH_4 反应生成 HCl,是 $\cdot Cl$ 自由基的主要损耗过程,这一损耗过程要比 CH_4 产生 $\cdot OH$ 而引起的 Cl_x 增加快得多。

3. 二氧化碳

CO_2 是通过间接作用影响 O_3 的。平流层的辐射能主要由 O_3 对太阳辐射的吸收和 CO_2 向空间的红外辐射来达到平衡。O_3 的损耗反应($O+O_3$、$NO+O_3$)的速率依赖于温度,CO_2 浓度增加会改变热平衡、降低平流层温度,从而造成平流层 O_3 相对浓度的增加。当平流层某一区域含氯化合物含量高时,CO_2 会起相反的作用,较低温度会使 $\cdot Cl$ 与 CH_4 的反应速率减慢,$\cdot Cl$ 和 $\cdot ClO$ 的浓度相对增大,可导致平流层的 O_3 浓度相对减少。但是,O_3 在平流层吸收光又会产生热,可以部分抵消由于 CO_2 造成的温度降低。由此可见,CO_2 浓度变化对 O_3 的影响是比较复杂的。

综上所述,NO_x、HO_x 和 ClO_x、BrO_x 等活性粒子对平流层 O_3 含量和分布具有重要的影响,而人类活动可导致这些活性粒子在平流层中的含量增加。由于 O_x–HO_x–NO_x–ClO_x 循环的紧密耦合,使它们对平流层 O_3 的影响变得很复杂,其中有些作用使 O_3 浓度降低,有些作用则使 O_3 浓度升高,各物种之间存在着拮抗效应或协同效应。因此,要搞清各种污染气体对平流层臭氧的影响,还要做大量的研究工作。

问题与习题

1. 大气主要结构是如何划分的? 它们各具有哪些特点?

2. 什么是逆温? 常见的逆温现象有哪几类? 逆温对大气污染物的迁移有什么影响?

3. 什么是温室效应? 它是怎样产生的?

4. 大气中有哪几种重要的自由基? 它们是怎样产生的?

5. 简述大气主要污染物的来源及汇机制。

6. 为什么氯氟烃能破坏臭氧层,试写出主要的化学反应式。

7. 影响污染物在大气中迁移的主要因素有哪些?

8. 试述大气污染效应。

9. 大气中污染物重要的光化学反应有哪些? 试写出有关的化学反应式。

10. 试述大气中 NO 转化成 NO_2 的主要途径,写出有关反应式。

11. 试述光化学烟雾的特征、危害及形成机理,写出各类基本反应式。

12. SO_2 通过哪些氧化途径转化成 SO_3 或 H_2SO_4,影响 SO_2 氧化的因素主要有哪些?

13. 试述酸雨的定义,并说明确定酸雨 pH 界限的依据。

14. 试述酸雨的形成机理及危害。

15. 试述二氧化硫转化成硫酸或硫酸盐气溶胶的机理,写出有关的化学反应式。

16. 试述气溶胶的分类及危害。

17. 举例说明用富集因子法推断气溶胶污染源的基本方法。

18. 试述含氮化合物、甲烷及二氧化碳对平流层臭氧的影响。

主要参考文献

1. 戴树桂. 环境化学[M]. 2 版. 北京:高等教育出版社,2006.

2. 唐孝炎,张远航,邵敏. 大气环境化学[M]. 2 版. 北京:高等教育出版社,2006.

3. 王春霞,朱利中,江桂斌. 环境化学学科前沿与展望[M]. 北京:科学出版社,2011.

4. 中国科学院编. 中国科学发展战略·环境科学[M]. 北京:科学出版社,2016.

5. 国家自然科学基金委员会化学科学部组编,叶常明,王春霞,金龙珠. 21 世纪的环境化学[M]. 北京:科学出版社,2004.

6. 张光华,赵殿五,等. 酸雨[M]. 北京:中国环境科学出版社,1989.

7. 李惕川. 环境化学[M]. 北京:中国环境科学出版社,1990.

8. Manahan S E. Environmental chemistry [M]. 6th ed. Boca Raton:Lewis Publishers,1994.

9. Seinfeld J H. Atmospheric chemistry and physics of air pollution [M]. New York:John Wiley & Sons,1986.

10. Girard J E. Principles of environmental chemistry [M]. Burlington,MA:Jones and Bartlett Publishers,2005.

11. Finlayson-Pitts B J, Pitts J N Jr. Atmospheric chemistry: Fundamentals and experimental techniques [M]. New York: John Wiley & Sons, 1986.

12. 汪安璞. 大气污染化学研究概况[J]. 环境化学, 1992, 11(6): 1-13.

13. 祝玉杰, 陈来国, 高博, 等. 大气中全氟与多氟有机化合物研究进展[J]. 环境化学, 2015, 34(8): 1396-1407.

14. 吴晓云, 郑有飞, 林克思. 我国大气环境中汞污染现状[J]. 中国环境科学, 2015, 35(9): 2623-2635.

15. 高会旺, 黄美元, 管玉平, 等. 大气中硫污染物的干沉降模式[J]. 环境科学, 1997, 18(6): 1-4.

16. 王玮, 王文兴, 全浩. 我国酸性降水来源探讨[J]. 中国环境科学, 1995, 15(2): 89-93.

17. 刘帅仁, 黄美元. 大气气溶胶在云下雨水酸化过程中的作用[J]. 环境科学学报, 1993, 13(1): 1-9.

18. 陈宗良, 张孟威, 徐振全, 等. 北京大气颗粒有机物的污染水平及其源的识别[J]. 环境科学学报, 1985, 5(1): 38-45.

19. 陈宗良, 张孟威, 徐振全, 等. 北京大气颗粒物及其苯溶物污染源的贡献[J]. 环境化学, 1985, 4(2): 72-73.

20. 杨绍晋, 杨亦男, 钱琴芳, 等. 京津地区大气颗粒物的表征及来源鉴别[J]. 环境科学学报, 1987, 7(4): 411-423.

21. 张远航, 唐孝炎, 毕木天, 等. 兰州西固地区气溶胶污染源的鉴别[J]. 环境科学学报, 1987, 7(3): 269-278.

22. 周闪闪, 李彪, 韦娜娜, 等. 低挥发性有机物大气氧化反应与二次有机气溶胶形成机制研究现状[J]. 环境化学, 2019, 38(2): 243-253.

23. 熊秋菊, 唐孝炎, 毕木天. 大气污染物对平流层臭氧的影响[J]. 环境化学, 1984, 3(5): 17-29.

24. Delorey D C, Cronn D R, Farmer J C. Tropospheric latitudinal distributions of CF_2Cl_2, $CFCl_3$, N_2O, CH_3CCl_3 and CCl_4 over the remote pacific ocean [J]. Atmospheric environment, 1988, 22(7): 1481-1494.

25. Liu K Y, Wu Q R, Wang L, et al. Measure-specific effectiveness of air pollution control on China's atmospheric mercury concentration and deposition during 2013-2017 [J]. Environmental science and technology, 2019, 53(15): 8938-8946.

26. Haggen-Smit A J. Chemistry and physiology of Los Angeles Smog [J]. Industrial & engineering chemistry, 1952, 44(6): 1342-1346.

27. Ma P K, Zhao Y L, Robinson A L, et al. Evaluating the impact of new observational constraints on P-S/IVOC emissions, multi-generation oxidation, and chamber wall losses on SOA modeling for Los Angeles, CA [J]. Atmospheric chemistry & physics, 2017, 17(15): 9237-9259.

28. Hunt B G. The need for a modified photochemical theory of the ozonesphere [J]. Journal of the atmospheric sciences, 1966, 23(1): 88-95.

29. Whitby K T. The physical characteristics of sulfur aerosols [J]. Atmospheric environment, 1978, 12(1-3): 135-159.

30. Johnston H. Reduction of stratospheric ozone by nitrogen oxide catalysts from supersonic transport exhaust [J]. Science, 1971, 173(3996): 517-522.

31. Molina M J, Rowland F S. Stratospheric sink for chlorofluoro-methanes: chlorine atom-catalyzed destruction of ozone [J]. Nature, 1974, 249(5460): 810-812.

32. Prather M J, McElroy M B, Wofsy S C. Reductions in ozone at high concentrations of stratospheric halogens [J]. Nature, 1984, 312(5991): 227-231.

第三章 水环境化学

内容提要

水环境化学是环境化学的重要组成部分,可为保护水资源、控制水污染提供科学依据与方法。本章在简要介绍天然水概况、水循环、水体污染、水体污染物等基础上,阐述污染物在水体中的赋存形态、迁移转化过程和生态环境效应,重点介绍水体污染物迁移转化过程中发生的挥发、吸附、聚沉、沉淀-溶解、氧化还原、配位、水解、光解、生物转化降解等物理、化学和生物化学反应的基本原理及其在水处理中的应用。

水是人类宝贵的自然资源,是参与生命形成及其能量和物质转化、运输的重要环境因素,是地球上一切生命体构成和生长的基本要素。水不仅是所有生命细胞生物化学反应发生的场所,而且是细胞必需营养物质及其排泄物输送的主要载体。因此,可以说水是"万物之源",是人类赖以生存和发展必不可缺的物质。

地球上水的蕴藏量很丰富(总量约为 13.86×10^8 km^3),其中约 96.5% 为海水,难以被人类和其他陆地生物直接利用,实际可利用的淡水资源不到总水量的 0.3%。尽管可利用的淡水资源有限,若其时空分布合理并保持良好的水质,还是可以满足全球的淡水需要。但是,地球上淡水资源的时空分布极其不均匀,加上人口急剧增长和工农业发展,导致用水量增加、水污染日益严重,许多国家和地区出现了水资源严重短缺问题。水资源短缺和水污染直接或间接威胁人类及生物的生存,并造成巨大的经济损失。因此,科学合理地利用水资源和保护水环境对人类生存发展具有非常重要的意义。

水环境化学包括水质分析化学、水污染化学和水污染控制化学。水质分析化学主要研究水体中化学物质的种类、成分、形态与含量的鉴别和测定。水污染化学主要研究水体中化学物质的存在形态、迁移转化、归趋等化学行为与规律及其生态环境效应。水污染控制化学主要研究水体污染物的去除和控制过程中采用的化学方法及其原理。本章在简要介绍天然水概况、水体污染、水体污染物等基础上,重点介绍化学物质在水体中的化学过程、反应机理及水体污染物的化学去除方法和控制原理。

第一节 天然水概况

一、水分子结构与特性

1. 水分子结构

水分子由 2 个氢原子(H)和 1 个氧原子(O)通过共价键构成,其分子结构如图 3-1。在水分子中,3 个原子核呈等腰三角形排列,O—H 键长为 0.096 nm,H—H 键长为 0.514 nm,

H—O—H 键角为 104.5°。氧原子外层电子($2S^2 2P^4$)经杂化能形成 4 个电子对,将氧原子包围。4 个电子对间由于带负电而互相排斥,使它们倾向于形成以氧原子为中心的正四面体结构。在水分子中,氧原子的 2 个杂化电子与 2 个氢原子共享电子形成共价键,另外 2 个电子对则形成孤对电子。由于孤对电子占据的空间较小,且相互间的排斥力大于成键电子对,因此水分子中 H—O—H 键角(104.5°)小于正四面体的中心角(109.5°)。

氧原子的电负性远大于氢原子,导致水分子中的成键电子对接近氧原子而远离氢原子,从而增加了两对孤对电子的电负性,使得水分子具有很大的偶极距($\mu = 6.14 \times 10^{-30}$ C·m)和很强的极性。根据氢键理论,氢原子可以通过电负性大的孤对电子与氧原子形成氢键,其键能约为 18.8 kJ/mol。因此,一个水分子能通过氢键与其接近的 4 个水分子结合形成网状结构的"瞬时复合体"(见图 3-2),即通常所称的"水分子团"。液态水分子通常不以单个分子的形式存在,而主要以分子团的形式存在,其通过氢键可以聚集到 100 个水分子左右。气态水分子多数以单分子存在,同时有少量二聚体,很少有三聚体。

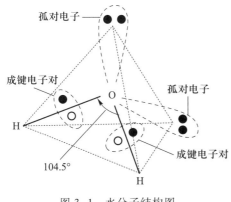

图 3-1　水分子结构图

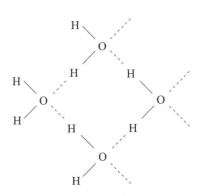

图 3-2　水分子团网状结构示意图

实线为共价键结合,虚线为氢键结合

2. 水的特性

水分子的强极性结构和形成氢键的能力,使它具有许多重要的特性。与结构相近的简单氢化物相比,水的熔点和沸点都很高(见表 3-1),同时水的汽化热(40.67 kJ/mol)、熔化热(6.02 kJ/mol)和生成热(-286.26 kJ/mol)都很大。水还有许多特性,如比热容大、介电常数和表面张力高、透光性好、密度在 4 ℃时最大等。水的这些特性决定着它对生命体的重要作用,也决定着化学物质在水环境中的化学行为。表 3-2 列出了水的主要特性及其环境效应。

表 3-1　水与结构相近简单氢化物的熔点和沸点比较

	H_2O	CH_4	NH_3	HF	H_2S	H_2Se	H_2Te
熔点/℃	0	-182	-78	-83	-85.2	-65.7	-51
沸点/℃	100	-164	-33	20	-60.3	-41.3	-2.2

(引自刘绮,2004;Spiro T G 等,2011)

表 3-2 水的主要特性及其环境效应

性质参数	特性	环境效应
溶解能力	比其他液体能溶解更多的盐和极性化合物	是一种优良的天然溶剂,为细胞活动输送营养物质和输出代谢产物,并为细胞生物化学反应提供场所
介电常数	所有纯液体中最高	对离子化合物具有强溶解能力并能使其解离,有利于营养物质的生物吸收并促进生化反应
解离度	很小	是中性物质,但能提供微量的 H^+ 和 OH^-,有利于维持生物体液的酸碱平衡
表面张力	所有液体中最大(除汞外)	具有毛细现象和很强的润湿能力,可以控制水滴的形成、滴落以及一些重要的表面现象,同时对生物细胞的渗透和活性等具有重要作用,是生理学上的重要控制因素
热传导	所有液体中最高(除汞外)	良好的热传导能力及其分子热传导过程不激烈,有利于细胞内中等小尺度生理活动的开展
密度	在 4 ℃时最大,且在液态时大于固态和气态	使冰浮起,控制水体的温度垂直分布,使水的垂直循环只在限定的水体分层里进行,从而保护冰下生物的生存和活动
比热容	所有液体中最高(除氨外)	能使生物体温、局部地区的气温保持稳定
汽化热	所有物质中最高	决定着热量和水分子在大气和水体间的迁移,可以调节生物体温,如植物叶面的蒸腾作用可以使叶面冷却,防止阳光灼伤叶面组织
透光能力	对红外线和紫外线短波辐射吸收大,能透过可见光和紫外线的长波部分	起到调节昼夜温度和稳定地球表面温度的作用,保护生物体不受红外线和短波紫外线的伤害,并且使光合作用需要的光能达到水体相当的深度,维持水生生物特别是水生植物的生长
存在状态	在室温 20℃ 左右能顺利进行固、液、气三相转化	有利于水在环境中和生物体内的循环、调节生物体内温度及促进细胞的新陈代谢和废物的排泄

(引自刘绮,2006)

二、天然水分布与循环

1. 天然水分布

地球上水主要以固、液和气三态存在。地球表面约有 70% 被液态水直接覆盖,所以地球常被称为"水的行星"。地球上水的总量约为 $13.86×10^8$ km^3,分布在海洋、湖泊、沼泽、河流、冰川、雪地,以及大气、生物体、土壤和岩石层等(表 3-3 和表 3-4),其中主要为海水。地球上淡水总量约为 $0.35×10^8$ km^3,占总水量的 2.35%。由于技术经济的限制,海水、深层地下淡水、冰雪固态淡水、盐湖水等很少被开发利用。比较容易开发利用的、与人类生活和生产关系密切的淡水储量为 $400×10^4$ km³，仅占淡水总量的 11%。河川径流量（包括大气降水和冰川融水形成的动态地表水）和由降水补给的浅层动态地下水基本上反映了动态淡水总资源供给的数量和特征。世界各国现常用河川径流量近似表示动态水资源量。全世界年平均径流总量约为 40 000 km³，各大洲和各个国家的水资源供给量及消耗量分布很不均匀（表3-5）。

表 3-3　自然环境中的水量分布

水的类型	水量/km³	比例/%
海水	1 338 000 000	96.5
地下水	23 400 000	1.69
淡水	10 530 000	0.760
咸水	12 870 000	0.928
冰雪水	24 060 000	1.74
土壤和冻土水	316 500	0.023
湖泊水	176 400	0.013
淡水	91 000	0.007
咸水	85 400	0.006
大气水	12 900	0.000 9
沼泽水	11 470	0.000 8
河水	2 120	0.000 15
生物水	1 120	0.000 08
总计	1 385 980 510	100.0

（引自朱利中，张建英，1999）

表 3-4　全世界淡水储量

水的类型	水量/km³	比例/%
地下水	10 530 000	30.07
冰雪水	24 060 000	68.70
土壤和冻土水	316 500	0.904
湖泊水	91 000	0.260
大气水	12 900	0.037
沼泽水	11 470	0.033
河水	2 120	0.006 1
生物水	1 120	0.003 2
总计	35 025 110	100.0

（引自朱利中，张建英，1999）

表 3-5 世界各大洲和部分国家年水资源供给量及消耗量

洲和国家	动态水资源供给量			人均消耗量/ ($m^3 \cdot 人^{-1}$)	人均供给比例/%
	总供给量/ km^3	单位面积供给量/ ($m^3 \cdot km^{-2}$)	人均供给量/ ($m^3 \cdot 人^{-1}$)		
非洲	3 996	134 842	4 995.0	181.4	3.6
肯尼亚	20	35 492	665.8	67.6	10.1
刚果(金)	935	412 430	17 992.9	6.9	0.0
北美洲	6 365	302 698	14 373.2	1 373.9	9.6
墨西哥	357	187 249	3 586.9	779.0	21.7
加拿大	2 850	309 024	92 624.5	1 466.0	1.6
南美洲	9 526	543 435	27 628.7	308.0	1.1
秘鲁	40	31 250	1 474.1	224.2	15.3
巴西	5 190	613 728	30 508.8	214.4	0.7
亚洲	13 207	428 038	3 584.4	443.4	12.4
中国	2 800	301 367	2 214.3	363.8	16.4
印度尼西亚	2 530	1 396 579	11 922.3	78.2	0.7
欧洲	6 235	275 826	8 570.3	625.9	7.3
波兰	49	162 276	1 278.2	317.7	24.9
俄罗斯	4 313	255 363	29 695.5	530.9	1.8
大洋洲	1 614	190 105	52 072.6	539.7	1.0
澳大利亚	343	44 648	17 864.6	760.4	4.3
巴布亚新几内亚	801	1 768 759	166 528.1	20.8	0.0

(引自 Spiro T G 等,2011)

我国动态淡水资源总量约 2.8×10^{12} m^3,人均占有量约 2 200 m^3,仅为世界人均占有量的 1/4。总体而言,我国淡水资源并不丰富,许多地方缺水或严重缺水;而且,我国水资源的时空分布非常不均衡:① 东南多,西北少,耕地面积只占全国 36% 的长江流域和长江以南地区,水资源约占全国的 81%,而面积广阔的西北和华北地区水资源极度匮乏;② 年降水主要集中在 6～9 月,导致宝贵的水资源不但不能得到有效利用,反而造成了灾难性的洪水。另外,由于人口剧增,工农业生产迅速发展,水污染严重和水质下降,导致我国普遍存在水资源不足的威胁。我国有 16 个省、自治区和直辖市重度缺水(人均水资源低于 1 000 m^3),有 6 个省和自治区(宁夏、河北、山东、河南、山西、江苏)极度缺水(人均水资源低于 500 m^3);全国 600 多个城市中,有 400 多个存在供水不足的问题,其中严重缺水的城市有 110 个;水资源缺乏和水污染已成为制约我国社会经济发展的重要因素。因此,控制水体污染、保护水资源、发展节水净水技术已成为刻不容缓的任务。

2. 水循环

地球表面覆盖的水由于受地球引力作用会沿着地壳倾斜方向向下流动,而且水或冰在太阳能和地球表面热能的作用下会蒸发或升华成为水蒸气,水蒸气会随着气流运行而转移并在地球上空遇冷凝结成云,最后以雨、雪等降水形式到达地面,这个周而复始的过程称为水循环(图3-3)。水循环包括海陆间循环、陆地内循环和海上内循环三种类型。通常把海陆间循环称为大循环,把陆地内循环或海上内循环称为小循环。自然环境中水循环是大、小循环交织在一起的,并在全球范围内和地球上各个地区内不停地进行着。水的相态(固态、液态、气态)变化特性等理化性质是形成水循环的内在因素,太阳辐射和地球引力是水循环的原动力。一个地区的水循环还会受到自然地理状况(如地质地貌、土壤、生物等的类型和性质)和人类活动的影响,其中自然地理因素中气象条件起主导作用,降水、蒸发和水蒸气输送都取决于气象条件;人类对水循环的影响主要表现为调节径流、增加下渗、增加蒸发和人工降水等。这些内外因素相互作用决定了天然水的循环方向和强度,造成了自然界错综复杂的水文现象。蒸发、降水、径流是水循环的基本要素。水循环对大气起到一定的清洁作用,使陆地上的淡水不断得到补充。河川径流是人类用水的基本来源,它是地球上水循环较活跃的部分,世界河床蓄水量一般10~20 d就可更换一次,因此它有很强的自净能力。但是被人类利用并受到污染的天然水在循环过程中会将污染物扩散到其他区域,并可能造成更大区域的污染。

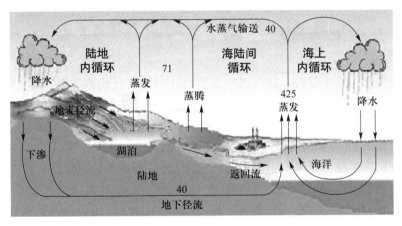

图3-3　水循环过程示意图

数字代表参加各水循环过程的水量,单位:$10^3 km^3/a$

三、天然水体组成

(一)水体的定义

水体是指以相对稳定的陆地为边界的水聚集区域,常见的水体有河流、湖泊、沼泽、池塘、水库、地下水、冰川和海洋等。在大气、土壤、岩石和动植物体中虽然含水量很高,但是由于其分布极其分散,没有聚集,因此不是水体。水体组成不仅包括水,而且包括其中的悬浮物质、胶体物质、溶解物质、底泥和水生生物,所以水体是个完整的生态系统,或是被水覆盖地段的自然综合体。区分水和水体非常重要。例如,重金属(如 Pb、Cu、Cr、Zn、Cd 等)和疏水性有机污染物(多环芳烃、多氯联苯等)通过沉淀和吸附等途径,很容易从水相迁移到底泥及悬浮颗粒物中,所以水中重金属和疏水性有机污染物的含量通常都不高;如果单从水来看,似乎没有受到污染,但从整个水体来看,可能已经受到了严重污染。

(二)天然水的组成

水在循环过程中不断地和周围物质进行接触并会溶解和夹带一些地壳的风化产物,使天然水成为含有各种分散物质的溶液。根据分散物质在水中存在的状态(颗粒大小),可将这些物质分为三类,即悬浮物质、胶体物质、溶解物质(见表3-6)。悬浮物质和胶体物质是污染物在多介质环境中迁移转化的主要载体。

表 3-6   天然水中分散物质的组成

分类	颗粒大小/μm	外观	主要物质
悬浮物质	>0.45	浑浊,颗粒大于 10 μm 时肉眼可见	细菌、病毒、藻类及原生生物、泥沙等颗粒物
胶体物质	0.001~0.45	光照下浑浊	硅、铝、铁的水合氧化物胶体物质,黏土矿物胶体物质,腐殖质等有机高分子化合物
溶解物质	<0.001	清澈透明	氧、二氧化碳、硫化氢、氮等溶解气体;钙、镁、钠、铁、锰等离子的卤化物、碳酸盐、硫酸盐等盐类;其他可溶性有机物

1. 悬浮物质

悬浮物质是水中污染物在水相与固相及生物体间迁移转化的重要载体,具有重要的生物生态影响。胶体聚集而成的悬浮物与水中的藻类、细菌等水生生物是悬浮物质中主要的环境化学和生物化学活性成分,可以直接影响许多物质在水中的浓度。重金属通常可以被水生生物吸收富集,并可能通过生物转化形成毒性更大的金属有机物,如无机汞可以被转化为甲基汞。有机物不仅可以被水生生物吸收富集,而且会被生物体降解。通过微生物代谢降解水中的有机物,使有机物转化为水和二氧化碳,是天然水体自净的主要途径,也是当前污(废)水处理的最主要方法。当生物死亡时,其体内未降解的污染物及其转化产物会被重新释放到水体中。

2. 胶体物质

胶体对水环境中重金属及农药等微量污染物的相间迁移转化有重要影响,污染物的许多重要的界面化学行为(如吸附等)都发生在胶体表面上。天然水中的胶体一般可分为三大类:无机胶体,包括各种次生黏土矿物和各种水合氧化物;有机胶体,包括天然和人工合成的高分子有机物、蛋白质、腐殖质等;有机-无机胶体复合体。由于胶体具有巨大的比表面积、表面能并带电荷,所以水中分子态和离子态的微量污染物能在胶体表面发生吸附等各种物理化学反应并与胶体颗粒结合。与此同时,胶体颗粒作为微量污染物的载体,它们的絮凝沉降、扩散迁移等过程决定着污染物的归趋。因此,微量污染物在水中的浓度和形态分布,在很大程度上取决于水中各类胶体的行为,其中胶体的吸附作用是其从水相转入固相的主要途径。

黏土矿物是天然水中具有显著胶体化学特征的颗粒,是无机胶体中最重要也是最复杂的活性成分。黏土矿物是在原生矿物风化过程中形成的,其成分是铝硅酸盐,具有片状晶体构造。黏土矿物的晶体基本由两种原子层构成：一种是由硅氧四面体构成的原子层，即硅氧片；另一种是铝氢氧原子层，即水铝片。水铝片是由一个铝原子和六个氧或氢氧原子组成的八面体。黏土矿物常分为三大类，即高岭石类（1∶1 型黏土矿物，晶格由一层硅氧片和一层水铝片组成）；蒙脱石类（2∶1 型黏土矿物，晶格由两层硅氧片夹一层水铝片构成）；伊利石类（2∶1 型黏土矿物，伊利石类的晶格与蒙脱石相似，不同点在于伊利石的四面体中有部分 Si^{4+} 被 Al^{3+} 置换，由此减少的正电荷由处在两层间的 K^+ 所补偿，这些 K^+ 起着类似桥梁的作用，把相邻的两层紧紧结合在一起）。黏土矿物的构成等详见第四章——土壤环境化学。黏土矿物胶体颗粒表面存在未饱和的氧原子和羟基，晶层之间吸附有可交换的阳离子及水分子。因此，可以通过配位、静电吸引和阳离子交换等作用结合水中的重金属及有机物。

无机胶体除黏土矿物外，还有铁、铝、锰、硅等水合氧化物，它们的基本组成为 $Fe(OH)_2$、$Fe(OH)_3$、$Al(OH)_3$、$MnO(OH)_2$、MnO_2、$Si(OH)_4$、SiO_2 等。随 pH 不同，水合氧化物各种形态的比例也不同。在一定条件下，铁、铝等能聚合成多核配合物（或称为无机高分子溶胶），因此，常在水处理中用作混凝剂或絮凝剂。

水中的有机胶体主要是腐殖质，通常呈褐色或黑色，它们的分子量范围为几百至几万。腐殖质是一种弱阴性无定形高分子电解质，含有大量苯环，分子中还含有羟基（—OH）、羧基（—COOH）、羰基（—C═O）等活性基团，其形态构型与官能团的解离程度有关。在碱性溶液或离子强度较低的溶液中，腐殖质的羟基和羧基大多解离，其分子沿着负电性方向相互排斥，构型伸展，亲水性极强，趋于溶解。在酸性溶液或金属阳离子浓度较高的溶液中，各官能团难于解离且电荷减少，其分子构型卷缩成团，亲水性弱，趋于沉淀或凝聚。通常根据腐殖质在酸、碱中的溶解情况，可将腐殖质分为胡敏素（humin）、富里酸（fulvic acid）和胡敏酸（humic acid）等，如图 3-4 所示。腐殖质中含有羟基、羧基、羰基等活性基团使它具有弱酸性、离子交换性、配位化合及氧化还原等化学活性。因此，它不仅能与水体中的金属离子形成稳定的水溶性或不溶性化合物，还能与有机物相互作用，并能与水中的水合氧化物、黏土矿物等无机胶体物质结合成为有机-无机胶体复合物。

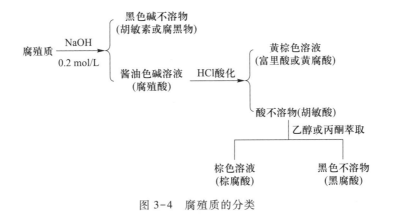

图 3-4 腐殖质的分类

天然水中同时存在着各种胶体物质，由于静电吸引或吸附等作用，它们可相互结合为粒径更大的聚集体，形成悬浮物质。这种悬浮物质的结构、组成随水质和水组成等变化而改变。通常,天然水中悬浮物质是以黏土矿物为核心,有机物和水合金属氧化物结合在黏土矿物表面上,并成为各颗粒间的架桥物质。它们可沉降进入底泥,又可在水流扰动下重新悬浮在水中。由于胶体物质对微量污染物有强烈的结合作用,因此悬浮物质对污染物在水环境中的迁移转化起着重要作用。

3. 溶解物质

水中的溶解物质主要是在岩石风化过程中经水溶解迁移的地壳矿物质,大致可分为无机离子、溶解气体、营养物质、微量元素和有机物质。溶解物质在天然水中的含量除与物质性质有关外,还与气候条件、水文特征、岩石与土壤的组成等因素有关。天然水中所含物质极其复杂,几乎包括了化学元素周期表中的所有化学元素。表 3-7 和表 3-8 分别是海水和河水中部分元素的含量及理论上可能存在的主要形态。

表 3-7　海水中部分元素的含量及理论上可能存在的主要形态

元素	平均含量/($\mu g \cdot L^{-1}$)	可能存在的主要形态
Na	10.77×10^6	Na^+
K	3.99×10^5	K^+
Mg	1.29×10^6	Mg^{2+}
Ca	4.12×10^5	Ca^+
Sr	7.9×10^3	Sr^{2+}
Cl	19.35×10^6	Cl^-
S	9.05×10^5	SO_4^{2-}、HSO_4^-
C	2.8×10^4	HCO_3^-、CO_3^{2-}
Br	6.73×10^4	Br^-
F	1.3×10^3	F^-
B	4.4×10^3	$B(OH)_3$
N	6.40×10^2	NH_4^+、NO_3^-
P	60	HPO_4^{2-}、$MgPO_4^-$
Si	2.20×10^3	$Si(OH)_4$、胶体
Fe	2	胶体、$Fe(OH)_2^+$
Mn	0.2	Mn^{2+}、$MnCl^+$
Cu	0.25	$Cu(OH)^+$、$CuCO_3$
Cd	0.11	胶体、$CdCl_2$
Hg	0.03	$HgCl_4^{2-}$、有机汞
Ni	0.56	Ni^{2+}、$NiCO_3$
Pb	0.03	$PbCO_3$、胶体
As	3.7	$HAsO_4^{2-}$、有机砷
Sb	0.24	$Sb(OH)_6^-$
Sn	0.004	$H_3SnO_4^-$、有机锡
Zn	4.9	Zn^{2+}、$Zn(OH)^+$
U	3.2	$UO_2(CO_3)_3^{4-}$

(引自李怡川,1990)

表 3-8　河水中部分元素的含量及理论上可能存在的主要形态

元素	中位含量/($\mu g \cdot L^{-1}$)	含量范围/($\mu g \cdot L^{-1}$)	可能存在的主要形态
As	0.5	0.2~230	As(Ⅲ、V)、砷的甲基化物
B	15	7~500	$B(OH)_3$
Br	14	0.05~55	Br^-
C	11 000	6 000~19 000	HCO_3^-
Ca	15 000	2 000~1.2×10^5	Ca^{2+}
Cd	0.1	0.01~3	有机配合物、螯合物
Cl	7 000	1 000~35 000	Cl^-
Cu	3	0.2~30	有机配合物、螯合物
F	100	50~2 700	F^-
Fe	500	10~1 400	胶体
Hg	0.1	1.0×10^{-4}~2.8	有机配合物、螯合物
K	2 200	500~10 000	K^+
Mg	4 000	400~6 000	Mg^{2+}
Mn	8	0.02~130	Mn^{2+}
N	50	2~1 800	NO_3^-
Na	6 000	700~25 000	Na^+
Ni	0.5	0.02~27	Ni^{2+}
P	20	1~300	$H_2PO_4^-$
Pb	3	0.06~120	Pb^{2+}
S	3 700	200~40 000	SO_4^{2-}
Sb	0.2	0.01~5	Sb(V)
Si	7 000	500~12 000	硅酸盐
Sn	0.009	0.004~0.09	Sn(Ⅳ)、锡的甲基化物
Sr	70	3~1 000	Sr^{2+}
Zn	15	0.2~100	有机配合物、螯合物

（引自李惕川,1990）

（1）无机离子：水中以简单无机离子形态存在的元素很少，基本上以水合离子或配离子的形态存在。天然水中的主要阳离子有 Ca^{2+}、Mg^{2+}、Na^+、K^+ 等，主要阴离子有 Cl^-、SO_4^{2-}、HCO_3^-、CO_3^{2-} 等，这八种离子可占水中溶解固体总量的 95% ~ 99%，是构成天然水矿化度（水中所含溶解盐的总量）的主要物质，其中 Ca^{2+} 和 Mg^{2+} 的总量又常被用来表示水的硬度。海水中离子含量以 Na^+ 与 Cl^- 占优势，而河水中以 Ca^{2+} 和 HCO_3^- 占优势。河水中主要离子的含量顺序一般为 $HCO_3^->SO_4^{2-}>Cl^-$，$Ca^{2+}>Na^+>Mg^{2+}$；而海水中相应的顺序为 $Cl^->SO_4^{2-}>HCO_3^-$，$Na^+>Mg^{2+}>Ca^{2+}$。地下水受局部环境地质条件限制，其优势离子变化较大。天然水在用作冷却水、锅炉用水时，需要考虑降低其中的 Ca^{2+}、Mg^{2+}、Ba^{2+}、SO_4^{2-}、PO_4^{3-} 等浓度，阻止水垢生成，也需要降低 Cu^{2+}、Cl^-、CO_3^{2-}、S^{2-} 等浓度，减少对金属设备的腐蚀。

（2）微量元素和营养物质：微量元素是指含量在 μg/L 级的元素。天然水中微量元素的种类很多，如 As、Cd、Hg、Ni、Pb、Sb、Sn、Zn、Mn、Cu 等。微量元素多数属于重金属元素，它们在天然水中的含量及存在形态参见表 3-7 和表 3-8。营养物质是指与生物生长有关的元素，包括氮、磷、硅等非金属元素及某些微量元素（如 Mn、Fe、Cu 等），它们的含量一般在 μg/L 至 mg/L 之间。氮、磷是水生生物生长和繁殖所必需的营养元素，但如果水中氮、磷含量过高，会发生"富营养化"现象。

（3）有机物质：天然水中有机物的种类繁多。它们主要是植物和动物在不同阶段分解产物的混合物。通常将水中的溶解有机物分为非腐殖质（包括糖类、脂肪、蛋白质、维生素等）和小分子腐殖质（如有机酸等）。

（4）溶解气体：一般情况下，天然水中存在的气体有氧气、二氧化碳、硫化氢、氮气和甲烷等。它们来自大气中各种气体的溶解、水生动植物的活动、化学反应等。海水中的气体还可来自海底火山喷发。O_2 和 CO_2 是水中重要的溶解气体，它们不仅能影响水生生物的生存和繁殖，而且能影响水中物质的溶解、化合等物化和生化行为。水中的氧气主要来自空气，水与空气接触并有溶解氧气的能力（复氧能力）是水体的一个重要特性。氧气在干燥空气中的体积分数为 20.95%，在水中的溶解热约为 -14.791 kJ/mol。水生植物如藻类光合作用产生的氧气也是水体氧气的一个重要来源。水中氧气的输出部分包括有机物的氧化、有机体的呼吸和生物残骸的发酵腐烂作用等。水中二氧化碳来源于有机体氧化分解、水生动植物的新陈代谢作用及空气中二氧化碳的溶解，其消耗主要为碳酸盐类溶解和水生植物的光合作用。天然水中除氧气、二氧化碳以外，在通气不良的条件下，有时还会有硫化氢气体存在。水体中硫化氢主要来自厌氧条件下，含硫有机物的分解及硫酸盐的还原，而大量硫化氢则是火山喷发的产物。硫化氢易于氧化，所以只能在缺氧条件下存在；同时，由于空气中硫化氢分压很低，水中硫化氢容易逸出，所以地表水中硫化氢含量甚微或为零，否则就表明已遭受人为污染。

气体分子在水和空气两相间通常存在平衡，决定着气体在天然水中的溶解度。这个平衡遵循亨利定律，即一种气体在液体中的溶解度（$c_{(aq)}$，mol/L）与其在该液体所接触的气相的分压（P_G，Pa）成正比，可以用以下公式计算：

$$K_H = P_G/c_{(aq)} \tag{3-1}$$

式中：K_H——各种气体在一定温度下的亨利常数，Pa·L/mol。

一些物质的 K_H 见表 3-9。

表 3-9　25 ℃时一些物质在水-气两相间的亨利常数(K_H)

气体	$K_H/(Pa \cdot L \cdot mol^{-1})$	气体	$K_H/(Pa \cdot L \cdot mol^{-1})$
O_2	7.936×10^7	N_2	1.563×10^8
O_3	1.092×10^7	NO	5.076×10^7
CO_2	2.994×10^6	NO_2	1.027×10^7
CH_4	7.576×10^7	HNO_2	2.066×10^3
C_2H_4	2.066×10^7	HNO_3	4.831×10^{-1}
H_2	1.282×10^8	NH_3	1.634×10^3
H_2O_2	1.427	SO_2	8.197×10^4

在计算气体溶解度时,需要对水蒸气的分压加以校正,通过水在不同温度下的分压(表 3-10),就可以计算气体在水中的溶解度。例如,氧气在 $1.013\ 0 \times 10^5$ Pa 和 25 ℃下的水溶解度可以根据以下步骤计算。

首先,水在 25 ℃时的蒸气分压为 $0.031\ 67 \times 10^5$ Pa(表 3-10)。因此,根据氧气在干燥空气中的体积分数(20.95%),可以计算出氧气的分压为

$$p_{O_2} = (1.013\ 0 - 0.031\ 67) \times 10^5 \times 0.209\ 5 = 2.056 \times 10^4\ Pa$$

然后查出氧气在 25 ℃时的亨利常数为 7.936×10^7 Pa·L/mol(表 3-9),同时代入式(3-1),可得氧气在水中的浓度为

$$c_{O_2(aq)} = p_{O_2}/K_H = 2.056 \times 10^4 / (7.936 \times 10^7) = 2.6 \times 10^{-4}\ mol/L$$

氧气的摩尔质量约为 32 g/mol,因此,其在 $1.013\ 0 \times 10^5$ Pa 和 25 ℃下的水溶解度为 8.32 mg/L。

表 3-10　水在不同温度(t)下的分压(p_{H_2O})

$t/℃$	0	5	10	15	20	25
$p_{H_2O}(10^5\ Pa)$	0.006 11	0.008 72	0.012 28	0.017 05	0.023 37	0.031 67
$t/℃$	30	35	40	45	50	100
$p_{H_2O}(10^5\ Pa)$	0.042 41	0.056 21	0.073 74	0.095 81	0.123 30	1.013 0

(引自戴树桂,2006)

气体的水溶解度会随温度升高而降低,可以用克劳修斯-克拉佩龙方程(Clausius-Clapeyron equation)计算:

$$\lg \frac{c_2}{c_1} = \frac{\Delta H}{2.303R} \times \left(\frac{1}{T_1} - \frac{1}{T_2} \right) \tag{3-2}$$

式中:c_1 和 c_2——热力学温度 T_1 和 T_2 时气体在水中的浓度,mol/L;

　　　ΔH——气体溶解热,J/mol;

　　　R——摩尔气体常数,8.314 J/(mol·K)。

因此,将氧气在 $1.013\ 0 \times 10^5$ Pa 和 25 ℃下的水溶解度以及氧气的溶解热代入式中,可以计算得到氧气在 $1.013\ 0 \times 10^5$ Pa 和 0 ℃下的水溶解度为

$$\lg c_{0℃} = \lg c_{25℃} - 14\ 791/(2.303 \times 8.314) \times (1/298 - 1/273) = -3.348$$

即
$$c_{0℃} = 4.5 \times 10^{-4}\ mol/L = 14.4\ mg/L$$

对于能在水中发生进一步化学反应的气体如 CO_2 等,其在水中的溶解度会高于亨利定律计算的值,因此需要再结合化学反应计算。气体在水中的溶解度还受水中含盐量等因素的影响。

四、水体的酸碱平衡

在天然水中所发生的化学过程,很大一部分可以归结于酸碱反应。许多污染物在水体中的反应如沉淀、配位、氧化还原等大都受酸碱平衡影响。污染物特别是可离子化污染物在水体中的存在形态及其迁移转化和毒性通常取决于水体的酸碱平衡。酸碱程度很大程度上决定了水中金属离子的浓度。用铝盐和铁盐絮凝剂处理水时往往要保持一定的碱度以提高处理效率。工业废水对水体环境的污染,通常会改变水体原有的酸碱平衡,直接影响水生生物生长和人体健康。因此,酸碱平衡是水环境化学的重要基础理论。

1. 酸碱反应原理

从酸碱质子理论看,任何酸碱反应(如中和、解离和水解)都是共轭酸碱对之间的质子传送反应。根据酸碱质子理论,酸是能给出质子的物质,而碱是能接受质子的物质。所有的酸会在水中发生解离生成碱,而碱则在水中发生水解生成酸。因此,在这两个可逆过程中会建立平衡。例如,对于酸碱反应:

$$HA\ +\ B^- \rightleftharpoons HB\ +\ A^-$$

在正反应过程中,HA 给出质子,B^- 接受质子;在逆反应过程中,HB 给出质子,A^- 接受质子。因此,在该系统中 HA 和 HB 为酸,而 B^- 和 A^- 为碱。$HA-A^-$ 和 $HB-B^-$ 这样的酸碱对称为共轭酸碱对。

水既是质子酸也是质子碱,其本身会发生电离并建立平衡:

$$H_2O \rightleftharpoons H^+\ +\ OH^-$$

水的平衡常数可用下式表示:

$$K_{a(eq)} = \frac{[H^+][OH^-]}{[H_2O]}$$

25℃时,水的 $K_{a(eq)}$ 为 1.8×10^{-16} mol/L。纯水中 H_2O 的浓度(忽略离子强度的影响,以浓度代替活度)为 55.5 mol/L。因此,水的离子积常数(K_w)为

$$K_w = [H^+][OH^-] = K_{a(eq)} \times [H_2O] = 1.8 \times 10^{-16} \times 55.5 \approx 10^{-14}\ mol^2/L^2$$

酸在水中会给出质子,发生如下电离反应:

$$HA \rightleftharpoons H^+\ +\ A^-$$

其平衡常数表达式为

$$K_a = \frac{[H^+][A^-]}{[HA]}$$

K_a 称为酸平衡常数。

作为共轭酸碱对的碱 A^- 会在水中接受质子,发生如下水解反应:

$$A^-\ +\ H_2O \rightleftharpoons HA\ +\ OH^-$$

其平衡常数表达式为

$$K_b = \frac{[HA][OH^-]}{[A^-]}$$

K_b 称为碱平衡常数。

对于任意一组共轭酸碱对,都有如下规律:

$$K_a K_b = \frac{[H^+][A^-]}{[HA]} \times \frac{[HA][OH^-]}{[A^-]} = [H^+][OH^-] = K_w$$

尽管酸碱加入对水的解离影响很大,但是在任何稀溶液中,水的离子积常数 K_w 在固定温度下不受加入酸碱的影响。因此,对于大多数水溶液,如果知道 H^+ 或 OH^- 的浓度,就可以通过水的 K_w 计算另一种离子的浓度。

2. pH 和 pOH

pH 的定义为氢离子活度(一般情况下可以浓度代替)的负对数,pOH 的定义为氢氧离子活度(一般情况下可以浓度代替)的负对数,即

$$pH = -lg[H^+] \qquad\qquad pOH = -lg[OH^-]$$

将两式相加可以得到

$$pH + pOH = -lg[H^+] - lg[OH^-] = -lg([H^+][OH^-]) = -lgK_w = -lg(10^{-14}) = 14$$

因此,25 ℃时,水中 pH 和 pOH 之和总是等于 14。中性溶液如纯水的 pH 和 pOH 都为 7,酸性溶液的 pH 小于 7,而碱性溶液的 pH 大于 7。

3. 酸碱平衡计算

了解酸碱平衡的一个重要目的是能够根据酸碱物质的特性计算这些物质在水中的形态、浓度及水的 pH。这种计算可以帮助评价污染物在环境中的迁移转化特性,并计算在水处理中为达到水质 pH 标准和污染物净化效果而需要加入的酸碱药剂的用量。酸碱平衡通常可通过化学反应方程式、质量平衡表达式、酸碱平衡常数和质子平衡表达式计算。具体计算可以按照下列步骤进行:

(1)写出平衡时参加反应的每一个化学方程式,其中包括水的解离方程式。

(2)写出步骤(1)中所有反应的平衡常数表达式,并查得平衡常数。

(3)写出反应的质量平衡表达式:

$$c_T = \sum_{i=1}^{n} c_i$$

式中:c_T——反应物总浓度,mol/L;

c_i——反应平衡系统中各个组分的浓度,mol/L。

(4)写出反应的质子平衡表达式:

$$\sum_{i=1}^{n} = [P_i c_{Pi}] = \sum_{i=1}^{n} = [N_i c_{Ni}]$$

式中:c_{Pi}——失去 P 个质子的第 i 个物质的浓度,mol/L;

c_{Ni}——得到 N 个质子的第 i 个物质的浓度,mol/L。

(5)联立求解所有方程式。

通常计算时,会通过合理的假设和简化来近似求解。常用的两个假设为:① 水溶液中的盐、强酸和强碱是完全解离的;② 由于强酸或强碱解离所产生的 $[H^+]$ 或 $[OH^-]$ 远远大于水解离产生的浓度,水的解离平衡可不考虑。例如,0.5×10^{-3} mol/L H_2SO_4 溶液的 pH 及各

组分的浓度(假定溶液处于理想状态,温度是 25 ℃,)可以在这两个假设基础上计算。H_2SO_4 的解离反应方程式

$$H_2SO_4 \rightleftharpoons 2H^+ + SO_4^{2-}$$

因此,可以确定反应组分间的浓度比为

$$[H_2SO_4] : [H^+] : [SO_4^{2-}] = 1 : 2 : 1$$

根据硫酸的浓度,可以得到

$$[H^+] = 1 \times 10^{-3} \text{ mol/L,即 pH} = 3.0$$
$$[SO_4^{2-}] = 0.5 \times 10^{-3} \text{ mol/L}$$

第二节　水体污染

一、水体污染与自净

水体污染(water body pollution)是指污染物进入河流、湖泊、海洋、地下水等水体后,其含量超过了水体的自净能力,使水体的物理、化学性质或生物群落组成发生变化并降低了水体的功能和使用价值的现象。水体自净是指由于物理、化学、生物等方面的作用,使水体中的污染物浓度降低的现象。通常情况下,如果没有新的污染物进入,污染水体经过一段时间的自净会恢复到受污染前的状态。影响水体自净过程的因素很多,包括水体的水文条件、水中微生物的种类和数量、水温、污染物的性质和浓度等。水体自净机理不仅包括沉淀、稀释、混合等物理过程,也包括氧化还原、分解化合、吸附凝聚等物理、化学及生物过程。因此,水体自净作用通常分为三类:物理自净、化学自净和生物自净。

水体自净作用可以在同一介质中进行,也可在不同介质之间进行。例如,河水自净过程有以下主要途径:当污染物进入河流后,首先会通过水体的混合稀释、扩散等作用降低浓度;有些污染物会和水体中的某些组分反应生成不溶性固体物质或吸附到水体悬浮固体颗粒上,从而沉降到底泥中使其水中浓度降低;水体中的微生物、植物等各类水生生物会摄入污染物,并使污染物转化降解从而降低浓度。生物作用在河水自净中起着重要作用。有机污染物的最终净化主要靠生物特别是微生物作用。微生物通常把有机污染物作为营养源或碳源,通过生物化学过程,转化为自身组分或分解为二氧化碳、水等无机物。水体自净作用是有限的,当人类直接或间接排放的污染物进入水体导致其污染物浓度增加的速率超过其自净作用对污染物浓度降低的速率时,经过一段时间后,就会造成水体污染。进入水体的污染物理论上最终都能被净化,但由于水体组分、环境条件、污染物性质及污染程度等差异,污染净化的难易程度和净化速率通常不同。

二、水体污染物

水体污染物的种类繁多,主要可划分为化学污染物、生物污染物(如病原体微生物)和物理污染物(如热量)。化学污染物主要包括无机污染物和有机污染物两大类。此外,植物营养物质、放射性物质、石油类物质等化学物质也会造成水体污染。下面就几类水体化学污染物分别加以说明。

1. 无机污染物

水体中的无机污染物包括无机有害物质和无机有毒物质两大类。无机有害物质虽然对生物无毒,但会对水体特别是水生生态系统产生危害,影响水生生物生长和人类生产生活。水体中的无机有毒物质包括重金属以及 NO_2^-、F^-、CN^- 等无机有毒阴离子,它们能对水生生物和人体直接产生毒害作用。

（1）无机有害物质:水体中的无机有害物质主要包括固体悬浮物以及酸、碱、盐类无机污染物。水体中的固体悬浮物能够截断光线,从而影响水生植物的光合作用;它们可以堵塞在水生生物的某些特定部位如鱼鳃等,影响水生生物的生长及生存;它们也会影响人类的感官愉悦程度和生产生活,如固体悬浮物会导致水容器管道等结垢,甚至影响工业产品的质量。因此,固体悬浮物含量是判断生活饮用水和工业用水质量的重要指标之一。酸、碱、盐类无机污染物主要来自生活污水和工业废水及某些矿山和工业废渣的淋溶。水体受酸或碱污染后,pH 发生变化,当 pH 小于 6.5 或大于 8.5 时,很多水生生物的生长就受到抑制,并可能导致水生生物种群发生变化。水体中的酸、碱会腐蚀各类水下设施和船舶,也会改变水中很多物质的存在形态,从而增加这些物质对生物及人体的毒害作用。酸、碱、盐等进入水体(酸碱中和直接生成盐,酸或碱也会与水体中某些矿物相互作用产生某些盐类),会使淡水资源的矿化度提高。由于水体中无机盐的增加能提高水的渗透压,对淡水动物、植物生长产生不良影响,因此,采用高矿化度的水进行灌溉时,会使农田盐渍化,导致农作物减产。

（2）无机有毒物质:无机有毒物质可分为重金属和无机有毒阴离子两类。重金属是最主要的无机有毒物质,主要有汞、镉、铬、铅、钒、钴、钡、砷、硒和铍等(其中砷、硒为类金属)。重金属元素在自然界中一般不会消失,它们能通过食物链被富集、放大。除直接作用于人体引起急性疾病外,某些重金属还可能促进慢性病的发展。重金属污染的特点是:① 天然水中微量的重金属就可产生毒性效应,如汞、镉产生毒性的质量浓度范围是 $0.001 \sim 0.01$ mg/L;② 微生物不仅不能降解重金属,相反地某些重金属元素可在微生物作用下转化为金属有机化合物,产生更大的毒性(例如,汞能转化为毒性更大的甲基汞);③ 生物体对重金属有富集作用(生物体从环境中摄取重金属,可经过食物链作用,在生物体内逐级富集、放大);④ 重金属可通过食物、饮水、呼吸等多种途径进入人体,从而对人体健康产生不利的影响,有些重金属对人体的积累性危害往往需要一二十年才显示出来。自从 20 世纪 50 年代日本出现水俣病和痛痛病以后,重金属的环境污染问题受到了人们的极大关注。不少学者对重金属的水环境问题,特别是对重金属在水环境中的迁移转化问题进行了广泛深入的研究。

无机有毒阴离子主要包括 NO_2^-、F^-、CN^- 等。其中,NO_2^- 是致癌物质;F^- 可以刺激上呼吸道黏膜并引发病变,也可以在血浆中与钙离子和镁离子结合,使血液中的钙离子和镁离子浓度下降,并可取代骨骼中磷灰石成分含有的羟基,影响骨细胞代谢,使骨质疏松和骨质硬化;CN^- 通常直接存在于氰化物如氰化钠、氰化钾等中,也可以由氰化物在加热或与酸作用后转化产生。氰化物主要来自电镀、炼金、热处理、焦化、制革等行业排放的废水;氰化物是一种可迅速致命的血液性毒物,其主要致毒机理为氰离子(CN^-)与细胞色素及细胞色素氧化酶的三价铁结合,使细胞色素及细胞色素氧化酶失去传递电子的作用,导致细胞缺氧窒息。

2. 有机污染物

水体中的有机污染物大致可以划分为耗氧有机物和有毒有机物两类。有机污染物在水体中主要以颗粒态、胶体态和溶解态三种形式存在。理论上有机污染物都可以被微生物完全降解,只是降解速率有很大的差异。因此,根据微生物对有机污染物的降解速率和难易程度,又可划分为易生物降解有机物和难生物降解有机物。

(1)耗氧有机物:在生活污水、食品加工和造纸等工业废水中,含有的糖类、蛋白质、油脂、木质素等有机物质,通常易在微生物的生物化学作用下分解为 CO_2 和 H_2O 等无机物质。由于它们在被微生物分解过程中需要消耗氧气,因而被称为耗氧有机物。它们的环境危害主要表现为:消耗水中的溶解氧,导致鱼类和其他水生生物由于缺氧而生长减缓或死亡。而且,在水中溶解氧浓度很低之后,有机物会被微生物在厌氧条件下继续分解,产生硫化氢、氨和硫醇等刺激性物质,使水质进一步恶化。

由于水体中耗氧有机物成分非常复杂,因此常用化学需氧量(COD)、生化需氧量(BOD)、总需氧量(TOD)、溶解氧(DO)、总有机碳(TOC)等综合指标作为有机物污染程度的指标。水体中微生物分解有机物的过程中所消耗水中的溶解氧量称为生化需氧量(biochemical oxygen demand,BOD),其单位为 $mg(O_2)/L$。BOD 反映水体中可被微生物分解的有机物总量。有机物的微生物氧化分解包括两个阶段:第一阶段主要是有机物被转化为无机的 CO_2、H_2O 和氨;第二阶段主要是氨被转化为 NO_2^-、NO_3^-。第二阶段的需氧量较小,所以生化需氧量一般是指第一阶段有机物经微生物氧化分解所需的氧量。微生物分解有机物的速率和程度与温度、时间有关。如在 20 ℃时,通常生活污水中的有机物需要 20 d 左右才能基本完成第一阶段的生化氧化,但经过 5 d 可完成第一阶段转化的 70% 左右。为缩短测定时间,同时使 BOD 有可比性,故常采用在 20℃下培养 5 d 作为测定生化需氧量的标准方法,称为五日生化需氧量,以 BOD_5 表示。BOD 基本上能反映出有机物在自然状况下氧化分解所消耗的氧量,可较准确地反映耗氧有机物对环境的影响。但 BOD 的测定时间长,且毒性大的废水会抑制微生物活动,因而难以快速准确测定。若要尽快知道水中有机物的污染状况,可测定化学需氧量。

化学需氧量(chemical oxygen demand,COD)是指水体中能被氧化的物质在特定条件下进行化学氧化过程所消耗的氧化剂量,以单位体积水样消耗氧的质量表示,单位为 $mg(O_2)/L$。水体的 COD 越高,表示有机物污染越严重。水中各种有机物进行化学氧化反应的难易程度是不同的,故化学需氧量只表示在特定条件下,水中可被氧化物质的需氧量总和。目前测定化学需氧量常用的方法有高锰酸钾($KMnO_4$)法和重铬酸钾($K_2Cr_2O_7$)法,分别用 COD_{Mn} 和 COD_{Cr} 表示。$KMnO_4$ 氧化性相对较弱,适用于测定较清洁的水样;后者则用于污染严重的水样和工业废水测定。同一水样用上述两种方法测定的结果是不同的,因此,在报告化学需氧量的测定结果时要注明测定方法。与 BOD 测定相比,COD 测定不受水质条件限制,测定时间短,但 COD 不能很好地反映微生物所能氧化的有机物量。化学氧化剂不仅能氧化耗氧有机物,还能氧化某些无机还原性物质(如硫化物、亚铁等)。所以,作为耗氧有机物污染的评价指标来说,COD 不如 BOD 合适。但在条件不具备或受水质限制不能做 BOD 测定时,可用 COD 代替。此外,对同一水样,测定得到的 COD 和 BOD 数值一般有如下规律:$COD_{Cr}>BOD_5>COD_{Mn}$。

溶解氧(dissolved oxygen,DO)是指在一定温度和压力下水中溶解的氧气含量。DO 受到两种作用的影响:一种是耗氧作用,包括耗氧有机物降解时耗氧、生物呼吸耗氧等,使 DO 下降;另一种是复氧作用,主要有空气中氧的溶解、水生植物的光合作用等,使 DO 增加。此外,DO 随水温升高而降低,还随水深增加而减小。常温下,水体中 DO 为 8~14 mg/L。如果水体中的有机污染较严重,会大量消耗水中 DO;有机污染严重时,水体 DO 可以降至零,导致水生动植物生长受到抑制甚至死亡。例如,当 DO<4 mg/L 时,鱼类将死亡。因此,测定水体的 DO,可间接评价水体耗氧有机物污染程度及自净状况。

总有机碳(total organic carbon,TOC)是水中全部有机物的含碳量。总需氧量(total oxygen demand,TOD)是水中全部可被氧化的物质(主要为有机物)变成稳定氧化物时所需的氧量。TOC 和 TOD 常用化学燃烧法测定,测定结果分别以碳和氧含量表示有机物的含量。相对于 BOD 的测定方法,TOC 和 TOD 可以实现快速、连续、自动测定。但是,TOC 或 TOD 反映的不仅是水中有机物的完全氧化,它们的测定值也包括一些无机碳或能被氧化的无机物质。而且,TOC 和 TOD 测定时的氧化条件与自然界的氧化条件相差甚远,所以不能把它们的测定值作为评价水体耗氧有机物污染的专有指标。对以耗氧有机物为主要成分的水样,如地表水,水样的 BOD_5 与 TOC 和 TOD 间存在一定的线性相关。

(2)有毒有机物:水体中有毒有机物的含量通常不高,但种类很多,不仅来自化工行业的合成过程及产品处置等,而且也有来自天然有机物质的不完全燃烧或不完全生物降解。大部分有毒有机物具有致癌、致畸、致突变等生理毒性,另有一些有毒有机物则可以影响生物代谢和生殖系统。大部分有毒有机物都属于难生物降解有机物,它们通常能长期滞留在环境中。而且这类有毒有机物一般具有很强的亲脂性,在水中的溶解度很低,因此容易被生物体的脂肪性组分吸收富集,导致其在生物体内含量较高并产生毒性。常见的有毒有机物包括有机农药、苯系物、氯苯类、多氯联苯(PCBs)、多环芳烃(PAHs)、卤代脂肪烃、醚类、酚类、邻苯二甲酸酯类、亚硝胺等。在目前世界各国公布的优先污染物中,大部分都是有毒有机物。例如,美国《清洁水法》中确定的 129 种优先污染物中有 114 种是有毒有机物。我国规定的 14 大类 68 种优先污染物中有 12 类 58 种为有毒有机物。持久性有机污染物(POPs)是最典型的难降解有毒有机物,它们能长期存在于环境中,通过各种环境介质(如大气、水、生物等)长距离迁移,并对人类健康和环境产生严重危害。

3. 植物营养物

植物营养物主要指氮、磷等藻类和水生植物光合作用及生长繁殖所需的基本物质。在适宜的光照、温度、pH 等条件下,藻类会按下列简单化学计量关系利用营养物质进行光合作用(生成)和呼吸作用(分解):

$$106CO_2 + 16NO_3^- + HPO_4^{3-} + 122H_2O + 18H^+ + 微量元素 + 能量 \underset{呼吸作用}{\overset{光合作用}{\rightleftharpoons}} C_{106}H_{263}O_{110}N_{16}P + 138O_2$$

水体中磷和氮(特别是磷)在藻类等浮游生物生长繁殖过程中具有重要作用,是藻类等浮游生物生长繁殖的控制因素。植物营养物质的来源广、数量大,主要来自生活污水、工业废水、农业面源释放、垃圾渗滤液等。每人每天带进污水中的氮约 50 g。生活污水中的磷主要来源于洗涤废水,而施入农田的化肥有 50%~80% 流入江河、湖海和地下水体中。湖泊、河口、海湾等缓流水体中营养物质过量会引起水体中藻类及其他浮游生物迅速繁殖,这些藻类及其他浮游生物死亡后会被好氧微生物分解,快速消耗水中的溶解氧,且在水体溶解氧量下降后继续被厌氧微生物分解,不断产生硫化氢等气体,使水质恶化,造成鱼类和其他水生生物大量死亡,这个现象称为富营养化(eutrophication)。浮游生物特别是藻类不仅会分泌出恶臭物质,而且其死亡后会分泌出藻毒素,对生物体产生很大的毒害作用。藻类及其他浮游生物残体在分解过程中,它们含有的有机氮、有机磷等成分又会被微生物降解并以无机氮、无机磷等形式释放到水中,重新被新一代的藻类等生物生长利用。因此,一旦水体发生富营养化,即使切断外界营养物质的来源,也很难自净并恢复到正常水平。富营养化严重的水体(如湖泊)可被某些水生植物及其残骸淤塞,并逐渐成为沼泽甚至陆地。局部海区富营养化严重时会出现"赤潮"现象,使其他水生生物大量死亡,甚至可能变成"死海"。在自然条件下,湖泊从贫营养状态过渡到富营养状态,导致沉积物不断增多并逐渐变为沼泽及陆地的过程非常缓慢,常需几千年甚至上万年,而人为排放含植物营养物的工业废水和生活污水可以在短期内导致水体富营养化。人类活动导致的水体富营养化对湖泊及流动缓慢的水体所造成的危害已成为水源保护需解决的主要问题。常用氮、磷含量,生产率(O_2)及叶绿素 a 作为水体富营养化程度的指标。表 3-11 是按总磷、无机氮指标划分的水体富营养化程度。

表 3-11　水体富营养化程度划分

富营养化程度	ρ(总磷)/(mg·L^{-1})	ρ(无机氮)/(mg·L^{-1})
极贫	<0.005	<0.200
贫-中	0.005~0.010	0.200~0.400
中	0.010~0.030	0.300~0.650
中-富	0.030~0.100	0.500~1.500
富	>0.100	>1.500

4. 石油类污染物

石油是烷烃、烯烃和芳香烃的混合物。石油类污染物主要来自石油开采、运输、装卸、加工和使用过程中的泄漏和排放。石油污染的重大事故主要发生在海洋,如 1991 年 1 月海湾战争期间,伊拉克军队撤出科威特前点燃科威特境内油井,多达 100×10^4 t 石油泄漏,污染沙特阿拉伯东北部沿海 500 km 区域;1999 年 12 月,马耳他籍油轮"埃里卡"号在法国西北部海域遭遇风暴,断裂沉没,泄漏 10 000 多 t 重油,沿海 400 km 区域受到污染;2010 年 4 月,位于美国南部墨西哥湾的"深水地平线"钻井平台发生爆炸,事故造成的原油泄漏形成了一条长达 100 km 的污染带。

石油对水体的污染危害是多方面的:① 油类会漂浮在水面上形成油膜,从而阻碍氧气溶解进入水中,即阻碍水体复氧作用;② 油类黏附在鱼鳃上,可使鱼类窒息;③ 油类黏附在藻类、浮游生物上,影响海洋浮游生物生长甚至使其死亡,破坏海洋生态平衡;④ 油类会黏结水鸟羽毛并破坏水鸟羽毛的不透水性,严重时使其大量死亡,也会抑制水鸟产卵和孵化;⑤ 石油污染还能降低水产品质量和破坏水滨风景。

5. 放射性污染物

放射性污染是由放射性元素原子核在衰变过程中放出的 α、β、γ 射线造成的。水中常见的放射性元素有 ^{40}K、^{238}U、^{226}Ra、^{210}Po、^{14}C、^{90}Sr、^{137}Cs、^{3}H 等。放射性污染物主要来自原子能工业排放的放射性废物,核武器试验的沉降物及医疗、科研排出的含有放射性物质的废水、废气、固体废物等。开采、提炼和使用放射性物质时,如果处理不当,也会造成放射性污染。极高剂量的 α、β、γ 射线照射,会导致人体中枢神经损伤甚至死亡的急性损伤。而低剂量射线长期照射,能引起淋巴细胞染色体变化等慢性损伤,并破坏人的生殖系统及导致人群白血病和各种癌症的发病率增加。水体中的放射性污染物可以附着在生物体表面,也可以进入生物体富集起来。它们发出的射线会破坏生物体内的大分子结构,甚至直接破坏细胞和组织结构,给生物体造成损伤。

三、水体污染物的形态、毒性效应与危害

1. 水体污染物的形态

污染物的形态通常可归纳为化学形态(chemical species)和存在形态(forms of occurrence)两种类型。化学形态指某一化合物在环境中以某种离子或分子存在的形式,这种形态一般具有明确的化学结构组成。如 Hg 可以 Hg^{2+}、$Hg(OH)_2$、$HgCl_3^-$、$HgCl_4^{2-}$、CH_3Hg^+ 等形态存在,砷可以 As(V)、As(Ⅲ)、$As(CH_3)_2O(OH)$、$(CH_3)AsO(CH_3)_2$ 等形态存在,四氯二噁英有 22 种同分异构体形态,酚类和胺类有机物有离子态和质子态等。存在形态指某一化合物在环境中以某种特征(物理的、化学的或地学的)存在的形式。如金属在水体中可能以溶解态、胶体或悬浮颗粒存在,这种形态一般不具有明确的化学组成,常常不是单个化学形态,而是一组具有类似特征的形态组合。当前较简单也较流行的划分是将存在形态分为溶解态和颗粒态。溶解态是指能通过 0.45 μm 孔径滤膜的部分,而被截留的部分称为颗粒态。被悬浮物质、底泥所结合的污染物通常以颗粒态形式存在。颗粒态污染物也可以进一步细分,如水体颗粒态金属有以下不同的存在形态:① 被沉积物或其主要成分(如黏土,铁、锰水合氧化物,腐殖酸及二氧化硅胶体等)吸附而形成的"可交换态"(或称被吸附态);② 被碳酸盐所结合的形态;③ 被铁、锰水合氧化物所结合的形态;④ 形成硫化物及金属-有机结合物;⑤ 矿物碎屑中的金属,即包含于矿物晶格中而不能释放到溶液中去的那部分金属,也被称为"残渣态"。

2. 水体污染物的毒性效应

水体中的有毒污染物主要包括重金属、有毒有机物,以及 NO_2^-、F^-、CN^- 等有毒无机阴离子。它们进入生物体并富集到一定数量后能使体液、组织和细胞发生生化和生理功能的变化,引起暂时或持久的病理状态,甚至危及生命。污染物的毒性大小不仅取决于污染物本身的性质和结构,也取决于污染物在生物体中的浓度(即存在剂量效应)及污染物的存在形态。如四氯二噁英的 22 种同分异构体中四个氯在 2、3、7、8 位置上的同分异构体对实验动物的毒性比其他同分异构体的毒性高出 3 个数量级;γ-六六六(林丹)有显著的生物活性,是极有效的杀虫剂,而其他同分异构体的毒性则相对低很多。又如,对水中的溶解态金属来说,甲基汞离子的毒性大于二价无机汞离子,游离铜离子的毒性大于铜的配位离子,六价铬的毒性大于三价铬,而五价砷的毒性则小于三价砷。对沉积物中的结合态金属来说,可交换态金属离子的毒性大于与有机物结合的金属及结合于原生矿物中的金属等。因此,化学形态及转化过程是水污染化学研究的一个重要领域,在研究污染物在水环境中的迁移转化等物理化学行为和生物效应时,不但要指出污染物的总量,同时必须指明它的化学形态及不同化学形态之间的变化过程。化学形态变化是一个极其复杂的过程,影响化学形态变化的因素很多,包括水体的物理和化学性质,其他化学物种、水生生物、微生物的种类和数量,以及土壤、岩石、沉积物、固体悬浮颗粒的表面性质等。自 20 世纪 70 年代以来,对无机化学物种,尤其是重金属物种的化学形态变化研究得较多。有机化学物种的化学形态变化由于涉

及各种复杂的降解过程,相对而言研究得较少。由于需要优先控制的有机化学物种数目比无机化学物种多得多,因而近些年来已引起高度关注。

污染物在生态系统中的毒性还受共存污染物的影响,各种污染物会相互干扰,形成污染毒性综合效应。主要的毒性综合效应机理包括:① 加和作用,即两种或两种以上毒物共存时,其总毒性效果是各成分效果之和,一般化学结构接近和性质相似的化合物、作用于同一器官的化合物或毒性作用机理相似的化合物共同作用时,往往表现出毒性的加和作用;② 协同作用,即两种或两种以上毒物共存时,一种毒物能促进另一种毒物毒性增加的现象,如铜、锌共存时,其毒性为它们单独存在时的 8 倍;③ 拮抗作用,两种或两种以上毒物共存时,一种毒物的毒性由于另一种毒物的存在而降低的现象,如,锌可抑制镉的毒性,在一定条件下硒对汞也能产生拮抗作用。

3. 水体污染物的危害

水体污染物既可危害生态系统,也可危害人体健康,并导致严重的经济损失。水体污染物主要通过饮用水和食物链进入人体并危害健康,直接的健康危害表现为急性中毒、慢性中毒以及传染病、癌症、畸形等病症。另外,水体污染物也会通过水的恶臭、异色、呈现泡沫和油膜等感官性状间接影响人的身心健康。为全面深入地了解污染物对水质及人体健康的影响,除考虑有毒污染物的含量外,还须考虑它们在环境中的存在形态及综合效应。

第三节   水体中污染物的物理化学迁移转化

污染物迁移是指它们在自然环境中随着时间改变而发生的空间位置改变,污染物的转化则是指随着介质条件的改变而使它们的结构或存在状态发生的变化。污染物进入水体后立即发生各种运动,使得它们在水体中产生迁移。按照物质的运动形式,污染物在水体中的迁移转化可分为机械迁移、物理化学迁移转化和生物化学迁移转化。机械迁移是指污染物以溶解态或颗粒态的形式在水体中扩散或被水流搬运,污染物的机械迁移由水的可流动性引起。物理化学迁移转化是指污染物在水体中通过一系列物理化学作用所导致的迁移和转化过程,这种迁移转化的结果决定了污染物在水体中的存在形式、富集状况和潜在危害程度。生物化学迁移转化指污染物通过生物体的吸收、新陈代谢、生长、死亡等过程所实现的迁移转化。正是由于这种迁移转化,才使污染物被生物体(如鱼类)吸收富集,再经由食物链造成对人体健康的危害。污染物的机械迁移比较简单,而生物化学迁移转化则非常复杂,目前对生物化学迁移转化的科学认知还相对比较少。下一节重点讲述污染物的生物化学迁移转化。

重金属和有毒有机物对生物体特别是人体的危害较大,是水环境化学研究的重要污染物。我国水污染化学研究始于 20 世纪 70 年代,从重金属、耗氧有机物及 DDT、六六六等农药污染开始,目前研究的重点已转向有机污染物,特别是难降解的持久性有机污染物。难降解持久性有机污染物在环境中的存留期长,容易沿食物链(网)传递积累(富集),威胁生物生长和人体健康,故日益受到重视。这些污染物进入水体后通常以溶解态或悬浮态存在,它们在水体中的迁移转化及生物有效性与它们的性质及化学形态相关。了解污染物的性质以及它们在水体中的存在形式、迁移转化行为,对研究水体的自净能力、制定水体污染防治管理措施及研发水体污染防治技术方法具有重大的意义。本节着重讨论水体中污染物的物理化学迁移转化。

一、挥发作用

挥发是污染物特别是挥发性污染物从水体进入大气的一种重要迁移过程,通常可以用亨利定律描述。亨利定律是指一定温度下,物质在气-液两相间达到平衡时,溶解于液(水)相的浓度与气相中浓度(或分压)成正比,线性关系的斜率定义为亨利常数,其表达式为

$$K_H = \frac{p_g}{c_w} \quad 或 \quad K'_H = \frac{c_g}{c_w}$$

式中:p_g——污染物在水面大气中的平衡分压,Pa;

c_g、c_w——污染物在气相和水相中的平衡浓度,mol/m³;

K_H——亨利常数,Pa·m³/mol;

K'_H——亨利常数的替换形式,量纲为 1。

对于摩尔质量(M_w)为 30~200 g/mol、水溶解度(S_w)为 34~227 g/L 的微溶化合物,当其在水中的摩尔分数小于等于 0.02 时,亨利常数可以通过下述公式由纯物质饱和蒸汽压(p_s,单位为 Pa)估算得到

$$K_H = p_s \cdot \frac{M_w}{S_w}$$

亨利常数是初步判断环境中污染物挥发性大小的主要参数。一些典型有机污染物的亨利常数见表 3-12。通常情况下,$K_H > 10^2$ Pa·m³/mol 的化合物属于高挥发性化合物,而 $K_H < 1$ Pa·m³/mol 的化合物属于低挥发性化合物。

表 3-12　一些典型有机污染物的亨利常数　　　单位:Pa·m³/mol

名称	K_H	名称	K_H
二氯甲烷	$3.2×10^2$	萘	$3.6×10^1$
1,2-二氯乙烷	$1.1×10^2$	蒽	$1.4×10^2$
1,2-二氯丙烷	$2.8×10^2$	菲	$1.3×10^1$
1,2-二氯苯	$1.9×10^2$	γ-六六六	$2.3×10^{-2}$
1,3-二氯苯	$2.6×10^2$	PCBs	$(1.7~8.2)×10^2$
苯	$6.0×10^2$	五氯苯酚	$2.1×10^{-1}$
苯酚	$1.3×10^{-1}$	邻苯二甲酸正丁酯	6.4
丙烯腈	$9.8×10^2$	毒杀芬	$6.3×10^3$

环境中易挥发的重金属主要有汞及其化合物。通常情况下,有机汞的挥发性大于无机汞。有机汞中甲基汞和苯基汞的挥发性最大,无机汞中碘化汞的挥发性最大,硫化汞最不易挥发。环境中易挥发的有机污染物种类很多,大部分的小分子卤代脂肪烃及芳烃化合物都具有很强的挥发性。例如,美国国家环境保护局确定的 114 种优先控制的有机污染物中,具有显著挥发性的为 31 种,约占 27%。虽然这些有机物也能被微生物不同程度地降解,但在流速较快的河流中,挥发到大气中是它们的主要迁移途径。除了污染物的亨利常数外,污染物从水体中的挥发也受水体的水深、流速等影响,在浅而流速较快的河流中挥发速率较大。

在实际污(废)水处理过程中,人们常利用某些污染物易挥发的特性,将它们从水中驱赶出来,以降低水环境污染的风险。常见的处理技术有吹脱、汽提、曝气等。一些污染物在水中的难挥发形态,也可以通过简单的化学处理将它们转化为易挥发形态,然后采用上述技术处理。例如,废水中的 NH_4^+ 通常可以加入 NaOH 或 $Ca(OH)_2$ 等将 pH 调节到碱性使其转化为易挥发的 NH_3,然后通过吹脱、曝气等技术去除。

二、吸附作用

天然水体中的沉积物和悬浮颗粒物,包含黏土矿物、水合氧化物等无机高分子化合物和腐殖质等有机高分子化合物,它们不仅是天然水体中存在的主要胶体物质,而且是水体中的天然吸附剂。由于它们具有巨大的比表面积、表面能和表面电荷,能够强烈地吸附富集各种无机、有机分子和离子,对各类无机、有机污染物在水体中的迁移转化及生物生态效应有重大影响。水体中重金属离子及有机农药等微量污染物大部分通过吸附作用结合在胶体颗粒和沉积物颗粒上,并在固-液界面发生各种物理化学反应。因此,微量污染物在水体中的浓度和形态分布,在很大程度上取决于水体中固体颗粒的行为。固体颗粒的吸附作用是使污染物从水中转入固相的主要途径。而且,胶体颗粒作为微量污染物的载体,它们的絮凝沉降、扩散迁移等过程决定着污染物的去向和归趋。

(一) 吸附及其分类

吸附(sorption)是指气相或液相中的物质分子(吸附质)富集到固相物质(吸附剂)上的过程。吸附可以根据吸附质与吸附剂之间的作用力类型分为化学吸附、物理吸附、离子交换等。化学吸附代表了强的作用力,如共价键、配位键等,而物理吸附和离子交换是吸附过程中作用力较弱的两种形式。化学吸附的吸附热通常大于 40 kJ/mol,一般为 120~200 kJ/mol,有时可达 400 kJ/mol 以上。温度升高往往能使化学吸附速率加快。通常在化学吸附中,吸附质只在吸附剂表面形成单分子吸附层,且吸附质分子被吸附在吸附剂表面的固定位置上。离子交换通常由离子态吸附质与带异种电荷的吸附剂表面间发生静电吸引引起。物理吸附通常是由吸附质与吸附剂表面分子间的范德华力引起,氢键等弱相互作用力也可能是导致物理吸附的分子间作用力,吸附热一般小于 40 kJ/mol。与化学吸附相比,物理吸附中吸附质分子不是紧贴在吸附剂表面的固定位置,而是悬在靠近吸附剂表面的空间中,且在吸附剂表面能形成多层重叠的吸附质分子层。这类吸附通常是可逆的,在温度升高或气/液相中吸附质浓度降低时,吸附剂上的吸附质分子会发生解吸(也称脱附)。而且,吸附剂上的吸附质分子也可以被结构类似的分子替代而呈现竞争吸附现象。对于实际环境中发生的某一吸附过程,上述三种截然不同的吸附机理通常同时发生,目前很难通过技术手段完全区分究竟是哪一种吸附机制及其各自的贡献。

物理吸附可根据吸附质进入吸附剂固相方式的不同,分为表面吸附(adsorption)和吸收(absorption)。表面吸附是指吸附质分子只能在吸附剂固相表面附着而无法穿透吸附剂原子/分子晶格的结合方式,而吸收是指吸附质分子混合或溶解进入固相吸附质的原子/分子晶格中,因此,吸收有时也被称为分配(partition)。研究表明,有机污染物在沉积物和胶体颗粒上的吸附是分配作用和表面吸附共同作用的结果,腐殖质等有机质是有机物分配和表面吸附的主要介质;重金属在沉积物和胶体颗粒上的吸附通常包括化学吸附和物理吸附两种机埋。

(二) 吸附过程及速率

吸附过程是吸附质从介质(如水)迁移到吸附剂(如沉积物和胶体颗粒)上并伴随着部

分吸附质从吸附剂上脱落的微观动态反应过程的表观结果。当单位时间内吸附质从介质到吸附剂上的量大于吸附质从吸附剂上脱落的量时,表观上就表现为吸附过程。该表观过程的快慢可以用吸附速率,即单位时间内吸附到单位质量吸附剂上的表观吸附质量描述。而当单位时间内吸附质从介质到吸附剂上的量小于吸附质从吸附剂上脱落的量时,表观上就表现为脱附过程。该表观过程的快慢可以用脱附速率,即单位时间内从单位质量吸附剂上脱附的表观吸附质量描述。经过一段时间的反应后,单位时间内吸附质从介质到吸附剂上的量与吸附质从吸附剂上脱落的量可以达到基本相等,表观上就表现为吸附-脱附平衡,简称吸附平衡。目前,基本没有相关的技术手段和方法测定表征吸附和脱附过程的微观结果,通常测得的都是吸附和脱附过程的表观结果。因此,当前对吸附-脱附过程的相关概念和定义等描述都是对这个过程表观结果的描述。吸附和脱附过程的快慢及最终吸附质在介质和吸附剂两相内的平衡量都受温度的影响。通常情况下,温度越高,吸附和脱附过程达到平衡所需要的时间越短。因此,对吸附-脱附过程的描述都是假定在某一温度下进行的。

对于表观吸附过程,假定在某一温度下,吸附质在介质中的起始浓度为 ρ_0,经过时间 t 后吸附质在介质中的浓度降低至 ρ_t,因此,$\rho_0-\rho_t$ 为经过时间 t 后吸附在吸附剂上的吸附质浓度,将 $\rho_0-\rho_t$ 对 t 作图,可以得到吸附动力学曲线(如图 3-5)。曲线上某点的切线斜率即为该时刻的吸附速率,单位为 $mg/(L \cdot h)$;如从图中原点作各条曲线的切线,其斜率就是在相同 ρ_0 条件下,各相应温度的吸附速率。对于表观脱附过程,假定在某一温度下,吸附质在吸附剂中的起始浓度为 ρ_0,经过时间 t 后吸附质在吸附剂中的浓度降低至 ρ_t,将 $\rho_0-\rho_t$ 对 t 作图可以得到图 3-5 所示的曲线,该曲线称为脱附动力学曲线。从图中原点作各条脱附动力学曲线的切线,其斜率就是在相同 ρ_0 条件下,各相应温度的脱附速率。

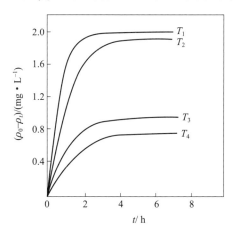

图 3-5　不同温度(T)下某污染物被吸附的浓度与时间的关系

(三)吸附量及吸附等温式

经过一段时间的反应,吸附质在介质和吸附剂两相上吸附-脱附达到表观平衡后,吸附质在介质中的浓度称为平衡浓度(ρ_e),而吸附质在单位质量吸附剂上的量称为平衡吸附量(q_e)。将在某一温度下获得的平衡吸附量 q_e 对吸附质平衡浓度 ρ_e 作图可以得到一条曲线,称为吸附等温线,其相应的数学方程式称为吸附等温式。根据不同的吸附理论和机理,通常用以下三种简单吸附等温线模式定量描述污染物从水相吸附到固体颗粒上的平衡关系:线性吸附等温式、Freundlich(弗罗因德利希)吸附等温式和 Langmuir(朗缪尔)吸附等温式。

线性吸附等温式：

$$q_e = K_p \cdot \rho_e$$

式中：K_p——污染物在固-液两相间的吸附系数，常称为分配系数。

Freundlich 吸附等温式：

$$q_e = K_f \cdot \rho_e^n$$

式中：K_f——污染物在固-液两相间的吸附系数；

n——Freundlich 吸附等温式指数，其值通常为 $0 \sim 1$，当 $n = 1$ 时，Freundlich 吸附等温式变为线性吸附等温式。

将 Freundlich 吸附等温式两边取对数，可以得到该吸附等温式的直线形式：

$$\lg q_e = \lg K_f + n \lg \rho_e$$

从 $\lg q_e$ 与 $\lg \rho_e$ 直线关系的斜率和截距即可得 Freundlich 吸附等温式的两个参数 n 和 K_f。

Langmuir 吸附等温式：

$$q_e = Q^0 \cdot \frac{\rho_e}{\rho_A + \rho_e}$$

式中：Q^0——饱和吸附量；

ρ_A——达到半饱和吸附量时吸附质的平衡浓度(图 3-6)。

显然，ρ_A 越小，达到半饱和吸附量时残留在液相中的吸附质浓度越小，即吸附剂的吸附强度越大；相反，ρ_A 越大，吸附强度越小。

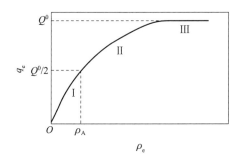

图 3-6　Langmuir 吸附等温线示意图

从 Langmuir 吸附等温式看，当 $\rho_e \ll \rho_A$ 时，分母中的 ρ_e 可忽略不计，于是 Langmuir 吸附等温式转化为线性吸附等温式。当 $\rho_e \gg \rho_A$ 时，式中 ρ_A 可忽略不计，可得 $q_e = Q^0$，即平衡吸附量恒定而与平衡浓度无关(线段Ⅲ)。将 Langmuir 吸附等温式两边取倒数，可以得到该吸附等温式的直线形式：

$$\frac{1}{q_e} = \frac{1}{Q^0} + \frac{\rho_A}{Q^0} \cdot \frac{1}{\rho_e}$$

从 $1/q_e$ 与 $1/\rho_e$ 直线关系的斜率和截距可方便地求出 Langmuir 吸附等温式的两个参数 Q^0 和 ρ_A。

当吸附质和吸附剂之间的作用力非常强时，如发生化学吸附时，吸附等温线常符合 Langmuir 吸附等温式；当吸附质和吸附剂之间的作用力非常弱时，如发生溶解分配等只有范德华力作用时,吸附等温线常符合线性吸附等温式;其他情况下,吸附等温线多符合 Freundlich 吸附等温式。在上述 3 种吸附等温式中,Langmuir 吸附等温式是以单一污染物在完全均一的吸附剂上吸附为假设得到的理论数学模型,吸附等温式中各参数都具有明确的物理意义;Freundlich 吸附等温式是一个基于实验数据结果建立的经验公式。从目前的研究结果来看,线性吸附等温式和 Freundlich 吸附等温式较多用于描述有机污染物,特别是疏水性有机污染物从水体吸附到固体颗粒上的行为;Langmuir 吸附等温式和 Freundlich 吸附等温式多用于描述水中重金属离子的吸附行为。

上述三个吸附等温式一般仅适用于描述单一污染物在相对均一的吸附剂上以相同或相近作用机理吸附时的结果。当多种污染物共存时,由于共存污染物间的相互竞争作用及共存污染物可能导致吸附剂性质、结构改变,这些吸附等温式的适用性就需要严格检验。目前,对多种污染物共存时的吸附作用已经有了一些研究,也得到了一些基于理想假设的吸附等温式,但这些吸附等温式至今仍没有得到广泛认同和应用。在实际水体中,除了多种污染物共同存在,吸附剂固体颗粒也不是均一的。吸附剂固体颗粒的不均一性表现在:① 吸附剂组分多种多样,如一个胶体颗粒或沉积物颗粒常包含多种黏土、水合金属氧化物和腐殖质等结构形态差异很大的组分;② 吸附剂颗粒的某种组分结构性能差异大,如腐殖质组分的分子量、官能团种类及数量等不同。吸附剂固体颗粒的不均一性导致它们对某个特定物质的吸附机理及表观结果也是不同的。因此,目前也已经建立了一些组合吸附等温式用来描述污染物的吸附。其中,扩展 Langmuir 吸附等温式和双模式模型是目前使用最多的双组分组合吸附等温式。扩展 Langmuir 吸附等温式多用于描述重金属离子在天然水体中固体颗粒上的吸附,而双模式模型多用于描述有机污染物在天然水体中固体颗粒上的吸附。

扩展 Langmuir 吸附等温式:

$$q_e = Q_1^0 \cdot \frac{\rho_e}{\rho_{A1} + \rho_e} + Q_2^0 \cdot \frac{\rho_e}{\rho_{A2} + \rho_e}$$

双模式模型:

$$q_e = K_p \cdot \rho_e + Q^0 \cdot \frac{\rho_e}{\rho_A + \rho_e}$$

(四) 重金属离子的吸附

1. 黏土矿物对重金属离子的吸附

黏土矿物吸附水中重金属离子的机制还未完全探明。这里介绍两种黏土矿物吸附重金属离子的机理。一种是离子交换吸附机理,即黏土矿物的颗粒通过层状结构边缘的羟基氢、—OM 基中 M^+ 离子或层状结构间的 M^+ 离子,与水中重金属离子(Me^{n+})交换而将其吸附(见图 3-7)。

这个过程也可用下式示意:

$$\equiv A(OH)_n [\text{或} \equiv A(OM)_n] + Me^{n+} \rightleftharpoons \equiv A(O)_n Me + nH^+(\text{或} M^+)$$

式中:$\equiv$——颗粒表面;

A——颗粒表面的铁、铝、硅或锰离子。

显然,重金属离子的价态越高、水合离子半径越小、浓度越大就越有利于与黏土矿物颗粒进行离子交换而被吸附。

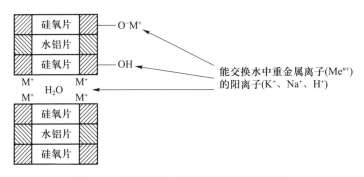

图 3-7 离子交换吸附重金属离子示意图

另一种机理是重金属离子先水解,然后夺取黏土矿物颗粒表面的羟基,形成羟基配合物而被吸附:

$$Me^{n+} + nH_2O \Longrightarrow Me(OH)_n + nH^+$$
$$\equiv AOH + Me(OH)_n \Longrightarrow \equiv AMe(OH)_{n+1}$$

2. 腐殖质对重金属离子的吸附

腐殖质颗粒对重金属离子的吸附,主要是通过它对重金属离子的螯合作用和离子交换作用来实现。腐殖质分子中含有羧基(—COOH)、羟基(—OH)、羰基(—C = O)及氨基(—NH₂),这些基团可以质子化,能与重金属发生离子交换。腐殖质离子交换机理可用下式表示(Hum 表示腐殖质):

$$Hum \begin{array}{c} \overset{O}{\underset{\parallel}{C}} - OH \\ \\ OH \end{array} + Me^{2+} \Longrightarrow \left[Hum \begin{array}{c} \overset{O}{\underset{\parallel}{C}} - O^- \\ \\ O^- \end{array} \right] Me^{2+} + 2H^+$$

同样,腐殖质也可以与重金属离子起螯合作用:

$$Hum \begin{array}{c} \overset{O}{\underset{\parallel}{C}} - OH \\ \\ OH \end{array} + Me^{2+} \Longrightarrow Hum \begin{array}{c} \overset{O}{\underset{\parallel}{C}} - O \\ \\ O - Me \end{array} + 2H^+$$

腐殖质与重金属离子的两种吸附作用的相对大小与水中重金属离子的浓度及性质密切相关。一般认为,当重金属离子浓度较高时,以离子交换吸附作用为主。对不同的金属离子,如 Mn^{2+} 与腐殖质以离子交换吸附为主,腐殖质与 Cu^{2+}、Ni^{2+} 以螯合作用为主,与 Zn^{2+} 或 Co^{2+} 则可以同时发生离子交换吸附和螯合作用。当然,腐殖质的组成性质及水体 pH 对上述吸附作用也有较大的影响。

要区分腐殖质吸附的重金属离子是由于离子交换还是螯合作用导致,可用 NH_4Ac 或 EDTA 溶液洗脱吸附在腐殖质上的重金属离子。NH_4Ac 能与腐殖质上吸附的重金属离子发生下列离子交换反应:

$$\begin{bmatrix} \text{Hum} & \overset{\overset{\displaystyle O}{\|}}{C}-O^- \\ & O^- \end{bmatrix} Me^{2+} + 2NH_4^+ \Longrightarrow \begin{bmatrix} \text{Hum} & \overset{\overset{\displaystyle O}{\|}}{C}-O^- \\ & O^- \end{bmatrix}(NH_4^+)_2 + Me^{2+}$$

因此,能被 NH_4Ac 洗脱的那一部分重金属离子是腐殖质通过离子交换吸附的。而能被 EDTA 洗脱的那一部分重金属离子是被腐殖质螯合吸附的。

3. 水合金属氧化物对重金属离子的吸附

一般认为,水合金属氧化物对重金属离子的吸附过程是重金属离子在这些颗粒表面发生的配位化合过程,可用下式表示:

$$n(\equiv AOH) + Me^{n+} \Longrightarrow (\equiv AO)^n \rightarrow Me + nH^+$$

式中:箭头→为配位键。

水合金属氧化物对重金属离子的配位化合吸附,以及腐殖质与重金属离子的螯合吸附作用是较强的专属吸附作用。专属吸附是指吸附过程中,除了化学键的作用外,同时还有强的范德华力或氢键在起作用。专属吸附不仅可以使吸附剂表面由于吸附相反电荷的离子而呈现相反电荷,而且可以使离子化合物吸附在与其具有相同性质电荷的吸附剂表面上。在水环境中,配离子、有机离子、有机高分子和无机高分子的专属吸附作用特别强烈。例如,简单的 Al^{3+} 和 Fe^{3+} 等高价离子并不能使吸附剂表面电荷因吸附而呈现相反电荷,但其水解产物却可以使吸附剂表面呈现相反电荷,这可以归结于专属吸附作用。相对于离子交换吸附(非专属吸附),专属吸附的一个特点是吸附的金属离子通常不能被阳离子洗脱液如 NH_4Ac 提取,只能被亲和力更强的金属离子取代或在强酸下脱附。专属吸附的另一特点是金属离子在电中性吸附剂表面甚至在与金属离子带相同符号电荷的吸附剂表面也能产生较强的吸附作用。例如,对于 Co^{2+}、Cu^{2+}、Ni^{2+} 等过渡金属离子,当体系 pH 等于或小于水锰矿等电点时(此时水锰矿不带电荷或带正电荷),它们仍能吸附在水锰矿上。表 3-13 列出了水合氧化物对金属离子的专属吸附与非专属吸附机理的区别。

表 3-13　水合氧化物对金属离子的专属吸附与非专属吸附机理的区别

项目	专属吸附	非专属吸附
发生吸附的表面净电荷符号	-、0、+	-
金属离子所起的作用	配离子	反离子
吸附时所发生的反应	配位化合	阳离子交换
发生吸附时对体系 pH 的要求	无要求	大于吸附剂等电点
吸附剂表面吸附发生的位置	内层	扩散层
吸附剂表面电荷的变化	负电荷减少、正电荷增加	无变化

(引自陈静生,1987)

(五)有机污染物的吸附

有机化合物通常可分为可离子化有机物和非离子化有机物。现有研究表明,部分可离子化有机物的阳离子形态如阳离子表面活性剂可以通过阳离子交换吸附在沉积物和水体悬浮固体颗粒上,而阴离子形态由于和水体固体颗粒表面负电荷形成静电排斥,一般不易被吸附。对于非离子化有机物和可离子化有机物的质子化形态,它们在沉积物和胶体颗粒上的吸附通常是分配作用和表面吸附共同作用的结果,腐殖质等有机质是有机物分配作用和表面吸附的主要媒介。有机物的分配作用常用线性吸附等温式描述,而表面吸附可以用 Langmuir 吸附等温式描述。因此,总的吸附等温线常用包含有线性吸附等温式和 Langmuir 吸附等温式两部分的双模式模型描述,吸附等温线在有机物浓度相对较高时呈线性,而浓度较低时则呈非线性(如图 3-8 所示)。

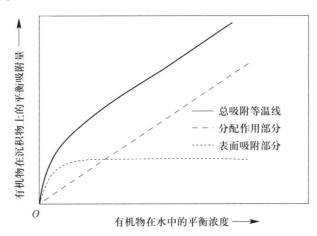

图 3-8   有机物在沉积物上的吸附等温线及其分解示意图

1. 分配作用

早在 1968 年,研究者就发现疏水性有机物在土壤和沉积物上的吸附等温线为线性。因此,在任何浓度下,疏水性有机物在土壤/沉积物上的吸附系数(K_p,线性吸附等温线的斜率)为常数。而且,吸附系数 K_p 与土壤/沉积物的有机碳含量(f_{oc})或有机质含量(f_{om})成正比(根据经验,土壤有机质中,一般碳的质量分数约为 58%,即,$f_{om} = 1.72 f_{oc}$)。因此,有机质是土壤/沉积物中吸附疏水性有机物的最主要成分。1979 年,Chiou 等提出了分配(partition)理论,认为有机质吸附疏水性有机物的主要机制是分配作用。分配作用的过程类似于溶解过程,有机物分子通过渗透扩散作用进入有机质结构中。随后,一系列的实验证明了有机质对有机物的吸附具有分配作用的特征。因此,从线性吸附等温线斜率得到的有机物吸附系数 K_p 也常称为分配系数。相对于有机质,黏土矿物和水合氧化物吸附有机物的能力显得并不重要,主要是因为水分子与有机物在黏土矿物表面产生了较强的竞争,抑制了有机物的吸附。根据吸附系数 K_p 与土壤/沉积物中有机质含量成正比,将有机污染物的分配系数(K_p)用土壤/沉积物有机碳含量(f_{oc})或有机质含量(f_{om})标化,即得有机碳标化的分配系数($K_{oc} = K_p/f_{oc}$)或有机质标化的分配系数($K_{om} = K_p/f_{om}$),它们通常为常数。

有机质从水相中吸附有机物的分配作用具有以下特点:第一,有机物的吸附等温线在有机物浓度相对较高的范围内呈线性,这与表面吸附的特征不符,表面吸附的吸附等温线只有在有机物浓度非常低的时候才会出现线性;第二,在双溶质和多溶质体系中,有机物间没有竞争吸附现象,而表面吸附的有机物间通常存在竞争现象;第三,温度对吸附的影响非常小,表明吸附放热很少,接近有机物的溶解热,符合分配的热力学特征;第四,有机物的 K_{om} 或

K_{oc} 越大, 其在有机质中的吸附越强, 如 DDT ($K_{om} \approx 1.5 \times 10^5$) 在有机质中的分配系数大约为 0.83 g/kg, 比苯 ($K_{om} \approx 18$) 要小 40 倍; 第五, lg K_{om} (或 lg K_{oc}) 与 lg S_w (S_w 为有机物的水溶解度) 成反比, 而与 lg K_{ow} (K_{ow} 为有机物在辛醇-水两相间的分配系数) 成正比 (图 3-9), 表明有机物的分配作用在有机质吸附中起决定作用。

此外, 有机物极性也可以显著影响其在有机质上的分配。这种影响可以通过弱极性有机物和强极性有机物的分配系数 lg K_{om} 与 lg K_{ow} 的线性关系差异得到体现 (图 3-9)。式 (3-3) 为一些弱极性有机物的 lg K_{om} 与 lg K_{ow} 之间的关系, 而式 (3-4) 则为一些强极性有机物的这种关系:

$$弱极性有机物: \lg K_{om} = 0.904 \lg K_{ow} - 0.779 \tag{3-3}$$

$$强极性有机物: \lg K_{om} = 0.52 \lg K_{ow} + 0.64 \tag{3-4}$$

比较式 (3-3) 和式 (3-4) 的斜率和截距可以发现, 在 lg K_{om} 与 lg K_{ow} 的关系中, 强极性有机物比弱极性有机物具有更小的斜率但有更大的截距。对 lg $K_{ow} < 7$ 的弱极性有机物而言, $K_{om} < K_{ow}$, 说明有机质的分配能力弱于辛醇, 而有机质的极性高于辛醇。而且, 有机质对强极性化合物是较好的分配介质, 因此对 lg $K_{ow} < 3.8$ 的有机物, 强极性有机物具有更高的 K_{om} (图 3-9)。这可能是因为强极性有机物与有机质之间具有更强的分子间作用力, 如氢键等。此外, 极性有机质对极性有机物的相溶性要好于非极性有机物。

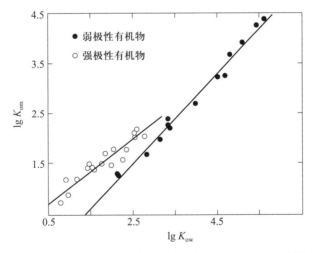

图 3-9　弱极性有机物与强极性有机物的 lg K_{om} 与 lg K_{ow} 之间的关系

(引自 Chiou, 2002)

有机质极性也可以显著影响有机物的分配作用。为比较常见土壤和沉积物有机质分配能力的差异, Kile 和 Chiou 等测定了四氯化碳和 1,2-二氯苯这两种弱极性有机物在 32 种土壤和 36 种沉积物 (这些土壤和沉积物采自美国和中国的不同地域) 的 K_{oc}, 发现四氯化碳和 1,2-二氯苯在沉积物上的平均 K_{oc} 比在土壤上的平均 K_{oc} 高 1.7 倍, 而不同土壤间或不同沉积物间 K_{oc} 的差异较小 (图 3-10)。该研究结果说明了沉积物的有机质比土壤有机质具有更低的极性, 原因可能是沉积物在沉降过程中溶解分离出了土壤中部分极性和水溶性的有机组分 (如富里酸、胡敏酸等), 或者是分离出来含有强极性有机组分的土壤颗粒, 在水中形成了溶解性的有机质或胶体, 而弱极性的土壤颗粒则沉降下来变成沉积物。

有机质的极性常用(O+N)/C(元素物质的量比)表示。Rutherford 等发现四氯化碳等有机物的分配系数(K_{oc} 或 K_{om})与有机质的极性即(O+N)/C 呈负相关(图 3-11),表明有机质的组成特别是极性对有机物在有机质中的分配作用有重要影响。其他研究者也发现了菲的 K_{oc} 与泥炭中连续提取的腐殖酸和胡敏素的(O+N)/C 有同样的相关性。这种负相关性表明,极性的有机质对有机物是一种较差的分配相。因此,不同来源的有机质化学结构和组成差异会造成它们对有机物分配作用能力的差异,甚至对于同一来源有机质的不同组分,它们的化学结构和组成差异也会造成对有机物分配作用能力的差异。

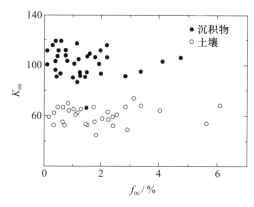

图 3-10   四氯化碳在 32 种土壤和 36 种沉积物上的 K_{oc} 与土壤及沉积物有机碳含量(f_{oc})的关系

(引自 Kile 等,1995)

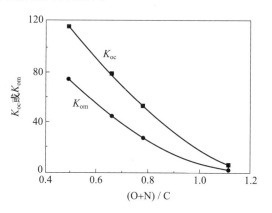

图 3-11   四氯化碳的 K_{oc} 或 K_{om} 与有机质(O+N)/C 之间的关系

(引自 Rutherford 等,1992)

2. 表面吸附

虽然土壤/沉积物吸附有机物的吸附等温线通常情况下特别是在较高浓度范围内呈线性,可以归结于有机质作为分配相对有机物的分配作用,但是后来研究发现低浓度时有机物在土壤/沉积物上的吸附等温线呈现非线性的表面吸附特征。除吸附等温线非线性外,其他一些表面吸附的特征如不可逆吸附和竞争吸附也逐渐被发现。考虑到土壤/沉积物颗粒是有机质、矿物及其他物质(如黑炭等)组成的非均相复合体,它们在吸附有机物的过程中会产生不同的吸附机理。因此,有研究提出极性有机物在土壤/沉积物矿物上的吸附可能不受水的抑制,导致低浓度时的非线性表面吸附。也有研究认为,土壤/沉积物中存在的少量黑炭物质(如木炭、烟灰),它们具有很高的比表面积,对低浓度的有机物呈现显著的非线性表面吸附。但是,不含黑炭的有机质对有机物的吸附等温线呈非线性,以及有机物(包括极性的 2,4-二氯苯酚和非极性的菲)在不同土壤/沉积物上的非线性表面吸附容量和有机质含量之间的直接关系表明,有机质在土壤/沉积物的非线性表面吸附中仍然起重要作用,而不是矿物和黑炭。极性有机物在矿物表面上的吸附几乎可以忽略的主要原因归结于天然水中含有的大量强水合阳离子(如 Na^+、Ca^{2+}、Al^{3+}、Mg^{2+}),它们与水的结合抑制了有机物在矿物表面的吸附;而黑炭的非线性吸附相对于有机质而言较小的原因可能是天然土壤/沉积物中黑炭含量微乎其微,或者黑炭表面被有机质包裹后失去其表面吸附的能力。

有机质能对有机物产生非线性表面吸附有 3 种解释:① 有机质是一种非均相的物质,根据其结构刚性程度可归类于两种特性组分,即软碳(soft carbon)和硬碳(hard carbon)。软碳被认为是一种高度无定形的蓬松有机质,而硬碳则是一种致密的、相对刚性的有机质结构。因此,有机物在软碳中的吸附表现为分配作用,吸附等温线呈线性,而有机物在硬碳上的吸附则表现为表面吸附,吸附等温线呈非线性。② 有机质被认为类似于有机高分子聚合物,存在橡胶态和玻璃态两种形态。由于玻璃态有机质的结构中有一些特殊的内部空隙存在,有机物在玻璃态有机质上的吸附表现为非线性的表面吸附,而在橡胶态有机质上的吸附则表现为线性的分配作用。③ 有机质中存在一定量的活性功能位点(如含氧官能团),它们会与有机物特别是极性有机物产生氢键等特殊的相互作用,而且这些位点在有机物浓度较低时就会完全反应,导致吸附等温线呈非线性。有机物分子与有机质间的范德华力是分配作用的主要作用力。除范德华力外,有机质吸附极性有机物时,氢键作用力会起重要作用;而有机质吸附芳香性有机化合物时,有机质与有机物芳环结构间形成的 π-π 共轭作用力会起重要作用。这两种作用力通常强于范德华力,可能是导致极性或芳香性有机化合物在有机质上非线性吸附的重要原因。

竞争吸附现象是表面吸附区别于分配作用的一个重要特征。在自然环境中,有机污染物往往是同时存在的,因此了解竞争作用具有现实和理论意义。研究表明,有机物在有机质上的竞争吸附具有一些重要特性:① 有机物浓度越低,其吸附被其他共存有机物竞争抑制的程度越明显;② 有机物浓度越高,其竞争抑制其他有机物吸附的程度越明显;③ 非极性有机物对极性有机物吸附的竞争抑制作用很小;④ 极性有机物间的竞争抑制作用很大;⑤ 极性有机物和非极性有机物都会对非极性有机物的吸附产生显著的竞争抑制作用。上述结论表明,某一有机物的非线性吸附行为会受到共存有机物性质及其浓度的影响。此外,极性有机物(如 2,4-二氯酚)比非极性有机物具有更强的竞争吸附能力。

脱附滞后现象也是非线性表面吸附区别于线性分配作用的重要特征之一。脱附滞后是指有机物的脱附等温线与吸附等温线发生偏离,通常表现为在相同有机物平衡浓度下,有机物在脱附等温线上的吸附量大于在吸附等温线上的吸附量(图 3-12)。脱附滞后现象包括可逆滞后和不可逆滞后两种类型。可逆滞后是指在不需要其他辅助手段如溶剂萃取的情况下,尽管存在脱附滞后,但吸附的有机物最终可以得到完全的脱附,因此,脱附等温线和吸附等温线形成了一个封闭的回路[图 3-12(a)]。气体有机物在多孔材料上的脱附通常表现为可逆滞后。不可逆滞后是指吸附的有机物最终不能得到完全的脱附,即部分有机物被固定在吸附剂上而不能释放出来,因此,脱附等温线和吸附等温线不能形成一个封闭的回路[图 3-12(b)]。有机物在有机质上的脱附通常表现出不可逆滞后现象。

(六) 吸附作用的环境意义

尽管污染物在沉积物和胶体颗粒等固体颗粒上的吸附-脱附行为是一个动态的过程,但很多污染物如重金属离子和持久性有机污染物在环境中有足够长的时间,可以使它们与水环境中的固体颗粒接触反应,因此,往往把这个过程看作一个近似平衡的过程。固体颗粒的吸附作用是使污染物从水中转入固相的主要途径,通常使污染物在沉积物和胶体颗粒等固体颗粒上富集。从这个角度来看,沉积物和胶体颗粒等固体颗粒是水体中污染物的汇。当水中污染物浓度低于其在固体颗粒上吸附的平衡浓度时,如吸附有污染物的胶体颗粒迁移到一个洁净水体时,污染物会从固体颗粒上脱附,导致水体的污染。因此,吸附有污染物的沉积物和胶体颗粒等固体颗粒也是水体中的二次污染源。由于溶解在水中的污染物能随着水的流动在环境中大范围迁移(如进入地表水和地下水,挥发到大气中,被植物和微生物

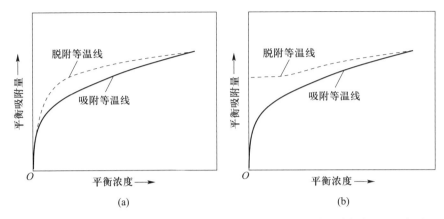

图 3-12　可逆滞后的吸附-脱附线(a)和不可逆滞后的吸附-脱附线(b)示意图

吸收降解等),因此,任何改变污染物在固体颗粒上吸附-脱附平衡的行为都会导致污染物在水环境中的迁移变化。如降低污染物在固体颗粒上的吸附(或促进污染物的脱附),可以增加污染物在水环境中的浓度,从而促进污染物在环境中的迁移和降解;而增加污染物的吸附,可以降低污染物在水中的浓度,从而阻止污染物在环境中的迁移和降解,这会增加污染物在水体沉积物等固体颗粒中的富集和在水体中的持久性。共存污染物间的竞争作用会降低它们的吸附,可以促进它们在环境中的迁移;而脱附滞后则会阻止它们在环境中的迁移。任何能显著改变污染物吸附-脱附行为的技术都有可能用于水体中污染物的控制和水体的修复,使其向着有利于生态环境和人体健康的方向发展。例如,可以向自然水体如湖泊等投加具有不可逆吸附功能的吸附剂,可以将水体中的污染物吸附固定在沉积物中,降低水环境的污染风险。在污(废)水处理中,也常使用活性炭和离子交换树脂等人造高效吸附剂,用于吸附去除水中的污染物;同时,也可采用各种脱附技术再生吸附饱和的活性炭和离子交换树脂,以降低污(废)水处理的成本。

三、胶体颗粒的聚沉

水体中胶体颗粒大小为 1~100 nm,通常能长时间稳定悬浮分散在水中,不能直接用沉降或过滤的方法从水中去除。胶体颗粒根据其亲水性能可分为亲水胶体颗粒和疏水胶体颗粒。亲水胶体颗粒大多为生物高分子,包括可溶性淀粉、蛋白质、血清、琼脂、树胶、果胶及其降解产物等。由于溶剂化程度高,颗粒表面常被水分子包围形成水膜,在水中很难沉降。疏水胶体颗粒主要由黏土、腐殖质、微生物等在水中分散后产生。

胶体颗粒表面基本上都带有电荷(正电荷和负电荷)。以下几个方面可造成胶体颗粒带电荷:① 某些黏土矿物在其形成过程中,出现同晶置换及晶格缺陷的现象使胶体颗粒带电荷,例如,硅氧四面体中的硅原子被铝原子替代后,产生一个负电荷;② 胶体颗粒表面结合或吸附水中某些无机离子或有机离子等,也能使颗粒表面带电荷。例如:

$$FeO(OH)(s) \; + \; HPO_4^{2-} \Longrightarrow FeOHPO_4^-(s) \; + \; OH^-$$

③ 某些黏土矿物及铁、铝等水合氧化物胶体颗粒的表面结合氢离子或氢氧离子而使表面带电荷,例如,硅酸胶体颗粒表面可在不同 pH 条件下,发生下列平衡:

$$\equiv Si-OH_2^+ \Longrightarrow \equiv Si-OH \; + \; H^+ \Longrightarrow \equiv Si-O^- \; + \; H_2O$$

④ 胶体颗粒中高分子有机物的官能团解离也能使其带电荷。例如,蛋白质、腐殖酸等的羧基和氨基官能团发生以下解离平衡后可带电荷:

$$R\begin{array}{c}-COOH\\[4pt]-NH_3^+\end{array} \underset{+H^+}{\overset{-H^+}{\rightleftharpoons}} R\begin{array}{c}-COOH\\[4pt]-NH_2\end{array} \underset{+H^+}{\overset{-H^+}{\rightleftharpoons}} R\begin{array}{c}-COO^-\\[4pt]-NH_2\end{array}$$

胶体颗粒表面电位除与官能团的解离程度有关外,还与官能团的数量和分布特征有关。后两种电荷的来源都与水体 pH 变化密切相关。在某一 pH 时,出现零电位,该点称为零电位点,简称零电点或等电点,相应的 pH 简称 pH_{zpc}(见表 3-14)。当水体 $pH>pH_{zpc}$ 时,胶体颗粒表面呈负电性,而当 $pH<pH_{zpc}$ 时,胶体颗粒表面呈正电性。

表 3-14　水体中常见物质的 pH_{zpc}

物质	pH_{zpc}	物质	pH_{zpc}
$\alpha-Al_2O_3$	9.1	MgO	12.4
$\alpha-Al(OH)_3$	5.0	$\alpha-MnO_2$	2.8
$\alpha-AlO(OH)$	8.2	$\beta-MnO_2$	2.7
CuO	9.5	SiO_2	2.0
Fe_3O_4	6.5	长石	2.0~2.4
$\alpha-FeO(OH)$	7.8	高岭石	4.6
$\alpha-Fe_2O_3$	6.7	蒙脱石	2.5
$Fe(OH)_3$(无定形)	8.5	钠长石	2.0

由于胶体颗粒表面带电荷,因此可以吸引溶液中带相反电荷的离子,在其表面一定距离空间内形成双电层特征。现以黏土矿物颗粒为例说明胶体的双电层结构(图 3-13)。黏土矿物颗粒的表面通常带负电荷,它能吸引溶液中带正电荷的离子(称为反离子)。由于离子的热运动,阳离子将扩散分布在颗粒界面的周围。界面 MN 是黏土矿物颗粒表面的一部分,符号"+"表示被吸引的阳离子。实际界面周围的溶液中有阳离子,也有阴离子;因颗粒负电场作用,阳离子过剩。与界面 MN 距离越远的液层,由于颗粒电场力不断减弱,阳离子过剩趋势也越小,直至为零。这样由界面 MN 和同它距离为 d 的液面 CD(即阳离子过剩刚刚为零的液面),构成了颗粒扩散双电层。与颗粒界面紧靠的 MN 至 AB 液层,将随颗粒一起运动,称为不流动层(固定层);其厚度为 δ,约与离子大小相近。而离界面稍远的 AB 至 CD 液层,不随颗粒一起运动,称为流动层(扩散层),其厚度为 $d-\delta$。曲线 NC 表示相对界面不同距离的液层电位,液层 CD 呈电中性,设其电位为零,并作为衡量其他液层电位的基准。界面 MN 电位为 E,称为胶体颗粒总电位。不流动层与流动层交界液层 AB 的电位为 ξ,称为胶体颗粒的 ξ 电位或电动电位,可用电泳法或电渗法测定。不流动层中总有一部分与颗粒电性相反的离子,所以 ξ 电位的绝对值小于总电位 E 的绝对值。两个相邻的胶体颗粒彼此接近时会受到与 ξ 电位大小相对应的静电斥力作用而分开。除了静电斥力作用,两个相邻的胶体颗粒间也受范德华引力作用,使它们相互吸引靠近。范德华引力的大小取决于两个胶粒间的距离,随着胶粒间距离增大而迅速衰减,与水相的组成无关。

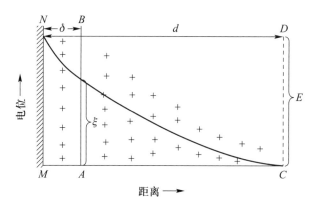

图 3-13   黏土矿物颗粒双电层及其反离子扩散分布示意图

根据斯托克斯定律,对球形颗粒在静止水中的沉降速度可用以下公式描述:

$$v = \frac{(\rho_1 - \rho_2) g d^2}{18\mu}$$

式中:v——沉降速度,mm/s;

    ρ_1——颗粒的密度,g/cm^3;

    ρ_2——水的密度,g/cm^3;

    g——重力加速度,980 cm/s^2;

    d——颗粒的直径,cm;

    μ——水的黏度,Pa·s。

因此,胶体颗粒可长时间稳定悬浮存在水中的主要原因是上述两种相异力中静电斥力大于范德华引力,使得颗粒间不能结合团聚形成粒径更大的易沉降的大颗粒。

一些天然和人为的因素可以导致胶体颗粒的电荷减少及静电斥力减弱。因此,在适宜条件下,胶体颗粒可很快结合使得直径增大并沉降,这种现象称为胶体颗粒的聚沉。胶体颗粒的聚沉是指胶体颗粒通过碰撞结合成聚集体而发生沉淀现象,也称为凝聚。首先,改变水体 pH,可以使一些胶体颗粒聚沉。例如,高分子电解质如腐殖酸、蛋白质等的电荷是由官能团的解离产生,解离度由水体 pH 决定;铁、铝、锰、硅等的水合氧化物或固体氧化物,其表面电荷是因结合氢离子或氢氧离子产生,强烈地依赖于溶液的 pH。因而,改变水体 pH,可以使这些胶体颗粒带的表面电荷减少并减弱它们相互间的静电斥力。其次,加入适当的电解质,可以使胶体颗粒的 ξ 电位降低并导致它们聚沉。图 3-14 是电解质浓度对 ξ 电位的影响:曲线 NC 表示在带负电荷的黏土溶液中,没有加入电解质时颗粒周围各液层的电位分布,当溶液加入电解质后,其中阳离子会更多地被颗粒吸附进固定层,而使 ξ 电位绝对值下降,即由 ξ 下降到 ξ',同时由于固定层中阳离子增多,而扩散层中阳离子相对减少,引起扩散双电层厚度变薄(由 d 变为 d')。当 ξ 电位降到颗粒间静电斥力小于范德华引力时,颗粒间会结合聚集变大,并在重力作用下沉降。胶体颗粒开始明显聚沉的 ξ 电位,称为临界电位。若加入的电解质离子能被颗粒大量吸附到固定层内,可使 ξ 电位减为零,甚至电荷相反。当 ξ 电位等于零时,表明胶体颗粒及其固定层的整体呈现电中性而处于等电状态。当 ξ 电位相反后绝对值较大,又可阻止胶体颗粒的聚沉。通常情况下,ξ 电位绝对值大于 0.07 V 时,胶体颗粒在溶液中能长期稳定悬浮,而当加入电解质使胶体颗粒 ξ 电位变化到临界电位(绝对值小于 0.03 V)时,胶体颗粒就会开始明显聚沉,且电解质中影响 ξ 电位的离子电荷量越高,所起的聚沉作用越强。电解质对胶体颗粒聚沉的机理是河口海岸沉积物形成的一个重要原因:当带有大量胶体颗粒的河水流至河口时,由于海水中含盐较高,导致这些胶体颗粒的 ξ 电位降低,破坏了河水中胶体的稳定性,使它们的颗粒变大聚沉形成沉积物。

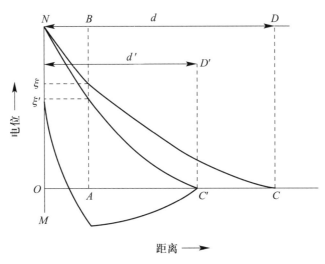

图 3-14　电解质浓度对 ξ 电位的影响

除 pH 及电解质外,其他因素如颗粒浓度、水体温度及流动状况、带相反电荷颗粒间相互作用等都可影响胶体颗粒的聚沉。在天然水体中黏土矿物胶体颗粒的板面常呈电负性,边面则呈正电性,因此常表现出一个颗粒的板面与另一颗粒的边面相互吸引结合并自然沉降。对于某些亲水胶体颗粒(如有机高分子胶体颗粒),它们直接吸附水分子形成的水化膜也会使颗粒间距离较大,分子间范德华力很弱,难以聚沉。因此,对于这类胶体,颗粒带同性电荷及颗粒周围有水化膜是使其稳定的两个主要原因。要使其聚沉,除了降低 ξ 电位外,也要去除水化膜。一般在有大量电解质存在时,不仅可使胶体颗粒的 ξ 电位降低,也可破坏胶体颗粒的水化膜,使胶体颗粒在水中聚沉。胶体颗粒除能聚集成沉淀外,还能形成松散状的絮状物,该过程称为胶体颗粒的絮凝,絮状物称絮凝体。絮凝是借助某种架桥物质,通过化学键连接胶体颗粒,使胶体颗粒变得更大。例如,腐殖质作为架桥物质,其分子中的羧基和羟基等官能团可与水合氧化铁胶体颗粒表面的铁螯合,形成胶体颗粒-腐殖质-胶体颗粒的庞大絮凝体,从而使得腐殖质和水合氧化铁胶体颗粒从水中沉降。在污(废)水物理化学处理中常用的混凝单元操作原理就是通过加入架桥物质——混凝剂,使得污(废)水中的胶体颗粒和细小悬浮物絮凝沉降。使用的混凝剂主要有氯化铝、硫酸铝、氯化铁、硫酸亚铁、聚合氯化铁、聚合氯化铝等无机物质和聚丙烯酰胺等有机高分子物质。

胶体颗粒的聚沉不仅是去除水中胶体颗粒和细小悬浮物并提高水质透明度的一种有效方法,而且是污染物从水相转移到沉积物相的一个重要途径。无论是重金属离子或有机污染物,它们都会通过静电吸引、离子交换和分配等作用吸附到胶体颗粒的黏土或腐殖质等成分中。在胶体颗粒聚沉形成沉积物的过程中,这些污染物也随着沉降进入沉积物中。

四、沉淀和溶解作用

除了胶体颗粒的聚沉,污染物在水体中的直接沉淀也是其从水相转移到沉积物相的重要途径。胶体颗粒的聚沉和污染物的直接沉淀都是水体沉积物形成的重要来源。沉淀和溶解是重金属离子及可离子化有机物在水环境中分布、积累、迁移和转化的重要途径。溶解度是直观表示污染物在水环境中迁移能力大小的重要参数。溶解度大者迁移能力大,溶解度小者迁移能力小。沉淀是污染物在水中的形态从高溶解态变为低溶解态的化学反应过程中出现的过饱和现象,即出现反应产生的低溶解态污染物的量大于其在水中的最大溶解量(溶解度)的现象。过饱和的那部分低溶解态污染物会以固体沉淀的形式从水中析出。重金属离子及可离子化有机物大多存在易溶的离子态及难溶的固体沉淀态两种形态。化学反应通常向有利于形成固体沉淀产物的方向进行。因此,污染物在水中从易溶的离子态转化为难溶的固体沉淀态是非常容易进行的。环境条件(如共存离子、pH 等)改变常导致重金属离子及可离子化有机物等形成沉淀产物。

重金属的硝酸盐、氯化物和硫酸盐($AgCl$、Hg_2Cl_2、$PbSO_4$ 等除外)基本上是可溶的,而重金属的碳酸盐、硫化物、磷酸盐和氢氧化物通常是微溶或难溶的。可离子化有机物如有机酸类、酚类和胺类化合物的离子态在水中的溶解度通常大于其质子态。因此,天然水体中通常存在的碳酸根和磷酸根离子,以及在厌氧水体中可能存在的 H_2S、HS^-、S^{2-} 等离子都可以与重金属离子结合产生沉淀。改变水体 pH 不仅会导致重金属离子在碱性条件下形成氢氧化物沉淀,而且会导致可离子化有机物在酸性条件下形成有机酸等质子态沉淀产物。在实践应用中,人们常常利用污染物的沉淀作用机理通过控制 pH 或投加合适的配对离子种类来处理废水中的重金属离子、磷酸根离子及有机离子污染物。该方法处理后水中污染物的浓度通常取决于其形成的沉淀产物在水中的溶解度。沉淀产物溶解度越小,经沉淀后废水中的污染物浓度越低。下面简要介绍氢氧化物、硫化物、碳酸盐、磷酸盐及可离子化有机物等五种常见的沉淀-溶解平衡。

1. 氢氧化物沉淀-溶解平衡

金属氢氧化物沉淀-溶解平衡可用下式简单表示:

$$Me(OH)_n \rightleftharpoons Me^{n+} + nOH^-$$

若上述溶解反应完成后的金属离子不再发生其他化学反应,则在金属氢氧化物的饱和溶液中,金属离子的最大浓度 $[Me^{n+}]$ 与该金属氢氧化物的溶解度一致。金属氢氧化物沉淀的溶解度通常随水的 pH 变化而变化(见图 3-15),但是其溶度积(K_{sp})则是一个常数。溶度积是指在一定温度下难溶电解质饱和溶液中相应离子浓度的乘积,其中各离子浓度的幂次与它在该电解质解离方程式中的化学计量数相同。除了金属氢氧化物沉淀,硫化物、碳酸盐、磷酸盐等金属沉淀产物都有各自的溶度积常数。

对上式所示的金属氢氧化物沉淀,其溶度积计算式为

$$K_{sp} = [Me^{n+}][OH^-]^n$$

即

$$[Me^{n+}] = K_{sp}/[OH^-]^n = K_{sp}[H^+]^n/K_w^n (K_w \text{ 为水的离子积常数,其值为 } 1 \times 10^{-14} \text{ mol}^2/L^2)$$

将上式两边取负对数可得

$$-\lg[Me^{n+}] = npH + pK_{sp} - npK_w = npH + pK_{sp} - 14n$$

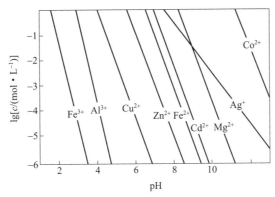

图 3-15　不同 pH 下典型金属离子的溶解度

根据上式及氢氧化物的 K_{sp} 可以得到,金属离子在不同 pH 下溶解度的对数值与 pH 呈直线关系(图 3-15),直线斜率 n 即为金属离子的电荷数。因此,同价金属离子的直线斜率相同,彼此平行。在给定 pH 下,斜线与等 pH 线相交,交点在上方的斜线代表的 $Me(OH)_n$ 溶解度大于交点在下方的,即图中靠右侧斜线代表的 $Me(OH)_n$ 的溶解度大于靠左侧斜线代表的 $Me(OH)_n$ 的溶解度。根据此图,可以大致查出各种金属离子在不同 pH 下所能存在的最大浓度,也即它们的溶解度。

2. 硫化物沉淀-溶解平衡

金属硫化物是具有比氢氧化物更小溶度积的一类难溶沉淀物,几乎所有的重金属离子都可以与 S^{2-} 形成硫化物沉淀。在硫化氢和金属硫化物均达到饱和的水中,同时存在着两种平衡(以二价金属离子为例):

$$H_2S \Longrightarrow H^+ + HS^- \qquad K_1 = [H^+][HS^-]/[H_2S]$$

$$HS^- \Longrightarrow H^+ + S^{2-} \qquad K_2 = [H^+][S^{2-}]/[HS^-]$$

$$Me^{2+} + S^{2-} \Longrightarrow MeS(s) \qquad K_{sp} = [Me^{2+}][S^{2-}]$$

硫离子浓度可表示为

$$[S^{2-}] = c_{TS} \cdot \alpha_2$$

式中: c_{TS}——水中溶解的总无机硫浓度,即

$$c_{TS} = [H_2S] + [HS^-] + [S^{2-}]$$

而 α_2 为 S^{2-} 在 c_{TS} 中所占的比例,它与水体 pH 的关系为

$$\alpha_2 = (1 + [H^+]/K_2 + [H^+]^2/K_1 K_2)^{-1}$$

所以, $[Me^{2+}] = K_{sp}/[S^{2-}] = K_{sp}/(c_{TS} \cdot \alpha_2)$

$$= K_{sp}/\{c_{TS}[1 + [H^+]/K_2 + [H^+]^2/(K_1 K_2)]^{-1}\}_{\circ}$$

若知道水中溶解的总无机硫量,根据上式可计算出不同 pH 时金属离子的饱和浓度 $[Me^{2+}]$ 或溶解度。若水体中硫化氢处于饱和状态, c_{TS} 近似等于硫化氢浓度(水中硫化氢饱和浓度为 0.1 mol/L), α_2 式中前二项同第三项相比甚小,可忽略不计,因此可简化为

$$[Me^{2+}] = K_{sp} \cdot [H^+]^2/(0.1 K_1 \cdot K_2)$$

由于硫化物的溶解度非常小,当水中出现少量 S^{2-} 时,即可出现金属硫化物沉淀,使重金属离子的迁移能力大大降低。例如,当含有 10^{-10} mol/L S^{2-} 时,水体中 Cu^{2+}、Cd^{2+}、Pb^{2+} 离子的平衡浓度分别为 6×10^{-26} mol/L、8×10^{-17} mol/L 和 10^{-18} mol/L,说明这些离子完全被沉淀

出来。其他金属离子如 Zn^{2+}、Ni^{2+}、Co^{2+}、Fe^{2+}、Hg^{2+} 等,在 $[S^{2-}] = 10^{-10}$ mol/L 情况下,也可以从水中完全沉淀出来。在厌氧水体中常有 S^{2-} 产生,因此,重金属离子在厌氧水体中大多形成硫化物沉淀而被固定在沉积物中。

3. 碳酸盐沉淀-溶解平衡

HCO_3^- 是天然水体中的主要阴离子之一,它能与金属离子形成碳酸盐沉淀,从而影响水中重金属离子的迁移。水中碳酸盐的溶解度,在很大程度上取决于其中 CO_2 的含量和水体 pH。水体中 CO_2 能促使碳酸盐溶解。例如,对于二价金属离子碳酸盐沉淀有以下反应:

$$MeCO_3(s) \rightleftharpoons Me^{2+} + CO_3^{2-}$$
$$CO_3^{2-} + CO_2 + H_2O \rightleftharpoons 2HCO_3^-$$

当上述反应平衡时,根据 $MeCO_3$ 的溶度积 K_{sp} 和碳酸(H_2CO_3)的一级、二级解离平衡常数 K_1、K_2,可得到

$$[Me^{2+}] = K_{sp}K_1[H_2CO_3]/(K_2[HCO_3^-]^2)$$

在水体中,CO_2 主要以游离的 CO_2、HCO_3^- 和 CO_3^{2-} 形态存在,以 H_2CO_3 形态存在的含量极少,它们的比例主要取决于 pH(图 3-16)。因此,若知道水体 pH 及总 CO_2 浓度,结合 CO_2 的溶解度,可由上式算出碳酸盐的溶解度。例如,当水中总 CO_2 浓度为 10^{-3} mol/L 时,碳酸钙在 pH 为 7 或 9 水中的溶解度分别为 3.7×10^{-5} mol/L 和 3.1×10^{-7} mol/L。可见水体 pH 升高,碳酸盐溶解度下降,金属离子的迁移能力也就减小。

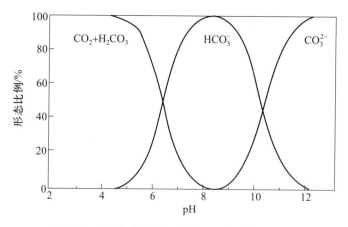

图 3-16　不同 pH 条件下水中 CO_2 的形态分布图

4. 磷酸盐沉淀-溶解平衡

磷酸盐已被认为是引起水体富营养化的主要因素之一。在水中磷主要以正磷酸盐、偏磷酸盐、聚合磷酸盐、有机磷酸盐等形态出现。其中,正磷酸盐是最主要的形态,可和钙、镁离子及重金属离子形成沉淀。例如,钙离子和磷酸根离子可以生成羟基磷灰石沉淀:

$$5Ca^{2+} + OH^- + 3PO_4^{3-} \rightleftharpoons Ca_5OH(PO_4)_3(s)$$

羟基磷灰石的溶度积常数 K_{sp} 为 $1 \times 10^{-55.9}$。因此,在污(废)水处理中常加入钙离子来沉淀去除水中的磷酸根离子,以降低水体富营养化污染的风险。除了钙离子,铁离子、铝离子也会与磷酸根形成沉淀产物,可以用于污(废)水除磷处理。镁离子和 NH_4^+ 共同存在时也

会与磷酸根形成磷酸铵镁沉淀（MgNH₄PO₄），俗称鸟粪石，磷酸铵镁沉淀是导致污泥厌氧消化池及管道结垢的主要原因。

5. 可离子化有机物的离子化与沉淀

可离子化有机物在水中也会形成沉淀，它们形成沉淀的机理主要有两种。一种为有机离子与无机离子或其他有机离子结合形成盐沉淀。一般情况下，可离子化有机物的钠盐、钾盐、硫酸盐、氯化物等都是可溶解的，而很多有机钙盐和磷酸盐溶解度很小。例如，阴离子表面活性剂十二烷基苯磺酸钠（SDBS）可以与钙离子形成沉淀，萘酚离子也可与钙离子形成沉淀。此外，阴离子表面活性剂（如十二烷基苯磺酸钠）与阳离子表面活性剂（如氯化十六烷基吡啶）也会形成沉淀。表面活性剂离子要形成沉淀，通常要求与其配合的沉淀离子有一个适当的配比范围。当表面活性剂浓度过高，超出这个配比范围时，多余的表面活性剂往往会再溶解其形成的沉淀。因此，表面活性剂离子与其配合的沉淀离子浓度间会形成一个沉淀边界。图 3-17 为十二烷基苯磺酸钠（SDBS）与钙离子形成沉淀的曲线，纵坐标为形成沉淀去除的十二烷基苯磺酸钠的质量浓度（ρ_p），横坐标为形成沉淀后残留在水中的十二烷基苯磺酸钠的质量浓度（ρ_e）。在固定钙离子投加浓度情况下，随着十二烷基苯磺酸钠浓度的增加，沉淀去除的量先快速增加并达到一个最大值，然后随着十二烷基苯磺酸钠浓度的继续增加，沉淀去除的量逐渐减少直至沉淀消失。

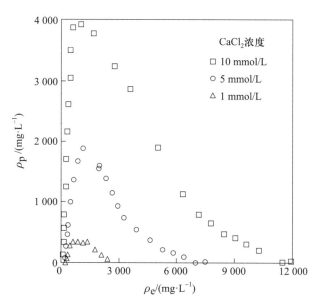

图 3-17　SDBS 和 CaCl₂ 的沉淀曲线

（引自 Yang 等，2007）

可离子化有机物在水中形成沉淀的另一种机理为从离子态转化为分子态时，由于分子态有机物溶解度很低，导致有机物以分子态的形式析出。可离子化有机物的分子态和离子态两种形式通常随着 pH 的变化可以相互转化。当 pH 在有机物 pK_a 附近时，有机物的分子态和离子态两种形式共同存在；当 pH 远离有机物 pK_a 时（通常要大于 2 个 pH 单位），有机物主要以分子态或离子态中的一种形式存在。图 3-18 为一元酸乙酸（HAc）的分子态和离子态两种形式比例随 pH 变化的分布图。因此，可以通过控制 pH 实现很多高浓度可离子化有机物的沉淀析出。例如,传统的有机酸发酵生产工艺大多是利用酸化沉淀的方法最终获得有机酸固体沉淀产品。很多有机酸的发酵过程是先得到高浓度的溶解态有机酸盐,因此,可以通过加酸调节 pH 使其转化成相应低溶解度的有机酸固体沉淀产品。

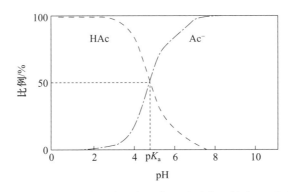

图 3-18　一元酸(HAc)的分子态和离子态两种形式比例随 pH 变化的分布图

6. 共沉淀

共沉淀(coprecipitation)是指一种沉淀从溶液中析出时会夹带另一种物质(可以为溶解性物质,也可以为沉淀物质)一起沉淀的现象。产生共沉淀的主要机理有 3 种:① 沉淀物质对另一种物质的表面吸附;② 包藏,即在沉淀过程中,如果沉淀剂较浓又加入过快,则晶体沉淀颗粒迅速增长过程中,原沉淀颗粒表面附近的其他物质会被后来沉积上来的新沉淀物质所覆盖,导致其他物质可能陷入增长中的沉淀内部难以释放出来,这种现象又叫吸留;③生成混晶,如果晶体沉淀的晶格中的阴、阳离子被具有相同电荷的、离子半径相近的其他离子所取代,就形成混晶。例如,当大量 Ba^{2+} 和痕量 Ra^{2+} 共存时,硫酸钡就可和硫酸镭形成混晶同时析出,这是由于两者有相同的晶格结构,且 Ra^{2+} 和 Ba^{2+} 的离子大小相近。当采用沉淀法处理废水中含有的多种共存金属离子时,常会出现共沉淀现象。共沉淀所需的 pH 比单独一种金属离子沉淀的低,处理后水中金属离子的浓度也比单独一种金属离子沉淀处理后的低。

7. 沉淀作用的环境意义

在实际应用中,对于在废水中易形成沉淀的污染物,如重金属离子,人们通常通过使其生成沉淀的简单化学方法来去除。对含有苯甲酸盐等的高浓度有机废水,也常调节废水 pH 至酸性,使其形成溶解度较小的苯甲酸沉淀,去除大部分苯甲酸有机物后,再采用其他技术进一步处理。由于操作简单、成本低,形成氢氧化物沉淀是含重金属离子废水最常用的处理技术。由于金属离子的碳酸盐沉淀的溶解度通常大于其氢氧化物沉淀,形成碳酸盐沉淀的方法很少用于废水中重金属离子的处理。尽管重金属离子的磷酸盐尤其是硫化物沉淀的溶解度通常较小,但要形成这些沉淀需要加入的磷酸根离子和硫离子会造成水体的污染,废水处理操作中需要有很高的控制精度,而且成本也比形成氢氧化物沉淀高。因此,对水质、水量通常变化比较大的实际废水处理也很少使用,往往只有对水质、水量比较稳定的含重金属离子的废水深度处理时,才会使用形成硫化物沉淀的方法。对废水中的两性金属离子如 Cr^{3+},若要采用形成氢氧化物沉淀的方法处理,则必须严格控制 pH。例如,在 pH<5 时,Cr^{3+} 以水合配离子形式存在;在 pH>9 时,则生成 Cr^{3+} 的羟基配离子;只有在 pH 为 8 时,Cr^{3+} 能最大限度地生成 $Cr(OH)_3$,水中 Cr^{3+} 浓度最小。因此,要去除废水中的 Cr^{3+},应控制 pH 最佳值为 8。

一般说来,如果水体中没有其他配体,大部分金属离子氢氧化物在 pH 较高时溶解度较小,迁移能力较弱;若水体 pH 较小,金属氢氧化物的溶解度升高,金属离子的迁移能力也就增大。由于重金属离子能与天然水体中普遍存在的阴离子生成硫化物、碳酸盐等难溶沉淀产物,大大降低了重金属离子在水体中的迁移能力,限制了水体中重金属的扩散范围,使重金属主要富集于排污口附近的底泥中,在某种程度上对水质起到了净化作用。例如,北高加索一家铅锌冶炼厂的含铅废水经化学处理后排入河水中,排污口附近水中铅的含量为 0.4 ~ 0.5 mg/L,而在下游 500 m 处铅的含量只有 3 ~ 4 μg/L,其可能原因有三个:① 含铅废水的稀释、扩散;② 铅与水中的阴离子生成 $PbCO_3$、$PbSO_4$、$Pb(OH)_2$ 等难溶物沉淀;③ 悬浮物和底泥对铅有高度的吸附作用。

五、氧化还原作用

氧化还原反应是一个广泛存在于水体各相中涉及电子转移的电化学反应,对污染物在水体中的存在形态及迁移转化有重要的影响。氧化是失去电子的过程,还原则是得到电子的过程。在氧化还原反应中,失去电子而被氧化的称为还原剂(reductant),得到电子而被还原的称为氧化剂(oxidant)。还原剂是电子的供体(donor),而氧化剂则是电子的受体(acceptor)。一个体系如水体的氧化还原能力大小常用氧化还原电位来描述,它取决于体系中氧化剂、还原剂的浓度及 pH。

（一）氧化还原电位及其决定因素

1. pE 的概念

对氧化剂(Ox)和还原剂(Red)间产生的 n 个电子(e^-)转移的氧化还原反应:

$$Ox + ne^- \rightleftharpoons Red$$

其反应平衡常数(K)表达式为

$$K = \frac{[Red]}{[Ox][e^-]^n}$$

上式两边取负对数,可得

$$-\lg K = n\lg[e^-] - \lg\frac{[Red]}{[Ox]}$$

即

$$-\lg[e^-] = \frac{1}{n}\lg K - \frac{1}{n}\lg\frac{[Red]}{[Ox]}$$

定义

$$pE = -\lg[e^-], \quad pE^0 = \frac{1}{n}\lg K$$

则得

$$pE = pE^0 - \frac{1}{n}\lg\frac{[Red]}{[Ox]}$$

这里 pE 是氧化还原平衡体系电子浓度的负对数,其定义与 pH = $-\lg[H^+]$ 相似。pE^0 是氧化剂和还原剂浓度相等时的 pE。严格地讲,应用电子活度来代替上述的电子浓度。从 pE 定义可知,pE 越小,体系电子浓度越高,其提供电子的倾向就越强;反之,pE 越大,体系电子浓度越低,其接受电子的倾向就越强。当 pE 增大时,体系氧化剂相对浓度升高。

实际上,pE 的指示作用与通常的电极电位 E 的指示作用相同,它们之间可以相互换算。根据电极电位 E 的定义:

$$E = 2.303 \frac{RT}{F} \left(\frac{1}{n} \lg K - \frac{1}{n} \lg \frac{[\text{Red}]}{[\text{Ox}]} \right)$$

可得

$$E = 2.303 RT \frac{pE}{F}$$

式中:$R = 8.314 \text{ J/(mol·K)}$;

$\quad\quad F = 96\ 500 \text{ C/mol}$;

$\quad\quad T$——热力学温度,K。

因此,反应平衡时的电极电位 E^0 和 pE^0 也可以根据下式换算:

$$E^0 = 2.303 RT \frac{pE^0}{F}$$

假设反应温度 $T = 298$ K 时,则得

$$pE^0 = 16.91 E^0$$
$$pE = 16.91 E$$

根据上述几个换算公式,尽管 pE 和 pE^0 不能直接实测得到,但可以从直接实测得到的 E 和 E^0 来计算得到。在水环境化学中,常用 pE 和 pE^0 描述水体的氧化还原电位,而不用直接实测得到的 E 和 E^0,其主要原因为:首先,pE 和 pE^0 有明确的物理意义,即表示相对电子浓度;其次,pE 每改变 1 个单位,$[\text{Ox}]/[\text{Red}]$ 就变化 10 倍($n=1$),便于对比。

2. pE 与 pH 的关系

在氧化还原平衡体系中,往往有 H^+ 或 OH^- 参与电子转移。所以,pE 与体系的 pH 常有密切的关系。pE 对于 pH 的依赖关系可用 pE-pH 图来表示。纯水的 pE-pH 图如图 3-19 所示。图中 a、b 线分别代表下列平衡:

$$2H^+ + 2e^- \Longrightarrow H_2 \quad\quad\quad (pE^0 = 0)$$
$$O_2 + 4H^+ + 4e^- \Longrightarrow 2H_2O \quad\quad (pE^0 = 20.75)$$

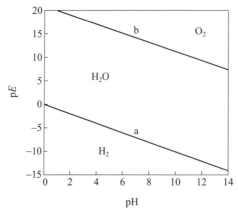

图 3-19 纯水的 pE-pH 图

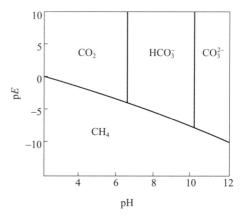

图 3-20 CO_2-CO_3^{2-}-CH_4-H_2O
体系的 pE-pH 图

由图 3-19 可知,当一个氧化剂在某 pH 下的 pE 高于图中 b 线时,就会把水氧化而放出氧气。当一个还原剂在某 pH 下的 pE 低于图中 a 线时,则会把水还原而放出氢气。如果氧化剂在某 pH 时的 pE 在 b 线以下,或还原剂在某 pH 时的 pE 在 a 线以上,则水既不被氧化,也不被还原。所以,在水的 pE-pH 图中,a 线和 b 线以外的区域是水不稳定存在的区域,两线之间的区域是水稳定存在区域,而 b 线、a 线是水稳定存在的上、下界限。

根据下列反应平衡可作出 CO_2-CO_3^{2-}-CH_4-H_2O 体系的 pE-pH 图(图 3-20):

$$CO_2 + 8H^+ + 8e^- \rightleftharpoons CH_4 + 2H_2O \qquad pE^0 = 2.87$$

$$HCO_3^- + H^+ \rightleftharpoons CO_2 + H_2O \qquad \lg K_1 = 6.35$$

$$H^+ + CO_3^{2-} \rightleftharpoons HCO_3^- \qquad \lg K_2 = 10.33$$

由图 3-20 看出,在较高 pE 下体系以 CO_2、HCO_3^-、CO_3^{2-} 形态存在,在较低 pE 下以 CH_4 形态存在。

3. pE 与氧化剂/还原剂浓度的关系

一些氧化还原反应的氧化还原电位与氧化剂、还原剂的浓度以及 pH 有关,另一些反应只与氧化剂、还原剂的浓度有关,而与 pH 无关。pE 与氧化剂、还原剂浓度的关系可用 $\lg c$-pE 图表示。现以 Fe^{3+}-Fe^{2+}-H_2O 体系的 $\lg c$-pE 图为例加以说明(图 3-21)。当 Fe^{3+}-Fe^{2+}-H_2O 体系中溶解的总铁浓度为 1×10^{-3} mol/L 时,对于下列平衡反应:

$$Fe^{3+} + e^- \rightleftharpoons Fe^{2+}, \quad pE^0 = 13.05$$

可得

$$pE = 13.05 + \lg([Fe^{3+}]/[Fe^{2+}]) \tag{3-5}$$

当 $pE \ll pE^0$ 时,$[Fe^{3+}] \ll [Fe^{2+}]$,即

$$[Fe^{2+}] \approx 1 \times 10^{-3} \text{ mol/L}, \quad \lg[Fe^{2+}] \approx -3 \tag{3-6}$$

代入式(3-5)中,可得

$$\lg[Fe^{3+}] = pE - 16.05 \tag{3-7}$$

当 $pE \gg pE^0$ 时,$[Fe^{3+}] \gg [Fe^{2+}]$,即

$$[Fe^{3+}] \approx 1 \times 10^{-3} \text{ mol/L}, \quad \lg[Fe^{3+}] = -3 \tag{3-8}$$

代入式(3-5)中,可得

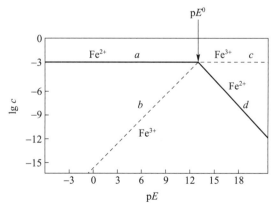

图 3-21　Fe^{3+}-Fe^{2+}-H_2O 体系的 $\lg c$-pE 图

(引自 Stumm W, Morgan J J, 1996)

$$\lg[Fe^{2+}] = 10.05 - pE \tag{3-9}$$

由式(3-6)、式(3-7)、式(3-8)和式(3-9)可得图 3-21 中 a、b、c 和 d 四条分界线。由图可知,当水体 pE 在 12 以下时,Fe^{2+} 占优势;pE 在 14 以上时,Fe^{3+} 占优势。

4. 决定电位

对于只有一个氧化还原平衡的单体系,其平衡电位就是体系的 pE。实际上体系中往往同时存在多个氧化还原平衡,它的 pE 应介于其中各个单体系的电位之间,而且接近于含量较高的单体系的氧化还原电位。如果某个单体系的含量比其他体系高得多,其氧化还原电位几乎等于混合体系的 pE,该单体系的氧化还原电位称为决定电位。

例如,有两个单体系

$$Cu^{2+} + e^- \rightleftharpoons Cu^+ \qquad pE^0_{Cu} = 5.82$$

$$Fe^{3+} + e^- \rightleftharpoons Fe^{2+} \qquad pE^0_{Fe} = 13.05$$

对于铜离子单体系,当 $[Cu^{2+}] = 10^{-5}$ mol/L、$[Cu^+] = 10^{-4}$ mol/L 时,计算可得体系氧化还原电位为

$$pE_{Cu} = pE^0_{Cu} + \lg([Cu^{2+}]/[Cu^+]) = 5.82 + \lg(10^{-5}/10^{-4}) = 4.82$$

对于铁离子单体系,当 $[Fe^{3+}] = 10^{-3}$ mol/L、$[Fe^{2+}] = 0.1$ mol/L 时,计算可得体系氧化还原电位为

$$pE_{Fe} = pE^0_{Fe} + \lg([Fe^{3+}]/[Fe^{2+}]) = 13.05 + \lg(10^{-3}/0.1) = 11.05$$

如果各取上述溶液 1 L,将其成为一个混合体系,并假定 Fe^{3+} 被 Cu^+ 还原完全,则体系的氧化还原电位取决于残留的铁离子浓度:

$$[Fe^{3+}] = (10^{-3} - 10^{-4})/2 \text{ mol/L} = 4.5 \times 10^{-4} \text{ mol/L}$$

$$[Fe^{2+}] = (10^{-1} + 10^{-4})/2 \text{ mol/L} = 5.005 \times 10^{-2} \text{ mol/L}$$

即混合体系的氧化还原电位为

$$pE_{混合} = pE_{Fe} = pE^0_{Fe} + \lg([Fe^{3+}]/[Fe^{2+}]) = 13.05 + \lg[(4.5 \times 10^{-4})/(5.005 \times 10^{-2})] = 11.00$$

由上可知,混合体系的 pE 处在铜单体系与铁单体系氧化还原电位之间,并与含量较高的铁单体系的氧化还原电位相近。

（二）典型重金属的氧化还原转化

除了上述铁离子外,氧化还原转化对水体中重金属铬的环境行为及废水中重金属铬的处理也非常重要。铬在水中通常以六价铬和三价铬形态存在,CrO_4^{2-} 和 $Cr_2O_7^{2-}$ 是六价铬的主要存在形态。还原沉淀法是目前含铬废水处理应用最为广泛的方法。其主要原理为:在酸性条件下(pH 通常为 2.5~3),还原剂使六价铬转化为三价铬,然后调节 pH 使三价铬在碱性条件下(pH 通常为 8.0~9.0)形成氢氧化物沉淀去除。常用的还原剂有铁还原剂和硫还原剂。铁还原剂主要为零价铁(Fe^0)和 Fe^{2+}。硫还原剂主要有 SO_2、SO_3^{2-}、HSO_3^- 等。以 CrO_4^{2-} 为例,它与几种还原剂间的主要氧化还原反应平衡如下:

$$CrO_4^{2-} + Fe^0 + 8H^+ \rightleftharpoons Cr^{3+} + Fe^{3+} + 4H_2O$$

$$CrO_4^{2-} + 3Fe^{2+} + 8H^+ \rightleftharpoons Cr^{3+} + 3Fe^{3+} + 4H_2O$$

$$2CrO_4^{2-} + 3SO_3^{2-} + 10H^+ \rightleftharpoons 2Cr^{3+} + 3SO_4^{2-} + 5H_2O$$

$$2CrO_4^{2-} + 3HSO_3^- + 7H^+ \rightleftharpoons 2Cr^{3+} + 3SO_4^{2-} + 5H_2O$$

$$2CrO_4^{2-} + 3SO_2 + 4H^+ \rightleftharpoons 2Cr^{3+} + 3SO_4^{2-} + 2H_2O$$

相对于硫还原剂,使用铁还原剂会导致废水后续沉淀处理的沉淀污泥中含有铁氢氧化物,不仅使得污泥量大大增加,而且会加大对铬污泥提纯回收利用的难度。因此,在实际含铬废水酸化还原沉淀处理中,常采用产生污泥量较少的硫还原剂。

(三) 无机氮化合物的氧化还原转化

水中氮元素主要以 NH_4^+ 或 NO_3^- 形态存在,在某些条件下,也会存在 NO_2^- 形态。在天然水体或水处理工艺过程中,无机氮化合物间形态的转化通常是在微生物酶的催化辅助作用下实现的。同样,可根据下列半反应绘制 NH_4^+-NO_2^--NO_3^--H_2O 体系的 pE-pH 图(图 3-22)。

$$NO_2^- + 8H^+ + 6e^- \rightleftharpoons NH_4^+ + 2H_2O \qquad pE^0 = 15.14 \qquad (3-10)$$

$$NO_3^- + 10H^+ + 8e^- \rightleftharpoons NH_4^+ + 3H_2O \qquad pE^0 = 14.90 \qquad (3-11)$$

$$NO_3^- + 2H^+ + 2e^- \rightleftharpoons NO_2^- + H_2O \qquad pE^0 = 14.15 \qquad (3-12)$$

对于式(3-12):
$$pE = 14.15 + 1/2 \lg([NO_3^-][H^+]^2/[NO_2^-])$$

当 $[NO_3^-] = [NO_2^-]$ 时,
$$pE = 14.15 - pH \qquad (3-13)$$

对于式(3-10),当 $[NO_2^-] = [NH_4^+]$ 时:
$$pE = 15.14 - 4/3 pH \qquad (3-14)$$

$$NH_4OH \rightleftharpoons NH_4^+ + OH^- \qquad K_b = 1.8 \times 10^{-5} \qquad (3-15)$$

当 $[NH_4^+] = [NH_4OH]$ 时,pH = 9.3 \qquad (3-16)

由式(3-10)及式(3-15)可得
$$pE = 13.60 - 7/6 pH + 1/6 \lg([NO_2^-]/[NH_4OH])$$

当 $[NO_2^-] = [NH_4OH]$ 时
$$pE = 13.60 - 7/6 pH \qquad (3-17)$$

由式(3-13)、式(3-14)、式(3-16)和式(3-17)可得图 3-22 中 a、b、c 和 d 四条分界线。

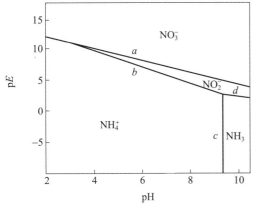

图 3-22　NH_4^+-NO_2^--NO_3^--H_2O 体系的 pE-pH 图

(引自 Manahan S E,2017)

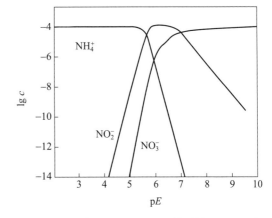

图 3-23　NH_4^+-NO_2^--NO_3^--H_2O 体系的 pE-lg c 图

(引自 Manahan S E,2017)

图 3-23 为 pH = 7 时 NH_4^+-NO_2^--NO_3^--H_2O 体系的 pE-lg$c$ 图(氮的总浓度为 1.0×10^{-4} mol/L)。从图 3-22 和图 3-23 可以看出,pH 为 5~9,pE>8 时,NO_3^- 占优势;pE<5 时,NH_4^+ 占优势。

（四）氰化物的氧化还原转化

氧化还原转化是废水中氰化物处理的重要途径。在该处理中，通常在碱性条件下加入次氯酸盐或液氯等氧化剂，使得 CN^- 氧化分解成二氧化碳和氮气。氰化物的碱性氧化处理需要分两个阶段进行。以加入氧化剂 ClO^- 为例，第一阶段为不完全氧化，即将氰离子氧化成氰酸盐：

$$CN^- + ClO^- + H_2O \Longrightarrow CNCl + 2OH^-$$

$$CNCl + 2OH^- \Longrightarrow CNO^- + Cl^- + H_2O$$

$$2CNO^- + 4H_2O \Longrightarrow 2CO_2 + 2NH_3 + 2OH^-$$

在上述反应中，CN^- 与 ClO^- 反应首先生成 CNCl，再水解成毒性较低的 CNO^-（CNO^- 的毒性为 CN^- 毒性的百分之一）。该反应速率取决于 pH、温度和有效氯浓度，pH 越高，温度越高，有效氯浓度越高，则水解的速率越快。尽管该反应生成的氰酸盐毒性低，但是 CNO^- 在酸性条件下易水解成 NH_3，会对环境造成污染。因此，需要将氰酸盐进一步氧化。

第二阶段为完全氧化阶段，即将氰酸盐进一步氧化分解成二氧化碳和氮气：

$$2CNO^- + 3ClO^- + H_2O \Longrightarrow 2CO_2 + N_2 + 3Cl^- + 2OH^-$$

该反应速率也取决于 pH，pH 越高，氧化反应的速率越慢。因此，该反应通常在 pH 中性条件下进行。通常在含氰废水处理中，第一阶段反应的 pH 控制在 11 左右，若 pH 过低，则反应速率慢，而且在水体酸性条件下可能会释放出剧毒物质 HCN；若 pH 过高，则会增加第二阶段中调节 pH 时酸的用量。第二阶段反应的 pH 控制在 $7\sim8$，若 pH 过高，则反应速率慢；若 pH 过低，则会导致 CNO^- 水解生成 NH_3。

（五）有机物的氧化还原转化

有机物的氧化反应是指在有机物分子中的脱氢或加氧的反应。例如：

$$2CH_3OH + O_2 \longrightarrow 2CH_2O + 2H_2O \qquad （脱氢氧化）$$

$$2CH_2O + O_2 \longrightarrow 2HCOOH \qquad （加氧氧化）$$

有机物通常需要含氧自由基等化学强氧化剂在合适的条件（如加热和催化等）下才可以被快速直接氧化。例如，水和废水监测中有机物污染指标 COD_{Cr} 测定就是利用强氧化剂 $K_2Cr_2O_7$ 在酸性、煮沸、银离子催化条件下反应来氧化有机物，而 COD_{Mn} 测定则是利用强氧化剂 $KMnO_4$ 在酸性煮沸或碱性煮沸条件下反应来氧化有机物。它们与有机物标准试剂邻苯二甲酸氢钾（$C_8H_5O_4K$）的氧化还原反应如下：

$$10K_2Cr_2O_7 + 2C_8H_5O_4K + 41H_2SO_4 \Longrightarrow 11K_2SO_4 + 10Cr_2(SO_4)_3 + 16CO_2 + 46H_2O$$

$$12KMnO_4 + 2C_8H_5O_4K + 19H_2SO_4 \Longrightarrow 12MnSO_4 + 7K_2SO_4 + 16CO_2 + 24H_2O$$

$$10KMnO_4 + C_8H_5O_4K + 3H_2O \Longrightarrow 11KOH + 10MnO_2 + 8CO_2$$

各类有机物均能被氧化，化学氧化是有机物降解的重要方式之一。但各类有机物氧化的难易程度差别很大，如饱和脂肪烃、含有苯环结构的芳烃、含氮的脂肪胺类化合物等不易被氧化，不饱和的烯烃和炔烃、醇及含硫化合物（如硫醇、硫醚）等比较容易被氧化，最容易被氧化的是醛、芳香胺等有机物。应当指出，只含碳、氢、氧三种元素的有机物，其氧化产物是二氧化碳和水；含氮、硫、磷的有机物氧化的最终产物中除有二氧化碳和水以外，还分别有含氮、硫或磷的化合物。有机物氧化的最终结果是转化为简单的无机物。但实际水体中有机污染物种类繁多，结构复杂，它们的氧化是有限度的，往往不能反应完全。对于天然水体中的有机物，通常是在水体微生物的帮助下进行氧化的，在有机废水处理中，也常用微生物好氧和厌氧氧化降解有机物,具体内容请参考下一节。

有机物的还原反应是指在有机物分子中的加氢或脱氧反应。例如:

$$HCHO \quad + \quad H_2 \longrightarrow CH_3OH \qquad\qquad (加氢还原)$$

$$2HCOOH \longrightarrow 2CH_2O \quad + \quad O_2 \qquad\qquad (脱氧还原)$$

有机物通常需要化学还原剂在合适的条件(如加热和催化等)下才可以快速直接还原。化学催化还原是目前废水处理中含氯有机物脱氯的常用技术,主要的催化还原剂是 Fe^0 和 Cu^0。以六六六为例,其被 Fe^0 催化还原的总反应式可表示如下:

$$C_6H_6Cl_6 \quad + \quad 3Fe^0 \longrightarrow C_6H_6 \quad + \quad 3Fe^{2+} \quad + \quad 6Cl^-$$

在该反应中,在 Fe^0 催化作用下氢离子发生电子转移,是该反应能进行的诱导因素。该反应的具体步骤可用下列方程表示:

$$Fe^0 \quad + \quad 2H^+ =\!=\!= Fe^{2+} \quad + \quad 2H^0$$

$$C_6H_6Cl_6 \quad + \quad 6H^0 =\!=\!= C_6H_6 \quad + \quad 6HCl$$

$$HCl =\!=\!= H^+ \quad + \quad Cl^-$$

氢离子反复参与了上述循环反应,直至六六六脱氯完毕。因此,在酸性条件下,氢离子浓度较高,上述反应很快。但若在中性条件下或纯丙酮介质中,由于无氢离子,所以六六六不能被还原。金属对会促进上述的还原反应。例如,在中性条件下,Fe^0 对六六六几乎无还原作用,而与 Cu^0 组成金属对以后,却能将六六六还原。金属对在该反应的过程中,很大程度上起到了微电池的作用,能促使中性水分子产生电子转移并生成 H^0。

(六) 水体电位(氧化还原电位)对污染物迁移转化的影响

1. 水体电位

天然水体中含有大量的氧化剂和还原剂,时刻进行着各种氧化还原反应,是一个复杂的氧化还原混合体系。例如,排入水体的有机物分解均属有机物的氧化还原反应;水体中的无机物也能发生氧化还原反应,如 $Cr(Ⅵ)$ 可被有机物等还原剂还原成 $Cr(Ⅲ)$。水体中常见的氧化剂有溶解氧、$Fe(Ⅲ)$、$Mn(Ⅳ)$、$S(Ⅵ)$、$Cr(Ⅵ)$、$As(Ⅴ)$ 等,常见的还原剂有各种有机物、$Fe(Ⅱ)$、$Mn(Ⅱ)$ 和 S^{2-}。这些氧化剂和还原剂的种类和数量决定了水体的氧化还原性质,其中最重要的氧化还原物质为溶解氧、有机化合物、铁、锰。同一元素的不同价态在水体中的存在形式主要取决于水体的氧化还原条件。例如,在还原条件下,硫元素主要以 S^{2-} 形态存在,而在氧化条件下主要以 SO_4^{2-} 形态存在;铁元素在还原条件下以 Fe^{2+} 形态存在,而在氧化条件下主要以 Fe^{3+} 或 $Fe(OH)_3$ 形态存在。

一般情况下,溶解氧决定水体电位。水体中的溶解氧参与绝大多数的氧化还原反应。根据水中是否存在溶解氧可把水环境分为氧化环境和还原环境。在有机物较多的缺氧水体中,有机物决定了水体电位。如水体处于上述两种状况之间,决定电位应是溶解氧体系和有机物体系电位的综合。因此,通常可将天然水体分成三类:第一类是同大气接触、富氧、pE 高的氧化性水,如河水、正常海水等;第二类是同大气隔绝、不含溶解氧,而富含有机物、pE 低的还原性水;第三类是 pE 介于第一、二类水之间,但偏向第二类的还原水,这类水基本上不含溶解氧,有机物比较丰富,如沼泽水等。

除溶解氧和有机物外,环境中分布相当普遍的变价元素铁和锰也是水体中氧化还原反应的主要参与者。在特定条件下,铁和锰可以决定水体电位。其他微量的变价元素如 Cu、Hg、Cr、V、As 等,由于含量甚微,对水体电位一般不起决定作用。但是,水体电位对它们的迁移转化有着决定性的影响。

从决定电位的体系出发,可以计算天然水体的 pE 及其范围。如水体溶解氧饱和,氧电位是决定电位。根据水的氧化反应:

$$1/4O_2 + H^+ + e^- \rightleftharpoons 1/2H_2O \qquad pE^0 = 20.75$$

$$pE = pE^0 + \lg([O_2]^{1/4}[H^+])$$

根据氧气在大气和水界面平衡的亨利定律,可以从氧气在大气中的分压及氧气的亨利常数,计算水中饱和溶解氧浓度,并计算水体的电位。

氧气在大气中的分压为 0.21 atm 时,水体电位为

$$pE = 20.58 - pH \qquad (3-18)$$

如水体呈中性(pH = 7),则 pE = 13.58,即水体呈氧化性。

当水体无溶解氧、有机物含量丰富时,有机物的电位为决定电位。在厌氧条件下,有机物分解成为 CH_4,可以通过下列半反应计算决定电位:

$$1/8CO_2 + H^+ + e^- \rightleftharpoons 1/8CH_4 + 1/4H_2O \qquad pE^0 = 2.87$$

$$pE = pE^0 + \lg([CO_2]^{1/8}[H^+]/[CH_4]^{1/8})$$

若 $[CO_2] = [CH_4]$,则水体电位为

$$pE = 2.87 - pH \qquad (3-19)$$

如水体 pH 为 7,则 pE = -4.13,即水体处于还原状态。

根据式(3-18)及式(3-19)可作天然水体的 pE-pH 图(图 3-24),图中 a 和 b 分界线分别根据式(3-18)和式(3-19)计算得到。

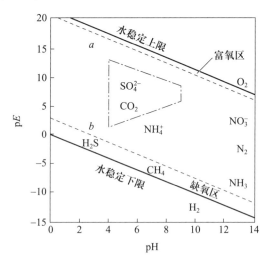

图 3-24 天然水体的 pE-pH 图

从上面的计算可以看出,天然水体的 pE 与其决定电位体系的物质含量有关。就溶解氧而言,其含量随水深而减少,致使表层水呈氧化性环境,深层水及底泥则为还原性环境。溶解氧含量随水体温度升高而降低,随水中耗氧有机物的增加而减少,并与水生生物的分布、活动有关。总之,天然水中溶解氧的分布是不均匀的,时空变化比较明显。此外,天然水体的 pE 与其 pH 有关,pE 随 pH 减小而增大。由于天然水体的 pH 有一个稳定的变化区间,大多数天然水体的 pE 及 pH 在由下列四点连成的四边形区域以内,即点 pH = 4、pE = 13.8;

pH=4、pE=1.7;pH=9、pE=9.5 和 pH=9、pE=6.5(见图 3-24 中的虚线)。其中海水 pE 为 9.5~10,pH 为 7.7~8.3;河水 pE 为 11.2~13.8,pH 为 4~7。

2. 水体氧化还原条件对污染物迁移转化的影响

水体氧化还原条件对污染物的存在形态及其迁移能力有很大的影响。对于有机物,在氧化性水中会在微生物等作用下转化为 CO_2 和 H_2O,其中含氮、硫、磷的有机物转化为硝酸根、硫酸根及磷酸根等最终产物;在还原性水体中,有机物会在微生物等作用下转化为 CH_4,其中含氯有机物还会脱氯。在氧化性水体中,含氮或硫的无机物主要以硝酸根和硫酸根形态存在;而在还原性水体中,它们主要以 NH_4^+、NO_2^-,H_2S 等形态存在。在还原性水体中,H_2S 的产生是因水缺氧,且有大量有机物和 SO_4^{2-}(或含硫有机物)存在,微生物利用 SO_4^{2-} 中的氧氧化有机物,使 SO_4^{2-} 被还原为 H_2S。反应式如下:

$$C_6H_{12}O_6 + 3Na_2SO_4 \longrightarrow 3CO_2 + 3Na_2CO_3 + 3H_2S + 3H_2O$$

在还原性水体中 H_2S 的含量有时可达 2 g/L,甚至更多。

一些重金属元素如铬、钒等在氧化条件下以易溶的铬酸盐、钒酸盐等形态存在,在水环境中迁移能力较强,而在还原条件下则以 Cr^{3+} 等形态存在,会形成难溶的化合物沉积,不易迁移。另一些重金属元素如铁、锰等在氧化条件下形成溶解度很小的高价化合物而很难迁移,但在还原性条件下则形成相对易溶的低价化合物。此外,由于在还原性水体中经常有硫化氢存在,会和大多数重金属离子形成难溶金属硫化物沉淀,能大大降低重金属离子在环境中的迁移能力。

在自然界中,氧化水体与还原水体的分界线也具有非常重要的地球化学意义。在这种分界线上由于氧化和还原条件的改变,常导致水体中污染物发生氧化还原反应,使得很多污染物形成难溶化合物并沉积下来,最终成为这些难溶化合物的富集地。例如,在还原条件占优势的地下水中含有丰富的 Fe^{2+},当其流入湖泊、河流等氧化条件占优势的地表水时,二价铁即变为三价铁化合物($Fe_2O_3 \cdot nH_2O$)从水中沉淀出来富集在沉积物中,很多湖泊由此形成"湖铁矿"。

六、配位作用

污染物特别是重金属,大部分以配合物形态存在于水体。重金属容易形成配合物的原因是重金属为过渡金属元素。过渡金属元素失去外层 s 轨道电子形成离子后,其未充满的 d 轨道仍可以接受外来电子,形成配合物或螯合物。天然水体中存在着各种各样的无机阴离子和有机阴离子,它们可作为配体与某些阳离子配合物中心体(如重金属离子)形成各种配合物或螯合物,对水体中污染物特别是重金属迁移及生物效应有很大的影响。

1. 配合物在溶液中的稳定性

配合物在溶液中的稳定性是指配合物在溶液中解离成中心原子(离子)和配体,当解离达到平衡时的解离程度,这是配合物特有的重要性质。水中金属离子可以与电子供体结合,形成一个配合物(或配离子),例如,Cd^{2+} 和 CN^- 结合形成 $CdCN^+$ 配离子:

$$Cd^{2+} + CN^- \longrightarrow CdCN^+$$

$CdCN^+$ 还可继续与 CN^- 结合逐渐形成稳定性变弱的配合物 $Cd(CN)_2$、$Cd(CN)_3^-$ 和 $Cd(CN)_4^{2-}$。CN^- 是一个单齿配体,它仅有一个位置与 Cd^{2+} 成键,形成单齿配合物。相对于单齿配体,具有不止一个配位原子的配体如乙二胺等称为多齿配体,它们能与中心原子形成环状配合物,即螯合物。一般而言,由多齿配体形成的螯合物通常比由单齿配体形成的单齿配合物稳定;金属离子等中心体的化合价越高,则其与配体形成的配合物通常也越稳定。稳定常数(K)常用来衡量配合物稳定性大小。以二价离子 Me^{2+} 为例,其与阴离子配体 X^- 的逐级配位反应可表示如下:

$$Me^{2+} + X^- \rightleftharpoons MeX^+ \qquad\qquad K_1$$

$$MeX^+ + X^- \rightleftharpoons Me(X)_2 \qquad\qquad K_2$$

$$Me(X)_2 + X^- \rightleftharpoons Me(X)_3^- \qquad\qquad K_3$$

$$Me(X)_3^- + X^- \rightleftharpoons Me(X)_4^{2-} \qquad\qquad K_4$$

$$\cdots$$

$$Me(X)_{n-1}^{3-n} + X^- \rightleftharpoons Me(X)_n^{2-n} \qquad\qquad K_n$$

式中:$K_1,K_2,\cdots,K_n$——逐级生成常数(或逐级稳定常数),其计算公式如下:

$$K_1 = [MeX^+]/([Me^{2+}][X^-])$$

$$K_2 = [Me(X)_2]/([Mex^+][X^-])$$

$$K_3 = [Me(X)_3^-]/([Me(X)_2][X^-])$$

$$K_4 = [Me(X)_4^{2-}]/([Me(X)_3^-][X^-])$$

$$\cdots$$

$$K_n = [Me(X)_n^{2-n}]/([Me(X)_{n-1}^{3-n}][X^-])$$

为方便起见,在实际计算中常以累积稳定常数 β 表示:

$$Me^{2+} + X^- \rightleftharpoons MeX^+ \qquad\qquad \beta_1 = K_1$$

$$Me^{2+} + 2X^- \rightleftharpoons Me(X)_2 \qquad\qquad \beta_2 = K_1 K_2$$

$$Me^{2+} + 3X^- \rightleftharpoons Me(X)_3^- \qquad\qquad \beta_3 = K_1 K_2 K_3$$

$$Me^{2+} + 4X^- \rightleftharpoons Me(X)_4^{2-} \qquad\qquad \beta_4 = K_1 K_2 K_3 K_4$$

$$\cdots$$

$$Me^{2+} + nX^- \rightleftharpoons Me(X)_n^{2-n} \qquad\qquad \beta_n = K_1 K_2 K_3 K_4 \cdots K_n$$

式中:β_1、β_2、$\cdots$、β_n——累积生成常数(或累积稳定常数)。

K_n 或 β_n 越大,配离子越难解离,配合物也愈稳定。因此,从稳定常数可以算出溶液中各级配离子的平衡浓度。

各种配合物占金属总量的百分数(形态分布系数,以 ψ 表示)与累积稳定常数、各级配位反应后的配离子平衡浓度间有以下关系:

$$\psi_0 = [Me^{2+}]/[Me]_{总} = 1/\alpha$$

$$\psi_1 = [Me(X)^+]/[Me]_{总} = \beta_1[Me^{2+}][X^-]/([Me^{2+}] \cdot \alpha) = \psi_0 \beta_1 [X^-]$$

$$\psi_2 = [Me(X)_2]/[Me]_{总} = \psi_0 \beta_2 [X^-]^2$$

$$\cdots$$

$$\psi_n = [Me(X)_n^{n-2}]/[Me]_{总} = \psi_0 \beta_n [X^-]^n$$

式中:$\alpha = 1 + \beta_1[X^-] + \beta_2[X^-]^2 + \cdots + \beta_n[X^-]^n$。

2. 无机配体对重金属离子的配位作用

天然水体中常见的无机配体有 OH^-、Cl^-、CO_3^{2-}、HCO_3^-、SO_4^{2-}、F^-、S^{2-} 和 PO_4^{3-}。它们(除 S^{2-} 外)均属于路易斯(Lewis)硬碱,易取代水合重金属离子中的配体水分子,与水合重金属离子等硬酸发生配位反应。如 OH^- 在水溶液中将优先与某些作为中心原子的硬酸(如

Fe^{3+}、Mn^{2+}等)结合,形成羧基配离子或氢氧化物沉淀。S^{2-}也会和重金属如 Hg^{2+}、Ag^+等形成多硫配离子或硫化物沉淀。大多数重金属在水体中很少以简单离子形式存在,而主要以各种配离子形式存在。如在富氧的淡水中,汞主要以 $Hg(OH)_2$ 和 $HgCl_2$ 的形式存在;海水中锌、铅主要以 $Zn(OH)_2$、$Pb(OH)^+$ 形式存在,而镉的主要存在形式为 $CdCl_2$ 和 $CdCl_3^-$ 等。

近年来,在环境化学研究中,人们特别注意羟基和氯离子的配位反应,认为这两者是影响重金属难溶盐类溶解度的重要因素,能大大促进重金属在环境中的迁移。重金属难溶盐类的羟基配位过程实际上就是其水解过程,关于这个过程的说明请参考本节水解作用部分。下面重点介绍氯离子对重金属离子的配位反应。氯离子是天然水体中最常见的阴离子之一,被认为是较稳定的配合剂,它与金属离子(以 Me^{2+} 为例)的反应主要有:

$$Me^{2+} + Cl^- \rightleftharpoons MeCl^+$$
$$Me^{2+} + 2Cl^- \rightleftharpoons MeCl_2$$
$$Me^{2+} + 3Cl^- \rightleftharpoons MeCl_3^-$$
$$Me^{2+} + 4Cl^- \rightleftharpoons MeCl_4^{2-}$$

氯离子与重金属配位反应的程度取决于 Cl^- 的浓度及重金属离子对 Cl^- 的亲和力。Cl^- 对 Hg^{2+} 的亲和力最强,不同配位数的氯汞配离子都可以在较低的 Cl^- 浓度下生成。根据 Hahne 等 (1973 年)的计算,当 Cl^- 浓度仅为 10^{-9} mol/L(3.5×10^{-5} μg/mL)时,开始生成 $HgCl^+$;当 $[Cl^-] > 10^{-7}$ mol/L(3.5×10^{-3} μg/mL)时生成 $HgCl_2$;当 $[Cl^-] > 10^{-2}$ mol/L(350 μg/mL)时便生成 $HgCl_3^-$ 与 $HgCl_4^{2-}$。而 Zn、Cd、Pb 的情况则不同,它们必须在较高 Cl^- 浓度下,才能生成氯配离子,如当 $[Cl^-] > 10^{-3}$ mol/L(35 μg/mL)时,Zn^{2+}、Cd^{2+}、Pb^{2+} 与 Cl^- 生成 $MeCl^+$ 型配离子;当 $[Cl^-] > 0.1$ mol/L($3\,500$ μg/mL)时,则生成 $MeCl_3^-$ 与 $MeCl_4^{2-}$。氯离子对上述 4 种重金属配位能力的顺序为 Hg>Cd>Zn>Pb。

根据 Cl^- 与重金属离子的配位反应逐级稳定常数 K 或累积稳定常数 β,可以计算得到不同 pH 条件下与 Cl^- 配位的金属占金属总量的百分数,即形态分布系数(ψ)。例如,Cl^- 与 Cd^{2+} 的配位反应具体步骤中主要产生以下几种形态:

$$Cd^{2+} + Cl^- \rightleftharpoons CdCl^+ \qquad K_1 = 34.7, \beta_1 = K_1 = 34.7$$
$$CdCl^+ + Cl^- \rightleftharpoons CdCl_2 \qquad K_2 = 4.57, \beta_2 = K_1 K_2 = 158$$
$$CdCl_2 + Cl^- \rightleftharpoons CdCl_3^- \qquad \beta_3 = 200$$
$$CdCl_3^- + Cl^- \rightleftharpoons CdCl_4^{2-} \qquad \beta_4 = 40.0$$

各级 Cd^{2+} 的配合物占金属总量的形态分布系数(ψ)与累积稳定常数、各级配位反应后的氯离子平衡浓度 $[Cl^-]$ 有以下关系:

$$\psi_0 = [Cd^{2+}]/[Cd]_T = 1/\alpha = 1/\{1 + \beta_1[Cl^-] + \beta_2[Cl^-]^2 + \beta_3[Cl^-]^3 + \beta_4[Cl^-]^4\}$$
$$\psi_1 = \psi_0 \beta_1[Cl^-]$$
$$\psi_2 = \psi_0 \beta_2[Cl^-]^2$$
$$\psi_3 = \psi_0 \beta_3[Cl^-]^3$$
$$\psi_2 = \psi_0 \beta_4[Cl^-]^4$$

在不考虑其他配离子与 Cd^{2+} 的配位反应情况下,根据上述公式计算得到了 Cd^{2+} 与 Cl^- 配位的形态分布图(图 3-25),即 Cd^{2+} 配合物形态分布系数(ψ)与氯离子平衡浓度负对数 p$[Cl^-]$ 的关系图。

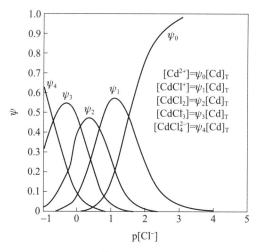

图 3-25 Cd^{2+}-Cl^- 配位的形态分布

通常水体中 OH^- 和 Cl^- 往往是同时存在的,它们在对重金属离子配位时会发生竞争。对于 Zn^{2+}、Cd^{2+}、Hg^{2+}、Pb^{2+} 等离子,除形成氯配离子外,还可形成 $Zn(OH)_2$、$Cd(OH)^+$、$Hg(OH)_2$、$HgOH^+$、$PbOH^+$ 羟基配合物。Hahne 等(1973 年)的研究表明,在 pH 为 8.5,Cl^- 浓度为 $3.5 \sim 60~\mu g/mL$ 时,Hg^{2+} 和 Cd^{2+} 主要与氯离子配位,而 Zn^{2+}、Pb^{2+} 主要与羟基配位。如在含有 $20~\mu g/mL~Cl^-$ 的海水中,Zn^{2+} 和 Pb^{2+} 主要以 $Zn(OH)_2$ 和 $PbOH^+$ 形态存在,而 Cd^{2+} 和 Hg^{2+} 主要以 $CdCl_2$ 和 $HgCl_3^-$、$HgCl_4^{2-}$ 形态存在,同时还会形成 $HgOHCl$、$CdOHCl$ 等复杂配离子。在大多数陆地水体的 pH 范围(6.5 $\sim$ 8.5)和可能的氯离子浓度范围内,Hg(II)主要以 $Hg(OH)_2$、$HgOHCl$、$HgCl_2$ 形态存在。例如,彭安等人的研究表明,当水体 pH 为 8.3、Cl^- 浓度为 0.02 mol/L 时,Hg(II)的各种配合物的形态分布系数为 $Hg(OH)_2$:56.8%,$HgOHCl$:29.8%,$HgCl_2$:10.6%。

氯离子的配位反应可以提高重金属的迁移能力,主要表现为:① 大大提高了难溶重金属化合物的溶解度,例如,当 Cl^- 浓度为 10^{-4} mol/L 时,可将 $Hg(OH)_2$ 和 HgS 的溶解度分别增加 55 倍和 408 倍,而 1 mol/L 的 Cl^- 可将 Zn^{2+}、Cd^{2+}、Pb^{2+} 的溶解度增加 2 $\sim$ 77 倍,将氢氧化汞和硫化汞的溶解度分别增加 10^5 倍和 3.6×10^7 倍;② 氯与重金属配离子的生成会减弱胶体对重金属离子的吸附作用,如当 $[Cl^-] > 10^{-3}$ mol/L 时,无机胶体对汞的吸附作用显著减弱。

3. 有机配体与重金属离子的配位作用

有机配体种类多样、结构复杂。天然水体中的有机配体包括动植物组织的天然降解产物,如氨基酸、糖、腐殖质,以及生活污水中的洗涤剂、清洁剂、EDTA、农药和大分子环状化合物等。它们能与重金属离子生成一系列稳定的可溶性或不溶性的螯合物。腐殖质是天然水体中最重要的有机配体(螯合剂)。河水中腐殖质的平均含量为 10 $\sim$ 50 mg/L,底泥中腐殖质含量更为丰富,约占底泥的 1% $\sim$ 3%。腐殖质在结构上的显著特点是除含有大量苯环外,还含有大量羧基、醇羟基和酚羟基。腐殖质等有机物通常通过这些官能团能与重金属产生配位作用。腐殖质与重金属离子生成配合物是它们最重要的环境性质之一。

腐殖质中能起配位反应的基团主要是分子侧链上的多种含氧官能团,如羧基、羟基、羰基和氨基等。当羧基的邻位有酚羟基,或两个羧基相邻时,对螯合作用特别有利。腐殖质与环境中重金属离子之间的配位、螯合反应主要形式示意如下:

（1）重金属离子与腐殖质中的一个羧基形成配合物：

$$\underset{\text{Hum}}{\text{C}}{-}\text{OH} \;+\; \text{Me}^{2+} \longrightarrow \underset{\text{Hum}}{\text{C}}{-}\text{O}{-}\text{Me}^{+} \;+\; \text{H}^{+}$$

（2）重金属离子在腐殖质中的两个羧基间螯合：

$$\text{Hum} \Big\langle \begin{array}{c} \text{C}{-}\text{OH} \\ \text{C}{-}\text{OH} \end{array} \;+\; \text{Me}^{2+} \longrightarrow \text{Hum} \Big\langle \begin{array}{c} \text{C}{-}\text{O} \\ \;\;\;\;\text{Me} \\ \text{C}{-}\text{O} \end{array} \;+\; 2\text{H}^{+}$$

（3）重金属离子在腐殖质中的羧基及羟基间螯合成键：

$$\text{Hum} \Big\langle \begin{array}{c} \text{C}{-}\text{OH} \\ \text{OH} \end{array} \;+\; \text{Me}^{2+} \longrightarrow \text{Hum} \Big\langle \begin{array}{c} \text{C}{-}\text{O} \\ \;\;\;\;\text{Me} \\ \text{O} \end{array} \;+\; 2\text{H}^{+}$$

　　研究表明，重金属在天然水体中主要以腐殖质的螯合物形式存在。如北美洲大湖湖水中几乎没有游离的 Cd^{2+}、Pb^{2+}、Cu^{2+}，它们以腐殖质螯合物的形式存在。水体中几乎所有的金属离子都能与腐殖质形成螯合物，但各种离子螯合物的稳定性有较大的差异。腐殖质对金属离子的螯合作用与它们的浓度有关。在天然水体中，重金属和腐殖质的浓度均很低，一般形成 1:1 螯合物，有时也形成 1:2 螯合物。腐殖质对金属离子的螯合作用有较强的选择性，如湖泊腐殖质对金属离子的螯合能力顺序为：$Hg^{2+}>Cu^{2+}>Ni^{2+}>Zn^{2+}>Co^{2+}>Cd^{2+}>Mn^{2+}$。腐殖质对金属离子的螯合能力与其来源有关，如底泥腐殖质对金属离子的螯合能力为：Fe^{2+}、$Cu^{2+}>Zn^{2+}>Ni^{2+}>Cd^{2+}$；而海水腐殖质对金属离子的螯合能力为：$Hg^{2+}>Cu^{2+}>Ni^{2+}>Zn^{2+}>Co^{2+}>Mn^{2+}\approx Cd^{2+}>Ca^{2+}>Mg^{2+}$。同一来源的腐殖质，螯合能力与其成分有关，一般情况下，分子量较小的腐殖质对金属离子有较强的螯合能力，如富里酸>棕腐酸>黑腐酸。腐殖质的螯合能力还与水体 pH 有关，体系 pH 较低时，螯合能力较弱。另外，水体中 Ca^{2+}、Mg^{2+}、Cl^{-} 等离子的含量对腐殖质的螯合作用有一定的影响，各种阳离子如 Ca^{2+}、Mg^{2+} 也要参与腐殖质的螯合竞争，而阴离子如 Cl^{-} 则和腐殖质一起参加与金属离子的竞争。例如，湖水中 Hg^{2+}、Cu^{2+} 与腐殖质形成的螯合物很稳定；而海水中腐殖质主要与 Ca^{2+}、Mg^{2+} 起作用，由于 Cl^{-} 含量高，Hg^{2+} 主要以 $HgCl_{3}^{-}$、$HgCl_{4}^{2-}$ 的形式存在，Cu^{2+} 仍可以腐殖质螯合物的形式存在，但浓度很低。

　　腐殖质的螯合（配位）作用对重金属离子的迁移转化有重要的影响，这取决于所形成的螯合物（或配合物）在水中的溶解度。如重金属离子与腐殖质形成难溶螯合物，将降低重金属离子的迁移能力；如形成易溶螯合物，则促进重金属离子的迁移。一般在腐殖质成分中，腐黑物、腐殖酸与金属离子形成的螯合物的溶解度较小，如腐殖酸与铁、锰、锌等离子结合形成难溶的沉淀物。而富里酸与重金属离子的螯合物一般是易溶的。重金属离子与富里酸的浓度比值，对螯合物的溶解度也有很大的影响,如当 Fe^{3+} 与富里酸的浓度比为 $1:1$ 时,形成可溶性螯合物,而浓度比为 $1:6$ 时,则形成难溶螯合物。重金属与腐殖质形成的螯合物的溶解性还与水体 pH 有密切关系。通常腐黑物与重金属离子形成的螯合物,在酸性水中溶解度最小;而富里酸与重金属离子形成的螯合物在接近中性的水中溶解度最小(图 3-26)。总的来说,腐殖酸将重金属离子更多地富集在水体底泥中,而富里酸则把更多的重金属保持在水相中。

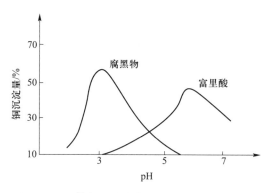

图 3-26 Cu^{2+} 腐殖质螯合物溶解度与 pH 的关系

4. 有机配体与无机阴离子的配位作用

1970 年以来,由于饮用水中致癌物质(三卤甲烷)的发现,腐殖质对无机阴离子的配位作用引起了特别的关注。一般认为,饮用水中三卤甲烷(THMS)是在氯消毒过程中,氯离子与腐殖质间发生配位作用形成的。现在,人们也开始注意腐殖质与其他无机阴离子如 NO_3^-、SO_4^{2-}、PO_4^{3-} 等的配位作用。但是,关于环境中有机配体与无机阴离子的配位作用至今仍在研究探讨中,对很多现象仍不能很好解释,也没有清晰的结论。除重金属离子和无机阴离子外,腐殖质也可与其他有机物形成配合物,如邻苯二甲酸二烷基酯能与腐殖酸形成水溶性配合物。因此,水体中各种阳离子和阴离子间存在着复杂的配位反应。

七、水解作用

1. 重金属离子的水解

重金属离子的水解反应实际上是氢氧根离子对重金属的配位作用。重金属离子与碱金属、碱土金属离子不同,它们大多数都有较高的离子电位和较小的离子半径,对 OH^- 的吸引力与对 H^+ 的吸引力相当,可以吸引 OH^- 并发生水解。这种水解反应能在较低的 pH 下进行,且随着 pH 的升高而增强。在水解过程中,H^+ 离开水合重金属离子的配位水分子。以二价离子为例,其水解反应通式如下:

$$Me(H_2O)_n^{2+}\ +\ H_2O \rightleftharpoons Me(H_2O)_{n-1}OH^+\ +\ H_3O^+$$

氢氧根离子与其配位水解反应具体步骤中主要产生以下几种形态:

$$Me^{2+}\ +\ OH^- \rightleftharpoons MeOH^+ \qquad\qquad K_1$$

$$MeOH^+\ +\ OH^- \rightleftharpoons Me(OH)_2 \qquad\qquad K_2$$

$$Me(OH)_2\ +\ OH^- \rightleftharpoons Me(OH)_3^- \qquad\qquad K_3$$

$$Me(OH)_3^-\ +\ OH^- \rightleftharpoons Me(OH)_4^{2-} \qquad\qquad K_4$$

式中:K——反应平衡常数,常称生成常数。

其中 $K_1 = [\text{MeOH}^+]/([\text{Me}^{2+}][\text{OH}^-])$，$K_2$、$K_3$ 和 K_4 的计算式依次类推。为方便起见，在实际计算中常以累积稳定常数 β 表示：

$$\text{Me}^{2+} + \text{OH}^- \rightleftharpoons \text{MeOH}^+ \qquad\qquad \beta_1 = K_1$$

$$\text{Me}^{2+} + 2\text{OH}^- \rightleftharpoons \text{Me(OH)}_2 \qquad\qquad \beta_2 = K_1 K_2$$

$$\text{Me}^{2+} + 3\text{OH}^- \rightleftharpoons \text{Me(OH)}_3^- \qquad\qquad \beta_3 = K_1 K_2 K_3$$

$$\text{Me}^{2+} + 4\text{OH}^- \rightleftharpoons \text{Me(OH)}_4^{2-} \qquad\qquad \beta_4 = K_1 K_2 K_3 K_4$$

若各种氢氧根离子配合物占金属总量的百分数（形态分布系数）以 ψ 表示，它与累积稳定常数、OH^- 浓度间有以下关系：

$$\psi_0 = [\text{Me}^{2+}]/[\text{Me}]_{\text{总}} = 1/\alpha$$

$$\psi_1 = [\text{Me(OH)}^+]/[\text{Me}]_{\text{总}} = \beta_1[\text{Me}^{2+}][\text{OH}^-]/([\text{Me}^{2+}] \cdot \alpha) = \psi_0\beta_1[\text{OH}^-]$$

$$\psi_2 = [\text{Me(OH)}_2]/[\text{Me}]_{\text{总}} = \psi_0\beta_2[\text{OH}^-]^2$$

$$\dots$$

$$\Psi_4 = [\text{Me(OH)}_4^{2-}]/[\text{Me}]_{\text{总}} = \psi_0\beta_4[\text{OH}^-]^4$$

式中：$\alpha = 1 + \beta_1[\text{OH}^-] + \beta_2[\text{OH}^-]^2 + \beta_3[\text{OH}^-]^3 + \beta_4[\text{OH}^-]^4$。

在一定温度下 β_1、β_2、β_3、β_4 为定值，形态分布系数仅是 pH 的函数，它们之间的关系可用形态分布系数图表示。图 3-27 至图 3-30 分别是 Hg^{2+}、Cd^{2+}、Pb^{2+}、Zn^{2+} 的形态分布系数图。Hahne 和 Kroontje 等研究表明，当无其他离子存在时，上述四种离子各级水解产物的生成与 pH 的关系如下：① Hg^{2+} 在 pH 为 2~6 时水解，在 pH 为 2.2~3.8 时 HgOH^+ 占优势，至 pH 为 6 时生成 Hg(OH)_2；② Cd^{2+} 在 pH<8 时基本上以 Cd^{2+} 离子形态存在，pH 为 8 时开始形成 Cd(OH)^+，pH 约为 10 时 Cd(OH)^+ 达到峰值，pH 分别为 11、12 时 Cd(OH)_2、Cd(OH)_3^- 分别达到峰值，当 pH>13 时 Cd(OH)_4^{2-} 占优势；③ Pb 在 pH<6 时为简单离子，pH 为 6~10 时 Pb(OH)^+ 占优势，pH>9 时开始生成 Pb(OH)_2，pH>12 时 Pb(OH)_4^{2-} 占优势；④ Zn^{2+} 在 pH<6 时为简单离子，pH 为 7 时有微量 Zn(OH)^+ 生成，pH 为 8~10 时 Zn(OH)_2 占优势，pH>11 时生成 Zn(OH)_3^-、Zn(OH)_4^{2-}。OH^- 与

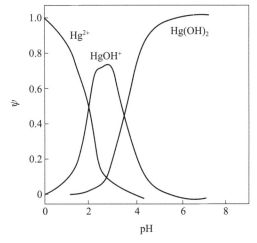

图 3-27　Hg^{2+} 的形态分布系数图
（引自陈静生，1987）

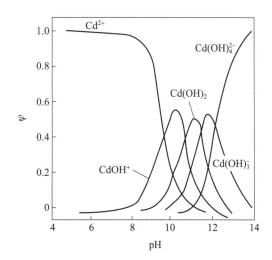

图 3-28　Cd^{2+} 的形态分布系数图
（引自陈静生，1987）

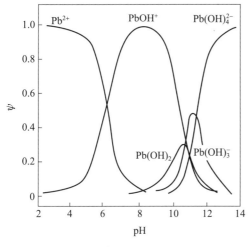

图 3-29 Pb^{2+} 的形态分布系数图

（引自陈静生,1987）

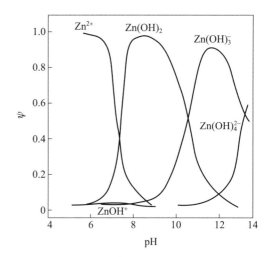

图 3-30 Zn^{2+} 的形态分布系数图

（引自陈静生,1987）

重金属离子的配位反应可大大提高某些重金属氢氧化物的溶解度。例如,Zn^{2+} 和 Hg^{2+} 在纯水中的溶解度分别为 $0.816~\mu g/mL$ 和 $0.039~\mu g/mL$;当生成 $Zn(OH)_2$ 与 $Hg(OH)_2$ 等配合物时,水中 Zn^{2+} 和 Hg^{2+} 的总溶解度分别达 $160~\mu g/mL$ 和 $107~\mu g/mL$（表 3-15）。

表 3-15 Zn、Cd、Hg、Pb 氢氧化物的溶解度

化合物	按溶度积计算时的溶解度		包含有 OH^- 配离子时的溶解度	
	mol/L	μg/mL	mol/L	μg/mL
$Zn(OH)_2$	2.146×10^{-5}	816×10^{-3}	1.227×10^{-3}	160
$Cd(OH)_2$	0.958×10^{-5}	384×10^{-2}	0.706×10^{-6}	0.158
$Hg(OH)_2$	0.981×10^{-7}	393×10^{-4}	2.685×10^{-4}	107
$Pb(OH)_2$	1.076×10^{-9}	431×10^{-6}	1.146×10^{-9}	474×10^{-6}

（引自 Hahne H C H,Kroontje W,1973）

2. 有机物的水解

水解作用是有机物与水之间最重要的反应。在反应中,有机物的官能团 X^- 和水中的 OH^- 发生交换,整个反应可表示为

$$R—X \ + \ H_2O \longrightarrow ROH \ + \ HX$$

对于许多有机物来说,水解作用是其在环境中消失的重要途径。在环境条件下,一般酯类物质容易水解,饱和卤代烃也能在碱催化下水解,不饱和卤代烃和芳烃则不易发生水解。酯类和饱和卤代烃水解反应的通式如下:

酯类:$RCOOR' \ + \ H_2O \longrightarrow RCOOH \ + \ R'OH$

饱和卤代烃:$R_1R_2R_3C—X \ + \ H_2O \longrightarrow R_1R_2R_3C—OH \ + \ HX$

有机物水解可以产生一个或多个反应中间体和产物。这些中间体和产物与原有机物的

结构及性质有很大的差异。水解产物一般比原有机物更易被生物降解(除极少数例子外)，但水解产物的毒性和挥发性则不总是低于原有机物，很多时候甚至会高于原有机物。例如，有机农药 2,4-D 酯类的水解就生成了毒性更大的 2,4-D 酸。

通常水中有机物的水解是一级反应，即有机物 RX 的消耗速率与其浓度[RX]成正比:

$$-d[RX]/dt = k_h[RX]$$

式中: k_h——水解反应速率常数。

在温度、pH 等反应条件不变的情况下，可推出有机物水解的半衰期: $t_{1/2} = 0.693/k_h$。但是，通常情况下水解速率会明显受 pH 的影响。Mabey 等把水解速率归纳为由酸性催化、碱性催化和中性过程决定，因而水解速率 R_h 可表示为

$$R_h = k_h[RX] = (k_A[H^+] + k_N + k_B[OH^-])[RX]$$

式中: k_A、k_B、k_N——酸性催化、碱性催化和中性过程的水解反应速率常数，可从实验求得;

$\quad\quad k_h$——在某一 pH 下准一级水解反应速率常数，又可写为

$$k_h = k_A[H^+] + k_N + k_B K_w/[H^+]$$

式中: K_w——水的离子积常数。

因此，改变 pH 可通过上述计算求得一系列 k_h。羧酸酯水解反应速率常数 k_h 与 pH 的关系如图 3-31 所示:当水体 pH 超过点 I_{nb} 所对应的 pH 时，羧酸酯的水解以碱性催化为主;当 pH 低于点 I_{an} 所对应的 pH 时，羧酸酯的水解以酸性催化为主;而当水体 pH 在 I_{an} 和 I_{nb} 两点所对应的 pH 之间时，羧酸酯以中性水解为主，其速率最慢。

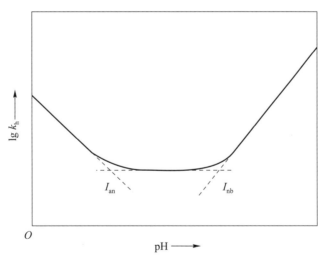

图 3-31　羧酸酯 $\lg k_h$ 与 pH 关系

在水中悬浮物、底泥的吸附作用下，某些有机物的水解速率会加快，该现象称为水解的吸附催化。例如，除草剂阿特拉津在底泥的吸附作用下可以缓慢地水解生成羟基阿特拉津(图 3-32)。如果考虑吸附作用的影响，则水解反应速率常数(k_h)可写为

$$k_h = k_N + a_w(k_A[H^+] + k_B[OH^-])$$

式中: a_w——有机物溶解态的分数。

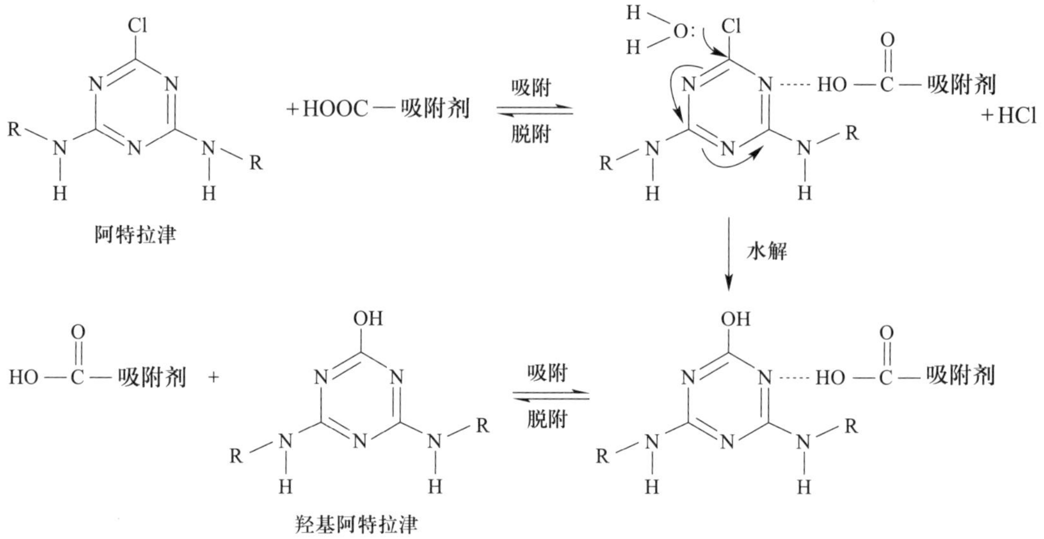

图 3-32   阿特拉津的吸附催化水解过程
(引自朱利中,张建英,1999)

八、有机物的光化学降解

光化学反应,就是在光的作用下进行的化学反应。光化学反应需要分子吸收特定波长的辐射,受激产生激发态分子或者变成引发热反应的中间化学产物后才会发生。自然环境中的光能量特别是紫外线($\lambda < 400$ nm),它们极易被有机污染物或活性物质吸收,使有机物分子受激产生激发态分子,或引发活性物质产生强氧化性氧自由基,导致有机物发生强烈的光化学反应,使有机物发生分解。实验证明,DDT、2,4-D、辛硫磷、三硝基甲苯、苯并[a]蒽(BaA)、多环芳烃等均可发生光化学降解(光解)。光解作用是有机污染物真正的分解过程,因为它不可逆地改变了分子的结构,强烈地影响水环境中某些有机污染物的归趋。一个有毒物质光解的产物可能还是有毒的。例如,DDT 光解产生的 DDE 在环境中滞留时间比DDT 还长。

有机物光解可分为直接光解、敏化光解和光催化氧化降解三种类型。直接光解是指有机物本身直接吸收了太阳能而进行分解反应。含有不饱和键或者苯环结构的物质对紫外线及可见光的照射最敏感,容易发生直接光解。例如,间位取代的卤代苯系物在水中很容易发生直接光解,该类物质首先吸收光能,然后在碳卤键位置发生断裂,发生光激发的水解反应,转化为溶解度较高、易降解的羟基衍生物如苯酚等。敏化光解又称间接光解,是指水体中存在的天然光敏物质(如腐殖质等)被阳光激发,又将其激发态的能量转移给其他有机物而导致其分解的反应。环境中存在着许多天然的光敏剂,对有机物的光解起着重要的作用。例如,2,5-二甲基呋喃就是一种可被敏化光解的化合物。它在蒸馏水中暴露于阳光下没有反应,但是它在含有天然腐殖质的水中降解很快,这是由于 2,5-二甲基呋喃自身不能吸收太阳光能,而腐殖质则可以强烈地吸收波长小于 500 nm 的光,并将部分光能转移给它,从而引起它的光解反应。又如,叶绿素是植物光合作用的光敏剂,它能吸收阳光中的可见光,并将

光能传递给水和 CO_2 来合成糖类和氧气。光催化氧化降解是指某些天然活性物质(光催化剂)由于光照后产生了强氧化性中间体,这些中间体能将化合物氧化分解的反应。在水环境中所常见的强氧化性中间体有单线态氧($^1O_2$)、烷基过氧自由基($RO_2\cdot$)、烷氧自由基($RO\cdot$)或羟基自由基($\cdot OH$)。因此,在有机废水处理技术中,人们常通过加入 O_3、H_2O_2、Fe^{3+} 等氧化剂或 TiO_2、ZnO、CdS、WO_3 和 Fe_2O_3 等半导体光催化剂来强化有机污染物的光解。在光催化氧化反应中,紫外线可促使 O_3 和 H_2O_2 等氧化剂分解产生强氧化性的 $^1O_2$ 和 $\cdot OH$ 等自由基,也可促使 Fe^{3+} 转化为 Fe^{2+} 过程中产生强氧化性的自由基。例如,在高浓度、难降解有毒有机废水的 UV/Fenton 催化氧化处理中,紫外线不仅可促使 Fenton 试剂(Fe^{2+} 和 H_2O_2 的混合体系)中 H_2O_2 分解产生更多强氧化性自由基,从而增强 Fenton 试剂对有机物的氧化能力,而且会促使 Fe^{2+} 转化为 Fe^{3+},进一步使 Fe^{3+} 在转化为 Fe^{2+} 过程中产生强氧化性的自由基。因此,在紫外线辅助下,可以减少 Fenton 试剂中 H_2O_2 的用量,并增加有机物分解效率和矿化度。对 TiO_2 等半导体光催化剂,主要通过促使催化剂表面发生电子跃迁,从而产生强氧化性的 $^1O_2$ 和 $\cdot OH$ 等自由基。天然水体中主要的光催化剂为溶解氧。例如,在水中含有溶解氧时,BaA 能在阳光或紫外线作用下被催化氧化,而若水中没有溶解氧,光照不能使 BaA 发生变化。

影响水体中有机物进行光化学反应的因素除物质的分子结构外,还包括水体对光的吸收效率、光量子产率、吸收光波长及光照条件(光强和时间)、环境条件等。根据光化学第一定律(Grotthuss-Draper Law),只有能吸收光照(以光子的形式)能量的那些分子才会直接发生光化学转化,即直接发生光化学反应的前提条件是水体污染物的吸收光谱能与太阳光谱在水环境中可利用的部分相匹配。因此,水体对光的吸收作用是水中有机物光解的先决条件。当太阳光射到水体表面,有一部分以与入射角相等的角度反射回大气,从而减少水中光的可利用性。一般情况下,这部分反射光的比例小于 10%。此外,进入水体后的光会受水中颗粒物、可溶性物质和水本身散射作用而发生折射,改变光线的方向,从而影响光化学反应。因此,物质在水体表层容易发生光化学反应,在离水面几米的深处,光化学反应可能很缓慢。光化学反应也受光量子产率影响。虽然所有光化学反应都能吸收光子,但是并不是每一个被吸收的光子均诱发产生化学反应。被吸收的光子还可能产生电子跃迁等光物理过程。因此,光解速率只正比于单位时间所吸收的光子数,而不是正比于所吸收的总能量。环境条件也影响光量子产率,例如,分子氧在一些光化学反应中会减少光量子产率,在另外一些情况下,它不仅影响光化学反应甚至可能参加光化学反应。因此,进行光解反应速率常数和光量子产率的测量时需要说明水体中分子氧的浓度。有机物光解对吸收光的波长有很强的选择性。对于大部分有机物而言,紫外线对有机物的光解作用往往比可见光有效。有机物的光解效率和速率通常随光强的增加而增加。太阳辐射到水体表面的光强,一方面会随波长而变化,特别是近紫外区光强变化很大;另一方面会随太阳辐射高度角的降低而降低。悬浮物不仅会使水体中的光线发生散射,而且可以增加光的衰减,从而影响有机物的光解速率。此外,悬浮物还会改变吸附态物质的活性,并影响光解速率。

第四节　水体中污染物的生物化学迁移转化

除了物理化学过程,生物化学过程也是水体中污染物迁移转化的重要过程。生物化学过程贯穿在生物生长、新陈代谢和死亡等生命过程中。通过生物化学过程,水体中污染物可以在生物体内富集并沿食物链迁移造成污染物的扩散和累积,威胁人体健康和生态安全;也可以被生物转化为毒性更低或更高的产物。由于生物可以将水体污染物转化为低毒或无毒产物,水处理工程中常用培养微生物和种植水生植物等生物技术来处理污(废)水及天然水体中的污染物。

一、水体污染物的生物化学过程

水体污染物的生物化学过程包括生物转运和生物转化,其中生物转运包括吸收、分布和排泄三个过程,生物转化主要有氧化、还原、水解和结合四种反应类型。下面对污染物生物化学过程的基本概念先做一些简单介绍,详细内容请参考第五章——污染物的生物及生态效应。

污染物的生物吸收是指污染物从生物体外环境通过各种途径进入生物体的过程,是污染物进入生物体的途径,通常包括主动吸收和被动吸收两个过程。主动吸收又称代谢吸收或主动运输,是生物体(细胞)利用其特有的代谢作用所产生的能量做功,而使物质逆浓度梯度进入生物体内的过程。生物体在呼吸、摄食等过程摄取水分、食物和营养物质等生命活动的必需物质时,分布在这些物质中的污染物会被主动吸收进入生物体内。通过主动吸收,生物体可以将外界环境中的低浓度污染物吸收并富集累积,导致生物体内的污染物浓度升高。水生生物将水体污染物吸收并成百甚至数千万倍地浓缩,就是依靠主动吸收。被动吸收又称物理吸收或非代谢吸收,是污染物依靠其在生物体(细胞)内外的浓度差,通过扩散作用或其他物理过程而进入生物体内的过程。在这种情况下,污染物分子或离子不需要能量供应,可以直接从浓度高的外液流向浓度低的细胞内,直到浓度相等为止。主动吸收和被动吸收的区别有两点:主动运输需要能量和载体,可以逆浓度梯度运输;被动吸收不需要消耗能量,且都是顺浓度梯度运输,即靠渗透压来运输。现有的研究表明,只有溶解在溶液(通常为水或生物体液)中的污染物才能被生物吸收。污染物的生物分布是指被吸收进入生物体的污染物及其代谢转化产物,由于扩散或生物体体液流动,被转运分散至生物体各部位组织和细胞的过程。污染物的生物排泄是指进入生物体的污染物及其代谢转化产物被机体清除的过程。

污染物的生物转化是指污染物在生物体内与生物体内物质(如蛋白质等)结合或在生物体内物质(如酶等)的作用下发生分子结构变化形成其他物质甚至生物体自身组织的过程。生物转化是生物体对外源污染物处置的重要环节,是生物体抵抗污染物毒害作用并维持正常生理状态的主要机理。污染物经过生物转化可能形成比母体毒性更低甚至无毒的产物,如有机物可以被生物转化为 CO_2 和 H_2O;也可能形成比母体毒性更大的产物,如 Hg 可以被生物转化为毒性更大的甲基汞。

污染物的生物转运和生物转化都是由生物代谢过程引起的。生物体自身的内代谢过程可分为合成代谢和分解代谢两个方面,两者同时进行。合成代谢又称同化作用或生物合成,是从小的前体或构件分子(如氨基酸和核苷酸)合成较大分子(如蛋白质和核酸)的过程。分解代谢指生物体将来自环境或细胞自己储存的有机营养物质分子(如糖类、脂类、蛋白质等),通过反应降解成较小的、简单产物(如二氧化碳、乳酸、氨等)的过程,又称异化作用。内源呼吸是生物体分解代谢的重要机理,是细胞物质进行自身氧化并放出能量的过程。当碳源等营养物质充足时,细胞物质得到大量合成,内源呼吸并不显著;当缺乏营养物质时,细胞则只能通过内源呼吸氧化自身的细胞物质而获得生命活动所需的能量。污染物在生物体酶的催化作用下发生的代谢转化,是有机污染物主要的生物转化过程和最重要的环境降解过程。有机物在生物体内的降解有两种代谢模式:生长代谢(growth metabolism)和共代谢(cometabolism)。在生长代谢中,有机污染物可以作为生物生长基质为生物生长提供能量和碳源,并在生物体内参与生物体细胞组分的合成过程,使生物生长、增殖。在生长代谢过程中,生物可快速、彻底地降解或矿化有机污染物。因此,能被生长代谢的污染物通常对环境威胁较小。共代谢是指有机污染物不能作为唯一基质为生物生长提供所需的碳源和能量,但是它们能在其他物质提供碳源和能量情况下,在生物生长过程中被生物利用或分解。共代谢在那些难降解的物质降解过程中起着重要作用。通过几种生物的一系列共代谢作用,可使某些特殊有机污染物彻底降解。生长代谢和共代谢具有截然不同的代谢特征和降解速率。以某个污染物作为唯一碳源培养生物,便可通过生物的生长情况鉴定其代谢是否属生长代谢。此外,生长代谢存在一个滞后期,即一个物质在开始降解前必须使生物群落适应这种化合物。这个滞后期一般需要 2~50 d。但是,一旦生物群体适应了这种物质,其降解速率是相当快的。共代谢没有滞后期,降解速度一般比完全驯化的生长代谢慢。共代谢并不能为微生物提供能量,也不影响种群多少,但其代谢速率直接与微生物种群的数量成正比。影响污染物生物代谢的主要因素包括有机物本身的化学结构和生物的种类。一些环境因素如温度、pH、反应体系的溶解氧等也影响生物代谢降解有机物的速率。

污染物在生物体内的浓度取决于生物体对污染物的摄取(吸收)和消除(排泄及代谢转化)这两个相反过程的速率,若摄取量大于消除量,就会出现污染物在生物体内逐渐增加的现象,称为生物积累。生物体内污染物的积累量是污染物被吸收、分布、代谢转化和排泄各量的代数和。污染物在生物体内吸收累积的强度和部位与生物体的特性及污染物的性质有关。难分解或难排泄的污染物及其转化产物通常容易在生物体内积累。例如,许多有机污染物如多氯联苯及其脂溶性代谢产物等,会通过分配作用,溶解积累于生物体的脂肪组织;钡、锶、铍、镭等金属离子,会经离子交换吸附,进入骨骼组织的无机羟基磷灰盐中而积累。污染物的生物积累常导致其在生物体内的富集和放大。生物富集是指生物体从体外环境蓄积某种元素或难降解的物质,使其在体内浓度超过周围环境中浓度的现象。从动力学上来看,生物体对水中难降解污染物的富集速率,是生物对其吸收速率、消除速率及由生物机体质量增长引起的物质稀释速率的代数和。生物体对污染物的吸收速率越大,越容易富集;而消除速率及稀释速率越大,则越不易富集。生物放大是指在同一食物链上的高营养级生物,通过吞食低营养级生物蓄积某种元素或难降解物质,使其在体内的浓度随营养级数提高而增大的现象。生物放大并不是在所有条件下都能发生,有些物质只能沿食物链传递,不能沿食物链放大;有些物质既不能沿食物链传递,也不能沿食物链放大。生物积累、生物富集和生物放大可在不同侧面为评估水体环境中污染物的迁移及可能造成的生态环境危害、利用生物对环境进行监测及净化、制定污染物环境排放标准等提供重要的科学理论依据。

生物对水中污染物的积累、富集及放大等现象都可用生物浓缩因子(生物富集系数,BCF)表示,即

$$BCF = c_b / c_w$$

式中:c_b——某种元素或难降解物质在生物体中的浓度;

c_w——某种元素或难降解物质在水中的浓度。

　　污染物的生物浓缩因子大小主要与生物特性、污染物特性和环境条件三方面因素有关。生物、污染物或环境条件不同,污染物的 BCF 间可以相差几万倍甚至更高。生物特性主要指生物种类、大小、性别、器官、生长发育阶段等,如金枪鱼和海绵对铜的 BCF 分别是 100 和 1 400。影响 BCF 的重要污染物特性包括可降解性、脂溶性和水溶性。难降解、脂溶性高的污染物,BCF 较高,如虹鳟对 $2,2',4,4'$-四氯联苯的 BCF 为 12 400,而对四氯化碳的 BCF 为 17.7。温度、盐度、硬度、pH、溶解氧和光照状况等环境条件也会影响 BCF。例如,翻车鱼对多氯联苯的 BCF 在水温 5 ℃ 时为 $6.0×10^3$,而在 15 ℃ 时为 $5.0×10^4$。由于生物积累、生物富集和生物放大,可以导致位于食物链顶端的生物体中污染物浓度是水中污染物浓度的几千万倍。例如,很多研究发现,在受 DDT 污染的湖泊生态系统中,位于食物链顶端的以鱼类为食的水鸟体内 DDT 浓度,比当地湖水中的 DDT 浓度高出几千万倍。水生生物对水中物质的吸收富集是一个复杂过程。但是对于高脂溶性的难降解有机污染物,它们主要以被动吸收方式通过生物膜,其生物吸收富集的机理可简单认为是该类物质在水和生物体脂肪组织两相间的分配作用。研究发现,有机物在正辛醇(一种类似生物脂肪的纯化合物)-水两相间分配系数的对数($\lg K_{ow}$)与其生物浓缩因子的对数($\lg \mathrm{BCF}$)间存在良好的线性关系,通式为

$$\lg \mathrm{BCF} = a \lg K_{ow} + b$$

式中:a、b——经验回归系数。

　　这一经验关系可以预测各类脂溶性难降解有机污染物在各种生物体中的吸收富集情况。

二、重金属的生物甲基化作用

　　金属甲基化作用是指金属元素的生物甲基化,是环境中一个重要的生物转化机理。环境中一些重金属(如 Hg、Sn、Pb 等)及类金属(如 As、Se、Sb 等)都能被生物甲基化。目前研究得较清楚的是 Hg 和 As 的生物甲基化作用。汞的生物甲基化就是金属汞和二价汞离子等无机汞在生物特别是微生物的作用下转化成甲基汞或二甲基汞,其转化机理主要有酶促反应和非酶促反应两种。前者是通过一种厌氧菌(产甲烷菌)合成的甲基钴胺素作为甲基供体,在有腺苷三磷酸(ATP)和中等还原剂条件下把无机汞转化成甲基汞或二甲基汞。后者是由微生物直接参与进行,甲基供体是 S-腺苷甲硫氨酸和维生素 B_{12}。

　　汞的环境污染问题之所以被人们重视,不仅因为无机汞的毒性,更因为无机汞在微生物的作用下,可转化为毒性更强的甲基汞,而甲基汞又可沿食物链在生物体内逐级富集放大,最后进入人体。1967 年,瑞典学者詹森(S. Jensen)和吉尔洛夫(A. Jernelöv)首先指出,淡水水体底泥中的厌氧细菌能够使无机汞甲基化,形成甲基汞和二甲基汞,存在两种可能的反应:

$$Hg^{2+} + 2R\!-\!CH_3 \longrightarrow (CH_3)_2Hg \longrightarrow CH_3Hg^+$$

$$Hg^{2+} + R\!-\!CH_3 \longrightarrow (CH_3)Hg^+ \xrightarrow{R\!-\!CH_3} (CH_3)_2Hg$$

　　1974 年,美国学者伍德(J. M. Wood)用产甲烷菌的细胞提取液做实验,证明维生素 B_{12} 的甲基衍生物(如甲基钴胺素)能使无机汞转化为甲基汞和二甲基汞。根据伍德的研究,辅

酶(methylcorrinoid derivative)能使甲基钴胺素给出—CH$_3$,反应如下:

$$\underset{B_{12}}{\overset{CH_3}{Co^{3+}}} + H_2O \longrightarrow \underset{B_{12}}{\overset{\overset{H\quad H}{O}}{Co^{3+}}} + —CH_3$$

式中 B$_{12}$ 为 5,6-二甲基苯并咪唑。甲基钴胺素在辅酶作用下能与 Hg^{2+} 反应生成甲基汞:

$$\underset{B_{12}}{\overset{CH_3}{Co^{3+}}} + Hg^{2+} \xrightarrow[\text{快速}]{+H_2O} \underset{B_{12}}{\overset{\overset{H\quad H}{O}}{Co^{3+}}} + CH_3Hg^+$$

$$\Big\Updownarrow Hg^{2+}、H_2O$$

$$\underset{\substack{O \\ H\quad H \\ B_{12}Hg^+}}{\overset{CH_3}{Co^{3+}}} + Hg^{2+} \xrightarrow{\text{缓慢}} \underset{B_{12}}{\overset{\overset{H\quad H}{O}}{Co^{3+}}} + CH_3Hg^+ + Hg^{2+}$$

以上反应无论是在富氧条件还是在缺氧条件下,只要有甲基钴胺素存在,在微生物作用下反应就能实现。因此,甲基钴胺素是汞生物甲基化的必要条件。影响无机汞生物甲基化的因素很多,主要包括以下几个方面。

(1) 无机汞的形态:研究表明,只有二价汞离子对生物甲基化是有效的,Hg^{2+} 浓度越高,对生物甲基化越有利。水体中其他形态的汞都要转化为 Hg^{2+} 后才能被生物甲基化。单质汞(Hg)和硫化汞的生物甲基化过程可表示如下:

$$HgS \underset{}{\overset{I}{\rightleftharpoons}} Hg^{2+} \underset{}{\overset{II}{\rightleftharpoons}} CH_3Hg^+$$

对单质汞来说,过程 II 是生物甲基化速率的控制步骤。对 HgS 来说,过程 I 的速率极慢,控制着 HgS 的生物甲基化速率。

(2) 微生物的数量和种类:参与生物甲基化过程的微生物越多,甲基汞合成速率就越快。

(3) 水温、营养物:由于生物甲基化速率与水体中微生物活性有关,适当提高水温和增加营养物必然促进和增加微生物的活性,有利于生物甲基化作用。

(4) 沉积层中富汞层的位置:在沉积物最上层和水中悬浮物的有机质部分最容易发生生物甲基化作用。

(5) pH 对生物甲基化的影响:pH 较低(pH<5.67,最佳 pH 为 4.5)时,有利于甲基汞的生成;pH 较高时,有利于二甲基汞的生成。甲基汞和二甲基汞之间可以相互转化。当水体 pH 较高时,甲基汞易转化为二甲基汞;而 pH 较低时,二甲基汞可转化为甲基汞:

$$(CH_3)_2Hg + H^+ \rightleftharpoons CH_3Hg^+ + CH_4$$

由于甲基汞溶于水,pH 较低时以 CH$_3$HgCl 形式存在,故水体 pH 较低时,鱼体内积累的甲基汞量较高。

　　除汞的生物甲基化作用外,有人发现天然水体中,在非生物的作用下,只要存在甲基给予体,汞也可被甲基化。Hg^{2+}在乙醛、乙醇或甲醇作用下,经紫外线照射可发生甲基化。此外,一些哺乳动物和鱼类本身也存在汞的甲基化过程。水体中的甲基汞可通过食物链而富集于生物体内。例如,藻类对甲基汞的生物浓缩因子可高达 5 000~10 000。即使水中汞含量极微,但通过生物富集和食物链放大就会大大增加汞对人体健康的危害。水俣病主要是人们食用含有大量甲基汞的鱼类、贝类等水产品导致的。

　　砷与汞一样,也可以被生物甲基化。砷化合物可在厌氧细菌作用下被还原,然后与甲基作用,生成毒性很大的易挥发的二甲基胂和三甲基胂(反应过程如下)。二甲基胂和三甲基胂虽然毒性很强,但在环境中易氧化为毒性较低的二甲基胂酸。

$$HO-\overset{\overset{CH_3}{|}}{\underset{\underset{O}{\|}}{As^+}}-CH_3 \quad \begin{array}{l} \xrightarrow{\;4e^-\;} \quad CH_3-\overset{\overset{CH_3}{|}}{As^{3-}}-H \qquad\qquad \text{二甲基胂} \\[2em] \xrightarrow[\;4e^-\;]{-CH_3} \quad CH_3-\overset{\overset{CH_3}{|}}{As^{3-}}-CH_3 \qquad \text{三甲基胂} \end{array}$$

三、无机氮污染物的生物转化

　　氮是构成生物有机体的基本元素之一,主要以分子态氮、有机氮化合物及无机氮化合物三种形态存在。无机氮化合物又分为硝酸盐氮、亚硝酸盐氮和氨氮。在水环境中,氮元素的各种形态可以通过生物的同化、氨化、硝化、反硝化等作用不断发生相互转化。植物和微生物可以吸收铵盐和硝酸盐等无机氮化合物,并将它们转变为有机体内的含氮有机物(这个过程称为同化作用)。含氮有机物也可以经过微生物分解产生铵根(即氨化作用)。铵盐中的铵根在有氧条件下,通过微生物作用,可以被氧化逐渐形成亚硝酸盐和硝酸盐(即硝化作用)。氨氮对于大多数植物是有毒害作用的。植物摄取的氮元素主要是以硝酸盐为主,只有一些能够适应缺氧条件的植物如水稻、湿地植物等能吸收氨氮。因此,硝化作用对植物生长具有很重要的作用。硝酸盐在缺氧条件下,可被微生物还原为亚硝酸盐、氮气和氨氮(即反硝化作用)。

　　氨氮在微生物的硝化作用下主要发生如下两阶段氧化反应,生成亚硝酸盐和硝酸盐:

$$2NH_3 + 3O_2 \longrightarrow 2H^+ + 2NO_2^- + 2H_2O + 能量$$
$$2NO_2^- + O_2 \longrightarrow 2NO_3^- + 能量$$

　　能够进行硝化反应的微生物大都是以二氧化碳为碳源的自养型细菌。它们从氨氮氧化转化生成亚硝酸盐和硝酸盐的过程中摄取反应产生的能量。硝化反应是微生物的好氧呼吸作用导致的耗氧反应,通常只有在合适的环境条件下才能进行,这些条件包括:① 水体溶解氧含量高;② 微生物最适宜生长的温度约为 30 ℃,低于 5 ℃或高于 40 ℃时,硝化和亚硝化细菌很难存活;③ 水体 pH 在中性或微碱性:在 pH 大于 9.5 时,硝化细菌活动受到抑制,而亚硝化细菌活动则非常活跃,会导致水体中亚硝酸盐的积累;在 pH 小于 6.0 时,亚硝化细菌活动被抑制,整个硝化反应很难发生。除自养硝化细菌外,还有些异养型细菌、真菌和放线菌能将氨氮氧化成亚硝酸盐和硝酸盐。异养型细菌对氨氮的氧化效率远不如自养型细菌高,但其耐酸,并且对不良环境的抵抗能力较强,所以在自然界的硝化作用过程中也发挥着一定的作用。硝化反应是污(废)水生物脱氮工艺中的核心反应之一。

在缺氧条件下,微生物对硝酸盐的还原作用有两种完全不同的途径。一种途径是利用其中的硝酸盐氮作为氮源,将硝酸盐还原成氨,进而合成氨基酸、蛋白质和其他含氮有机高分子化合物,称为同化性硝酸还原作用:$NO_3^- \rightarrow NH_4^+ \rightarrow$ 含氮有机高分子化合物。许多细菌、放线菌和霉菌能利用硝酸盐作为氮源。另一种途径是利用 NO_2^- 和 NO_3^- 为呼吸作用的最终电子受体,把硝酸根还原成氮分子(N_2),发生反硝化作用(或脱氮作用):$NO_3^- \rightarrow NO_2^- \rightarrow N_2$。能进行反硝化作用的只有少数细菌,这个生物群称为反硝化细菌。大部分反硝化细菌是异养型细菌,例如,脱氮小球菌、反硝化假单胞菌等。它们以有机物为氮源和能源,进行无氧呼吸,其生化过程可用下式表示:

$$C_6H_{12}O_6 + 12NO_3^- \longrightarrow 6H_2O + 6CO_2 + 12NO_2^- + 能量$$

$$5CH_3COOH + 8NO_3^- \longrightarrow 6H_2O + 10CO_2 + 4N_2 + 8OH^- + 能量$$

少数反硝化细菌为自养型细菌,如脱氮硫杆菌。它们通过氧化硫或硝酸盐获得能量,同化二氧化碳合成自身细胞物质,并以硝酸盐作为呼吸作用的最终电子受体。其生化过程可用下式表示:

$$5S + 6KNO_3 + 2H_2O \longrightarrow 3N_2 + K_2SO_4 + 4KHSO_4$$

在有机和含氮污(废)水的生物处理工程中,常设置一个反硝化单元,以防止污(废)水中的硝酸盐和亚硝酸盐排入水体造成富营养化等污染。微生物的反硝化作用只有在合适的厌氧条件下才能进行:第一,水体环境氧分压越低,微生物反硝化能力越强;第二,水体必须存在有机物作为碳源和能源;第三,水体一般是中性或微碱性;第四,温度通常在 25 ℃ 左右。

四、有机物的生物转化

有机物在微生物的催化作用下发生的降解反应称为有机物的生化降解反应。水体中的生物,特别是微生物能使许多物质进行生化降解反应,绝大多数有机物因此而降解为更简单的物质。水体中有很多有机物如糖类、脂肪、蛋白质等比较容易降解,一般经过醇、醛、酮、脂肪酸等生化氧化阶段,最后降解为二氧化碳和水。有机物生化降解的基本反应可分为两大类,即水解反应和氧化反应。对于有机氯农药、多氯联苯、多环芳烃等难降解有机污染物,降解过程中除上述两种基本反应外,还可能发生脱氯、脱烷基等反应。

(一) 生化水解反应

生化水解反应是指有机物在水解酶的作用下与水发生的反应。在反应中,有机物(RX)的官能团 X^- 和水分子中的 OH^- 发生交换,反应式可表示如下:

$$RX + H_2O \longrightarrow ROH + HX$$

水解是很多有机物发生分解的重要途径。能在环境中发生水解反应的有机物主要有烷基卤化物、酰胺类、酯类等。

多糖在水解酶的作用下逐渐水解成二糖、单糖、丙酮酸。

$$(C_6H_{10}O_5)_n \xrightarrow{\text{水解酶}} C_{12}H_{22}O_{11} \xrightarrow{\text{水解酶}} C_6H_{12}O_6 \xrightarrow{\text{水解酶或辅酶}} 丙酮酸$$
$$\quad\;\; 多糖 \qquad\qquad\quad 二糖 \qquad\qquad\quad 单糖$$

烯烃的水解反应可表示如下:

$$RCH = CHR' \ + \ H_2O \xrightarrow{\text{水解酶}} \underset{\overset{|}{OH}}{RCH_2CHR'}$$

蛋白质在水解酶的作用下逐渐水解成多肽、氨基酸和有机酸：

$$\text{蛋白质} \xrightarrow{\text{水解酶}} \text{多肽} \xrightarrow{\text{水解酶}} \text{氨基酸} \xrightarrow{\text{水解酶}} NH_3 + \text{有机酸}$$

其中氨基酸的水解脱氨反应如下：

$$\underset{\overset{|}{NH_2}}{CH_3CHCOOH} \ + \ H_2O \xrightarrow{\text{水解酶}} \underset{\overset{|}{OH}}{CH_3CHCOOH} \ + \ NH_3$$

（二）生化氧化反应

在微生物作用下发生的有机物氧化反应称为生化氧化反应。有机物在水环境中的生化氧化降解，一部分是被生物同化，为生物提供碳源和能量，转化成生物代谢物质；另一部分则被生物活动产生的酶催化分解。微生物对有机物的生化氧化是由其呼吸作用导致。微生物的呼吸作用是微生物获取能量的生理功能。自然水体中能分解有机物的微生物种类很多，根据这些微生物呼吸作用与氧气需要程度的关系，常分为好氧微生物和厌氧微生物。厌氧微生物能在缺氧条件下进行厌氧呼吸，并氧化分解有机物；好氧微生物能利用氧气进行好氧呼吸，并氧化分解有机物。有机污染严重的水体往往缺氧，在这种情况下有机物的分解主要靠厌氧微生物进行。

由于呼吸作用是生化氧化和还原的过程，存在着电子、原子转移。在有机物的生物分解和合成过程中，都有氢原子的转移。因此，呼吸作用按受氢体的不同划分为好氧呼吸和厌氧呼吸。有机物的生化氧化大多数是脱氢氧化。脱氢氧化时可从 —CHOH— 或 —CH₂—CH₂— 基团上脱氢：

$$\underset{\overset{|}{OH}}{RCHCOOH} \xrightarrow{-2H} \underset{\overset{\|}{O}}{RCCOOH}$$

$$\underset{\text{（饱和羧酸）}}{RCH_2CH_2COOH} \xrightarrow{-2H} \underset{\text{（不饱和羧酸）}}{RCH = CHCOOH}$$

脱去的氢转给受氢体，若以氧分子作为受氢体，则该脱氢氧化称好氧呼吸过程；若以化合氧（如 CO_2、SO_4^{2-}、NO_3^- 等）作为受氢体，即为厌氧呼吸过程。在微生物作用下脱氢氧化时，从有机物分子上脱落下来的氢原子往往不是直接交给受氢体，而是首先将氢原子传递给载氢体 NAD，形成 $NADH_2$，同时放出电子：

$$\text{有机物} \ + \ NAD \longrightarrow \text{有机氧化物} \ + \ NADH_2$$

在好氧呼吸过程中，生物氧化酶利用有机物放出的电子激活游离氧，而氢原子经过一系列氢载体的传递后，与激活的游离氧分子结合形成水分子。因此，好氧呼吸过程是脱氢和氧活化相结合的过程，是有分子氧参与的生物氧化，反应的最终受氢体是分子氧，在这个过程中同时放出能量。在微生物好氧呼吸过程中，有机物通常能被彻底氧化为二氧化碳和水。除了有机物能为好氧呼吸提供电子外，无机物如 S_2^- 和 NH_4^+ 等也可以作为电子供体发生好氧氧化（如硝化反应），生成 SO_4^{2-} 和 NO_3^- 等，同时放出能量。厌氧呼吸是无分子氧存在下发生的生化氧化。厌氧微生物只有脱氢酶系统,而没有氧化酶系统。在厌氧呼吸过程中,有机物中的氢被生物脱氢酶活化,并从有机物中脱出来交给辅酶(载氢体 NAD),然后传递给除氧以外的有机物或无机物,使其还原。厌氧呼吸的电子受体不是分子氧。

1. 厌氧氧化

有机物的厌氧氧化包括发酵和厌氧呼吸两类。发酵是指供氢体和受氢体都是有机物的生化氧化作用。在厌氧氧化中,发酵通常不能使有机物彻底氧化,最终产物不是二氧化碳和水,而是一些较原来有机物简单的化合物。发酵包括酸性发酵和碱性发酵两类。酸性发酵主要由兼性微生物的厌氧呼吸导致。这类微生物可以在含微量分子氧的水中生长繁殖,并通过厌氧呼吸作用把大分子断裂成小分子有机物,并进一步使这些小分子有机物转化成有机酸。碱性发酵主要由产甲烷菌的厌氧呼吸导致。产甲烷菌是专一性的绝对厌氧细菌,只能在完全没有分子氧的弱碱性(一般 pH 为 7~8)水体中生长繁殖。它们能把有机酸进一步分解为 CH_4、CO_2 以及 NH_3、H_2S 等气体产物。产甲烷菌对有机酸的碱性发酵反应过程示意如下:

$$CH_3COOH \longrightarrow CH_4 + CO_2$$
$$CO_2 + 4NADH_2 \longrightarrow CH_4 + 2H_2O + 4NAD$$

产甲烷过程是自然水体中有机物生物处理和降解的主要过程。在有机废水的生物处理过程中,厌氧氧化通常是高浓度有机废水生物处理的前端工艺,也被用来降解削减产生的活性污泥。有机废水厌氧生物处理的优点在于运行费用低(不需曝气加氧费用)、剩余污泥少及可回收能源(CH_4)等;其缺点在于会产生 H_2S 等有毒气体和反应速率慢,常导致工艺单元操作处理时间长、构筑物容积和占地面积大等问题。

除了有机物外,无机氧化物如 SO_4^{2-} 和 NO_3^- 等也可代替分子氧,作为最终受氢体发生生化氧化,如反硝化作用,这个过程称为厌氧呼吸。除了反硝化细菌能对有机物(如 $C_6H_{12}O_6$)产生厌氧氧化外,硫酸盐还原菌也能对有机物实现厌氧氧化,该反应把 SO_4^{2-} 作为受氢体,接受氢原子最终形成硫化氢:

$$C_6H_{12}O_6 + 6H_2O \longrightarrow 6CO_2 + 24[H]$$
$$SO_4^{2-} + 10[H] \longrightarrow H_2S + 4H_2O + 2e^-$$

总的反应式如下:

$$5C_6H_{12}O_6 + 12SO_4^{2-} \longrightarrow 30CO_2 + 12H_2S + 18H_2O + 24e^- + 能量$$

反硝化作用对有机物厌氧氧化的总反应式可表示如下:

$$C_6H_{12}O_6 + 4NO_3^- \longrightarrow 6CO_2 + 2N_2 + 6H_2O + 4e^- + 能量$$

在厌氧呼吸中,供氢体和受氢体间也需要细胞色素等载氢体。

2. 好氧氧化

好氧微生物在生长过程中要大量消耗水中的溶解氧,因此,只有在溶解氧含量丰富的水体中才能生长繁殖。好氧微生物能以水中的有机物作为它们进行新陈代谢的营养物,并把有机物氧化为二氧化碳和水及少量 NO_3^- 等。例如,甲烷可以通过如下主要途径氧化为二氧化碳和水:

$$CH_4 \longrightarrow CH_3OH \longrightarrow HCHO \longrightarrow HCOOH \longrightarrow CO_2 + H_2O$$

较高级烷烃主要通过单端氧化、双端氧化或次末端氧化三条途径降解为脂肪酸,脂肪酸再经过其他有关生化反应,最后分解为二氧化碳和水。在有机废水的好氧微生物处理中,约有 2/3 有机物会被转化合成为新的原生质(细胞质),实现微生物自身生长繁殖;剩余的 1/3

被分解降解,并为微生物生理活动提供所需的能量。相对于厌氧生物处理,好氧生物处理具有反应速率快、氧化降解彻底、散发臭气少等优点。常见的好氧生物处理法有活性污泥法和生物膜法两大类。

(三)典型有机污染物的生化降解途径

有机物生化降解是水体自净的最重要途径。水体中各类有机物生化降解通常按照某种固定的反应路径进行,不同有机物的生化降解路径有较大的差别。水体中有些物质如糖类、脂肪、蛋白质等比较容易降解;有机氯农药、多氯联苯、多环芳烃等难降解。总的来说,直链烃易被生物降解,支链烃降解较难,芳香烃降解更难,环烷烃降解最为困难。下面以饱和烃、苯、有机酸的生化降解为例,逐一简单地介绍。

饱和烃的氧化按醇、醛、酸的路径进行:

$$RCH_2CH_3 \xrightarrow{-2H} RCH=CH_2 \xrightarrow{+H_2O} RCH_2CH_2OH \xrightarrow{-2H} RCH_2CHO \xrightarrow[-2H]{+H_2O} RCH_2COOH$$

苯环的分裂、芳香族化合物的氧化按酚、二酚、醌、环分裂的路径进行:

有机酸在含有巯基(—SH)的辅酶 A(以 HSCoA 表示)作用下发生 β-氧化:

$$RCH_2CH_2COOH + HSCoA \xrightarrow{-H_2O} RCH_2CH_2COSCoA \xrightarrow[-H_2O]{+H_2O} RCH(OH)CH_2COSCoA \xrightarrow{-2H}$$

$$RCOCH_2COSCoA \xrightarrow{HSCoA} RCOSCoA + CH_3COSCoA$$

RCOSCoA 可进一步发生 β-氧化使碳链不断缩短。若有机酸的碳原子总数为偶数,则最终产物为乙酸,若碳原子总数为奇数,则最终脱去乙酸后,同时生成甲酰辅酶 A(HCOSCoA)。甲酰辅酶 A 立即水解成甲酸:

$$HCOSCoA + H_2O \longrightarrow HCOOH + HSCoA$$

酶催化剂 HSCoA 继续起催化作用。同样,反应中生成的乙酰辅酶 A 也可水解生成乙酸。在缺氧条件下,上述有机物生化反应生成的小分子有机酸如甲酸、乙酸和丙酮酸等是最终产物;而在有氧条件下,这些小分子有机酸会被好氧微生物进一步彻底氧化为二氧化碳和水。

值得指出的是,微生物虽然对大部分有机物有降解作用,但在有机物浓度很低的情况下不起主要作用,即可能存在一个"极限浓度"。所谓极限浓度,是指维持微生物生长的最低有机物浓度。极限浓度的存在也可能是由于一些有机物在微量浓度下具有特别的稳定性,能够抵抗生物的降解。例如,2,4-D 在天然水体中质量浓度为 $0.22\sim22$ mg/L 时,经过 8 d 的无机化率达 80%;当浓度为 $0.22\sim22$ μg/L 时,经过 8 d 的无机化率仅有 10%;因此,当以微量浓度存在时,2,4-D 能在水体中稳定数年。除"极限浓度"外,还有以下几个因素不利于微生物对有机物的生化降解:① 有机物沉积在一微小环境中,接触不到微生物;② 微生物缺乏生长的基本条件(碳源及其必需营养物);③ 微生物受到环境毒害(不合适的 pH 等因素);④ 在生化反应中起催化作用的酶被抑制或失去活性;⑤ 分子本身具有阻碍酶作用的化学结构,致使有机物难以被生化降解,甚至几乎不能进行生化反应。

(四)水体中耗氧有机物分解与溶解氧平衡

有机物被好氧微生物氧化分解时会消耗水中大量的溶解氧,这类有机物称为耗氧有机物。在水体中,耗氧有机物的生化氧化降解会导致溶解氧降低,这将打破大气中的氧气浓度和水体中的氧气浓度间的平衡,使大气中的氧气补充到水体中。因此,对于一个天然水体,如湖泊和河流,水中耗氧有机物浓度和溶解氧浓度变化规律如图 3-33 所示,该图称为耗氧有机物分解与溶解氧平衡模式图。图中纵坐标表示水体溶解氧(DO)、好氧生物即时需氧量(OD)和总生化需氧量(BOD);对于河流,横坐标表示流向及距离[以英里(mile)计],对于湖泊,横坐标表示时间[以天(d)计]。根据耗氧有机物分解与溶解氧平衡模式图,可把河流分为清洁区、恶化区、恢复区和洁净区。在清洁区,水体没有受到污染,耗氧有机物浓度非常低且水体含有丰富的溶解氧,好氧微生物生长繁殖由于缺乏有机营养物质受到抑制,因此,好氧微生物生理活动耗氧的速率远低于大气向水体补充氧气的速率,只需要向水体补充少量的氧就能使水中溶解氧饱和(正常溶解氧为 8 mg/L)。在恶化区,当污水从 0 点排入时,由于耗氧有机物大量排入水体,好氧微生物开始迅速生长繁殖,其生长繁殖的需氧量(OD)也迅速增加,有机物被好氧微生物分解,而且耗氧有机物被好氧微生物氧化降解耗氧的速率大于大气向水体补充氧气的速率,导致水中实际溶解氧(DO)降低;但在这个初始阶段,由于水体含有丰富的 DO,尽管 DO 降低,仍能满足好氧微生物生长繁殖的需求;随着好氧微生物继续生长繁殖,其生长繁殖的需氧量(OD)继续增加,水体 DO 进一步降低,从而不能满足好氧微生物生长繁殖的需氧量,出现水体溶解氧亏缺现象。此时,好氧微生物会继续利用水体中残余的溶解氧生长繁殖,使水体 DO 继续降低到最低点,同时微生物生物量由于水体 DO 的限制达到最大值,其生长繁殖的需氧量(OD)也达到最大值;此后,由于耗氧有机物氧化降解,有机物浓度降低,微生物生物量及生长繁殖的需氧量(OD)开始降低,当好氧微生物生长的耗氧速率小于大气向水体补充氧气的速率后,水中实际溶解氧(DO)开始缓慢回升。当水中实际溶解氧(DO)大于好氧微生物氧化有机物生长耗氧的需求量时,水体进入恢复区。在恢复区,由于有机物浓度继续降低,微生物生物量及生长繁殖的需氧量(OD)也继续降低,而水体实际溶解氧(DO)则由于大气中氧的补充继续增加,直至恢复到污水排入前的水平,即水体恢复到洁净状态。需要特别关注的是,好氧微生物生长有一个延滞期。因此,好氧微生物生长所需的最大需氧量(OD)并不是出现在耗氧有机污水刚排入的浓度最大时,而是在排入一段时间以后才出现。图中 BOD 表示的是某个时间点氧化所有耗氧有机物所需要的溶解氧,而不是该时间点微生物氧化降解耗氧有机物生长的实际需氧量。由于微生物生长受水体溶解氧限制,微生物氧化降解耗氧有机物生长的实际需氧量(OD)的最大值不会超过水体的饱和溶解氧。

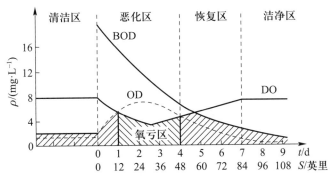

图 3-33　耗氧有机物分解与溶解氧平衡模式图

1. 耗氧作用定律

耗氧有机物氧化降解速率符合 Streeter 和 Phelps 于 1944 年提出的耗氧作用定律,即有机物的生物化学氧化速率与尚未被氧化的有机物的浓度成正比。

$$-\mathrm{d}L/\mathrm{d}t = kL$$

$$\lg(L_t/L) = -kt$$

式中:L——起始时的有机物浓度;

　L_t——t 时的有机物浓度;

L_t/L——剩余的有机物占起始有机物的比例;

　k——耗氧速率常数,d^{-1},普通生活污水在 20 ℃时,k 为 0.1 d^{-1};

　t——时间,d。

可以推得 $L_t/L = 10^{-kt}$ 或 $L_t = L \times 10^{-kt}$。

Streeter-Phelps 定律的另一表达形式为

$$y = L(1 - 10^{-kt})$$

式中:y——t 时间内已分解的有机物量。

由 Streeter-Phelps 定律的表达式可知,有机物的正常生化氧化速率 $k = 0.1\ \mathrm{d}^{-1}$ 时,每天氧化前一天剩余有机物的 20.6%。虽然有机物氧化速率不变,但每天氧化的量却逐日减少(表 3-16)。经过 3 d,有机物分解 50%,即有机物的半衰期($t_{1/2}$)为 3 d。在正常分解速率下,20 ℃时的五日生化需氧量(BOD_5)相当于有机物总耗氧量的 68.4%。

表 3-16　普通生活污水中有机物的氧化速率（20 ℃,$k = 0.1\ \mathrm{d}^{-1}$）

天数	剩余量/%	当天氧化量/%	累积氧化量/%
0	100	0	0
1	79.4	20.6	20.6
2	63.0	16.4	37.0
3	50.0	13.0	50.0
4	39.8	10.2	60.2
5	31.6	8.2	68.4
6	25.0	6.6	75.0
7	20.0	5.0	80.0
8	15.8	4.2	84.2
9	12.5	3.3	87.5
10	10.0	2.5	90.0
11	7.9	2.1	92.1
12	6.3	1.6	93.7
13	5.0	1.3	95.0
14	4.0	1.0	96.0

续表

天数	剩余量/%	当天氧化量/%	累积氧化量/%
15	3.2	0.8	96.8
16	2.5	0.7	97.5
17	2.0	0.5	98.0
18	1.6	0.4	98.4
19	1.3	0.3	98.7
20	1.0	0.3	99.0

（引自陈静生,1981）

温度对反应速率 k 有很大的影响,其关系式为

$$k_1 = k_2 \theta^{(t_1-t_2)}$$

式中:k_1、k_2——相应温度 t_1 和 t_2 时的耗氧速率常数;

θ——温度系数。

在河流温度范围内,实验所得温度系数 $\theta = 1.047$,即得

$$k_t = k_{20\,℃} \times 1.047^{(t-20)}$$

已知 20 ℃时,$k = 0.1$ d^{-1},$t_{1/2}$ 为 3 d,BOD$_5$ 仅为 68.4%;当温度升高到 29 ℃时,k 为 0.15 d^{-1},$t_{1/2}$ 为 2 d,BOD$_5$ 为 82%;当温度下降到 14 ℃时,k 下降到 0.075 d^{-1},$t_{1/2}$ 为 4 d,BOD$_5$ 下降为 58%。

有机物生化降解的耗氧作用是一个复杂的生物化学过程,以上讨论的只是一般正常的耗氧情况。自然界中,由于影响因素较多,因而会出现很多偏离的情况,但 Streeter-Phelps 定律对河流中有机物耗氧作用的研究仍有实际应用价值。

2. 复氧作用定律

当耗氧使水中溶解氧下降到饱和浓度以下时,大气中的氧便向水体补充,这种作用称为复氧作用,它受溶解定律和扩散定律所控制,即溶解速率与溶解氧低于饱和浓度的亏缺值成正比,以及在水中两点之间的扩散速率与两点间的浓度差成正比。根据这两条定律,Phelps 确定了静水中复氧作用的公式:

$$D = 100 - [(1-B/100) \times 81.06(e^{-k}+e^{-9k}/9 + e^{-25k}/25+\cdots)]$$

式中:D——经复氧后的溶解氧含量(各深度的平均饱和度);

B——复氧开始时的溶解氧含量;

K——常数,由下式确定:

$$k = \pi^2 \cdot \alpha \cdot t/(4L^2)$$

式中:t——复氧时间,h;

L——水深,cm;

α——某温度时的扩散系数,20 ℃时,α 的平均值为 1.42,温度改变时,α 可由下式确定:

$$\alpha_t = 1.42 \times 1.1^{(t-20)}$$

3. 河流溶解氧下垂曲线及方程

当有机污染物进入清洁河流后,在耗氧与复氧的综合作用下,沿河流断面形成一条溶解氧下垂曲线(图 3-34)。它对评价河流水体污染状况及控制污染有十分重要的意义。

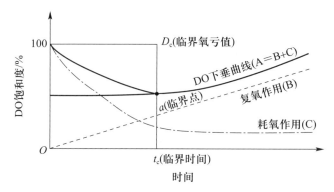

图 3-34　溶解氧（DO）下垂曲线

图 3-34 表明,耗氧速率开始时最大,以后逐渐减少(趋于零)。复氧速率开始为零(水中溶解氧饱和),以后随溶解氧消耗的增大,复氧速率增大。当耗氧作用使水中溶解氧达到某一最低点以后,复氧作用又开始占优势,水中溶解氧上升,这一溶解氧最低点称为"临界点"。

溶解氧下垂曲线方程为

$$dD/dt = k_1 L - k_2 D$$

即水体中氧亏值增加的速率等于耗氧速率和复氧速率的代数和。上式积分得

$$D = k_1 L_a / (k_2 - k_1) \times (10^{-k_1 t} - 10^{-k_2 t}) + D_a \cdot 10^{-k_2 t}$$

式中:D——任一点的氧亏值;

L_a 和 D_a——河流中开始时的 BOD 和氧亏值;

　　k_1——耗氧系数(常用对数表示);

　　k_2——复氧系数(常用对数表示);

　　t——时间,d。

根据公式,可以计算出下游任意时间(或距离)的氧亏值。

k_1 可按下式求得:

$$k_1 = 1/\Delta t \times \lg(L_A / L_B)$$

式中:L_A、L_B——A、B 点 BOD 的平均值。

k_2 可按下式求得:

$$k_2 = k_1 \overline{L} / \overline{D} - \Delta D / (2.3 \Delta t \overline{D})$$

式中:$\overline{L}$——A、B 两点间 BOD 的平均值;

　　$\overline{D}$——A、B 两点间的平均氧亏值;

　　Δt——流经时间;

　　ΔD——A 点到 B 点氧亏值变化。

临界时间 t_c:$t_c = 1/(k_2 - k_1) \times \lg\{k_2/k_1 \times [1 - D_a(k_2 - k_1)/(L_a k_1)]\}$

临界氧亏 D_c:$D_c = k_1/k_2 \times L_a \times 10^{-k_1 t_c}$

自净速率 f:$f = k_2/k_1$

温度上升 1 ℃,f 约下降 3%;各种水体的 f 值如表 3-17 所示。

表 3-17　各种水体的 f 值

受污水体性质	20 ℃时的 f 值
小池沼	0.5~1.0
滞缓的河流和大湖或静止的水库	1.0~2.0
低流速的大河	1.5~2.0
正常流速的大河	2.0~3.0
高流速的大河	3.0~5.0
急流和跌水	>5.0

(引自王华东,1984)

第五节　水体中污染物的归趋和处理方法

污染物在水体中的物理、化学和生物化学迁移转化过程决定着它们的归趋,包括它们在水体各组分中的存在形态和存在量,以及它们从水体中转移到与水体相连各介质中的形态和量。水体中污染物的迁移转化过程十分复杂,不同污染物在水体中的迁移转化过程不尽相同。总体来说,决定污染物迁移转化及归趋的途径主要有五条:一是以气态挥发进入大气,如挥发性有机化合物;二是通过微生物、化学或光化学作用等降解转化为无害物;三是溶解在水中;四是被水中悬浮颗粒物/沉积物吸附或形成沉淀从水相转入底泥;五是被水生生物直接吸收富集或经由食物链的富集及生物转化而归趋于生物体。污染物在水体中的迁移转化不仅取决于它们自身的种类和理化性质(如电荷数、水溶解度及溶度积常数等),而且取决于水体的组分和环境条件(如胶体、微生物、pH、氧化还原电位等)。根据各污染物在水体中的迁移转化过程及其规律,可以预测评价它们在水环境中的归趋;若结合各污染物的生物毒性,则可进一步预测评价它们在水环境中的生物生态效应及环境健康风险。对污染物在水体中迁移转化过程的调控(包括加速、减缓,甚至逆转迁移转化过程)是目前水体污染物处理的主要原理和常见技术手段。例如,中和沉淀常用于废水中重金属的处理,而生化氧化则常用于废水中有机物的处理。因此,了解污染物在水体中的迁移转化过程及其规律可为环境管理、环境风险评价及环境污染治理提供理论依据和技术支撑。

一、重金属的归趋及处理方法

由于重金属通常不挥发(除 Hg^0 外),也不能被降解,因此,水体中重金属离子的主要归趋有三条途径:溶解在水中、沉积在底泥中和吸收富集在生物体中。除重金属离子的种类和理化性质(如形态、电荷数及溶度积常数等)外,影响重金属在水中归趋的主要因素有:① 水体 pH;② 悬浮物或胶体物质对重金属离子的吸附;③ 无机、有机配合剂的种类及浓度;④ 水体的氧化还原条件;⑤ 微生物作用。上述各种因素共同作用且互相联系,构成重金属在水体中迁移转化及归趋。研究表明,通过各种途径进入水体中的重金属,绝大部分将迅速转入沉积物或悬浮物内。吸附、沉淀、共沉淀等物理化学转化是重金属离子迅速转入沉积物或悬浮物内的主要原因。例如,我国黄河中重金属的迁移主要是泥沙对其的吸附迁移作用。

黄河水 pH 为 8.3 左右,黄河泥沙中主要有蒙脱石、高岭石、伊利石等,其中粒径小于 50 μm 的占 82%。泥沙的粒径越小,比表面积越大,吸附重金属的量越大;泥沙对重金属的吸附量随 pH 升高而增大;泥沙中重金属的吸附量与有机质的含量呈正相关。重金属在河水、悬浮物、沉积物中的含量为:悬浮物>沉积物≫河水。

　　水体中腐殖质能明显影响重金属的形态、迁移转化、富集等环境化学行为和归趋。例如,天津蓟运河中腐殖酸对汞迁移转化影响的研究表明:① 自氯碱厂汞污染源至下游底泥中总汞含量迅速降低,但其中腐殖酸结合态汞的相对含量却逐渐增加;② 腐殖酸对底泥中的汞有显著的溶出影响,随着投加富里酸量的增加,从底泥中释放的汞量增加;③ 腐殖酸对河水中溶解态汞的沉淀有抑制作用,如富里酸可明显地抑制 HgS 沉淀;④ 腐殖酸对河水中的悬浮物吸附汞有抑制作用。因此,在河水中汞可与富里酸结合以溶解态向下游输送,而且含腐殖酸的间隙水可以缓慢地溶出底泥中的汞,二次释放于水相,向下游输送;天然水中如腐殖酸含量高,将加速汞的迁移。此外,腐殖质还对重金属的生物效应产生影响。例如,腐殖酸的存在可以减弱汞(II)对浮游植物生长的抑制作用,也可降低汞对浮游动物的毒性,还会影响鱼类及软体动物对汞的富集效应。

　　化学沉淀法和离子交换法是目前最常用的废水重金属离子处理方法。化学沉淀法利用重金属离子能和 OH^-、S^{2-}、Cl^- 等形成沉淀产物的原理去除重金属离子。化学沉淀的处理效果取决于重金属离子形成沉淀产物的溶度积常数。一般硫化物沉淀处理比氢氧化物沉淀处理后废水中重金属离子的浓度低。对于重金属阴离子盐,需要先采用化学氧化还原法将其转化为阳离子后才能形成沉淀。例如,$Cr_2O_7^{2-}$ 需要先在酸性条件下加入还原剂将其还原为 Cr^{3+},才能与 OH^-、S^{2-} 等形成沉淀产物。常用的还原剂有硫酸亚铁、零价铁、焦亚硫酸钠等。对于某些重金属阳离子,也可以直接加入还原剂,使其形成重金属单质沉淀。例如,Hg^{2+} 可以被零价铁、$NaBH_4$ 等直接还原成金属汞单质沉淀。离子交换法是利用离子交换剂中的无毒无害离子(H^+、OH^- 等)与废水中的重金属离子或阴离子盐(如 $Cr_2O_7^{2-}$ 等)进行交换来去除废水中的重金属。常用的离子交换剂有离子交换树脂、磺化煤、合成沸石等。离子交换树脂通常分阳离子交换树脂和阴离子交换树脂。阳离子交换树脂包括强酸性及弱酸性离子交换树脂,其可供交换的离子为阳离子(H^+),能与重金属阳离子进行交换,可用酸洗再生。阴离子交换树脂包括强碱性及弱碱性离子交换树脂,其可供交换的离子为阴离子(OH^-),能与重金属阴离子盐(如 $Cr_2O_7^{2-}$ 等)进行交换,可用碱洗再生。除了上述常用方法,重金属离子也可以用吸附、电渗析、反渗透等技术进行深度处理。

二、 有机污染物的归趋及处理方法

　　有机污染物的理化性质对它们在水体中的迁移转化过程具有决定性作用,导致它们在水体中的归趋有显著的差异。挥发性有机化合物通常以气态挥发进入大气;易降解有机物主要通过微生物、化学或光化学作用等降解为无害物;高溶解度难降解有机物则主要溶解在水中或被生物吸收富集;低溶解度难降解有机物则容易被水中悬浮颗粒物/沉积物中的有机质吸附转入底泥,或者被生物摄取、吸收,并沿食物链(网)富集传递或随生物(如藻类)残骸一起沉积到底泥中。有机污染物在水体中的归趋也取决于它们在水相与水体气相/固相各介质间的平衡。例如,有机污染物在悬浮颗粒物或胶体物质表面上的吸附会抑制它们的挥发、降解和生物吸收富集;而有机污染物的挥发、降解或生物吸收富集则会促进有机污染物从悬浮颗粒物或胶体物质表面上的脱附。因此,水体中各种迁移转化过程相互影响,共同决定着有机污染物在环境中的归趋。

有机污染物在水环境中的降解是它们自然净化的主要过程,主要通过水解、氧化、光解、生物化学分解等途径实现。自然水体中有机污染物的化学降解和光解过程一般较为缓慢。相对于化学降解和光解,生物降解是大部分有机污染物在水环境中的主要降解途径。在某些情况下,这三个降解过程之间也存在互相依赖关系。一部分有机污染物只有先经过生物降解,才能进行化学降解,反之亦然。有机污染物生物降解,若通过氧化路线,最终降解为二氧化碳、硫酸盐、硝酸盐、磷酸盐等;若通过还原路线,最终降解为甲烷、硫化氢、氨、磷化氢等;但在变成最终产物之前,还会出现一系列中间产物或生物代谢产物。有机污染物降解的难易取决于其组成和结构;降解程度则取决于水体条件和降解路线。地下水体中基本上没有微生物活动,也不能发生光解,一旦受到有机物污染,将难以净化。

水生生物的富集是难降解有机污染物的重要归趋之一。例如,鱼类有可能通过两条途径富集有机污染物:一是直接从水中吸收;二是通过食物链吸收。鱼类每天通过鳃吸排的水量多达 $10 \sim 1\,000$ L,即使水中有机污染物的质量浓度只有 ng/L 级或更低,长期生存在水中的鱼类也能成千上万倍地富集有机污染物。此外,鱼类作为水体食物链的终端,通过食用浮游、底栖生物将更多地富集有机污染物。相比之下,食物链的吸收比水中吸收更为重要。影响鱼类富集有机污染物的因素很多,主要包括有机物本身的结构和特性、鱼类对有机物的吸收和代谢能力、水体成分及物理条件等。

微生物法是目前废水中可降解有机污染物处理的主要方法。该方法通过微生物的作用,把废水中可降解的有机物分解为无机物,达到废水净化的目的;同时,微生物又能以废水中有机物为碳源生长繁殖,使净化持续进行。生物法分为好氧处理和厌氧处理两大类。好氧生物处理是在有氧情况下,借好氧或兼性微生物的作用来实现,包括生物过滤法和活性污泥法两种。对于高浓度可降解有机废水,通常先采用厌氧处理提高废水的可生化性并削减活性污泥产量,然后通过好氧生物处理将有机物分解为无机物。对于某些难降解有机物,可以采用化学氧化、电解等处理提高废水可生化性后再用生物法处理。除微生物法外,对于挥发性有机物常采用吹脱或汽提等物理方法处理,对于高浓度有机物则可用煤油、乙酸丁酯等有机相萃取处理。有机废水深度处理及难降解有机废水处理也常用吸附、反渗透等方法。植物也可吸收废水中的有机物并积累或转化为自身组分,因此也可以用来处理废水。

问题与习题

1. 举例说明天然水中物质的基本类型。

2. 什么是水体自净? 水体自净的方式有哪几种? 举例说明河水自净过程。

3. 水体化学污染物主要有哪几类?

4. 考虑有毒物质危害的原则是什么?

5. 重金属污染特点是什么? 水体中重金属的迁移方式有几类? 影响水体中重金属迁移转化的因素有哪些?

6. 胶体颗粒吸附对水体中污染物有何影响?

7. 影响水体中胶体颗粒聚沉的因素有哪些?

8. 什么是决定电位? 水体中起决定电位作用的物质是什么?

9. 水体中常见的无机配体有哪些? 它们对重金属迁移转化有何影响?

10. 试述水体中汞甲基化的途径及影响因素,写出有关反应式。

11. 有机物的化学降解包括哪几种?

12. 有机物的生化降解包括哪几种反应? 影响生化降解的因素有哪些?

13. 影响有机物光解的因素有哪些?

14. 水体中有机物是怎样迁移转化的?

15. 简述有机物在沉积物或悬浮颗粒物上分配作用和表面吸附作用的特征。

16. 某水体中 Fe^{2+} 为 56 mg/L,Fe^{3+} 为 56 μg/L,试求水体的 pE。若与该水体平衡的氧分压为 10^{-10} atm,当水体 pH 为 9 和 6 时,能否将 Fe(Ⅱ)氧化为 Fe(Ⅲ)?

17. 在一个含悬浮颗粒物质量浓度为 200 mg/L 的水中加入一种有机污染物,若加入该有机污染物时其在水中的初始质量浓度为 500 mg/L,经过一段时间后该有机污染物在悬浮颗粒物上吸附达到平衡,其在水中的质量浓度降至 125 mg/L,那么该有机污染物在悬浮颗粒物上的吸附量是多少? 若悬浮颗粒物含有机碳 9.6%,且该有机物在悬浮颗粒物上的吸附符合分配理论,请计算该有机物的有机碳标化的分配系数。

18. 用 Streeter-Phelps 定律,计算 15 ℃ 和 25 ℃ 时,水体中耗氧有机物分解 50% 所需的时间(已知 $k_{20℃} = 0.1\ d^{-1}$)。

主要参考文献

1. 朱利中,张建英. 环境化学[M]. 2 版. 杭州:杭州大学出版社,1999.

2. 王华东,王健民,刘永可,等. 水环境污染概论[M]. 北京:北京师范大学出版社,1984.

3. 陈静生. 水环境化学[M]. 北京:高等教育出版社,1987.

4. 陈静生,陈昌笃,周振惠,等. 环境污染与保护简明原理[M]. 北京:商务印书馆,1981.

5. 戴树桂. 环境化学[M]. 2 版. 北京:高等教育出版社,2006.

6. 李惕川. 环境化学[M]. 北京:中国环境科学出版社,1990.

7. 刘绮. 环境化学[M]. 北京:化学工业出版社,2004.

8. 汪群慧,王雨泽,姚杰. 环境化学[M]. 哈尔滨:哈尔滨工业大学出版社,2004.

9. 赵美萍,邵敏. 环境化学[M]. 北京:北京大学出版社,2005.

10. 汤鸿霄. 水污染化学的形成和发展[J]. 环境化学,1982,1(2):93-101.

11. 曾灿星,陈静生. 研究不同金属形态的毒性效应在探讨重金属水环境容量中的作用[J]. 环境化学,1986,5(5):1-11.

12. 彭安,贾金平. 蓟运河水中甲基汞形态分布研究[J]. 环境科学学报,1987,7(4):395-402.

13. 李铁,叶常明,雷志芳. 沉积物与水间相互作用的研究进展[J]. 环境科学进展,1998,6(5):29-39.

14. Bockris J O'M. Environmental chemistry [M]. New York:Plenum Press,1977.

15. Chiou C T. Partition and adsorption of organic contaminants in environmental systems [M]. New York:John Wiley & Sons,2002.

16. Forstner U,Wittmann G T W. Metal pollution in the aquatic environment [M]. 2nd ed. Berlin:Springer-Verlag,1981.

17. Manahan S E. Environmental chemistry [M]. 10th ed. Boca Raton:CRC Press,2017.

18. Spiro T G,Purvis-Roberts K L,Stigliani W M. Chemistry of the environment [M]. 3rd ed. New Jersey:University Science Books,2012.

19. StummW, Morgan J J. Aquatic chemistry [M]. 3rd ed. New York: John Wiley & Sons, 1996.

20. Chiou C T, Shoup T D, Porter P E. Mechanistic roles of soil humus and minerals in the sorption of nonionic organic compounds from aqueous and organic solutions [J]. Organic geochemistry, 1985, 8(1): 9-14.

21. Cullen W R, Reimer K J. Arsenic speciation in the environment [J]. Chemical reviews, 1989, 89(4): 713-764.

22. Hahne H C H, Kroontje W. Significance of pH and chloride concentration on behavior of heavy metal pollutants: mercury (Ⅱ), zinc (Ⅱ) and lead (Ⅱ) [J]. Journal of environmental quality, 1973, 2(4): 444-450.

23. Kile D E, Chiou C T, Zhou H D, et al. Partition of nonpolar organic pollutants from water to soil and sediment organic matters [J]. Environmental science & technology, 1995, 29(5): 1401-1406.

24. Rutherford D W, Chiou C T, Kile D E. Influence of soil organic matter composition on the partition of organic compounds [J]. Environmental science & technology, 1992, 26(2): 336-340.

25. Wood J W. Biological cycles for toxic elements in the environment [J]. Science, 1974, 183(4129): 1049-1052.

26. Yang K, Zhu L Z, Xing B S. Sorption of sodium dodecylbenzene sulfonate by montmorillonite [J]. Environmental pollution, 2007, 145(2): 571-576.

第四章 土壤环境化学

内容提要

　　土壤环境化学主要研究农用化学品、污染物在土壤环境中的浓度水平、存在状态、迁移转化、归趋、生物生态效应,以及土壤污染修复与控制措施。本章主要介绍土壤的组成与性质、土壤的粒级分组与质地分类特征,污染物在土壤环境中的迁移、转化、归趋行为及作用机制,典型重金属、有机污染物在土壤−植物系统中的迁移转化行为、生物有效性及影响因素,土壤污染控制与修复的基本原理与方法。

　　土壤是重要的自然环境要素之一,它是处于岩石圈最外面的一层疏松的部分,具有支持植物和微生物生长繁殖的能力,被称为土壤圈(pedosphere)。土壤圈与其他各圈层之间的关系密切(如图4-1所示),它处于大气圈、岩石圈、水圈和生物圈的过渡地带,是联系无机界和有机界的中心枢纽,是固体地球表面具有生命活动、生物与环境间进行物质循环和能量交换的重要场所。土壤是由固相−液相−气相−生物构成的多介质复杂体系,也是一切生物赖以生存、农作物赖以生长的重要基础,是地球关键带(earth's critical zone)界面反应过程、生物地球化学循环研究关注的重点区域。

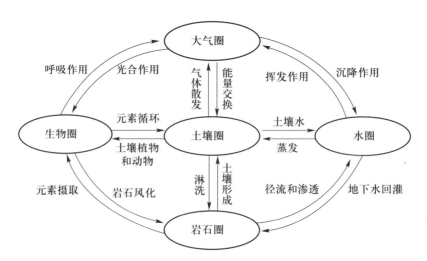

图 4-1　土壤圈与大气圈、生物圈、水圈和岩石圈之间的物质和能量交换

(引自 Lal,1997)

　　随着现代工农业生产的发展,化肥、农药的大量施用,工矿废水不断侵袭农田,污水灌溉、垃圾填埋渗滤、油井开采和大气沉降等,城市工业废物和其他人工合成物质不断进入土壤,导致严重的污染事故不断发生。污染物进入土壤后,可能对地表水、地下水等造成次生

污染,还会影响植物生长及土壤内部生物群落的变化与物质的转化;污染物可通过土壤-植物系统迁移积累,经食物链进入人体,危害人群健康。日本的"痛痛病"公害事件是发生在日本富山县神通川流域的一种怪病,上游铅锌冶炼厂排放的含镉废水污染水体,当地的农民用污染的河水灌溉农田,导致污染物进入土壤-植物系统,造成稻米中镉的含量增加,人们食用"镉米"而发病。土壤是各种污染物的"汇",在一定情况下污染土壤又可变为其他介质的污染源。土壤污染对农产品、人居安全、生态安全构成严重威胁。因此,土壤污染防治是土壤环境化学的重要研究内容之一,而了解污染物在土壤中的存在、迁移转化及生物生态效应,则是采取防治措施的重要理论基础。

土壤化学包括土壤结构化学、土壤表面化学和土壤溶液化学三方面。早在 19 世纪中叶,英国学者 J. T. Way 和 J. B. Lawes 发现了土壤具有离子交换性质,开创了土壤中元素化学行为研究的新领域。到 20 世纪 30—40 年代,对土壤胶体进行了系列专门研究,并开始应用 X 射线分析黏土矿物的成分和结构。十多年后,R. K. Schofield 提出了土壤矿物中同晶置换引起的永久电荷和在酸性条件下质子化的水合氧化物带有正电荷等理论,开创了土壤表面化学。至此,对土壤的离子吸附机理才有了清晰的认识。50 年代起,随着对配合物化学、氧化还原过程和土壤酸化学的研究,人们对土壤中有机质与金属离子配合物还原作用,Fe、Mn、As、Cr 等元素价态变化与 pH、pE 及有机质的关系等有了新的认识,进一步推动了金属,尤其是重金属的形态及其转化条件的研究。以上这些研究为土壤环境化学的发展奠定了理论基础。

土壤环境化学的发展相对较晚。20 世纪 70 年代前后研究的重点为重金属元素污染问题;到 80 年代,主要研究目标转移到农药等有机物、酸雨和稀土元素等问题上。在金属及类金属元素的研究中,人们最关注的是汞、镉、铬、铅、锌、铜、砷、硒和铝等的行为;研究内容也更集中于化学物质在土壤中的转化、降解等行为及元素的形态等。90 年代以后,由于大量固体废物,特别是危险固体废物的填埋和堆放、废水排放、大气沉降及化肥农药施用等引起的土壤污染问题十分普遍,部分区域土壤持久性有机污染物污染较严重,亟须发展土壤污染阻控与修复技术。另外,陆地生态系统是温室气体生物排放源和重要的碳库,因此,土壤环境化学研究受到广泛的关注。

土壤环境化学主要研究农用化学品、污染物在土壤环境中的浓度水平、存在状态、迁移转化、归趋、生物生态效应,以及污染修复与控制措施。当前,土壤环境化学的主要研究领域包括土壤有毒污染物的背景值及环境基准,土壤中有毒有机污染物的降解与转化等环境行为及生物有效性,金属、类金属的存在形态及其转化过程,污染物在土壤固相-液相-气相-生物体系中的多界面、多过程及其耦合行为,土壤复合污染过程及生物生态效应,土壤中抗生素及抗性基因、微塑料、纳米颗粒等新污染物的迁移转化及生物生态效应,土壤中温室气体的释放、吸收与传输,土壤污染的物理、化学、生物修复技术的原理和方法等。

第一节 土壤的组成与粒级

土壤是陆地表面具有肥力并能生长植物的疏松层,它是在地球表面岩石风化过程和母质成土过程综合作用下形成的。土壤仅是岩石圈上薄薄的一层,厚度大约 2 m,它能提供植物生长所必需的物质和能量。具有肥力是土壤异于其他物质最本质的特征,土壤肥力的大小取决于水、肥、气、热的协调状况及土壤能否提供植物生长发育的条件,这些条件与土壤物质组成、能量运动状况、自然条件及人工措施等有关。一般来说,在气候、生物等自然因素作用下形成的土壤称为自然土壤;在耕种、施肥、灌排等人为因素作用下,改变土壤的自然特性能使之形成耕作土壤,如农田土壤。土壤与人类社会发展的联系密切,人类活动对土壤自然属性的影响巨大。因此,土壤具有自然和社会双重属性。

一、土壤组成

土壤是由固相、液相和气相三相物质组成的复杂体系。固相包括土壤矿物质和有机质,占土壤总质量的 90% ~ 95%,占体积的 50% 左右。液相指土壤水分及所含的可溶物,也称土壤溶液,占土壤体积的 20% ~ 30%。气相指土壤空气,占土壤体积的 20% ~ 30%。土壤中还有数量众多的细菌等微生物及其分泌物等,构成一个"活"的体系。因此,土壤是一个以固相为主的非均质多相体系,三相物质相互联系、制约,构成一个有机整体,如图 4-2 所示。土壤具有明显的微观异质性,与污染物的环境化学行为关系密切的土壤组分主要是矿物质、有机质和微生物。

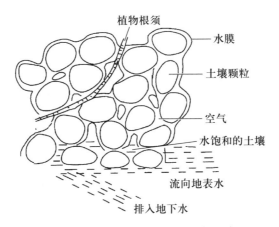

图 4-2   土壤固相、液相和气相结构示意图

土壤剖面指从地表到母质的垂直断面。不同类型的土壤,具有不同形态的土壤剖面。土壤剖面可以表示土壤的分层特征,包括土壤的若干发生层次、颜色、质地、结构、新生体等。在土壤形成过程中,由于物质的迁移和转化,土壤分化成一系列组成、性质和形态各不相同的层次,称为发生层。发生层的顺序及变化情况,反映了土壤的形成过程及土壤性质。典型土壤随深度呈现不同的层次(如图 4-3 所示)。最上层为覆盖层(A_0),由地面上的枯枝落叶层和暗色半分解有机质层等构成。第二层为淋溶层(A),包括腐殖层、灰化层和向 B 层过渡层,是土壤生物最活跃的一层,土壤有机质大部分积累在这一层,重金属离子和黏土颗粒在此层被淋溶得最显著。第三层为沉淀层(B),它接纳来自上一层淋溶出来的有机物、盐类和黏土颗粒。C 层也叫母质层,由风化的成土母岩构成。母质层下面为未风化的基岩,常用 D 层表示。

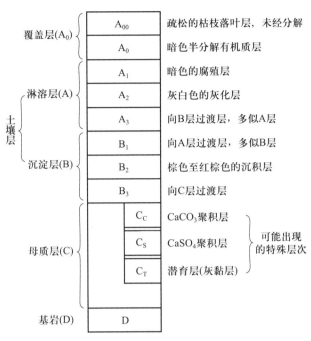

图 4-3　自然土壤的综合剖面图

(引自南京大学等，1980)

1. 土壤矿物质

土壤矿物质是岩石经过物理风化和化学风化形成的，按其成因可分为原生矿物和次生矿物。原生矿物是指那些在风化过程中未改变化学组成和结晶结构的原始成岩矿物，主要有石英、长石类、角闪石类、云母类等。原生矿物的粒径较大，如砂粒的粒径为 0.02～2 mm，粉砂粒为 0.002～0.02 mm。它具有坚实而稳定的晶格，不透水，不具有物理化学吸收性能，不膨胀。次生矿物是岩石经历化学风化形成的新矿物，其化学组成和结晶结构都有所改变，其粒径较小，大部分以黏粒和胶体(粒径小于 0.002 mm)分散状态存在。在土壤形成过程中，原生矿物以不同的数量与次生矿物混合成为土壤矿物质。许多次生矿物具有活动的晶格、强的吸附和离子交换能力，吸水后膨胀，有明显的胶体特征。次生矿物是构成土壤的最主要组成部分，常与土壤有机质发生强烈作用，对土壤中无机或有机污染物的行为和归趋影响很大；同时，矿物胶体在调节全球碳循环、碳分配、碳沉积、碳固定中起着至关重要的作用。

次生矿物有晶态和非晶态之分。非晶态次生矿物主要呈胶膜状态，它裹于土粒表面，如水合氧化铁、铝、锰及水合二氧化硅等；也有呈粒状凝胶成为极细的土粒，如水铝石类等；后者是一种无固定组成的硅铝氧化物，并有较高的阳离子和阴离子交换量，特别是无定形氧化物具有巨大的比表面积和较高的化学活性，对土壤的吸附作用和氧化还原反应等化学反应过程有重要的影响。晶态次生矿物主要是铝硅酸盐类黏土矿物，如高岭石、蒙脱石、伊利石、蛭石等；它们由硅氧四面体(一个硅原子与四个氧原子组成，形成一个三角锥形的晶格单元)和铝氧八面体(一个铝原子与六个氧原子或氢氧原子组成，形成具有八个面的晶格单元)的片层组成。

黏土矿物通常分为 1∶1 和 2∶1 两种类型。根据构成晶层时硅氧四面体(硅氧片)与铝氧八面体（水铝片）的数目和排列方式,黏土矿物可分为三大类:① 高岭石类。由一层硅氧片与一层水铝片组成一个晶层,属 1:1 型二层黏土矿物（图 4-4）。其单位(半胞)化学式分别为 $Al_2[Si_2O_5](OH)_4$ 和 $Al_2[Si_2O_5](OH)_4 \cdot 2H_2O$。高岭石没有或很少有同晶置换,层电荷几乎为零,永久电荷极少,负电荷主要来源于结构边缘的断键和暴露在表面的羟基的解离。晶层的一面是氧原子,另一面是氢氧原子组,晶层之间通过氢键紧密连接,层间没有水分子和阳离子。晶层间的距离很小,约为 0.72 nm。矿物颗粒较大,呈六角形片状,比表面积较小(一般为 $7 \sim 30 \ m^2/g$),以外表面为主,阳离子交换量很低(一般为 $2 \sim 15 \ cmol/kg$)。② 蒙脱石类。由两层硅氧片中间夹一层水铝片组成一个晶层,属于 2:1 型的三层黏土矿物(图 4-5),是土壤中最常见的黏土矿物,其单位化学式为 $M_{0.33}Al_{1.67}(Mg,Fe)_{0.33}[Si_4O_{10}](OH)_2$,层电荷数较低,阳离子交换量为 $80 \sim 150 \ cmol/kg$。晶层表面都是氧原子,没有氢氧原子组,晶层间没有氢键结合力,而通过范德华力产生松弛的联系;晶层间的距离为 $0.96 \sim 2.14$ nm。水分子或其他交换性阳离子可以进入层间。蒙脱石颗粒细小,有很大的比表面积,一般为 $600 \sim 800 \ m^2/g$,且以内表面为主。蒙脱石的吸湿性、胀缩性和对阳离子的交换吸附性,以及对有机污染物和农药的吸附性,使其在垃圾填埋,重金属、放射性元素、有机污染物的吸附去除,地下水有机污染物修复中具有特殊的意义和用途。③ 伊利石类。2:1 型晶格,即两层硅氧片中间夹一层水铝片组成一个晶层(图 4-6)。但伊利石类晶格中有一部分硅被铝代替,不足的正电荷被处在两个晶层间的钾离子所补偿。其单位化学式为 $M_{0.74}(Al_{1.53}Fe_{0.22}^{3+}Fe_{0.03}^{2+}Mg_{0.28})[Si_{3.4}Al_{0.6}O_{10}](OH)_2$,M 代表层间金属阳离子。其中 M 以 K^+ 为主,层间因 K^+ 键合力强,在水中不膨胀,层间距固定,为 1.0 nm,矿物呈片状,颗粒较大,比表面积为 $70 \sim 120 \ m^2/g$,以外表面为主。阳离子交换量一般为 $10 \sim 40 \ cmol/kg$。

在黏土矿物的形成过程中,性质相近的元素,在矿物晶格中相互替换而不破坏晶体结构的现象,称之为同晶置换。低价阳离子同晶置换高价阳离子则产生剩余负电荷,为达到电荷平衡,矿物晶层之间常吸附有阳离子(K^+、Na^+、Mg^{2+}、Ca^{2+} 等)。阳离子同晶置换的数量会影响晶层表面电荷量的多少,而同晶置换的部位是发生在四面体片还是发生在八面体片则会影响晶层表面电荷的强度,如 Mg^{2+}、Fe^{3+} 等离子取代 Al—O 八面体中的 Al(Ⅲ),Al^{3+} 取代 Si—O 四面体中的 Si(Ⅳ)。这一特征决定了黏土矿物具有离子交换吸附等性能。

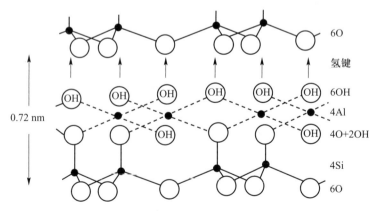

图 4-4   1:1 型黏土矿物(高岭石)结构示意图

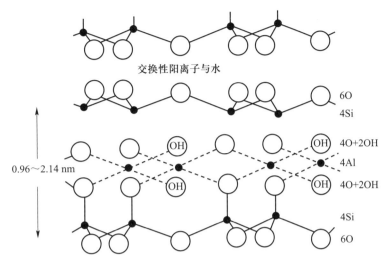

图 4-5　2:1 型黏土矿物(蒙脱石)结构示意图

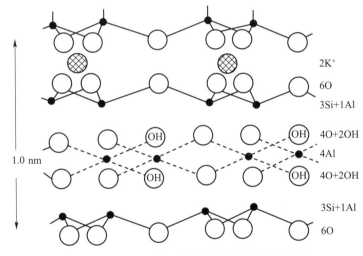

图 4-6　2:1 型黏土矿物(伊利石)结构示意图

2. 土壤有机质

土壤有机质(soil organic matter, SOM)包括微生物、动植物的生命活动产物及由生物残体分解和合成的各种有机物质,包括非腐殖质和腐殖质。非腐殖质包括糖类、木质素、氨基酸、氨基糖、有机酸、脂肪、蜡质、有机膦、叶绿素等,占土壤有机质的 20%~30%,是具有已知化学结构的有机化合物,在土壤周转年数短,一般为几十年。腐殖质是土壤有机质的主体,占有机质总量的 70%~80%,是经腐殖化作用形成的、具有特异性的、多相分布的类高分子物质。Stevenson (1994)认为,土壤有机质就是腐殖质(humus)。腐殖质可分为胡敏酸(humic acid, HA)、富里酸(fulvic acid, FA)和胡敏素(humin)。土壤腐殖质抵抗微生物分解能力很强,分解周转所需时间短的为 10 a,长的达几百年甚至上千年;刚形成的腐殖质半衰期为 4.7~9 a,其稳定性与团粒结构的稳定性有关。不同土壤的腐殖质其稳定性差异很大,一般自然土壤大于耕地土壤。1952 年 Bower 和 Gschwend 用乙二醇乙醚(EGME)滞留法测得 SOM 的比表面积为 550~800 m^2/g,但 1990 年 Chiou 等采用 BET-N_2 吸附法测定 SOM 的比表面积约为 1 m^2/g。土壤腐殖质具有非常高的阳离子交换量(150~300 cmol/kg)。和土壤矿物质相比,有机质含量不高,只占土壤总量的 5% 左右。但有机质对土壤的物理化学性质有很大的影响,对土壤肥力有重要作用,对有机或无机污染物的环境化学行为有重要的影响。土壤有机碳库是指全球土壤中有机碳的总量,土壤有机碳库的稳定性对全球气候变化影响巨大。土壤是陆地生态系统中最大的碳库,其所储存的碳是大气碳库的 2~3 倍。

土壤有机质主要通过腐殖化、团聚作用和沉积作用三个过程积累下来。土壤有机质不但含有丰富的营养元素(C、N、P、S、B 等),而且在自身缓慢的分解过程中,把生成的 CO_2 释放到空气中,成为光合作用的物质来源,参与了全球的碳循环;与此同时,产生的有机酸可以促进矿物养分的溶出,为作物生长提供丰富的养分。土壤有机质,尤其是胡敏酸具有芳香族多元酚官能团,能增强植物呼吸,提高细胞膜的渗透性,促进根系的生长。有机质中的维生素、生长素、抗生素等对植物起促生长、抗病害的作用。有机质还能促进土壤良好结构的形成,增加土壤疏松性、通气性、透水性和保水性。腐殖质可强烈吸附土壤中的可溶性养分,保持土壤肥力;具有两性胶体性质的有机质可缓冲土壤溶液的 pH。有机质可作为土壤微生物的营养物,而微生物活动又增加土壤养分,促进作物生长。

由于腐殖质本身的复杂性和测试技术的限制,腐殖质的具体分子结构现在还不清楚。目前所提出的 HA 和 FA 分子模型主要有 Flaig(1960)的 HA 模型,Stevenson(1982)的 HA 模型,以及 Schnitzer 和 Khan(1972)的 FA 模型。Flaig 模型的主要特点是,HA 含有许多酚羟基和醌基,羧基不多[图 4-7(a)]。Stevenson 模型中,典型的 HA 有自由和结合的酚羟基、醌结构,N 和 O 是桥结单元,羧基互不相同地连接在芳香环上[图 4-7(b)]。Schnitzer 和 Khan 模型中,FA 的结构单元由氢键连接,结构可以弯曲,可聚合或分散;结构中有许多大小不一的孔隙,可以捕获或固定分子量相对较低的有机物和无机物[图 4-7(c)]。

(a)

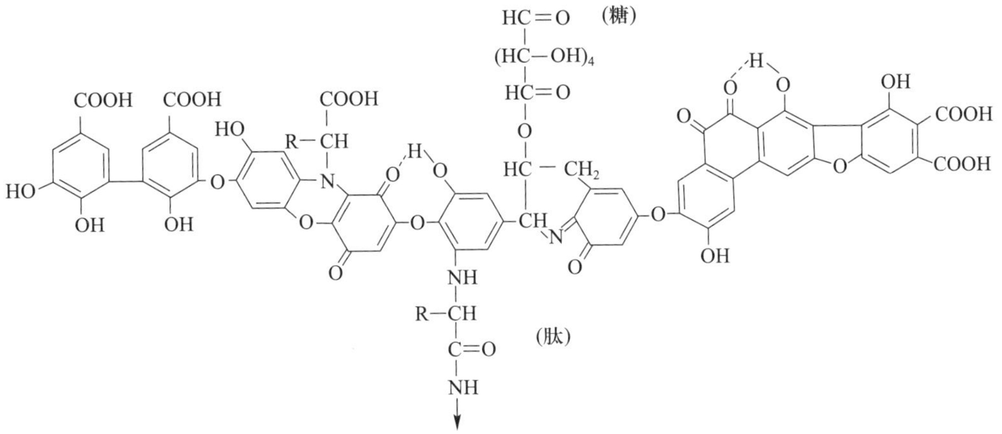

图 4-7　HA、FA 的分子结构模型

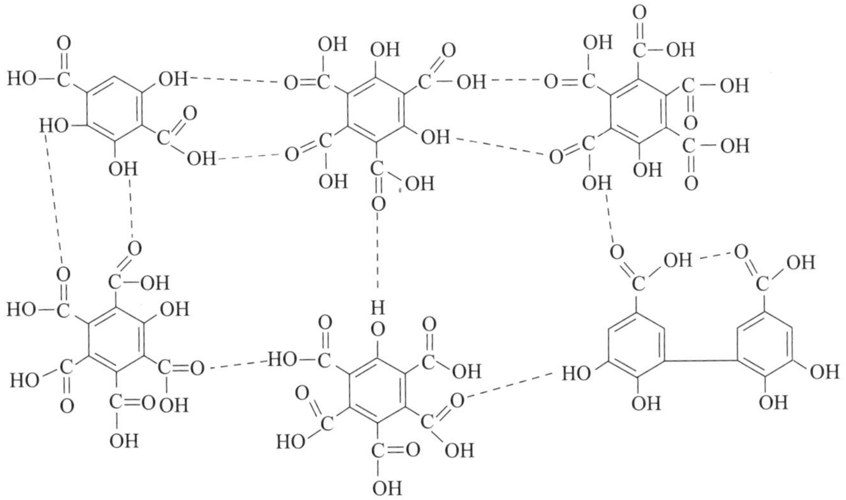

（引自李学垣，2001）

（a）Flaig 的 HA 模型；（b）Stevenson 的 HA 模型；（c）Schnitzer 和 Khan 的 FA 模型

Schulten 和 Schnitzer（1990）应用热解场离子化质谱法（Py-FIMS）和裂解-气相色谱-质谱（Py-GC-MS）等手段分析腐殖酸，提出了 HA 的二维结构模型（图 4-8），其元素组成式为 $C_{308}H_{328}O_{90}N_4$。其结构特点是芳香环通过脂肪链相互连接，氧原子以羧基、酚羟基、醇羟基、酯、醚和酮的形式存在，氮原子以杂环和氰基的形式存在；碳的骨架中含有大量不同尺度的孔隙，可以捕获和固定其他有机物质（如糖类和蛋白质等）、无机物质（如黏土矿物和金属氧化物等）及水分子。

1998 年 Schulten 等应用计算机模拟化学，进一步绘制了腐殖质、有机质和整个土壤的三维结构图（图 4-9）。假设含有 3%SOM、3%水、94%无机成分。中间部分为 HA，在其孔隙中包含有 1 个三糖和 1 个六肽；周围部分为 8 个硅氧层；SOM 通过 Fe^{3+} 和 Al^{3+} 与硅酸盐结合；该模型中包含 23 个氢键，其中 13 个为 SOM 分子内氢键、9 个在黏土组分中、1 个在 SOM 和硅酸盐层之间。SOM 结构模型中的孔隙能够容纳有机物质、无机物质和水，其官能团能与金属和无机矿物发生反应，并为植物和微生物提供营养成分。

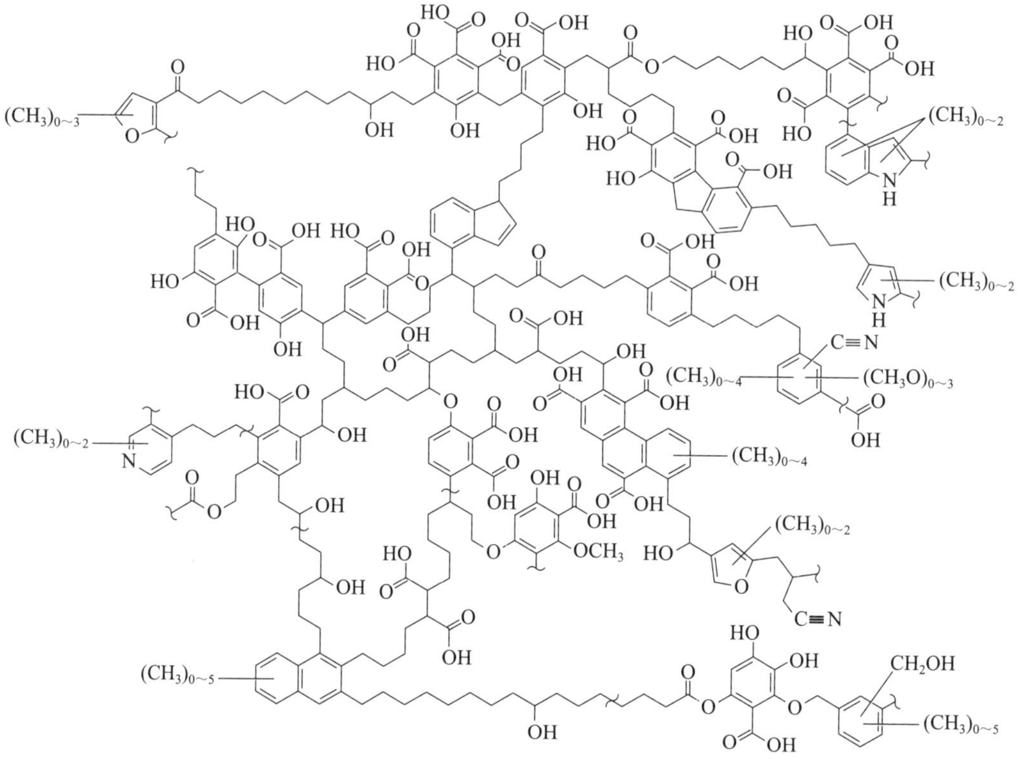

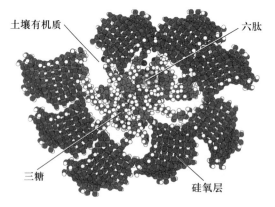

图 4-8　Schulten 和 Schnitzer 提出的 HA 二维结构模型

（引自 Schulten 和 Schnitzer,1993）

图 4-9　Schulten 和 Schnitzer 的土壤颗粒三维结构模型

（引自 Schulten,1998）

　　腐殖质大分子结构(尺寸和构型)对 SOM-黏土矿物结合化学及其稳定性、污染物的迁移归趋和生物转化、土壤中碳的循环具有重要影响。影响 HA 和 FA 分子大小和形状的溶液参数有 pH、离子强度、金属配合物、腐殖质浓度和溶剂的介电常数(图 4-10)：① 当样品浓度较高、pH 很低,或有一定量中性电解质时,腐殖质形状类似于球形。② 在低浓度、中性到碱性 pH 时,颗粒伸展,呈轻微卷曲的纤维状结构。③ 当离子强度较低、pH 较高时,若腐殖质浓度较低,卷曲状结构进一步伸展,发生断裂;如腐殖质浓度较高,则会形成类片状结构。Ghosh 和 Schnitzer(1980)研究了 FA 和 HA 的大分子构型,结果表明,在高 HA、FA 浓度(质量浓度分别大于 3.5 g/L 和 5.0 g/L)、低 pH(HA 的 pH <6.5、FA 的 pH <3.5)、电解质浓度大于 0.05 mol/L 时,HA 和 FA 呈刚性不带电荷的球状体;在低 HA、FA 浓度(质量浓度小于 3.5 g/L)、高 pH(HA 的 pH >6.5、FA 的 pH >3.5)、电解质浓度小于 0.05 mol/L 时,HA 和 FA 呈弯曲或线性的多电解质状态。

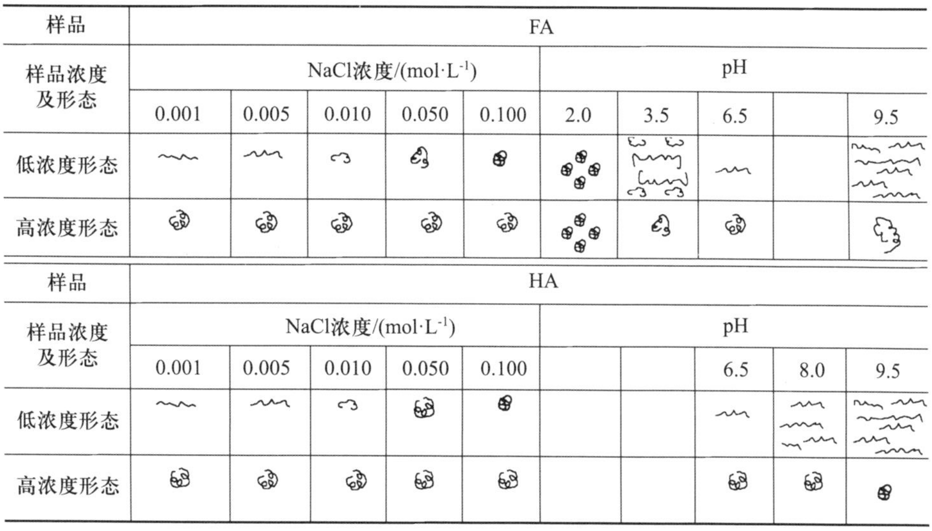

样品	FA								
样品浓度及形态	NaCl浓度/(mol·L^{-1})					pH			
	0.001	0.005	0.010	0.050	0.100	2.0	3.5	6.5	9.5
低浓度形态									
高浓度形态									

样品	HA							
样品浓度及形态	NaCl浓度/(mol·L^{-1})					pH		
	0.001	0.005	0.010	0.050	0.100	6.5	8.0	9.5
低浓度形态								
高浓度形态								

图 4-10 pH 和电解质浓度对 HA 和 FA 大分子构型的影响

(引自 Sparks,2002)

土壤有机质和微生物是土壤中最活跃的组成部分。有机质的合成与分解、微生物的代谢和转化活动不仅具有肥力意义,从环境角度看,腐殖质对土壤中有机、无机污染物的吸附、配位或螯合作用,微生物对有机污染物的代谢、降解活动等具有重要意义。

3. 土壤溶液和空气

土壤溶液由土壤水分和溶质组成。溶质的种类和含量导致土壤溶液的组成成分和浓度的变化,并影响土壤溶液和土壤的性质。土壤溶液中的溶质含有 Na^+、K^+、Mg^{2+}、$Al(H_2O)_6^{3+}$、Ca^{2+}、Cl^-、NO_3^-、SO_4^{2-}、HCO_3^- 和 CO_3^{2-} 以及少量铁、锰、铜等无机物,可溶性氨基酸、腐殖酸、糖类和有机-金属离子的配合物等有机物;此外,还有营养元素、农药等有机污染物和 Cd、Hg、Pb 等无机污染物,以及溶解性气体。

土壤溶液的组成和浓度分布极其复杂,在不同的气候、生物、母质、地形地貌与人为利用条件下存在着时间和空间变异,这种时空变异处于动态变化中。土壤溶液中溶质的类型、数量、形态、活性及其时空变异决定着土壤溶液的性质。土壤溶液中单一溶质组成的浓度变化很大,其中主要元素和微量元素与几种阴离子的典型浓度如图 4-11 所示。土壤溶液是非理想溶液,其化学势或化学行为与理想溶液有所偏差。

土壤水分是土壤三相(固相、液相、气相)中的要素,它把土壤、大气中的植物养分溶解

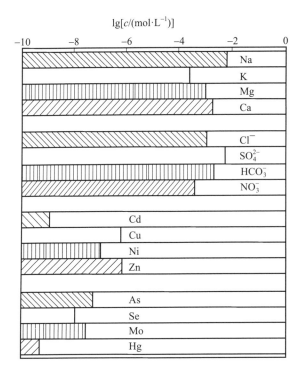

图 4-11　土壤溶液中不同元素与几种阴离子的典型浓度
(引自李学垣, 2001)

成营养溶液,输送到植物根部,最大限度地提供给植物体。因此,土壤水分是植物吸收养分的主要媒介。土壤水分主要来源于降水和灌溉。在地下水位接近于地面(2~3 m)的情况下,地下水也是上层土壤水分的重要来源。土粒表面的吸附力和微细孔隙的毛细管力可把进入土壤的水分保持住。土壤表面亲疏性影响其持水性,而影响亲疏性的主要因素包括土壤有机质、土壤湿度和土壤质地等。土壤固体保持水分的牢固程度,在很大程度上决定了土壤中水分的运动和植物对水分的利用,直接关乎植物生长、土壤污染物迁移、水资源平衡乃至全球气候变化等方方面面。

土壤溶液是各种物质发生作用的介质和交换的场所,如图 4-12 所示,过程 1 为植物从土壤溶液中摄取离子,2 为植物根系分泌物进入土壤溶液;3 为离子被土壤有机和无机组分所吸附,4 为吸附的离子又脱附进入土壤溶液;5 为矿物成分在土壤溶液中过饱和时所发生的沉淀作用,6 为矿物成分在土壤溶液中不饱和时所发生的溶解作用;7 为通过土壤溶液迁移进入地下水或通过地表径流而去除,8 为通过蒸发和干燥进入土壤溶液;9 为微生物吸收土壤溶液中的离子,10 为微生物死亡和有机质分解后离子被释放到土壤溶液中;11 为气体成分释放到大气中,12 为气体溶解在土壤溶液中。土壤孔隙水是物质交换和生物活动最为激烈和频繁的区域,包括了液-固-气-生物之间的各种微界面行为与环境过程,因此对其开展研究对了解物质的迁移转化及生物生态效应具有重要的意义。

土壤是一个多孔体系,在水分不饱和的情况下,孔隙中充满空气。土壤空气主要来自大气,其次来自土壤中的生物化学过程。土壤空气是不连续的,它存在于被土壤固体隔开的孔隙中,其组成在不同位置有所差异。土壤空气与大气组成有较大的差别:① CO_2 含量一般远

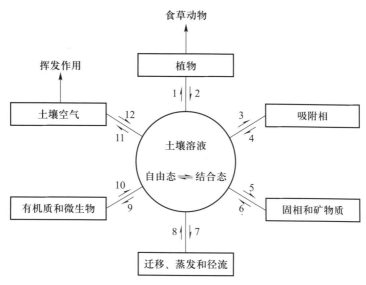

图 4-12 土壤溶液中的各种反应过程示意图

(引自 Sparks, 2002)

比在大气中高,O_2 的含量则低于在大气中的含量(表 4-1),造成这种差别的原因是土壤中植物根系的呼吸作用,以及微生物活动中有机物的降解及合成时消耗其中的 O_2,放出 CO_2;② 土壤空气一般比大气含有较高的水量,土壤含水量适宜时,相对湿度接近 100%。除此之外,由于土壤空气经常被水汽所饱和,在通气不良情况下,厌氧细菌活动产生的少量还原性气体如 CH_4、H_2S、H_2 也积累在土壤空气中。

表 4-1 土壤空气与大气组成 (体积分数) 单位:%

气体	氧气	二氧化碳	氮气
土壤空气	18.00~20.03	0.15~0.65	78.8~80.24
近地大气	20.95	0.03	78.09

土壤空气的含量和组成在很大程度上取决于土-水关系。作为气体混合物的土壤空气,只进入未被水分占据的那些土壤孔隙。细孔隙比例大的土壤,往往通气条件较差。在这类土壤中,水分占优势,土壤空气的含量和组成不适于植物的最佳生长。在土壤孔隙里贮存的水分和空气,它们的相对含量经常随自然条件的变化而改变。

二、土壤的粒级分组与质地分类

1. 土粒及粒级

土壤颗粒(土粒)是构成土壤固相骨架的基本颗粒,它们的数目众多,大小(粗细)和形状迥异,矿物组成和理化性质变化甚大,尤其是粗土粒和细土粒的成分和性质几乎完全不同。根据土粒的成分,可分为矿物质土粒和有机质土粒两种。前者的数目占绝对优势,而且在土壤中长期稳定地存在,构成土壤固相骨架;后者或者是有机残体的碎屑,极易被小动物吞噬和被微生物分解,或者是与矿物质土粒结合而形成复粒,因而很少单独地存在。所以,通常土粒专指矿物质土粒。按土粒的大小,分为若干组,称为土壤粒级(粒组)。但是,土粒的形状多是不规则的,有的土粒三维方向尺寸相差很大(如片状、棒状),难以直接测量其真实直径。为了按大小进行土粒分级,以土粒的当量粒径或有效粒径代替。在许多国家,各个部门采用的土粒分级方式也不同。当前,我国常见的几种土壤粒级制列于表4-2。由此可见,各种土壤粒级制都把大小颗粒分为石砾、砂粒、粉粒(粉砂)和黏粒(包括胶粒) 4组。

表4-2　常见的土壤粒级制

当量粒径/mm	中国制(1987)	卡钦斯基制(1957)		美国制(1951)	国际制(1930)
2～3	石砾	石砾		石砾	石砾
1～2				极粗砂粒	
0.5～1	粗砂粒	物理性砂粒	粗砂粒	粗砂粒	粗砂粒
0.25～0.5			中砂粒	中砂粒	
0.2～0.25	细砂粒		细砂粒	细砂粒	
0.1～0.2					细砂粒
0.05～0.1				极细砂粒	
0.02～0.05	粗粉粒		粗粉粒	粉粒	
0.01～0.02					粉粒
0.005～0.01	中粉粒		中粉粒		
0.002～0.005	细粉粒	物理性黏粒	细粉粒		
0.001～0.002	粗黏粒				
0.000 5～0.001	细黏粒		黏粒	粗黏粒	黏粒	黏粒
0.000 1～0.000 5				细黏粒		
<0.000 1				胶质黏粒		

(引自黄昌勇,2000)

2. 各级土粒的主要矿物成分和性质

岩石和母质中各种矿物颗粒抵抗风化的能力不同,在风化和成土过程中破碎和分散的程度不同,在各粒级中分布的多少也不同。在各种原生矿物中,最难风化的是石英,而硅酸盐矿物中的正长石、白云母也较难风化,它们往往构成了砂粒和粗粉粒(物理性砂粒)的主要矿物成分;其他几种硅酸盐矿物如斜长石、辉石、角闪石和黑云母等较易风化,在物理性砂粒中的残留很少,其中一部分构成中、细粉粒的矿物成分,而相当大部分则被化学风化成为次生矿物。一般说来,岩石的物理风化难以达到物理性黏粒的程度,而黏粒中则几乎都是次生硅酸盐矿物及硅、铁、铝等氧化物或氢氧化物,它们都是化学风化和生物化学风化的产物。随着粗细土粒中矿物组成的变化,它们的化学组成和性质也发生相应的变化。表4-3是寒带和温带代表性土壤的粒级化学组成,从中可见,SiO_2含量随土粒由粗到细逐渐减少,而Al_2O_3、Fe_2O_3和盐基含量则逐渐增加,因而SiO_2/R_2O_3(灼烧干重比)随之降低。因此,细土粒中各种植物养分的含量要比粗土粒中多得多。不同类型土壤中各粒级的化学组成有所不同,但大体符合上述规律。

表4-3 土壤各粒级的化学组成

粒级/mm		化学组成（灼烧干重）/%									
		SiO_2	Al_2O_3	Fe_2O_3	TiO_2	MnO	CaO	MgO	K_2O	Na_2O	P_2O_5
灰色森林土	0.01~0.1	89.90	3.90	0.94	0.51	0.06	0.61	0.35	2.21	0.81	0.04
	0.005~0.01	82.63	8.13	2.39	0.97	0.06	0.95	1.94	2.77	1.45	0.14
	0.001~0.005	76.75	11.32	3.95	1.34	0.04	1.00	1.05	3.32	1.30	0.25
	<0.001	58.03	23.40	10.19	0.73	0.17	0.44	2.40	3.15	0.24	0.46
	全土	85.10	5.96	2.46	0.53	0.12	0.92	0.68	2.38	0.75	0.11
黑钙土	0.01~0.1	88.12	5.75	1.29	0.45	0.04	0.74	0.29	1.99	1.21	0.02
	0.005~0.01	82.17	7.96	2.73	1.00	0.02	0.94	1.19	2.31	1.84	0.12
	0.001~0.005	67.37	17.16	7.51	1.38	0.03	0.75	1.77	3.04	1.38	0.23
	<0.001	57.47	22.66	11.54	0.66	0.08	0.38	2.48	3.17	0.19	0.39
	全土	71.52	13.74	5.52	0.70	0.18	2.21	1.73	2.67	0.75	0.21

（引自黄昌勇,2000）

3. 土壤质地分类及其特性

不同的粒级混合在一起表现出来的土壤粗细状况,称为土壤质地或土壤机械组成。土壤质地数据是研究土壤的最基本资料之一,有很多用途,尤其是在土壤模型研究和土工试验方面。质地是土壤的一种十分稳定的自然属性,反映母质来源及成土过程某些特征,对土壤肥力有很大影响,因而常被用作土壤分类系统中基层分类的依据之一。土壤质地一般分为砂土、壤土和黏土三类。根据土壤机械分析,分别计算各粒级的相对含量,确定土壤质地。表4-4为我国土壤质地分类。土壤质地可在一定程度上反映土壤矿物组成和化学组成,同时土粒大小与土壤的物理性质密切相关,并且影响土壤孔隙、渗透、吸附、盐分移动（土壤溶质流）和污染过程等。不同质地的土壤表现出不同的性状（表4-5）,壤土兼有砂土和黏土的优点,而克服了两者的缺点,是理想的土壤质地。

表4-4 我国土壤质地分类

质地组	质地名称	土粒组成/%		
		砂粒（0.05~1 mm）	粗粉粒（0.001~0.05 mm）	细黏粒（<0.001 mm）
砂土	极重砂土	>80		
	重砂土	70~80		
	中砂土	60~70		
	轻砂土	50~60		<30
壤土	砂粉土	≥20	≥40	
	粉土	<20		
	砂壤	≥20	<40	
	壤土	<20		

续表

质地组	质地名称	土粒组成/%		
		砂粒(0.05~1 mm)	粗粉粒(0.001~0.05 mm)	细黏粒(<0.001 mm)
黏土	轻黏土			30~35
	中黏土			35~40
	重黏土			40~60
	极重黏土			>60

(引自黄昌勇,2000)

表 4-5   土壤质地与土壤性状

土壤形状	土壤质地		
	砂土	壤土	黏土
比表面积	小	中等	大
紧密性	小	中等	大
孔隙状况	大孔隙多	中等	细孔隙多
通透性	大	中等	小
有效含水量	低	中等	高
保肥能力	小	中等	大
保水能力	低	中等	高
触觉	砂	滑	黏

(引自戴树桂,2006)

第二节   土壤的主要性质

土壤与植物的生命活动紧密相连,具有贮存、转化太阳能和生物能的功能。土壤是农业生态系统中连接生物与非生物界、有机界与无机界的重要枢纽。土壤也是组成环境的各个部分相互作用的场所。土壤是一个复杂的物质体系,其中生存着大大小小有生命的有机体,还有各种无机物和有机物,在这些物质的各相界面(如水-固、水-气、气-固、水-生物)上进行着多种多样物理的、化学的、生物化学的反应。

环境中的有机、无机污染物可以通过各种途径进入土壤-植物系统。土壤本身是一个活的过滤器,对污染物产生过滤、稀释等物理效应,土壤的吸附作用对重金属、有机污染物等的迁移转化有较大的影响,土壤微生物和植物生命活动产生的化学、生物化学反应对污染物也有显著的净化、代谢作用。土壤的组成结构决定土壤的性质,它们共同影响土壤环境中污染物的行为。土壤的性质是多方面的,下面简单介绍与污染物迁移转化有关的一些基本性质。

一、土壤胶体的表面性质

1. 胶体性质

土壤胶体是土壤形成过程中的产物,可分为无机胶体、有机胶体及有机-无机复合胶体。土壤胶体以其巨大的比表面积和荷电性,使土壤具有吸附性。土壤表面电荷和表面积是表征土壤活性的两个最主要性质指标。它们影响着营养物和污染物等在土壤固相表面或溶液中的积聚、滞留、迁移和转化,是土壤具有肥力、对污染物有一定自净作用和环境容量的基本原因。

(1)比表面积和表面能:土壤胶体表面积通常以比表面积来表示。比表面积是单位质量物质(土壤或土壤胶体)的表面积,单位为 m^2/kg 或 m^2/g。一定体积的土壤被分割时,随土粒数的增多,比表面积也显著增大。土壤胶体表面可分为内表面和外表面。常用吸附法测定土粒比表面积,即用分子大小已知的指示吸附质在土粒表面形成单分子层吸附,并用单个分子的面积乘以在土粒表面形成单分子层时所需分子的数目,从而得到土粒的比表面积。常用的指示吸附质有氮气、水蒸气、二氧化碳、溴化十六烷基吡啶、甘油、乙二醇乙醚(EGME)等,这些指示吸附质(探针分子)测得的结果往往有一定的差异。

土粒表面的分子所处的条件与其内部的分子是不同的,内部分子在各方向都与它相同的分子相接触,受到的吸引力相等,合力等于零;而处于表面的分子受到的吸引力是不相等的,表面分子具有一定的过剩自由能,即表面能。土粒比表面积越大,表面能也就越大。

(2)表面电荷和电性:土壤带有电荷,主要集中在胶体上。根据表面电荷性质和来源,可将它分为永久电荷和可变电荷。表面电荷还有正、负电荷之分,其代数和则为净电荷。土壤电荷通过电荷数量和电荷密度对土壤性质发生影响。例如,土壤吸附离子的多少,决定于其所带电荷的数量;而离子吸附的牢固程度则与土壤的电荷密度有关。离子在土壤中的移动和扩散,土壤有机-无机复合体的形成以及土壤的分散、絮凝和膨胀、收缩等性质,也受电荷的影响。土壤电荷的数量一般用 kg 土壤吸附离子的厘摩尔数来表示(cmol/kg)。最常见的阳离子交换量(CEC)即为 pH=7 时土壤净负电荷的数量。

土壤胶体颗粒具有双电层,其结构示意图见图 4-13。颗粒的内部称颗粒核,一般带负电荷,形成一个阴离子层(即决定电位层),其外部由于电性吸引,而形成一个阳离子层[又称反离子层,包括非活动性离子层(固定层)和扩散层],合称为双电层。决定电位层和溶液本体间的电位差通常称为热力电位,在一定的胶体体系中它是不变的。在非活动性离子层与溶液本体间的电位差叫电动电位,它的大小视扩散层厚度而定,随扩散层厚度增大而增大。扩散层厚度取决于补偿离子的性质和电荷数量多少,而水化程度大的补偿离子(如 Na^+),形成的扩散层较厚;反之,扩散层较薄。

2. 胶体类型

(1)有机胶体:土壤有机胶体主要是腐殖质。腐殖质是非晶态的无定形物质,用乙二醇乙醚(EGME)测定,有巨大的比表面积,其范围为 $550\sim800\ m^2/g$;而采用 $BET-N_2$ 法测定的比表面积约为 $1\ m^2/g$。由于胶体表面羧基或酚羟基中 H^+ 的解离,使腐殖质带负电荷,其负电量平均为 200 cmol/kg,高于层状硅酸盐胶体,其阳离子交换量可达 $150\sim300$ cmol/kg,甚至可高达 $400\sim900$ cmol/kg。

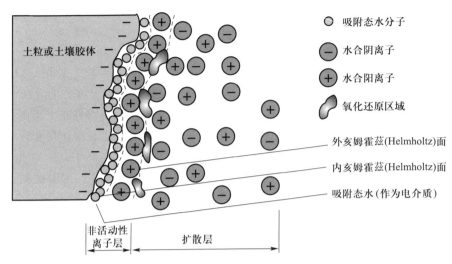

图 4-13   土壤胶体颗粒双电层结构示意图

腐殖质可分为腐殖酸和胡敏素等,其中腐殖酸又可分为胡敏酸和富里酸。胡敏素与土壤矿物质结合紧密,但它对土壤吸附性能的影响逐渐引起人们的注意。胡敏酸和富里酸是土壤胶体吸附过程中最活跃的分散性物质,其官能团多,带负电荷量大,故其阳离子交换量均很高。

胡敏酸和富里酸的主要区别是后者的移动性强、酸度高,有大量的含氧官能团。此外,富里酸有较大的阳离子交换量。在相同条件下,富里酸和胡敏酸的阳离子交换量分别为 $200 \sim 670$ cmol/kg 和 $180 \sim 500$ cmol/kg。因此,富里酸对重金属等阳离子有很高的螯合和吸附能力,其螯合物一般是水溶性的。富里酸吸附重金属离子以后呈溶胶状态,易随土壤溶液运动,可被植物吸收,也可流出土体,进入其他环境介质中。胡敏酸除与一价金属离子(如 K^+、Na^+)形成易溶物外,与其他金属离子均形成难溶的絮凝态物质,使土壤保持有机碳和营养元素,同时也吸持了有毒的重金属离子,缓解其对植物的毒害。可见,胡敏酸含量高的腐殖质可大大提高土壤对重金属的容纳量。在研究土壤环境容量时,应考虑腐殖质中胡敏酸和富里酸(H/F)的相对比例。

(2)无机胶体:无机胶体包括次生黏土矿物、铁铝水合氧化物、含水氧化硅两性胶体。次生黏土矿物主要有蒙脱石、伊利石、高岭石,粒径小于 0.005 mm 的层状铝硅酸盐,对土壤中分子态、离子态污染物有很强的吸附能力。其原因是:① 黏土矿物颗粒微细,具有很大的比表面积,其中以蒙脱石类比表面积最大($600 \sim 800$ m^2/g),它不仅有外表面,而且有巨大的内表面;伊利石次之($100 \sim 200$ m^2/g),高岭石最小($7 \sim 30$ m^2/g);巨大的比表面积伴随产生巨大的表面能,因此能够吸附进入土壤中的气、液态污染物。② 黏土矿物带负电荷,阳离子交换量高,对土壤中离子态污染物有较强的交换固定能力;蒙脱石和高岭石的阳离子交换量分别为 $80 \sim 150$ cmol/kg 和 $2 \sim 15$ cmol/kg。负电荷部分来源于晶层间的同晶置换作用,部分来源于胶体等电点时晶格表面羟基解离出 H^+ 后产生的可变负电荷。据研究,蒙脱石类永久负电荷占总负电荷量的 95%,伊利石占 60%,高岭石占 25%。高岭石吸附的金属阳离子位于晶格表面离子交换点上,易脱附;而蒙脱石、伊利石吸附的盐基离子部分位于晶格内部,不易脱附。

（3）有机-无机复合胶体：它是有机胶体和无机胶体结合而成的一种胶体，其性质介于上述两种胶体之间。土壤胶体大多是有机-无机复合胶体。通常 52%～98% 的土壤有机质集中在黏粒部分。土壤有机-无机复合胶体的形成过程十分复杂。通常认为范德华力、氢键、静电吸附、阳离子键桥等是土壤有机-无机复合胶体键合的主要机理（见图 4-14），复合胶体形成过程中可能同时有两种或多种机理起作用，主要取决于土壤腐殖质类型、黏粒矿物表面交换性离子的性质、表面酸性和体系的含水量等。

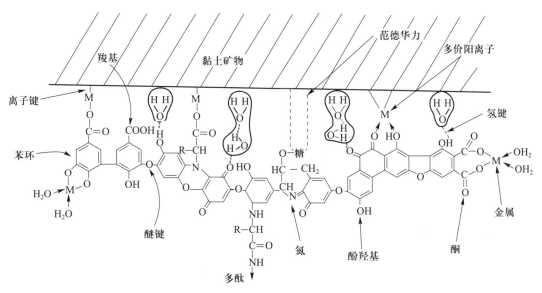

图 4-14　土壤有机-无机复合胶体的形成机理

（引自黄昌勇，2000）

3. 土壤胶体的离子交换作用和吸附作用

土壤胶体有很大的比表面积，并带有电荷，因此具有从土壤溶液中吸附和交换离子的特殊能力。离子交换作用包括阳离子交换吸附作用和阴离子交换吸附作用。土壤胶体对金属离子的吸附作用主要有分子表面吸附和阳离子交换吸附，其吸附交换量与胶体的比表面积及所带电荷量的大小有关。土壤胶体对有机污染物的吸附作用主要有表面吸附作用和分配作用。因此，土壤对污染物的吸附作用与其种类、组成、吸附交换量、污染物本身的性质及介质的 pH 有关。

分子表面吸附是指细小的胶体颗粒具有巨大的比表面积，处于表面的分子常因受力不均匀产生剩余力，此力产生的能量被称为表面能。自然界中的物质均有降低其表面能，保持其分散系统稳定性的趋势，一般情况下通过吸附分子态物质，消耗表面能来达到。这是土壤胶体吸附分子态物质或螯合物的重要机理之一。

阳离子交换吸附是指土壤胶体对离子态物质的吸附和保持作用，实际是胶体分散系统中扩散层的阳离子与土壤溶液中的阳离子相互交换达到平衡的过程，它有以下三个特点：① 阳离子吸附过程是一种可逆反应的动态平衡。进入土壤的金属离子浓度越高、价态越高，则越易被胶体吸附。当进入胶体表面的重金属离子过量，土壤胶体吸附能力减弱，重金属有可能解吸出来。② 阳离子交换量是等量进行的。③ 各种阳离子被胶体物质吸附的亲和力大小各不相同,电荷数越高,交换能力越强;对同价离子,离子半径越大,水合离子半径就越小,具有较强的交换能力。胶体吸附金属离子的能力还常常受到土壤环境条件的影响。土壤中一些常见阳离子的交换能力顺序如下:$Fe^{3+} > Al^{3+} > H^+ > Ba^{2+} > Sr^{2+} > Ca^{2+} > Mg^{2+} > Cs^+ > Rb^+ > NH_4^+ > K^+ > Na^+ > Li^+$。

土壤阳离子交换量(CEC)是指当土壤溶液为中性时,土壤所能吸附和交换的阳离子量,用 1 kg 土壤的一价阳离子的厘摩尔数表示,即 cmol/kg。不同土壤的阳离子交换量不同。不同种类胶体的阳离子交换量顺序为:有机胶体>蒙脱石>水化云母>高岭石>水合氧化铁、铝。土壤质地越细,阳离子交换量越高。土壤胶体中 SiO_2/R_2O_3 值越大,阳离子交换量越高,当 $SiO_2/R_2O_3 < 2$ 时,阳离子交换量显著降低。因为胶体表面—OH 基团的解离受 pH 的影响,所以 pH 下降,土壤负电荷减少,阳离子交换量降低;反之,阳离子交换量增大。

我国土壤的阳离子交换量从北到南依次由高到低:东北黑土为 24.44~34.34 cmol/kg;华北褐土约为 16.40 cmol/kg;长江流域黄褐土约为 13.23 cmol/kg;南方红、黄壤仅为 4.77 cmol/kg 和 4.09 cmol/kg。Levi-Minzi 等的实验表明,决定土壤重金属吸附量的因素首先是土壤吸附交换量,其次是腐殖质含量,而黏土的作用不明显。不同黏土矿物对金属离子的吸附亲和力顺序是不一样的。例如,蒙脱石对二价金属离子的吸附顺序为 $Ca^{2+} > Pb^{2+} > Cu^{2+} > Mg^{2+} > Cd^{2+} > Zn^{2+}$;高岭石为 $Pb^{2+} > Ca^{2+} > Cu^{2+} > Mg^{2+} > Zn^{2+} > Cd^{2+}$;伊利石为 $Pb^{2+} > Ca^{2+} > Zn^{2+} > Cu^{2+} > Cd^{2+}$。

土壤胶体上吸附的可交换阳离子有两种类型:一类是致酸离子,如 H^+ 和 Al^{3+};另一类是盐基离子,如 K^+、Na^+、Ca^{2+}、Mg^{2+}、NH_4^+ 等。当土壤胶体上吸附的阳离子全部是盐基离子,且已达到吸附饱和,此时的土壤称为盐基饱和土壤。当土壤胶体上吸附的阳离子仅部分为盐基离子,而其余部分为致酸离子时,该土壤呈盐基不饱和状态,称为盐基不饱和土壤。在土壤交换性阳离子中盐基离子所占的百分数称为土壤盐基饱和度:

$$盐基饱和度 = \frac{交换性盐基离子总量}{交换性阳离子总量} \times 100\% \qquad (4-1)$$

盐基饱和的土壤具有中性或碱性反应,而盐基不饱和的土壤则呈酸性反应。土壤盐基饱和度与土壤母质、气候等因素有关。

土壤有机质对重金属离子等的交换吸附作用和螯合作用可同时发生。当重金属离子浓度高时以交换吸附为主,浓度低时以螯合作用为主。Hasler 指出土壤有机质结合金属离子能力的顺序为 $Pb^{2+} > Cu^{2+} > Ni^{2+} > Co^{2+} > Zn^{2+} > Mn^{2+} > Mg^{2+} > Ba^{2+} > Ca^{2+} > Hg^{2+} > Cd^{2+}$。Jonasson 认为胡敏酸、富里酸吸附金属的顺序为 $Hg^{2+} > Cu^{2+} > Pb^{2+} > Zn^{2+} > Ni^{2+} > Co^{2+}$。

土壤有机质一般只占固相部分的 5%,其负电荷量平均占土壤总负电荷量的 21%(5%~42%);所以有机胶体对金属离子的吸附总贡献小于无机胶体,但土壤有机胶体对污染物,特别是有机污染物的迁移转化及生物效应有重要的影响。

土壤胶体对重金属及农药的吸附,对于控制它们在土壤-植物系统中的迁移起着重要作用。如土壤中重金属元素的活性在很大程度上取决于土壤的吸附作用。土壤中的黏土矿物和腐殖质对重金属有很强的吸附能力,能降低重金属的活性。

土壤胶体的阴离子交换吸附包括静电吸附和专性吸附作用。土壤胶体多数带负电荷,故其对阴离子的吸附量比对阳离子的吸附量少。但由于许多阴离子在植物营养、环境保护甚至矿物形成、演变等方面均具有相当重要的作用,因此,土壤的阴离子吸附研究一直相当活跃。土壤对阴离子的静电吸附是由于土壤胶体表面带有正电荷引起的,由胶体表面与阴离子之间的静电引力所控制。产生静电吸附的阴离子主要有 Cl^-、NO_3^-、ClO_4^- 等。阴离子专性吸附是指阴离子进入黏土矿物或氧化物表面的金属原子的配位壳中,与配位壳中的羟基或水合基团重新配位,并直接通过共价键或配位键结合在固体的表面。这种吸附发生在双电层的内层,也称为配体交换吸附。产生专性吸附的阴离子有 F^-、PO_4^{3-}、SO_4^{2-}、MoO_4^{2-}、AsO_4^{3-} 等含氧酸根离子。与阴离子的静电吸附不同,专性吸附不仅可发生在带正电荷的表面,也可发生在带负电荷或零电荷的表面。阴离子的专性吸附主要发生在铁、铝氧化物的表面,而这些氧化物多分布于可变电荷中,因此,可变电荷土壤中阴离子的专性吸附现象相当普遍。各种阴离子被土壤胶体吸附的顺序如下:$F^- > C_2O_4^{2-} > C_5H_7O_5COO^- > PO_4^{3-} \geqslant AsO_4^{3-} \geqslant SiO_3^{2-} > HCO_3^- > H_2BO_3^- > CH_3COO^- > SCN^- > SO_4^{2-} > Cl^- > NO_3^-$。

二、土壤的酸碱性

土壤是一个复杂的酸碱缓冲体系,其缓冲性能影响其中的化学和生物化学反应。自然条件下土壤的酸碱性主要受土壤盐基状况所支配,而土壤的盐基状况取决于淋溶过程和复盐基过程的相对强度。我国北方大部分地区的土壤为盐基饱和土壤,并含有一定量的碳酸钙。南方高温多雨地区的大部分土壤是盐基不饱和的,盐基饱和度一般只有 20% ~ 30%。我国土壤的 pH 为 4.5~8.5,并且由南向北 pH 递增。酸性土壤的 pH 可小于 4,碱性土壤的 pH 可高达 11。一般在湿润地区,淋溶作用强,土壤呈酸性或强酸性,pH<6.5(如我国南方)。在干旱地区,淋溶作用弱,土壤大多呈碱性或强碱性,pH>7.5(如我国北方)。在半旱半湿地区,土壤的 pH 介于两者之间。

土壤的酸碱性取决于土壤溶液中 H^+ 的浓度,而 H^+ 主要来自土壤中交换性铝的水解。在 OH/Al(物质的量比)小于 0.15,浓度小于 0.001 mol/L 的稀溶液中,铝很快且可逆地连续水解形成如下的铝单体:

$$[Al(H_2O)_6]^{3+} + H_2O \rightleftharpoons [Al(OH)(H_2O)_5]^{2+} + H_3O^+$$

$$[Al(OH)(H_2O)_5]^{2+} + H_2O \rightleftharpoons [Al(OH)_2(H_2O)_4]^+ + H_3O^+$$

$$[Al(OH)_2(H_2O)_4]^+ + H_2O \rightleftharpoons [Al(OH)_3(H_2O)_3]^0 + H_3O^+$$

$$[Al(OH)_3(H_2O)_3]^0 + H_2O \rightleftharpoons [Al(OH)_4(H_2O)_2]^- + H_3O^+$$

土壤中 CO_2 溶解于水生成碳酸也能解离出 H^+。土壤中有机酸、无机酸和其他盐碱物质的含量及吸附在胶体表面上阳离子的种类对土壤酸碱度均有影响。后者是由胶体吸附的 H^+(或 Al^{3+})(活性酸)在被土壤盐溶液中的阳离子所交换时才表现出来的,所以又称交换性酸或潜在酸。例如,将土壤与中性盐溶液如 KCl 相互作用,则 H^+ 被交换进入溶液,等量的 K^+ 则被胶体吸附。

$$\boxed{胶体}—H + KCl \rightleftharpoons \boxed{胶体}—K + HCl$$

从胶体中代换出的 H^+ 越多,土壤的交换性酸度(潜在酸度)越大。由于土壤潜在酸在土壤微孔隙中扩散缓慢,铝配合物的解离也相当缓慢,所以它们对土壤溶液中 H^+ 和 Al^{3+}(活性酸)浓度变化的化学过程反应很迟钝。土壤潜在酸、活性酸和输入的酸或碱之间的联系为

$$\boxed{\text{潜在酸}} \underset{慢}{\rightleftharpoons} \boxed{\begin{array}{c}\text{活性酸}\\ Al^{3+}\ H^+\end{array}} \overset{+酸}{\underset{+碱}{\overset{快}{\leftarrow}}} Al(OH)_3$$

土壤的活性酸与潜在酸是同一个平衡体系的两种酸度,两者可相互转化,处于动态平衡。土壤潜在酸度往往比活性酸度大得多,两者的比例在砂土中约为 1 000,在有机质丰富的黏土中则高达 $5\times10^4\sim10\times10^4$。

酸雨能使土壤酸化,这已成为世界性环境问题。20 世纪 60 年代的研究表明,酸雨引起土壤酸化的直接后果是铝离子增多,致使植物受害而生长不良,并能从土壤胶体中置换出其他盐基离子,使之遭受淋溶损失而加速土壤的酸化,因此铝离子对土壤的酸化有重要作用。土壤溶液中铝单体的形态取决于溶液的 pH。从 pH 对铝在溶液中的溶解度影响(图 4-15)中可以看出:pH<4.7、pH = 4.7~6.5 时分别以 Al^{3+}、$Al(OH)_2^+$ 占优势;pH = 6.5~8.0 时以 $Al(OH)_3$ 为主;pH>8.0时 $Al(OH)_4^-$ 占优势。pH = 4.7~7.5 时,铝的溶解度低,在这段 pH 范围内,铝沉淀为 $Al(OH)_3$。pH<4.7 和>7.5 时,溶液中铝的浓度迅速提高。应当注意的是,游离态 Al^{3+} 在土壤溶液的铝总量中只占很小一部分,大部分与 F^-、SO_4^{2-} 等无机离子或腐殖质、有机酸等有机物发生了配位作用。有关土壤中铝离子的存在及其生态效应的研究,已引起各国学者的兴趣。

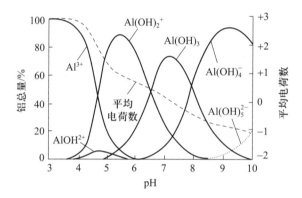

图 4-15   pH 对溶解铝的形态分布和平均电荷数的影响
(引自 Sparks,2002)

铝在水溶液中的水解反应可形成多聚体铝(图 4-16),但还未证实土壤溶液中有多聚体铝。原因之一是多聚体铝在土壤中优先被黏土矿物和有机质所吸附,而且往往难以被交换,而成为非交换性铝。多聚体铝离子可呈岛屿状均匀地分布于层间,如图 4-17(a);也可像"环礁"样集中在黏土矿物表面的边层,如图 4-17(b)。如果多聚体铝离子在边层上,它们就可堵塞层间中心内的交换点位;如果多聚体铝离子是呈岛屿状地分布于层间,它们就会像支柱一样使层间间距打开,并促进与其他离子的交换作用。

土壤溶液中的配体可改变铝在溶液中的溶解度。如土壤中常见的 F^-、$C_5H_7O_5COO^-$、$C_2O_4^{2-}$、富里酸和单体硅酸化合物等配体能提高溶液中铝的溶解度,而磷酸、硫酸和多聚体硅酸盐类及羟基等配体则会降低溶液中铝的溶解度。

土壤的缓冲性能是指土壤具有缓和其酸碱度发生剧烈变化的能力,保持土壤反应的相对稳定,为植物生长和土壤生物的活动创造比较稳定的生活环境。缓冲 pH 变化的能力涉及很多机理。土壤溶液中含有碳酸、硅酸、磷酸、腐殖酸和其他有机酸等及其盐类,构成一个

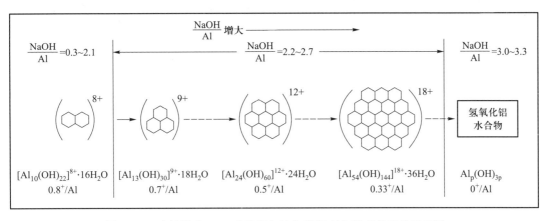

图 4-16　水溶液中 OH/Al 的摩尔比与聚铝存在形态关系的示意图

（引自 Sparks，2002）

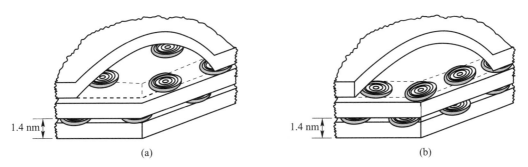

图 4-17　多聚体铝离子在 2∶1 型黏土矿物层间的分布示意图

（引自李学垣，2001）

良好的缓冲体系，对酸碱具有缓冲作用。在 pH< 5 的酸性土壤里，铝离子对碱具有缓冲作用，当加入碱类使土壤溶液中 OH^- 增加时，Al^{3+} 周围的 6 个水分子中有一两个水分子解离出 H^+，与加入的 OH^- 中和。带有 OH^- 的铝离子很不稳定，它们聚合成更大的离子团，如图 4-18 所示，可以有多达数十个的铝离子相互聚合成离子团。聚合的铝离子越大，解离出的 H^+ 越多，对碱的缓冲能力就越强。pH > 5.5 时，铝离子开始形成 $Al(OH)_3$ 沉淀而失去缓冲能力。

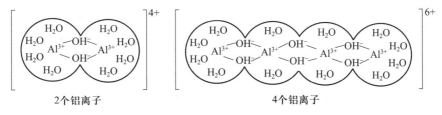

图 4-18　铝离子缓冲作用示意图

（引自戴树桂，2006）

土壤胶体吸附有各种阳离子,其中盐基离子和氢离子能分别对酸和碱起缓冲作用。土壤胶体的数量和盐基交换量越大,土壤的缓冲性能就越强。在交换量相等的条件下,盐基饱和度越高,土壤对酸的缓冲能力越大;反之,盐基饱和度越低,土壤对碱的缓冲能力越大。钙和镁的碳酸盐是土壤中最普遍存在的游离碳酸盐矿物,作为土壤的储备碱,它们能对土壤中的各种酸起中和作用。硅铝酸盐矿物分解而产生的可变电荷矿物表面和层状硅酸盐矿物表面也会产生缓冲作用。土壤的 pH、缓冲容量与酸、碱加入量之间的关系见图 4-19。一般土壤缓冲能力大小顺序为腐殖质土>黏土>砂土。

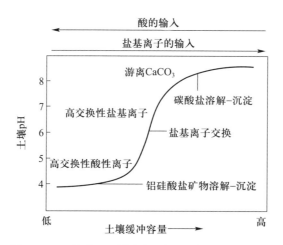

图 4-19　土壤的 pH、缓冲容量与酸、碱加入量的关系
(引自李学垣,2001)

pH 是土壤的重要指标之一。土壤酸碱度直接或间接影响污染物在土壤中的迁移转化:① 影响重金属等离子的溶解度(溶度积常数);② 影响污染物氧化还原体系的电位;③ 影响土壤胶体对重金属离子等的吸附。如硅酸胶体吸附金属离子的最佳 pH 范围为 Co^{2+}:5~7;Cr^{3+}:3.5~7。土壤酸碱度对土壤中重金属的活性有明显的影响。例如,镉在酸性土壤中溶解度大,对植物的毒性较大;在碱性土壤中则溶解度减小,毒性降低。

三、土壤的氧化还原性质

土壤中存在着多种有机、无机的氧化性和还原性物质,并始终进行着氧化还原反应。与土壤酸碱反应一样,土壤氧化还原反应是发生在土壤溶液中又一重要的化学反应。土壤中参与氧化还原反应的元素有 C、H、N、O、S、Fe、Mn、As、Cr 及其他变价元素,较为重要的是 O、Fe、Mn、S 和某些有机物,并以氧和有机还原性物质较为活跃,Fe、Mn、S 等的转化则主要受氧和有机质的影响。土壤中的氧化还原反应在干湿交替下进行得最为频繁,其次是有机物的氧化和生物机体的活动。

土壤中氧化还原作用的强弱同样可用氧化还原电位(pE)表示。土壤中氧化剂主要有游离氧、高价金属离子,还原剂有低价金属离子、土壤有机质及在厌氧条件下的分解产物。土壤中氧化还原反应除了纯化学反应外,还有生物反应。土壤中重要的氧化还原体系有:H_2O-O_2 电对、铁体系[如 Fe(Ⅲ)-Fe(Ⅱ)]、锰体系[如 Mn(Ⅳ)-Mn(Ⅱ)]、硫体系(如 $SO_4^{2-}-H_2S$)、氮体系(如 $NO_3^- - NO_2^-$、$NO_3^- - N_2$、$NO_3^- - NH_4^+$)、碳体系($CO_2 - CH_4$),相关的氧化还原半反应可参考土壤化学书籍。如果土壤中游离氧占优势,则以氧化作用为主;如果有机质占优势,则以还原作用为主。

土壤 pE 受通气状况、微生物活动、易分解有机质的含量、植物根系的代谢作用、土壤 pH 及人为措施的影响。旱地 pE 较高,以氧化作用为主,在土壤深处,pE 较低;水田的 pE 可降至负值,以还原作用为主。例如,土壤中 Hg^{2+} 可被有机质、微生物等还原为 Hg_2^{2+},再发生歧化反应还原为 Hg^0。旱地土壤的 pE 为 8.5~11.84,Hg 以 $HgCl_2$ 和 $Hg(OH)_2$ 形态存在;水田土壤 pE 约为 -5.1,产生的 H_2S 与 Hg^{2+} 形成 HgS 沉淀。在淹水和通气土壤中硫的氧化还原过程如图 4-20 所示。此外,土壤 pE 还与 pH 有关,pH 降低,pE 升高。植物根系分泌物可直接或间接影响根际土壤的氧化还原电位。

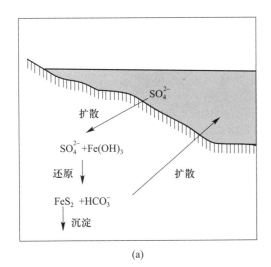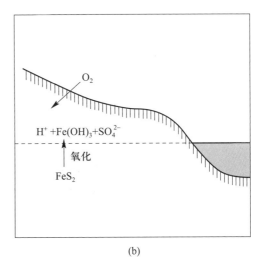

图 4-20　淹水和通气土壤中硫的氧化还原过程示意图

(引自李学垣,2001)

(a)淹水土壤;(b)通气土壤

黏土矿物和氧化物能促进某些氧化还原反应如酚和芳胺的氧化,这些反应不同于均相溶液中的氧化还原反应过程,它包括有吸附和电子转移步骤的表面反应,因为铁、锰氧化物和含 Fe^{3+} 的层状硅酸盐矿物等黏土矿物都是很活跃的电子受体。

土壤 pE 可影响有机物和无机物的存在形态和生物有效性,从而影响它们在土壤中的迁移转化和对作物的毒害程度,这对那些变价元素尤为重要。例如,在 pE 很低的还原条件下,Cd^{2+} 形成难溶的 CdS 沉淀,难以被植物吸收,毒性降低。但水田落干后,CdS 被氧化为可溶性的 $CdSO_4$,易被植物吸收,若 Cd^{2+} 含量较高,则会影响植物生长。因此,可通过调节土壤的 pE 及 pH,降低污染物的毒性;可利用或强化土壤的氧化还原性质,使污染物脱毒,达到修复或缓解土壤有机物、重金属污染的目的。

四、土壤组分的配位作用和螯合作用

土壤中的有机、无机配体能与金属离子发生配位或螯合作用,从而影响金属离子迁移转化等行为。土壤中有机配体主要是腐殖质,其表面含有多种含氧、含氮等多配位原子的官能团,能与金属离子形成配合物或螯合物。不同配体与金属离子亲和力的大小顺序为

$$—NH_2 > —OH > —COOH > \diagdown C = O$$

。腐殖质官能团中羧基和酚羟基分别约占官能团的 50% 和 30%,成为腐殖质-金属配合物的主要配位基团。我国土壤中腐殖酸的羟基含量(340~480 cmol/kg)低于富里酸(700~800 cmol/kg),前者羧基与羟基的含量比为 0.7~1.9,后者为 2.7~5.6;富里酸的配位、还原能力高于腐殖酸。

土壤中的腐殖质可以多种状态与金属发生化学反应,包括溶解态的有机质、颗粒态有机质和土壤有机质,如图 4-21 所示。不同状态的腐殖质与金属离子配合和螯合作用,对金属的迁移转化具有重要的影响。

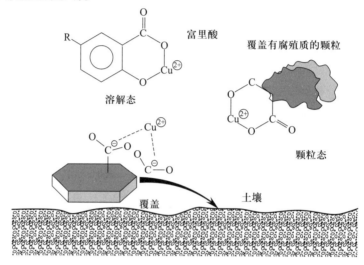

图 4-21   不同状态的腐殖质与金属离子 Cu^{2+} 之间的配合作用

土壤中常见的无机配体有 Cl^-、SO_4^{2-}、HCO_3^-、OH^- 等,它们与金属离子生成各种配合物,如 $CuOH^+$、$Cu(OH)_2$、$CuCl^+$、$CuCl_3^-$ 等。

金属配合物或螯合物的稳定性与配体或螯合剂、金属离子种类及环境条件有关。土壤有机质对金属离子的配位或螯合能力的大小顺序为 $Pb^{2+} > Cu^{2+} > Ni^{2+} > Zn^{2+} > Hg^{2+} > Cd^{2+}$。土壤介质 pH 对螯合物的稳定性有较大的影响。pH 低时,H^+ 与金属离子竞争螯合剂,螯合物的稳定性较差;pH 高时,金属离子可形成氢氧化物、磷酸盐或碳酸盐等不溶性无机化合物。

配位或螯合作用对金属离子迁移的影响取决于所形成螯合物的可溶性。若形成的螯合物易溶于水,则有利于金属的迁移;反之,有利于金属在土壤中滞留,降低其活性。一般来说,胡敏酸与金属离子形成的螯合物是难溶的,富里酸与金属离子形成的螯合物是易溶的。重金属与腐殖质生成可溶性稳定螯合物,能够有效阻止重金属形成难溶盐而沉淀。例如,腐殖质与 Fe、Al、Ti、V 等形成的螯合物易溶于中性、弱酸性或弱碱性土壤溶液中,使之以螯合物的形式迁移,当缺乏腐殖质时它们便析出沉淀。

重金属离子与无机、有机配体的配位反应及影响因素在水污染化学中已作了详细论述,土壤中的情况与之类似。例如,在土壤表层的溶液中,汞主要以 $Hg(OH)_2$、$HgCl_2$ 形式存在;

在氯离子浓度高的盐碱土中,则以 $HgCl_4^{2-}$ 为主。Cd^{2+}、Zn^{2+}、Pb^{2+} 则可生成 MCl_2、MCl_3^-、MCl_4^{2-} 配离子。盐碱土的 pH 高,重金属可发生水解,生成羟基配离子,此时即发生羟基配位作用与氯配位作用的竞争,或形成各种复杂的配离子,如 $HgOHCl$、$CdOHCl$ 等。重金属与羟基及氯离子的配位作用,可提高难溶重金属化合物的溶解度,并减弱土壤胶体对重金属的吸附,从而影响土壤中重金属的迁移转化。

五、土壤的生物学性质

土壤中存在着由土壤动物、原生动物和微生物组成的生物群体,生物活性最为活跃的是根际(rhizosphere)土壤,即受植物根系直接影响的那部分微域土壤。土壤的生物学性质,特别是土壤的根际过程对环境中物质的迁移转化和生物生态效应有重要的影响。

根际土壤微环境的性质及其环境和生物生态效应引起土壤界和环境界的极大关注。一般来说,一年生植物净光合作用碳的 30%~60% 分布在根系,其中相当一部分(4%~70%)是以有机碳的形式释放到根际(根际沉积作用,rhizodeposition)。根际土壤沉积物的主要有机碳组分是各种低分子、高分子有机溶质以及剥落的细胞组织等。低分子有机溶质(分泌物)包括有机酸、酚类化合物和植物铁载体,它们可以直接活化根际土壤的矿物质养分,降低某些有害金属离子(如铝)的毒性,但同时也可能活化根际土壤中的部分重金属(如铅、镉等),促进植物对重金属离子的吸收。高分子有机分泌物(黏液)主要是多聚糖,包括半乳糖醛酸,它们可以与多价金属阳离子形成配合物,保护根尖分裂组织免受铝及重金属的毒害。脱落的植物细胞组织主要是根际微生物的碳源,但也可以微生物代谢产物的形式对根际土壤矿物质养分进行活化,降低土壤中某些金属阳离子的毒性。表 4-6 为根际土壤沉积物的类别。根系还会向根际土壤释放 H^+ 及 $CO_2(HCO_3^-)$ 而改变根际土壤的 pH。此外,根系对氧气的消耗或释放可使根际土壤的氧化还原电位(pE)发生变化。

表 4-6　根际土壤沉积物的类别

种　类	化　合　物
根系分泌物	
渗出物(diffusate)	糖类、有机酸、氨基酸、H_2O、无机离子、核黄素等
排泄物(excretion)	CO_2、HCO_3^-、质子、电子、乙烯等
泌出物(secretion)	黏液、质子、电子、酶、铁载体、异株克生物质等
根系碎片	根冠细胞、细胞内容物

土壤微生物是土壤生物的主体,它的种类繁多,数量巨大。特别是在土壤表层中,1 g土壤含有数亿和十亿计的细菌、真菌、放线菌和酵母菌等微生物。它们能产生各种专性酶,因而在土壤有机质的分解转化过程中起主要作用。土壤微生物和其他生物对有机污染物具有强的自净能力,即生物降解作用。土壤这种自身更新能力和去毒作用为土壤生态系统的物质循环创造了决定性的有利条件,也对土壤肥力的保持提供了必要的保证。污染物可被生物吸收并富集在体内,植物根系对污染物的吸收是植物污染的主要途径。

六、土壤的自净功能及环境容量

土壤的上述性质对污染物的迁移转化有很大的影响。如土壤胶体能吸附各种污染物并降低其活性,微生物对有机污染物有特殊的降解作用,使得土壤具有优越的自身更新能力而无须借助外力。土壤的这种自身更新能力,称为土壤的自净作用。污染物进入土壤后,其自净过程大致如下:污染物在土壤内经扩散、稀释、挥发等物理过程降低其浓度;经生物和化学作用降解为无毒或低毒物质,或通过化学沉淀、配位或螯合作用、氧化还原作用转化为不溶性化合物,或被土壤胶体牢固吸附,难以被植物吸收而暂时退出生物小循环,脱离食物链或被排至土体之外的大气或水体中。因此,土壤具有同化和降解外源物质的能力,是保护环境的重要净化剂。

土壤自净能力与土壤的物质组成和其他特性及污染物的种类、性质有关。不同土壤的自净能力是不同的,同一土壤对不同污染物的自净能力也是有差异的。总的来说,土壤的自净速率比较缓慢,污染物进入土壤后较难净化。

环境容量是指在人类生存和自然生态不受损害的前提下,某一环境单元中所能容纳污染物的最大负荷。土壤环境容量就是将环境容量的概念用于土壤体系,其含义是在维持土壤的正常结构和功能,并保证农产品的生物学产量和质量的前提下,土壤所能容纳污染物的最大负荷。土壤环境容量可用下式表示:

$$Q = \rho_s \times S \times (R-B) \times 10^{-6} \tag{4-2}$$

式中:Q——区域土壤环境容量,kg;

ρ_s——耕层土壤的面密度,kg/m²;

S——区域面积,m²;

R——某种污染物的土壤评价指标 ,mg/kg,即造成作物生长障碍时该污染物的浓度,或作物食用部分残毒达到卫生标准 50%时该污染物的浓度;

B——该污染物的土壤环境背景值或现有浓度,mg/kg。

土壤环境背景值是指未受污染的条件下,土壤中各元素和化合物,特别是有毒污染物的含量。目前绝对未受污染的土壤已经很难找到,通常选择离污染源很远、污染物难以到达、生态条件正常地区的土壤作为调查土壤环境背景值的基本依据。土壤环境背景值是一个相对的概念,其值因时间和空间因素而异。

第三节   土壤中污染物的迁移转化

人类活动产生的污染物进入土壤并积累到一定程度,引起土壤质量恶化的现象即为土壤污染。土壤与水体和大气环境有诸多不同,它在位置上较水体和大气相对稳定,污染物易于聚集,故通常认为土壤是污染物的“汇”。

污染物可通过各种途径进入土壤。若进入污染物的量在土壤自净能力范围内,土壤仍可维持正常生态循环。土壤污染与土壤自净是两个相互对立又同时存在的过程。如果人类活动产生的污染物进入土壤的数量与速率超过自净速率,造成污染物在土壤中持续积累,表现出不良的生态效应和环境效应,最终导致土壤正常功能失调,土壤质量下降,影响作物的生长发育,作物的产量和质量下降,即发生了土壤污染。

土壤受到污染后,不仅会影响植物生长,还会影响土壤内部生物群落的变化与物质的转化。土壤污染物会随地表径流而进入河流、湖泊,当这种径流中的污染物浓度较高时,会污染地表水。例如,土壤中过多的 N、P,以及一些有机磷农药和部分有机氯农药、酚和氰的淋溶迁移常造成地表水污染。因此,污染物进入土壤后有可能对地表水、地下水造成次生污染。土壤污染物还可通过土壤-植物系统,对农产品安全构成严重威胁,经由食物链最终影响人类的健康。如日本的"痛痛病"就是土壤污染间接危害人类健康的一个典型例子,但其从开始污染、产生效应、到查明原因历时 50~60 a。土壤污染具有隐蔽性和滞后性、复杂性、累积性、地域性、不可逆转性、治理难而周期长等特点。土壤污染可从以下两个方面来判别:① 地下水是否受到污染;② 作物生长是否受到影响。但土壤环境是否受到了人为污染,其污染程度如何,需要采用灵敏和有效的方法予以诊断,常用的诊断方法有化学诊断方法和生态毒理诊断方法。

一、土壤的主要污染物

土壤污染源可分为人为源和天然源。

人为源:主要是工业和城市的污(废)水和固体废物、农药和化肥、牲畜排泄物、生物残体、石油开采及大气沉降物等。污水灌溉或污泥作为肥料使用,常使土壤受到重金属、无机盐、有机物、病原体及抗性基因等的污染。工业及城市固体废物任意堆放,引起其中有害物质的淋溶、释放,可导致土壤及地下水的污染。现代农业大量使用农药和化肥,也可造成土壤污染。例如 ,六六六、DDT 等有机氯农药能在土壤中长期残留,并在生物体内富集;氮、磷等化学肥料,凡未被植物吸收利用和未被耕层土壤吸附固定的养分,都在耕层以下积累,或转入地下水,成为潜在的环境污染物。禽畜饲养场的厩肥和屠宰场的废物用作肥料,如果不进行适当处理,其中的寄生虫、病原菌和病毒及抗生素抗性基因等可引起土壤和水体污染。大气中的二氧化硫、氮氧化物及颗粒物通过干沉降或湿沉降到达地面,可引起土壤酸化。通过大气长、短距离输送而沉降的多环芳烃等持久性有机污染物可造成土壤持久性有机物污染。

天然源:在某些矿床或元素和化合物的富集中心周围,由于矿物的自然分解与风化,往往形成自然扩散带,使附近土壤中某些元素的含量超出一般水平。

土壤污染可分为化学污染、物理污染和生物污染,其污染源十分复杂。土壤的化学污染最为普遍、严重和复杂。土壤污染物种类繁多,总体可分以下几类:① 无机污染物,包括对动、植物有危害作用的元素及其无机化合物,如镉、汞、铜、铅、锌、镍、砷等;硝酸盐、硫酸盐、氟化物、高氯酸盐、可溶性碳酸盐等化合物也是常见的土壤无机污染物;过量使用氮肥或磷肥也会造成土壤污染。② 有机污染物,包括有机氯和有机磷农药、多环芳烃(PAHs)和多氯联苯(PCBs)等持久性有机污染物、酚类和硝基类等化工有机污染物、石油烃类化合物、表面活性剂等。传统有机污染物,药物及个人护理品(PPCPs),抗生素抗性基因,邻苯二甲酸酯类等新污染物。③ 放射性物质,如 ^{137}Cs、^{90}Sr、^{235}U 等。④ 病原微生物,如肠道细菌、炭疽杆菌、肠道寄生虫、结核杆菌等。

在土壤环境化学中,研究较多的是重金属及有机物的污染。下面将讨论土壤的氮、磷、重金属及有机物的污染问题。

二、氮和磷污染与迁移转化

氮、磷是植物生长不可缺少的营养元素。农业生产过程中常施用氮、磷化肥以增加粮食作物的产量,但过量使用化肥会影响作物的产量和质量。此外,未被作物吸收利用和被耕层土壤吸附固定的养分,则在耕层以下积累或转入地下水和地表水,成为潜在环境污染物。

1. 氮污染

农田中过量施用氮肥会影响农业产量和产品的质量,还会间接影响人类健康,同时在经济上也是一种损失。施用过多的氮肥,由于水的渗滤作用,土壤中积累的硝酸盐渗滤并进入地下水;如水中硝酸盐含量超过 4.5 μg/mL,就不宜饮用。蔬菜和饲料作物等可以积累土壤中的硝酸盐。空气中的细菌可将烹调过的蔬菜中的硝酸盐还原成亚硝酸盐,饲料中的硝酸盐在反刍动物胃里也可被还原成亚硝酸盐。亚硝酸盐能与胺类反应生成亚硝胺类化合物,具有致癌、致畸、致突变的性质,对人类健康有很大的威胁。硝酸盐和亚硝酸盐进入血液,可将其中的血红蛋白 Fe^{2+} 氧化成 Fe^{3+},变成氧化血红蛋白,后者不能将其结合的氧分离供给肌体组织,导致组织缺氧,使人和家畜发生急性中毒。此外,农田施用过量的氮肥容易造成地表水的富营养化和地下水污染。

土壤中氮的形态多样,包含有机氮和无机氮。表层土壤中的氮大部分是有机氮,约占总氮的 90% 以上。根据溶解度大小和水解难易程度,土壤有机氮可分为水溶性有机氮、水解性有机氮、非水解性有机氮。水溶性有机氮主要是一些游离氨基酸、胺和酰胺类化合物,一般不超过土壤总氮的 5%;水解性有机氮是用酸、碱或酶处理时能够水解成简单的水溶性化合物的有机氮,水溶性有机氮包含在此类中,其总量占土壤总氮的 50%~70%;非水解性有机氮是指既非水溶也不能用一般的酸、碱、酶处理来促使水解的有机氮,占土壤总氮的 30%~50%。土壤中的无机氮主要有氨氮、亚硝酸盐氮和硝酸盐氮,其中铵盐(NH_4^+)、硝酸盐氮(NO_3^-)是植物摄取的主要形式。除此以外,土壤中还有着一些化学性质不稳定、仅以过渡态存在的含氮化合物,如 N_2O、NO、NO_2 及 NH_2OH、HNO_2。

尽管某些植物能直接利用氨基酸,但植物摄取的几乎都是无机氮,说明土壤中氮以有机态来储存,而以无机态被植物所吸收。显然,有机氮与无机氮之间的转化是十分重要的。有机氮转化为无机氮的过程称为矿化过程。无机氮转化为有机氮的过程称为非流动性过程。这两种过程都是微生物作用的结果。研究表明,矿化的氮量与外部条件如温度、酸度、氧及水的有效量、其他营养盐等有关。土壤中氮元素的迁移转化是全球氮循环的重要组成部分。

以下简单介绍土壤中氮的迁移转化过程。假定有机氮完全被截留在七壤中并达一定的深度,那么氮的迁移主要是指经过矿化过程以后的氮及加到表层土壤中的无机氮,并假定污水的次生流出物中 90%~95% 的氮是 NH_4^+,污水中可能存在天然肥料或腐败物质。土壤中氮的迁移转化过程如图 4-22 所示。具体如下:① 在碱性条件下,进入土壤中 NH_4^+ 转化成 NH_3,挥发至大气中,由于多数植物可吸收利用 NH_4^+,也使一部分氮从土壤中迁出。② 被土壤胶体吸附,NH_4^+ 可通过离子交换作用被土壤中的黏土矿物或腐殖质吸附。③ 硝化作用,如果土壤中有足量的含氮有机物、氧,适量的碳源及必要的湿度和温度条件,就能产生硝化作用,使 NH_4^+ 逐渐转化为 NO_2^-、NO_3^-,提高了氮的流动性,使之易进入土壤深处,除非被某些植物的根吸收而被截留。土壤中硝酸盐的含量与土层的深度和降水量有关。降水量越小,土壤表层中的硝酸盐含量越高;在土壤深处,硝酸盐含量迅速减少。④ 反硝化脱氮作用,包括化学和微生物脱氮作用。脱氮作用要有足够的能源,并有还原性物质存在;温度、pH 对脱氮作用也很重要。例如,25℃ 以下脱氮作用速率便减小,至 2℃ 时趋于零;pH<5 时,脱氮作用便终止。脱氮作用似乎不利于农业生产,但当氮过量时,特别是在植物根部不能达到的深度就显得重要。因此,当土壤受氮污染时,脱氮过程是十分有利的,而土壤用水浸泡可以造

成十分有利的脱氮条件。此外,土壤的渗水作用可使相当数量的氮流失 。要尽可能控制化肥的用量,避免氮污染。

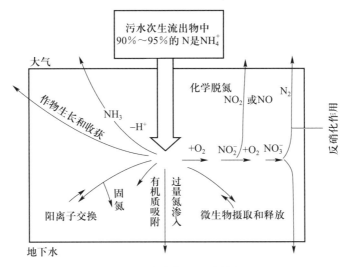

图 4-22　土壤中氮的迁移转化过程

2. 磷污染

磷是植物生长的必需元素之一。植物摄取磷几乎全是通过磷酸根离子的形式。土壤的磷污染很难判断,植物缺锌往往是高磷造成的。

表层土壤中磷酸盐含量可达 200 $\mu g/g$,在黏土层中可达 1 000 $\mu g/g$。土壤中磷酸盐主要以固相存在,其活度与总量无关;土壤对磷酸盐有很强的亲和力。因此,磷污染比氮污染情形要简单,只是在灌溉时才会出现磷过量的问题。另外,土壤中的 Ca^{2+}、Al^{3+}、Fe^{3+} 等容易和磷酸盐生成低溶性化合物,能抑制磷酸盐的活性,即使土壤中含磷量高,但作物仍可能缺磷。由此可见,土壤磷污染对农作物生长影响并不很大,但其中的磷酸盐可随水土流失进入河流、湖泊、水库等,造成水体富营养化。

土壤中的磷主要包括无机磷和有机磷。土壤中的无机磷几乎全部是正磷酸盐,根据其所结合的主要阳离子的性质不同,可分为四个类别:磷酸钙(镁)化合物(以 Ca-P 表示)、磷酸铁和磷酸铝类化合物(分别以 Fe-P 和 Al-P 表示)、闭蓄态磷(以 O-P 表示,氧化铁胶膜包着的磷酸盐)、复合磷酸盐类(磷酸铁铝和碱金属、碱土金属复合而成)。有机磷在总磷中所占比例范围较宽,土壤中有机磷的含量与有机质的量呈正相关,其含量在表层土中较高。土壤中有机磷主要是磷酸肌醇酯,也有少量核酸及磷酸类酯。与磷酸盐一样,磷酸肌醇酯能被土壤吸附沉淀。

三、重金属在土壤-植物系统中的迁移转化

(一)土壤的重金属污染及危害

1. 重金属污染

土壤本身均含有一定量的重金属元素,其中有些是作物生长所需要的微量元素,如 Mn、Cu、Zn 等,而有些重金属如 Cd、As、Hg 等对植物生长是不利的。即使是营养元素,当其过量

时也会对作物生长产生不利的影响。同一浓度下,重金属对植物等的毒性与其存在形态有密切关系。土壤胶体的吸附作用能抑制重金属的活性,土壤酸碱度对重金属的活性也有明显影响。因此,土壤的重金属污染问题较为复杂。

由于采用城市污水或工业废水灌溉,其中的有机物及重金属等污染物进入农田;矿渣、炉渣及其他固体废物任意堆放,其淋溶物随地表径流进入农田,这些都可造成土壤重金属污染。当进入土壤的重金属元素积累到一定程度,超过作物的需要和耐受程度,作物生长将受到影响;或作物生长并未受害,但其产品中重金属含量超过卫生标准,就有可能对人、畜产生一定的危害。

重金属元素大多是变价元素,其存在形态与环境条件有关。重金属在土壤中的迁移转化及生态效应均与其存在形态有关。重金属易与环境中的有机、无机配体形成配合物,可被土壤胶体吸附,移动性小,不易被水淋溶,也不易被微生物所降解;相反,重金属可在微生物作用下转化成毒性更大的金属有机化合物。由此可见,重金属易被土壤吸持并积累,植物和其他生物能吸收、富集重金属。土壤一旦受到重金属污染,就很难予以彻底消除;若向地表水或地下水中迁移,可加重水体污染。土壤重金属污染具有污染物在土壤中移动性差、滞留时间长、毒性大等特点。

土壤生态系统由地上植物及土壤内部动物、微生物和酶所组成。这一生态系统是生物物质生产、累积、分解、转化的最活跃地带,并贯穿物流与能流而形成的一个开放系统。在人为活动影响下,进入其中的污染物,其数量或速度一旦超过一定的限度,不仅影响地上植物,同时也影响土壤内部生物群的变化及物质的转化。

2. 重金属污染危害

土壤重金属污染的危害主要表现在以下几个方面:① 影响植物生长。实验表明,土壤中无机砷含量达 12 $\mu g/g$ 时,水稻生长开始受到抑制;无机砷含量为 40 $\mu g/g$ 时,水稻减产50%;含砷量为 160 $\mu g/g$ 时,水稻不能生长;稻米含砷量与土壤含砷量呈正相关。有机砷化物对植物的毒性则更大。② 影响土壤生物群落的变化及物质的转化。重金属离子对微生物的毒性顺序为:$Hg^{2+}>Cd^{2+}>Cr^{3+}>Pb^{2+}>Co^{2+}>Cu^{2+}$,其中 Hg^{2+}、Ag^+ 对微生物的毒性最强,通常浓度在 1 $\mu g/g$ 时就能抑制许多细菌的繁殖;土壤中重金属对微生物的抑制作用对有机物的生物化学降解是不利的。③ 影响人体健康。土壤重金属可通过下列途径危及人体和牲畜的健康:通过挥发作用进入大气;如土壤中的重金属经化学或微生物的作用转化为金属有机化合物(如有机砷、有机汞)或蒸气态金属或化合物(如汞、砷化氢)而挥发到大气中;受水特别是酸雨的淋溶或地表径流作用,重金属进入地表水和地下水,影响水生生物;植物吸收并富集土壤中的重金属,通过食物链进入人体。土壤中重金属可通过上述三种途径造成二次污染,最终通过人体的呼吸作用、饮水及食物链进入人体内。应当指出,经由食物链进入人体的重金属,在相当一段时间内可能不表现出受害症状,但潜在危害性很大。总之,重金属污染不仅影响土壤的性质,还可影响植物生长乃至人类的健康。

(二)土壤中重金属的迁移转化行为及生物有效性

1. 重金属的迁移转化

重金属在土壤-植物系统中的迁移转化行为及作用机制非常复杂,影响因素很多,主要包括土壤的类型、组成及理化性质,重金属的种类、浓度及在土壤中的存在形态,植物的种类及生长发育状况,土壤复合污染过程等。重金属进入土壤后,与各种土壤组分发生物理、化学、生物反应,包括吸附-解吸、沉淀-溶解、配位-解离、同化-矿化、迁移转化等过程。重金属在土壤固相-液相间的迁移转化过程如图 4-23 所示。重金属在土壤中极少以溶解态形式存在于土壤溶液中,大部分与各种土壤组分相结合而形成各种不同的存在状态,如吸附在土壤颗粒表面、存在于颗粒物表面的离子交换位点、以沉淀或共沉淀形式存在、特别是与无定形铁和锰氧化物相结合、与有机分子形成配合物,或者形成包裹态,或者进入矿物的晶格。重金属不同的结合状态,又有各种作用机理。土壤中重金属分子水平的迁移转化过程及存在状态如图 4-24 所示。

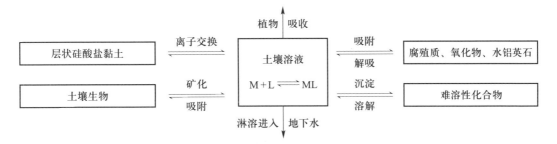

图 4-23　重金属在土壤固相-液相间的迁移转化过程

M 为自由金属离子;L 为某些无机配体/大部分有机酸;ML 为可溶性配合物

（引自骆永明,2009）

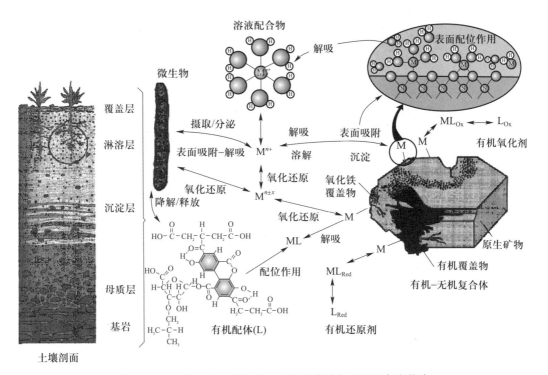

图 4-24　土壤中重金属分子水平的迁移转化过程及存在状态

（引自 Brown,1999）

　　重金属在土壤多介质体系中吸附-解吸作用是重要的环境化学行为之一,对其迁移转化和生物生态效应及可供选择的经济有效的修复或环境技术有重要的影响。土壤对重金属的吸附作用(sorption)包括表面吸附作用(adsorption)、表面沉淀(surface precipitation)和聚合作用(polymerization)。土壤中的无机矿物、有机质和微生物三种活跃组分对重金属的吸附-解吸行为有重要的影响。重金属在土壤黏土矿物表面可发生各种各样的物理化学过程(图4-25),包括外层配合物的表面吸附(a),失去一个结合水形成内层配合物(b),在黏土晶格扩散和同晶置换(c),通过快速扩散形成表面聚合物(d)或吸附在层间(e),随着颗粒增大表面聚合物镶嵌到黏土晶格结构中(f),当然有一部分吸附的离子由于动力学平衡或作为表面氧化还原反应产物重新扩散到土壤溶液中(g);作用力包括范德华力和离子交换的静电引力(对外层配合物)等作用,以及键合交换(内层结合物)、共价键和氢键等作用。

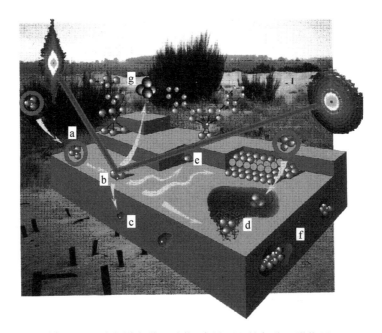

图4-25　重金属在黏土矿物/水界面上的各种吸附作用
(引自 Sparks,2002)

　　重金属在土壤中的吸附量随污染物浓度的增大而增大,相应的吸附机理也发生变化。图4-26为金属离子在水合氧化物表面的吸附反应示意图。图中(a)为在低的表面吸附量下,以表面的单核吸附为主(如形成外层配合物或内层配合物);(b)为当表面吸附量增大,将出现金属氢氧化物的成核(nucleation)现象;当金属的表面吸附量进一步增大时,将导致出现表面沉淀作用(c)和表面聚簇作用(d)。Fendorf 和 Sparks 等研究了 Cr(Ⅲ)在氧化硅表面上的吸附作用,结果表明,当 Cr(Ⅲ)在低的表面覆盖量下(<20%),以形成内层配合物为主;当其覆盖量增大时(>20%),将出现表面沉淀现象,并逐渐成为主要的吸附过程。因此,当用含有大量重金属的污水长期灌溉农田,常常造成重金属在土壤中大量积累,成为一颗"定时炸弹"。

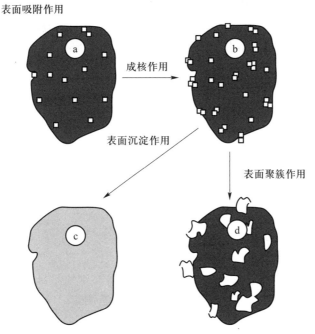

表面吸附作用

成核作用

表面沉淀作用

表面聚簇作用

图 4-26　金属离子在水合氧化物表面的吸附反应示意图
（引自 Sparks，2002）

重金属在自然土壤中的吸附作用是一个非平衡的动力学过程。不同化学反应机制所需的平衡时间范围非常宽，从微秒、毫秒的离子络合和离子交换，到数年的表面沉淀和黏土成核作用。随时间变化重金属在土壤颗粒上的表面吸附、表面沉淀和固相转化连续变化过程见图 4-27。重金属在黏土矿物表面沉淀作用和随后的滞留时间对重金属的释放和脱附（解吸）滞后效应（hysteresis effect）影响极大，进而影响重金属的生物有效性（bioavailability）。一般土壤中的重金属污染物，随着与土壤作用时间的延长，常常形成表面沉淀物或通过成核作用进入黏土，降低土壤中重金属污染物的释放（脱附滞后效应）和生物有效性，这种现象常称为"老化"（aging）。由于重金属的老化效应，对重金属污染物在土壤环境中的迁移转化行为研究、毒性和生物生态效应评价、环境标准制定及重金属污染土壤修复和缓解技术的实施有重要影响，所以重金属老化效应成了研究热点和焦点之一。当然，根系分泌物和土壤溶解性有机质对重金属污染物的老化的影响，特别是活化作用，需要进一步深入研究。

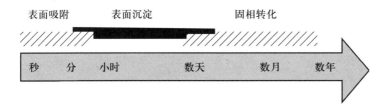

表面吸附　　表面沉淀　　　固相转化

秒　　分　　小时　　　数天　　　数月　　数年

图 4-27　重金属在土壤颗粒物上的连续吸附过程与反应时间之间的关系
（引自 Sparks，2002）

    土壤中重金属对植物的影响主要通过吸收富集,从而抑制其生长并造成重金属在植物体内残留。重金属在土壤-植物系统中的迁移过程与重金属的种类、存在形态及土壤的类型、物理化学性质、植物的种类和根系分泌物有关。不同的重金属形态在土壤中往往有不同的环境化学行为及生态效应。

2. 重金属的生物有效性

    重金属进入土壤后,可以可溶性自由态或配离子的形式存在于土壤溶液中;重金属主要被土壤胶体所吸附,或以各种难溶化合物的形态存在。因此,土壤中重金属总量并不能反映植物对重金属吸收的有效性。生物有效性是土壤中能被植物、动物和微生物在其生活史中吸收的一定形态的污染物的通量或速率。生物有效性是个动态过程,可分三步来描述(图4-28):污染物在土壤中的有效性(即环境有效性),也常被定义为生物可利用性(bioaccessibility);污染物被生物体吸收(即环境生物有效性);污染物在生物体内的积累或产生效应(即毒理生物有效性)。生物有效性可用生物学方法和化学方法来评价和表征。生物学方法是将生物体暴露于土壤或土壤洗出液以监测其环境效应;化学方法(即提取法)是测定一类污染物对特定受体的有效性或在土壤中的移动性。目前最常用的是间接化学测定法,即有效态的化学提取或仿生采样装置-特殊形态测定。土壤因子对重金属生物有效性和移动性的影响见表4-7。

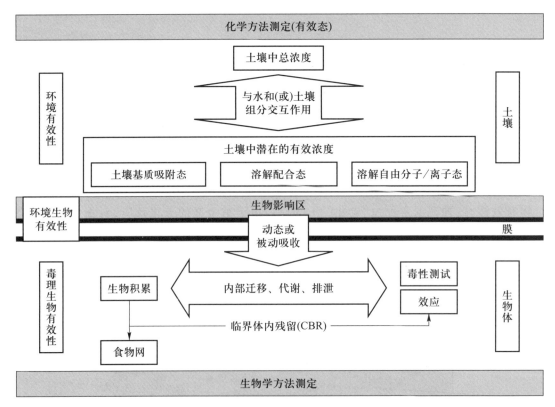

图4-28   土壤中重金属的总浓度、生物有效性及效应之间的关系

(引自 Harmsen,2007;骆永明,2009)

表 4-7　土壤因子对重金属生物有效性和移动性的影响

土壤因子	原因过程	生物有效性或移动性
低 pH	降低阳离子在 Fe、Mn 氧化物上的吸附	增加
	增加阴离子在 Fe、Mn 氧化物上的吸附	降低
高 pH	增加阳离子以碳酸盐、氢氧化物沉淀	降低
	增加阳离子在 Fe、Mn 氧化物上的吸附	降低
	增加某些阳离子与可溶性配体的配合	增加
	增加阳离子在（固相）腐殖质上的吸附	降低
	降低阴离子的吸附	增加
高黏土含量	增加重金属阳离子的离子交换（所有 pH 时）	降低
高 SOM（固相）	增加阳离子在腐殖质上的吸附	降低
高（可溶）腐殖质含量	增加大多数重金属阳离子的配合	降/增
竞争性阳离子	增加吸附点位的竞争	增加
可溶性无机配体	增加重金属溶解度	增加
可溶性有机配体	增加重金属溶解度	增加
Fe、Mn 氧化物	随 pH 增加而增加重金属阳离子的吸附	降低
	随 pH 降低而增加重金属阴离子的吸附	降低
低氧化还原电位	低 pE 时以金属硫化物降低溶解度	降低
	更低 pE 时降低溶液的配位作用	增/降

　　重金属在土壤-植物系统中的迁移与重金属的性质和土壤的物理化学性质有关,还与环境条件(如耕作状况、灌溉用水性质等)有关。例如,稻田灌水时,氧化还原电位明显降低,重金属可以硫化物的形态存在于土壤中,植物难以吸收;而当排水时,稻田变成氧化环境,S^{2-} 转化为 SO_4^{2-},重金属硫化物可转化为较易迁移的可溶性硫酸盐,被植物吸收。

　　不同的重金属形态对生物的毒性差异很大,因此,土壤中重金属形态的转化及影响因素对控制重金属的生物有效性具有重要意义。例如,硒是生命必需元素,土壤缺硒会引起人体克山病、大骨节病;高硒又可使人、畜中毒。土壤中硒多以硒酸盐、亚硒酸盐、元素硒、硒化物及有机硒化合物等多种形态存在;但在土壤溶液中主要存在形态是亚硒酸盐,其他形态的硒通过氧化、水解或还原作用均可转化为稳定的亚硒酸盐;土壤 pH、pE、黏土矿物和铁、铝水合氧化物以及有机质都会直接影响土壤硒对植物的有效性。研究表明,在低硒土壤中施用亚硒酸盐可增加植物对硒的吸收,但亚硒酸盐易被黏土矿物复合体吸附,与铁、铝氧化物形成难溶盐,大大减少硒对植物的有效性。因此,了解硒在土壤中的存在形态及其转化,就可采取相应措施为解决土壤缺硒和改变高硒土壤提供科学依据。

　　土壤酸碱性是土壤的重要物理化学性质之一,它随土壤矿物组成和有机成分而变,但保持着一恒定的 pH。酸雨导致土壤酸化,从而影响金属在土壤中的存在形态。研究表明,土壤酸化的直接后果是铝离子增多,致使植物生长受到影响,还能从土壤胶体中置换出其他碱性阳离子,使之遭受淋溶损失,而加速土壤酸化、淋溶。人为灌溉也可引起土壤酸化。土壤酸化可引起重金属存在形态的变化,从而影响重金属在土壤中的迁移转化及生物生态效应。

目前常采用两种方法进行金属形态研究,即利用各种合适的化学试剂提取土壤中的金属,或测定在此土壤上生长的植物中的金属含量,并寻找这两者之间的相关性。前一种方法人为影响因素较多,后一种方法与环境条件、作物生长期等关系密切,故所获结果难以相互比较。近年来,计算机程序(如 GEOCHEM)被广泛应用于计算土壤溶液中化学元素的平衡形态,可用来预测给定条件下土壤溶液中的金属形态,但这种预测取决于金属与无机、有机及混合配体所形成的配合物稳定常数等的准确性。迄今尚无公认较好的分析方法可用来研究金属形态及其生物有效性的关系。一些研究者指出,环境中同时存在的多种金属之间及它们与土壤中其他元素之间存在着复杂的相互作用,都将增强或削弱单一元素的生物生态效应。但目前尚无能表征多种重金属污染综合生物生态效应的指标。土壤中重金属污染物存在的形态研究对预测其迁移转化、生物有效性及选择经济有效的修复或缓解技术具有重要意义,成为土壤重金属污染研究的热点和难点之一。

(三) 典型重金属在土壤-植物系统中的迁移转化

不同重金属的环境化学行为和生物生态效应各异,同种重金属的环境化学和生物生态效应与其存在形态有关。例如,土壤胶体对 Pb^{2+}、Pb^{4+}、Hg^{2+} 及 Cd^{2+} 等离子的吸附作用较强,对 AsO_4^{3-} 和 $Cr_2O_7^{2-}$ 等阴离子的吸附作用较弱。对土壤-水稻体系中重金属行为的研究表明:4 种重金属元素对水稻生长的影响大小为 Cu>Zn>Cd>Pb。元素由土壤向植物的迁移明显受共存元素的影响,在实验条件下,元素吸收系数的大小顺序为 Cd>Zn>Cu>Pb,与土壤对这些元素的吸持强度正好相反;"有效态"金属更能反映出元素间的相互作用及其对植物生长的影响。下面简单介绍主要重金属在土壤中的迁移转化及其生物生态效应。

1. 汞

土壤中汞的背景值为 0.01~0.15 μg/g。除来源于母岩以外,汞主要来自人为污染源,如含汞农药的施用、污水灌溉等,故各地土壤中汞含量差异较大。来自污染源的汞首先进入土壤表层。土壤胶体及有机质对汞的吸附作用相当强,汞在土壤中的移动性较弱,往往积累于表层,而在剖面中呈不均匀分布。土壤中的汞不易随水流失,但易挥发至大气中,许多因素可以影响汞的挥发。

土壤中的汞按其化学形态可分为金属汞、无机汞和有机汞,在正常的 pE 和 pH 范围内,土壤中的汞以零价汞形式存在。在一定条件下,各种形态的汞可以相互转化。进入土壤的一些无机汞可分解生成金属汞,当土壤在还原条件下,有机汞可降解为金属汞。一般情况下,土壤中都能发生 $Hg_2^{2+} = Hg^{2+} + Hg^0$ 反应,新生成的汞可能挥发。在通气良好的土壤中,汞可以任何形态稳定存在。在厌氧条件下,部分汞可转化为可溶性甲基汞或气态二甲基汞。

阳离子态汞易被土壤吸附,许多汞盐如磷酸汞、碳酸汞和硫化汞的溶解度很低,在土壤中难以迁移。在还原条件下,Hg^{2+} 与 H_2S 生成极难溶的 HgS;金属汞也可被硫酸盐还原菌转化为硫化汞;所有这些都可阻止汞在土壤中的移动。当氧气充足时,硫化汞又可慢慢氧化成亚硫酸盐和硫酸盐。以阴离子形式存在的汞,如 $HgCl_3^-$、$HgCl_4^{2-}$ 也可被带正电荷的氧化铁、氢氧化铁或黏土矿物的边缘所吸附。分子态的汞,如 $HgCl_2$,也可以被吸附在 Fe、Mn 的氢氧化物上。$Hg(OH)_2$ 溶解度小,可以被土壤强烈地保留。由于和土壤组分间强烈的相互作用,含汞化合物除了还原成单质汞以蒸气挥发外,其他形态的汞在土壤中的迁移很缓慢。在土壤中汞主要以气态在孔隙中扩散。总体而言,汞比其他有毒金属容易迁移。当汞被土壤有机质螯合时,亦会发生一定的水平和垂直移动。

汞是危害植物生长的元素。土壤含汞量过高,它不但能在植物体内积累,还会对植物产生毒害。通常有机汞和无机汞化合物及汞蒸气都会引起植物中毒。例如,汞对水稻的生长发育产生危害。中国科学院植物研究所水稻的水培实验表明,以含汞量为 0.074 $\mu g/mL$ 的培养液处理水稻时,水稻产量开始下降,秕谷率增加;以 0.74 $\mu g/mL$ 处理时,水稻根部已开始受害,并随着实验介质含汞量的增加,根部更加扭曲,呈褐色,有锈斑;当介质含汞量为 7.4 $\mu g/mL$ 时,水稻叶子发黄,分蘖受抑制,植株高度降低,根系发育不良。此外,随着介质含汞量的增加,植物各部分的含汞量上升。介质含汞量为 22.2 $\mu g/mL$ 时,水稻严重受害,水培水稻受害的致死质量浓度为 36.5 $\mu g/mL$。但是,在作物的土培实验中,即使土壤含汞量达18.5 $\mu g/g$,水稻和小麦产量也未受到影响。可见,汞对植物的生物有效性和环境条件密切相关。

不同植物对汞的敏感程度有差别。例如,大豆、向日葵、玫瑰等对汞蒸气特别敏感;纸皮桦、橡树、常青藤、芦苇等对汞蒸气抗性较强;桃树、西红柿等对汞蒸气的敏感性属中等。

汞进入植物主要有两条途径:一是通过根系吸收土壤中的汞离子,在某些情况下,也可吸收甲基汞或金属汞;其次是喷施叶面的汞剂、飘尘或雨水中的汞及在日夜温差作用下土壤所释放的汞蒸气,由叶片进入植物体或通过根系吸收。由叶片进入到植物体的汞,可被运转到植株其他各部位,而被植物根系吸收的汞,常与根中蛋白质发生反应而沉积于根上,很少向地上部分转移。

植物吸收汞的数量不仅取决于土壤含汞量,还取决于其生物有效性。汞对植物的生物有效性和土壤氧化还原条件、酸碱度、有机质含量等有密切关系。不同植物吸收积累汞的能力是有差异的,同种植物的各器官对汞的吸收也不一样。植物对汞的吸收与土壤中汞的存在形态有关。土壤中不同形态的汞对作物生长发育的影响存在差异。盆栽实验表明,当汞浓度相同时,土壤中汞化合物对水稻生长发育的危害为乙酸苯汞 >$HgCl_2$>HgO>HgS。即使是同一种汞化合物,当土壤环境条件变化时,可以不同的形态存在,对作物的生物有效性也就不一样。

2. 镉

地壳中镉的丰度为 5 $\mu g/g$,我国部分地区镉的背景值为 0.15~0.20 $\mu g/g$。土壤中的镉污染主要来自矿山、冶炼、污水灌溉及污泥施用等。镉还可伴随磷矿渣和过磷酸钙的使用而进入土壤。在风力作用下,工业废气中镉扩散并沉降至土壤中,交通繁忙的路边土壤常发现有镉污染。镉是我国土壤首要的重金属污染物。

土壤中镉一般可分为可给态、代换态和难溶态。可给态镉主要以离子态或络合态存在,易被植物所吸收;被黏土或腐殖质交换吸附的为代换态镉;难溶态镉包括以沉淀或难溶性螯合物存在的镉,不易被植物吸收。

土壤中的镉可被胶体吸附。被吸附的镉一般在厚度为 0~15 cm 的土壤表层累积,15 cm以下的含量显著减少。大多数土壤对镉的吸附率在 80%~90%。土壤对镉的吸附与 pH 呈正相关;被吸附的镉可被水溶出而迁移,pH 越低,镉的溶出率越大。如 pH=4 时,镉的溶出率超过 50%;pH=7.5 时,镉很难溶出。

土壤中镉的迁移与土壤的种类、性质、pH 等因素有关,还直接受氧化还原条件的影响。水稻田是氧化还原电位很低的特殊土壤,当水田灌满水时,由于水的遮蔽效应形成了还原性环境,有机物厌氧分解产生硫化氢;当施用硫酸铵肥料时,硫酸盐还原菌的作用使硫酸根还原产生大量硫化氢。在淹水条件下,镉主要以 CdS 形式存在,抑制了 Cd^{2+} 的迁移,难以被植物所吸收。当排水时造成氧化淋溶环境,S^{2-} 氧化或 SO_4^{2-},引起 pH 降低,镉溶解在土壤溶液中,易被植物吸收。土壤中 PO_4^{3-} 等离子均能影响镉的迁移转化;如 Cd^{2+} 和 PO_4^{3-} 形成难溶的 $Cd_3(PO_4)_2$,不易被植物所吸收。因此,可施用石灰和磷肥,调节土壤 pH 至 5.0 以上,以抑制镉害。

在旱地土壤里,镉以 $CdCO_3$、$Cd_3(PO_4)_2$ 及 $Cd(OH)_2$ 的形式存在,而其中又以 $CdCO_3$ 为主,尤其是在 pH>7 的石灰性土壤中,形成 $CdCO_3$ 的反应为

$$Cd^{2+} + CO_2 + H_2O = CdCO_3 + 2H^+ \qquad lgK = -6.07$$

可导出土壤中 Cd^{2+} 浓度为

$$-lg[Cd^{2+}] = -6.07 + 2pH + lg[CO_2] \qquad (4-3)$$

如土壤空气中 CO_2 的分压为 0.000 3 atm(1 atm = 101 325 Pa),则

$$-lg[Cd^{2+}] = 2pH - 9.57 \qquad (4-4)$$

可见旱地土壤中 Cd^{2+} 浓度与 pH 呈负相关。

镉是危害植物生长的有毒元素。镉对作物的危害,在较低浓度时,虽在外观上无明显的症状,但通过食物链可危及人类健康。当土壤镉浓度高到一定含量时,不仅能在植物体内残留,而且也会对植物的生长发育产生明显的危害。水稻盆栽实验表明:土壤含镉量为 10 μg/g 时,对水稻产生不利影响;含镉量为 300 μg/g 时,水稻生长受到显著影响;土壤含镉量为 500 μg/g 时,严重影响水稻生长发育。镉对植物的生物生态效应与其在土壤中的存在形态有关。

植物对镉的吸收与累积取决于土壤中镉的含量和形态、镉在土壤中的活性及植物的种类。许多植物均能从土壤中摄取镉,并在体内累积到一定数量。植物吸收镉的量不仅与土壤的含镉量有关,还受其化学形态的影响。例如,水稻对三种无机镉化合物吸收累积的顺序为 $CdCl_2 > CdSO_4 > CdS$。不同种类的植物对镉的吸收存在着明显的差异;同种植物的不同品种之间,对镉的吸收累积也会有较大的差异。小麦、玉米、水稻、燕麦和粟等作物都可通过根系吸收镉,其吸收量依次是玉米>小麦>水稻>大豆。同一作物,镉在体内各部位的分布也是不均匀的,其含量一般为根>茎>叶>籽实。植物在不同的生长阶段对镉的吸收量也不一样,其中以生长期吸收量最大。由此可见,影响植物吸收镉的因素很多。

镉可通过土壤-植物系统等途径,经由食物链进入人体,危害人类健康。因此,土壤镉污染及其人群健康风险受到人们极大的关注。

3. 铅

地壳中铅的丰度为 12.5 μg/g,土壤中铅的平均背景值为 15~20 μg/g。

土壤的铅污染主要由汽油燃烧和冶炼烟尘的沉降、降水及矿山、冶炼废水污灌引起。因此,城市和矿山、冶炼厂附近的土壤含铅量比较高。汽车尾气造成的铅污染主要集中在大城市和公路两侧。距公路越近,交通量越大,土壤铅污染越严重。如一公路旁土壤含铅量为 809.6 μg/g,距公路 91 m 处含铅量则为 32.5 μg/g。

进入土壤的 Pb^{2+} 容易被有机质和黏土矿物所吸附。不同土壤对铅的吸附能力如下:黑土(771.6 μg/g) > 褐土(770.9 μg/g) > 红壤(425.0 μg/g);腐殖质对铅的吸附能力明显高于黏土矿物。铅也和配体形成稳定的金属配合物或螯合物。土壤中铅主要以 $Pb(OH)_2$、

$PbCO_3$、$PbSO_4$固体形式存在。而在土壤溶液中可溶性铅的含量很低,故土壤中铅的迁移能力较弱,生物有效性较低。当土壤 pH 降低时,部分被吸附的铅释放出来,使铅的迁移能力提高,生物有效性增加。

植物对铅的吸收与累积取决于土壤中铅的浓度、土壤条件及植物的种类与部位,还有叶片的大小和形状。铅进入植物体的途径,一是被植物根部吸收,二是被叶面所吸收。被植物吸收和输送到地上部分的铅,取决于植物种类和环境条件,但吸收的铅主要集中在根部。土壤条件不同,植物对铅的吸收也不尽相同;在酸性土壤中植物对铅的吸收累积大于在碱性土壤中。土壤中其他元素可以与铅发生竞争而被植物吸收。例如,在石灰性土壤中,钙与铅竞争而被植物根系吸收。一般有钙存在时,由于钙与铅的竞争作用,铅被吸收在酶化学结构不重要的位置上,即使植物体内铅的浓度较高,也没有明显的毒性。又如,当土壤中同时存在铅和镉时,镉可降低作物中铅的含量,而铅会增加作物中镉的含量。因此,影响植物体对铅吸收累积的因素是复杂的。

铅不是植物生长发育的必需元素。铅主要是非代谢性地被动进入植物根内。铅在环境中比较稳定,一定浓度的铅对作物生长不会产生危害。作物受铅的毒害依其对铅的敏感程度而异,通常认为铅对植物是有害的。如大豆对铅的危害比较敏感。土壤中高浓度的铅能抑制水稻生长,主要表现在叶片的叶绿素含量降低,影响光合作用,延缓生长,推迟成熟而导致减产。一般情况下,土壤含铅量升高会引起作物产量下降;在严重污染地区,能使植物的覆盖面大大减少;在另一些情况下,生长在严重污染地区的植物,往往具有耐高浓度铅的能力。

4. 铬

地壳中铬的丰度为 200 μg/g,铬的土壤平均背景值为 100 μg/g。

土壤中铬以四种形态存在,即三价铬的离子 Cr^{3+}、CrO_2^- 及六价铬的离子 CrO_4^{2-} 和 $Cr_2O_7^{2-}$,其中三价铬稳定。土壤中可溶性铬只占总铬量的 0.01% ~ 0.4%。铬的迁移转化与土壤的 pH、氧化还原电位、有机质含量等因素有关。

三价铬进入土壤后,90%以上迅速被土壤吸附固定,形成铬和铁氢氧化物的混合物或被封闭在铁的氧化物中,故土壤中三价铬难以迁移。土壤溶液中三价铬的溶解度取决于 pH。当 pH 大于 4 时,三价铬溶解度降低;当 pH 为 5.5 时,三价铬全部沉淀;在碱性溶液中形成铬的多羟基化合物。此外,在 pH 较低时,铬能形成有机配合物,迁移能力增强。

土壤胶体对三价铬的强烈吸附作用与 pH 呈正相关。Cr^{3+} 甚至可以交换黏土矿物晶格中的 Al^{3+},黏土矿物吸附三价铬的能力一般为六价铬的 30 ~ 300 倍。六价铬进入土壤后大部分游离在土壤溶液中,仅有 8.5% ~ 36.2% 被土壤胶体吸附固定。不同类型的土壤或黏土矿物对六价铬的吸附能力有明显的差异,吸附能力大致如下:红壤 > 黄棕壤 > 黑土 > 黄壤、高岭石 > 伊利石 > 蛭石 > 蒙脱石。土壤中有机质越多,负电性越强,对六价铬组成的阴离子的吸附力就越弱。

土壤中铬的迁移转化受氧化还原条件影响较大。在土壤常见的 pH 和 pE 范围内,$Cr(Ⅵ)$ 可被有机质等迅速还原为 $Cr(Ⅲ)$。在不同水稻田中,$Cr(Ⅵ)$ 的还原率与有机碳含量呈显著的正相关。当砖红壤中有机碳含量为 1.56% 或 1.33% 时,$Cr(Ⅵ)$ 的还原率分别为 89.6% 和 77.2%;一般情况下,土壤中有机碳增加 1%,$Cr(Ⅵ)$ 的还原率约增加 30%。有机质对 $Cr(Ⅵ)$ 的还原作用与土壤 pH 呈负相关。当土壤有机质含量极低时,pH 对 $Cr(Ⅵ)$ 的还原率影响更加明显。例如,当土壤 pH 为 3.35 或 7.89 时,Cr(Ⅵ)的还原率分别为 54% 和 20%。

当含铬废水进入农田时,其中的 Cr(Ⅲ)被土壤胶体吸附固定,Cr(Ⅵ)迅速被有机质还原成 Cr(Ⅲ),再被土壤胶体吸附,导致铬的迁移能力及生物有效性降低,同时使铬在土壤中积累。然而,在一定条件下,Cr(Ⅲ)可转化为 Cr(Ⅵ);如 pH 为 6.5~8.5 时,土壤中的 Cr(Ⅲ)能被氧化为 Cr(Ⅵ),其反应为

$$4Cr(OH)_2^+ \ + \ 3O_2 \ + \ 2H_2O \longrightarrow 4CrO_4^{2-} \ + \ 12H^+$$

此外,土壤中的氧化锰也能使 Cr(Ⅲ)转化为 Cr(Ⅵ)。因此,Cr(Ⅲ)存在着潜在危害。

植物在生长发育过程中,可从外界环境中吸收铬,铬可以通过根和叶进入植物体内。植物体内含铬量随植物种类及土壤类型的不同有很大差别,植物中铬的残留量与土壤含铬量呈正相关。植物从土壤中吸收的铬绝大部分积累在根中,其次是茎叶,籽粒中积累的铬量最少。

微量元素铬是植物所必需的。植物缺少铬就会影响其正常发育,低浓度的铬对植物生长有刺激作用,但植物体内累积过量铬又会引起毒害作用,直接或间接地给人类健康带来危害。例如,当土壤中 Cr(Ⅲ)为 20~40 μg/g 时,对玉米苗生长有明显的刺激作用;当 Cr(Ⅲ)为 320 μg/g 时,则有抑制作用;又如,当土壤中 Cr(Ⅵ)为 20 μg/g 时,对玉米苗生长有刺激作用;当 Cr(Ⅵ)为 80 μg/g 时,则有显著的抑制作用。

高浓度铬不仅对植物产生危害,而且会影响植物对其他营养元素的吸收。例如,当土壤含铬量大于 5 μg/g 时会干扰植株上部对钙、钾、磷、硼、铜的吸收,受害的大豆最终表现为植株顶部严重枯萎。土壤中铬对植物的毒性与下列因素有关:① 铬的化学形态,如 Cr(Ⅵ)的毒性比 Cr(Ⅲ)大;② 土壤性质,土壤胶体对 Cr(Ⅲ)有强烈的吸附固定作用,在酸性或中性条件下对 Cr(Ⅵ)也有很强的吸附作用;土壤有机质具有吸附或螯合作用,还能将可溶性 Cr(Ⅵ)还原成难溶的 Cr(Ⅲ);因此,土壤黏粒和有机质的含量会影响铬对植物的毒性。③ 土壤氧化还原电位,如在同一 Cr(Ⅲ)浓度下,旱地土壤中有效态铬比在水田高得多;④ 土壤 pH,Cr(Ⅵ)在中性和碱性土壤中的毒性要比在酸性土壤中大,而 Cr(Ⅲ)对植物的毒性在酸性土壤中较大。

总的说来,铬对植物生长的抑制作用较弱,其原因是铬在植物体内迁移性很低。水稻栽培实验结果表明,重金属在植物体内的迁移顺序为 Cd > Zn > Ni > Cu > Cr。可见,铬是金属元素中很难被吸收的元素之一,其可能的原因是:① 三价铬还原成二价铬再被植物吸收的过程在土壤-植物系统中难以发生。② 六价铬是有效性铬,但植物对六价铬的吸收受到硫酸根等阴离子的强烈抑制。

5. 铜

地壳中铜的平均值为 70 μg/g。土壤中铜的含量一般为 2~200 μg/g。我国土壤含铜量为 3~300 μg/g,大部分土壤含铜量为 15~60 μg/g,平均为 20 μg/g。

土壤铜污染的主要来源是铜矿山和冶炼厂排出的废水。此外,工业粉尘、城市污水及含铜农药,都能造成土壤的铜污染。如我国华南某铜矿附近受污染土壤的含铜量为 1 730~2 630 μg/g,比对照土壤高 91~138 倍。日本被铜污染的土地面积约为 30 430 hm²(456 450 亩),占重金属污染总面积的 80% 左右,其中渡良濑川流域土壤平均含铜量达 1 000 μg/g,最高达 2 020 μg/g,可溶性铜 250 μg/g。

土壤中铜的存在形态可分为：①可溶性铜，约占土壤总铜量的1%，主要是可溶性铜盐，如 $Cu(NO_3)_2 \cdot 3H_2O$、$CuCl_2 \cdot 2H_2O$、$CuSO_4 \cdot 5H_2O$ 等；②代换性铜，被土壤有机、无机胶体所吸附，可被其他阳离子代换出来；③非代换性铜，指被有机质紧密吸附的铜和原生矿物、次生矿物中的铜，不能被中性盐所代换；④难溶性铜，大多是不溶于水而溶于酸的盐类，如 CuO、Cu_2O、$Cu(OH)_2$、$Cu(OH)^+$、$CuCO_3$、Cu_2S、$Cu_3(PO_4)_2 \cdot 3H_2O$ 等。

土壤中腐殖质能与铜形成螯合物。土壤有机质及黏土矿物对铜离子有很强的吸附作用，吸附强弱与其含量及组成有关。黏土矿物及腐殖质吸附铜离子的强度为腐殖质 >蒙脱石>伊利石>高岭石。我国几种主要土壤对铜的吸附强度为黑土>褐土>红壤。

土壤 pH 对铜的迁移及生物生态效应有较大的影响。游离铜与土壤 pH 呈负相关；在酸性土壤中，铜易发生迁移，其生物生态效应也就较强。

铜是生物必需元素，广泛地分布在一切植物中。在缺铜的土壤中施用铜肥，能显著提高作物产量。例如，硫酸铜是常用的铜肥，可用作基肥、种肥、追肥，还可用来处理种子。但过量铜会对植物生长发育产生危害。如当土壤含铜量达 200 μg/g 时，小麦枯死；当达 250 μg/g 时，水稻也将枯死。又如，用含铜 0.06 μg/mL 的溶液灌溉农田，水稻减产 15.7%；浓度增至 0.6 μg/mL 时，减产 45.1%；若铜浓度增至 3.2 μg/mL 时，水稻无收获。研究表明，铜对植物的毒性还受其他元素的影响。在水培液中只要有 1 μg/mL 的硫酸铜，即可使大麦停止生长；然而加入其他营养盐类，即使铜浓度达 4 μg/mL，也不至于使大麦停止生长。

生长在铜污染土壤中的植物，其体内会发生铜的累积。植物中铜的累积与土壤中的总铜量无明显的相关性，而与有效态铜的含量密切相关。有效态铜包括可溶性铜和土壤胶体吸附的代换性铜。土壤中有效态铜量受土壤 pH、有机质含量等的直接影响。不同植物对铜的吸收累积是有差异的，铜在同种植物不同部位的分布也是不一样的。

6. 锌

土壤锌的总含量在 10~300 μg/g，平均值为 50 μg/g；我国土壤含锌量为 3~70 μg/g，平均值为 100 μg/g。

用含锌废水污灌时，锌以 Zn^{2+} 存在，也可以配离子 $Zn(OH)^+$、$ZnCl^+$、$Zn(NO_3)^+$ 等形态进入土壤，并被土壤胶体吸附累积；有时则形成氢氧化物、碳酸盐、磷酸盐和硫化物沉淀，或与土壤中的有机质结合。锌主要被富集在土壤表层。

根据 L. M. Shuman 的研究，土壤中各部分的含锌量为黏土>氧化铁>有机质>粉砂>砂。土壤中大部分锌是以结合态存在，或为有机复合物及各种矿物，一般不易被植物吸收。植物只能吸收可溶性或代换态锌。锌的迁移能力及有效性主要取决于土壤的酸碱性，其次是土壤吸附和固定锌的能力。总体而言，土壤中有效态锌浓度比其他重金属的有效浓度高，有效态锌平均占总锌量的 5%~20%。

土壤中锌的迁移主要取决于 pH。当土壤为酸性时，被黏土矿物吸附的锌易解吸，不溶性氢氧化锌可与酸作用，转化为 Zn^{2+}。因此，酸性土壤中锌容易发生迁移。当土壤中锌主要以 Zn^{2+} 存在时，容易淋失迁移或被植物吸收。故缺锌现象常常发生在酸性土壤中。

由于稻田淹水，处于还原状态，硫酸盐还原菌将 SO_4^{2-} 转化为 H_2S，土壤中 Zn^{2+} 与 S^{2-} 形成溶度积小的 ZnS，土壤中锌发生累积。锌与有机质相互作用，可以形成可溶性的或不溶性的配合物。可见，土壤中有机质对锌的迁移会产生较大的影响。

锌是植物生长发育不可缺少的元素。常把硫酸锌用作微量元素肥料，但过量的锌会伤害植物的根系,从而影响作物的产量和质量。土壤酸度的增加会加重锌对植物的危害。例如,在中性土壤里加入 100 μg/mL 的锌溶液,洋葱生长正常;加入 500 μg/mL 锌时,洋葱茎、叶变黄;但在酸性土壤中,加入 100 μg/mL 的锌溶液,洋葱生长发育受阻,加入 500 μg/mL 锌时,洋葱几乎不生长。

植物对锌的耐受浓度大于其他元素。各种植物对高浓度锌毒害的敏感性也不同。一般说来,锌在土壤中的富集必然导致在植物体中的累积,植物体内累积的锌与土壤含锌量密切相关。如水稻糙米中锌的含量与土壤的含锌量呈线性相关。土壤中其他元素可影响植物对锌的吸收。如施用过多的磷肥,可使锌形成不溶性磷酸锌而固定,植物吸收的锌就减少,甚至引起锌缺乏症。温度和阳光对植物吸收锌也有影响。不同植物对锌的吸收累积差异很大,一般植物体内自然含锌量为 10~160 μg/g,但有些植物对锌的吸收能力很强,植物体内累积的锌可达 0.2~10 mg/g。锌在植物体各部位的分布也是不均匀的。如在水稻、小麦中锌含量分布为根 > 茎 > 果实。

7. 砷

地壳中砷的平均含量为 2 μg/g,一般土壤含砷量约为 6 μg/g。我国部分土壤平均含砷量为 10 μg/g。

砷是变价元素。土壤中砷以三价或五价状态存在,其存在形态可分为可溶性砷、吸附态砷、交换态砷及难溶态砷。可溶性砷主要为 AsO_4^{3-}、AsO_3^{3-} 等阴离子,一般只占总砷量的 5%~10%。我国土壤中可溶性砷低于 1%,其总量低于 1 μg/g。因此,即使以可溶性砷形式进入土壤,也容易转化为难溶性砷累积于土壤表层里。

土壤中砷的迁移转化与其中铁、铝、钙、镁及磷的含量有关,还和土壤 pH、氧化还原电位、微生物的作用有关。

土壤胶体对 AsO_4^{3-} 和 AsO_3^{3-} 有吸附作用。如带正电荷的氢氧化铁、氢氧化铝和铝硅酸盐黏土矿物表面的铝离子都可吸附含砷的阴离子,但有机胶体对砷无明显的吸附作用。不同的黏土矿物或不同的阴离子组成对砷的吸附作用有差异。研究表明,用 Fe^{3+} 饱和的黏土矿物对砷的吸附量为 620~1 172 μg/g,吸附强度为蒙脱石>高岭石>白云石;用 Ca^{2+} 饱和的黏土矿物的吸附量为 75~415 μg/g;吸附强度依次为高岭石>蒙脱石>白云石。

砷可以和铁、铝、钙、镁等离子形成难溶的含砷化合物,还可以和无定形的铁、铝等氢氧化物产生共沉淀,故砷可被土壤中的铁、铝、钙及镁等固定,使之难以迁移。含砷(V)化合物的溶解度为 $Ca_3(AsO_4)_2$>$Mg_3(AsO_4)_2$>$AlAsO_4$>$FeAsO_4$,故 Fe^{3+} 固定 AsO_4^{3-} 的能力最强。几种土壤对砷的吸附能力顺序为:红壤 > 砖红壤 > 黄棕壤 > 黑土 > 碱土 > 黄土。

土壤中吸附态砷可转化为溶解态的含砷化合物,这个过程与土壤 pH 和氧化还原条件有关。如土壤 pE 降低、pH 升高,砷溶解度显著增加。在碱性条件下,土壤胶体的正电荷减少,对砷的吸附能力也就降低,可溶性砷含量增加。由于 AsO_4^{3-} 比 AsO_3^{3-} 容易被土壤吸附固定,如果土壤中砷以 AsO_3^{3-} 状态存在,砷的溶解度相对增加。土壤中 AsO_4^{3-} 与 AsO_3^{3-} 之间的转化取决于氧化还原条件。旱地土壤处于氧化状态,AsO_3^{3-} 可氧化成 AsO_4^{3-};而水田土壤处于还原状态,大部分砷以 AsO_3^{3-} 形态存在,砷的溶解度及有效性相对增加,砷害也就增加。此外,AsO_3^{3-} 对作物的危害比 AsO_4^{3-} 更大。

土壤微生物也能促进砷的形态变化。有人分离出 15 个系的异养细菌,它们可把 AsO_3^{3-}

氧化为 AsO_4^{3-}。土壤微生物还具有气化逸脱砷的作用。盆栽实验发现,施砷量和水稻吸收砷及土壤残留量之和差值很大,认为由于砷霉菌对含砷化合物有气化作用,使这部分砷还原为 AsH_3 等形式,从土壤中气化逸脱。此外,土壤微生物还可使无机砷转化为有机砷化物。

磷化物和砷化物的特性相似,因此土壤中磷化物的存在将影响砷的迁移能力和生物生态效应。一般土壤吸附磷的能力比砷强,致使磷能夺取土壤中固定砷的位置,砷的可溶性及生物有效性相对增加。Gile 就砷的土壤吸附问题指出,磷可被土壤胶体中的铁、铝所吸附,而砷的吸附主要是铁起作用。另外,铝对磷的亲和力远远超过对砷的亲和力,被铝吸附的砷很容易被磷交换取代。

由此可见,砷与镉、铬等的性质相反;当土壤处于氧化状态时,它的危害比较小;当土壤处于淹水还原状态时,AsO_4^{3-} 还原为 AsO_3^{3-},加重了砷对植物的危害。在实践中,对受到砷污染的水稻土,常采取措施提高土壤氧化还原电位或加入某些物质,以减轻砷对作物生长的危害。一般认为砷不是植物必需的元素,低浓度砷对许多植物生长有刺激作用,高浓度砷则有危害作用。砷中毒可阻碍作物的生长发育。研究表明,土壤含砷量为 25 μg/g 或 50 μg/g 时,可使小麦分别增产 8.7% 和 20%;含砷量达 100 μg/g 时,则严重影响小麦生长;含砷量为 200 ~ 1 000 μg/g 时,小麦全部死亡。不同含砷化合物对作物生长发育的影响是有差别的,如有机砷化物易被水稻吸收,其毒性比无机砷大得多,即使是无机砷,AsO_3^{3-} 对作物的危害比 AsO_4^{3-} 大。

作物对砷的吸收累积与土壤含砷量有关,不同植物吸收累积砷的能力有很大的差别,植物不同部位吸收累积的砷量也是不同的。砷进入植物的途径主要是根、叶吸收。植物的根系可从土壤中吸收砷,然后在植株内迁移运转到各个部分;有机砷被植物吸收后,可在体内逐渐降解为无机砷。同重金属一样,砷可以通过土壤-植物系统,经由食物链最终进入人体。

综上所述,土壤重金属污染主要来自污(废)水灌溉、污泥施用及大气降尘;工业固体废物及城市垃圾的任意堆放也可造成土壤重金属污染。土壤中高浓度的重金属会危害植物的生长发育,影响农产品的产量和质量。重金属对植物生长发育的危害程度取决于土壤中重金属的含量,特别是有效态的含量。影响土壤中重金属迁移转化及生物生态效应的主要因素有:胶体的吸附,各种无机及有机配体的配位或螯合作用,土壤的氧化还原状态,土壤的酸碱性及共存离子的作用,以及土壤微生物的作用等。由此可见,影响土壤中重金属迁移转化及生物生态效应的因素是多方面的。

重金属可通过土壤-植物系统及食物链最终进入人体,影响人类健康。重金属不能被微生物所降解,同时由于胶体对重金属离子有强烈的吸附作用等,使其不易迁移。因此,土壤一旦遭受重金属污染,就很难予以彻底消除。可以认为,土壤是重金属污染的"汇",故应积极防治土壤的重金属污染。

(四)植物对重金属污染产生抗性及其作用机制

植物对重金属污染产生抗性(或排异性)由植物的生态学特性、遗传学特性和重金属的理化性质等因素所决定。不同种类的植物对重金属污染的抗性不同,同种植物由于其分布和生长的环境各异,长期受不同环境条件的影响,在植物的生态适应过程中,可能表现出对某种重金属具有明显的抗性。植物对重金属的抗性包括植物的排异性(exclusion)、耐性(tolerance)、避性(avoidance),即植物能够在某一特定污染物含量较高的土壤上生长、繁殖后代并将这种能力遗传给下一代的特性。排异植物指能在污染物含量高的土壤上正常生长,植物体内特别是地上部分污染物含量很低的植物。如菊科婆罗门参属植物

(*Trachypogon spicatus*)生活在铜污染严重的土壤上,根部铜含量高达 1 200~2 600 mg/kg,而叶片中只有 2~16 mg/kg。排异作物指可以在污染土壤上正常生长且其有利用价值部分(如根、茎、叶、果实或种子等)污染物的含量不超标甚至检测不出的作物。耐性是指植物能够在污染物含量高的土壤上生长,完成生命史,植物生长不受抑制或抑制程度较小(如植株变矮小),植物地上部分污染物含量较高。避性是指植物能够抵御土壤中污染物的胁迫而正常生长,不吸收或极少吸收污染物。

植物对重金属的抗性机制包括植物根系的作用、重金属与植物的细胞壁结合、酶系统的作用、形成重金属硫蛋白或植物配合素。植物根系通过改变根际化学性状(氧化还原电位梯度和 pH 梯度)、原生质泌溢(分泌螯合剂)等作用限制重金属跨膜吸收,使重金属停留于细胞膜外面。在研究植物体内 Zn 的分布时发现,抗性植物中 Zn 向其地上部分移动的量要比非抗性植物少得多,Zn 在细胞各部分的分布中,以细胞壁中最多,可占 60%。由于重金属离子被限制于细胞壁上,而不能进入细胞质影响细胞的代谢活动,使植物对重金属表现出耐性。不同植物的细胞壁对重金属离子的结合能力不同,细胞壁对重金属离子的截留固定作用不是植物的一个普遍耐性机制。一些研究发现,随着重金属在植物体内浓度的不断增加,耐性植物体中的几种酶的活性仍能维持正常水平,而非耐性植物体内的酶活性则明显降低。此外,在耐性植物中还发现另一些酶可以被激活,从而使其在受重金属污染时仍能保持正常的代谢过程。同时,植物对重金属污染还具有解毒作用。无论植物体内存在的金属结合蛋白是类金属硫蛋白 MT,还是植物配合素或者其他未知的结合态金属,它们的作用都是与进入植物细胞内的重金属结合,使其以不具生物活性的无毒的螯合物形式存在,降低金属离子的活性,从而减轻或解除其毒害作用。当重金属含量超过重金属结合蛋白的最大束缚能力时,金属才以自由离子态或与酶结合态形式存在,引起细胞代谢紊乱,出现中毒现象。人们认为结合蛋白的解毒作用是植物耐受重金属污染的重要机制之一。

四、土壤中农药等有机污染物的迁移转化

土壤的农药污染是由施用杀虫剂、杀菌剂及除草剂等引起的。农药大多是人工合成的分子量较大的有机化合物(有机氯、有机磷、有机汞、有机砷等)。全世界有机农药约 1 500 余种,常用的约 200 种,其中杀虫剂 100 种、杀菌和除草剂各 50 余种;2019 年全球农药产量约为 320 万 t。据估计,全世界农业由于病、虫、草三害,每年粮食损失占总产量的 35%;使用农药可夺回其中的 30%~40%。施于土壤的化学农药,有的化学性质稳定,存留时间长,大量而持续使用农药,使其不断在土壤中累积,到一定程度便会影响作物的产量和质量,而成为污染物。

我国土壤多环芳烃、有机氯农药、多氯联苯等持久性有机污染物(POPs)污染较重,有机磷农药、多溴联苯醚、抗生素抗性基因等污染风险不可忽视。POPs 大部分具有"三致"效应、难降解、高脂溶性,可通过空气或水进行长、短距离输送,参与全球和各圈层的循环,对土壤、地下水、生物等介质造成污染,进而危及生态系统和人体健康。

土壤中农药、POPs 等有机污染物还可以通过各种途径,挥发、扩散、移动而转入大气、水体和生物体中,造成其他环境要素的污染,通过食物链对人体产生危害。因此,了解农药等有机污染物在土壤中的迁移转化规律及土壤对有毒化学农药的净化作用,对于预测其变化趋势及控制土壤农药污染和制定土壤环境标准都具有重大意义。

农药等有机污染物在土壤中保留时间较长,其在土壤的行为主要受降解、迁移和吸附等作用影响。降解作用是有机污染物消失的主要途径,是土壤净化功能的重要表现。有机污染物的挥发、径流、淋溶及作物的吸收等,也可使有机污染物从土壤转移到其他环境要素中。吸附作用使一部分有机污染物滞留在土壤中,并对有机污染物的迁移和降解过程产生很大的影响。

(一) 土壤对农药等有机污染物的吸附作用

自然界中农药等有机污染物的环境化学行为受土壤影响很大,其中土壤的吸附作用影响最大。土壤胶体的吸附作用影响着农药在土壤的固、液、气三相中的分配,是影响土壤中农药迁移转化及毒性的重要因素之一。土壤对农药的吸附可分为物理吸附、离子交换吸附、氢键吸附、分配作用等。土壤对农药的吸附作用,符合弗罗因德利希和朗缪尔吸附等温式。

1. 研究简史

农药等有机污染物在土壤上的吸附行为决定着其在土壤环境中的迁移转化、归趋、生物生态效应及修复/缓解途径和机制。土壤对有机污染物的吸附研究始于20世纪40年代,由于当时农药在农业生产中的应用,土壤对有机化合物的吸附作用及机理研究主要用于评价农药的安全性(有效性评价)。20世纪70年代开始,由于大量工业有机废物的排放,促使公众关注环境污染问题,相关研究主要针对有机污染物在环境中的迁移行为及归趋。20世纪90年代开始,研究复合污染多介质、多过程及调控问题,主要针对土壤有机污染控制与修复等实际环境问题。

20世纪40年代,人们将土壤中的无机矿物和有机质看作一个整体,认为土壤对有机污染物的吸附机理为表面吸附作用,吸附作用大小常用吸附剂的表面积大小来解释。50年代初至60年代末,土壤有机质在吸附中的作用引起了较大讨论,包括:① 认为土壤有机质(SOM)起表面吸附作用,是基于SOM保留乙二醇乙醚的量,测定SOM的表面积为550~800 m^2/g;后来证明是人为增加了极性的乙二醇乙醚在相对极性的土壤有机质中的溶解度,而用标准的BET-N_2法测定高有机质含量土壤的表面积仅为1 m^2/g,比前者低三个数量级。② 认为SOM与非离子有机物作用力为疏水基作用。③ 认为有机质具有溶解作用,与分配色谱中溶剂介质的作用相似,并认为吸附系数与溶剂-水分配系数相似。20世纪70年代开始,这一领域的研究十分活跃。通过数年的努力,该领域的研究集中到土壤有机质和矿物质对农药等有机污染物的吸附行为及机理。1979年 Cary T. Chiou 等首先提出分配理论,认为非极性有机物从水相吸附到土壤是溶质分子在土壤有机质中的分配(溶解)过程,土壤吸附作用的强弱取决于有机质的含量,土壤矿物对水中有机物没有显著的吸附作用。

2. 分配作用

许多研究证实,在水溶液中非极性有机物在土壤或沉积物上的吸附等温线呈线性。非极性农药蒸气在潮湿(水饱和)土壤中的吸附等温线也呈线性。在平衡状态下,非离子有机污染物在潮湿(水饱和)土壤上的吸附作用大小常用分配系数(K_d)描述:

$$K_d = \frac{Q}{\rho_e} \qquad (4-5)$$

式中:Q——平衡状态下有机污染物在土壤上的吸附量,mg/kg;

ρ_e——水溶液中有机污染物的平衡质量浓度,mg/L。

图 4-29 为四氯化碳和 1,2-二氯苯在典型土壤和沉积物上的吸附等温线,有机物在土壤中的吸附等温线呈线性,分配系数 K_d 不随有机物的平衡质量浓度变化而变化;K_d 大小随土壤中有机碳含量(f_{oc})增加而增大。为了进一步评价土壤对有机污染物的吸附性能,常用土壤有机碳含量(f_{oc})或有机质含量(f_{om})标化分配系数,即

$$K_{oc} = \frac{K_d}{f_{oc}} \qquad (4-6)$$

$$K_{om} = \frac{K_d}{f_{om}} \qquad (4-7)$$

式中:K_{oc}——土壤有机碳标化的分配系数;

　　　K_{om}——土壤有机质标化的分配系数。

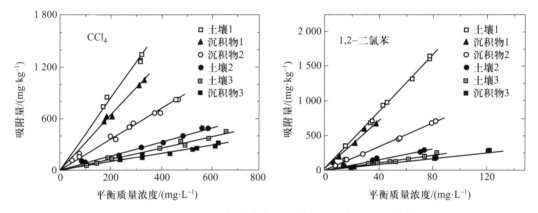

图 4-29　CCl_4 和 1,2-二氯苯在典型土壤和沉积物上的吸附等温线

土壤 1、沉积物 1、沉积物 2、土壤 2、土壤 3、沉积物 3 的有机碳含量分别为 6.09%、3.37%、1.60%、1.26%、1.08%、0.40%

(引自 Kile 等,1995)

当有机质中碳的含量为 58% 时,$K_{oc} = 1.72K_{om}$。K_{oc} 或 K_{om} 基本为一常数,与土壤性质无关,主要影响因素是有机物在水中的溶解度(S_w)或辛醇-水分配系数(K_{ow})。图 4-30 为水中不同溶解度的卤代有机液体在 Willamette 淤泥上的吸附等温线,表 4-8 列出卤代有机液体在此淤泥上的有机质标化分配系数(K_{om})和相应的水溶解度,比较可得,随着有机物水溶解度的降低,其在土壤中的分配作用增大,即 K_{om} 增大。

3. 影响因素

(1) 有机物性质的影响:辛醇-水分配系数(K_{ow})是有机物重要的环境参数之一。有机物在土壤或底泥上的有机碳标化分配系数与 K_{ow} 呈正相关,它们之间的关系式如下:

$$\lg K_{oc} = a \cdot \lg K_{ow} + b \qquad (4-8)$$

式中:a 和 b——$\lg K_{oc}$ 和 $\lg K_{ow}$ 的线性回归常数,其大小与不同类型的有机物的性质有关。

表 4-9 列出了一些典型有机物的有机碳标化分配系数与辛醇-水分配系数之间的关系,包括 a 和 b 回归值、有机物的 $\lg K_{ow}$、线性相关系数(R^2)和化合物个数(N)。根据式(4-8),可用有机物的辛醇-水分配系数(K_{ow})来估算其在土壤或沉积物上的分配系数(K_{oc});同时根据土壤性质(如有机碳含量),可预测有机物在土壤或沉积物环境中的吸附等迁移行为。

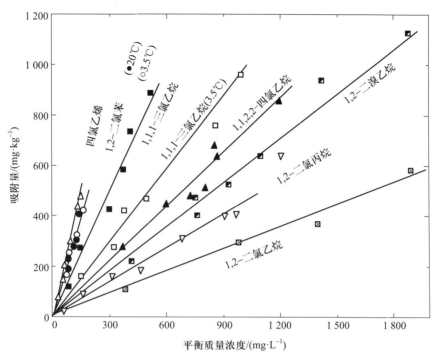

图 4-30 水中不同溶解度的卤代有机液体在 Willamette 淤泥上的吸附等温线 ($f_{om} = 0.016$)

(引自 Chiou 等，1979)

表 4-8 卤代有机液体的水溶解度 (S_w) 及其在 Willamette 淤泥上的有机质标化分配系数 (K_{om})

化合物中文名称	化合物英文名称	$S_w/(\mathrm{mg \cdot L^{-1}})$	K_{om}
1,2-二氯乙烷	1,2-Dichloroethane	8 450	19
1,2-二氯丙烷	1,2-Dichloropropane	3 570	27
1,2-二溴乙烷	1,2-Dibromoethane	3 520	36
1,1,2,2-四氯乙烷	1,1,2,2-Tetrachloroethane	3 230	46
1,1,1-三氯乙烷	1,1,1-Trichloroethane	1 360	104
1,2-二溴-3-氯丙烷	1,2-Dibromo-3-Chloropropane	1 230	75
1,2-二氯苯	1,2-Dichlorobenzene	148	180
四氯乙烯	Tetrachloroethene	200	210

(引自 Chiou 等，1979)

表 4-9 一些典型有机物的有机碳标化分配系数与辛醇-水分配系数之间的关系

系列化合物	$\lg K_{oc} = a \cdot \lg K_{ow} + b$				
	a	b	$\lg K_{ow}$ 范围	R^2	N
烷基苯、氯代苯、多氯联苯（PCBs）	0.74	0.15	2.2~7.3	0.96	32
多环芳烃（PAHs）	0.98	-0.32	2.2~6.4	0.98	14
氯代苯酚类	0.89	-0.15	2.2~5.3	0.97	10
C1-和 C2-卤代烃类	0.57	0.66	1.4~2.9	0.68	19

系列化合物	$\lg K_{oc} = a \cdot \lg K_{ow} + b$				
	a	b	$\lg K_{ow}$ 范围	R^2	N
仅含氯代烷烃类	0.42	0.93	—	0.59	9
仅含氯代烯烃类	0.96	-0.23	—	0.97	4
仅含溴化合物类	0.50	0.81	—	0.49	6
所有苯基脲	0.49	1.05	0.5~4.2	0.62	52
仅烷基和卤代苯基脲、一甲基和二甲基苯基脲	0.59	0.78	0.8~2.9	0.87	27
仅烷基和卤代苯基脲	0.62	0.84	0.8~2.8	0.98	13

（引自 Schwarzenbach,2003）

有机污染物在土壤上的吸附机理为分配作用或在土壤有机质（SOM）上的溶解作用，故其在 SOM 中的溶解度可用吸附数据估算如下：

$$S_{om} = S_w \cdot K_{om}/1\,000 \qquad (4-9)$$

式中：S_w——有机污染物在水中的溶解度，mg/L；

$\quad K_{om}$——有机污染物在土壤中的有机质标化分配系数；

$\quad S_{om}$——有机污染物在 SOM 中的溶解度，mg/g，S_{om} 大小取决于 S_w 和 K_{om}。

有机污染物在土壤有机质中的溶解度对土壤有机污染的环境容量评价和环境标准的制定具有指导意义。表 4-10 列出了一些液体或固体有机物在 Woodburn 土壤有机质（f_{om} = 0.019）中的溶解度估算值。

表 4-10　一些液体或固体有机物在 Woodburn 土壤有机质（f_{om} = 0.019）中的溶解度估算值

化合物	K_{om}	$S_w/(\text{mg} \cdot \text{L}^{-1})$	$S_{om}/(\text{mg} \cdot \text{g}^{-1})$
液态有机物			
苯	18.2	1 780	32.4
氯苯	47.9	491	23.5
间二氯苯	186	148	27.5
邻二氯苯	170	134	22.8
1,2,4-三氯苯	501	48.8	24.5
固态有机物			
对二氯苯	159	72.0	11.5
2-PCB	1 700	3.76	6.4
2,2′-PCB	4 790	0.717	3.4
2,4′-PCB	7 760	0.635	2.8
2,4,4′-PCB	240 000	0.115	2.8
林丹	360	7.8	2.8

（引自 Chiou,2002）

（2）土壤有机质和结构的影响：K_{oc} 是描述有机污染物在土壤/沉积物中迁移转化的重要参数。根据不同文献所报道的一些有机物的 K_{oc}，发现不同土壤/沉积物 K_{oc} 可相差 3~4 倍，有些农药的 K_{oc} 甚至相差 10 倍或更大。认为有机污染物在土壤/沉积物中的 K_{oc} 并不是常数的原因主要有：① 土壤/沉积物的来源和有机质的腐殖化程度影响，特别是有机质的组成与结构（如极性、芳香性、脂肪性等）；② 水中存在溶解性有机质（dissolved organic matter，DOM）。一般 K_{oc} 值顺序为：沉积物 > 悬浮颗粒物 > 土壤；土壤下层 > 上层；老的土壤/沉积物 > 新的土壤/沉积物。

由于不同实验步骤得到的 K_{om} 或 K_{oc} 不同，尤其是在研究过程中一些土壤样品的有机质含量非常低，通过大量有机质含量丰富的土壤和沉积物（从不同的地质来源，用同一个精确的分析方法）的数据可以确定土壤和沉积物的 K_{om} 和 K_{oc}。鉴于这个考虑，Kile 和 Chiou 等在美国和中国分别采集 32 个土壤和 36 个沉积物样品，研究了 CCl_4 和 1,2-二氯苯在 32 种土壤及 36 种沉积物中吸附的 K_{oc}（图 3-10）。结果表明，32 种土壤吸附 CCl_4 的平均 K_{oc} 为 60±7，吸附 1,2-二氯苯的平均 K_{oc} 为 290±42。CCl_4 和 1,2-二氯苯在 36 种沉积物中的 K_{oc} 比较高，当然也有一定的变化。对沉积物来说，CCl_4 的 K_{oc} 平均值为 102±11，1,2-二氯苯的 K_{oc} 平均值为 502±66，其值都比土壤的 K_{oc} 高 1.7 倍。

CCl_4 和 1,2-二氯苯的 K_{oc} 比其 K_{ow} 低一个数量级，表明土壤和沉积物的有机质极性相对较大，非极性有机溶质的分配作用受到限制。为研究土壤有机质的极性对溶质分配作用的影响，有人测定了苯和 CCl_4 两个非极性溶质在无灰的土壤有机质（纤维素、厩肥、泥煤及用 0.1 mol/L NaOH 处理过的泥煤）中的分配系数，用（O+N）/C（原子摩尔比值）作为天然有机质的极性指数。上述样品的相对极性为纤维素 > 厩肥 > 泥煤 > NaOH 处理过的泥煤。苯和 CCl_4 的 K_{oc}（或 K_{om}）与样品的（O+N）/C 的顺序正好相反。图 3-11 为 CCl_4 的 K_{om}、K_{oc} 与（O+N）/C 之间的关系。研究结果表明：① 非极性溶质在天然有机质中的分配对有机质的极性非常敏感，在纤维素中 CCl_4 的 K_{oc} 比在腐殖化的物质（如厩肥或泥媒）中小；对非极性有机污染物而言，纤维素是较弱的分配介质。② 正常土壤的（O+N）/C 范围比较小，四氯化碳在各种土壤上的平均 K_{oc} 为 60±7，其（O+N）/C 在 Heaghton 厩肥（0.777）和 Florida 泥媒（0.657）之间。③ 经 NaOH 处理的泥媒的（O+N）/C 较低，仅为 0.488，其 CCl_4 的 K_{oc} 为 115，超过正常土壤，与沉积物的 K_{oc} 相当，说明沉积物有机质的极性比土壤有机质的极性低。

土壤有机质除极性发生变化以外，其他结构和性质非常复杂。一些证据证明，在 SOM 的演化过程中，同时具有流体和固体的特点。根据高分子化学术语，Pignatello 和 Xing 将 SOM 中的流动性区域称为橡胶态，对有机物起分配作用；相对刚性的一些部分称为玻璃态，对有机物起分配作用和表面吸附位作用；在 SOM 玻璃态区域中包括极小微孔，即一些纳米尺寸的微孔，物质只能通过慢反应的方式进入固相。图 4-31 为 Pignatello 和 Xing 提出的 SOM 的橡胶态和玻璃态概念模型。Weber 等认为 SOM 有"软碳"和"硬碳"两种组分，软碳对有机物吸附速率较快，呈线性、非竞争吸附；而硬碳对有机物吸附速率较慢，呈非线性、竞争吸附。图 4-32 为 Weber 等提出的土壤双活性区域吸附模型。

（3）土壤溶解性有机质的影响：土壤溶液或沉积物孔隙水中常含有一定量的溶解性或悬浮的有机质（DOM），并且水中微量的溶解态或悬浮态高分子腐殖质能显著增加难溶性有机物在水中的溶解度，因此，有机物在土壤或沉积物上的吸附作用还受 DOM 的影响。

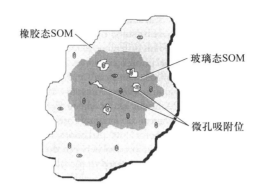

图 4-31 Pignatello 和 Xing 提出的 SOM 的橡胶态和玻璃态概念模型

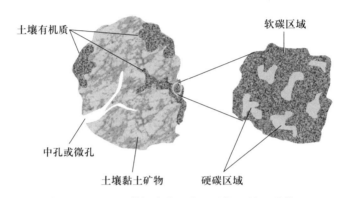

图 4-32 Weber 等提出的土壤双活性区域吸附模型

DOM 可以增加难溶性有机物在水中的溶解度,其原因是有机物在悬浮或溶解有机质之间的分配作用。在含溶解或悬浮有机质的水中有机物的表观溶解度(或质量浓度 ρ_e^*)和纯水中有机物的浓度(ρ_e)与溶解或悬浮的有机质的量如下:

$$\rho_e^* = \rho_e + X K_{DOM} \rho_e = \rho_e(1 + X K_{DOM}) \tag{4-10}$$

或

$$S_w^* = S_w(1 + X K_{DOM}) \tag{4-11}$$

式中:X——单位体积水中溶解或悬浮的有机质的总质量,为简化起见,称作溶解有机质的浓度;

K_{DOM}——有机物在 DOM 和水间的分配系数,它与有机物的类型和 DOM 的组成有关;

S_w^*——在质量浓度为 X 的 DOM 存在下,有机物在水中的表观溶解度。

研究表明,DDT 在 5.5 g/L 土壤腐殖酸钠溶液中的溶解度比纯水中高 200 倍。同样,如式(4-10)、式(4-11)中的 X 用单位体积水中溶解的有机碳表示,用 K_{DOC} 代替式中的 K_{DOM}。考虑水中 DOM 对有机物的分配作用,土壤对有机物的分配作用大小可用表观溶质分配系数(K_d^*)表示:

$$K_d^* = \frac{Q}{\rho_e^*} = \frac{Q}{\rho_e(1 + X K_{DOM})} = \frac{K_d}{1 + X K_{DOM}} \tag{4-12}$$

式中:Q——有机物在土壤中的吸附量,mg/kg;

K_d——没有溶解性有机质存在时有机物在土壤或沉积物上的分配系数。$K_d = f_{om} \cdot K_{om}$,用 f_{om} 标化 K_d^*,则得

$$K_{om}^* = \frac{K_{om}}{1 + XK_{DOM}} \qquad (4-13)$$

如果 K_d^* 和 K_d 被土壤或沉积物的有机碳所标化,式中 K_{om}^* 和 K_{om} 分别可用 K_{oc}^* 和 K_{oc} 代替。从溶解性有机质的角度,K_{DOM}(或 K_{DOC})的值取决于 DOM 的极性和尺寸。溶解性有机质(非悬浮有机质)的分子必定足够大,分子内部的非极性结构与溶质分子能相互作用。溶解性的低分子量的有机质由于其分子尺寸的限制,与溶质分子间没有这类相互作用。对有机物而言,只有水溶性弱、易溶于有机相,才会有好的增溶效果。Chiou 等用一系列 S_w 差别很大的有机物和组成及结构不同的 DOM,证实 K_{DOM} 与有机物的水溶性及 DOM 的来源和组成有关。

(4)复合污染的影响:有机污染物在土壤中的吸附性能除与土壤组成和结构、有机污染物种类和性质、环境条件(如 DOM 浓度、pH)有关外,还与土壤中有机物复合污染状况有关。在实际土壤污染过程中,常常是多种有机污染物共同存在,因此研究多种污染物的竞争吸附行为更具有实践意义。当两种或两种以上有机物并存于同一反应体系中,有机物会对土壤表面的吸附点位发生强烈的竞争吸附,也就是说,当土壤对有机物发生表面吸附时,则土壤对不同有机污染物存在竞争吸附。然而在相同条件下,若吸附作用是分配过程,则一般不发生竞争吸附,它们的吸附等温线(吸附量)在单一溶质和双(多)溶质体系中都一样,并不因为其他有机污染物的存在而发生变化(图4-33),这是由于分配作用实际上是一种溶解作用,只与它们在水和 SOM 中的溶解度有关,而与表面吸附点位无关。

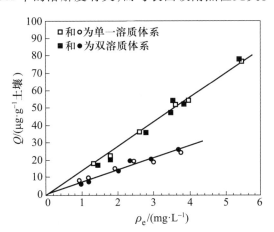

图 4-33 对硫磷(□,■)和林丹(○,●)单一溶质或双溶质在 Woodburn 土壤上的吸附等温线($f_{om} = 0.019, 20$ ℃)

(引自 Chiou,1985)

4. 特殊吸附作用

土壤或沉积物对有机物的吸附作用除了包括分配作用(partition)和表面吸附(adsorption)外,还存在特殊吸附作用(specific interaction),有关特殊吸附作用逐渐成为人们关注的焦点。根据不同类型和性质的有机物,特殊吸附作用包括配体交换、范德华力作用、

电荷转移、氢键作用、离子交换作用和偶极等物理作用。下面介绍一下物理作用、离子交换吸附和氢键作用下的吸附。

（1）物理吸附：土壤对农药等有机污染物的物理吸附作用，主要是胶体内部和周围农药的离子或极性分子间的偶极作用。物理吸附的强弱取决于土壤胶体比表面的大小。例如，无机黏土矿物中，蒙脱石和高岭石对丙体六六六的吸附量分别为 10.3 mg/g 和 2.7 mg/g；有机胶体比无机胶体对农药有更强的吸附力；许多农药如林丹、西玛津和 2,4-D 等，大部分吸附在有机胶体上；土壤腐殖质对马拉硫磷的吸附力较蒙脱石大 70 倍。腐殖质还能吸附水溶性差的农药。因此，土壤质地和有机质含量对农药吸附作用有很大的影响。

（2）离子交换吸附：化学农药按其化学性质，可分为离子型和非离子型农药。离子型农药（如杀草快）在水中能离解成离子，非离子型农药包括有机氯类的 DDT、艾氏剂，有机磷类的对硫磷、地亚农等。

离子型农药进入土壤后，一般解离为阳离子，可被带负电荷的有机胶体或无机胶体吸附。如杀草快质子化后，被腐殖质胶体上的两个—COOH 吸附，有些农药的官能团（—OH、—NO$_2$、—COOR、—NHR 等）解离时产生负电荷成为阴离子，则被带正电荷的 $Fe_2O_3 \cdot nH_2O$、$Al_2O_3 \cdot nH_2O$ 胶体吸附。因此，离子交换吸附可分为阳离子交换吸附和阴离子交换吸附。有些农药在不同的酸碱条件下有不同的解离方式，因而有不同的吸附形式。例如，2,4-D 在 pH 为 3~4 的条件下解离成有机阳离子，被带负电荷的胶体吸附；而在 pH 为 6~7 的条件下解离成有机阴离子，则被带正电荷的胶体吸附。由此可见，土壤 pH 对农药的吸附有一定的影响。

（3）氢键吸附：土壤组分和农药分子中的—NH、—OH 基团或 N、O 原子形成氢键，是黏土矿物或有机质吸附非离子型极性农药分子最普遍的一种方式。农药分子可与黏土表面氧原子、边缘羟基或土壤有机质的含氧基团和胺基以氢键相结合；有些交换性阳离子与极性有机农药分子还可以通过水分子以氢键结合。

影响土壤对农药等有机污染物的吸附作用的因素主要有：① 土壤胶体的性质，如黏土矿物、有机质含量、组成特征（极性、芳香性和脂肪性等）及硅铝氧化物及其水合物的含量，土壤有机质和各种黏土矿物对非离子型农药吸附作用的顺序为有机质>蛭石>蒙脱石>伊利石>绿泥石>高岭石。② 农药本身的化学性质，如分子结构、水溶性等对吸附作用也有很大的影响。农药分子中某些官能团如—OH、—NH$_2$、—NHR、—CONH$_2$、—COOR 以及 R_3^+N—等有助于吸附作用，其中带—NH$_2$ 的化合物最易被吸附；在同一类农药中，农药的分子越大，溶解度越小，越易被土壤所吸附。③ 土壤溶液的性质，如溶解性有机质含量和溶液的 pH。农药的电荷特性与体系的 pH 有关，因此土壤 pH 对农药的吸附有较大的影响。有人研究了农药涕灭威、林丹和氟乐灵在三种不同类型土壤，即红泥沟土、沙河土和百花山土中的吸附行为。结果表明，在同一土壤中，三种农药的吸附强弱顺序是氟乐灵>林丹>涕灭威；而不同土壤对同一农药的吸附作用强弱为百花山土>沙河土>红泥沟土。吸附作用与土壤中有机碳含量呈正相关，而与农药分子的亲水性呈负相关。

土壤对农药吸附作用的大小关系到土壤对农药的净化能力及其有效性。土壤的吸附能力越强，农药有效性越低，净化能力越高。农药被土壤吸附后，由于存在形态的改变，其迁移转化能力和生物毒性随之变化。如除草剂百草枯和杀草快被土壤黏土矿物强烈吸附后，它们的溶解度和活性大大降低。所以土壤对化学农药的吸附作用，在某种意义上就是对农药的净化和解毒。土壤的吸附能力越大，农药的有效性越低，净化效果就越好。但是这种净化作用只是相对的,也是有限度的。当被吸附的化学农药解吸并回到溶液中时,仍将恢复其原有性质;或者当进入的农药量超过土壤的吸附能力时,土壤就失去了对农药的净化效果,导致土壤的农药污染。因此,土壤对农药的吸附只在一定条件下起到净化和解毒作用;另外,它可使农药大量积累在土壤表层。土壤对有机物的吸附作用,与重金属一样,能产生"老化"效应,即降低有机物的脱附(解吸)和生物有效性。

(二) 土壤中农药等有机污染物的挥发、扩散和迁移

土壤中农药等有机污染物的迁移是指土壤溶液中或吸附在土壤颗粒上的农药随水和大气移动,或者从土壤直接挥发到大气中。进入土壤的农药等有机污染物,在被吸附的同时,可挥发至大气中,或随水淋溶而在土壤中扩散迁移,也可随地表径流进入水体。农药等有机污染物也可被生物体吸收。污染物迁移的主要方式包括扩散和质体流动,迁移的形态有蒸气的、非蒸气的。

土壤中农药等有机污染物的挥发主要取决于农药等有机污染物的蒸气压,土壤的温度、湿度,土壤有机质含量及影响土壤孔隙状况的质地与结构条件。农药等有机污染物的蒸气压相差很大,如有机磷和某些氨基甲酸酯类农药蒸气压相当高,而DDT、狄氏剂、林丹等则较低,因此它们在土壤中的挥发速率不一样。农药挥发指数大,挥发作用就强(表4-11),它们在土壤中的迁移主要以挥发、蒸气扩散的形式进行。土壤的吸附作用可以降低农药的蒸气

表 4-11　某些农药在土壤中的挥发指数和淋溶指数

农　药	挥发指数	淋溶指数	农　药	挥发指数	淋溶指数
除草剂			杀虫剂		
氯铝剂	3.0	1.0~2.0	磷胺	2.0~3.0	3.0~4.0
敌稗	2.0	1.0~2.0	速灭磷	3.0~4.0	3.0~4.0
氟乐灵	2.0	1.0~2.0	甲基对硫磷	4.0	2.0
茅草枯	1.0	4.0	对硫磷	3.0	2.0
二甲四氯	1.0	2.0	DDT	1.0	1.0
2,4-D	1.0	2.0	六六六	3.0	1.0
2,4,5-T	1.0	2.0	氯丹	2.0	1.0
杀虫剂			毒杀芬	3.0	1.0
西维因	3.0~4.0	2.0	艾氏剂	1.0	1.0
马拉硫磷	2.0	2.0~3.0	异狄氏剂	1.0	1.0
三溴磷	4.0	3.0	杀菌剂		
乐果	2.0	2.0~3.0	克菌丹	2.0	1.0
倍硫磷	2.0	2.0	苯菌灵	3.0	2.0~3.0
地亚磷	3.0	2.0	代森锌	1.0	2.0
二硫磷	1.0~2.0	1.0~2.0	代森锰	1.0	2.0
甲氧基内吸磷	3.0	3.0~4.0	代森锰锌	1.0	1.0
保棉磷	—	1.0~2.0			

压,从而降低其挥发作用。例如,均三氮苯类农药的挥发损失量与土壤有机质和黏粒含量呈明显的负相关。温度升高可促进土壤中农药的挥发,但温度升高亦可使土壤干燥,加强农药在土壤表面的吸附而降低其挥发损失。土壤水分子对农药挥发的影响是多方面的。干燥土壤表面对农药的吸附作用减缓了农药的挥发。因水分子与农药的竞争吸附,当水分增加时,土壤对农药的吸附作用减弱;这是DDT、艾氏剂、狄氏剂等有机氯农药在相对湿度较高的土壤中更易挥发损失的原因。空气流速也直接或间接影响农药的挥发速率。在湿润土壤中,当空气流速增加时,农药的挥发速率则明显增大。土壤中农药向大气的挥发扩散,是大气农药污染的重要因素之一。

一些学者研究了土壤从一系列有机溶剂中吸附对硫磷,并研究了土壤含水量对土壤吸附的影响。干燥土壤从正己烷吸附对硫磷的效率高,在苯中吸附对硫磷的效率低,而在甲醇、乙醇、丙酮、氯仿、乙酸盐等极性溶剂中基本无吸附。尽管干燥土壤和接近干燥的土壤在正己烷中吸附对硫磷明显高于在水中的吸附,但湿度能强烈抑制吸附作用,当土壤被水饱和时,吸附效率趋于零。图4-34为正己烷中林丹在烘干和部分水化Woodburn土壤中的吸附等温线(20 ℃)。随着土壤含水量的增大,林丹在土壤上的吸附量降低,当土壤含水量为2.5%时,林丹的吸附量只有干燥土壤的约4%;吸附等温线从非线性逐渐变为线性,这主要是由于表面吸附首先吸附强极性的水分子,被吸附的水分子强烈压制了林丹的表面吸附作用。

土壤中林丹和狄氏剂蒸气的平衡浓度与含水量的关系进一步表明了土壤矿物质的表面吸附和有机质分配的相对地位。对Gila肥土($f_{om}=0.006$)而言,当土壤含水量小于2.2%时,林丹(吸附量约为50 mg/kg土)和狄氏剂(吸附量约为100 mg/kg土)的平衡蒸气浓度基本低于相应湿度下纯物质的饱和蒸气浓度,表明农药使用量低于土壤饱和吸附量。然而随着含水量不断增加至超过3.9%时,平衡蒸气浓度也迅速增加,直至与纯物质的饱和蒸气压相等,且在野外土壤水饱和度(17%)范围内,不再随湿度的增加而变化。图4-35为30 ℃和40 ℃时100 mg狄氏剂/kg土壤的蒸气浓度与土壤含水量之间的关系。在土壤含水

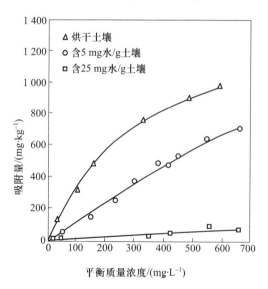

图4-34 烘干和部分水化Woodburn土壤对正己烷中林丹的吸附等温线(20 ℃)

(引自Chiou,1985)

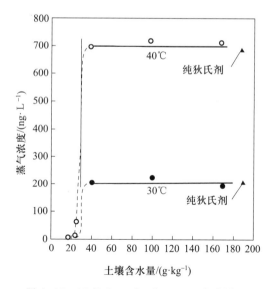

图4-35 30 ℃和40 ℃时100 mg狄氏剂/kg土壤的蒸气浓度与土壤含水量之间的关系

(引自Spencer,1969)

量较低时,平衡蒸气浓度低于纯有机物的饱和蒸气浓度;土壤含水量高时等于其饱和蒸气浓度。由此可区分出土壤矿物质表面吸附和有机质分配作用的机制。干燥土壤在低蒸气浓度时,强的矿物质表面吸附超过有机质分配作用的影响,随着湿度的增加,水分子通过竞争吸附取代了由土壤矿物质吸附的部分农药,使得土壤吸附农药主要由有机质的分配作用所致。

土壤湿度是农药等有机污染物活性最敏感的影响因素。因为土壤环境的含水量增大(干-湿循环)可导致污染物(如农药)化学活性的迅速变化,饱和吸附量由高变低。在相对干燥的条件下,矿物质(尤其是表面积大的黏土)强的表面吸附及有机质的分配作用降低了污染物在土壤中的活性;湿度增加,水分子取代了土壤中吸附态污染物的位置,使得污染物的化学活性迅速升高。干燥土壤或黏土吸附的挥发性农药随着土壤或黏土湿度升高而迅速解吸。在使用农药的田地中,降水或表层土壤中的露水能导致空气中农药浓度的迅速增大;当土壤表层干燥时,挥发流失的农药相当小;而许多挥发性相对低的农药和污染物从土壤中的挥发损失则不明显。

图 4-36 为加拿大渥太华某农田喷洒农药野麦畏和氟乐灵和降水对空气中农药蒸气流量随时间变化的影响。在干燥天气喷洒农药后,空气中农药的浓度非常高,但是很快就降得很低,主要是干燥土壤中的矿物质和有机质强烈吸附所致;在喷洒农药后 60 h,开始降水 2 h,此时,空气中农药的浓度急剧升高,主要是水分子置换出吸附在黏土矿物表面的农药所致;此时空气中农药的浓度低于刚刚喷洒后空气中的浓度,主要是由于有一部分吸附在土壤有机质上的农药不能被水分子所置换。降水停止后,空气中农药的浓度又迅速降低。

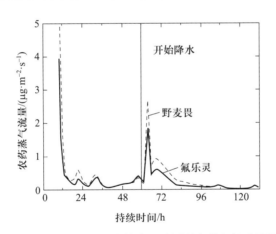

图 4-36 加拿大渥太华某农田喷洒野麦畏和氟乐灵及
降水对空气中农药蒸气流量随时间变化的影响
(引自 Majewski,1993)

土壤中农药等有机污染物的淋溶,主要取决于它们在水中的溶解度。溶解度大的有机污染物淋溶能力强,在土壤中的迁移主要以水扩散形式进行。农药的水扩散方式有两种:一是直接溶于水中;二是被吸附在土壤固体细粒表面上,随水分移动而进行机械迁移。除水溶性大的农药易淋溶外,由于农药被土壤有机质和黏土矿物强烈吸附,一般在土体内不易随水向下淋移,大多累积在厚度为 0~30 cm 的土层内。农药对地下水污染并不严重,但由于土壤侵蚀,农药可通过地表径流进入水体,造成水体污染。

研究表明,农药在土壤中的水扩散速率很慢,而蒸气扩散速率比水扩散速率要大 1 000倍。经计算,分子量为 2 000、蒸气压为 10^{-4} mmHg 的农药,每月每公顷土地的损失量为20 kg。因此,农药的蒸气扩散可造成大气的农药污染。

农药挥发、扩散等迁移过程和土壤吸附农药的强弱有关。一般在吸附量小的砂土中,农药迁移能力大;吸附量大的土壤中,农药的迁移能力小。农药的挥发、扩散迁移虽可使土壤本身净化,但导致了其他环境要素的污染。

(三)土壤中化学农药的降解

农药在防治病虫害、增加作物产量等方面起了很大作用。但许多农药稳定性强,不易分解,可在环境中长期存在;特别是有机氯农药很稳定,可在生物体内累积并产生危害。当然,土壤中农药可通过生物或化学等作用逐渐分解,最终转化为 H_2O、CO_2、Cl_2 及 N_2 等简单物质而消失。农药降解过程快则仅需几小时至几天,慢则需数年乃至更长的时间。此外,农药降解过程中的一些中间产物也可能对环境造成危害。

土壤的组成性质和环境因素对农药降解的影响较大。农业土壤是一个湿润并具有一定透气性的环境,在极干旱状态下,表层土壤的相对湿度才降到 90% 以下;而气候温和时土壤的湿度大多在 90% 以上。农药在此条件下可能发生氧化和水解反应,或由于渍水等厌氧条件而发生一系列还原反应。土壤中许多降解反应在水分存在时发生,或者水本身就是反应物。土壤具有很大的比表面积,并有许多活性反应点,吸附作用影响着农药的降解反应;农药与土壤有机质分子中的活性基团及自由基都可能发生反应;农药的化学反应可被黏粒表面、金属氧化物、金属离子及有机质等催化。土壤中种类繁多的生物,特别是数量巨大的微生物群落,对农药降解的贡献最大。已经证实,有许多细菌、真菌和放线菌能降解一种乃至数种农药。各种微生物和根系分泌物还能对农药降解起协同作用。土壤中其他生物如蚯蚓等无脊椎动物对农药的代谢作用亦不容忽视。还有一些农药在被吸收到植物体内后代谢降解。除了生物降解以外,对某些农药而言,非生物降解作用亦十分重要,有些农药在土壤中主要通过化学作用而降解。土壤中化学农药的降解包括光化学降解、化学降解和微生物降解。下面作简单介绍。

1. 光化学降解(光解)

农药在光照下可吸收光辐射进行衰变、降解。光解仅对少数稳定性较差的农药起明显的作用 。例如,除草快经光化学降解可生成盐酸甲胺:

$$[H_3C—N \text{(pyridine ring)} N—CH_3]^{2+} \longrightarrow$$

$$[H_3C—N \text{(pyridine ring)} N—COOH]^+ Cl \longrightarrow CH_3 \cdot NH_2 \cdot HCl$$

由于土壤中农药的光解多在表层进行,所以光化学降解在农药降解中的贡献较小。但光解作用使某些农药降解成易被微生物降解的中间体,从而加快农药的降解。有机物的光化学降解在水环境化学一章已作过较详细的讨论,这里不再赘述。

2. 化学降解

农药的化学降解可分为催化反应和非催化反应。非催化反应包括水解、氧化、异构化、离子化等作用,其中水解和氧化反应最重要。

(1)水解作用:如有机磷酸酯杀虫剂在土壤中发生水解反应,

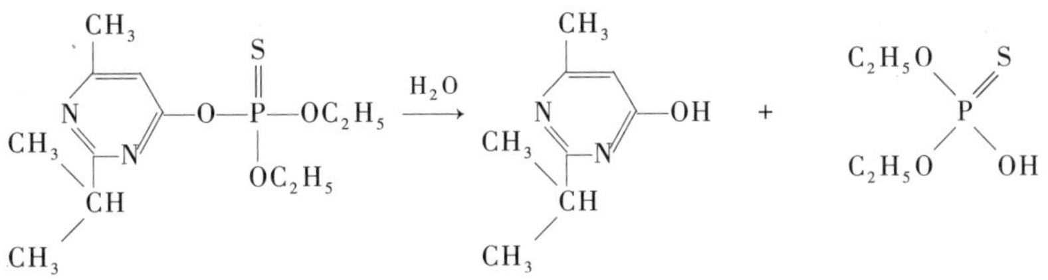

有机磷酸三酯的水解反应可表示如下：

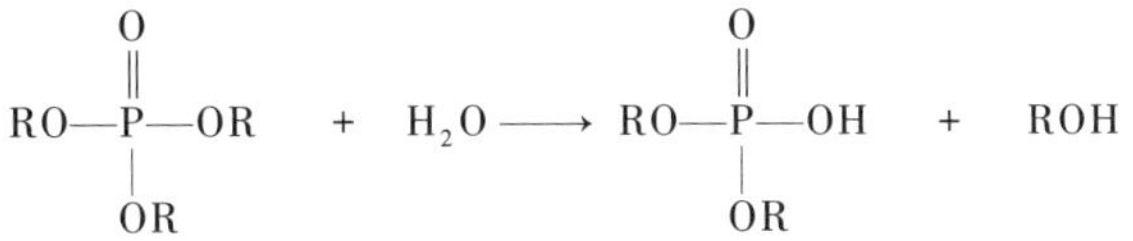

$$RO-\overset{\displaystyle O}{\underset{\displaystyle OR}{P}}-OR \ + \ H_2O \longrightarrow RO-\overset{\displaystyle O}{\underset{\displaystyle OR}{P}}-OH \ + \ ROH$$

（2）氧化作用：有人曾经用氯代烃农药进行氧化实验，指出林丹、艾氏剂和狄氏剂在臭氧氧化或曝气作用下都能够被去除。实验证明，土壤无机组分作催化剂能使艾氏剂氧化成狄氏剂；铁、钴、锰的碳酸盐及硫化物也能催化氧化及还原反应。

许多农药能降解氧化生成羧基、羟基。如 p,p'-DDT 脱氯产物 p,p'-DDD 可进一步氧化为 p,p'-DDA：

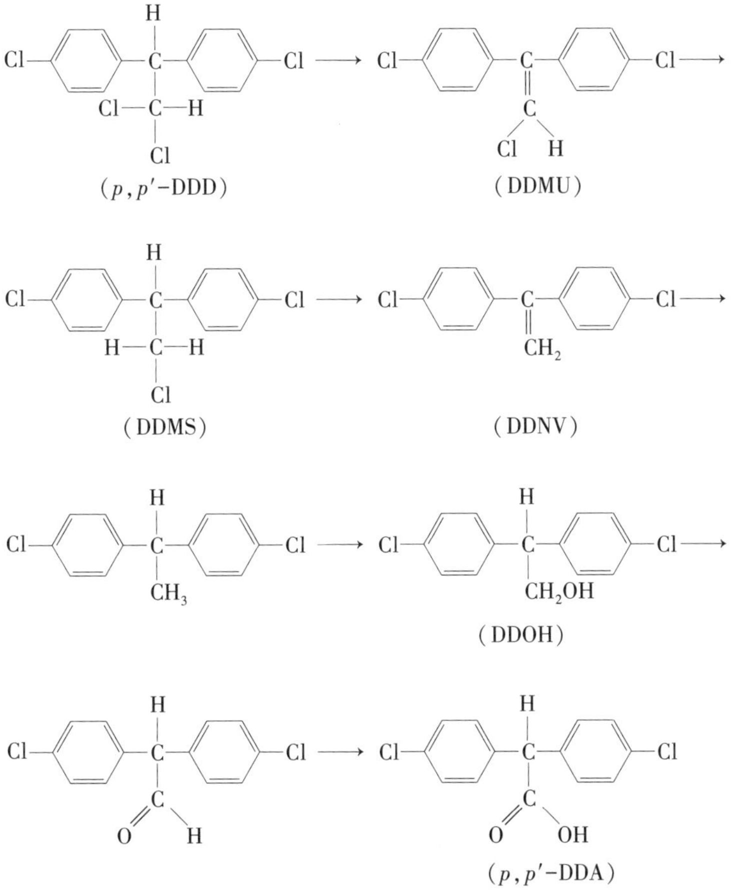

（p,p'-DDD）　（DDMU）

（DDMS）　（DDNV）

（DDOH）

（p,p'-DDA）

在农药的化学降解中，土壤中无机矿物及有机物能起催化降解作用，如催化农药的氧化、还原、水解和异构化。例如，碱性氨基酸类及还原性铁卟啉类有机物可催化有机磷农药的水解和 DDT 脱 HCl；Cu^{2+} 能促进有机磷酸酯类农药的水解；黏粒表面的 H^+ 或 OH^- 能催化狄氏剂的异构化和阿特拉津及 DDT 的水解反应；土壤中游离氧及 H_2O 等也能对某些化学农药的化学降解起催化作用。

3. 微生物降解

微生物对农药的降解是土壤中农药最主要也是最彻底的净化。影响微生物活性的诸因素如温度、有机质含量等都会影响农药的微生物降解。土壤中农药微生物降解的反应较多，也很复杂，其中比较重要的微生物降解反应有氧化、还原、水解、开环作用等。对农药有降解能力的微生物有细菌、放线菌、真菌等。

（1）氧化作用：氧化是微生物降解农药的重要酶促反应，有多种形式，如羟基化、脱烷基、β-氧化、脱羧基、醚键开裂、环氧化、氧化偶联、芳香环或杂环开环等。

（2）还原作用：某些农药在厌氧条件下发生还原作用，如在厌氧条件下氟乐灵中的硝基被还原为胺基。

（3）水解作用：许多无机酸酯类农药（对硫磷、马拉硫磷）和苯酰胺类农药在微生物作用下，酰胺和酯键易发生水解作用：

$$R_2\text{—}\underset{R_1}{\overset{}{C_6H_3}}\text{—N(H)—CO—}R_3 + H_2O \longrightarrow R_2\text{—}\underset{R_1}{\overset{}{C_6H_3}}\text{—}NH_2 + R_3COOH$$

又如：

$$(C_2H_5O)(C_2H_5O)P(=O)\text{—O—}C_6H_4\text{—}NO_2 + H_2O \longrightarrow (C_2H_5O)_2P(=O)\text{—OH} + HO\text{—}C_6H_4\text{—}NO_2$$

（4）开环作用：许多细菌和真菌能使芳香环破裂，这是环状有机物在土壤中降解的重要步骤。如 2,4-D 在无色杆菌作用下发生苯环破裂：

$$\text{（2,4-二氯苯氧乙酸）} \longrightarrow \text{（二氯苯酚）} \longrightarrow \text{（氯代儿茶酚）} \longrightarrow \text{（己二酸）}$$

$$\longrightarrow CO_2 + H_2O + Cl^-$$

在同类化合物中，影响其降解速率的因素有：化合物取代基的种类、数量、位置及取代基团的大小。苯类化合物中，不同取代基对各种微生物抗分解的顺序为 $-NO_2 > -SO_3H > -OCH_3 > -NH_2 > -COOH > -OH$。同类化合物中，取代基的数量越多，基团的分子越大，就越难分解。

（5）脱氯作用：许多有机氯农药可在微生物作用下脱氯，如 p,p'-DDT 脱氯转变成 p,p'-DDD；又如林丹（γ-六六六）经梭状芽孢杆菌和大肠杆菌作用，脱氯成为氯苯和苯：

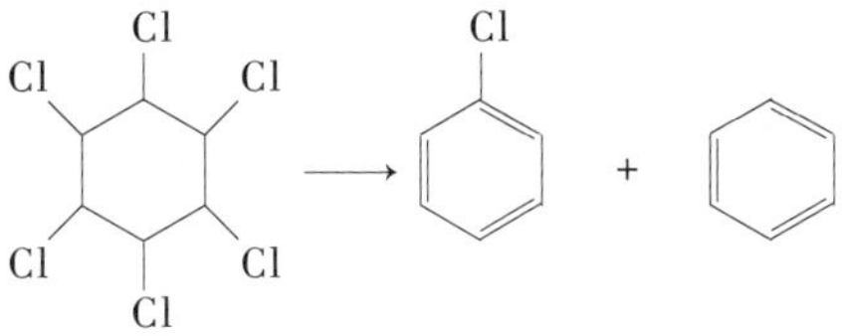

（6）脱烷基作用:烷基与 N、O 或 S 原子连接的农药容易在微生物作用下进行脱烷基降解。

应当指出,农药的降解过程是非常复杂的。一种农药在其降解过程中常常包含多种不同类型的化学反应(或降解作用)。例如,杀虫剂乙酰基磷酸酯(毒虫畏)的微生物降解历程如下:

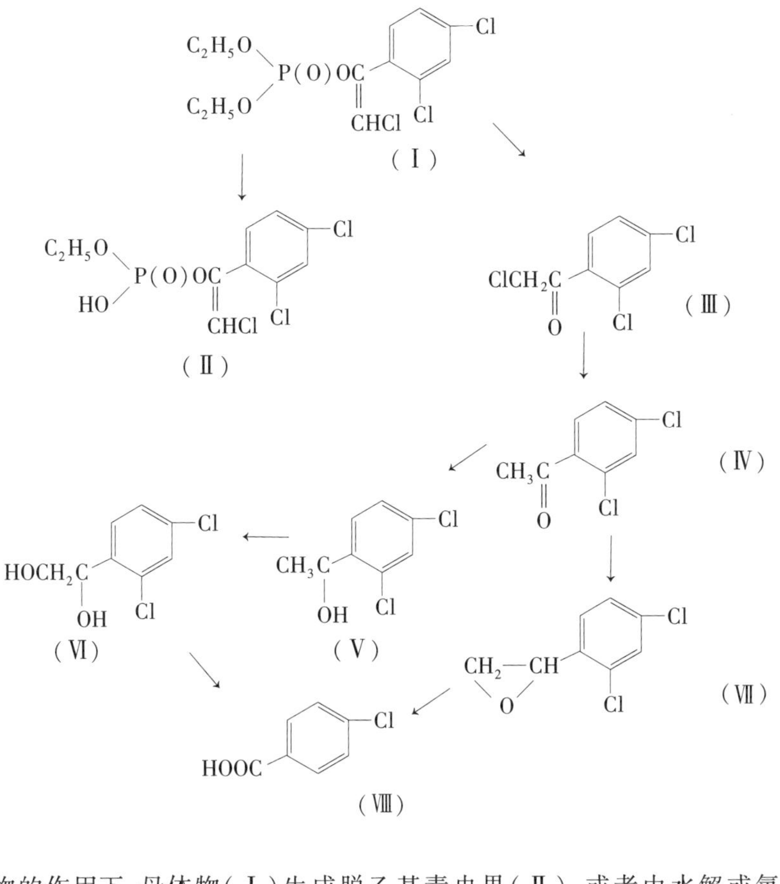

在微生物的作用下,母体物(Ⅰ)生成脱乙基毒虫畏(Ⅱ),或者由水解或氧化作用经由一个中间体生成 2,4-二氯苯乙酮(Ⅳ),再还原为 1-(2,4-二氯苯基)乙醇(Ⅴ),再氧化为二醇(Ⅵ),从(Ⅵ)起可能有第二条途径,即异构化为环氧化物 2,4-二氯苯环氧乙烷(Ⅶ),然后(Ⅵ)和(Ⅶ)氧化生成对氯苯甲酸(Ⅷ)。

农药降解产物对环境的影响是不同的。有些剧毒农药,一经降解就失去了毒性;而另一些农药,虽然自身的毒性不大,但它们的分解产物毒性很大;还有一些农药,其本身和代谢产物都有较大的毒性。所以在评价一种农药是否对环境有污染时,不仅要看农药本身的毒性,而且还要注意代谢产物是否具有潜在的危害。

（四）土壤中化学农药的残留及生物有效性

1. 残留性

土壤中化学农药虽经挥发、淋溶、降解及作物吸收等而逐渐消失，但仍有一部分残留在土壤中。农药对土壤的污染程度反映在它的残留性上，故人们对农药在土壤中的残留量和残留期比较关心。农药在土壤中的残留性主要与其理化性质、药剂用量、植被及土壤类型、结构、酸碱度、含水量、金属离子及有机质含量、微生物种类、数量等有关。影响农药残留性的有关因素列于表 4-12。农药对农田的污染程度还与人为耕作制度等有关，复种指数较高的农田土壤，由于用药较多，农药污染往往比较严重。

表 4-12　影响农药残留性的有关因素

影响因素		残留性
农药	挥发性	低>高
	水溶性	低>高
	施药量	高>低
	施药次数	多>少
	稳定性（对光解、水解、扩散、生物分解等的稳定性）	高>低
	加工剂型	黏剂>乳剂>粉剂
	吸着力	强>弱
土壤	类型	黏土>砂土
	有机质含量	多>少
	金属离子含量	少>多
	含水量	少>多
	微生物含量	少>多
	pH	低>高
	通透性	好气>嫌气
气温		低>高
湿度		低>高
表层植被		茂密>稀疏
旱地>水田>淹水状态		

土壤中农药的残留量受到挥发、淋溶、吸附及生物、化学降解等诸多因素的影响。土壤中农药残留量计算式为

$$R = C^{-kt} \tag{4-14}$$

式中：R——农药残留量；

　　　C——农药使用量；

　　　k——常数，取决于农药品种及土壤性质等因素；

　　　t——时间。

农药在土壤中的残留期与它们的化学性质和分解的难易程度有关。一般用以说明农药残留持续性的标志是农药在土壤中的半衰期和残留期。半衰期（$t_{1/2}$）指农药施入土壤中消失一半的时间。而残留期 $t_{0.5}$ 指消失 75%～100% 所需时间。半衰期可用上式计算。部分农药的半衰期见表 4-13。

表 4-13　部分农药的半衰期

名　　称	半衰期/a	名　　称	半衰期/a
含 Pb,As 农药	10～30	三嗪除草剂	1～2
DDT,六六六,狄氏剂	2～4	苯酸除草剂	0.2～1
有机磷农药	0.02～0.2	尿素除草剂	0.3～0.8
氨基甲酸酯类农药	0.02～0.1	氟乐灵	0.08～0.10
2,4-D；2,4,5-T	0.1～0.4		

由表 4-13 可见，农药的半衰期差别非常大。有机氯农药化学性质稳定，其半衰期达数年之久，故已被许多国家禁止使用。而有机磷农药及氨基甲酸酯类杀虫剂，残留期只有几天或几周。例如，乐果、马拉硫磷、地亚农在土壤中的残留时间分别为 4 d、7 d 和 50～80 d；所以它们在土壤中很少有积累。

农药残留期还与土壤性质有关，如土壤的矿物质组成、有机质含量、酸碱度、氧化还原状况、湿度和温度；种植的作物种类和耕作情况等均可影响农药的残留期。

土壤中农药最初由于挥发、淋溶等物理作用而消失，然后农药与土壤中的固体、液体、气体及微生物发生一系列化学、物理化学及生物化学作用，特别是土壤微生物对其的分解，农药的消失速率较前阶段慢。研究表明，除草剂氟乐灵在土壤中的降解过程可分为两个时期，前期降解较快，$t_{1/2}$ 为 16.0～18.9 d；后期较慢，$t_{1/2}$ 为 33.3～35.13 d。DDT 等有机污染物在土壤中的残留率随时间延长而逐渐下降，而后趋于稳定，形成"冰球杆"状的变化规律，如图 4-37 所示。但是土壤中有机污染物的衰减规律与其污染的历史长短（或老化程度）有关，新近污染的土壤中有机物的衰减基本呈"冰球杆"状；而污染历史较长的土壤，其中残留的有机物基本不变化，如图 4-38 所示。

环境保护和植物保护工作者对农药在土壤中残留时间长短的要求不同。从环境保护的角度看，各种化学农药的残留期越短越好，以免造成环境污染，进而通过食物链危害人体健康。但从植物保护角度，如果残留期太短，就难以达到理想的杀虫、治病、灭草的效果。因此，对于农药残留期问题的评价，要从防止污染和提高药效两方面考虑。最理想的农药应为毒性保持的时间长到足以控制其目标生物，而又衰减得足够快，以致对非目标生物无持续影响，并不使环境遭受污染。

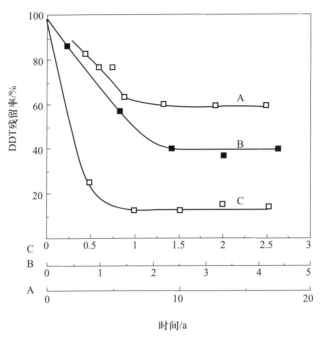

图 4-37 三个不同地点 DDT
残留率随时间的变化规律

x 轴表示不同的时间尺度,其最初的浓度分别为:
A—200 mg/L(1967 年);B—4.42 mg/L(1960 年);
C—1 120 mg/m²(1970 年)

2. 生物有效性

进入土壤中的有机污染物,将发生被土壤胶粒及有机质吸附、随水分向四周移动(地表径流)或向深层土壤移动(淋溶)、向大气中挥发扩散、被作物吸收、被土壤和土壤微生物降解等一系列物理、化学过程。随着有机污染物与土壤接触时间的增加,污染物的溶剂可萃取性和生物有效性将会相应地降低,这就是所谓的"老化"现象。老化过程的最终结果是污染物从微生物可到达的土壤中移动到不易到达或不能到达的土壤中,从而使得污染物的可提取性和生物有效性降低。

关于有机污染物的生物有效性,目前还没有统一的定义。药理学和毒理学中的生物有效性是指异源物质在静脉注射或口服后的系统有效性,即化学物质穿过细胞膜而进入细胞的可能性和产生的效应。环境科学家根据这一定义发展并探讨了生物有效性的定义及其可能的效应过程。美国国家研究理事会(National Research Council,NRC)给出了生物有效性过程的定义,指出其是决定着生命体对化学物质的暴露程度的物理、化学、生物学的综合作用。欧洲化学品生态毒理与毒理学中心 (European Centre for Ecotoxicology and Toxicology of Chemicals,ECETC)报告指出,生物有效性包括以下几个过程:① 生命体系统与物质相互作用的能力;② 环境中总量或总浓度对生命活动可能有效的部分;③ 生命体的动态摄取过程及与土壤颗粒交换过程中生命体的实际吸收量,与环境中的动态量相关。

"生物有效性"有广义和狭义之分,狭义的生物有效性指现时的生物有效性,而广义的生物有效性包括生物有效性和生物可利用性,即包括实时、现时的生物有效性,如自由溶解态的化学物质,以及潜在的生物有效性,如吸附态的化学物质由于脱附、生命体接触等因素

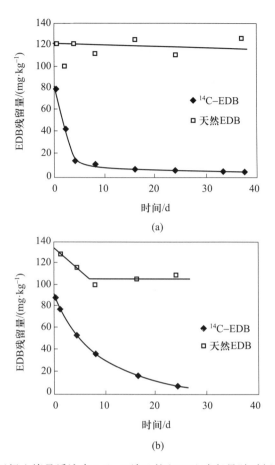

图 4-38　田间土壤悬浮液中 1,2-二溴乙烷(EDB)残留量随时间的变化规律

包括早期使用的 EDB(天然 EDB)和新加入 ^{14}C 标记的 EDB(^{14}C-EDB)，

使用的土壤在 0.9 a(A)和 3b(B)前接受了未标记的 EDB 处理

而成为生物有效的,或尺寸不适、时空阻隔等因素造成的原来没有实时有效的而经过有效的物化诱因而变为生物有效的。

有机污染物生物有效性的评价方法有很多,但主要集中在化学萃取法和生物暴露法。化学萃取方法快速,但往往不能如实反映生物利用的实际效应;而生物暴露能够探究污染物的实际效应,但时效较长,并且不同物种的污染物特异性不同,需要进行大量的物种研究。因此,研究者试图通过化学萃取法和生物暴露法相结合来研究这一问题,并建立两者间的关系,即采用化学法模拟,这为快速有效地评估土壤有机污染物的生物有效性提供了一个有效的工具,并成为土壤有机污染生物有效性评估的趋势。有研究者提出了适合于土壤污染的风险评估的非耗尽性萃取技术(如固相微萃取,SPME),并用于生物有效性的评估。与耗尽性萃取技术相比,非耗尽性萃取技术仍然很难模拟本质上的生物有效性过程,因为生物有效性不是简单的包埋,而是生物体特异的、物种特异的,所以模拟生物有效性的化学方法必须与特定生物的吸收和降解具有很好的相关性。

湿度影响土壤中农药化学活性而改变吸附态农药的毒性效应。Upchurch 发现在潮湿条件下敌草隆对棉花的毒性比干燥条件下更大。Barlow 和 Hodaway 发现有机氯杀虫剂(林丹、DDT 和狄氏剂)在干燥土壤中失去活性,但在高湿度土壤中活性恢复。Harris 报道了杀虫剂 DDT、七氯、二嗪农、除线磷和对硫磷在砂土($f_{om} = 0.005\ 1$)和腐殖土($f_{om} = 0.65$)上的毒性与土壤湿度的相关性,结果见表 4-14。当砂土潮湿时(含有相当于 5.5% 干重的水分),七氯、DDT、二嗪农、除线磷和对硫磷的毒性分别是干燥砂土中的 7.8、9.9、24.4、132 和 189倍。相反,潮湿腐殖土(162% 含水量)对杀虫剂毒性的影响很小。对比两种类型土壤上的杀虫剂毒性可进一步证实上述结果。环境湿度下,腐殖土上七氯、DDT、二嗪农、除线磷和对硫磷的毒性比在相应的砂土上分别低 38.5、61.6、65.7、73.3 和 92.0 倍。在潮湿土壤中,所有杀虫剂均因有机质的分配作用而表现出强烈的惰性,其程度取决于杀虫剂性质。在干燥土壤中,两种土壤的有机质含量和杀虫剂毒性无明显相关性。因此,潮湿土壤中杀虫剂的活性主要由土壤有机质的分配作用所致,而干燥土壤中杀虫剂的活性主要与土壤矿物质的表面吸附能力有关。土壤中有机污染物的残留性、生物有效性和毒性效应是制定土壤中有机污染物的环境基准和质量标准的重要依据。

表 4-14 土壤类型和湿度对杀虫剂毒性(蟋蟀幼虫的半致死浓度 LD_{50})的影响

杀虫剂	土壤类型	$LD_{50}/(\mathrm{mg} \cdot \mathrm{kg}^{-1})$	
		潮湿	干燥
七氯	砂土($f_{om} = 0.005\ 1$)	0.068	0.53
	腐殖土($f_{om} = 0.65$)	4.19	5.39
DDT	砂土($f_{om} = 0.005\ 1$)	1.75	17.3
	腐殖土($f_{om} = 0.65$)	67.2	99.8
二嗪农	砂土($f_{om} = 0.005\ 1$)	0.26	34.1
	腐殖土($f_{om} = 0.65$)	17.0	11.5
除线磷	砂土($f_{om} = 0.005\ 1$)	3.80	717
	腐殖土($f_{om} = 0.65$)	279	165
对硫磷	砂土($f_{om} = 0.005\ 1$)	0.25	6.00
	腐殖土($f_{om} = 0.65$)	22.6	9.10

(引自 Harris,1964)

土壤中有机污染物的生物有效性与其存在形态有密切关系。本书作者曾提出将土壤 PAHs 的赋存形态分为水溶态、酸溶态、结合态和锁定态(表 4-15),并建立了连续超声萃取方法逐级提取土壤中四种形态的 PAHs,并通过同位素示踪实验验证了方法的准确性和可靠性。发现土壤有机质含量越高,水溶态和酸溶态污染物含量越低,结合态和锁定态含量越高;土壤 pH、黏粒含量等因素对形态分布的影响较小;PAHs 的 K_{ow} 越小,水溶态和酸溶态含量越大;随着土壤老化时间的延长,PAHs 向结合态和锁定态转变,发生不可逆吸附。此外,共存重金属等污染物也可以显著影响 PAHs 的形态分布。发现水溶态和酸溶态之和与半透膜被动采样模拟的生物有效性含量相一致,植物吸收利用的主要是水溶态和酸溶态 PAHs,可见水溶态和酸溶态污染物具有生物有效性。

表 4-15 土壤中 PAHs 形态分类及环境学意义

形态分类	环境学意义
水溶态	可以被水脱附,容易被植物和微生物利用
酸溶态	可以被植物根系分泌物或有机酸脱附,可以被植物和微生物利用
结合态	可以被有机溶剂脱附,不易被植物利用
锁定态	自然条件下不能从土壤中脱附,不能被植物和微生物利用

五、土壤中温室气体的释放、吸收和传输

温室效应是目前受到世界各国密切关注的全球性环境问题。温室气体(包括 CO_2、CH_4、N_2O、CFCs 等)的衡算,即准确、定量地估算每一种温室气体的源与汇,是预测温室效应的关键之一。目前已能比较准确地估算人为来源的排放量,而对于海洋、沼泽、冻土、土壤等这样一些源与汇的估算则还存在很大的缺口。近年来,国际上全球性温室气体研究中已将土壤作为气体的主要生物排放源。

据统计,释放到大气中的 CO_2 的 5%~20%,CH_4 的 30%,N_2O 的 80%~90% 来自土壤。土壤还能通过微生物作用净化吸收大气中的 CO。Van Breeman 等探讨了土壤性质与 CO_2、CH_4 和 N_2O 释放的关系。关于稻田中 CH_4 的产生情况已有许多报道。Seiler 等(1984)在对西班牙水稻田的 CH_4 通量观测中发现,CH_4 通量季节性变化不大,平均释放量为 0.1 $g/(m^2 \cdot d)$,氮肥无影响。对意大利稻田多年观察发现 CH_4 的排放量比西班牙大 3 倍,并推算出 1984 年全球稻田 CH_4 的排放量为(70~170)$\times 10^6$ t,有明显季节性。1987 年 8—10 月,中国科学院大气物理研究所在杭州郊区进行晚稻观测获得 CH_4 的平均释放率为 0.9±0.1 $g/(m^2 \cdot d)$,由此推算出 1985 年全球稻田 CH_4 的总排量为(130±30)$\times 10^6$ t,我国为(29±6)$\times 10^6$ t。但目前对土壤影响 CH_4 生成速率的具体因素还知之甚少,关于气候、土壤类型、土壤温度、土壤有机质、生物种类、田间管理、肥料种类及施用方式等对 CH_4 释放量的影响,尚待进一步研究。

一般认为,施入土壤的氮肥约有 1/3 以上不能为作物吸收,其中大部分通过细菌的反硝化作用生成 N_2 和 N_2O 释放到大气中。土壤中释放的 N_2O 主要取决于氮肥的施用。Bolle 等认为,占施用量 0.04% 的硝态氮肥,0.15%~0.19% 的氨态氮和尿素,以及 5% 的无机氮肥以 N_2O 的形式损失。总体说来,氮肥施用量的 0.5%~2% 以 N_2O 的形态释放到大气中。

土壤能有效地吸收大气中的 CO。土壤细菌能将 CO 代谢为 CO_2 和 CH_4。不同类型土壤对 CO 吸收量有差别,据估算全球约为 4.50×10^8 t/a。最近,俄罗斯科学家发现,大气 CO_2 浓度最高点既不是燃烧化石燃料最多的中纬度地带,也不是在热带,而是在冻土带和北部森林上空。研究表明,冻土深层土壤中的好氧微生物对有机物的分解是 CO_2 的主要来源。1992 年 3 月在东京举行的一次生态问题国际会议上,美国科学家指出,阿拉斯加和北极一些地区永久冻土带的解冻导致更多的 CO_2 排放到大气中,从而加剧温室效应。据生态学家观测,阿

拉斯加地区每平方米冻土带表土每年平均向大气中释放 100 g CO_2，这是由于阿拉斯加冻土带表层土壤温度上升 2~4 ℃，造成部分表土解冻，使大量富含碳的有机物分解造成冻土地带和北部森林上空的 CO_2 浓度增高。据推测，冻土带每年共释放 $2×10^8$ t CO_2。由此可见，土壤是温室气体重要的排放源之一。

土壤有机碳库是指全球土壤中有机碳的总量。植物通过光合作用固定的大气中的碳元素，一部分以有机质形式贮存于土壤。土壤碳库是陆地生态系统中最大的碳库，其范围可能为 1 200~1 600 Pg（1 Pg = 10^{15} g），是陆地植物碳库的 2~3 倍、全球大气碳库的 2 倍。陆地生态系统中的土壤碳库，以森林土壤中的碳为最多，占全球土壤有机碳的 73%；其次是草原土壤的碳，占 20% 左右。据粗略估计，我国的土壤有机碳库为 185.7 Pg 碳，约占全球土壤有机碳库的 12.5%。土壤有机碳库的稳定性对全球气候变化影响巨大。

土壤生物炭固碳是当前最具潜力的温室气体减排技术之一。研究发现生物炭不仅能固定生物质中的有机碳，减少温室气体排放，还能增加土壤肥力，缓解土壤酸化，吸附重金属及有机污染物，阻控土壤-植物系统中污染物的迁移，降低其生物有效性。近年来，土壤生物炭的固碳作用、减少温室气体排放引起国际学术界的极大关注。

应当指出，随着稀土化合物的广泛应用，以及稀土农用技术的推广，稀土在农作物中的吸收、分布、积累规律和生物生态效应日益受到重视。植物对稀土元素有富集作用，如利用放射性元素 ^{90}Y、^{140}La、^{141}Ce、^{147}Nd 观察小麦对稀土的吸收、分布和积累，结果表明，La、Ce、Nd 在植物中的分布是根、叶 > 茎 > 穗。许多研究表明，稀土浓度高时，作物生长受到明显抑制。进入土壤中的可溶性稀土也可通过地表径流进入水体。因此，稀土的水生生态效应研究也日益受到重视。许多文献指出施用较多可溶性稀土微肥和饵料，实际上可供生物利用的部分较少，多余部分则会造成环境污染。同样，稀土也可通过食物链进入人体，稀土对人体健康的影响有待于进一步研究。

第四节　土壤污染控制与修复原理

污染物可以通过多种途径进入土壤，引起土壤正常功能的变化，从而影响植物的正常生长和发育，也会影响农产品的品质。然而，土壤对污染物能起净化作用，特别是进入土壤的有机污染物可经过扩散、稀释、挥发及光化学降解、生物化学降解、化学降解等作用而得到净化。如果进入土壤中的污染物在数量和速率上超过土壤的净化能力，即超过土壤的环境容量，最终将导致土壤正常功能的失调，阻碍作物正常生长。此外，土壤中的污染物可通过挥发作用进入建筑物室内，影响人居安全。

我国土地资源短缺，土地状况堪忧，主要表现为土壤退化、耕地减少、土壤污染。土壤污染防治任务非常艰巨，第一，耕地土壤环境质量不容乐观。2014 年 4 月发布的全国土壤污染状况调查公报表明，19.4% 耕地点位被污染，其中，中度和重度污染点位分别为 1.8% 和 1.1%，主要污染物为 Cd、Ni、Cu、As、Hg、Pb、DDT 和 PAHs。土壤重金属污染呈现流域性、区域性特征，由于矿区周边背景值高及金属采选、冶炼等导致湘江、西江等流域土壤重金属污染较重。特别是我国土壤有机质含量偏低、土壤呈酸性，增加了土壤重金属污染的风险及危害。第二，开发利用被污染地块存在安全隐患。土壤污染源数量繁多、污染物种类多、土壤污染过程复杂，难以有效防治，造成重污染企业及周边、工业废弃地、工业园区、采油区及采矿区土壤污染严重。特别是我国城市化进程中出现许多用地功能调整,大量化工、钢铁、冶金等污染企业外迁,而遗留下数十万个污染地块,如不经修复,直接用作建设用地,将影响人居环境安全。第三,污染事故/事件频发、土壤污染防控压力巨大。第四,固体废物及危险废物非法转移、倾倒导致的土壤污染不可忽视。如腾格里沙漠污染事件,未经处理的废水排入沙漠,导致土壤严重污染,造成的土壤生态环境影响短期内难以消除。

2016 年 5 月我国开始实施《土壤污染防治行动计划》,土壤污染防治行动取得积极成效,全国土壤环境风险得到有效管控,土壤污染加重趋势得到初步遏制,耕地周边工矿污染源得到大力整治,全国农用地土壤状况总体稳定;但我国土壤污染历史欠账多、治理难度大、工作起步晚、技术基础差,亟须开展污染土壤修复研究、发展经济绿色高效的污染土壤修复或缓解技术,以保障土地资源的持续利用。土壤污染防治是近 20 年来国内外环境科学和土壤科学的研究热点与前沿领域之一。

土壤与植物的生命活动紧密相连,污染物可通过土壤-植物体系,影响农产品安全,最终影响人群健康;污染物也可通过挥发作用进入建筑物室内,影响人居安全。土壤是核心的环境介质,既是各种污染物的重要储库,也是地表水、地下水和大气环境污染物的重要来源。因此,土壤污染防治十分重要。土壤污染防治应坚持保护优先、预防为主、风险管控的原则,首先要控制和消除污染源;对已污染的土壤,要采取一切有效措施,修复或缓解消除土壤污染;或控制土壤污染物的迁移转化,使其不能进入食物链和其他环境介质,影响农产品及人居安全。

一、控制和消除土壤污染源

控制和消除土壤污染源是防止污染的根本措施。控制土壤污染源,即控制进入土壤中污染物的数量和速率,使其在土体中缓慢地自然净化,以免产生土壤污染。

1. 控制和消除工业"三废"的排放

应大力开发和推广清洁工艺和绿色技术,以减少或消除污染源,对工业"三废"及城市废物必须处理与回收,即进行废物资源化。对排放的"三废"要净化处理,控制污染物的排放数量和浓度。

我国水资源短缺,分布又不均匀,局部地区水体污染仍然较重,农业用水甚为紧张。因此,我国许多地方已发展了污水灌溉。这一方面解决了部分农田的用水;另一方面污水中含有相当多的肥料成分,也可以导致土壤污染。由于工矿企业污水未经分流处理而排入下水道与生活污水混合排放,从而造成污灌区土壤重金属 Hg、Cd、Cr、Pb 等含量逐年增加。如淮阳污灌区土壤 Hg、Cd、Cr、Pb、As 等重金属(类金属)1995 年已超过警戒线。其他灌区部分重金属含量也远远超过当地背景值。因此利用污水灌溉和施用污泥时,首先要根据土壤的环境容量,制定区域性农田灌溉水质标准和农用污泥施用标准,要经常了解污水中污染物质的成分、含量及动态。

随着工业的发展及城镇环境建设的加快,污水处理正在不断加强,污泥产生量急剧增加。由于污泥含有较高的有机质和氮、磷养分,因此土壤成为污泥处理的主要场所。一般来说,污泥中的 Cr、Pb、Cu、Zn、As 极易超过控制标准。如北京褐土施用燕山石化污泥一年后 Hg、Cd 浓度分别达到 0.94 mg/kg、0.22 mg/kg。许多研究指出,污泥的施用可使土壤重金属含量有不同程度的增加,其增加的幅度与污泥中的重金属含量、污泥的施用量及土壤管理有关。必须控制污灌水量及污泥施用量,避免盲目滥用污水灌溉引起土壤污染。此外,工业固体废物也不能任意堆放。

2. 控制化学农药及化肥的使用

农田土壤污染源头控制主要包括减少施用农药、化肥,避免污水灌溉,减少大气沉降。特别要指出的是,我国是农药、化肥使用大国,但利用率较低,既增加生产成本,又造成环境污染。2017 年我国农药使用量 165.5 万 t,约占全球的 43.1%,农药利用率为 38.8%;化肥使用量 5 859 万 t,约占全球的 1/3,三大粮食作物化肥利用率仅 37.8%。就农田土壤污染防治而言,农药、化肥一定要减少施用,同时要使用绿色农药及合格的化肥,从源头防止农田土壤污染。禁止或限制使用剧毒、高残留农药,如有机氯农药;发展高效、低毒、低残留农药,如除虫菊酯、烟碱等植物体天然成分的农药;大力开展微生物与激素农药的研究。微生物可使昆虫引起感染而死亡,如核多角体病毒防治桑毛虫,效果较好。激素农药有昆虫内激素(昆虫体内腺体分泌物)、蜕皮激素(蜕皮激素固酮防治蛾类幼虫)、保幼激素(天蚕油保幼激素使昆虫无法成活)和外激素,如果蝇、午毒蛾及棉红铃虫等分泌性引诱剂。另外,可采用含有自然界中构成生物体的氨基酸、脂肪酸、核酸等成分的农药,它们易被降解。探索和推广生物防治病虫害的途径,开展生物上的天敌防治法,如应用昆虫、细菌、病毒等作为病虫害的天敌。还应开展害虫不孕化防治法。要合理施用硝酸盐和磷酸盐等肥料,避免过多使用,造成农田土壤污染,成为农业面源,进而造成地表水与地下水,乃至大气环境等的次生污染。

二、增加土壤环境容量,提高土壤净化能力

增加土壤有机质含量,砂掺黏和改良砂性土壤,可以增加或改善土壤胶体的性质,增加土壤对有毒物质的吸附能力和吸附量,从而增加土壤环境容量,提高土壤的净化能力。分析、分离或培养新的微生物品种以增加微生物对有机污染物的降解作用,也是提高土壤净化能力极为重要的一环,这方面目前已取得了一些进展。

1. 施用化学改良剂

化学改良剂包括抑制剂和强吸附剂。针对农田土壤重金属污染,一般施用的抑制剂有石灰、磷酸盐、碳酸盐等,它们能与重金属发生化学反应而生成难溶化合物以阻碍重金属向作物体内转移。在酸性污染土壤中施用石灰,可提高土壤 pH,使 Cd、Cu、Zn、Hg 等重金属形成氢氧化物沉淀。据实验,施用石灰后,稻米的含 Cd 量可降低 30%。施用钙铁磷肥也能有效地抑制 Cd、Hg、Pb、Cu、Zn 重金属的活性,如 Cd^{2+} 和 Hg^{2+} 与磷酸盐分别形成难溶的 $Cd_3(PO_4)_2$、$Hg_3(PO_4)_2$,这对消除土壤中的 Cd、Hg 污染具有重要意义。施用有机肥、生物炭等功能材料,也能阻控重金属在土壤-作物系统中的迁移积累,减少农产品污染。

针对农田土壤农药等有机物污染,施用有机肥、生物炭等吸附剂可降低有机污染物的生物有效性,减轻农药等有机物对作物的污染及危害。如加入 0.4% 的活性炭,豌豆从土壤中吸收的艾氏剂量可降低 96%。

2. 控制氧化还原条件

控制土壤的氧化还原条件也能减轻重金属污染的危害。据研究,在水稻抽穗到成熟期,无机成分大量向穗部转移。淹水可明显地抑制水稻对 Cd 的吸收,落干则能促进 Cd 的吸收,糙米中 Cd 的含量随之增加。

Cd、Cu、Pb、Hg、Zn 等重金属在 pE 较低的土壤中均能产生硫化物沉淀,可有效地减少重金属的危害。但 As 与其他金属相反,在 pE 较低时其活性较大。三价 As 的毒性大于五价 As 的毒性。

3. 改变耕作制

改变土壤环境条件,可消除某些污染物的毒害。如对已被有机氯农药污染的土壤,可通过旱作改水田或水旱轮作的方式予以改良,使土壤中有机氯农药很快地分解排除。若将棉田改水田,可大大加速 DDT 的降解,一年可使 DDT 基本消失。稻棉水旱轮作是消除或减轻农药污染的有效措施。

4. 改良土壤

土壤一旦遭到污染,特别是重金属污染,很难将污染物排除出去。为了消除土壤重金属等的污染,常采用排去法(挖去污染土壤)和客土法(用非污染的土覆盖于污染土表面)进行改良。但是,这两种方法耗费劳力,易造成污染源扩散,且需要大量的客土源,所以在实际应用上,特别是对大面积污染区土壤的改良有一定困难,故不太现实。

为了减少污染物对作物生长等的危害,也可采用耕翻土层,即采用深耕,将上下土层翻动混合,使表层土壤污染物含量减低。这种方法动土量较少,但在污染严重的地区不宜采用。

三、土壤污染的缓解与修复原理

土壤污染修复的主要方法有物理修复(气相抽提、热脱附)、化学修复(如表面活性剂增强修复,surfactant-enhanced remediation,SER;有机溶剂清洗等,氧化还原等)、生物修复(如微生物降解、植物修复、植物–微生物联合修复等)、化学与生物相结合修复(如表面活性剂增强生物修复 surfactant-enhanced bioremediation,SEBR)及各种技术的组合。土壤污染缓解通常是向土壤中加入对土壤结构和功能破坏较小的阻控材料,改变污染物形态或存在状态,提高污染物在土体中的滞留性,并在一定周期内降低污染物的生物有效性,阻控污染物迁移进入植物体,同步实现土壤正常生产功能和阻控污染物的目的。土壤污染的缓解机理主要涉及老化效应、根际效应、固定或活化作用、微生物解毒作用、植物适应性反应等。土壤重金属污染缓解技术较成熟,如植物稳定和投加天然矿物(如石灰、磷石灰、沸石)、金属氧化物(如铁、锰氧化物)、有机质(如有机酸、堆肥处理)等化学方法。土壤有机污染缓解技术主要包括提高土壤的有机质含量、化学强化形成强吸附相(如有机黏土、生物炭材料)或特殊点位(如 K^+ –黏土),增强吸附固定土壤有机污染物,阻控有机污染物从土壤向作物迁移,已有一些比较成熟的实用技术。下面重点介绍重金属和有机物污染土壤的典型修复技术。

(一)重金属污染土壤修复

重金属污染土壤的主要修复方法有物理化学修复、化学修复和生物修复三大类型。物理化学修复包括电动修复、电热修复和土壤淋洗等。电动修复是指在电场的作用下,土壤中重金属离子(如 Pb、Cd、Cr、Zn 等)和无机离子以电透析、电迁移、电泳的方式向电极运输,然后进行集中收集处理。该方法特别适合于低渗透的黏土和淤泥土,可以控制污染物的流动方向。在砂土上的实验结果表明,土壤中 Pb^{2+}、Cr^{3+} 等重金属离子的去除率可达 90% 以上。电动修复是一种原位修复技术,不搅动土层,并可以缩短修复时间,是一种经济可行的修复技术。电热修复是利用高频电压产生电磁波,产生热能,对土壤进行加热,使污染物从土颗粒内解吸出来,加快一些重金属从土壤中分离,从而达到修复的目的。该技术可以修复被 Hg 和 Se 等污染的土壤。另外,可以把重金属污染区土壤置于高温高压下,形成玻璃态物质,从而达到从根本上消除土壤重金属污染的目的。土壤淋洗修复是利用淋洗液把土壤固相中的重金属转移到液相中去,再进一步回收处理富含重金属的废水。目前,用于土壤淋洗修复的淋洗液包括有机或无机酸、碱、盐和螯合剂。

1. 化学修复

化学修复就是向土壤投入改良剂,通过对重金属的吸附、氧化还原、拮抗或沉淀作用,以降低重金属的生物有效性。该技术关键在于选择经济绿色高效的改良剂,常用的改良剂有石灰、沸石、碳酸钙、磷酸盐、硅酸盐和促进还原作用的有机物质,不同改良剂对重金属的作用机理不同。施用石灰或碳酸钙主要是为了提高土壤 pH,促使土壤中 Cd、Cu、Hg、Zn 等重金属元素形成氢氧化物或碳酸盐结合态盐类沉淀。如当土壤 pH>6.5 时,Hg 就能形成氢氧化物或碳酸盐沉淀。水田土壤中的 Cd 以磷酸镉的形式沉淀,磷酸汞的溶解度也很小。沸石是碱金属或碱土金属的水合铝硅酸盐晶体,含有大量的三维晶体结构和很强的离子交换能力,从而能通过离子交换吸附和专性吸附降低土壤中重金属的生物有效性。生物炭-有机质复合材料、富硅生物炭可增强吸附固定-阻控作物吸收积累土壤中重金属等污染物。有机物可促使重金属以硫化物的形式沉淀,同时有机物中的腐殖酸能与重金属离子形成络合物或螯合物以降低其活性。研究表明,利用一些对人体无害或有益的金属元素的拮抗作用,也可以降低土壤中重金属元素的生物有效性。化学修复是在土壤中原位进行的,简单易行,但并不是一种永久的修复措施,因为它只改变了土壤中重金属的存在形态,重金属仍留在土壤中,容易再度活化危害植物。

2. 植物修复

植物修复污染土壤是国内外土壤和环境领域研究的热点之一,成为一种修复重金属、放射性核素污染土壤的经济、有效的方法。植物修复技术是一种利用自然生长或遗传培育植物修复重金属污染土壤的技术。研究重点主要集中在筛选或培育重金属超积累植物,以修复重金属污染的土壤。根据其作用过程和机理,重金属污染土壤的植物修复技术可分为植物提取、植物挥发和植物稳定。

植物提取即利用重金属超积累植物从土壤中摄取金属,随后收割地上部并进行集中处理,连续种植该植物,达到降低或去除土壤重金属污染的目的。已发现有 700 多种超积累重金属的植物,积累 Cr、Co、Ni、Cu、Pb 的量一般在 0.1% 以上,Mn、Zn 可达到 1% 以上。遏蓝菜属是一种 Zn 和 Cd 超积累植物,Baker 和 NcGrath 研究发现,土壤含 Zn 444 mg/kg 时,遏蓝菜地上部 Zn 含量可达到土壤的 16 倍。柳属的某些物种能大量富集 Cd;印度芥菜对 Cd、Ni、Zn、Cu 富集可分别达到 58、52、31、17 和 7 倍;芥子草等对 Se、Pb、Cr、Cd、Ni、Zn、Cu 具有较强的积累能力。Robinson 报告了高生物量 Ni 超积累植物,每公顷吸收提取 Ni 量可达 168 kg;高山萤属可吸收高浓度的 Cu、Co、Mn、Pb、Se、Cd 和 Zn。我国学者对植物提取也开展了大量研究,如在我国南方发现一批 As 超积累植物。

植物挥发是利用植物根系吸收金属,将其转化为气态物质挥发到大气中,以降低土壤污染。目前研究较多的是 Hg 和 Se。湿地上某些植物可清除土壤中的 Se,其中单质占 75%,挥发态占 20%~25%。挥发态的 Se 主要通过植物体内 ATP 硫化酶的作用,还原为可挥发的 CH_3SeCH_3 和 $CH_3SeSeCH_3$。Meagher 等把细菌体中的 Hg 还原酶基因导入芥子科植物,获得耐 Hg 转基因植物,该植物能从土壤中吸收 Hg 并将其还原为挥发性单质 Hg。

植物稳定是利用耐重金属植物或超积累植物降低重金属的活性,从而减少重金属被淋溶到地下水或通过空气扩散进一步污染环境的可能性。其机理主要是通过金属在根部的积累、沉淀或根表吸收,加强土壤中重金属的固化。如植物根系分泌物能改变根际土壤环境,可使多价态的 Cr、Hg、As 的价态和形态发生改变,影响其毒性效应。植物的根毛可直接从土壤交换吸附重金属,增加根表固定。

3. 微生物修复

微生物修复是利用生物技术治理污染土壤的一种新方法,利用微生物削减、净化土壤中的重金属或降低重金属毒性。微生物修复技术的主要作用原理是:微生物可以降低土壤中重金属的毒性;微生物可以吸附积累重金属;微生物可以改变根际微环境,从而提高植物对重金属的吸收、挥发或固定效率。如动胶菌、蓝细菌、硫酸盐还原菌及某些藻类,能够产生胞外聚合物与重金属离子形成配合物;Macaskie 等分离的柠檬酸菌可分解有机质产生的 HPO_4^{2-} 与 Cd 形成 $CdHPO_4$ 沉淀;Frankenber 等以 Se 的微生物甲基化作为基础进行原位生物修复;利用菌根吸收和固定重金属 Fe、Mn、Zn、Cu 取得了良好的效果。由于微生物修复方法效果好,易于操作,日益受到人们的重视,成为污染土壤修复研究的热点之一。

随着细胞和分子水平上对重金属在植物体内新陈代谢机理的认识及相关基因鉴定研究不断深入,重金属污染土壤转基因植物修复已取得较大进展。

(二) 有机物污染土壤修复

1. 化学修复

有机物污染土壤的化学修复通常是在土壤中添加某种化学物质,与污染物发生氧化还原等反应,将有机污染物从土壤中分离、降解或转化成低毒的化学形态。增溶洗脱修复技术是指在污染土壤中注入表面活性剂、腐殖酸、环糊精或有机溶剂等增效试剂,提高吸附态、固态或液态有机污染物在水相中的溶解度或增强其流动性,通过水流作用将污染物迁移出土壤系统而达到清除污染物的目的。传统的土壤和地下水非水相液体(nonaqueous phase liquids,NAPLs)的修复方法为泵抽出-处理法(pump-and-treat)。由于有机物在水中的溶解度较低,需要抽取大量的地下水,造成修复效率不高,容易产生反弹现象,而且修复时间很长。表面活性剂能大大提高有机污染物在水中的溶解度,其在土壤与地下水有机污染修复中的应用已引起广泛关注,并形成了表面活性剂增强修复技术(SER)。表面活性剂的使用不仅显著提高洗脱效率,还大大缩短修复所需时间,且修复时间随有机污染物在水中溶解度的增大而减小。1984 年美国 EPA 确定表面活性剂增效修复可作为有机物污染土壤治理技术。表面活性剂增效修复是有机物污染土壤修复的常用实用技术之一。

用于有机物污染土壤增强修复的表面活性剂有:非离子表面活性剂(如乳化剂 OP、Triton X-100、AEO-9 等)、阴离子表面活性剂[如十二烷基苯磺酸钠(SDBS)、十二烷基硫酸钠(SDS)等]、生物表面活性剂(如鼠李糖脂、皂角苷)、阴-非离子混合表面活性剂(如 SDS-Triton X-100 等)。表面活性剂增溶洗脱土壤有机污染物是 SER 技术的前提和关键。表面活性剂对土壤有机污染物的洗脱效率与表面活性剂结构、性质(如表面张力、亲水/亲油平衡值、表面活性剂的临界胶束浓度、增溶性能等)、土壤组成及有机污染物本身的性质密切相关。选择合适的表面活性剂体系,提高增溶洗脱效率,同时降低其修复成本及生态风险是当前表面活性剂增强修复技术需要解决的关键问题。

2. 生物修复

有机物污染土壤的生物修复方式有:微生物降解、植物吸收积累/降解、植物-微生物联合修复。有机物污染土壤生物修复的特点如下:成本低于热处理及物理化学方法;不破坏植物生长所需要的土壤环境;有机污染物氧化比较完全,不会产生二次污染;处理效果好,对低分子量的有机污染物去除率可达99%以上;可原地处理,操作简单。

植物修复(phytoremediation)是一种利用自然生长的植物或遗传工程培育的植物及其环境共存体系对有机污染物进行去除、转移、固定和降解的技术,以恢复环境体系正常生态功能。可以认为,植物修复是植物利用太阳光和CO_2作为能源与碳源、以植物蒸腾作用作为"泵"、植物吸收积累转化和根际微生物降解为"处理场"的天然的、绿色的"泵抽出-处理法"。在有机物污染土壤修复方面,人们重点研究了植物修复有机物污染土壤的机制及植物种类、污染物性质、土壤类型等对修复效率的影响。植物修复有机物污染土壤的机制包括:植物提取(phytoextraction)——从土壤和地下水中摄取有机污染物,植物根滤(rhizofiltration)——吸附于根系,植物转化(phytotransformation)——在植物体内发生转化,植物挥发(phytovolatilization)——经植物体叶面挥发到空气中,植物强化根际生物修复(enhanced-rhizosphere bioremediation),如图4-39所示。

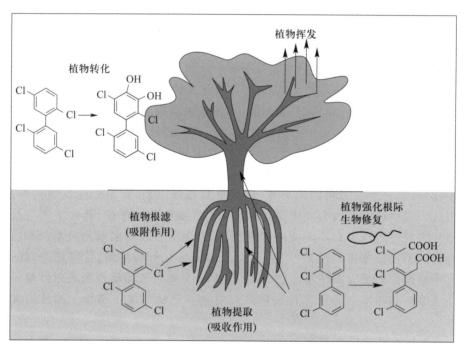

图4-39 有机物污染土壤植物修复的主要机制
(引自 Aken 和 Schnoor,2010)

人们试图采用平衡(equilibrium)模型、动力学(dynamic)模型、稳态(steady state)模型评价植物从土壤和水中吸收有机污染物的效率,但都存在一定的缺陷,难以准确预测植物修复有机物污染土壤的效率。2001年Chiou等提出了限制分配模型(partition-limited model),为定量描述植物修复有机物污染土壤的效率提供了一定的理论基础。该模型认为,植物对有机污染物的吸收积累可看作有机污染物在土壤固相、土壤水相、植物水相和植物有机相间一系列分配过程的总和,并阐述了植物对有机污染物的吸收行为与植物组织组分(如脂肪、水含量等)的定量关系。该模型具体表达如下:

$$C_{pt} = \alpha_{pt} \, C_w \left[f_{pw} + f_{ch} K_{ch} + f_{lip} \, K_{lip} \right] \tag{4-15}$$

或

$$\alpha_{pt} = (C_{pt}/C_w) \, / \left[f_{pw} + f_{ch} K_{ch} + f_{lip} \, K_{lip} \right] \tag{4-16}$$

式中:C_{pt}——植物或植物某部位有机污染物含量(以鲜重计);

$\quad C_w$——测定时土壤水(或溶液)中有机污染物浓度;

f_{pw}和f_{lip}——植物或植物某部位水和脂肪的质量分数;

$\quad f_{ch}$——植物或植物某部位中除水和脂肪外糖类、纤维素和蛋白质等的总质量分数,有机污染物在这些植物组分与水间的分配系数(K_{ch})基本相同;

$\quad K_{lip}$——有机污染物在植物脂肪与水间的分配系数,常用有机污染物的辛醇–水分配系数(K_{ow})代替;

$\quad \alpha_{pt}$——近平衡系数,表示有机污染物在植物水与土壤水(或溶液)间达平衡的程度,$\alpha_{pt}=1$表示平衡状态。

有机污染物被植物吸收后有多种归趋行为。如一些有机污染物被植物分解,其产物参与植物体的代谢过程,或转化成无毒性的中间代谢物,并储存在植物细胞中,或者完全矿化成 CO_2 和 H_2O;有些有机污染物在植物体内与其他有机物形成无毒的稳定复合物;还有一些有机污染物经木质部转运,随后通过植物的蒸腾作用从叶面挥发。当前,有机污染物在植物体内的转化、代谢和脱毒行为引起学术界极大关注。植物可以降解和矿化多种多样的复杂有机物,但对植物降解有机物机制的了解远不如对动物和细菌。1994 年 Sandermann 首先提出了"绿肝"(green liver)概念,用于描述异生物在高等植物体内代谢转化等解毒过程;1997年 Coleman 等提出了植物脱毒机制:化学修饰和液泡区室化。植物"绿肝"脱毒机制包括三个阶段:① 在植物酶作用下,有机污染物被活化(activation);② 接着与纤维素等植物组分结合(conjugation);③ 最后在植物细胞液泡和细胞壁区室化(sequestration)。

有机物污染土壤转基因植物修复起步较晚,相关研究报道相对较少。为了提高植物对有机污染物的耐受能力和脱毒作用,增强其吸收和转化能力、降解能力,转基因植物在有机污染物修复中的应用引起极大关注。Hannink 等将微生物硝基还原酶(nitroreductase)基因转入烟草后,观察到转基因植物能提高植物对 TNT(2,4,6–三硝基甲苯)的抗性,即在含有TNT 0.1 mmol/L 培养基上野生型烟草的生长被抑制,而转基因烟草的生长状态依然良好;在 TNT 0.1 mmol/L 的培养基上,培养 7 d 后野生型烟草去除(含吸收与转化)约 80% 的TNT;而转基因烟草 6 h 后则去除 71% 的 TNT,20 h 后则被完全去除;当野生型和转基因烟草植株同时置于 TNT 0.25 mmol/L 的培养基上,野生型烟草去除作用几乎被抑制;而转基因植株 6 h 去除了 50% 的 TNT,72 h 后培养基中 TNT 被完全去除。PCBs 因其剧毒、强致癌、分布广泛且不易降解,被认为是最难治理的环境污染物,转基因植物增强修复 PCBs 污染土壤逐渐引起关注。但转基因植物用于环境修复存在生态风险,需要进行安全评价。

微生物修复是在土壤中利用特定的微生物、根系分泌物和植物等将有毒有害有机污染物降解为无害的物质(CO_2 和 H_2O)或吸收积累土壤污染物,实现修复的目的。降解过程可以由改变土壤理化条件(包括 pH、湿度、温度、通气条件及添加营养物)来完成,也可接种特殊驯化与构建的工程微生物提高降解速率。由于有机污染物常被土壤强烈吸附,往往降低其生物有效性/生物降解效率。

关于农药(杀虫剂、除草剂)、石油烃、氯代芳香烃(包括 PCBs)、PAHs、硝基芳烃等典型有机污染物微生物转化与降解机制、影响因素已有大量研究。通常认为微生物修复有机物污染土壤的机制是:微生物是自然界中的分解者,在好氧条件下,它能将有机污染物彻底氧化,分解成 CO_2、H_2O、SO_4^{2-}、PO_4^{3-}、NO_2^-、NO_3^- 等无机物;在厌氧条件下,能将有机物降解转化成小分子有机酸、H_2O、H_2、CH_4 等。微生物对有机污染物的降解主要是通过微生物酶的作用。影响土壤有机污染物的微生物降解和修复的因素主要包括微生物种群、底物性质、土壤环境条件等。改善有机污染物的生物有效性是生物修复的关键。国内外学者在表面活性剂增强微生物降解有机污染物等研究方面,取得了重要进展。研究表明,微量表面活性剂可解吸土壤吸附态有机污染物,提高其生物有效性,进而强化微生物的降解。Tween 80 和十二烷基苯磺酸钠(SDBS)增强微生物界面吸附-跨膜传输-胞内降解有机污染物的微观机制:① 促进革兰氏阴性杆菌 SA01 释放脂多糖(LPS)和革兰氏阳性杆菌 SA02 释放脂磷壁酸(LTA),提高微生物细胞界面的疏水性;② 诱导增加 SA01 菌和 SA02 菌细胞不饱和脂肪酸的含量,提高其细胞膜流动性,有利于菲在水相-细胞膜壁和细胞膜壁-细胞液间的分配传输;③ 提高降解菌的电子链传递活性和降解酶活性,从而促进菲的代谢。此外,土壤结构、养分、含水量等土壤环境条件也是影响有机物污染土壤修复的重要因素。土壤结构影响其透气性、过滤速度及对有机污染物的吸附能力等。当土壤透气性好时,有利于气体的交换及微生物降解。

由于土壤土著微生物降解有机污染物的效率较低,微生物修复通常需要引入经筛选、驯化的专性微生物或基因工程菌来降解土壤中的持久性有机污染物。与化学修复相比,微生物修复成本低、效果好、无二次污染,但这些引入的外来菌一般只能降解特定的有机污染物,且易受到土著微生物的生存竞争,只有大量接种才能形成优势菌种,这样易对土壤微生态环境产生不利的影响。因此,大量引入专性微生物或基因工程菌有较大的生态风险。同时,游离微生物仍然存在抗菌性差、难存活、有效浓度低等问题,影响微生物修复的实际效果。因而,仍然需要探讨开展固定化微生物修复技术,并将其应用于土壤有机物污染修复,有关生物炭固定化微生物修复等相关研究已取得了一些进展。

污染土壤生物修复技术方式有原位处理(in situ)、就地处理(on site)和生物反应器(bioreactor)三种方法。

原位处理法是污染土壤不经搅动,在原位和易残留部位之间进行原位处理。最常用的原位处理方式是进入土壤饱和带污染物的生物降解。可采取添加营养物、供氧(加 H_2O_2)和接种特异工程菌等措施提高土壤的生物降解能力;亦可把地下水抽至地表,进行生物处理后,再注入土壤中,以再循环的方式改良土壤。该法适用于渗透性好的不饱和土壤的生物修复。

就地处理法是将废物作为一种泥浆用于土壤和经灌溉、施肥及加石灰处理过的场地,以保持营养、水分和最佳 pH。用于降解过程的微生物通常是土著微生物群落。为了提高降解能力,亦可加入特效微生物,以改进土壤生物修复的效率。最早使用的就地处理法是土壤耕作法,并已广泛用于炼油厂含油污泥的处理。

生物反应器是用于处理污染土壤的特殊反应器,通常为卧式鼓状的、气提式、分批或连续培养,可建在污染现场或异地处理场地。污染土壤用水调成泥浆,装入生物反应器内,控制一些重要的微生物降解条件,提高处理效果。还可用上一批处理过的泥浆接种下一批新泥浆。生物反应器是污染土壤生物修复的最佳技术之一,它能满足污染物生物降解所需的最适宜条件,获得最佳的处理效果。

3. 化学与生物相结合修复

化学与生物相结合修复是当前土壤有机物污染最具潜力的修复方式。它基于表面活性剂、化学试剂、土壤溶解性有机质等的活化作用,洗脱土壤有机污染物,增大有机污染物在水中的溶解度,改善其生物有效性,促进其微生物降解/植物吸收积累、转运、降解,提高污染土壤修复的效率。一是将吸附在土壤上的有机污染物解吸出来,增溶于水中,促进其被土壤微生物、植物根系分泌物等降解或被植物吸收积累、降解;二是改善难降解有机污染物的生物有效性。在化学与生物相结合修复污染土壤的过程中洗脱、活化是前提,微生物/植物的降解/吸收积累是关键。最常用的化学与生物修复是 SEBR 技术,表面活性剂-植物协同强化微生物修复有机物污染土壤方面也有相关报道,该技术是利用表面活性剂将吸附态有机污染物增溶-洗脱到土壤溶液中,再与根际分泌物一起协同促进微生物降解有机污染物,有良好的应用前景。

有机物污染场地修复技术主要有气相抽提、热脱附、氧化还原、表面活性剂增溶洗脱及其组合技术。气相抽提适用高浓度挥发性/半挥发性有机物污染场地修复,具有经济有效等特点,但存在土壤有机污染物拖尾等问题。热脱附技术在中高浓度挥发性/半挥发性有机物污染土壤修复中有良好应用潜力,但仍需解决热利用率较低、尾气难以达标排放等问题。

氧化还原技术主要适用难挥发/难降解有机物污染场地土壤的修复,常用的氧化剂有高锰酸盐、过硫酸盐、过氧化氢,常用的还原剂有硫酸亚铁、零价铁等。纳米零价铁(nZVI)具有较高的反应活性和还原能力,常被用于卤代有机物等污染场地的修复。但氧化还原修复成本较高,会影响土壤的结构功能,同时需要关注二次污染物等问题。

表面活性剂增溶洗脱技术主要适用难挥发/难降解有机物污染土壤的修复,由于单一表面活性剂的吸附/沉淀损失或重质非水相液体(DNAPLs)有机相中的分配损失,导致该技术修复效率较低、成本高,同时易造成洗脱液的二次污染。应用混合表面活性剂协同增溶-洗脱土壤有机污染物的基本原理,可显著提高增效洗脱效率;利用有机膨润土等对有机污染物与表面活性剂吸附系数的显著差异,可解决修复工程中表面活性剂洗脱液循环利用的问题;此外,有机物污染土壤经表面活性剂增溶洗脱后再堆放一段时间,土壤中残留的微量表面活性剂可强化微生物降解有机污染物,进一步提高修复效率,降低修复成本。优化集成以上修复技术,可经济高效修复各种类型复杂有机污染场地。

问题与习题

1. 试述土壤的组成及其结构。

2. 土壤具有哪些基本特性?

3. 举例说明土壤有机质的环境化学意义。

4. 什么是土壤环境容量?

5. 何谓土壤污染？有何特点？如何判别？

6. 污染物进入土壤后是怎样净化的？

7. 土壤污染物主要有哪些？它们是通过何种途径进入土壤的？

8. 通过土壤的离子交换作用,说明为什么 N、P、K 是农业上主要施用的肥料成分。

9. 试述土壤中氮的迁移转化过程。

10. 影响土壤中重金属迁移转化的因素有哪些？试举例说明。

11. 土壤重金属污染危害有哪些？

12. 土壤中重金属向植物体内转移的重要方式及影响因素有哪些？植物对重金属污染产生耐性的作用机制有哪些？

13. 土壤中化学农药是怎样迁移转化的？

14. 土壤中化学农药的降解方式有哪些？

15. 什么是污染物的生物有效性？请列举说明土壤中重金属、有机污染物的生物有效性的影响因素及测定方法。

16. 如何消除或减少土壤的重金属污染？其缓解和修复技术有哪些？并说明其原理。

17. 常见的土壤有机污染物的修复技术有哪些？并说明其修复原理。

⚙ 主要参考文献

1. 戴树桂. 环境化学[M]. 2 版. 北京:高等教育出版社,2006.

2. 国家自然科学基金委员会化学科学部组编,叶常明,王春霞,金龙珠. 21 世纪的环境化学[M]. 北京:科学出版社,2004.

3. 王春霞,朱利中,江桂斌. 环境化学学科前沿与展望[M]. 北京:科学出版社,2011.

4. 朱利中. 土壤有机污染物界面行为与调控原理[M]. 北京:科学出版社,2015.

5. 王晓蓉. 环境化学[M]. 南京:南京大学出版社,1997.

6. 黄昌勇. 土壤学[M]. 北京:中国农业出版社,2000.

7. 李学垣. 土壤化学[M]. 北京:高等教育出版社,2001.

8. 朱利中,张建英. 环境化学[M]. 2 版. 杭州:杭州大学出版社,1999.

9. 戴树桂. 环境化学进展[M]. 北京:化学工业出版社,2005.

10. 孙铁珩,周启星,李培军. 污染生态学[M]. 北京:科学出版社,2001.

11. 骆永明,等. 土壤环境与生态安全[M]. 北京:科学出版社,2009.

12. 周启星,宋玉芳,等. 污染土壤修复原理与方法[M]. 北京:科学出版社,2004.

13. 沈德中. 污染环境的生物修复[M]. 北京:化学工业出版社,2002.

14. 廖自基. 环境中微量重金属元素的污染危害与迁移转化[M]. 北京:科学出版社,1989.

15. 夏增禄. 土壤环境容量及其应用[M]. 北京:气象出版社,1988.

16. 李惕川. 环境化学[M]. 北京:中国环境科学出版社,1990.

17. 施瓦茨巴赫 R P,格施文德 P M,英博登 D M. 环境有机化学[M].王连生,等,译.北京:化学工业出版社,2004.

18. 王晓蓉,吴顺年,李万山,等.有机粘[黏]土矿物对污染环境修复的研究进展[J].环境化学,1997,16(1):1-13.

19. 朱利中.有机污染物界面行为调控技术及其应用[J].环境科学学报,2012,32(11):2641-2649.

20. 张福锁,曹一平. 根际动态过程与植物营养[J]. 土壤学报,1992,29(3):239-250.

21. 朱利中. 土壤及地下水有机污染的化学与生物修复[J]. 环境科学进展,1999,7(2):65-71.

22. 孙铁珩,宋玉芳,许华夏,等. 植物法生物修复 PAHs 和矿物油污染土壤的调控研究[J]. 应用生态学报,1999,10(2):225-229.

23. 刘世亮,骆永明,曹志洪,等. 多环芳烃污染土壤的微生物与植物联合修复研究进展[J]. 土壤,2002(5):257-265.

24. 姜霞,井欣,高学晟,等. 表面活性剂对土壤中多环芳烃生物有效性影响的研究进展[J]. 应用生态学报,2002,13(9):1179-1186.

25. 刘少卿,姜林,黄喆,等. 挥发及半挥发有机物污染场地蒸汽抽提修复技术原理与影响因素[J]. 环境科学,2011(3):825-833.

26. 朱永官,李刚,张甘霖,等. 土壤安全:从地球关键带到生态系统服务[J]. 地理学报,2015,70(12):1859-1869.

27. 钱林波,元妙新,陈宝梁. 固定化微生物技术修复 PAHs 污染土壤的研究进展[J]. 环境科学,2012,33(5):1767-1776.

28. Sparks D L. Environmental soil chemistry [M]. 2nd ed. San Diego:Academic Press,2002.

29. Stevenson F J. Humus chemistry:genesis,composition,reactions [M]. Hoboken,New Jersey:John Wiley & Sons,Inc.,1994.

30. Schnitzer M,Khan S U. Humic substances in the environment [M]. New York:Marcel Dekker,1972.

31. Schwarzenbach R P,Gschwend P M,Imboden D M. Environmental organic chemistry [M]. 2nd ed. Hoboken,New Jersey:John Wiley & Sons,Inc.,2003.

32. Chiou C T. Partition and adsorption of organic contaminants in environmental systems [M]. Hoboken,New Jersey:John Wiley & Sons,Inc.,2002.

33. National Research Council. Frontiers in soil science research:Report of a workshop [R]. Washington,DC:National Academy Press,2009.

34. National Research Council. Bioavailability of contaminants in soils and sediments:Processes,tools,and applications [M]. Washington,DC:National Academies Press,2003.

35. Chiou C T. Soil sorption of organic pollutants and pesticides [M]//Encyclopedia of environmental analysis and remediation. New York:John Wiley & Sons,Inc.,1998.

36. Schulten H R,Schnitzer M. A state of the art structural concept for humic substances [J]. Naturwissenschaften,1993,80(1):29-30.

37. Xu S H,Sheng G Y,Boyd S A. Use of organoclays in pollution abatement [J]. Advance in agronomy,1997,59,25-62.

38. Chiou C T,Peters L J,Freed V H. A physical concept of soil-water equilibria for nonionic organic compounds [J]. Science,1979,206(4420):831-832.

39. Schulten H R,Schnitzer M. Chemical model structures for soil organic matter and soils [J]. Soil science,1997,162(2):115-130.

40. Schulten H R,Leinmeher P,Schnitzer M. Analytical pyrolysis and computer modelling of humic and soil particles [M]// Huang P M,Senesi N,Buffe J. Structure and surface reactions of soil particles. New York:John Wiley & Sons,1998,282-324.

41. Schnitzer M. A lifetime perspective on the chemistry of soil organic matter [J]. Advance in agronomy, 2000,68(8): 1-58.

42. Ghosh K, Schnitzer M. Macromolecular structure of humic substances [J]. Soil science, 1980, 129, 266-276.

43. Fendorf S E, Lamble G M, Stapleton M G, et al. Mechanisms of chromium (Ⅲ) sorption on silica. 1. Chromium (Ⅲ) surface structure derived by extended X-ray absorption fine structure spectroscopy [J]. Environmental science & technology,1994,28(2): 284-289.

44. Fendorf S E, Sparks D L. Mechanisms of chromium (Ⅲ) sorption on silica. 2. Effect of reaction conditions [J]. Environmental science & technology,1994,28(2): 290-297.

45. Sun J T,Pan L L,Tsang D C W,et al. Organic contamination and remediation in the agricultural soils of China: A critical review [J]. Science of the total environment,2018,615,724-740.

46. Kile D E,Chiou C T,Zhou H D,et al. Partition of nonpolar organic pollutants from water to soil and sediment organic matters [J]. Environmental science & technology,1995,29(5): 1401-1406.

47. Young T M,Weber W J Jr. A distributed reactivity model for sorption by soils and sediments. 3. Effects of diagenetic processes on sorption energetics [J]. Environmental science & technology,1995,29(1): 92-97.

48. Weber W J Jr, Huang W L. A distributed reactivity model for sorption by soils and sediments. 4. Intraparticle heterogeneity and phase-distribution relationships under nonequilibrium conditions [J]. Environmental science & technology,1996,30(3): 881-888.

49. Xing B S,Pignatello J J,Gigliotti B. Competitive sorption between atrazine and other organic compounds in soils and model sorbents [J]. Environmental science & technology,1996,30(8): 2432-2440.

50. Xing B S,Pignatello J J. Dual-mode sorption of low-polarity compounds in glassy poly (vinyl chloride) and soil organic matter [J]. Environmental science & technology,1997,31(3): 792-799.

51. Pignatello J J, Xing B S. Mechanisms of slow sorption of organic chemicals to natural particles [J]. Environmental science & technology,1996,30(1): 1-11.

52. Gao Y Z, Zhu L Z. Phytoremediation and its models for organic contaminated soils [J]. Journal of environmental sciences,2003,15(3): 302-310.

53. Lal R,Kimble J M,Follett R F. Pedospheric processes and the carbon cycle [M]// Lal R,Kimble J M, Follett R F,et al. Soil processes and the carbon cycle. Boca Raton: CRC Press,1997,1-8.

54. Soils: The final frontier. Science,2004,304(5677,special issue).

55. Sugden A,Stone R,Ash C. Ecology in the underworld [J]. Science, 2004,304(5677): 1613.

56. Brown G E Jr, Foster A L, Ostergren J D. Mineral surfaces and bioavailability of heavy metals: A molecular-scale perspective [J]. Proceedings of the National Academy of Sciences,1999,96(7): 3388-3395.

57. Harmsen J. Measuring bioavailability: from a scientific approach to standard methods [J]. Journal of environmental quality,2007,36(5): 1420-1428.

58. Wang C,Zhu L Z,Zhang C L. A new speciation scheme of soil polycyclic aromatic hydrocarbons for risk assessment [J]. Journal of soils and sediments,2015,15,1139-1149.

59. Wu X,Zhu L Z. Evaluating bioavailability of organic pollutants in soils by sequential ultrasonic extraction procedure [J]. Chemosphere,2016,156,21-29.

60. Sandermann H. Higher plant metabolism of xenobiotics: The "green liver" concept [J]. Pharmacogenetics,

1994,4(5):225-241.

61. Coleman J,Blake-Kalff M,Davies E. Detoxification of xenobiotics by plants:Chemical modification and vacuolar compartimentation [J]. Trends in plant science,1997,2(4):144-151.

62. Chiou C T,Sheng G Y,Manes M. A partition-limited model for the plant uptake of organic contaminants from soil and water [J]. Environmental science & technology,2001,35(7):1437-1444.

63. Schnoor J L,Licht L A,McCutcheon S C,et al. Phytoremediation of organic and nutrient contaminants [J]. Environmental science & technology,1995,29(7):318A-323A.

64. Aken B V,Correa P A,Schnoor J L. Phytoremediation of polychlorinated biphenyls:new trends and promises [J]. Environmental science & technology,2010,44(8):2767-2776.

65. Li F,Zhu L Z,Wang L W,et al. Gene expression of an *Arthrobacter* in surfactant-enhanced biodegradation of a hydrophobic organic compound [J]. Environmental science & technology,2015,49(6):3698-3704.

66. Trellu C,Mousset E,Pechaud Y,et al. Removal of hydrophobic organic pollutants from soil washing/flushing solutions:A critical review [J]. Journal of hazardous materials,2016,306,149-174.

67. Li Y R,Zhao H P,Zhu L Z. Remediation of soil contaminated with organic compounds by nanoscale zero-valent iron:A review [J]. Science of the total environment,2021,760,143413.

68. Chen B L,Zhou D D,Zhu L Z. Transitional adsorption and partition of nonpolar and polar aromatic contaminants by biochars of pine needles with different pyrolytic temperatures [J]. Environmental science & technology,2008,42(14):5137-5143.

69. Chen B L,Chen Z M,Lv S F. A novel magnetic biochar efficiently sorbs organic pollutants and phosphate [J]. Bioresource technology,2011,102(2):716-723.

70. Xiao X,Chen B L,Chen Z M,et al. Insight into multiple and multilevel structures of biochars and their potential environmental applications:a critical review [J]. Environmental science & technology,2018,52(7):5027-5047.

71. Banwart S. Save our soils [J]. Nature,2011,474(7350):151-152.

72. Koch A,McBratney A,Lal R. Put soil security on the global agenda [J]. Nature,2012,492(7428):186-186.

第五章　污染物的生物及生态效应

内容提要

环境污染物通过多种途径和方式透过生物膜进入生物体内,与生物体内源化学物质相结合后,运输到不同组织和器官,且在体内不同酶的催化作用下发生一系列生物化学反应,并从生物大分子、细胞、器官、个体及生态系统等水平上表现出各种生物效应和生态效应。本章简要介绍污染物在生物体内的归趋;阐述污染物的生物吸收及其在生物体内的运输、分布、转化、富集与积累等特征;分析污染物的生物效应、生态效应及其分子结构-效应。

第一节　污染物在生物体内的归趋

一、污染物的环境暴露

严格地说,污染物在环境中的暴露主要是通过大气、水体和食物进入生物有机体,如图 5-1 所示。

生物有机体在污染物中的暴露与环境紧密相关(图 5-2)。污染物、环境及生物有机体三者之间的关系主要包括三方面:① 在污染物到达靶机体之前,环境将以何种方式作用于污染物(如污染物在环境中的迁移、转化和降解等);② 环境如何影响生物有机体对污染物的响应(如对污染物的摄取、物种间的竞争等);③ 污染物如何作用于环境,包括物理作用(如油品泄漏等)、化学作用(如废物排放等)以及生物作用(如捕食生物的消耗等)。

总之,生物有机体是污染物影响和作用的对象,而环境则是污染物暴露的介质。污染物与环境之间的相互作用包括污染物的环境行为及污染物对环境的影响。

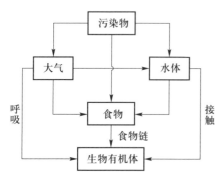

图 5-1　污染物的环境暴露

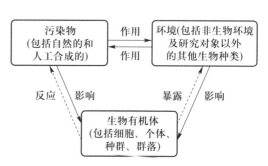

图 5-2　污染物与环境及生物有机体之间的关系

　　污染物在环境中的物理分布主要表现在土壤/水、沉积物/水、水/大气和大气/土壤界面之间的行为,这些界面行为主要涉及污染物在环境中的迁移过程;而污染物的转化则表现在化学反应、生物代谢及其结构和形态的变化。在日常研究中,为了便于了解污染物在环境中的迁移和转化过程,将这两种行为分开描述,实际上这两种行为往往同时发生(图5-3)。

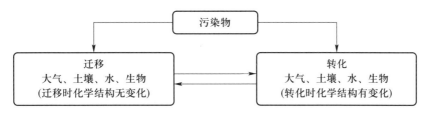

图5-3　污染物在环境中的迁移和转化

二、污染物进入生物体的途径及归趋

　　污染物进入生物体的途径是指生物体在环境中接触并吸收污染物的各种途径,主要分为植物和动物吸收途径。对大多数动物而言,污染物主要是通过消化道、呼吸系统和皮肤吸收进入体内;而对大多数植物而言,污染物主要是通过根系吸收、叶片吸收和地上部表皮渗透吸收进入体内。任何一种吸收的实质都是污染物在多种因素的影响下,自接触部位透过生物膜进入体内的过程。

　　污染物被生物体吸收进入生物后,与生物体内某种内源性物质结合,经循环系统或输导组织输送到生物体的器官、组织及细胞,在生物体内有关酶系统的催化作用下,发生导致化学结构和性质改变的生物转化。其转化产物或未经代谢的污染物可以通过某些途径被排出体外。另有一些污染物由于自身及转化产物具有很强的脂溶性或与生物体内某些成分有很强的亲和性等,可能在相当长的时间内积累在生物体内。污染物在生物体内的行为决定着污染物在生物体内的归趋(图5-4)。

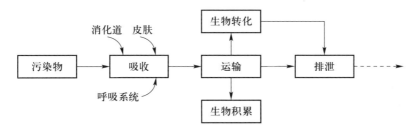

图5-4　污染物在生物体内的归趋

第二节　污染物的生物吸收

　　污染物通过各种途径和方式透过生物膜进入体内的过程称为吸收。不同生物有机体的吸收途径和方式相差较大,但生物膜基本组成、结构及污染物跨膜运输方式和机理却相近。

一、生物膜的结构和基本组成

细胞膜(cell membrane)又称质膜(plasma membrane),是指围绕在细胞最外层,由脂质和蛋白质组成的生物膜。细胞膜不仅是细胞结构上的边界,使细胞具有一个相对稳定的内环境,同时在细胞与环境之间进行的物质和能量交换及信息传递过程中起着决定性的作用。细胞内的膜系统与细胞膜统称为生物膜(biomembrane)。

1. 生物膜的结构

Singer 和 Nicolson 于 1972 年提出生物膜的流动镶嵌模型(fluid mosaic model),并得到各种实验结果的支持(图 5-5)。该模型主要强调膜的流动性(膜蛋白和膜脂可侧向移动)和膜蛋白分布的不对称性(膜蛋白镶在膜表面,或嵌入、横跨磷脂双分子层)两个方面。目前对生物膜结构的认识可归纳如下:① 具有极性头部和非极性尾部的磷脂分子在水相中具有自发形成封闭的膜系统的性质;② 蛋白质分子以不同的方式镶嵌在磷脂双层分子中或结合在其表面,蛋白质的类型、分布的不对称性及其与磷脂分子的协同作用赋予生物膜独特的性能与功能;③ 生物膜可看成是蛋白质在磷脂双分子层中的二维溶液。但膜蛋白与膜脂之间、膜蛋白与膜蛋白之间及其与膜两侧其他生物大分子复杂的相互作用,在不同程度上限制了膜蛋白和膜脂的流动性。

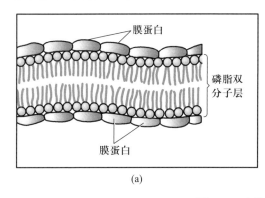
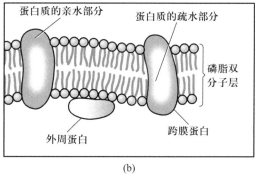

图 5-5　生物膜的结构模型

(引自 Solomon 等,2002)

(a)生物膜的三明治模型;(b)生物膜的流动镶嵌模型

2. 生物膜的基本组成

(1)膜脂:膜脂是生物膜的基本组成成分,主要包括磷脂、糖脂和胆固醇 3 种类型。磷脂是构成膜脂的基本成分,占膜脂的 50% 以上。组成生物膜的磷脂分子的主要特征为具有一个极性头和两个非极性尾(脂肪酸链);脂肪酸链由 17 或 20 个碳原子组成;除饱和脂肪酸(如软脂酸)外,还常有不饱和脂肪酸(如油酸)。磷脂可分为甘油磷脂和鞘磷脂两类。甘油磷脂又包括磷脂酰胆碱(卵磷脂)、磷脂酰丝氨酸、磷脂酰乙醇胺和磷脂酰肌醇等。糖脂普遍存在于原核和真核细胞的生物膜上,其含量占膜脂总量的 5% 以下,不同的细胞中所含糖脂种类不同。在糖脂中,一个或多个糖残基与鞘氨醇骨干的伯羟基连接。胆固醇存在于真核细胞膜上,其含量一般不超过膜脂的 1/3。胆固醇在调节膜的流动性、增加膜的稳定性及降低水溶性物质的通透性等方面都起着重要作用。

（2）膜蛋白：膜蛋白的种类繁多，多数膜蛋白分子数目较少，但却赋予生物膜极为重要的生物学功能。根据膜蛋白分离的难易及其与脂分子的结合方式，膜蛋白可分为两大基本类型：膜周边蛋白（peripheral proteins）或称外在蛋白（extrinsic proteins）和整合蛋白（integral proteins）或称内在蛋白（intrinsic proteins）（图 5-6）。

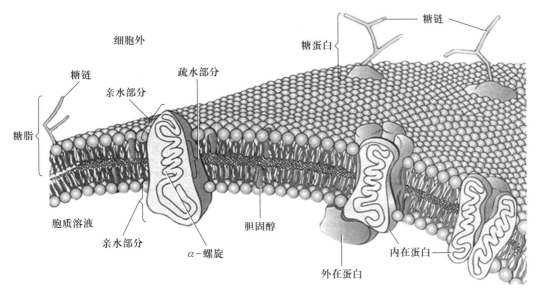

图 5-6　膜蛋白

（引自 Solomon 等，2002）

内在蛋白多数为跨膜蛋白（transmembrane proteins），也有些插入磷脂双分子层中，它与膜结合的主要方式为：膜蛋白的跨膜结构域与磷脂双分子层疏水核心相互作用。跨膜结构域两端携带正电荷的氨基酸残基，如精氨酸、赖氨酸等与磷脂分子带负电荷的极性头形成离子键，或带负电荷的氨基酸残基通过 Ca^{2+}、Mg^{2+} 等阳离子与带负电荷的磷脂极性头相互作用。某些膜蛋白在细胞质基质一侧的半胱氨酸残基上共价结合脂肪酸分子，插入磷脂双分子层之间，进一步加强膜蛋白与磷脂双分子层的结合力，还有少数膜蛋白与糖脂共价结合。

二、污染物跨膜运输方式及机理

污染物通过细胞膜的运输方式主要有以下三种途径。

1. 被动运输

被动运输（passive transport）是指通过简单扩散或协助扩散实现物质由高浓度向低浓度方向的跨膜运输，其动力来自物质的浓度梯度，不需要细胞提供能量。

（1）简单扩散（simple diffusion）：简单扩散也称为被动扩散（passive diffusion）。疏水的小分子或不带电荷的极性分子以简单扩散的方式跨膜转运，不需要细胞提供能量，也没有膜蛋白的协助。不同的小分子物质跨膜运输的速率差异极大，即不同分子的通透系数有很大区别。如 O_2、N_2 和苯等极易通过细胞膜，水分子也较易通过。一般认为在简单扩散的跨膜运输中，涉及跨膜物质先溶解在膜脂中，再从膜的一侧扩散到膜的另一侧，最后进入细胞质水相中。因此，其通透性主要取决于分子大小和分子的极性。小分子比大分子容易穿过膜，非极性分子比极性分子容易穿过膜。某种物质对膜的通透性(P)可以根据该物质的辛醇-水分配系数(K_{ow})、扩散系数(D)及膜的厚度(L)来计算,即

$$P = \frac{K_{ow} D}{L} \tag{5-1}$$

（2）协助扩散(facilitated diffusion)：协助扩散是各种极性分子和无机离子等沿其浓度梯度或电化学梯度减小方向的跨膜运输,该过程不需要细胞提供能量,与简单扩散相同,两者都称为被动运输。但在协助扩散中,特异的膜蛋白"协助"物质运输使其速率增加和特异性增强。

细胞膜上的膜运输蛋白负责无机离子和水溶性有机小分子的跨膜运输,可分为两类：一类称载体蛋白(carrier proteins),它既可介导被动运输,又可介导逆浓度或电化学梯度的主动运输;另一类称通道蛋白(channel proteins),只能介导沿浓度梯度或电化学梯度减小方向的被动运输。

载体蛋白是几乎所有类型的生物膜上普遍存在的多次跨膜蛋白分子。每种载体蛋白能与特定的溶质分子结合,通过一系列构象改变介导溶质分子的跨膜运输。其过程具有类似于酶与底物作用的饱和动力学曲线,既可被底物类似物竞争抑制,又可被某种痕量的抑制剂非竞争性抑制及对 pH 依赖等,与酶不同的是载体蛋白可以改变过程的平衡点,加快物质沿吉布斯自由能减少的方向跨膜运输的速率,此外载体蛋白对所运输的溶质分子不作任何共价修饰。

通道蛋白所介导的被动运输不需要与溶质分子结合,横跨膜而形成亲水通道,允许适宜大小的分子和带电荷的离子通过,所以又称为离子通道,离子通道具有两个显著特征：一是具有离子选择性,离子通道对被运输离子大小与电荷有高度选择性,且运输速率高;二是离子通道是门控的,离子通道的活性由通道开或关两种构象所调节,并通过通道开关应答于适当信号。

2. 主动运输

主动运输(active transport)是由载体蛋白所介导的物质逆浓度梯度或电化学梯度由低浓度的一侧向高浓度的一侧进行跨膜运输的方式。其吉布斯自由能变为正值,因此需要与某种释放能量的过程相偶联。根据主动运输过程所需能量来源的不同,可归纳为由腺苷三磷酸(adenosine triphosphate, ATP)直接和间接提供能量,以及光能驱动的三种基本类型。

离子泵(ion pump)是镶嵌在细胞膜磷脂双分子层中具有运输功能的 ATP 酶,不同的 ATP 酶运输不同的离子,故称为离子泵,如 Na^+-K^+ 泵、Ca^{2+} 泵等,离子泵直接利用 ATP 作为能源。

（1）ATP 及生物化学能：ATP 是生物体系一种非常重要的物质,它是许多生物化学反应的初级能源。ATP 的水解具有较强的放能作用。

$$ATP + H_2O \longrightarrow ADP + P_i^- + H^+$$

式中：ADP——腺苷二磷酸(adenosine diphosphate, ADP)；

　　　P_i^-——无机磷酸盐($H_2PO_4^-$)。

一个 ATP 分子末端的一个磷酸根断裂水解而生成 ADP。在人体 pH 为 7.0 及体温为 310 K 的条件下,ATP 水解反应的吉布斯自由能变 $\Delta_r G_m^\ominus = -30$ kJ/mol,焓变 $\Delta_r H_m^\ominus = -20$ kJ/mol,熵变 $\Delta_r S_m^\ominus = 34$ J/mol。由于 ATP 水解反应的 $\Delta_r G_m^\ominus < 0$,吉布斯自由能降低,可为另一些反应提供 30 kJ/mol 的吉布斯自由能。同时由于 $\Delta_r S_m^\ominus$ 较大,当温度升高（或降低）时,对 $\Delta_r G_m^\ominus$ 的影响较敏感（$\Delta G = \Delta H - T\Delta S$）。ATP 具有不稳定性,能从磷酸根处断裂生成 ADP,并释放出吉布

斯自由能,称为高能磷酸键。

ATP 水解反应在缺乏 ATP 酶时,进行得很慢。热力学因素指出该反应有较大的正向反应趋势,而动力学因素(酶的作用)控制着反应速率,所以生理细胞可以维持 ATP 和 ADP 的生理平衡。ADP 和腺苷一磷酸(adenosine monophosphate,AMP)在适当的酶催化下,还可以继续水解。

$$ADP \quad + \quad H_2O \Longrightarrow AMP \quad + \quad P_i \quad \Delta_r G_m^{\ominus} \approx -30 \text{ kJ/mol}$$

$$AMP \quad + \quad H_2O \Longrightarrow 腺苷 \quad + \quad P_i \quad \Delta_r G_m^{\ominus} \approx -14 \text{ kJ/mol}$$

ATP 的水解反应能和另一些需要吉布斯自由能的反应耦合,驱动那些反应得以发生。ATP 消耗后,可通过另外的途径再生,如在糖酵解(glycolysis)反应过程中可以再产生 ATP。

(2)由 ATP 直接提供能量的主动运输:钠钾泵(Na$^+$-K$^+$泵)又称 Na$^+$泵或 Na$^+$/K$^+$ 交换泵(图 5-7)。实际上是一种 Na$^+$-K$^+$-ATP 酶,也是一种跨膜蛋白。其工作原理是在膜内侧,Na$^+$、K$^+$与酶结合,激活了 ATP 酶的活性,使 ATP 水解,高能磷酸根与酶结合,引起酶构象发生变化,于是与 Na$^+$结合的部位转向膜外侧,这种磷酸化酶对 Na$^+$的亲和力低,对 K$^+$的亲和力高,因而在膜外侧释放 Na$^+$,而与 K$^+$结合。K$^+$与磷酸化酶结合后,促使酶磷酸化,磷酸根很快解离,酶的构象又恢复原状,于是 K$^+$的结合部位又转向膜内侧,这种去磷酸化的构象与 Na$^+$的亲和力高,与 K$^+$的亲和力低,使 K$^+$在膜内被释放,而又与 Na$^+$结合,每水解一个 ATP,运出 3 个 Na$^+$,运进 2 个 K$^+$。该反应过程可简述如下:

$$（膜外）K^+ \quad + \quad P \longrightarrow KP$$

$$KP \quad + \quad ATP \longrightarrow P_i^- \quad + \quad ADP \quad + \quad K^+（膜内）$$

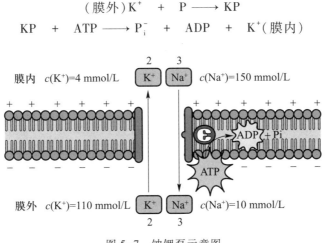

图 5-7　钠钾泵示意图

Ca^{2+}泵是一种 Ca^{2+}-ATP 酶,存在于细胞膜、内质网和线粒体膜上,耦联 ATP 水解与 Ca^{2+}活化运输。它能将 Ca^{2+}泵出细胞质,使 Ca^{2+}在细胞内维持低水平。Ca^{2+}泵的工作原理类似于 Na$^+$-K$^+$泵。每一个 ATP 分子水解,运输两个 Ca^{2+},并可逆向运输一个 Mg^{2+}。

质子泵(proton pump)是细胞内参与 H$^+$运输的一种运输蛋白,分为 3 种类型:① P 型质子泵,结构与 Na$^+$-K$^+$泵类似,存在于真核细胞的质膜上,在转运 H$^+$的过程中涉及磷酸化和去磷酸化。② V 型质子泵,存在于溶酶体膜和植物液泡膜上,转运 H$^+$的过程中不形成磷酸化的中间体。③ H$^+$-ATP 酶,存在于线粒体内膜、植物类囊体膜和多数细菌质膜上,运输方式是 H⁺ 沿浓度梯度运动,将释放的能量与 ATP 合成耦联。

（3）协同运输（cotransport）：又称伴随运输,是主动运输的一种方式。协同运输需要能量,但不直接消耗 ATP,而是间接利用 ATP 的能量,并且也是逆浓度梯度运输。这种运输的机理是载体蛋白上有两个结合点,可分别与 Na⁺、糖等结合。由于 Na⁺ 泵需要 ATP 供能,并不断将 Na⁺ 输出细胞外,造成胞外 Na⁺ 的浓度高于胞内,由此产生电化学梯度。Na⁺ 和糖等分别与载体结合后,借助电化学梯度的能量,使 Na⁺ 与糖等共同进入膜内侧,再与载体脱离,Na⁺ 又被泵出细胞外。

综上所述,主动运输都需要消耗能量,所需能量可直接来自 ATP 或来自离子电化学梯度,同样也需要膜特异性载体蛋白,这些载体不仅具有结构特异性（各种特异的结合位点）,而且具有结构可变性（构象变化影响其亲和力的改变）。细胞运用各种不同的方式,通过不同体系,并在不同条件下完成小分子物质的跨膜运输。

3. 胞吞作用（endocytosis）

当外来物是较大的分子和颗粒物质时,细胞可通过细胞膜的变形移动和收缩,将其包围起来,最后摄入细胞内。在运输过程中,物质包裹在磷脂双分子层膜围绕的囊泡中,又称膜泡运输,在这种形式的运输过程中涉及膜的融合与断裂,也需要消耗能量。这种运输方式可转运一种或一种以上数量不等的大分子和颗粒物质,因此也称之为"批量运输"（bulk transport）。根据所形成胞吞泡的大小和不同胞吞物,胞吞作用可分为吞噬作用和胞饮作用两类。

（1）吞噬作用：若胞吞物为大的颗粒物质,形成的囊泡较大,称为吞噬作用（phagocytosis）。当外来固体颗粒与生物膜接触时,接触部位膜的张力改变,膜表面向四周突出形成"侧臂"（伪足）,将外来颗粒包围并吞入。吞噬作用主要存在于各种类型的变形细胞中,有时称为吞噬细胞,被吞噬的颗粒称吞噬体,其外部包有膜,内部一般含有某种介质,颗粒则悬浮在介质中。吞噬细胞可以是游走的或固定的。

（2）胞饮作用：胞吞物若为溶液,形成的囊泡较小,则称为胞饮作用（pinocytosis）。当外来物吸附在细胞膜上时,细胞膜内陷,外来物进入凹陷内,然后细胞膜内折,逐渐包围外来物,形成小囊泡,并向细胞内部移动。囊泡将外来物转移给细胞的方式有两种,一是囊泡在移动过程中溶解消失,将外来物留在细胞质内；二是囊泡一直向内移动,到液泡膜后将外来物交给液泡。

污染物以何种方式透过细胞膜,主要取决于污染物本身的化学结构、理化性质及各种细胞膜的结构特征等。

三、污染物跨膜运输的物理化学机理

对大多数有机污染物,透过细胞膜跨膜运输主要是被动扩散（简单扩散）作用。从热力学来看,污染物的被动扩散是指污染物沿其化学势减小的方向,即由其化学势高的一方向化学势低的一方扩散的过程。以水生生物为例,假设化学污染物在水中的化学势为 μ_w,浓度为 c_w,该污染物在水生生物生物膜中的化学势为 μ_w,浓度为 c_m（其中污染物在膜外侧的化学势为 μ_{me},浓度为 c_{me},在膜内侧的化学势为 μ_{mi},浓度为 c_{mi}）,该污染物在水生生物体内的化学势为 μ_f,浓度为 c_f。根据化学势与化学物质浓度的关系有

$$\mu_w = \mu_w^\ominus + RT \ln c_w \tag{5-2}$$

$$\mu_{me} = \mu_m^\ominus + RT \ln c_{me} \tag{5-3}$$

$$\mu_{mi} = \mu_m^\ominus + RT \ln c_{mi} \qquad (5-4)$$

$$\mu_f = \mu_f^\ominus + RT \ln c_f \qquad (5-5)$$

式中：$\mu^\ominus$——标准化学势，其大小与温度、化学物质及所处介质的性质有关。

污染物透过生物膜的热力学条件如下：

在膜外侧：
$$\Delta\mu_1 = \mu_w - \mu_{me} = \mu_w^\ominus - \mu_m^\ominus - RT \ln \frac{c_{me}}{c_w} > 0 \qquad (5-6)$$

在膜内侧：
$$\Delta\mu_2 = \mu_{mi} - \mu_f = \mu_m^\ominus - \mu_f^\ominus - RT \ln \frac{c_f}{c_{mi}} > 0 \qquad (5-7)$$

在膜内：
$$\Delta\mu_3 = \mu_{me} - \mu_{mi} = RT \ln \frac{c_{me}}{c_{mi}} > 0 \qquad (5-8)$$

所以污染物在生物膜上发生被动扩散的条件是

$$\Delta\mu = \Delta\mu_1 + \Delta\mu_2 + \Delta\mu_3 > 0 \qquad (5-9)$$

如果污染物在生物膜内外的传递达平衡状态，即 $\Delta\mu_1 = 0$，$\Delta\mu_2 = 0$，$\Delta\mu_3 = 0$，则由 $\Delta\mu_1 = 0$ 和 $\Delta\mu_2 = 0$ 可得

$$\frac{c_{me}}{c_w} = \exp\left[-(\mu_m^\ominus - \mu_w^\ominus)/RT\right] = K_1 \qquad (5-10)$$

$$\frac{c_f}{c_{mi}} = \exp\left[-(\mu_f^\ominus - \mu_m^\ominus)/RT\right] = K_2 \qquad (5-11)$$

式中：K_1、K_2——分配系数，其值和污染物与其介质的亲和性大小（即 $\mu^\ominus$ 的值）有关，它决定了污染物在两种不同介质中的平衡浓度。

如果污染物在生物膜内外两侧能很快达到分配平衡，则污染物透过生物膜的速率就取决于污染物在膜层中的扩散速率。根据 Fick 定律，单位时间通过单位截面污染物的量，即其扩散速率为

$$\nu = -DAK \frac{(c_{me} - c_{mi})}{L} = -DAK \frac{\left(K_1 c_w - \frac{1}{K_2} c_f\right)}{L} \qquad (5-12)$$

式中：K——污染物透过生物膜的机理常数；

D——污染物透过生物膜的扩散系数；

A——生物膜的表面积；

L——生物膜厚度。

由式（5-12）可知，当膜外侧浓度高于膜内侧浓度（即 $c_{me} > c_{mi}$）时，负号表示污染物从膜外侧扩散到膜内侧。污染物的脂溶性越大，其辛醇-水分配系数 K_{ow} 则越大；生物膜的表面积越大，化学物质透过膜的速率也越快。对于小分子污染物，由于其具有较高的扩散系数，透过生物膜的扩散速率比大分子污染物要快。式（5-12）中，因子 DAK/L 通常被称为渗透常数（permeability constant，简写为 P），将渗透常数 P 引入式（5-12）可得

$$\nu = -P(c_{me} - c_{mi}) \qquad (5-13)$$

由式（5-13）可知，对于同一污染物在同一渗透常数下，污染物透过生物膜的扩散速率

仅与污染物在生物膜两侧的浓度差成正比。

四、动植物对污染物的吸收

污染物通过各种途径透过生物膜进入生物体内的过程称为生物吸收(uptake)。高等生物与低等生物之间,动物与植物之间在解剖及生理特征上相差很大,其吸收途径和方式有很大差别。

1. 动物对污染物的吸收

动物对污染物的吸收主要通过消化道、呼吸道和皮肤三条途径。

(1)消化道吸收:消化道是污染物最主要的吸收途径,许多污染物随同消化作用被动物吸收,其主要机理是由消化道壁内的体液和消化道内容物之间浓度差引起的简单扩散作用。也有部分污染物通过动物吸收营养的专用转运系统进行主动吸收,如铊和铅分别通过铁和钙的转运系统被消化道吸收,5-氟嘧啶能为嘧啶的转运系统所吸收。

污染物在消化道中被吸收的过程可受多种因素的影响:① 吸收速率与胃肠蠕动速率成反比;② 胃酸、肠液等消化液会引起污染物降解或产生其他变化,这些降解产物与其母体化合物的吸收速率会有所不同;③ 肠道中存在大量微生物,对污染物产生降解作用,会导致污染物的结构和性质发生变化,而影响污染物及其衍生物的吸收速率;④ 污染物与食物中的其他成分在消化道特殊条件下会发生特殊的化学反应,其结果可能使污染物更易被吸收或生成分子量更大的产物而不易被吸收;⑤ 污染物的物理化学性质,如溶解度和分散度也与吸收有关,如不易溶解的化合物,因与胃肠黏膜接触受到限制而不易被吸收。粒径较大的污染物,不易通过扩散吸收。

(2)呼吸道吸收:对高等动物而言呼吸道吸收主要以肺为主。肺泡上皮细胞极薄且表面积大,其周围布满毛细血管,血液供应量丰富。同时肺泡上皮细胞膜与机体其他部位的生物膜不同,它对脂溶性、非脂溶性物质和离子都具有高度通透性。大气中存在的挥发性气体、气溶胶及大气飘尘上吸附的污染物可以直接透过肺泡上皮进入毛细血管。这一过程主要是由肺泡和血浆中的污染物浓度差引起的扩散作用。

进入呼吸道的颗粒物并不能全部被吸收,在生物学上有意义的颗粒大小一般小于10 pm,较大颗粒一般不进入呼吸道,即使进入也往往停留在鼻腔中,然后通过擦拭、喘气、打喷嚏而被排出。颗粒直径为5~10 pm 的粒子全部在鼻腔和支气管树中沉积;直径小于5 pm 的颗粒,粒子越小到达支气管树的外周分支就越深;直径小于1 pm 的微粒,常附着于肺泡内。但对极小的微粒(0.01~0.03 pm),由于其布朗运动速度极快,主要附着在较大的支气管内。附着在呼吸道内表面的颗粒有不同的去向,有的通过简单扩散方式被吸收,有的随黏液咳出,有的则通过吞噬作用而被吸收。

(3)皮肤吸收:一般情况下,污染物主要通过呼吸道和消化道吸收对生物体产生影响。作为机体防止外来侵袭的第一道屏障,皮肤通常对污染物的通透性较差,可在一定程度上防止污染物的吸收。但也有一些污染物可通过皮肤吸收而引起全身作用。如多数有机磷农药,可透过完整皮肤引起中毒或死亡;四氯化碳经皮肤吸收引起肝损害;叠氮化钠等致癌物可透过角质层引起皮肤细胞病变等。

污染物经皮肤吸收有两条途径:① 通过表皮脂质屏障是主要的吸收途径,即污染物→角质层→透明层→颗粒层→生发层和基膜→真皮→血液;② 通过汗腺、皮脂腺和毛囊等皮肤附属器直接进入真皮。由于附属器的表面积仅占皮肤面积的 0.1%~1%,所以吸收量较少。

由于真皮组织疏松,且毛细血管壁细胞具有较大的膜孔,污染物较易通过,而血液的主要成分是水,故污染物的扩散速率取决于本身的水溶性。总之,经完整皮肤吸收,污染物必须既有脂溶性又有水溶性。一般认为辛醇-水分配系数接近于 1 的化合物最容易被皮肤吸收。另外,高温促进皮肤血液和间质液流动,使化学污染物易被皮肤吸收;高温高湿无风环境,皮肤表面有大量汗液分泌,污染物易溶解和黏附溶解,与皮肤接触时间延长,利于吸收。此外,角质层损伤,可使各种化学物质的通透性高度增加。二甲基亚砜等脂质溶剂能增加角质层的通透性,促进皮肤的吸收。

2. 植物对污染物的吸收

植物对污染物的吸收主要是通过根系吸收和地上部茎叶吸收两个途径。

(1) 根系吸收:植物根系吸收是化学污染物进入植物体最重要的途径之一。植物根系吸收的主要部位是根尖。根尖一般分为根冠、分生区、伸长区和根毛区四个部分,其中根毛区是吸收最活跃的区域。水溶态污染物到达根表面,主要有两个途径,一条是质体流途径,即污染物随蒸腾拉力,在植物吸水时与水一起到达植物根部。另一条是扩散途径,即通过扩散而到达根表面。迁移到根系表层的污染物并不能全部进入植物体,它们首先要面对根系表皮的选择性吸收作用,污染物的物理化学性质决定其能否通过表皮进入根系内部。含有污染物的土壤水溶液被吸收至根系表皮或其外层组织,这些组织具有相当于根体积 10%~20% 大小的自由空间。当污染物向根中心迁移时首先经过内表皮,根系内表皮含有一层浸满软木脂(suberin)的不透水的硬组织带(Casparian strip),污染物必须通过硬组织带才可以进入内表层,从而到达管胞和导管组织。由于硬组织的疏水特征,污染物能否通过内皮层上的小孔取决于它们的物理化学性质。污染物的溶解性越强,辛醇-水分配系数越低,其通过硬组织带的能力越弱;相反,如果污染物溶解性较弱,辛醇-水分配系数越高,通过硬组织带进入植物体的能力则越强。如胡萝卜的根部可以吸收大量的艾氏剂和七氯,而 PCB_s 却只能存在于胡萝卜的表皮。

许多环境因素也会影响根系吸收功能:① 在一定范围内,根系吸收速率会随周围土壤温度的升高而加快,但温度过高或过低会减缓根系的吸收速率。② 根际环境通气状况直接影响根系吸收。在一定范围内,氧气供应越充分,根系吸收功能越强。当二氧化碳过多时,会抑制呼吸作用,从而降低根系吸收功能。③ 在一定范围内,随着溶液浓度的增加,根系吸收离子的数量也增多,两者成正比,但是超过一定浓度后便无紧密关系,这是因为细胞膜上离子载体数量有限。④ 当 pH 降低时,许多金属溶解度增加,从而增加金属离子的浓度,促进根系吸收。⑤ 当溶液中有多种离子共存时,一种离子的存在会影响另一种离子的吸收。⑥ 土壤性质影响根系吸收。土壤类型和特性不同时,能影响根系对污染物的吸收。土壤中的有机质含量越多,提供更多的能沉淀和络合污染物的基团,从而对污染物吸附能力越强,根系吸收量也就越少。

(2) 地上茎叶吸收:植物地上部分包括叶、茎干等,对污染物的吸收主要在叶片上进行。叶片吸收污染物主要通过角质层的吸收作用和气孔输入两个途径。① 通过角质层的吸收作用。由于角质层含有蜡质,因此它对非极性有机物具有较高的亲合性,因而在经过角质层时,极性强的有机物可通过角质层进入植物体,而非极性物质则大多积累于角质层而被降解。化学污染物可经碳氢纤维通过角质层,但这条路径相对于直接通过角质层要长一些。

② 气孔输入。大气中的污染物可通过植物的呼吸作用扩散进入气孔,这一途径对于蒸气压较高的有机污染物尤为重要。研究表明,植物体内疏水性较强的有机污染物主要来自土壤挥发和大气沉降后叶片的吸收,而不是从根系输入。

很多因素会影响植物地上部分对污染物的吸收。如温度对污染物进入叶片有直接影响。用 ^{32}P 示踪证明,30 ℃、20 ℃和10 ℃时叶片吸收 ^{32}P 的相对速率分别是100、71和53。另外,叶片吸收是耗能过程,呼吸抑制剂(如 KCN)可以抑制叶片吸收。叶片通常只能吸收气态和液态物质,固态物质不能透入叶片,所以影响液体蒸发。外界因素,如风速、气温等都会影响到叶片的吸收。此外,不同的物种,其吸收同一种外来物质的能力相差较大。在一定时期内,同一物种吸收外来物质随着吸收时间延长而增加。

第三节 污染物在生物体内的运输及分布

化学污染物被吸收进入血液或体液后,经动物循环系统或植物输导组织及其他途径的运输分散到机体各组织的过程称为分布。同一污染物在生物体内各组织和器官的分布是不均匀的,不同污染物在生物体内的分布也不一样。污染物进入生物体液后分布到各种组织和器官,污染物一般很少以游离态形式进行运输,通常需要与生物体内的某种内源化学物质结合,再通过体液进行长距离运输。在分布过程中,污染物自身的物理化学性质及生物体内各组织的环境条件,如 pH、离子化程度、细胞膜的通透性等都会影响污染物的分布。贮存状态的化学物质与其游离态部分呈动态平衡,贮存的化学物质释放进入血液成游离态时,又会呈现毒性作用。

一、污染物在动物或人体内的运输及分布

1. 与蛋白质结合

污染物被动物或人体吸收进入血液,在血液中一部分与血浆蛋白结合成结合态,一部分在血液中呈游离态存在,可溶于"血浆水"(plasma water),并随"血浆水"自由地向血管外扩散,渗入到组织中。进入组织中的游离态污染物分子又可与组织蛋白结合,成为污染物分子蛋白质结合态。但污染物分子与蛋白质的结合是可逆的,血浆中污染物分子的游离态和结合态之间保持着动态平衡。当游离态随着转运和代谢浓度降低时,结合态中的一部分转变成游离态,使血浆及其作用部位在一定时间内保持一定的浓度。污染物分子与动物或人体内蛋白质结合的动态模型可用图5-8表示。

一般而言,进入动物或人体内的游离态污染物分子和其与动物或人体内蛋白质的结合态呈平衡状态,即

$$游离态污染物分子 + 蛋白质空白结合位点 \underset{k_2}{\overset{k_1}{\rightleftharpoons}} 污染物分子蛋白质结合态$$

式中:k_1——游离态污染物分子与蛋白质结合的反应速率常数;
　　k_2——污染物分子蛋白质结合态的解离速率常数。

进入动物或人体内的污染物分子与蛋白质的结合是可逆的。一般情况下,污染物分子与蛋白质的结合率是恒定的,但在某些情况下,其结合率可发生改变。污染物分子与血浆蛋白的可逆性结合是进入动物或人体内的污染物分子在血浆中的一种贮存形式,随着进入动

物或人体内游离态污染物分子的减少或消失,结合态分子即按比例释放。如果体内蛋白质与进入动物或人体内污染物分子的结合率很高,使进入动物或人体内游离态污染物分子的浓度减少,则可减轻或消除污染物分子对生物有机体的损伤作用。

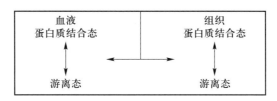

图 5-8　污染物分子与动物或人体内蛋白质结合的动态模型

　　进入动物或人体内的污染物分子与血浆蛋白的结合是决定其在组织中分布的重要因素,只有在动物或人体内游离的、未结合的污染物分子才易通过毛细血管进入组织液中,高度结合的污染物分子贮留在血液中,使污染物分子在血液中浓度较高,而在组织中浓度较低。到达动物或人体组织间质液中未结合的污染物分子可与组织蛋白结合,或与细胞膜结合,或通过细胞膜进入细胞内液,并与细胞内物质接触,这种组织蛋白的结合有助于吸引进入动物或人体内的污染物分子到组织中,并且能显著地调节进入动物或人体内的污染物分子与血浆蛋白的结合。

　　污染物分子在动物或人体内与血浆蛋白和组织蛋白的结合对动物或人体内污染物分子运输和分布的影响,取决于体内被结合的污染物分子百分数和体内游离污染物分子的分布容积。血浆中游离污染物分子质量浓度 ρ_f(μg/mL)与其他体液中的游离污染物分子浓度达到平衡时,ρ_f可按下式计算:

$$\rho_f = \frac{A_t}{V_f + 9\gamma V_f \varepsilon} \qquad (5-14)$$

式中:A_t——进入体内污染物总量;

　　　V_f——表观分布容积;

　　γ、ε——血浆和组织中结合的与游离的污染物分子质量浓度的比。

　　血浆中结合污染物分子质量浓度 ρ_b(μg/mL)为

$$\rho_b = \rho_f \gamma \qquad (5-15)$$

　　动物或人体内游离污染物分子的总量 A_f(mg)为

$$A_f = \rho_f V_f \qquad (5-16)$$

　　总血浆质量浓度 ρ_t(μg/mL)为

$$\rho_t = \rho_f + \rho_b \qquad (5-17)$$

　　表观分布容积为

$$V_f = \frac{A_f}{\rho_f} \qquad (5-18)$$

　　体内游离污染物分子百分数为

$$\rho_f = \frac{A_f}{A_t} \qquad (5-19)$$

污染物分子与血浆蛋白和组织蛋白的结合对动物或人体内游离污染物分子百分数是有影响的,如果某污染物进入动物或人体内的50%与体内蛋白质结合,常被认为在体内游离的污染物量将以同样的百分数减少。实际上并非如此,因结合作用而被血管外容积缓冲,当污染物的50%被血浆蛋白结合时,仅使体内游离污染物量减少3%~20%,若要使得体内游离污染物量减少50%,则其结合率必须大于80%。而增加组织结合,将使体内游离污染物百分数减少更多。

进入生物有机体内的污染物分子与体内蛋白质的可逆非共价结合对污染物分子在机体内的运输和分布至关重要。其结合方式因污染物分子的结构、形态和作用方式的不同而异。一般来讲,主要有三种结合方式。

(1)离子键结合:这种结合方式主要发生在两种电荷不等的带电离子之间的结合。如金属离子与蛋白质的结合。此外,还有某些呈弱酸性的污染物带负电荷基团与蛋白质氨基酸中的—NH_3^+的结合。某些呈弱碱性的污染物带正电荷基团与蛋白质氨基酸的—COO^-的结合也属此种结合形式。

(2)氢键结合:在这种结合方式中,含有羟基、氨基、羧基、咪唑基及氨基甲酰基等的蛋白质分子侧链均可形成氢键结合,且只有O、N和F等电负性较强的原子才可形成氢键。

(3)范德华力结合:污染物分子与体内蛋白质的结合作用力是分子间的范德华力,这种结合力虽较为微弱,但若有大量参与结合的分子同时存在,且集合在一起,则对污染物分子与蛋白质的结合具有重要意义。

进入动物或人体内的污染物分子与血浆蛋白结合后,通过体内血液循环而流动。在一定条件下,结合态分子还可发生解离,如在其他生物大分子或组织成分与污染物分子的亲和力大于其与血浆蛋白亲和力的情况下,即可发生解离。因此,从体内长距离运输考虑,污染物分子与蛋白质最初的结合力应具有一定强度。另外,此类结合力强度也不能过大。只有适当的结合强度,才能保证在外界环境发生改变时,污染物结合态分子解离,并与其他亲和力较高的蛋白质或亲和力虽不高但有较高浓度的蛋白质结合。这种适当强度的结合较为松散,当体内离子强度或温度发生改变时,污染物结合态分子的解离平衡常数也将发生变化。从血浆蛋白解离出来的污染物分子使污染物在动物和人体内的运输及其分布过程得以持续进行。

血浆蛋白的结合部位有限,且选择性较差,当两种化学物质与血浆蛋白的同一结合部位均具有亲和力时,则发生竞争反应。进入机体内污染物分子可与正常情况下结合在血浆蛋白上的某些化合物分子发生竞争反应,并置换这些化合物分子。

进入机体内的污染物分子还可与体内的某些多肽结合。由于多肽与蛋白质均由氨基酸构成,因此,这类结合在本质上与蛋白质的结合并无多大差别。

进入动物或人体内的污染物分子与体内蛋白质结合的意义,归纳起来有以下两个方面:一是污染物分子在体内的运输作用;二是污染物分子在体内的贮存作用。随着污染物在体内的运输和代谢变化,游离态污染物分子浓度先降低。在此情况下,污染物分子则按比例从结合态分子中解离出来,以补充污染物分子在体内运输代谢的消耗,使血液中游离态污染物分子维持一定水平。

2. 运输及分布

污染物在动物或人体内远距离运输的主要途径是循环系统,在血管和淋巴管中进行。

吸收进入血液的污染物仅少数呈游离态,大部分与血浆蛋白结合,随血液到达器官和组织。因此,污染物在体内分布的初始阶段,血液供应丰富的器官,其污染物分布多,污染物的起始浓度很高。但随着时间延长,污染物在器官和组织中的分布越来越受到污染物与组织器官亲和力的影响,而形成污染物的再分布过程。

由于动物循环结构的特点,不同方式吸收的污染物其运输方式也不尽相同。如经消化道吸收的外源污染物首先进入肝静脉,然后再输入肝脏进行生物转化,大部分外源污染物被转化代谢,毒性降低或消失。因此作为外源污染物进入机体的主要途径,其对保护机体免遭过量有毒污染物损害有重要意义。经呼吸道吸收的外源污染物则经肺循环直接进入循环系统而分布于全身组织细胞。由此运输的外源污染物对机体作用时间相对较长。经口腔和直肠吸收的外源污染物也无需经肝脏可直接进入血液循环。由皮肤吸收的外源污染物则直接进入毛细血管和淋巴管网。所以,由这些非消化道部位吸收的外源污染物对机体作用的时间较长。

导致外源污染物在体内分布不均的另一重要因素是在体内特定部位存在的、对外源污染物有阻碍作用的体屏障。主要的体屏障有血脑屏障和胎盘屏障。血脑屏障对外源化学物质的渗透性较小,对污染物进入中枢神经系统有阻碍作用,使许多污染物在血液中有相当高浓度时仍不能进入大脑。其原因为:① 中枢神经系统的毛细血管内皮细胞相互连接很紧密,几乎无空隙;② 毛细血管周围被星状胶质细胞紧密包围,污染物必须透过屏障才能进入大脑,其透过速度与辛醇-水分配系数成正比关系,而解离的极性化合物脂溶性低,不易透过血脑屏障;③ 在中枢神经系统间液中蛋白质浓度很低,污染物与蛋白质结合的运输机制不能发挥作用。胎盘屏障阻止外源污染物进入胚胎是因为营养物质主要通过主动运输进入胎儿,而化学物质透过胎盘的机理则是简单扩散。

外源污染物在机体内的分布受许多因素影响。有些因素可以促进由吸收作用进入机体的外源污染物在体内的分布,而另一些因素则可以阻止它们向某些器官组织的分布。其中,外源污染物透过细胞膜的能力和与各组织的亲和力则是影响其分布的重要因素。

大量研究结果显示,同一类外源污染物在机体不同组织间的分布有较大差异。表 5-1 列出长效杀虫剂狄氏剂在动物体内各组织中的残留量。显然,进入动物体内的狄氏剂大部分被运输到网膜脂肪中,较少部分被运输到血清、脾和睾丸等组织中。

表 5-1　狄氏剂在动物体内各组织中的浓度

组织	残留量占组织湿重的质量分数/($\times 10^{-6}$)
脑	0.050
肝	1.968
网膜脂肪	2.321
肾	0.045
肾上腺	0.287
脾	0.028
睾丸	0.031
血清	0.013

(引自朱蓓蕾,1989)

细胞膜的通透性大小对外源污染物在组织中的分布影响很大。肝具有细胞膜通透性高、内皮细胞不完整等特点。外源污染物进入肝是通过血窦而不是毛细血管。血窦是一种高度多孔性的膜，几乎任何小于蛋白质分子的离子或分子都能从血液循环进入肝细胞外液。而且肝细胞的细胞膜是一类脂质孔膜，虽然其孔比血窦稍小，但其通透性大于其他组织的质膜。这些特征使得肝具有能够接纳血液中大量外源污染物的能力。另外，细胞通透性低则会阻止或减缓外源污染物的分布。

胎盘屏障有阻止一些外源污染物由母体透过胎盘进入胎儿的作用。在解剖学上，胎盘屏障由插入胚胎与母体循环之间的几层细胞组成。其细胞层次不是固定的，不同种动物及不同孕期阶段的细胞层数可能不同。外来物质容易透过较薄的胎盘，如大鼠胎盘比人的薄，故易被外源污染物透过，而较厚的山羊胎盘则不易透过。

外源污染物的脂溶性是影响其在体内分布的另一重要因素。许多有机物及脂溶性代谢产物如狄氏剂和多氯联苯等容易分布到脂肪组织中。由表 5-1 可知，动物网膜脂肪组织含有较大量的狄氏剂与其具有较高的脂溶性有关。DDT 进入动物（包括人）体后，也会大量分布到脂肪组织中，这些脂溶性外源污染物通过简单溶解于中性脂肪的方式贮存其中。肥胖者体内中性脂肪可占体重的 50%，而体瘦者则约占 20%。由于脂肪的贮存作用，肥胖者常对脂溶性外源污染物有较强的耐受性。但若这种外源污染物的毒性作用部位恰好是含脂肪较多的组织，则多脂肪者容易中毒。如果因饥饿或其他原因，机体动用大量脂肪，贮存在脂肪组织中的外源污染物可能大量释放出来，进入血液导致中毒。

血脑屏障对于辛醇-水分配系数较高的外源污染物常失去屏障作用。由于该屏障具有高度亲脂性膜结构，脂溶性的非极性分子极易透过膜进入脑组织，而辛醇-水分配系数较低者则不易透过。如无机汞与有机汞透过血脑屏障的能力相差很大，若给实验动物分别口服无机汞和有机汞，服用有机汞者脑组织中的汞含量较服用无机汞者高出几个数量级，这是因为有机汞脂溶性高，易透过血脑屏障所致。

外源污染物进入机体后，可能与体内某些内源性物质有较高的亲和性。这种亲和性会导致外源污染物较多地分布在这种内源性物质含量较高的组织中，肝细胞内有两种分别称为 r 和 z 的蛋白质，与多种有机酸和重金属有较高亲和性，可将这些外源污染物由血浆转送入肝。在肾中有一种金属硫蛋白，分子中的巯基（—SH）较丰富，能与镉、汞、铅等重金属结合。所以进入体内的这些重金属较多地分布于肾中。外源污染物因与某组织具有高度亲和性而大量分布在该组织中，最典型的实例是碘在甲状腺中的分布，几乎绝大部分碘都分布在甲状腺中；铅进入机体后可取代骨骼中的钙而大量分布在骨组织中。有些外源污染物对某种组织的特殊亲和性，不仅是决定它们在组织中分布的重要因素，有时还是其毒性作用的基础。如一氧化碳与血红蛋白具有高度亲和性，引起缺氧窒息；除草剂百草枯富集于肺，引起肺部典型病变；有机磷农药与胆碱酯酶特异性结合导致中毒等。

二、污染物在植物体内的运输及分布

1. 污染物与蛋白质结合

许多污染物在植物体内也是与蛋白质或多肽结合，并被运输至各个部分。在高等维管植物中，发现由植物根部吸收的重金属在许多情况下是与体内蛋白质或多肽结合，并被运输到地上茎叶部分。植物体内与重金属结合的蛋白质和多肽被称为植络素（phytochelatin），它们在植物体内运输重金属的过程中发挥着重要的作用。

与动物及人体内的血浆蛋白相似,植物体内某些蛋白质与污染物的结合也有类似作用。铁蛋白在植物体内对铁的贮存就是一个例子。铁是植物生长发育所必需的营养元素之一。但铁能与氧反应生成有毒的物质,铁过量后会严重损害植物,并使植物表现出各种形态上的病害症状。因此,植物体内需要将铁以一种安全、可溶的形式加以贮存。高等植物细胞的质外体空间和液泡是参与此功能的两个重要区室。此外,还有一类多聚体蛋白质——铁蛋白(ferritin)是细胞内贮存铁的物质(图 5-9)。铁蛋白为中空的球状物,内部则是一个含有铁核(iron core)的空腔,每个铁蛋白分子能以可溶、无毒和生物体可以利用的形式贮存多达 4 500 个铁原子。铁蛋白广泛存在于植物、动物、真菌和细菌中,在生物体的铁代谢过程中起着关键作用。铁蛋白分子内铁贮存的步骤包含 Fe(Ⅱ)的氧化、Fe(Ⅲ)的迁移和成核作用及无机铁核的生长等。

图 5-9　铁蛋白结构
(引自 Granier 等,2003)

有人根据植物铁蛋白和动物铁蛋白之间的同源性,以一种结晶的动物铁蛋白为坐标,建立了一个豌豆铁蛋白的二维结构模型。植物铁蛋白与动物铁蛋白类似,也是由 24 个亚单元组成,以 432 点对称排列,形成一个中空的蛋白质“壳”,该蛋白质“壳”外径为 12~13 nm,内径为 7~8 nm,分子量约为 50 000,每个亚单元折叠成 4 股长的 α-螺旋束,第五个短螺旋和螺旋束轴线成 60° 角。体外研究证实,在铁沉积过程中,铁通过还原作用从螯合物分子(如柠檬酸)中被释放出来,然后跨越蛋白质壳并通过铁蛋白亚基的铁氧化酶被氧化。生物矿化作用则发生在空穴的内表面以形成铁核。其中植物铁蛋白亚基具有重要的特异性。从植物和动物的铁蛋白序列比较可知,植物铁蛋白亚基在 N 端含有一个额外的序列,即“突出肽”,这个序列含有一段 α-螺旋并位于蛋白质壳的外表面,靠近可能参与铁蛋白与其环境间进行铁交换的通道。在体外的铁交换过程中,这个突出肽是自由基裂解的位点,且在体内可能导致铁蛋白的降解。虽然植物铁蛋白亚基的 C 端和动物铁蛋白亚基序列间无同源性,但预测它们也将会折叠成 α-螺旋。这个螺旋是参与跨越蛋白质壳通道的形式。在动物体内,这些通道由疏水性残基组成,形成一个铁的屏障。而在植物体内,它们则是亲水性的,并参与铁核和蛋白质壳外表面之间的铁交换。

铁蛋白的基本功能是吸收铁,并以无毒害的形式贮存起来,然后再根据生物体内代谢功能的需要将其释放出来。研究表明,植物体内铁过量会导致氧化性胁迫。如在酸性水浸土壤中,无氧条件和低 pH 使 Fe(Ⅲ)极易还原为稳定存在的、易被植物吸收的 Fe(Ⅱ),Fe(Ⅱ)能活化 H_2O_2,生成羟基自由基($\cdot$OH),具有极强的氧化能力,可改变细胞成分,并可能导致细胞死亡。虽然活性氧中间体(reactive oxygen intermediate,ROI)的解毒是抗氧化性胁迫防御机制的一个重要成分,但控制自由 Fe(Ⅱ)浓度,阻止氧化性胁迫则是一条重要的补充途径。具有铁贮存能力的铁蛋白在保护细胞抗氧化性胁迫中起着重要作用,其保护能力是基于铁蛋白能将高毒性 Fe(Ⅱ)转变成低毒性 Fe(Ⅲ)并螯合在其空腔中。研究还发现,豌豆种子铁蛋白的无机铁核中磷酸盐含量较高且呈无定形态,而动物铁蛋白中磷酸盐含量较低且为晶体。每分子植物铁蛋白能贮存 600 个磷原子。可以认为,植物铁蛋白除了其在植物体内铁代谢中的作用外,还可以贮存磷酸盐。

2. 运输途径及方式

污染物在植物体内的运输一般分为短距离运输和长距离运输两种方式。

(1) 植物体内污染物的短距离运输:植物体内污染物的短距离运输可通过细胞内的运输途径,运输到细胞内的各个部分;也可与邻近细胞进行细胞间的运输,将物质运输到不同的细胞。

● 细胞内运输。细胞实际上是一个膜系统,除了细胞膜和核膜之外,细胞内的各种细胞器如线粒体、质体、内质网、液泡等都各自具有流动膜。膜上通常有 50~90 nm 直径的微孔,能透过各种无机物和有机物。细胞内物质的运输,主要是通过扩散和布朗运动等在细胞核与细胞器之间运输,也可通过原生质体运动使细胞器移位。各种物质在细胞内运输的速度是不同的。具有双层膜的叶绿体和线粒体,其外膜对小分子的透性较大,内膜则透性较小,并具选择透性。

● 细胞间运输。污染物在植物细胞间的运输主要通过两条途径,即质外体运输和共质体运输。质外体是一个开放性的连续自由空间,即表观自由空间(apparent free space),没有原生质层及其他屏障阻隔,物质在质外体的运输是物理性的被动过程,速度很快。共质体是通过胞间连丝把无数原生质体联系起来形成一个连续的整体。其中胞间连丝(plasmodesma)在植物体内物质运输过程中发挥着重要作用。胞间连丝是贯穿细胞壁的管状结构物,内有连丝微管(desmotubule),其两端与内质网相连接。因此,胞间连丝微管将相邻细胞与原生质体联系起来运输有机物和无机物,并传递刺激。

(2) 植物体内污染物的长距离运输:外源污染物在植物体内的长距离运输主要由维管系统完成,其运输通道包括向上的木质部导管和向下的韧皮部筛管。从根表面吸收的污染物横穿根的中柱,被送入导管,进入导管后随蒸腾拉力向地上部移动。一般认为,穿过根表面的无机离子到达内皮层可能有两种通路。第一种通路为非共质体通道,即无机离子和水横向迁移,通过细胞壁和细胞间隙等质外空间到达内皮层。第二种通路是共质体通道(图 5-10),即通过细胞内原生质体流动和通过细胞之间相连接的细胞质通道。如镉主要以共质体方式在玉米根

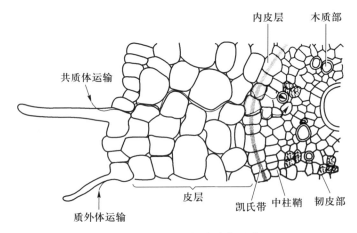

图 5-10　植物根部共质体通道

(引自李和生等,2002)

内横向迁移,铅主要以非共质体的方式在玉米根内移动。通过叶片吸收的污染物也可从地上部向根部运输,如将硝酸铅涂在白菜的叶片上,发现其根中铅的含量增加。

在植物根部外皮层与内皮层之间有一特殊结构,称为凯氏带(Casparian strip),可以控制被根系吸收的外来物质的运输。在解剖学上,凯氏带是内皮层细胞在侧壁(径向壁)和横壁上的部分加厚并木质化和栓质化所形成。内皮层细胞的原生质体比较牢固地附着在凯氏带上。内皮层结构具有加强控制根系吸收外来物质转移的作用。在根中,通过内皮层向内部移动的外来物质,因木质化和栓质化凯氏带的存在而无法通过内皮层壁。同时,因原生质体附着在凯氏带上,也使其无法在细胞壁与细胞质之间移动。所以唯一的通道是穿过内皮层的原生质体进入内皮层以内。凯氏带对于阻止某些重金属(在根)内的运输具有重要作用。如镧的阳离子不能透过细胞膜,也不能穿过凯氏带,被根系吸收的镧离子便无法透过内皮层被运输到其他组织中去。

不同污染物在植物体内的迁移分布存在差异。如玉米根的皮层和内皮层外侧铅的积累最高,进入内皮层之后,铅的含量很少,而镉在皮层的积累远小于中柱,在中柱内部,导管中镉的积累远大于木质部薄壁组织,原因是铅主要以非共质体方式在根内横向移动,铅进入根表面后,由于凯氏带的阻挡,只能通过胞间连丝进入中柱,因而进入中柱的量大为减少,而镉是通过共质方式进入中柱,在细胞质流的帮助下,逐个细胞迁移直接进入导管,较铜更易迁移。同种污染物如果根系吸收的部位不同,向地上运输的速率也有差异,如小麦根尖 $1 \sim 4$ cm 区域吸收的离子更易向上转移,而由更成熟的部位吸收的离子,移动速度就慢得多,原因可能是不同部位采用不同的形态和结合方式。另外土壤中重金属离子浓度高低也会影响离子运输速率,浓度高则向上运输速率慢,原因是环境中重金属元素浓度低时,以有机结合物的形态迁移,并按第二种通路进行高效移动,而在高浓度情况下,重金属以游离的离子态形式存在,主要是按非代谢的第一种通路移动。

3. 污染物在植物体内的分布

植物的根、茎、叶、果实和种子等不同器官中外源物质的含量有相当大的差异,如表 5-2 所示。一般情况下,从根部吸收的金属大部分分布在根部,其次为茎叶部,种子和果实中最少。若由叶面吸收,则在叶组织中的含量较高,而在其他组织较少。这种分布格局显然与金属在植物体内的长距离运输有关。

表 5-2　松树不同部位的金属含量(质量分数,10^{-6})

部位	铝	钴	铬	铜	铁	锰	镍	铅	钛	钒
针叶	400	0.9	4.8	4.2	150	430	6.0	0.2	15	0.6
枝条	400	0.6	1.6	3.0	650	430	1.1	0.6	25	1.8
节	120	0.2	0.8	1.2	78	185	0.3	0.1	6	0.8
树皮	230	0.4	1.0	2.0	100	123	0.4	0.3	15	2.8
木材	7	0.1	0.3	0.6	5	61	0.3	0.1	1	0.2
根	1430	0.1	0.9	3.5	7171	134	1.1	0.3	46	0.6

(引自 Kabata-Pendias 等,1984)

第四节 污染物的生物转化

环境化学中污染物的生物转化是指外源化合物在生物体器官或组织中经过有关酶系统的催化作用发生一系列生物化学变化并形成其衍生物的过程,或称代谢转化,转化所形成的衍生物又称代谢产物。一般情况下,外源化合物经生物转化后,其极性和水溶性增加,易于排出,生物活性减弱或消失,此过程称为生物解毒(biodetoxication)或生物失活(bioinactivation)。生物转化具有二重性,有些外源化合物经生物转化后其代谢产物(衍生物)的毒性更强,被称为生物活化(bioactivation),如对硫磷、乐果等通过生物转化后形成的对氧磷和氧乐果的毒性增加;苯并[a]芘经生物转化为二醇环氧化物后有致癌作用等。生物转化还具有复杂性,同一外源性物质的生物转化途径可能有多种,并生成多种代谢产物。外源性物质在动物体内的生物转化主要发生在肝,而在肺、肾、胃肠道、胎盘、血液及皮肤中有一些较弱的生物转化过程,称为肝外代谢过程。污染物的生物转化过程实质上是酶促反应过程。

一、污染物的生物转化过程和反应类型

环境化学污染物的生物转化一般可分为两个阶段。第一阶段反应或第一相反应(phase Ⅰ reaction)包括氧化、还原和水解反应,在外源性物质分子上引入极性基团,使其水溶性增加,更重要的作用是使其成为适合于第二阶段反应的底物。第二阶段反应或第二相反应(phase Ⅱ reaction)为结合反应,即发生了变化的外源性物质与内源底物结合,生成一种易从体内排出的水溶性结合产物。另外某些外源性物质也可能不经过第一阶段而直接与内源底物发生结合反应,形成水溶性结合产物排出体外。还有部分高度亲脂的外源化合物(如多氯联苯等)由于不能与生物转化中的酶系统结合而不能进行生物转化。

1. 氧化反应

污染物生物转化过程的氧化反应分为两种:一种为微粒体混合功能氧化酶系催化,另一种为非微粒体混合功能氧化酶系催化。

(1) 微粒体混合功能氧化酶系(mixed-function oxidase system,MFOS)催化氧化反应:由MFOS 催化的氧化反应在进入生物体的各种环境化学污染物所发生的生物转化中起主要作用。微粒体是指将肝细胞磨成匀浆后,内质网所形成的碎片,粗面和滑面内质网形成的微粒体均含有 MFOS,且滑面微粒体的 MFOS 活力更强。MFOS 是由多种酶构成的多酶系统,其中包括细胞色素 P450 依赖性单加氧酶、还原型辅酶Ⅱ(NADPH)细胞色素 P450 还原酶、细胞色素 b_5(cyt b_5)依赖性单加氧酶、还原型辅酶Ⅰ(NADH)细胞色素 b_5 还原酶,以及氧化物水化酶等。与细胞色素 P450 相似,还有细胞色素 P448,其催化的氧化反应更易形成有致突变性和致癌性的活性代谢物。此外微粒体还含有 FAD 单加氧酶(又称黄素蛋白单加氧酶或黄素单加氧酶),不依赖细胞色素 P450,而依赖黄素腺嘌呤二核苷酸(FAD),在单加氧反应中需要 NADPH 和氧分子。FAD 单加氧酶对底物的专一性要求不严格,可催化较多的化学物质进行氧化反应,此外它与细胞色素 P450 依赖性单加氧酶有些底物是共同的,只是反应过程不完全相同。混合功能氧化酶细胞色素 P450 催化氧化反应的模式过程如图 5-11 所示。

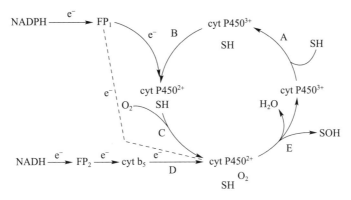

图 5-11 混合功能氧化酶细胞色素 P450 催化反应模式图

2^+ 或 3^+ 表示铁原子价态；e 表示电子；SH 表示底物；cyt 表示细胞色素

（引自 Niessink, 1996）

从图 5-11 可以区分下列反应步骤：一个底物（SH）结合到氧化型（Fe^{3+}）细胞色素 P450；由 NADPH 提供的一个电子通过 NADPH 细胞色素 P450 还原酶（图中的 FP_1）的黄素蛋白传递给酶-底物复合体；氧分子结合到还原型（Fe^{2+}）酶-底物复合体；该酶-底物复合体接受第二个电子，该电子由 NADH 提供，经另一个黄素蛋白（FP_2 或 NADH 细胞色素 b_5 还原酶）和细胞色素 b_5 传递。但是，如虚线所示，第二个电子也可以经 FP_1 由 NADPH 提供。对此，该系统只需要 NADPH 即可完成正常功能；上步的还原作用使氧分子活化，并最终导致酶-底物-氧复合体裂解成一个水分子、一个被氧化的底物及一个被氧化的细胞色素 P450。然后，释放出来的酶再一次进入循环，重复上述各步反应。经一轮循环反应后，可完成如下总反应：

$$SH + NADPH + H^+ + O_2 \longrightarrow SOH + NADP^+ + H_2O$$

式中：SH——待氧化底物；

　　　SOH——羟基化产物。

微粒体混合功能氧化酶系催化氧化反应主要有以下类型。

- 芳香族羟基化：苯环上的氢被氧化成—OH。

苯经此反应可氧化为苯酚，苯胺可氧化为对氨基酚或邻氨基酚。

苯胺　　对氨基酚　邻氨基酚

- 脂肪族羟基化：脂肪族化合物侧链（R）末端倒数第一个或第二个碳原子发生氧化，形成羟基。如有机磷杀虫剂八甲磷（OMPA）在体内转化成 N-羟甲基 OMPA。

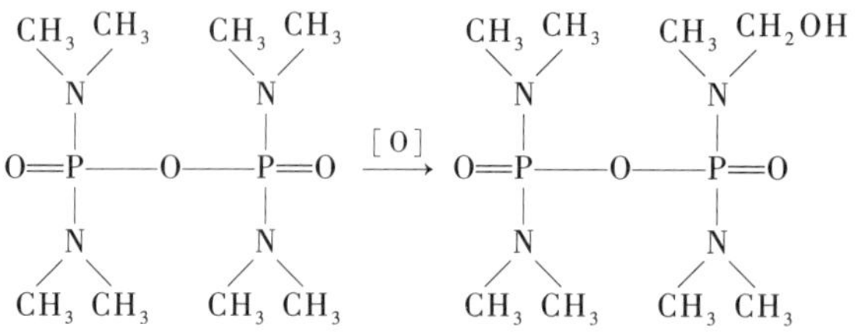

八甲磷 → N-羟甲基OMPA

- 环氧化:外源性物质的两个碳原子之间与氧原子形成桥式结构,即环氧化物。环氧化物多不稳定,可继续分解。但多环芳烃类化合物(如苯并[a]芘)形成的环氧化物可与生物大分子发生共价结合,诱发突变或癌变。

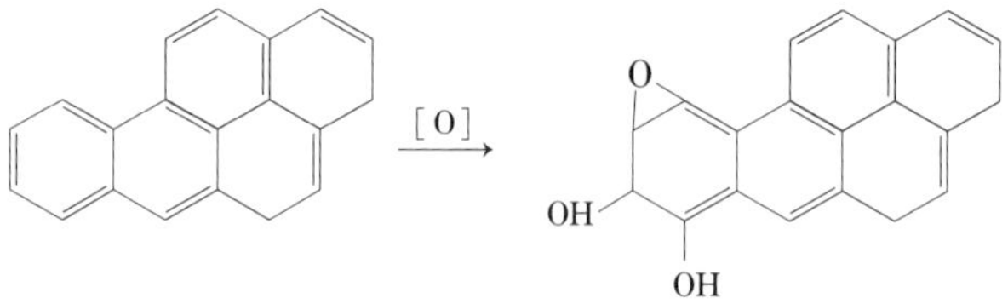

苯并[a]芘   7,8-二醇-9,10-苯并芘环氧化物

- N-脱烷基化:胺类化合物氨基 N 上的一个烷基氧化脱去,形成醛类或酮类。

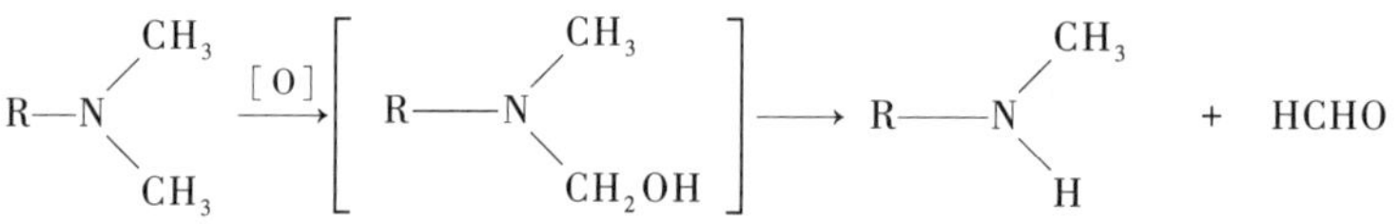

此反应是药物及杀虫剂代谢中常见的反应,如氨基甲酸酯类杀虫剂(西维因)、致癌物偶氮色素奶油黄和二甲基亚硝胺皆可发生此类反应。二甲基亚硝胺在 N-脱烷基后可形成 $[CH_3^+]$,使细胞核内核酸分子上的鸟嘌呤甲基化(即烷基化)诱发突变或癌变。

- O-脱烷基化:与 N-脱烷基化相似,氧化后脱去与氧原子相连的烷基。如农药甲基对硫磷经 O-脱烷基反应生成一甲基对硫磷而解除毒性。

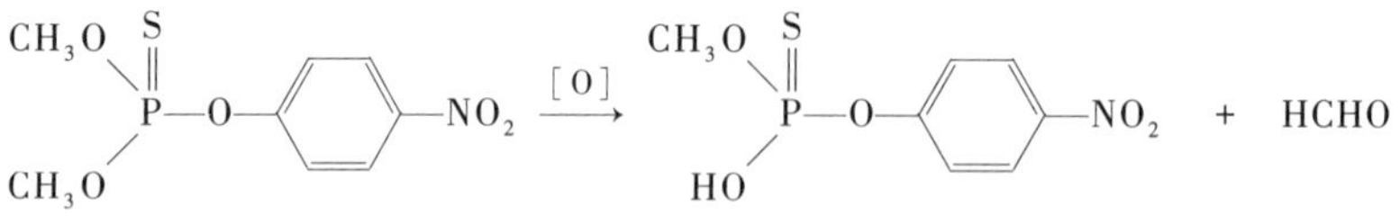

- S-脱烷基化:与 N-脱烷基化相似,氧化后脱去与硫原子相连的烷基。此反应主要见于一些醚类化合物,如甲硫醇嘌呤脱烷基后生成 6-巯基硫代嘌呤。某些金属烷亦出现脱烷基反应,如四乙基铅脱烷基后生成三乙基铅,毒性增强。

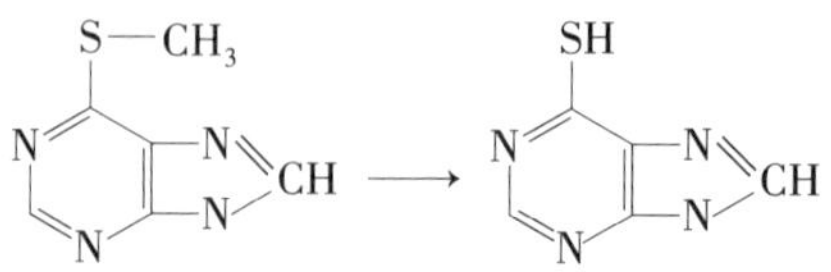

甲硫醇嘌呤   6-巯基硫代嘌呤

- 脱氨基化:伯胺类化合物在邻近氮原子的碳原子上进行氧化,脱去氨基,形成酮类化合物。

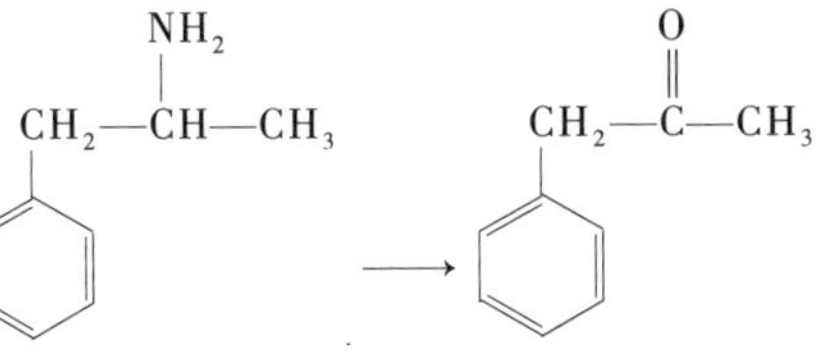

苯丙胺 → 苯丙酮

- N-羟基化:外源化合物的氨基(—NH$_2$)上的一个氢被氧化成—OH。如苯胺经 N-羟基化反应形成 N-羟基苯胺可使血红蛋白氧化成为高铁血红蛋白。

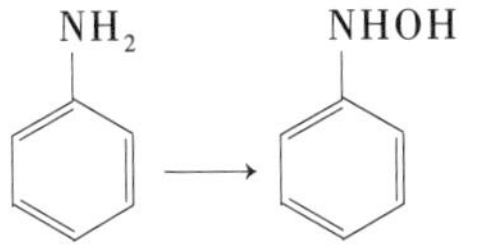

苯胺 → N-羟基苯胺

致癌物 2-乙酰氨基芴(AAF)也可发生 N-羟基化反应生成近致癌物 N-羟基-2-乙酰氨基芴,再转化为终致癌物。如 AAF 的羟基化反应发生在苯环上,其产物不具有致癌作用。

- S-氧化:多发生在硫醚类化合物,代谢产物为亚砜,可继续氧化成砜类。

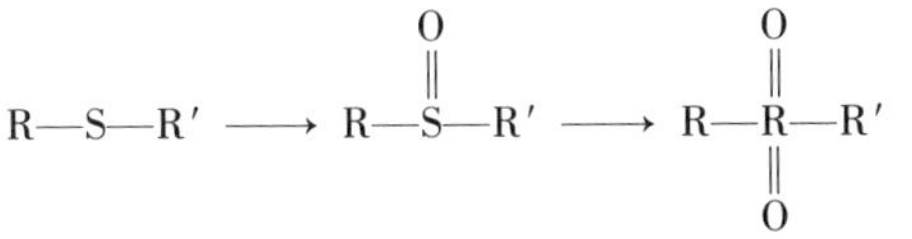

硫醚 → 亚砜 → 砜

这类反应在有机醚、氨基甲酸酯、有机磷与氯代烃类农药中均可见到,如农药内吸磷(商品名为一○五九)在体内进行此类反应,其产物亚砜型内吸磷和砜型内吸磷毒性较母体高 5~10 倍。

- 脱硫化:有机磷化合物可发生此类反应,使 P═S 基变为 P═O 基,如对硫磷可转化为对氧磷,可将对胆碱酯酶相对无活性的化合物转化为强效胆碱酯酶抑制剂,使毒性增高。

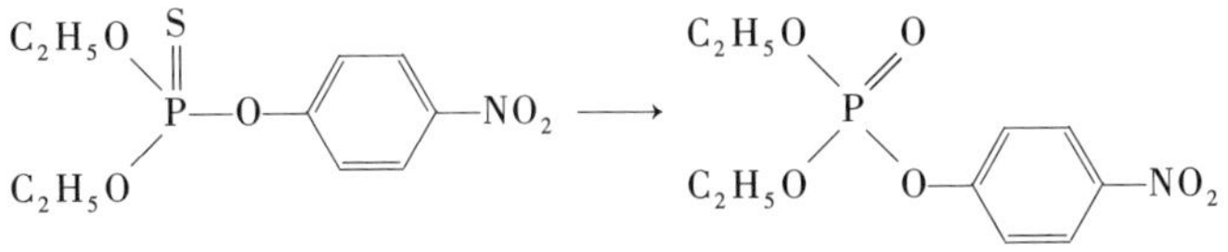

对硫磷 → 对氧磷

- 氧化脱卤:卤代烃类化合物可先形成不稳定的中间代谢物,即卤代醇类化合物,再脱去卤素。

$$R{-}CH_2X \xrightarrow{[O]} RCHOH \longrightarrow RCHO + HX$$

DDT 可氧化脱卤形成 DDE 和 DDA。DDE 具有较高脂溶性,可在脂肪组织中富集,DDA 主要由尿排出。

(2)非微粒体混合功能氧化酶系催化氧化反应:非微粒体混合功能氧化酶主要催化具有醇、醛、酮官能团的外源性物质的氧化反应,包括醇脱氢酶、醛脱氢酶、胺氧化酶类。此类酶主要在肝细胞线粒体和细胞液中存在,在肺、肾中也有。非微粒体混合功能氧化酶系催化氧化反应主要有以下几种类型。

• 醇脱氢酶催化氧化:醇脱氢酶可催化伯醇类(如甲醇、乙醇、丁醇)进行氧化反应形成醛类,催化仲醇类氧化形成酮类。在反应中需要辅酶Ⅰ(NAD)和辅酶Ⅱ(NADP)为辅酶。在有 NADP 存在的条件下,反应以较慢的速率可逆进行;而在完整机体内,此反应是向右进行的,因醛可以进一步氧化成酸。

$$RCH_2OH \xrightarrow{NAD} RCHO + NADH + H^+$$

• 醛脱氢酶催化氧化:醛脱氢酶以 NAD 为辅酶催化醛类氧化形成相应的酸类。醛通常是有毒的,由于其脂溶性,不易排出体外。醛通过醛脱氢酶氧化成酸是一种生物解毒反应。

$$RCHO \xrightarrow{NAD} RCOOH$$

• 胺氧化酶催化氧化:胺氧化酶主要存在于线粒体上,可催化单胺类和二胺类氧化反应形成醛类,因其底物不同,可分为单胺氧化酶和二胺氧化酶催化氧化反应。单胺氧化酶(MAO)是位于肝线粒体中的黄素蛋白酶,也存在于血小板和小肠黏膜内,是一大类具有重叠底物特异性和抑制方式相似的酶。MAO 可对伯胺、仲胺和季胺脱氢,伯胺脱氢反应速率较快,仲胺和季胺则较慢。苯环上有释出电子的取代基可增加其脱氢速度。在 α-碳原子上有一个甲基取代基化合物不能被 MAO 系统代谢(如苯氨基丙烷和麻黄碱)。其一般催化反应为

在氧存在条件下,二胺氧化酶(DAO)可将二胺氧化为相应的醛。DAO 是含铜的磷酸吡哆醛蛋白,存在于肝、小肠、肾和胎盘的可溶组分内。典型的 DAO 反应是四亚甲基二胺的氧化反应。

$$H_2N(CH_2)_4NH_2 \xrightarrow[[O]]{DAO} H_2N(CH_2)_3CHO + NH_3$$

2. 还原反应

在正常情况下,生物机体组织细胞处于有氧状态,在生物转化过程中的微粒体混合功能氧化酶起主导作用,以其催化氧化反应为主。但在一定局部情况下,生物机体中的某些组织细胞处于低氧张力状态,可发生还原反应,某些外源性物质可被还原。还原反应可在下述条件下发生:① 某些还原性化合物或代谢物在一定组织细胞内积聚形成局部还原环境,使还原反应能够进行。② 在外源化合物的生物转化过程中,即使在细胞色素 P450 依赖性单加氧酶系催化氧化反应中,也有电子的转移,有些外源性物质存在接受电子的可能性,进而被还原。如 NADPH 细胞色素 P450 还原酶就与此类还原反应有关。③ 氧化反应的逆反应即为还原反应。可催化还原反应的酶主要存在于肝、肾和肺的微粒体和胞液中。此外,体内还存在非酶促还原反应。

根据外源性物质的结合和还原机理,还原反应可分为以下几类。

- 硝基还原:催化硝基化合物还原的酶类主要是微粒体 NADPH 依赖性硝基还原酶、胞液硝基还原酶、肠菌丛的细菌 NADPH 硝酸还原酶,NADPH 和 NADH 是供氢体,前者比后者更有效。此反应需无氧条件,充氧可抑制这一反应,而 FMN 和 FAD 可激活该反应。

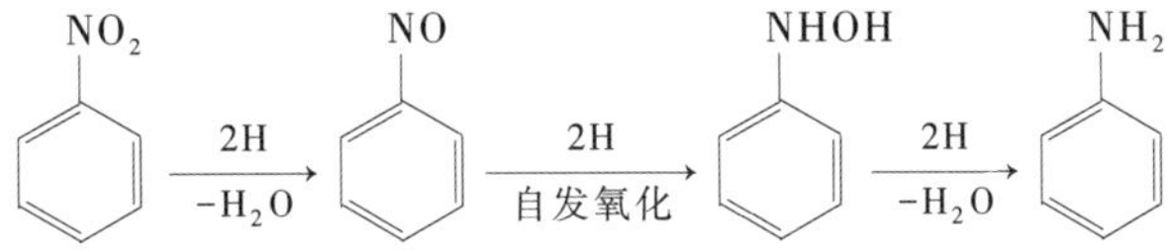

硝基苯   亚硝基苯   苯羟胺   苯胺

- 偶氮还原:偶氮还原酶可催化此类反应,脂溶性偶氮化合物易被肠道吸收,其还原反应主要在肝微粒体及肠道中进行。水溶性偶氮化合物不易被肠道吸收,主要被肠道菌丛还原,而肝微粒较少参与。偶氮还原酶反应所需要的条件和硝基还原酶相似,即需要无氧条件和 NADPH,并且由还原型黄素所激活。

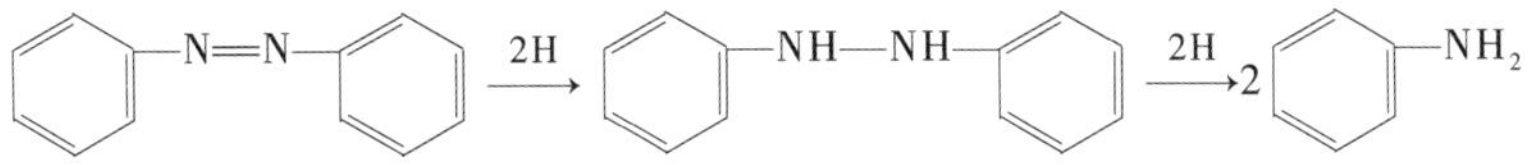

偶氮苯   苯肼   苯胺

- 羰基还原:醇脱氢酶的可逆反应可使醛和酮发生还原作用,主要还原产物分别是伯醇和仲醇。

$$RCHO \longrightarrow RCH_2OH \qquad RCOR' \longrightarrow RCHOHR'$$

醛   伯醇   酮   仲醇

- N-氧化物还原:N-氧化物的主要代表是烟碱和吗啡,N-羟基化反应中形成的烟碱 N-氧化物和吗啡 N-氧化物,在生物转化过程中可被还原。

- S-还原:二硫化物、亚砜化合物等可在体内被还原。如杀虫剂三硫磷可被氧化成三硫磷亚砜,在一定条件下可被还原成三硫磷。

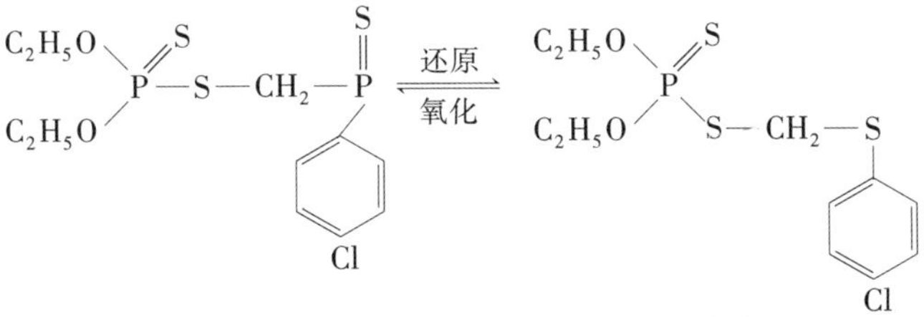

三硫磷亚砜   三硫磷

- 还原性脱卤:在此类反应中,与碳原子结合的卤素被氢原子所取代。$CHCl_3$、CCl_4、碳氟化物、六氯苯等可在微粒体酶的催化下发生还原性脱卤反应。CCl_4 在体内被 NADPH 细胞色素 P450 还原酶催化还原,形成三氯甲烷自由基($CCl_3·$),对肝细胞膜脂结构有破坏作用。

- 五价砷还原为三价砷:三价砷的毒性较五价砷更强。

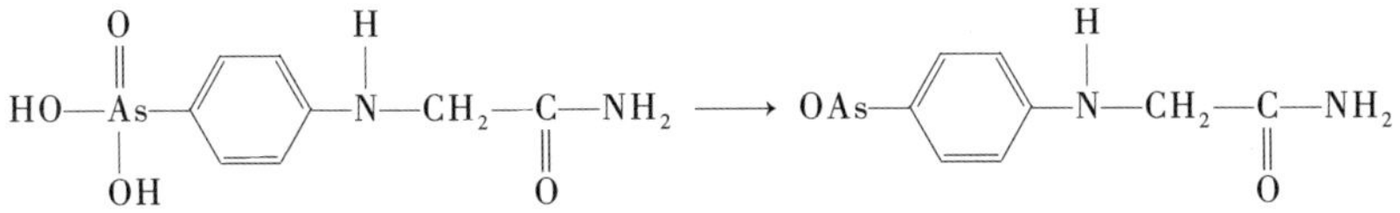

- 双键还原:某些化合物中的双键可被肠道菌群还原。

$$C_6H_5-CH_2CO_2H \xrightarrow{2H} C_6H_5-CH_2CH_2OH$$

3. 水解反应

大量外源性物质如酯类、酰胺类或由酯键组成的取代磷酸酯,易发生水解反应。水解反应是在水解酶的作用下,外源性物质与水发生化学反应而引起化合物分解的反应。水解反应是唯一不需要利用能量的第一相反应。在血浆、肝、肠黏膜、肌肉及神经组织内存在着大量水解酶,酯酶、酰胺酶等是广泛存在的水解酶。

根据外源性物质的结构和反应机理,水解反应可分为以下四类。

- 酯类水解:酯类在酯酶的催化下发生水解反应生成相应的酸和醇,一般反应为

$$\underset{\displaystyle RC-O-R'}{\displaystyle \overset{O}{\|}} + H_2O \xrightarrow{酯酶} \underset{\displaystyle R-C-OH}{\displaystyle \overset{O}{\|}} + HOR'$$

水解作用形成的酸和醇能直接从体内排出或进行第二相结合反应。组织中的酯酶可分为 A、B 两种类型,A 型酯酶对有机磷酸酯的抑制作用不敏感,而 B 型酯酶则对有机磷酸酯的抑制作用敏感。A 型酯酶包括芳基酯酶,B 型酯酶包括血浆胆碱酯酶、红细胞和神经组织的乙酰胆碱酯酶、羧酸酯酶和酯。

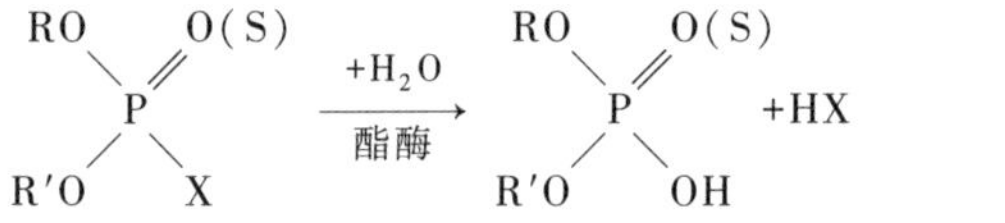

有机磷杀虫剂 → 烷基磷酸(或烷基硫代磷酸)

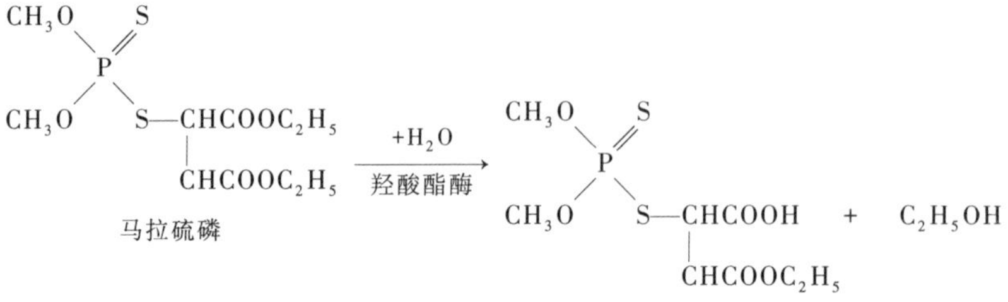

马拉硫磷

- 酰胺类水解:酰胺的通式为 $R-\overset{\displaystyle \overset{O}{\|}}{C}-NH_2$,其中氨基中的 H 也可被其他烷基所取代。杀虫剂乐果可通过此类水解反应降解而解毒。

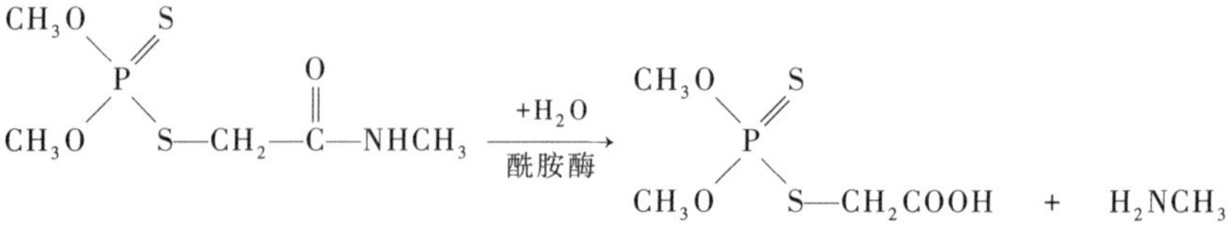

酰胺酶与酯虽有一定区别,但两者很难严格区分。一般来说,酰胺类似物的水解速率比相应的酯慢。

- 水解脱卤:DDT 在生物转化中形成 DDE 是典型的水解脱卤反应。DDT 脱氯化氢酶可催化 DDT 和 DDD 转化为 DDE。DDT 脱氯化氢酶是一种还原型谷胱甘肽(GSH)依赖性

酶,虽然酶的中间反应需要 GSH,但在反应终止时,GSH 的含量并未变化。DDE 的毒性较 DDT 低,且 DDE 可继续转化为易于排泄的代谢物。DDT 和 DDE 均易于在脂肪中贮存。

$$DDT \xrightarrow[GSH]{酶} DDE + HCl$$

- 环氧化物水合:含有不饱和的双键或三键的化合物在相应酶的催化作用下,与水分子化合的反应称水合反应。芳烃类和脂肪烃类化合物经氧化作用形成的环氧化物,在环氧化物水合酶的催化下通过水合反应可生成相应的二氢二醇化合物,一般的反应式为

$$\triangle O \xrightarrow[水]{水合酶} \begin{array}{c} C-OH \\ C-OH \end{array}$$

环氧化物水合酶是一种微粒体酶,主要分布于肝中。

4. 结合反应(第二相反应)

第一相反应的代谢物或外源性物质与生物体内源化合物或基团发生的生物合成反应称为结合反应,所形成的代谢产物称结合物。外源性物质经第一相反应后已具有羟基、羧基、氨基、环氧基等极性基团,极易与具有极性基团的内源物质发生结合反应。外源物质可直接发生结合反应,也可经第一相反应后再发生结合反应。

结合反应也是一种酶促反应,需要相应的转移酶和辅酶参加。同时结合反应是一种需能反应,由生物代谢产生的 ATP 提供能量。结合反应主要发生在肝,其次在肾、肺、肠、脾、脑中也可进行。

外源性物质经过第一相反应后,分子中出现极性基团,水溶性增加,易于排出体外,生物活性或毒性降低或丧失。经过结合反应,外源性物质的物理化学性质和活性发生进一步变化,特别表现在极性增强、水溶性提高等,从而易于从体内排泄。原有的生物活性或毒性进一步减弱或消失。由于生物转化的双重性,某些外源性物质经结合反应后脂溶性增高,水溶性降低,不易排出体外,有些甚至形成终致癌物或近致癌物,毒性增强。根据与外源性物质结合的结合剂不同,结合反应可分为以下六类。

- 葡糖醛酸结合:葡糖醛酸结合在结合反应中占有重要地位,许多外源性物质如醇类、酚类、羧酸类、硫醇类和胺类均可发生结合反应。

葡糖醛酸的来源是糖类代谢中生成的尿苷二磷酸葡糖(UDPG)再被氧化生成尿苷二磷酸葡糖醛酸(UDPGA),UDPGA 是葡糖醛酸的供体,在葡糖醛酸基转移酶的催化下与外源性物质及其代谢产物的羟基、羧基、氨基等基团结合。反应产物是 β-葡糖醛酸苷。如

$$尿苷三磷酸 + 葡萄糖 \xrightarrow{UDPG\ 焦磷酸化酶} UDPG + 焦磷酸盐$$

$$UDPG + 2NAD \xrightarrow{UDPG\ 脱氢酶} UDPGA + 2NADH_2$$

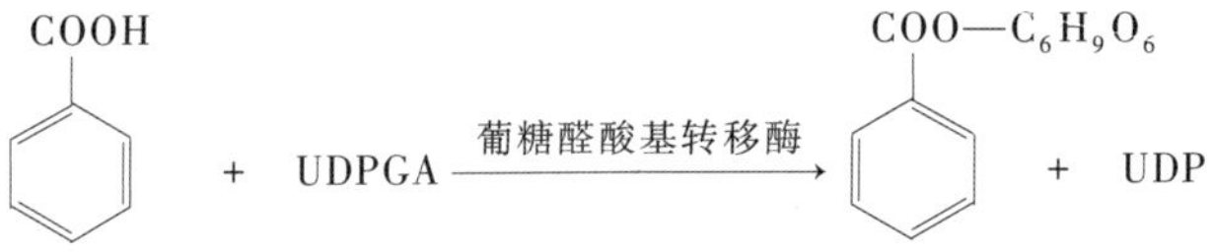

苯甲酸葡糖醛酸苷

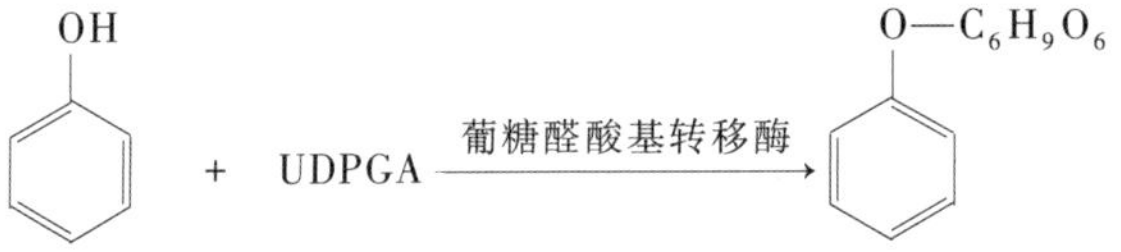

苯基-β-D-葡糖醛酸苷

此类结合反应主要在肝微粒体中进行,在肾、肠黏膜和皮肤中也可发生。

• 硫酸结合:外源性物质及其代谢产物中的醇类、酚类或胺类化合物可与硫酸形成硫酸脂。内源性硫酸来自含硫氨基酸的代谢产物,但必须先经 ATP 活化,成为 3′-磷酸腺苷-5-磷酸硫酸(PAPS),再在磺基转移酶的催化下与醇类、酚类或胺类化合物结合为硫酸酯,因此该结合反应需大量能量。

$$SO_4^{2-} + ATP \xrightarrow{\text{硫酸化酶}} 5′\text{-磷酰硫酸腺苷(APS)} + \text{焦磷酸(PPi)}$$

$$APS + ATP \xrightarrow{\text{APS 激酶}} PAPS + ADP$$

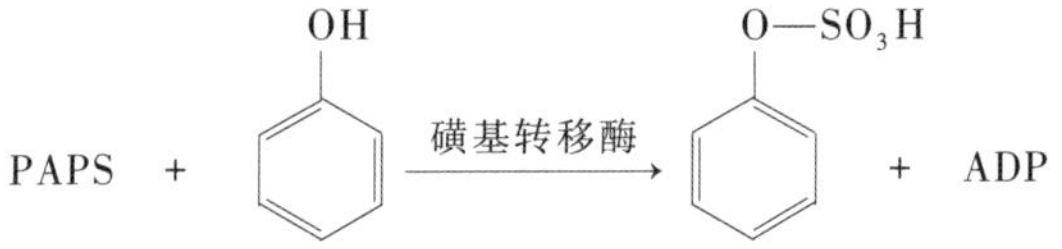

硫酸苯酯

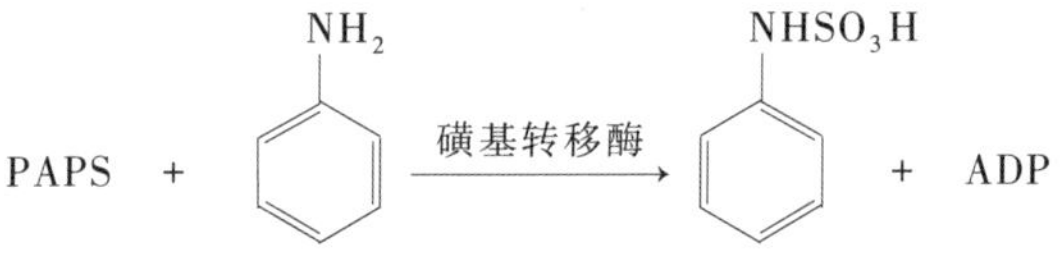

N-苯基氨基磺酸酯

硫酸结合反应多在肝、肾、肠、胃等组织中进行。由于体内硫酸来源有限,不能充分提供,故较葡糖醛酸结合反应少。

• 谷胱甘肽结合:在谷胱甘肽 S 转移酶的催化下,环氧化物卤代芳香烃、不饱和脂肪烃类及有毒金属能与谷胱甘肽(GSH)结合而解毒,产生谷胱甘肽结合物。

许多化学致癌物在其生物转化过程中可形成环氧化物,其细胞毒性增大。通过与 GSH 结合可解毒并易排出体外,因此 GSH 与环氧化物的结合反应显得非常重要。如溴苯经环氧化反应生成的环氧溴苯毒性大,可引起肝坏死,与 GSH 结合即可解毒。由于 GSH 在体内含量有限,如短期内形成大量环氧化物,可出现 GSH 耗竭。

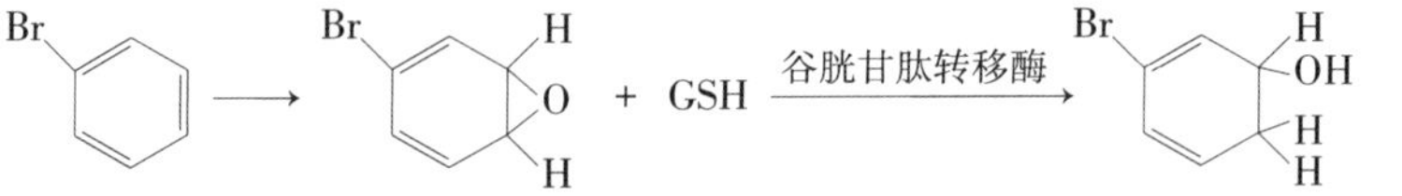

溴苯　　　　　　环氧溴苯　　　　　　　　溴苯谷胱甘肽结合物

• 乙酰结合:在 N-乙酰转移酶的催化下,芳香伯胺、酰肼、磺胺类和一些脂肪胺类化合物可与乙酰辅酶 A 作用生成乙酰衍生物。N-乙酰转移酶主要分布在肝、脾和肺的网状内皮细胞和肠黏膜中。

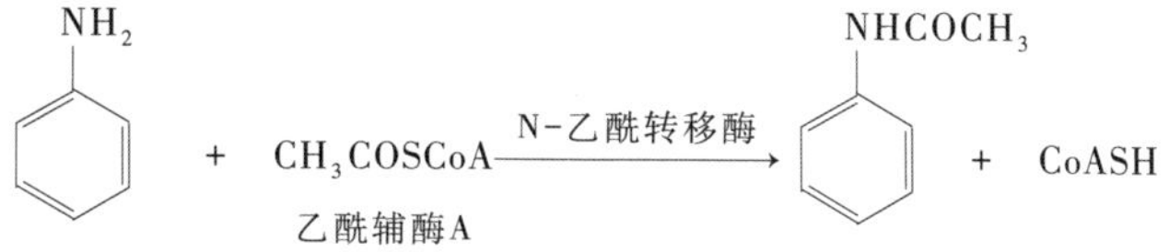

$$\text{(NH}_2\text{-苯)} + \underset{\text{乙酰辅酶A}}{CH_3COSCoA} \xrightarrow{\text{N-乙酰转移酶}} \text{(NHCOCH}_3\text{-苯)} + CoASH$$

● 氨基酸结合：含有羧基的外源性物质，如有机酸类化合物可与氨基酸结合，反应的本质是在 ATP 和乙酰辅酶 A 存在条件下，对外源性羧酸进行活化作用而形成酰化乙酰辅酶 A 衍生物。然后，这些衍生物使某些氨基酸中的 α-氨基进行酰化，形成结合物。结合物易排出体外，如苯甲酸与甘氨酸结合生成马尿酸排出体外。

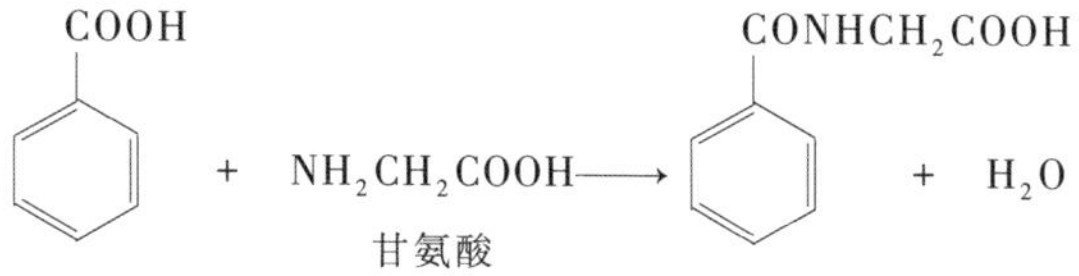

$$\text{(COOH-苯)} + \underset{\text{甘氨酸}}{NH_2CH_2COOH} \longrightarrow \text{(CONHCH}_2\text{COOH-苯)} + H_2O$$

● 甲基结合：各种酚类、硫醇类、胺类及含氮杂环类化合物(如吡啶、喹啉等)在体内可与甲基结合，也称甲基化。甲基主要由 S-腺苷蛋氨酸提供。蛋氨酸的甲基经 ATP 活化成为 S-腺苷蛋氨酸，再经甲基转移酶催化，发生甲基化反应。甲基化一般是一种解毒反应，是体内生物胺失活的主要方式。

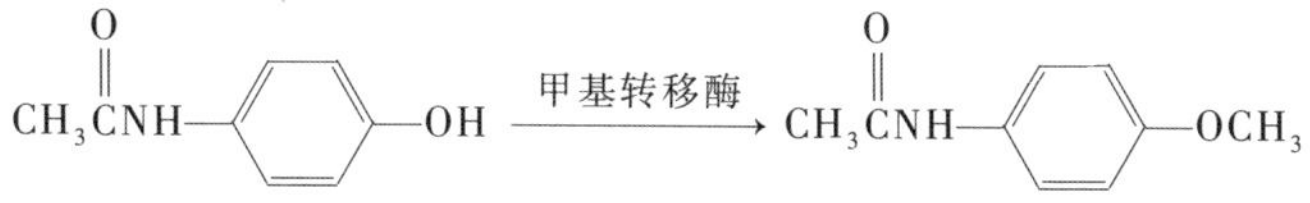

$$\underset{\text{对羟基乙酰替苯胺}}{CH_3\overset{O}{\underset{\|}{C}}NH-\text{苯}-OH} \xrightarrow{\text{甲基转移酶}} \underset{\text{对甲氧基乙酰替苯胺}}{CH_3\overset{O}{\underset{\|}{C}}NH-\text{苯}-OCH_3}$$

此外，环境中有毒元素的生物甲基化作用是一个重要的生物转化机理。汞、铅、锡、铂、铊、金等各种金属均可以被甲基化，如硒、砷、碲、硫等类金属和非金属也能被甲基化。而作为生物甲基化的甲基供体的辅酶是 S-腺苷蛋氨酸和维生素 B_{12}。

5. 污染物生物转化的多酶协同作用

对于大多数污染物来说，生物转化过程是多步骤的生物化学反应，在整个反应过程中需要多种酶的参与，而不是由一种酶将整个过程进行到底。由多种酶参与的 DDT 微生物转化过程如图 5-12 所示。

从图 5-12 中可以看出，微生物对 DDT 的代谢主要包括脱氯还原和羟基化，各步骤分别由不同的酶系统催化，由于在转化过程中还缺乏一些酶的作用，DDT 只能进行不完全的降解，目前至少有 20 种 DDT 不完全降解产物被分离出来。研究表明，不仅污染物的完全生物转化需要多种酶的参与，一些简单的生物转化反应也需要复杂酶系的作用。

6. 污染物生物转化途径的多样性

由于微生物和酶种类的多样性及污染物化学结构的复杂性和不对称性，同一污染物的生物转化途径是不同的，有时会存在两种甚至两种以上的生物转化途径。

细菌对苯的生物转化机理与哺乳动物对苯的生物转化机理是不同的，它们的不同转化途径如图 5-13。细菌和真菌对萘的生物转化途径也是不同的，其生物转化过程分别如图 5-14 和图 5-15。原核和真核微生物对芳烃的氧化降解机理也存在着根本的差别。

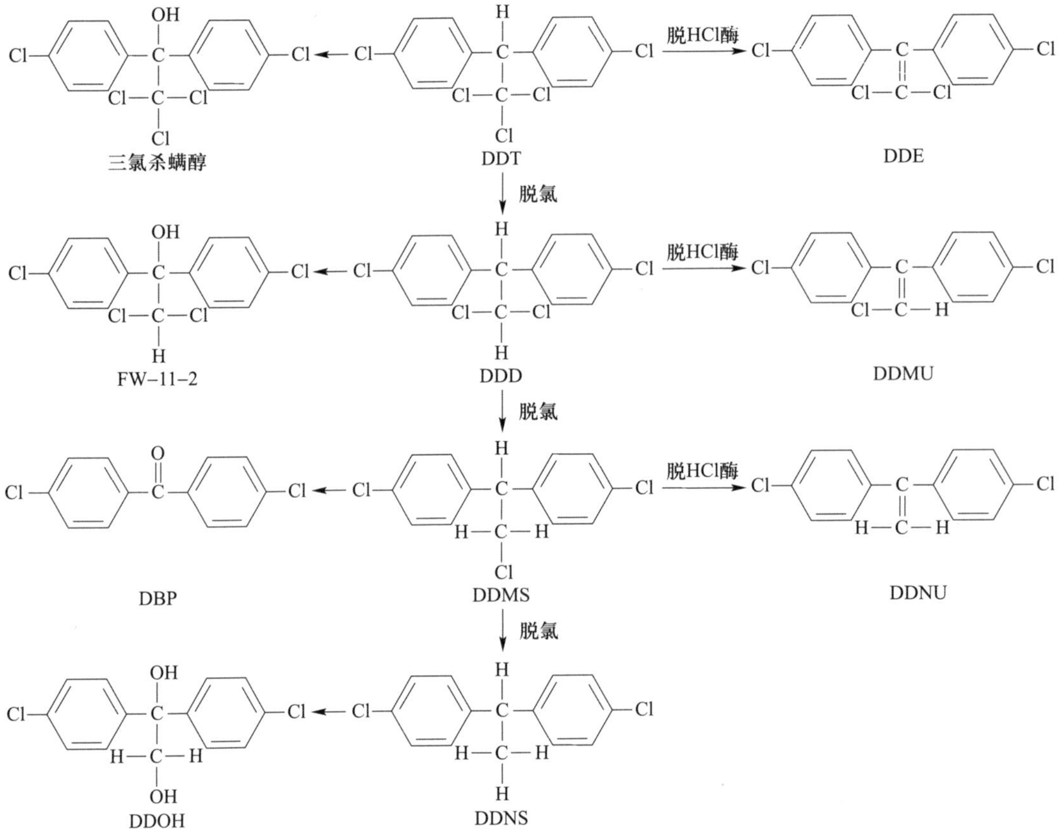

图 5-12 微生物降解 DDT 的一般图解

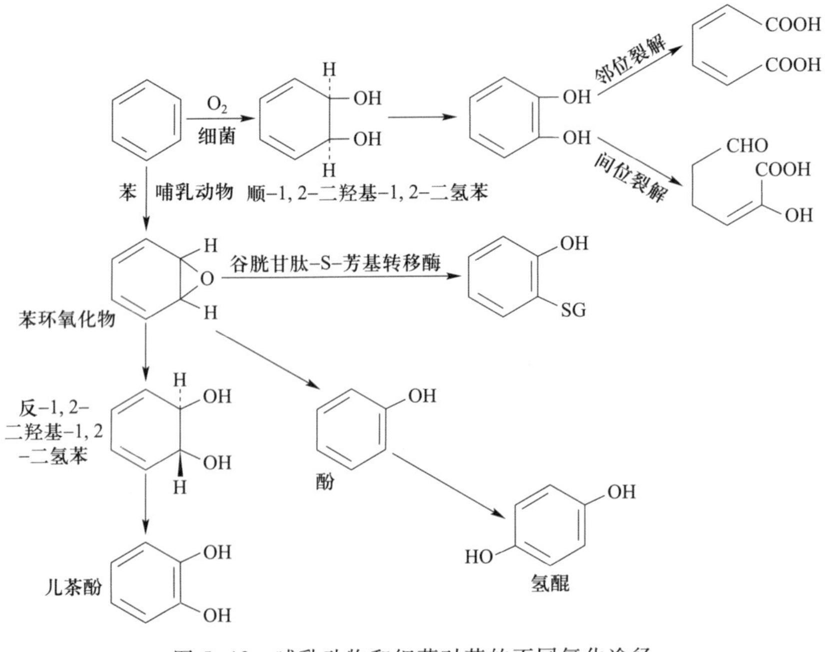

图 5-13 哺乳动物和细菌对苯的不同氧化途径

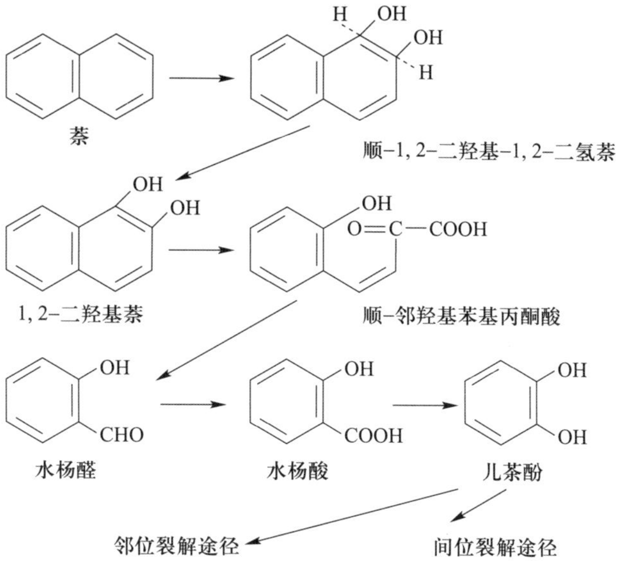

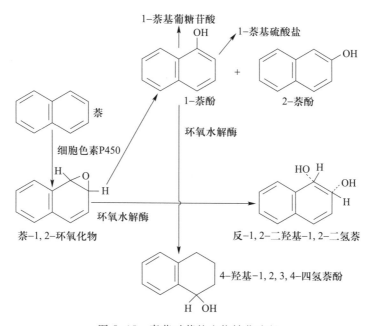

图 5-14　细菌对萘的生物转化途径

图 5-15　真菌对萘的生物转化途径

一些农药在土壤中的生物转化途径也是多样的。DDT 在被土壤中的微生物降解为 DDM 之后,出现多种降解途径。一种途径是氢丛毛杆菌(*Hydrogenomonas* sp.)分解 DDM,使之裂解成 β-氯苯乙酸。另一种途径则是在环羟基化之后,以同样的途径出现环的破裂,通过 3-甲基邻苯二酚使甲苯代谢。

表面活性剂(烷基苯磺酸 LAS)的生物转化过程中存在着转化途径多样性的规律。烷基苯磺酸的生物转化首先是烷基侧链的末端甲基被氧化成相应的醇醛羧酸,而后通过 β-氧化和三羧酸循环(TCA)使其侧链的大部分被降解成二氧化碳和水。在进行末端氧化和β-氧化使碳氢侧链逐步降解的同时,还将发生脱磺基作用,从而使烷基苯磺酸盐降解生成苯甲酸和苯乙酸。

$$LAS \xrightarrow[\text{脱磺基}]{\text{末端氧化},\beta\text{-氧化}} 苯甲酸 \; + \; 苯乙酸$$

其中脱磺基反应是由脱磺基酶和亚硫酸盐-细胞色素氧化还原酶的作用而进行的,反应生成中间产物亚硫酸盐,然后进一步氧化为硫酸盐。反应途径有三种可能:羟基取代磺基;由单加氧酶参与,发生酶催化的单氢合作用;非羟基取代的还原反应。

这类脱磺基作用可能由一类芽孢杆菌进行,而且可能发生在细胞体外,然后其他微生物分别摄取相应的代谢基质进行进一步的代谢。

许多研究表明,污染物生物转化的起始途径是多样的,但有些关键性的中间产物则是完全一致的。例如,儿茶酚是大多数芳香族化合物代谢过程中的中间产物,又是环开裂前共同性的先导中间产物。另外也有研究表明,各种芳烃分解的最初步骤可能各不相同,但它们往往具有共同的中间产物——双酚类化合物。同样的污染物,如芳烃与细菌、真菌和哺乳动物所进行的初始生物转化途径是不同的,但都生成重要的中间产物——儿茶酚。

在细菌的生物转化作用中,乙烷、乙炔、乙烯、丙烷、丙烯和丁烷等气态烃类的代谢途径有一段是共同的,其关键性中间产物是乙酸,所有这些气态烃在同化为细胞物质之前,都要转化为乙酸(见图5-16)。

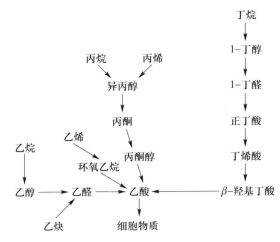

图5-16 乙烷、乙炔、乙烯、丙烷、丙烯和丁烷的生物降解

关键性中间产物进一步生物转化途径又是多样的。如儿茶酚和原儿茶酸的环,若按其邻位断开,则都经过β-酮己二酸,进而分解为琥珀酸和乙酸,并进入三羧酸循环(TCA)被完全生物转化;若按其间位断开,则会进一步代谢产生丙酮酸和乙醛。

二、影响生物转化的因素

影响生物转化的因素很多,但其实质是对催化生物转化的各种酶功能和活性的影响,从而使外源性物质生物转化的途径和速率发生变化,导致其对机体的生物学作用和机体对该物质的反应等发生改变。

1. 代谢酶的诱导和抑制

（1）酶的诱导：有些外源性物质可使某些代谢酶系的活力增强或酶的含量增加，并因此促进生物转化过程。这种现象称为酶的诱导（induction），凡具有诱导效应的物质称为诱导物（inducer）。诱导的结果是对生物转化产生促进作用，但若是使外源性物质的毒性增强而不是降低，则应依具体反应而定。如许多化合物对微粒体混合功能氧化酶有诱导作用，使其活性增强或含量增加。该酶的主要诱导物有：巴比妥类诱导物（可使巴比妥类化合物的羟基化反应、对硝基茴香醚的 O-脱甲基反应、苄甲苯丙胺的 N-脱甲基反应及有机氯杀虫剂艾氏剂的环氧化反应等增强）；多环芳烃类化合物（可增强多环芳烃羟基化酶的活力，使苯并[a]芘等多环芳烃类化合物的羟化反应增强）；多氯联苯类诱导物（具有上述两类诱导物的特点，又促进巴比妥类和多环芳烃类化合物的代谢过程）。

（2）酶的抑制：一种外源性物质可抑制另一种外源性物质的生物转化过程。抑制现象的发生与参加生物转化的酶有关。酶的抑制有两种类型：一是竞争性抑制，参与生物转化的酶系统一般对底物的专一性不高，几种不同的化合物均可作为同一酶系统的底物，当一种外源性物质在体内过多时，可抑制该酶系对另一化合物的生物转化过程。二是特异性抑制，一种外源性物质对某一种酶有特异性抑制作用，使该酶催化的生物转化受到抑制。如对硫磷的代谢物对氧磷能抑制羧酸酯酶，使该酶催化的马拉硫磷水解速率减慢，并使马拉硫磷毒性增强。

2. 生物物种与个体差异

（1）物种差异：研究表明，生物转化反应类型和反应速率在不同物种之间均存在显著差异。主要表现在两个方面：一是代谢酶的种类不同，同一外源性物质在不同种生物体内的代谢情况可完全不同。如大鼠和狗体内具有 N-羟化酶和磺基转移酶，故可将 N-2-乙酰氨基芴（AAF）羟基化并与硫酸结合生成具有强烈致癌作用的硫酸酯；而豚鼠体内缺乏 N-羟化酶，不能将 AAF 转化为硫酸酯。二是代谢酶的活性不同，不同物种具有相同酶类，但活性不同，转化外源性物质的速率不同，毒性作用程度也不同，如苯胺在小鼠体内的生物半衰期为 35 min，而在狗体内则为 167 min。

（2）个体差异：外源性物质在生物转化上的个体差异主要是由于某些参与代谢的酶类在个体内的活性不同，而不是某种酶是否存在。如芳烃羟化酶可使芳烃类化合物羟基化，并产生致癌活性，其活性在个体之间有明显差异。

同一物种不同品系个体由于遗传差异，其生物转化差异更加明显，如欧洲人 40% 是快乙酰化者，而因纽特人 96% 是快乙酰化者。

3. 年龄、性别等生理差异

（1）年龄差异：年龄对外源性物质的生物转化有重要影响。随着年龄增长，某些代谢酶的活性也在变化。初生及未成年机体微粒体混合功能氧化酶功能尚未发育成熟，成年则达到高峰，然后开始逐渐下降，进入老年又减弱。故生物转化功能在初生、未成年和老年均较成年低。此外，还有一些酶的活性变化在出生后急剧增强，然后迅速下降到成年水平；还有些酶的活性可能随年龄从出生到成年的增长而呈线性增强。

（2）性别差异：生物转化的性别差异是由性激素决定的，故从性发育成熟的青春期开始出现性别差异，并持续整个成年期，直到老年期。研究表明，环己巴比妥的羟基化反应、氨基吡啉的脱甲基反应及芳香族化合物与谷胱甘肽的结合反应等，在雄性哺乳动物体内发生要高于其在雌性体内的发生。对硫磷、甲胺磷、苯硫磷、乐果、敌敌畏等杀虫剂对雄性的毒性作用要大于雌性，而有些有机磷杀虫剂（如马拉硫磷）、有机氯杀虫剂（如艾氏剂）等对雌性的毒性作用较雄性高。

三、污染物生物转化反应动力学

污染物进入生物体内，经吸收、转运及分布、生物转化等一系列过程，其性质和数量都发生变化，这种变化是随着时间的推移而发生的，是一种动态的变化过程。充分了解和掌握这一过程的变化规律，可使我们全面了解和掌握污染物在生物体内的变化速率和程序，以及污染物在体内贮留时间等重要的污染物生物转化动力学性质。

1. 生物转化酶促反应动力学

经典的酶促反应机理一般认为是底物 S 与酶 E 形成酶-底物复合物 ES，再分离产物 P，即

$$E \; + \; S \underset{k_{-1}}{\overset{k_1}{\rightleftharpoons}} ES \overset{k_2}{\longrightarrow} E \; + \; P$$

其中酶-底物复合物 ES 分解为产物 P 的速率很慢，控制着整个反应的速率。此反应用动力学稳态法处理得

$$\frac{dc_{ES}}{dt} = k_1 c_E c_S - k_{-1} c_{ES} - k_2 c_{ES} \tag{5-20}$$

到达稳态时

$$\frac{dc_{ES}}{dt} = 0 \tag{5-21}$$

即

$$k_1 c_E c_S - k_{-1} c_{ES} - k_2 c_{ES} = 0 \tag{5-22}$$

所以

$$c_{ES} = \frac{k_1 c_E c_S}{k_{-1} + k_2} = \frac{c_E c_S}{K_M} \tag{5-23}$$

式（5-23）中 $K_M = \dfrac{k_{-1} + k_2}{k_1}$ 称为 Michaelis-Menten 常数，简称米氏常数；式（5-23）称 Michaelis-Menten 方程，也称米氏方程或米氏公式。

酶促反应中，产物 P 的生成速率，即酶促反应速率 r 为

$$r = \frac{dc_P}{dt} = k_2 c_{ES} \tag{5-24}$$

将式（5-23）代入式（5-24）得

$$r = \frac{k_2 c_E c_S}{K_M} \tag{5-25}$$

式（5-25）中 $K_M = \dfrac{c_E c_S}{c_{ES}}$，即米氏常数，相当于反应 $E + S \rightleftharpoons ES$ 的不稳定常数。

若令酶的原始浓度为 $c_{E,0}$，反应到达稳态后，其一部分变为中间化合物，浓度为 c_{ES}，另一部分仍处于游离状态浓度为 c_E，故有

$$c_{E,0} = c_E + c_{ES} \tag{5-26}$$

或

$$c_E = c_{E,0} - c_{ES} \tag{5-27}$$

将式(5-27)代入式(5-23)得
$$c_{ES} = \frac{c_{E,0}c_S}{K_M + c_S} \qquad (5-28)$$

$$r = \frac{dc_P}{dt} = k_2 c_{ES} = \frac{k_2 c_{E,0}c_S}{K_M + c_S} \qquad (5-29)$$

由式(5-29)可知,当底物浓度 c_S 很大时,$K_M \ll c_S$,$r = k_2 c_{E,0}$,即反应速率与酶的总浓度($c_{E,0}$)成正比,而与底物浓度 c_S 无关,对 c_S 来说是零级反应。当 c_S 很小时,$K_M + c_S \approx K_M$,$r = (k_2/K_M)c_{E,0}c_S$,反应对 c_S 来说是一级反应。这一结论与实验结果一致。

当 $c_S \to \infty$ 时,r 趋于极大(r_m),即 $r_m = k_2 c_{E,0}$,代入式(5-29)得

$$\frac{r}{r_m} = \frac{c_S}{K_m + c_S}, \quad 即 r = \frac{r_m c_S}{K_M + c_S} \qquad (5-30)$$

当 $r = \frac{r_m}{2}$ 时,$K_M = c_S$,即当反应速率达到最大速率一半时,底物浓度等于米氏常数。式(5-30)重排后可得

$$\frac{1}{r} = \frac{K_m}{r_m} \frac{1}{c_S} + \frac{1}{r_m} \qquad (5-31)$$

若将 $\frac{1}{r}$ 对 $\frac{1}{c_S}$ 作图,从直线的斜率可得 $\frac{K_M}{r_m}$,从直线的截距可得 $\frac{1}{r_m}$,两者联立可解出 K_M 和 r_m。 K_M 越大,达到 $\frac{1}{2}r_m$ 时所需底物浓度越大,说明酶对底物的亲和力越小;反之,K_M 越小,说明酶与底物的亲和力越大。

K_M 是酶促反应的一个特征常数。不同的酶,K_M 不同。如果一个酶有几种底物,则对每种底物各有相应的 K_M。 K_M 随 pH、温度、离子强度等反应条件而变化。大多数酶的 K_M 在 $10^{-6} \sim 10^{-1}$ mol·L^{-1} 范围。由此可知,米氏方程正是通过 K_M 部分地描述了酶促反应性质、反应条件对酶促反应速率的影响。

米氏方程通常假设底物的浓度远大于酶的浓度。在实际反应中作为催化剂的酶只需较低的浓度。应该指出,对少量酶促反应为一级反应时,即使底物浓度低,实际上仍要比酶浓度高出几千倍,原因是酶和底物形成酶-底物复合物 ES 是一个可逆的反应。由于底物初始浓度 $c_{S,0}$ 远高于酶的初始浓度 $c_{E,0}$,则 ES 的形成对底物浓度变化而言可以忽略,所以米氏方程中的 c_S 即指 $c_{S,0}$。

需要指出的是,米氏方程可以解释一些实验现象,但无普遍适用性,因为有些酶促反应的速率很快,足以破坏米氏假定的平衡条件。

由于大部分有机污染物是难溶于水的,考虑到每种酶分子有两种离散域,即憎水性和亲水性,Mukai 等对经典酶促反应机理的模型进行修正

$$E + S \underset{k_{-1}}{\overset{k_1}{\rightleftharpoons}} ES \qquad ES + S \xrightarrow{k_2} E + P$$

并得到一个新的酶促反应速率方程:
$$r = \frac{(k_1 k_2/k_{-1})c_{E,0}}{[1 + (k_1 k_2/k_{-1})c_{E,0}]^2} \qquad (5-32)$$

在此模型中,酶在底物上的吸附是初始的,也是必需的一步。研究表明,假单胞菌属脂肪酶的存在能够加速有机污染物的生物转化。

另有研究表明,将粉末状的有机污染物转化成颗粒状,不仅可使酶促反应的速率加快1 000倍以上,而且还能够用新颖、快速和可靠的激光散射方程来描述污染物生物转化的动力学。考虑到有机污染物颗粒对假单胞菌脂肪酶的水解,进一步将此酶促反应机理模型修正为

$$E \; + \; S \underset{k_{-1}}{\overset{k_1}{\rightleftharpoons}} (E \cdots S) \underset{k_{-2}}{\overset{k_2}{\rightleftharpoons}} (E::S)^* \; + \; S \overset{k_3}{\longrightarrow} E \; + \; P$$

式中: S——所转化的有机污染物;

(E⋯S)——非活性酶;

(E::S)*——活性酶,其速率方程也相应为

$$r = k_1 \left[1 - \cfrac{k_{-1}}{k_{-1} + k_2 - \left(\cfrac{k_1 k_{-2}}{k_{-2} + k_3} \right)} \right] c_{E,0} c_{S,0} = k c_{E,0} c_{S,0} \tag{5-33}$$

式(5-33)中,

$$k = k_1 \left[1 + \cfrac{k_{-1}}{k_{-1} + k_2 - \left(\cfrac{k_1 k_{-2}}{k_{-2} + k_3} \right)} \right]$$

酶对pH较为敏感。在一定pH下,酶反应具有最大速率,高于或低于此pH,酶反应速率明显下降。当pH改变不大时,酶虽不变性,但酶和底物分子结合的有关基团的解离状态会发生改变,使酶的活性及酶反应速率明显降低。酶反应速率最大时的pH为酶的最适pH,一般为5~8,其值因底物种类、浓度和缓冲液成分不同而改变。最适pH不是常数,只在一定条件下才有意义,与其在正常细胞生理状态下的pH也不一定相同。

化学物质的酶促反应速率,还受抑制剂的影响。所谓抑制剂就是能减小或消除酶活性,从而使酶的反应速率变慢或停止的物质。其中,以比较牢固的共价键与酶结合,不能用渗析和超滤等物理方法恢复酶活性的抑制剂,称为不可逆抑制剂,其作用为不可逆抑制作用。如杀虫剂对硫磷抑制胆碱酯酶的作用

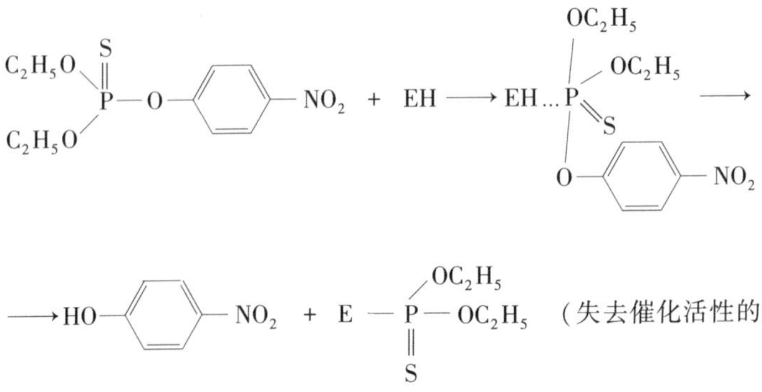

另一类抑制剂与酶的结合处于可逆平衡状态,可用渗析法除去而恢复酶活性的物质,称为可逆抑制剂,其作用为可逆抑制作用。在可逆抑制作用中,竞争性抑制和非竞争性抑制最为重要。

对竞争性抑制作用,抑制剂与底物的分子结构及大小相似,可占据酶的活性位置,并与底物发生竞争作用。如以 I 代表抑制剂,则竞争性抑制的酶促反应机理如下:

$$E + S \underset{k_{-1}}{\overset{k_1}{\rightleftharpoons}} ES \xrightarrow{k_2} E + P \qquad E + I \underset{k_{-3}}{\overset{k_3}{\rightleftharpoons}} EI$$

则有

$$c_E = c_{E,0} - c_{ES} - c_{EI} \tag{5-34}$$

令

$$K_M = \frac{c_E c_S}{c_{ES}}; \qquad K_I = \frac{c_E c_I}{c_{EI}}$$

则

$$c_E = \frac{K_M c_{ES}}{c_S}; \qquad c_{EI} = \frac{c_E c_I}{K_I}$$

由于

$$c_{E,0} = c_E + c_{ES} + c_{EI}$$

故有

$$c_{ES} = c_{E,0} - c_E - c_{EI} = c_{E,0} - \frac{K_M c_{ES}}{c_S} - \frac{c_E c_I}{K_I} = c_{E,0} - \frac{K_M c_{ES}}{c_S} - \frac{\dfrac{K_M c_{ES}}{c_S} c_I}{K_I}$$

即

$$c_{ES} = c_{E,0} \bigg/ \left(1 + \frac{K_M}{c_S} + \frac{K_M}{K_I} \cdot \frac{c_I}{c_S}\right) \tag{5-35}$$

竞争反应速率

$$r = \frac{\mathrm{d}c_P}{\mathrm{d}t} = k_2 c_{ES} = k_2 c_{E,0} \bigg/ \left(1 + \frac{k_M}{c_S} + \frac{K_M}{K_I} \cdot \frac{c_I}{c_S}\right) \tag{5-36}$$

当 c_S 很大时, $r_m = k_2 c_{E,0}$,这与没有抑制作用时是一样的,式(5-36)也可写成

$$r = \frac{\mathrm{d}c_P}{\mathrm{d}t} = \frac{r_m c_S}{c_S + K_M \left(1 + \dfrac{c_I}{K_I}\right)} \tag{5-37}$$

$$\frac{1}{r} = \frac{K_M}{r_m} \left(1 + \frac{c_I}{K_I}\right) \frac{1}{c_S} + \frac{1}{r_m} \tag{5-38}$$

将 $\dfrac{1}{r}$ 对 $\dfrac{1}{c_S}$ 作图并与式(5-31)相比较,其直线截距与无抑制作用时一致,但直线的斜率不同,将增加到 $\left(1 + \dfrac{c_I}{K_I}\right)$ 倍。

竞争性抑制作用机理是底物 S 和与底物结构类似的抑制剂 I 在酶活性中心上的竞争,并能分别形成酶-底物复合物 ES 及酶-抑制剂复合物 EI;ES 可分解成产物 P,而 EI 不能分解成产物 P,故酶反应速率降低。竞争性抑制可通过增加底物浓度消除。

对非竞争性抑制,其酶促反应机理如下

$$
\begin{array}{ccc}
E+S & \underset{k_{-1}}{\overset{k_1}{\rightleftharpoons}} ES & \xrightarrow{k_2} P+E \\
+ & & + \\
I & & I \\
K_I \, k_3 \big\Vert k_{-3} & & k_3 \big\Vert k_{-3} \quad K_I \\
EI+S & \underset{k_{-1}}{\overset{k_1}{\rightleftharpoons}} EIS &
\end{array}
$$

即底物 S 和抑制剂 I 分别在酶活性中心及其之外的部位与酶结合,彼此无争。所形成的 ES 和 EI 可分别再与其抑制剂和底物结合生成 EIS,但中间产物 EIS 不能进一步分解为产物 P,故酶反应速率降低。大部分非竞争性抑制都是由一些金属离子化合物与酶活性中心

之外的巯基进行可逆结合而引起的。典型的非竞争性抑制剂并不影响酶与底物的结合,底物也不影响酶与抑制剂的结合,底物与抑制剂都可以可逆而独立地结合于酶的不同部位上,且 EIS 为其端点复合物。非竞争性抑制是不可逆抑制,不能通过加大底物浓度消除。在这种抑制过程中,对酶活性位置的占据是永久的。对应于式(5-37)和式(5-38),非竞争性抑制速率为式(5-39)所示。

$$r = \frac{\mathrm{d}c_P}{\mathrm{d}t} = \frac{r_m c_S}{(K_M + c_S)\left(1 + \dfrac{c_I}{K_I}\right)} \tag{5-39}$$

或

$$\frac{1}{r} = \frac{K_M}{r_m}\left(1 + \frac{c_I}{K_I}\right)\frac{1}{c_S} + \frac{1}{r_m}\left(1 + \frac{c_I}{K_I}\right) \tag{5-40}$$

将 $\dfrac{1}{r}$ 对 $\dfrac{1}{c_S}$ 作图并与式(5-31)相比较,非竞争性抑制与无抑制的酶反应比较,其主要的

不同在于前者的直线斜率和截距均增加到 $\left(1 + \dfrac{c_I}{K_I}\right)$ 倍。

Folsom 研究了三氯乙烯和苯酚通过 *Pseudomonas cepacia* G4 菌的生物转化动力学以及酶与底物之间的相互作用,测得三氯乙烯生物降解的表观细胞动力学常数(米氏常数)K_M 及最大反应速率 r_m 分别为 3 μmol/L 和 8 nmol/min(mg 细胞量)。在短暂的细菌生长延迟期后,菌株 *Pseudomonas cepacia* G4 能够降解浓度大于 300 μmol/L 的三氯乙烯。同时还表明三氯乙烯对苯酚的降解有明显抑制作用,其大小可用底物竞争抑制模型表示,即:

$$r = \frac{r_m c_S}{c_S + K_M\left(1 + \dfrac{c_I}{K_I}\right)}$$

式中:c_S——底物(苯酚)浓度;

　　c_I——抑制剂(三氯乙烯)浓度;

　　r——底物降解速率;

　　r_m——底物降解最大比速率;

　　K_M——米氏常数;

　　K_I——抑制剂常数。

2. 污染物微生物降解反应动力学

(1) 微生物降解污染物的反应动力学基本方程:微生物降解反应动力学有两个基本方程,一个是用来描述污染物降解与时间的关系,另一个是描述微生物群体在污染物生物降解过程中的生长过程。前者称为幂指数规律,后者称为双曲线规律。

微生物降解速率是微生物群落数量和有机污染物浓度的函数,要使污染物较为明显地降解,必须有足够的微生物存在。此外对单一培养基质,还必须有足够的污染物存在,以保证微生物细胞的大量增殖,使微生物群落得以延续。在理想条件(微生物群落和营养物的量足够大)下,微生物的增长速率受微生物细胞再生速率的限制。

有机污染物的微生物降解速率,通常可以用微生物增长速率来表示。假定所有消耗掉的污染物完全转变成微生物增长质量,且只有单种营养物可以被利用,则微生物增长速率与培养基质浓度之间的关系可由莫诺(Monod)方程(5-41)描述,即为双曲线规律。

$$r = r_m \frac{c_S}{K_M + c_S} \tag{5-41}$$

式中: r ——微生物的增长速率, 代表单位质量生物的增长速率, 量纲为时间$^{-1}$;

r_m ——最大微生物增长速率, 量纲为时间$^{-1}$;

c_S ——污染物(基质)浓度, 量纲为质量/体积;

K_M ——对应于增长速率 $r = r_m/2$ 时的污染物浓度, 即米氏常数, 量纲为质量/体积。

通常, 降解作用及微生物生长是由许多酶的催化作用实现的, 所以对酶反应来说, 可用米氏方程来代替莫诺方程, 莫诺方程和米氏方程的数学形式一致。其不同点在于两个方程中的参数和变量不同。

根据描述微生物生长过程的莫诺方程, 污染物浓度和混合种属微生物菌落的数量及有机物生物降解速率之间的关系可用式(5-42)表示。

$$-\frac{dc_S}{dt} = r(X/Y) = r_m \frac{c_S}{K_M + c_S} \cdot (X/Y) = k_b \frac{c_S X}{K_M + c_S} \tag{5-42}$$

式中: K_M ——降解速率为最大值一半时的污染物(基质)浓度, 量纲为质量/体积;

c_S ——污染物(基质)浓度, 量纲为质量/体积;

$k_b = r_m/Y$ ——生物降解速率常数, 量纲为时间$^{-1}$;

Y ——生物产量(单位数量化学物质生产的生物量), 又称产率系数(yield coefficient);

X ——单位体积的生物量, 量纲为质量/体积。

常数 r_m、K_M 和 Y 依赖于微生物特性、温度和其他共存营养物。例如, 消耗单位数量污染物而生产的生物量 Y, 依赖于微生物吸收作用的强弱和污染物(基质)转化为细胞成分的难易程度。Y 的水平随着微生物种类、污染物的化学结构和体系的环境条件而变化。

对污染物生物降解速率, 式(5-42)在许多特定环境条件下可以简化。例如, 在污染物(基质)浓度很高条件下, $c_S \gg K_M$, 式(5-42)可简化为式(5-43)。

$$-\frac{dc_S}{dt} = k_b X \tag{5-43}$$

在此情况下, 生物降解反应级数为一级, 其反应速率仅与其生物量大小有关。通常 K_M 为 $0.1 \sim 10$ mg/L, 较大多数污染物(基质)的环境浓度高, 故污染物(基质)$c_S \ll K_M$, 式(5-42)可表示为式(5-44)。

$$-\frac{dc_S}{dt} = k_b \frac{c_S X}{K_M} = k_{b_2} c_S X \tag{5-44}$$

式中, $k_{b_2} = k_b/K_M$ 是二级动力学速率常数, 即降解速率不仅与污染物(基质)浓度有关, 而且与生物种群的数量有关。

第三种情况通常在地表水体中出现, 此时生物种群数量较大且稳定。同时, 污染物(基质)浓度相对较低, 污染物的消耗基本被微生物种群所控制。还有一些特殊情况, 即微生物基本适应了污染物的化学特性和活性, 在此情况下, 生物降解速率可被定义为假一级反应, 其方程式为

$$-\frac{dc_S}{dt} = k_b' c_S \tag{5-45}$$

式中, $k_b' = k_{b_2} X$。影响污染物生物降解速率的因素主要有两个, 一是微生物种群密度, 二是污

染物浓度。污染物浓度和微生物种群密度的不同,能够在很大程度上影响污染物消耗对时间所作曲线的峰值。其他对降解速率的影响因素包括污染物种类及不同种类微生物消耗和转化污染物的能力等。

用莫诺方程描述微生物降解速率,要求微生物生长在整个试验过程中可直接测定,有些情况下则不能用莫诺方程表述污染物微生物降解速率。

幂指数规律认为生物降解反应速率与基质浓度的乘方成正比

$$-\frac{dc_S}{dt} = k_b c_S^n \qquad (5-46)$$

式中:n——反应级数;

c_S——污染物(基质)浓度;

k_b——生物降解速率常数。

$n=1$ 时为一级反应,其速率等于速率常数与污染物(基质)浓度的乘积。一级反应常出现在均相介质中。当污染物的浓度较低时,生物降解的一级反应假设是合理的,然而对于一个变化而复杂的系统,如土壤系统,则这个假设可能会出现许多例外。

(2)好氧过程反应动力学:好氧过程是在好氧细菌作用下,水中有机物消耗溶解氧的一种生物化学反应过程,即 BOD 过程。

当用 $C_a H_b O_c$ 表示作为能量和食物来源基质的有机污染物分子通式时,可以将 BOD 反应写成如下三个方程

① 能量反应 $4C_a H_b O_2 + (4a+b-2c)O_2 \longrightarrow 4aCO_2 + 2bH_2O$

② 细胞合成反应 $20C_a H_b O_c + 4aNH_3 + (5b-10c)O_2 \longrightarrow 4aC_5H_7NO_2 + (10b-8a)H_2O$

式中 $C_5H_7NO_2$ 表示生物细胞的粗略组成。将以上能量反应和细胞合成反应联合起来,便成为有机污染物在水环境中的整个生物耗氧过程,其反应方程式为

③ $6C_a H_b O_c + (a+1.5b-3c)O_2 + aNH_3 \longrightarrow aC_5H_7NO_2 + aCO_2 + (3b-2a)H_2O$

对此反应的反应级数,前人做过许多研究,如一级、二级以及两个一级反应同时存在的假设等。但目前应用最多的还是一级反应。

该反应常用一级反应速率方程描述,即

$$-\frac{dc_S}{dt} = kc_S \qquad (5-47)$$

积分得

$$c_S = c_{S,0} \exp(-kt) \qquad (5-48)$$

式中:c_S——某时刻耗氧有机污染物在水中的浓度;

$c_{S,0}$——耗氧有机污染物在水中的起始浓度;

k——耗氧有机污染物的微生物一级反应速率常数。

如果用有机污染物耗氧量的变化表示有机污染物浓度的变化,则可写成如下表达式

$$Y_t = c_{S,0} - c_S = c_{S,0} - c_{S,0} \exp(-kt)$$

即 $$Y_t = c_{S,0}[1 - \exp(-kt)] \qquad (5-49)$$

式中:Y_t——t 时刻有机污染物的累积耗氧量,即 BOD 浓度;

$c_{S,0}$——有机污染物的最终耗氧量;

k——BOD 一级反应速率常数。

也有的用二级反应动力学方程描述 BOD 反应,即:

$$-\frac{dc_S}{dt} = k'c_S^2 \qquad (5-50)$$

积分得

$$c_S = \frac{c_{S,0}}{1+c_{S,0}k't} \qquad (5-51)$$

用 BOD 浓度表示则有

$$Y_t = c_{S,0}\left(1 - \frac{1}{1+c_{S,0}k't}\right) = \frac{c_{S,0}^2 k't}{1+c_{S,0}k't} \qquad (5-52)$$

式中:k'——BOD 二级反应速率常数。

(3)厌氧过程反应动力学:当水体中有机污染物(主要指耗氧有机污染物)含量超过一定限度时,从大气供给的氧满足不了耗氧的要求,水体便成为厌氧状态,这时有机污染物开始腐败,并有气泡浮出水面(主要是 CH_4、H_2S、N_2 等气体),发出难闻气味。在此条件下引起激烈的酸性发酵。在此发酵期过去之后,有机酸和含氮有机化合物开始分解,并生成氨、胺、碳酸盐及少量碳酸气、甲烷、氢、氮等气体。同时还产生硫化氢、吲哚、3-甲基吲哚等恶臭气味。此时在水面上可看到气泡冒出,固体物质也被气泡挟带浮至水面。

以半光氨酸的厌氧分解为例说明此反应过程。

第一阶段反应:$4C_3H_2O_2NS + 8H_2O \longrightarrow 4CH_3COOH + 4CO_2 + 4NH_3 + 4H_2S + 8H^+$

这一过程是在产酸菌作用下发生的。

第二阶段反应:$4CH_3COOH + 8H^+ \longrightarrow 5CH_4 + 3CO_2 + 2H_2O$

此过程是在产甲烷菌的作用下,将第一阶段反应的可溶性产物转化成甲烷和 CO_2 的混合物。此过程已被广泛地应用于废物处理和沼气生产的工程实践中。

如果用 $C_nH_aO_b$ 表示厌氧可分解的有机污染物,其反应方程式的一般形式可以写为

$$C_nH_aO_b + \left(n - \frac{a}{4} - \frac{b}{2}H_2O\right) \longrightarrow \left(\frac{n}{2} - \frac{a}{8} + \frac{b}{4}\right)CO_2 + \left(\frac{n}{2} + \frac{a}{8} - \frac{b}{4}\right)CH_4$$

其反应动力学方程可写成

$$\frac{dc_B}{dt} = -Y\frac{dc_S}{dt} - k_d c_B \qquad (5-53)$$

式中:c_B——厌氧菌的浓度;

c_S——有机污染物的浓度;

Y——产率系数;

k_d——厌氧菌的死亡速率常数;

$\dfrac{dc_B}{dt}$——厌氧菌的生长速率;

$\dfrac{dc_S}{dt}$——有机污染物的减少速率。

式(5-53)表明,厌氧菌的生长速率与有机污染物的减少速率和厌氧菌的死亡速率之差成正比。有机污染物的减少速率可以近似地表示为莫诺方程,即

$$\frac{dc_S}{dt} = \frac{r_m c_S}{K_M + c_S} \qquad (5-54)$$

式(5-54)中，r_m 是有机污染物减少的最大速率；K_M 是米氏常数；c_S 是有机污染物浓度，将式(5-53)和式(5-54)合并，则有

$$\frac{\mathrm{d}c_B}{\mathrm{d}t} = -Y\frac{r_m c_S}{K_M + c_S} - k_d c_B \tag{5-55}$$

（4）氨氮硝化反应动力学：某一河段水中氨氮的硝化速率可用下式表示。

$$\frac{\mathrm{d}c_Y}{\mathrm{d}t} = -\frac{\mathrm{d}c_S}{\mathrm{d}t} = k_b c_B c_S \tag{5-56}$$

式中：t——河段水横断面沿程时间；

c_Y——河段水横断面中被硝化的氨氮浓度；

c_S——河段水横断面中的氨氮浓度；

c_B——河段水横断面中起硝化作用的微生物浓度；

k_b——相应二级反应速率常数。

假定河段起始横断面的氨氮和微生物浓度分别是 $c_{S,0}$ 和 $c_{B,0}$，则可认为

$$c_S = c_{S,0} - c_Y \tag{5-57}$$

$$c_B = kc_Y - c_{B,0} \tag{5-58}$$

式中：k——有关速率常数。

通常，$kc_Y \gg c_{B,0}$ 则式(5-58)简化成

$$c_B = kc_Y \tag{5-59}$$

将式(5-57)和式(5-59)代入式(5-56)得

$$\frac{\mathrm{d}c_Y}{\mathrm{d}t} = k_b kc_Y(c_{S,0} - c_Y) \tag{5-60}$$

积分式(5-60)得

$$\ln\frac{c_Y}{c_{S,0} - c_Y} = c_{S,0}k_b kt - c_{S,0}k_b kt_{1/2} \tag{5-61}$$

式(5-61)中，$t_{1/2}$ 是 $c_Y = \dfrac{1}{2}c_{S,0}$ 时河段水横断面的沿程时间。在一具体河段中 $c_{S,0}$、k_b、k 和 $t_{1/2}$ 均可视为常数。令 $a = c_{S,0}k_b k$，$b = c_{S,0}k_b kt_{1/2}$ 则式(5-61)可改写为

$$\ln\frac{c_Y}{c_{S,0} - c_Y} = at - b \tag{5-62}$$

式(5-62)为稳态、扩散可忽略不计的河段中氨氮硝化数学模型。式(5-62)中常数 a、b 可用两点法确定。即作 $\ln\dfrac{c_Y}{c_{S,0} - c_Y} - t$ 直线，由直线斜率和截距分别求出 a 和 b，由 a 和 b 联立分别求出 $k_b k$ 和 $t_{1/2}$。

（5）表面活性剂生物降解反应动力学：Quiroga 认为某些表面活性剂的生物降解遵循二级反应动力学方程，把 Goden 提出的发酵过程所遵循的动力学方程

$$-\frac{\mathrm{d}(\text{底物量})}{\mathrm{d}t} = k\frac{\mathrm{d}(\text{细胞生物量})}{\mathrm{d}t}$$

应用于表面活性剂的生物降解过程，得出

$$-\frac{\mathrm{d}c}{\mathrm{d}t} = k\frac{\mathrm{d}N}{\mathrm{d}t} \tag{5-63}$$

式中：c——表面活性剂的浓度；

　　　N——微生物的数量。

根据对 Pearl 和 Velhurst 的连续反应器中细菌生长的非结构数学模型的修正关系式

$$-\frac{\mathrm{d}c}{\mathrm{d}t} = -k'N^2 + \beta N \tag{5-64}$$

由式（5-63）积分得

$$c = -kN + k''$$

$$N = -\frac{c-k''}{k} \tag{5-65}$$

将式（5-63）和式（5-65）代入式（5-64）得

$$\frac{\mathrm{d}c}{\mathrm{d}t} = ac^2 + bc + d \tag{5-66}$$

式（5-66）中，a，b，d 均为常数。

Quiroga 进行了表面活性剂生物降解实验，证实了表面活性剂的生物降解过程遵循上述规律。

（6）影响污染物微生物降解反应速率的因素：在生态环境中，化学污染物的微生物转化速率，取决于污染物的结构特征和微生物本身的特性，同时也与环境条件有关。

● 污染物结构特征的影响：有机污染物化学结构对微生物降解速率的影响呈现出某些定性规律；链长规律：指脂肪酸、脂族碳氢化合物和烷基苯等有机化合物，在一定范围内碳链越长，降解也越快的现象，以及有机聚合物降解速率随分子的增大呈现减小趋势的现象；链分支规律：指烷基苯磺酸盐、烷基化合物（$\mathrm{R}_n\mathrm{CH}_{4-n}$）等有机物中，烷基支链越多，分支程度越大，降解也越慢的现象；取代规律：指取代基的种类、位置及数量对有机物降解速率的影响规律。以芳香族化合物来说，羟基、羧基、氨基等取代基的存在会加快其降解，而硝基、磺酸基、氯等取代基的存在，则使其降解变慢。

● 酶的影响：不同微生物体内含有不同的酶，并具有不同的催化活性，从而造成了微生物对各种有机物降解速率的不同。另外，某些有机物虽然不能作为微生物唯一碳源与能源而被分解，但有其他化合物共存时，或先经结构相似物质对微生物诱导驯化使其机体内产生诱导酶后，该有机化合物也能被降解，这种现象称为微生物的共代谢。微生物的共代谢在促进难降解有机污染物转化中起着重要的作用。

● 环境条件影响：环境条件关系到微生物生长代谢等生理活动，对微生物降解有机污染物的速率也有很大影响。这些环境条件包括温度、pH、营养物质、溶解氧和共存物质等。

第五节　污染物的生物富集与积累

生物在生长发育过程中需要不断从环境中吸收营养物质，同时也会主动和被动地从环境中吸收许多非必需的物质，有些多余的必需物质或非必需物质易分解，经生物体代谢转化作用很快排出体外。而有些物质由于不易分解、脂溶性强、与蛋白质或酶有较高的亲和力，可在生物体内以原形态或某一代谢产物的形态长时间存在，如 DDT、多氯联苯（PCBs）、多环芳烃（PAHs）和一些重金属。这类物质在生物体内的分解十分缓慢，由于生物吸收的数量远大于其分解的数量，导致这些物质在体内的浓度逐渐增大，产生积累现象。

一、生物富集

1. 生物富集的基本概念

（1）生物富集定义：生物富集是指生物通过各种不同方式从周围环境（水、土壤、大气）蓄积某种元素或难降解的物质，使其在生物体内浓度超过周围环境中浓度的现象。如在水环境中，某些有机污染物在水生生物体内的浓度比水体中的浓度高出几个数量级，从而造成了某种污染物对那些以水生生物为食的哺乳动物（包括人类）的高暴露浓度。生物富集过程是化学物质暴露分析不容忽视的方面。

（2）生物富集系数：环境化学物质生物富集程度用生物富集系数（bioconcentration factor，简称 BCF）来表示，即

$$\mathrm{BCF} = c_f / c_e \tag{5-67}$$

若在水环境中，则有

$$\mathrm{BCF} = c_f / c_w \tag{5-68}$$

式中：BCF——生物富集系数；

c_f——某种元素或难降解物质在生物体中的浓度；

c_e——某种元素或难降解物质在生物体周围环境中的浓度；

c_w——某种元素或难降解物质在水中的浓度。

（3）生物富集速率：从动力学观点来看，水生生物对水中难降解物质的富集速率是水生生物对其吸收速率、消除速率及由生物体质量增长引起的物质稀释速率的代数和。吸收速率 r_a、消除速率 r_e 及稀释速率 r_g 的表示式为

$$r_a = k_a c_w \tag{5-69}$$

$$r_e = k_e c_f \tag{5-70}$$

$$r_g = k_g c_f \tag{5-71}$$

式中：k_a、k_e、k_g——生物吸收、消除和稀释速率常数；

c_w、c_f——水中及生物体内的瞬时物质浓度。

水生生物富集速率为

$$r = \frac{\mathrm{d}c_f}{\mathrm{d}t} = r_a - r_e - r_g = k_a c_w - k_e c_f - k_g c_f = k_a c_w - (k_e + k_g) c_f \tag{5-72}$$

如果在富集过程中生物质量增长不明显，则 r_g 可忽略不计，式（5-72）简化为

$$r = \frac{\mathrm{d}c_f}{\mathrm{d}t} = k_a c_w - k_e c_f \tag{5-73}$$

通常，当水体足够大时，水中化学物质浓度 c_w 可视为恒定。设 $t = 0$ 时，$c_{f,0} = 0$。在此条件下求解式（5-72）和式（5-73），水生生物富集速率方程为

$$c_f = \frac{k_a c_w}{k_e + k_g} \{ 1 - \exp[-(k_e + k_g)t] \} \tag{5-74}$$

若忽略 r_g，则有

$$c_f = \frac{k_a c_w}{k_e} [1 - \exp(-k_e t)] \tag{5-75}$$

由式（5-74）和式（5-75）可得水生生物富集系数（或称生物浓缩系数或生物浓缩因子）为

$$\text{BCF} = \frac{c_f}{c_w} = \frac{k_a}{k_e + k_g} \{1 - \exp[-(k_e + k_g)t]\} \tag{5-76}$$

或
$$\text{BCF} = \frac{c_f}{c_w} = \frac{k_a}{k_e}[1 - \exp(-k_e t)] \tag{5-77}$$

当 $t \to \infty$ 时,生物富集系数依次为

$$\text{BCF} = \frac{c_f}{c_w} = \frac{k_a}{k_e + k_g} \tag{5-78}$$

$$\text{BCF} = \frac{c_f}{c_w} = \frac{k_a}{k_e} \tag{5-79}$$

由此可知,在一定条件下,生物富集系数有一阈值。此时,生物富集达到动态平衡。生物富集系数常指生物富集达到平衡时的 BCF,并可由实验测得。在控制条件实验中,可用平衡法测定水生生物体内及水中的物质浓度,也可用动力学方法测定 k_a、k_e 和 k_g,然后用式(5-67)或式(5-68)和式(5-78)或式(5-79)求得 BCF。

水生生物对水中物质的富集是一个复杂过程。但对于较高脂溶性、较低水溶性,且以被动扩散方式通过生物膜的难降解有机污染物,这一过程的机理可简单看作该类物质在水和生物脂肪组织两相间的分配作用。人们以正辛醇作为水生生物脂肪组织替代物,发现水生生物体中有机污染物富集系数的对数($\lg \text{BCF}$)与其辛醇-水分配系数的对数($\lg K_{ow}$)之间有良好的线性正相关关系。其通式为

$$\lg \text{BCF} = a \lg K_{ow} + b \tag{5-80}$$

2. 生物富集机理

(1)化学污染物在生物组织中的富集机理:以动物组织(如鱼组织)为例,说明化学污染物在生物组织中的富集机理。化学污染物可通过动物呼吸、饮食和表皮吸收等途径从环境进入动物体内。进入动物体的化学污染物又可通过血液循环分散至动物体的各个部位,被动物体的各种器官和组织吸收富集。

动物组织的生物富集机理模型如图 5-17 所示。

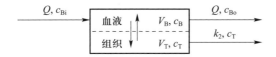

图 5-17 动物组织生物富集机理模型

设 Q 为血液通过该组织的流量,c_{Bi} 和 c_{Bo} 为进、出该组织的血液中化学污染物的浓度,V_B 和 V_T 分别为血管和动物组织的体积,c_B 和 c_T 分别为化学污染物在血液和组织中的浓度,k_2 为化学污染物的释放速率常数。

如果在一定条件下,血液流量 Q,以及进、出动物组织的化学污染物浓度 c_{Bi} 和 c_{Bo} 恒定,则由物料平衡可得该组织的生物富集速率方程,即

$$V_T \frac{dc_T}{d_t} = Q(c_{Bi} - c_{Bo}) - V_T k_2 c_T \tag{5-81}$$

或
$$\frac{\mathrm{d}c_T}{\mathrm{d}_t} = \frac{Q}{V_T}(c_{Bi} - c_{Bo}) - k_2 c_T \qquad (5-82)$$

将式(5-82)积分,得

$$\int_0^{c_T} \frac{\mathrm{d}c_T}{\dfrac{Q}{V_T}(c_{Bi} - c_{Bo}) - k_2 c_T} = \int_0^t \mathrm{d}_t$$

$$\ln\left[1 - \frac{k_2 c_T}{\dfrac{Q}{V_T}(c_{Bi} - c_{Bo})}\right] = -k_2 t$$

$$-\frac{k_2 c_T}{\dfrac{Q}{V_T}(c_{Bi} - c_{Bo})} = \mathrm{e}^{-k_2 t} - 1$$

$$c_T = \frac{Q}{k_2 V_T}(c_{Bi} - c_{Bo})(1 - \mathrm{e}^{-k_2 t}) \qquad (5-83)$$

可见,当 Q、c_{Bi} 和 c_{Bo} 一定时,k_2 越小,持续时间越长,化学污染物在该组织中的富集量越大,当 $t \to \infty$ 时,有

$$c_T(\infty) = \frac{Q}{k_2 V_T}(c_{Bi} - c_{Bo}) \qquad (5-84)$$

此时,动物组织中化学污染物的浓度除了与该污染物在该组织中的释放速率常数有关外,还与进、出组织血液中的污染物浓度差成正比。而浓度差($c_{Bi} - c_{Bo}$)恰恰反映了动物组织及血液对化学污染物的亲和性差异。假设该污染物在动物组织和血液中的分配达到平衡,则有 $c_T^* / c_B^* = K$ 或 $c_T^* = c_B^* K$,其中 c_T^* 和 c_B^* 为污染物在动物组织和血液中的平衡浓度,K 为分配系数。因 $c_T(\infty) \propto c_T^*$,$c_T^* \propto K$,故($c_{Bi} - c_{Bo}$)$\propto K$。

分配系数 K 的大小反映了化学污染物与动物组织和血液的亲和性,所以进、出动物组织血液中化学污染物的浓度差与动物组织和血液对化学污染物的亲和性密切相关。

事实上,动物组织和血液中的化学污染物浓度不可能是恒定不变的。由于动物体的代谢作用,动物组织和血液中的化学污染物浓度会发生变化。在动物组织中的化学污染物代谢模型如图 5-18 所示。图中,k_1、k_2 和 k_3 分别为化学污染物的吸收、释放和代谢速率常数。

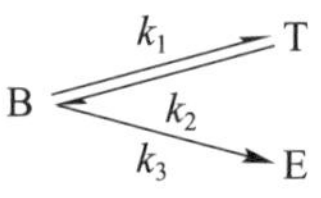

图 5-18   动物组织中化合物的
代谢模型

由图 5-18 所示可得在动物组织和血液中化学污染物浓度及其代谢产物浓度的变化速率方程如下:

$$\frac{\mathrm{d}c_B}{\mathrm{d}t} = k_2 c_T - (k_1 + k_3) c_B \qquad (5-85)$$

$$\frac{\mathrm{d}c_T}{\mathrm{d}t} = k_1 c_B - k_2 c_T \qquad (5-86)$$

$$\frac{\mathrm{d}c_E}{\mathrm{d}t} = k_3 c_B \qquad (5-87)$$

令 $t=0$ 时，$c_{B,0}=0$，$c_{T,0}=0$，$c_{E,0}=0$，联立解式（5-85），式（5-86）和式（5-87）得

$$c_B(t)=\frac{r_1+k_1+k_3}{r_1-r_2}c_{B,0}\exp(-r_2t)-\frac{r_2+k_1+k_3}{r_1-r_2}c_{B,0}\exp(-r_1t) \tag{5-88}$$

$$c_T(t)=\frac{(r_1+k_1+k_3)(r_2+k_1+k_3)}{k_2(r_1-r_2)}c_{B,0}[\exp(-r_2t)-\exp(-r_1t)] \tag{5-89}$$

$$c_E(t)=\frac{k_3C_{B,0}(r_1+k_1+k_3)}{r_2(r_1-r_2)}[1-\exp(-r_2t)]-\frac{k_2C_{B,0}(r_2+k_1+k_3)}{r_1(r_1-r_2)}[1-\exp(-r_1t)] \tag{5-90}$$

式中：$r_1=\dfrac{\alpha-\sqrt{\alpha^2-4\beta}}{2}$，$\quad r_2=\dfrac{\alpha+\sqrt{\alpha^2-4\beta}}{2}$；

其中：$\alpha=k_1+k_2+k_3$；$\quad\beta=k_2k_3$。

c_B、c_T 和 c_E 随时间变化曲线示于图 5-19。

由图 5-19 可见，动物组织中化学污染物的浓度 c_T 在某一时刻有一最大值，将式（5-89）对 t 求导后再求极值，可得动物组织中化学污染物浓度最大时刻为

$$t_{max}=\frac{\ln(r_2/r_1)}{r_2-r_1} \tag{5-91}$$

（2）生物富集模型：为探讨生物富集的机理和开展生物富集速率理论研究，人们常用模型及其组合来模拟生物富集的自然过程。疏水模型认为，生物富集是化学物质在其暴露的水中和生物体类脂物两相的分配过程，无生理障碍阻止化学物质的积累。假设富集速率主要由化学物质浓度梯度和在水及类脂物两相的分

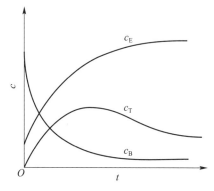

图 5-19　c_B、c_T 和 c_E 随时间变化曲线

配决定，疏水模型从数学上讲是一室模型，由进入和迁出生物体的富集速率常数（k_1）和释放速率常数（k_2）来描述，生物富集可以认为是富集和释放速率竞争的结果。疏水模型的基本假设为富集和释放为一级动力学，生物富集系数与其暴露浓度无关；富集速率仅由扩散速率限制，在生物体与水两相的平衡仅由化学物质的疏水性和类脂物含量控制，并忽略其代谢作用。

为了证实疏水模型的分配理论，Caton 等人将海藻暴露于六氯苯中，结果发现无论活细胞还是死细胞，其生物富集系数均相同；水生微生物富集毒杀芬的实验结果也得到相同结论。疏水模型由此认为，生物体的代谢对水与生物体类脂物相的分配平衡常数没有影响。

虽然疏水模型在实际中得到广泛应用，并获得了较好的结果，但一些生物富集系数的测定值并不准确，且其估算值也要依赖于回归模型的选择。由于一些化学物质生物富集过程不符合疏水模型，一些较复杂的参数化模型相继产生，其中最有发展前途的是生理模型。生理模型是结合化学物质的物理化学性质和生物物种的生理结构建立的生物富集模型。该模型不仅考虑了类脂物含量在生物富集过程中的重要作用，同时还考虑了血液流、换气体积、生物膜的结构、代谢转化和环境条件的影响，结合传统的多室模型技术，以数学形式描述。生理模型可以通过改变相应构造和生理上的变化建立和修正，因此可推广到其他生物物种及暴露浓度。但这些模型还尚未应用到有机污染物生物富集的估算，其应用还有待进一步研究。

3. 生物富集的定量研究方法

（1）生物富集系数的实验测定方法：生物富集系数（BCF）反映了化学物质被生物体富集时可能达到的程度。一般都用鱼作为实验生物来测定 BCF。在稳定状态下，实验鱼体内受试物质浓度与溶液中受试物质浓度的比即为该物质在鱼体内的 BCF。

经济合作与发展组织（OECD）提出了生物富集系数的多种测定方法。大致可以将其分为三类。

- 静水法：将鱼暴露在溶解有化学物质的静态水体中，不断监测水体与鱼体中化学物质的浓度，直至平衡。
- 半静水法（换水法）：每 2 天换 1 次水，不断监测水体与鱼体中化学物质的浓度，直至平衡。
- 流水法：实验水体是不断流动的，保证水体中化学物质浓度恒定，监测鱼体中化学物质浓度，直至平衡。

这三种方法都是保持水相中化学物质浓度不变，测定达到平衡时水相和生物体的富集浓度，以两者之比求出 BCF。

1957 年 Branson 等人提出了一种简单的生物富集过程动力学模型，并在此模型基础上建立了一种通过测定动力学参数获得生物富集系数的方法。此模型基本关系如下：

$$w \underset{k_2}{\overset{k_1}{\rightleftharpoons}} f$$

$$\frac{dc_f}{dt} = k_1 c_w - k_2 c_f \quad 或 \quad -\frac{dc_w}{dt} = k_1 c_w - k_2 c_f \tag{5-92}$$

式中：c_w——水体中化学物质浓度；

c_f——鱼体中化学物质浓度；

k_1——化学物质从水体向鱼体富集的动力学常数；

k_2——化学物质从鱼体向水体清除的动力学常数。

当富集实验刚开始时，鱼体内化学物质的浓度为零，则有 $t=0$ 时，$c_{f,0}=0$，

$$\frac{dc_f}{dt} = k_1 c_w \tag{5-93}$$

或

$$-\frac{dc_w}{dt} = k_1 c_w \tag{5-94}$$

积分得

$$\int \frac{dc_w}{c_w} = -\int k_1 dt$$

$$\ln c_w = -k_1 t + K \tag{5-95}$$

式中：K——积分常数。

用 $\ln c_w$ 对时间 t 作图，直线的斜率就是 $-k_1$，从而可求得 k_1。

以上生物富集实验进行到一定程度后，将鱼转移到不断流动的清水中。当 $t=0$ 时，$c_{w,0}=0$，则有

$$\frac{dc_f}{dt} = -k_2 c_f \quad 或 \quad -\frac{dc_f}{dt} = k_2 c_f \tag{5-96}$$

式(5-96)积分得

$$\int \frac{\mathrm{d}c_{\mathrm{f}}}{c_{\mathrm{f}}} = -\int k_2 \mathrm{d}t$$

$$\ln c_{\mathrm{f}} = -k_2 t + K \tag{5-97}$$

用 $\ln c_{\mathrm{f}}$ 对时间 t 作图可求得 k_2。

当生物富集达平衡时，$\dfrac{\mathrm{d}c_{\mathrm{f}}}{\mathrm{d}t} = 0$，由式(5-92)得

$$k_1 c_{\mathrm{w}} = k_2 c_{\mathrm{f}}$$

即

$$\mathrm{BCF} = \frac{c_{\mathrm{f}}}{c_{\mathrm{w}}} = \frac{k_1}{k_2} = k \tag{5-98}$$

这种测定 BCF 的方法，不仅可得到生物富集过程的动力学参数，而且在测定时，富集过程不必达到稳态，从而避免了生物富集未达稳态给测定结果所带来的误差，同时也节省了许多时间。

（2）生物富集系数的估算方法：生物富集系数（BCF）具有重要的环境意义，准确估算 BCF，不仅可以为合成新的高效、低毒化合物提供指导，而且可以节约不必要测试带来的浪费。估算生物富集系数的方法一般可分为三类。

• 用辛醇-水分配系数（K_{ow}）估算 BCF。一般认为，生物富集过程是化学物质在水体和生物体所含脂肪间的分配过程。因此，BCF 与 K_{ow} 间应有较好的相关性，Gobas 等用逸度模型进行了理论上的证明。最早的 BCF 与 K_{ow} 相关方程是 Neely 等于 1974 年提出的，即

$$\lg \mathrm{BCF} = 0.542 \lg K_{\mathrm{ow}} + 0.124 \tag{5-99}$$

相对来讲，应用较为广泛的估算方法是 Veith 在 1980 年提出的，即

$$\lg \mathrm{BCF} = 0.76 \lg K_{\mathrm{ow}} - 0.23 \tag{5-100}$$

该方程是 Veith 等利用一系列鱼种和 84 种不同化合物经实验得到的。

在众多生物富集系数估算方法中，通过 K_{ow} 估算 BCF 效果最好，研究最深入，应用也最广泛。但通过 K_{ow} 估算 BCF 也有一定的局限性，主要表现在对于易代谢转化的化学物质往往得到较高的估算值。这是因为用 K_{ow} 估算 BCF 时，仅将生物富集过程作为一个简单分配过程来看待，未考虑化学物质进入生物体后的代谢转化作用。此外，对 $\lg K_{\mathrm{ow}}$ 大于 6.0 的化学物质，BCF 估算值也往往偏高。其可能原因如下：一是体内的大部分化合物被转移，并排出体外；二是水中的有机质降低了高分配系数化合物的生物有效性；三是高分配系数化合物具有较大的分子体积和质量，在通过细胞膜时受到了限制；四是对于高分配系数的化合物，在正辛醇中的溶解度与在脂肪中的溶解度相差较大。总之，生物富集过程并不是一个简单和机械的分配过程，而是受到众多因素制约和影响的。只有应用多参数分析的方法，在大量实验数据基础上，才能寻找出更为合理的估算方法。

• 用水溶解度（S_{w}）估算 BCF。如果已知化学物质在水中的溶解度 S_{w}（mg/L），则式(5-101)可用来估算 BCF。

$$\lg \mathrm{BCF} = 2.79 - 0.56 \lg S_{\mathrm{w}} \tag{5-101}$$

式(5-101)是由 Kenaga 和 Goring 在实验室通过对各类鱼种和 36 种有机物进行一系列研究所推得的，揭示了生物富集和水溶解度之间的本质联系。

• 用土壤有机碳标化的吸附系数（K_{oc}）估算 BCF。生物富集系数（BCF）与 K_{oc} 之间的

关系是经验性的。式(5-102)是由 Kenaga 和 Goring 基于少量土壤有机碳标化的吸附系数测定值推得。

$$\lg \text{BCF} = 1.12 \lg K_{oc} - 1.58 \qquad (5-102)$$

(3) 影响生物富集的因素:生物富集是一个复杂过程,有许多影响因素,其中主要影响因素如下七个方面。

● 类脂物含量:生物体类脂物含量是决定生物富集的一个重要因素,进入生物体的化学物质主要富集在类脂物组织中。在生物体中,疏水性有机物浓度与生物体中类脂物的含量显著相关。为了消除种群内部、外部和种群之间类脂物含量的差异,应用类脂物含量对BCF 的测定值进行标化:

$$\text{BCFs} = \frac{\text{BCF}}{\text{类脂物含量}} \qquad (5-103)$$

式中:BCFs——标化后的生物富集系数。

● 生理因素:一般情况下,疏水性有机物将以扩散方式穿过细胞膜(渗透),而不是穿过细胞间或穿过细胞通道(过滤)。因此,表皮和其他组织等生物膜的渗透性构成了化学物质吸附和迁移的障碍。生物富集化学物质的过程由一系列步骤组成,每一步都可能控制其富集速率。故用疏水性模型预测 BCF 时应考虑其生理因素的影响。

● 空间障碍:在决定化学物质的生物活性和归趋中,化学物质的电学性质、疏水性和空间参数等非常重要,其中空间参数如疏水性物质的分子大小和形状等能影响化学物质的富集。随着分子的增大,扩散速率减小,在给定时间内不能达到富集平衡,使测定鱼体中化学物质浓度偏低,BCF 减小。

● 生物转化:虽然同种酶的含量和活性可能不同,但在水环境中鱼和其他水生生物都具有代谢各种化学物质的能力。生物转化增加了化学物质的消失速率,使生物富集化学物质的平衡水平降低。许多疏水性有机物的生物转化可能是生物富集的主要决定因素。

● 物种:许多疏水性有机物的生物富集与物种有关。Davies 和 Dobbs 认为,一些疏水性化学物质生物富集的差异是由于生物体大小不同所致,随着生物体积增大,类脂物含量增多,对污染物富集缓慢、富集能力降低。因类脂物分布和鱼的大小有关,随着鱼体的增大,单位质量鱼体中 DDT 的富集能力随之降低。用类脂物含量标化后的 BCFs 应与物种无关。

● 环境条件:生物富集可以简单地认为是富集和释放速率竞争的结果,因此影响富集和释放速率的环境条件将会直接影响 BCF。但温度和其他环境条件对生物富集影响的研究则不多见。一般情况下,随着温度的升高,富集和释放速率随之增加。有机物的富集也可以受其他和温度有关变量的影响,如通过细胞溶液的扩散、溶解、蛋白质键合常数、组织膜中渗透性的变化及类脂物组成的变化等影响 BCF。

水中离子组成(如盐度)可能对生物富集影响较小,但也有例子说明几种氯代有机物在淡水鱼中的 BCF 比海水鱼中大 4~10 倍。虽然离子和非离子形式的弱电解质均可被吸附,但非离子形式的富集一般较快,因此,水体 pH 将通过影响非离子化学物质的浓度而影响弱电解质的富集。

由于生物转化受环境条件的影响,故环境条件对化学物质毒性和富集的影响在很大程度上是不可预见的。因此,建立与生理和生物化学有关的模型预测温度和其他环境条件对化学物质富集和积累的影响是很有必要的。

● 生物有效性:水中可利用的有机物只有一部分能被水生生物富集。影响疏水性化学物质生物有效性的因素包括其在水中的暴露浓度和在颗粒物上的结合及溶解的有机质(DOM)。一般说来,疏水性化学物质必须是溶液状态(每个分子均具有水合层),以便通过所吸附的表皮。因此,暴露在过饱和的溶液中,将使 BCF 的估计值偏低,一些强疏水性化学物质由于在水中的不溶解性,可能不被富集,在足够低的水平下,暴露浓度对 BCF 将不产生影响。这是因为在低毒性水平时,溶解度大小是控制其迁移的主要过程。

许多有机物对颗粒物和溶解的有机质(DOM)有较高的亲和性,这可能会减少未结合的生物可利用部分而降低疏水性有机物的富集。对许多疏水性有机物,从颗粒物上的解吸可能决定着生物富集速率,在穿过鱼鳞的富集过程中,化学物质的生物转化降低了母体化学物质的量,这也可减少生物对这些化学物质的可利用性。因此,水中含有颗粒物和 DOM 也会使 BCF 的测定值偏低。设在含有颗粒物和 DOM 的水中测得的生物富集系数 BCF*,则

$$BCF^* = c_f/c_w^* \tag{5-104}$$

$$c_w^* = c_w + c_s S \tag{5-105}$$

式中:c_w^*——水相有机物总浓度;

$\quad c_w$——水相有机物浓度;

$\quad c_s$——颗粒物和 DOM 上有机物的浓度;

$\quad S$——颗粒物和 DOM 含量。

因为 $K_p = c_s/c_w$,K_p 为有机物在颗粒物和 DOM 上的吸附系数。由式(5-104)和式(5-105)得

$$BCF/BCF^* = \frac{c_f/c_w}{c_f/c_w^*} = 1 + K_p S \tag{5-106}$$

因 $K_p S > 0$,$1 + K_p S > 1$,$BCF^* < BCF$,故由于颗粒物和 DOM 的存在,使所测 BCF 偏低。

二、生物放大与生物积累

1. 食物链的基本概念

将来自植物的食物能转化为一连串重复取食和被取食的有机整体称为食物链。能量在食物链中的每一次转化,其中大部分潜在能量都被转化为热量而散失掉。根据环境状态及生物之间的食物联系,可将食物链分为四种基本类型。

(1)捕食性食物链:生物之间以捕食的关系构成食物链。在这类食物链中,由较小的生物开始逐渐到较大的生物,较小的生物个体数量大于较大生物个体数量。

(2)寄生性食物链:生物之间以寄生和宿主的关系存在,并由较大的生物开始逐步到较小的生物,后者寄生在前者的机体上,并索取食物,如哺乳类或鸟类→跳蚤→原生动物→细菌→过滤性病毒。

(3)腐生性食物链:由腐烂的动植物机体被微生物分解利用而构成的食物链。

(4)碎食性食物链:经过微生物分解的野草或树叶的碎屑及微小的藻类被小动物和大动物相继利用而构成的食物链。

在环境化学研究中,上述第一种类型食物链的生态学意义较为重要,反映了化学物质在环境与生物,以及生物之间的传输过程。

食物链实质上是一种能量转换链。在食物链的不同营养级上,能量之间的比率具有重

要的理论和实践意义。物质和能量在食物链生物群落中的传递情况是极为复杂的,参与传递的物质和能量既有来自群落本身成员的,也有来自生态系统的非生物成分。通过非生物成分的转运,自养型生物利用光合作用合成了自身的有机质,合成的生物有机质在异养生物的营养过程中,被改造和转化为下一个营养级。在此过程中,大部分能量消耗于生物的呼吸过程。所以在食物链的能量转换过程中,每通过一个营养级均有能量的损耗发生。光能通过绿色植物的光合作用或化学反应被转化为化学能,并储存于植物体中,其有效率一般为0.2%左右;食草动物所保存的能量为其摄取量的 5%~20%。在食物链中,最低营养级的生物个体数量最多,随营养级的升高,个体数量逐渐减少,呈金字塔型。

2. 生物放大和生物积累原理

(1) 生物放大:生物放大是指在同一食物链上的高营养级生物,通过吞食低营养级生物蓄积某种元素或难降解物质,使其在生命机体内的浓度随营养级数提高而增大的现象。生物放大的程度也用生物富集系数表示。生物放大的结果,可使食物链上高营养级生物体内这种元素或物质的浓度超过周围环境中的浓度。

生物放大并不是在所有条件下都能发生,有些物质只能沿食物链传递,不能沿食物链放大;有些物质既不能沿食物链传递,也不能沿食物链放大。这是因为影响生物放大的因素是多方面的。不同食物链一般均较为复杂,相互交织成网状,同一种生物在不同发育阶段甚至相同阶段有可能隶属于不同的营养级而具有多种食物来源,这就扰乱了生物放大。不同生物或同一生物在不同的条件下,对物质的吸收及消除等均有可能不同,也会影响其生物放大状况。

在一个完整的水生生态系统中,当水中 DDT 含量为 0.000 05 mg/L 时,鹭鸶相对于浮游植物来说,DDT 在其体内将被放大 660 倍。DDT 易从食物链中获得并可生物放大,是因为该化合物是一种易溶于脂肪而被积累于动物脂肪体内的有机物。DDT 从某一营养级生物到下一较高营养级生物的有效转移,以及较高营养级生物与较低营养级生物的生物量逐步减少是 DDT 在生物体内逐步发生浓缩过程的主要原因。如果某一营养级生物所含污染物的总量被有效地转移到下一较高营养级生物,且较高营养级生物具有较小的生物量,则在较高营养级生物体内污染物的浓度将大于前一个营养级生物体内的浓度。此外,对于 PCBs 和二噁英在不同营养级生物体内分布的研究表明,亲脂性化合物的生物放大是化合物在较高营养级生物体内得以积累的主要原因。但对于大多数其他化学物质来讲,生物放大相对于其生物富集对化学物质的积累则是一个不太重要的因素。

(2) 生物积累:无论是生物放大还是生物富集都属于生物积累现象。所谓生物积累,就是生物从周围环境(水、土壤、大气)和食物链蓄积某种元素或难降解物质,使其在机体中的浓度超过周围环境中浓度的现象。在研究生物积累时,应首先弄清其与生物放大和生物富集之间的关系。生物积累是同一生物个体在整个代谢活跃期的不同阶段,机体内来自环境的元素或难降解物质的生物富集系数不断增加的现象,其积累程度可用生物富集系数表示。任何生物体在任何时刻,其机体内某种元素或难降解物质的浓度水平取决于摄取和消除两个相反过程的速率,当其摄取量大于消除量时,就会发生生物积累。

生物积累系数(bioaccumulation factor, BAF)是来自于水和食物链的生物体内化学物质浓度与水中该化学物质浓度的平均比值,可表示为

$$N = \frac{c_B}{c_w} \qquad (5-107)$$

式中：N——以类脂物为基础标化了的 BAF，$\mu g/[kg(类脂物)]/(\mu g/L)$；

c_B——以类脂物为基础标化了的生物体内化学物质的浓度，$\mu g/[kg(类脂物)]$；

c_w——化学物质在水中的质量浓度，$\mu g/L$。

化学物质的生物积累系数 BAF 与该化学物质的辛醇-水分配系数 K_{ow} 具有很好的相关性，Veith 等人建立了两者的相关式如下

$$\lg BAF = 0.85 \lg K_{ow} - 0.70 \qquad (5-108)$$

在大多数情况下，式（5-107）中直线的斜率接近于 1。在少数情况下，影响化学物质 BAF 的因素被归结为除 K_{ow} 外该化学物质的某些特性，如 PCB_s 的 BAF 取决于其同系物的结构和亲脂性。

应当指出，BAF 与 BCF 的意义是不同的。BCF 是生物体内仅来自水的化学物质浓度，与水中化学物质浓度的平衡比率，可表示为

$$N_W = \frac{c_{B,W}}{c_w} \qquad (5-109)$$

式中：N_W——以类脂物为基础的 BCF，$\mu g/[kg(类脂物)]/(\mu g/L)$；

$c_{B,W}$——以类脂物为基础的生物体内仅来自水的化学物质浓度，$\mu g/[kg(类脂物)]$；

c_w——水中化学物质的质量浓度，$\mu g/L$。

N/N_W 是生物体分别从食物链和水中摄取的化学物质积累程度的量度。如果体系达到平衡（稳态）时 $N/N_W > 1$，则说明该体系存在食物链的积累作用。

由于生物放大和生物积累作用，进入环境中的有毒化学物质，即使是非常微量的，也会使生物尤其是处于高营养级的生物受到危害，直至威胁到人体健康。因此，深入研究生物放大和生物积累作用，对于探讨化学物质在环境中的迁移转化，并确定化学物质在环境中的安全浓度具有重要的理论和现实意义。

（3）食物链的生物积累模型：对第 $i(i=2,3,4)$ 营养级，生物从水和食物链吸收化学物质的一般方程为

$$\frac{dc_i}{dt} = k_{ai}c_w + \alpha_{i,i-1} \cdot W_{i,i-1} \cdot c_{i-1} - (k_{ei} + k_{gi})c_i \qquad (5-110)$$

式中：c_i——食物链 i 营养级生物中该物质浓度；

c_w——水生生物生存水中某物质浓度；

c_{i-1}——食物链 $(i-1)$ 营养级生物中该物质浓度；

$W_{i,i-1}$——i 营养级生物对 $(i-1)$ 营养级生物的摄食率；

$\alpha_{i,i-1}$——i 营养级生物对 $(i-1)$ 营养级生物中该物质的同化率；

k_{ai}——i 营养级生物对该物质的吸收速率常数；

k_{ei}——i 营养级生物体中该物质消除速率常数；

k_{gi}——i 营养级生物的生长速率常数（稀释速率常数）。

此式表明，水生生物对某物质的积累速率等于其从水中的吸收速率、食物链的吸收速率及本身消除（稀释）速率的代数和。

当生物积累达到平衡时，$dc_i/dt = 0$，解得

$$c_i = \left(\frac{k_{ai}}{k_{ei}+k_{gi}}\right)c_W + \left(\frac{\alpha_{i,i-1} \cdot W_{i,i-1}}{k_{ei}+k_{gi}}\right)c_{i-1} \tag{5-111}$$

设

$$c_{Wi} = \frac{k_{ai}}{k_{ei}+k_{gi}}c_W$$

$$c_{\varphi i} = \frac{\alpha_{i,i-1} \cdot W_{i,i-1}}{k_{ei}+k_{gi}}c_{i-1}$$

则式(5-111)为

$$c_i = c_{wi} + c_{\varphi i} \tag{5-112}$$

以上分析表明,在生物积累的物质浓度中,第一项(c_{wi})是从水中摄取的浓度,另一项$c_{\varphi i}$则是从食物链传递得到的浓度。这两项的对比反映出相应的生物富集和生物放大在生物积累达到平衡时的贡献大小。

此外,可知$c_{\varphi i}$与c_{i-1}的关系为

$$\frac{c_{\varphi i}}{c_{i-1}} = \frac{\alpha_{i,i-1} \cdot W_{i,i-1}}{k_{ei}+k_{gi}} \tag{5-113}$$

显然,只有在式(5-113)的右端项大于1时,食物链从饵料生物至捕食生物才会呈现生物放大。通常$W_{i,i-1}>k_{gi}$,因而对于同种生物来说,k_{ei}越小和$\alpha_{i,i-1}$越大的物质,生物放大越显著。

综上所述,生物积累、生物放大和生物富集可在不同侧面为探讨化学物质迁移、污染物排放及可能造成的危害,以及利用生物对环境进行监测和净化提供重要的科学依据。

第六节　污染物的生物效应

污染物进入环境后经过迁移、转化、扩散,并通过不同途径进入生物机体。污染物进入生物机体后,经过生物体代谢,一部分被代谢成无毒物质排出体外,另一部分代谢产物则会对生物产生不利的影响。大量研究表明,污染物对生物机体的作用效应是从生物大分子开始的,然后逐步在细胞、器官及个体水平上反映出来。

1. 污染物在生物化学及生物大分子水平上的影响

污染物对生物体酶的影响包括对混合功能氧化酶,抗氧化防御系统酶、谷胱甘肽转移酶的诱导,以及对腺苷三磷酸酶、乙酰胆碱酯酶、氨基乙酰丙酸脱氢酶、蛋白磷酸酶等的抑制作用。而污染物对生物大分子的影响还包括对蛋白质、DNA及脂质过氧化的影响等。

2. 污染物在生物体细胞和器官水平上的影响

污染物对细胞膜的影响包括对膜结构和功能的影响,并引起膜结构和功能的改变。污染物对细胞器的影响包括影响线粒体的氧化磷酸化和电子传递功能及对内质网结构和微粒体膜上混合功能氧化酶的破坏等。污染物对生物体靶器官及其他组织器官也有较显著的影响。

3. 污染物在生物个体水平上的影响

污染物对动物的行为、繁殖、生长发育等产生影响,并导致动物死亡。污染物对植物的

吸收、光合作用、呼吸作用、生长发育及种子活力等产生影响,甚至导致植物死亡。一般来讲,污染物的生物效应包括其生物刺激效应和生物毒性效应。

一、污染物的生物刺激效应

一般情况下,随着污染物剂量增加,生物体的某种正常生理功能受到抑制或损害,导致出现各种疾病甚至死亡。如果污染物的剂量或浓度低于这种具有抑制或损害作用的水平,生物体的细胞分裂、生长发育等一系列生理学过程将受到刺激,导致细胞分裂速率加快,呼吸速率增强、生长发育加快、生物量增加等。污染物在亚抑制剂量或浓度水平对生物机体的这种效应称为污染物的生物刺激(hormesis)效应。研究表明,大量化学结构和性质相差极大的化学物质都具有生物刺激效应。同时,污染物的生物刺激效应广泛出现于各种生物体中,如在细菌、真菌、藻类、原生动物、脊椎动物、高等植物等都发现了生物刺激效应。污染物的生物刺激效应的作用机理目前尚不明确。一般认为有以下几种可能:一是某些污染物或其降解产物可直接作为营养源被生物体所利用;二是某些污染物的存在可增加生物体内酶活性,或使细胞的 DNA、RNA 和蛋白质合成增加;三是某些低剂量污染物的存在可引起细胞脂质过氧化程度在一定范围内升高,此时脂质过氧化程度的升高并不引发其对细胞的伤害,而是具有刺激细胞生长繁殖的作用。

二、污染物的生物毒性效应

毒性(toxicity)是指一种物质能引起生命机体损害的性质和能力。中毒(toxication)则是生物机体受到某种化学物质的作用而引起功能性和器质性的病变。根据中毒发生和发展的快慢,可分为急性与亚急性、慢性中毒。

1. 毒性作用的类型

(1)局部和全身毒作用:某些外源性物质引起机体接触部位的损伤称局部毒作用。化学物质被机体吸收后随其循环系统分布全身而呈现的毒作用称全身毒作用。化学物质的全身毒作用对各组织器官的损伤并不均匀一致,而是主要对一定的组织和器官系统起损害作用,这种组织和器官称为该化学物质的靶组织和靶器官。

(2)速发和迟发毒作用:某些化学物质一次接触后,在短时间内引起的毒性作用,称为速发毒作用。迟发毒作用是指一次或多次接触某些化学物质后,需经一段时间才呈现的毒性作用。

(3)可逆和不可逆毒作用:停止接触化学物质后可逐渐消退的毒作用,称可逆毒作用。不可逆毒作用是指停止接触化学物质后,其作用继续存在,甚至损伤还可进一步发展。化学物质的致突变及致癌作用是不可逆毒作用。化学物质的毒性作用是否可逆,还与受损伤组织的再生能力有关。

(4)变态反应:指机体对化学物质产生的一种有害免疫介导反应,又称过敏性反应。变态反应与一般毒性反应不同,首先需要先前接触过该化学物质并对机体有致敏作用。该化学物质可作为半抗原,并与内源性蛋白质结合形成完全抗原,从而引发抗体形成。当再次接触到该化学物质时,将产生抗原-抗体反应,引起典型的变态反应。

(5)特异体反应:一般是指遗传所决定的特异体质对某种化学物质的异常反应,又称特发型反应。

2. 毒性效应的类型

根据生物体的功能层次划分,外源性物质对生物机体的直接毒性效应可以分为以下六种类型。

(1)致死效应:指外源性物质对生物体最强烈的损伤效应,表现在受到影响的机体在短时间内死亡。该效应通常被用来评价一种外源性物质的毒性。

(2)生长效应:指外源性物质抑制生物机体的质量和体积,并使其生物量下降。生长效应的测量通常以对照或实验起始值作为基准,表述为相对生产率。生长效应与细胞的分裂有关。一般而言,能影响细胞分裂的外源性物质,通常会影响到机体的生长。

(3)生殖效应:指外源性物质对生物的生殖过程所产生的损伤作用。生殖过程一般是指从配子形成直到后代出生的整个过程,其中包括配子的形成、受精、合子着床、胚胎细胞分裂及分化、器官形成、胚胎发育成熟、分娩等。由于不同生物的生殖过程相差很大,所以外源性物质的生殖效应也很复杂,其指标和测试方法也大不相同。

(4)形态结构效应:指在外源性物质作用下,生物机体器官或组织的外形和解剖构造发生损伤性改变。这种损伤可以非常强烈,在短时间内造成器官和组织剧烈变形。损伤也可以经过外源性物质长期作用,逐渐积累,缓慢形成。

(5)行为效应:指在外源化学物质作用下,动物所具有的可观察、可记录或可测量活动的异常改变。动物的行为可以看作生物机体在神经系统控制下对外界环境压力的反应。许多研究表明,神经系统是生物机体中对外源性物质的损伤作用最敏感的系统。此外其他器官或系统因外源性物质引起的改变往往都要影响到神经系统。

(6)致突变效应:指在外源性物质的作用下,生物体细胞内的遗传物质发生损伤性的改变。遗传物质的损伤可分为基因突变、畸变的染色体分离异常等。体细胞发生突变后可能致癌,胚胎体细胞突变则可能导致畸胎等。如果生殖细胞发生非致死性突变则可能出现显性或隐性遗传疾病并可传给后代。

3. 污染物毒性参数与计量

(1)毒性参数:对环境污染物的毒性和安全性进行评价,必须采用统一的毒性指标来表示。这些毒性指标在计量上必须具备同一性和等效性,并能灵敏地反映毒物性质的变化,测试方法也必须力求统一,易于重复。一般采用以下基本毒性参数作为毒性指标。

- 致死剂量或致死浓度:指以生物机体死亡为观察指标而确定的外源性物质的量。

- 绝对致死剂量或浓度(LD_{100}或LC_{100}):在一定时间内引起受试群体中个体全部死亡的最低剂量或浓度。浓度的单位为 mg/L,分子表示毒物的量,分母为溶剂体积。固体培养基中剂量的单位可用 mg/kg 表示,分子为毒物的量,分母为受试生物体重。

- 半数死亡剂量或浓度(LD_{50}或LC_{50}):在一定时间内引起受试生物群体半数个体死亡的毒物剂量或浓度。

- 最小致死剂量或浓度(minimum lethal dose, MLD, LD_{min}, LD_{01} 或 minimum lethal concentration, MLC):在一定时间内,受试群体中引起个别死亡的最低剂量或浓度。

- 最大耐受剂量或浓度(LD_0或LC_0):在一定时间内,受试群体中不引起死亡的最高剂量或浓度。

- 半数效应剂量或浓度(ED_{50}或EC_{50}):在一定观察时间内引起受试生物群体半数个体产生某种效应的毒物剂量或浓度。通常指非死亡效应。

● 半数抑制浓度（IC$_{50}$）：在一定实验时间内，抑制或降低种群繁殖率 50% 的毒物浓度。

● 最小有作用剂量（MEL）：外源性物质按一定方式或途径与生物机体接触，在一定时间内使某项灵敏的观察指标开始出现异常变化或机体开始出现损害作用所需的最低剂量，也称中毒阈剂量或中毒阈值。最小有作用浓度则表示环境中某种化学物质能引起机体开始出现某种损害作用所需的最低浓度。严格地说，"有作用"剂量或浓度，应是"观察到作用"的剂量或浓度。因此 MEL 应确切称为最低观察到作用剂量或浓度（LOEL 或 LOEC）。因观察方法的不同及新的观察指标和方法不断出现，该指标有一定相对性。

● 最大无作用剂量（maximal no effective level，MNEL）：又称未观察到作用剂量（no observed effective level，NOEL），有时用最大无作用浓度（NOEC）表示，指外源性物质在一定时间内按一定方式或途径与生物机体接触后，用目前最为灵敏的方法和观察指标，未能观察到任何对生物机体损害作用的最高剂量。最大无作用剂量或浓度是根据慢性或亚急性毒性试验的结果确定的，是评定外源性物质对生物机体损害的主要依据，是制定每日摄入量（ADI）和最高允许浓度（MAC）的依据。ADI 是指人类终生每日随同食物、饮水和空气摄入的某一外源性物质不致引起任何损害作用的剂量。MAC 是指环境中某种外源性物质对人体不致造成任何损害作用的浓度。

（2）毒性计量：在毒理学研究中，不同的受试生物、不同的研究目的及不同的毒物常常采用不同的致毒方式或途径。如哺乳动物的致毒方式有经口、皮肤、静脉注射、腹腔注射和呼吸道吸入等，水生生物毒理实验中常用剂量表示致毒强度。因此这些差别不可避免导致不同毒性计量单位的使用。目前比较常用的毒性计量单位有：mg/L、mg/m^3、mg/kg、mL/kg、mg/m^2 等。其中，mg/L 指 1 L 溶液中毒物的质量，常用于水生生物毒理实验，在水培植物毒性实验中也使用；mg/m^3 指 1 m^3 空气中毒物的质量，用于吸入染毒实验；mg/kg（mL/kg）指 1 kg 生物体重所接受的毒物质量（体积）或 1 kg 生物体质量所含某种外源性物质的质量（体积），用于内服和注射等染毒方式；而 mg/m^2 则是指受试生物单位体表面积的给药量。

（3）毒性分级：毒性分级在预防中毒及制定和比较环境质量标准等方面具有重要意义，但目前使用的毒性分级方法、标准和毒性级别的名称很不统一。目前已有一些常用的毒性分级系统。

4. 污染物剂量-效应和剂量-反应关系

效量-效应关系是指不同剂量的外源性物质与其在个体或群体中引起的效应大小之间的关系。剂量-反应关系是指不同剂量的外源性物质与其所引起的效应发生率之间的关系。如果机体内出现的某种损害作用是某种外源性物质所引起，则必须存在明确的剂量-效应或剂量-反应关系，否则不能肯定。剂量-效应和剂量-反应关系均可以用曲线表示。即以剂量作横坐标，效应或反应作纵坐标，绘制相应的曲线图（图 5-20）。不同外源性物质在不同条件下，其剂量与效应或反应的相关关系不同，可呈现不同类型的曲线，主要有以下三种基本类型。

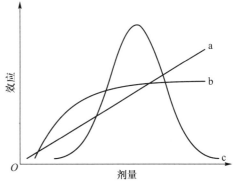

图 5-20　剂量-效应关系曲线

a. 直线型；b. 抛物线型；c. 钟罩型

（1）直线型：剂量与效应或反应成正比。随着剂量的增加，效应或反应随之增加，剂量与效应或反应呈直线关系。在生物体中这种类型很少见，仅在某些体外实验中一定剂量范围内出现。

（2）抛物线型：剂量与效应或反应呈非线性关系。随着剂量增加，效应或反应也随之增加，但增加速率先快后慢，曲线呈抛物线。若将剂量换成对数值，则成直线。此类型又称对数关系类型，在剂量-效应关系中出现较多。

（3）钟罩型：此种曲线两端平直，中间陡增，呈 S 型。曲线的中间部位，即反应率为50%左右，斜率最大。如将反应率换算成概率单位，剂量换算成对数值，则成直线。大多数外源性物质的剂量-反应关系属于此种类型，即在剂量较小或较大时，剂量的增减对反应变化的影响不甚明显。在中等剂量范围内，剂量的较小变动会导致反应的较大幅度变化。

5. 污染物联合作用毒性效应

在实际环境中，往往有多种污染物同时存在，生物体暴露于复杂混合的污染物中，它们对有机体同时作用产生的生物学效应与任何一种单独污染物分别作用所产生的生物学效应完全不同。Bliss首次提出研究两种毒物联合作用毒性效应并划分了联合作用毒性效应的不同类型。凡两种或两种以上的化学物质同时或短期内先后作用于生物有机体所产生的综合毒性作用，称为污染物的联合作用毒性效应，一般分为以下四种类型。

（1）加和作用（additive）：由多种外源性物质产生的综合生物学效应，是其单独分别产生的生物学效应之和。化学结构相似的化学物质往往发生加和作用，如两种有机磷农药对胆碱酯酶的抑制作用常为加和作用。联合作用毒性效应通常有两种加和作用，即浓度加和（concentration additive）作用与效应加和（response additive）作用。

（2）协同作用（synergism）：多种化学物质产生的综合生物学效应超过它们单独引起的生物学效应的总和。其机理可能是由于一种化学物质促进另一种化学物质的吸收，或阻止其生物转化或排泄，或使其生物转化趋向生成毒性更高的代谢物。如马拉硫磷与苯硫磷的协同作用，是由于苯硫磷对肝降解马拉硫磷的酯酶有抑制作用。协同作用的产生和强度与各组分加入的顺序和比例有关。有人以鱼体中蛋白质含量为指标，比较同时加入 Ni 再加入 Cd 的情况，发现前者毒性更大、协同作用更强。因此，利用联合作用毒性效应研究成果评价化合物潜在毒性及制定某些元素背景值具有重要意义。

（3）拮抗作用（antagonism）：两种化学物质产生的综合生物学效应低于两者之中任何一种单独作用所产生的生物学效应。凡能使另一种化学物质的生物学作用减弱的化学物质称为拮抗物或拮抗剂，在毒理学和药理学中使用的解毒剂即属此类。一般认为拮抗作用有如下几种机制。

• 功能拮抗：两种或两种以上化学物质在同一生理功能上具有相反作用，如巴比妥类药物导致血压降低，但同时摄入血压增压剂肾上腺素，即产生拮抗作用。

• 化学拮抗：两种化学物质发生化学反应，形成相对低毒或无毒的反应产物。如二巯基丙醇可与砷、铅、汞等发生螯合作用，使后者毒性降低或失去活性。

• 受体拮抗：两种化学物质与同一受体结合，其中一种化学物质可将与另一种化学物质生物学效应有关的受体加以封阻，致使其不出现后者单独作用时产生的生物学效应。如阿托品对有机磷的解毒作用。

• 干扰拮抗：两种化学物质既不发生化学反应也不竞争受体，而是其中一种化学物质干扰另一种化学物质的生物学作用,使其效应减弱或消失。

(4)独立作用(independent joint action):多种化学物质对生物体产生彼此不同且互不影响的生物学效应。独立作用有时与加和作用很难区别。

化学物质联合作用毒性效应类型的测定,在实际工作中一般采用急性毒性试验,测定单个化合物和混合物的LD_{50},再按下述三种方法进行判断:

(1)联合作用毒性效应计算:首先按常规法求出各化合物的LD_{50};再按各化学物质的等毒性比例进行混合(如化学物质 A 的 LD_{50} 为 100 mg/kg,化学物质 B 的 LD_{50} 为 400 mg/kg,则混合物中 A、B 等毒性的质量比为 1:4。即混合物中 A 占 1/5、B 占 4/5);测定该混合物的 LD_{50}(分别以 A、B LD_{50} 的各 1/2 之和的剂量组为中组,选择较大组距按等比级数向上和向下推算几组。如预计 A 和 B 有加和作用,可向上向下各推算两组,如预计是协同作用,则可向下多设几组,若预计为拮抗作用,则向上多设几组。测定方法与单个化合物 LD_{50} 测定方法相同);计算该混合物的 LD_{50} 的方法与单个化学物质 LD_{50} 计算法相同,其剂量以混合物的量表示。由于混合物中各化学物质有一定比例,只要将上述混合物剂量乘以各化学物质的比例,即可分别求得各化学物质的剂量。利用式(5-114)计算混合物的预期 LD_{50}。

$$\frac{1}{\text{混合物的预期 } LD_{50}} = \sum_{i=1}^{n} \frac{X_i}{LD_{50(i)}} \quad (i=1,2,\cdots,n) \tag{5-114}$$

式中:X_i——化学物质 A、B 等各组分在混合物中所占的质量分数,$\sum X_i = 1$。

从以下比值可以确定各化学物质联合作用毒性效应的类型:

$$R = \frac{\text{混合物预期 } LD_{50}}{\text{混合物实测 } LD_{50}}$$

即 $R < 0.4$ 为拮抗作用;$R > 2.5$ 为协同作用;$0.4 < R < 2.5$ 则为加和作用。

(2)等效应图法:将 A、B 两种化学物质分别按常规法测其 LD_{50} 及其 95% 可置信限。如图 5-21 所示,在纵坐标上标出化学物质 A 的 $LD_{50}(a_2)$ 及其 95% 可置信限(a_1,a_3);在横坐标上标出化学物质 B 的 $LD_{50}(b_2)$ 及其 95% 可置信限(b_1,b_3)。在 A 和 B 的 LD_{50} 之间、可置信限的上限之间及可置信限的下限之间分别作直线,形成三条线段。从 A、B 可置信限的两上限点分别引垂直于纵轴和横轴的直线,两线交于 Q 点。

将 A、B 两种化学物质按等毒效比例混合,其方法同上述计算法的步骤。在此质量比例下,A、B 两种化学物质对生物机体的效应相等。再按常规法测定以等毒效比例配成的 A、B 混合物的 LD_{50}。

根据混合物 LD_{50} 的测定值和两种化学物质在混合物中所占的质量比例,计算 A、B 两者在混合物 LD_{50} 中各自的相应效应部分。将此二值分别标在图 5-21 中的纵轴和横轴上,得 a_0、b_0 二点。由此二点分别引纵轴和横轴的垂线,两线交于 P 点。根据 P 点的位置可以确定有关化学物质的联合作用类型。若 P 点落在线 1 和线 3 之间,即可信范围内为加和作用;若 P 点落在线 1 之下则为协同作用;若 P 点落在线 3 之上的三角形 a_3b_3Q

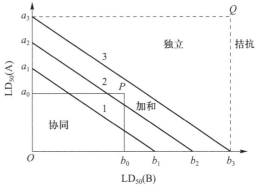

图 5-21 联合作用毒性等效应图

范围内为独立作用;若 P 点落在由纵轴和横轴及通过 Q 点的两垂线所围成的矩形之外,则为拮抗作用。

（3）联合作用毒性效应的评估和预测:实际环境体系中的污染物通常都是以混合物的形式存在。因而,可能产生累积性与联合作用毒性效应,从而会导致潜在的环境与健康风险。化学污染物联合作用毒性效应研究与潜在风险评估和预测,已经成为环境化学领域的研究热点和急需研究解决的重要前沿科学问题之一。

有机体通过不同来源及多种途径暴露于同一化学物质定义为"蓄积性暴露（aggregate exposure）"。有机体通过不同来源及多种途径暴露于多种化学物质,则定义为"累积性暴露（cumulative exposure）"。累积性暴露是多种蓄积性途径上的多种化学物质暴露。这些不同来源、不同方式暴露于多种化学物质所导致目标生物体产生毒性作用效应即为联合作用毒性效应。而联合作用毒性效应的结局通过何种途径进行表征,如何在不同层面（细胞、组织、个体和群体）量化联合作用毒性效应等,目前在理解和应用上依然存在差异分歧及瓶颈的挑战。

同样的化学污染物组分可以通过不同的组合方式构成多种多样的化学混合物,并对生物体产生各种不同的毒性作用。这些毒性作用可能是加和作用,也可能是协同作用或拮抗作用。要正确评估和预测某混合物体系在不同组成时的毒性效应,必须首先选择合适的加和作用参考模型,以确定其毒性作用是否具有加和性。如果混合物毒性与由选定的加和作用参考模型预测的毒性一致,则可以认为混合物毒性作用具有加和性,此时混合物体系的毒性作用可由该参考模型来预测。如果混合物毒性偏离预测毒性作用,则可以认为该混合物具有毒性相互作用即协同作用（大于预测毒性效应）或拮抗作用（小于预测毒性效应）,其毒性作用是非加和性的,不能由加和作用模型进行预测。目前,在化学污染物联合作用毒性效应研究中最流行的加和作用参考模型是效应相加（effect summation,ES）模型和浓度加和（concentration addition,CA）模型。另外,也常用独立作用加和（independent addition,IA）模型、组合指数（combination index,CI）和距离反比插值法（inverse distance interpolation,IDI）等。

• 效应相加模型。最早应用且最容易理解的加和作用参考模型是效应相加（ES）模型。ES 模型认为,一个化学混合物的联合作用毒性总效应等于其中各组分效应的加和。ES模型可表示为式（5-115）。

$$E(c_{\mathrm{mix}}) = \sum_{i=1}^{m} E(c_i) \tag{5-115}$$

式中:m——混合物包含的组分数;

　　c_i——混合物效应为 x 时该混合物中第 i 个化学物组分的浓度;

　　c_{mix}——混合物的总浓度;

　$E(c_i)$——第 i 个组分独立存在且其浓度为 c_i 时产生的效应;

$E(c_{\mathrm{mix}})$——混合物的联合作用毒性效应。混合物总浓度 c_{mix} 定义为该混合物中各个组分的浓度 c_i 之和,即为

$$c_{\mathrm{mix}} = \sum_{i=1}^{m} c_i$$

• 浓度加和模型。浓度加和（CA）模型亦称 Bliss 加和（Bliss addition）模型或剂量加和（dose addition）模型。CA 模型可表示为

$$\sum_{i=1}^{m} \frac{c_i}{EC_{x,i}} = 1 \tag{5-116}$$

式中:$EC_{x,i}$——第 i 个组分的等效应浓度,即第 i 个组分单独存在时引起与混合物效应 x 相等效应时该组分的浓度。

在经典文献中,式(5-116)中的($c_i/EC_{x,i}$)称为第 i 个组分的毒性单位(toxicity unit, TU)。因此,如果一个混合物的毒性作用具有加和性,则该混合物中各组分的毒性单位之和等于 1。由于 CA 模型可以合理地解释具有不同类型浓度-效应曲线(concentration-response curve,CRC)的化学污染物构成的混合物联合作用毒性效应,所以 CA 模型广泛应用于化学污染物联合作用毒性效应的评估和预测。

● 独立作用加和模型。伴随 CA 模型广泛应用的另一个加和作用参考模型是独立作用加和(IA)模型。IA 模型亦称效应或响应加和(response addition)模型与 Loewe 加和(Loewe addition)模型。IA 模型可表示为

$$E(c_{\text{mix}}) = 1 - \prod_{i=1}^{m} \left[1 - E(c_i) \right] \tag{5-117}$$

由于化学污染物的混合物中各组分浓度较低,一般不在该组分浓度-效应曲线的线性部分,经典线性拟合方法只能获得 EC_{50} 等高效应浓度数据,无法准确估计低效应浓度,必须采用非线性模拟方法。另外,由于毒性效应测定因受试生物多种不可控因素客观存在而产生较大的不确定性(偶然误差),特别是低浓度毒性测定。如何设计毒性实验减少偶然误差以及如何模拟非线性 CRC 是有效预测化学污染物联合作用毒性效应的关键问题之一。

大量研究表明,很多环境污染物的毒性效应呈现出非单调非线性作用规律,既不是浓度线性的,也不是浓度对数线性的。由式(5-115)可知,对由具有非线性 CRC 特征的化学污染物构成的混合物,其效应加和性显然不能应用经典的 ES 模型进行检验。此外,由于 ES 模型无法解释"虚拟组合"现象以及将所谓"无中生有"(something from nothing)现象解释为潜在的协同作用效应,因而被逐渐淘汰。正确评估具有不同 CRC 特征的化学组分构成的混合物是否具有加和作用,需要选择合适的加和作用参考模型。CA 模型适用于评估具有浓度线性和浓度对数线性 CRC 特征污染物联合作用毒性效应,以及某些具有非线性非单调 CRC 特征污染物的联合作用毒性效应。因此,CA 模型已被美国环境保护署(USEPA)及欧盟等作为化学污染物联合作用毒性效应评估的标准参考模型。然而,CA 模型目前仍只是一个工作模型,尚缺乏坚实的理论支持,也不直接与毒性机理相关,同时在 CRC 上的某些浓度区域尚存在预测盲区,需谨慎使用。一般认为,CA 模型适用于具有相似作用模式的混合物体系,而 IA 模型则适用于具有相异作用模式的混合物体系。然而,这两种方法也存在不足,一是不能直观定量地表征混合物联合作用毒性效应强度;二是由于很多物质作用模式尚未可知,以及如何选择相异标准也是目前无法解决的难题。因而,在实际应用时还无法正确选择 CA 模型或 IA 模型。

● 组合指数。组合指数(CI)是用于化学污染物联合作用毒性效应评估的混合物毒性指数,具有坚实的理论基础,已广泛应用于药物组合研究。设混合物由 n 个组分组成,在混合物效应为 $x\%$ 时的该混合物的组合指数 CI_x 定义为

$$CI_x = \sum_{j=1}^{n} \frac{(D_x)_{1-n} \left\{ (D)_j \Big/ \sum_{1}^{n} (D) \right\}}{(D_m)_j \left\{ (fa_x)_j \Big/ \left[1 - (fa_x)_j \right] \right\}^{(1/m_j)}} \tag{5-118}$$

式中：$(D_x)_{1\sim n}$——$x\%$ 效应时的混合物总浓度；

$\qquad (D)_j$——组分 j 在混合物某一效应（不一定是 $x\%$）的浓度；

$\sum_1^n (D)$ 是该效应下混合物中各组分的浓度之和。应用 CI 可定量地评估化学污染物的联合作用毒性效应。当 CI 小于 1、等于 1、大于 1 时，分别表示该混合物分别产生协同作用、加和作用与拮抗作用。同时，CI 还能定量表征其相互作用程度大小，即 CI 偏离 1 的多少即是其相互作用的程度大小。

• 距离反比插值法。浓度加和（CA）模型和独立作用加和（IA）模型在化学污染物的联合作用毒性效应评估和预测中发挥了巨大作用。但是，CA 模型和 IA 模型却不能准确预测含有生物刺激效应组分及多元混合物相互作用的联合作用毒性效应。生物刺激效应是在低浓度区域产生刺激而在高浓度区域产生抑制的现象。人们通常认为，物质的 CRC 为 S 形曲线，但具有生物刺激效应的物质，其 CRC 常常表现为非单调的 J 型曲线。由于生物刺激效应的发现，许多人认为根据线性阈值模型进行风险评估会造成严重偏差。最近，有研究者在距离反比插值基础上，结合化学污染物的毒理学特性，建立了一种无需化学污染物各组分毒性作用模式信息的预测混合物联合作用毒性效应的新方法，有效弥补了 CA 模型和 IA 模型的不足。距离反比插值法的基本原理是预测化学污染物的联合作用毒性效应时，令混合物中各组分浓度代表空间中的一个维度，混合物效应亦代表空间中的一个维度，从而建立起多维浓度-效应空间体系，并将混合物和单个物质视为分布在多维浓度-效应空间体系中的散点，再以混合物中各组分和混合物体系中的部分混合物的浓度-效应数据作为训练集，计算未知混合物与已知混合物（已知单个物质）之间的欧氏距离；再选取部分距离未知混合物较近的混合物或者单个物质作为插值节点，遵循距离未知点越近的插值节点其权重越大原则，依据各插值节点的权重和毒性作用效应计算未知混合物的联合作用毒性效应。研究表明，混合物的最大刺激效应和最大抑制效应随其浓度比的改变而改变，对那些含有大于 100% 组分刺激效应的混合物体系，适当增加其训练集的规模，距离反比插值法依然能够准确预测混合物的联合作用毒性效应。

• 方法体系及应用软件。当今，大量化学物质登记管理及混合物使用等导致联合作用毒性效应评价需求日益迫切。尽管化学污染物的联合作用毒性效应研究已有近百年历史，但进展十分缓慢。其原因除了污染物本身毒性作用机制的复杂性之外，缺乏方法学与数据分析平台的研究是阻碍其快速发展的重要原因之一。2007 年，美国国家研究理事会（USNRC）发表了《21 世纪毒性研究：愿景与战略》报告，提出基于人源细胞系、离体组织、非脊椎动物等并使用高通量筛选手段结合基因组学、生物信息学及现代计算毒理学等手段开展安全性评价。在此基础上，有害结局路径分析（adverse outcome pathway，AOP）、系统检测评估方法（integrated approach to testing and assessment，IATA）、集成测试策略（integrated testing strategy，ITS）、效应导向分析（effect-directed analysis，EDA）、毒性识别分析（toxicity identification evaluation，TIE）等系统评估策略和框架得以提出，并不断发展和完善，使实现评估高效、低成本和尽可能准确，以及推动基于毒性作用机制的化学污染物风险管控成为可能。这不仅为 21 世纪的毒理学发展提供了全新策略，也为复杂、多维的化学污染物联合作用毒性效应及其机制研究等提供了可行的解决思路。从理论框架的完整性及应用广泛性等而言，其中有害结局路径分析（AOP）非常具有代表性。AOP 是针对特定评估问题，灵活运用一切手段，以化学污染物与已知明确的分子事件(molecular initiating event,MIE)为起始,逐步涉及生物相关的亚细胞、细胞、器官、机体及群体层面所导致的不良结局作为不同毒性事件终点,并评价这些事件终点之间的相互关系及其过程。AOP 主要包括分子起始事件(MIE)、关键事件(key events,KEs)和有害结局(adverse outcome,AO)三个模块,这些模块通过关键事件关系(key event relationships,KERs)相连接。AOP 类似拼图策略,耦合并分析整个毒性作用发生的过程,并强调从分子事件推导至个体及种群水平不同毒性事件的逻辑关联。AOP 为解析多种化学污染物的联合作用毒性效应及其作用机制提供了逻辑框架和系统方法学。但其目前尚处于发展初级阶段,具体实施仍需建立在单一不同化学污染物 AOP 丰富完善的基础上,才能对混合化学污染物 AOP 进行丰富完善,从而进一步实现其分组、机制通路解析,以及不同效应层面的联合作用毒性效应评价等目标。

当前,主流观点首先是从化学污染物联合作用毒性效应的作用机制分为"完全相似"和"完全不相似"模式,分别由经典的 CA 模型和 IA 模型表达。但在很多情况下,混合污染物往往会表现出更为复杂的协同作用或拮抗作用等联合作用毒性效应,因而又将其划分为"无交互"和"交互"两种作用模式,"完全相似"和"完全不相似"模型均在"无交互"模式框架下,CI 模型和 IA 模型等均在此框架内。从整体混合污染物评估目标并结合其途径等综合考虑,根据经济合作与发展组织(OECD)定义,可分为基于毒性终点的评估、基于机制的评估、基于化学污染物分类的评估、基于化学污染物来源(包括使用途径)的评估、基于人群的评估及基于疾病的评估等混合污染物的联合作用毒性效应评估框架。另外,还可根据逐级评估优化策略综合考虑,WHO、OECD 以及 ILSI/HESI 等相关风险评估机构联合提出了多种化学污染物联合暴露风险评估框架(图 5-22)。该框架建立了阶层式逐级评估策略,强调整个评估规划的逻辑性和系统性,美国和欧盟等相应机构和组织构建的评估框架与此框架总体类似和接近。

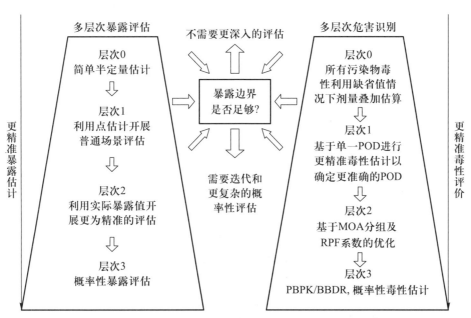

POD—point of departure(毒性效应终点);MOA—mode of action(毒性作用模式);
RPF—relative potency factor(相对效应因子)

图 5-22　OECD 提出的混合污染物联合暴露风险评估技术框架

多年来,经常用于评估和预测化学污染物的联合作用毒性效应的应用软件仅有CombiTool软件和BioMol软件。前者基于浓度加和与独立作用模型,可用于评估二组分或三组分(假定一个组分浓度不变)化学污染物的联合作用毒性效应;后者则主要应用于二组分或三组分化学污染物基于药物代谢动力学的联合作用毒性效应评估和预测。

近年来,研究者还建立了化学混合物毒性评估与预测(assessment and prediction of mixture toxicity,APTox)方法体系,并得到了实际应用。该方法体系的建立,发展了微板毒性分析法(microplate toxicity analysis,MTA)以提高测试数据的精密度;创建了直接均分射线(direct equipartition ray,EquRay)与均匀设计射线(uniform design ray,UD-Ray)法以有效表征混合物浓度组成;应用支持向量回归(support vector regression,SVR)技术拟合不同形状浓度-效应曲线,并提出了将实验化学污染物及其混合物整体剂量-效应曲线与加和参考模型预测CRC比较,以评价化学污染物毒性相互作用效应的方法;并集成多种技术,设计开发出了APTox应用程序,在所提供的开放式软件平台上,可根据新方法与技术研发而及时更新。该方法体系可同时完成化学污染物及其混合物浓度-效应数据采集微板实验设计、CRC非线性拟合、毒性评估与预测,以及毒性相互作用分析等多项研究内容。

6. 污染物毒性作用机理

外源性物质对生物体毒性作用的机理是多方面的,且非常复杂。化学物质可通过各种途径对生物体结构和功能产生不同程度的毒性效应。由于化学污染物种类繁多及生物体结构和功能的复杂性,毒物作用的机制也是复杂多样的。复杂毒性机制可涉及多个层次和步骤,进入生物有机体内的化学污染物被传送到靶部位,经相互作用而结合,引起细胞功能和机构的紊乱,后者进一步引发细胞或分子水平上的修复活动。当污染物所引起的靶分子结构变化或功能紊乱超过修复能力或修复本身发生障碍时,即产生毒性效应。

随着分子生物学的发展,人们对化学污染物作用机制的研究已从细胞水平不断向分子水平深入。最新研究表明,几乎所有化学物质的毒性作用实际上都是通过影响其基因的表达来实现的。有的化学物质直接引起基因序列的改变,有的化学物质则影响基因调控的某个或多个环节。

(1)污染物与生物大分子的相互作用:大多数化学污染物是在与生物大分子作用以后才表现其毒性的。这些生物大分子包括核酸、蛋白质、脂质和多糖。这些与化学污染物相互作用并显示毒性的生物大分子叫作毒物的靶分子。生物大分子要成为靶分子必须具备一定条件。有的大分子具有特殊的立体结构,使之能与污染物分子发生特异反应。如佛波酯类化合物能特异性地与丙种蛋白激酶作用而增强其活性。有的分子具有特殊化学反应特性,使之能与污染物发生特异性反应,如羟基自由基能与脂质作用,诱发脂质的夺氢反应而形成脂质自由基,脂质自由基能继续参与其他脂质氧化还原连锁反应而影响生物膜功能。在某些情况下,靶分子可能是化学污染物的直接受害者,如一氧化碳高亲和性地与血红蛋白结合,结合后的血红蛋白完全失去生理学功能,即载氧能力。大量研究表明,污染物与靶分子有如下几种反应类型。

● 共价结合。污染物与靶分子共价结合反应的毒理学意义极为重要,因为这种反应非可逆性地改变靶分子的结构和功能。如果共价结合的靶分子是DNA,常常会导致基因突变而引起细胞功能的永久性损害。具有亲电子基团的化学污染物质常与靶分子发生共价结合。

• 非共价结合。这种反应常见于化学污染物与受体、离子通道或酶之间的相互作用。如四氯二噁英与芳香烃类化合物受体结合影响许多基因表达。非共价结合是可逆的,因此污染物与靶分子的相对浓度至关重要。

• 夺氢反应。此类反应常见于中性自由基与靶分子间的相互作用。靶分子在中性自由基的作用下,消除一个单原子氢,结果形成靶分子自由基,即大分子自由基,这些大分子自由基参加氧化还原连锁反应或与其他大分子发生交联反应。

• 电子转移。电子转移污染物改变靶分子的氧化还原状态,如联苯胺类化合物氧化血红蛋白中的亚铁使之转变为三价铁,形成高铁血红蛋白,高铁血红蛋白的载氧能力大大下降。

• 酶促反应。有些污染物本身具有催化活性或能改变内源酶的活性,如流感病毒的神经氨酸酶能水解神经氨酸而导致神经肌肉酸痛。

大量研究表明,污染物与靶分子作用造成的直接后果主要表现在三个方面:一是造成靶分子的功能障碍。其表现为功能抑制和激活。如神经递质乙酰胆碱在与乙酰胆碱受体结合后产生神经兴奋反应。阿托品也能与乙酰胆碱受体结合,但结合后的受体不但不产生神经兴奋,反而失去与乙酰胆碱结合的能力。与此相反,有些化学污染物在与靶分子作用后会使靶分子功能增强,如吗啡激活阿片受体,佛波酯与丙种蛋白激酶结合而增强该酶的活性。另外,造成靶分子功能障碍的是干扰 DNA 的模板功能,如黄曲霉毒素活化后,其 8,9-环氧链可与 DNA 碱基鸟嘌呤 7 位氮原子发生共价结合,这一结合使鸟嘌呤的配对碱基在 DNA 复制时由胞嘧啶变为腺嘌呤,导致基因突变,引发肿瘤。二是损害靶分子的结构。污染物与靶分子作用可直接导致靶分子结构损害,其机理涉及两个方面:一方面是造成生物大分子间的交联反应,即在污染物作用下,多个生物大分子共价结合而形成巨分子,这种巨分子完全或部分丧失其生物学功能。如 2,5-己二酮、二硫化碳、丙烯醛及氮芥烷基化合物等常诱发细胞膜蛋白间或 DNA 双链间的交联反应。另一方面是引起靶分子降解,这种损害常见于 DNA 分子断裂。三是形成新的抗原。这种情况常见于超敏反应体个体。有些污染物与靶分子结合后具有免疫原性,因此能刺激机体产生免疫反应。如氟乙烷在肝脏中由多功能单氧氧化酶氧化后,与肝细胞内多种内质网蛋白结合(如羧酸酯酶),结合后的内质网蛋白能诱发自身免疫反应使肝受到损伤。

(2) 毒性作用与基因表达:基因是生物遗传的基本单位,是一段具有独立功能的 DNA 分子。DNA 分子的化学本质是磷酸、脱氧核糖及生物碱基。其碱基包括腺嘌呤、鸟嘌呤、胞嘧啶和胸腺嘧啶。DNA 分子以双链分子存在于细胞中,其双链由碱基间的氢键来稳定。将 DNA 上的信息转录成 mRNA 继而翻译成蛋白质的过程称为基因表达。基因表达的调节虽然可以发生在多个水平上,但大多发生在基因的转录过程中,即从 DNA 到 mRNA 的过程。基因的转录除了需要特定的 RNA 聚合酶外,还需要其他多种蛋白质(即转录因子)。转录因子能与基因的调控部分如启动子特异地结合而启动基因的转录。大多数转录因子需要激活后才能与基因的调控部分结合。因此影响转录因子的合成与激活,以及影响基因调控部分的结合状态是污染物表现毒性的重要分子机制。转录因子有以下两种激活方式。

• 配体激活。在配体激活过程中,配体通常为小分子化合物和金属离子,直接与转录因子或转录因子的附属蛋白结合,结合后的转录因子方能作用于基因的调控部分,继而改变基因的转录水平。固醇类激素常以配体的方式影响基因转录。如四氯二噁英与细胞质里的芳香族碳氢受体结合,继而改变基因转录。

● 信息传递激活。信息传递激活不需要直接与转录因子或转录因子的附属蛋白结合,而是间接地改变转录因子的生物学状态,最常见的是转录因子的磷酸化状态。转录因子的磷酸化状态是由磷酸激酶和磷酸酯酶控制的。有些转录因子要磷酸化后才能与 DNA 分子上的应答序列结合而启动基因的转录。在这方面研究比较清楚的有活化蛋白-1(AP-1),AP-1 是一族二聚体或多聚体蛋白,分别由 Jun 蛋白和 Fos 蛋白组成。AP-1 能和 DNA 分子上的 AP-1 的应答序列结合而启动许多与细胞分裂有关的基因表达,因此与细胞的癌变有很大关系。最新研究表明,Jun 蛋白是一种半衰期较短的细胞核蛋白,但磷酸化的 Jun 蛋白,其半衰期将增长许多倍,而且对 AP-1 应答序列的亲和力也有所增加。催化 AP-1 磷酸化有多种激酶,包括丙种蛋白激酶。许多化学致癌物,如四癸酰佛波醇乙酸酯就是通过激活丙种蛋白激酶,继而使 AP-1 磷酸化而影响细胞分裂。

激活的转录因子与 DNA 分子上的应答序列特异结合才能启动基因的转录。如果改变 DNA 分子的应答序列,激活的转录因子与其结合的能力就要丧失。有研究表明,在真核细胞,基因表达与基因调控序列碱基的甲基化有密切联系。在真核细胞中,DNA 的甲基化发生在胞嘧啶的 5 位碳原子上,形成 5-甲基胞嘧啶。一般情况下只有双核苷酸 5′-CPG-3′ 序列上的胞嘧啶被甲基化。最新研究表明,甲基化可能阻碍 DNA 分子上的应答序列与转录因子结合,继而影响基因表达。在肿瘤组织中,许多与癌变有关的基因,其调控序列的甲基化水平较低,称作甲基化不全。许多化学物质,如苯肼类化合物,可明显降低许多肿瘤基因的甲基化程度。

(3) 污染物与生物体内抗氧化防御系统的作用:在研究污染物的致毒机理中,人们发现许多外源性污染物是通过产生大量活性氧自由基,从而对有机体诱发多种损害,而这些能产生活性氧自由基的污染物在生物体内的暴露对生物有机体内起抗氧化作用的酶系统起诱导作用。

生物体在长期进化过程中,需氧生物发展了抗氧化防御系统(antioxidant defense system),其组成包括一些水溶性组分,如谷胱甘肽(GSH)、维生素 C 等和脂溶性组分,如维生素 E、β-胡萝卜素及一些酶类,如谷胱甘肽过氧化物酶(GPX)、超氧化物歧化酶(SOD)、过氧化氢酶(CAT)等。生物体在正常生理状态下,由机体代谢产生的活性氧自由基可为体内的抗氧化防御系统所控制,但当某些种类的污染物(如醌类、芳香羟胺类、金属螯合剂等)在生物体内进行生物转化时,同时产生氧化还原循环(redox cycling)。因此,在生物体内不仅母体化合物产生的中间产物本身就是自由基代谢产物,可与体内核酸、蛋白质等生物大分子共价结合,从而对生物有机体产生毒害,而且在其氧化还原循环过程中产生大量活性氧自由基(如·OH、O_2·、HO_2·等),这些活性氧自由基又可使生物有机体发生 DNA 断裂、脂质过氧化、酶蛋白失活等一系列机体损伤作用,从而引起机体氧化应激(oxidative stress)。在生物体内这些活性氧产生及转化过程中,SOD、CAT、GPX、GSH 等酶类起着极为重要的作用。

目前的研究表明,生物有机体暴露于可产生氧化还原循环的化学物质后,体内抗氧化防御系统中的某些成分会发生改变。如 SOD、CAT、GPX 等酶类可被诱导,除了酶活性发生变化之外,GSH 及活性氧自由基量的消长,也可反映氧化应激的存在,生物有机体的脂质过氧化作用也能证明污染物氧化性损伤作用的发生。

(4) 污染物联合作用毒性效应机理:环境中多种化学污染物复合污染的联合作用毒性效应机理涉及以下几个方面:

- 竞争结合位点。物理化学性质相近的各种污染物由于作用方式和途径相似,因而在环境介质(土壤、水体)、代谢系统及细胞表面结合位点的竞争必然会影响这些污染物共存时的相互作用。通常情况下,对吸附位点的竞争会导致一种污染物从结合位点上取代另一种处于竞争弱势的污染物。这种竞争的结果在很大程度上取决于参与竞争的污染物的种类、浓度比和各自的吸附特性。致毒的污染物浓度比并非污染物总浓度的比值。这种结合位点的竞争还会发生在生物体对污染物的吸收、转运、蓄积和消除过程中,也会发生在酶通道和受体蛋白上。生物体内的各种位点竞争常发生在各种表面,尤其是细胞膜和胞外结构(如黏液、细胞衣)上的结合位点。

- 影响酶的活性。通过改变与污染物有关酶(系)的活性,影响污染物在生物体内的扩散、转化和代谢方式,从而影响污染物在生物体内的行为和毒性。酶活性的改变对多种污染物的代谢影响是直接而重要的,其中研究最多的是金属结合蛋白,混合功能氧化酶体系和过氧化保护酶系等。特定酶系在某种污染物作用下的诱导表达会改变生物体对另一类化合物的代谢行为,这也是污染物联合作用毒性效应的重要机理。另外,很多化合物可抑制生物体内自由基的产生,从而减轻过氧化物胁迫,使其他共存毒物的毒性降低。

- 干扰正常生理过程。污染物间的相互作用可干扰生物体内正常生理活动和改变有关生理生化过程而产生联合作用毒性效应。如在含有 Cd 的培养液中加入 Pb 会使植物根中游离氨基酸的积累增加,从而影响植物细胞的渗透压,同时根中可溶性蛋白质含量比单独加入 Pb 时下降快得多,从而表现出更大的破坏性。污染物间相互作用还会影响生物体对特定化合物的转移、转化、代谢等生理过程。

- 改变细胞结构与功能。复合污染物可以引起各种将生物体或有关内含物与外界环境隔离的生物学屏障在结构和功能上的扰动,从而改变其透性及主动、被动转运的能力。复合污染物还可以通过对细胞器结构、功能的改变来影响污染物对生物体的联合作用毒性效应。

- 螯合(或配位)作用及沉淀作用。化学污染物的螯合(或配位)作用可改变污染物的形态分布和其生物有效性,从而直接影响其毒性作用效应。有机螯合剂和被螯合物可形成生物体几乎不能吸收、蓄积的螯合物形式,这是减毒的重要机理。金属螯合物很难通过鱼鳃和表皮,因而其毒性将大为降低。复合污染物间形成沉淀会降低污染物的溶解性及其生物有效性。

- 干扰生物大分子的结构与功能。有毒化学物质通过抑制生物大分子的合成代谢,干扰基因的扩增和表达,对 DNA 造成损伤或使之断裂并影响其修复,同时通过与 DNA 生成化学加合物等途径对生物体产生毒性作用。

三、污染物生物效应的检测及生物标志物

1. 污染物生物效应的常规检测

研究污染物–环境–生物有机体三者之间的关系,及污染物对生物个体、种群和生态系统作用的生物效应,以往的许多工作是对生态系统食物链中各个代表性生物进行急性和慢性试验,并用这些结果作为评价环境化学物质的毒性强度及可能对生物体和生态系统造成影响的一类参数。现在这些方法都已作为污染物生物和生态效应研究的常规检测方法;此外,用微宇宙、受控野外生态系统和实验生态系统来研究污染物在生态系统中的转移、归趋及对各种生物个体、种群或群落影响的实验结果可较好地反映污染物对生物个体及对生态

系统的影响,比较接近自然状况。这些在生物个体或生态系统水平上的研究,对污染物的评价和筛选发挥着重要作用。

2. 污染物生物效应的分子检测

在有关污染物生物效应指标的研究中,许多研究首先是用生物化学的方法和手段探索能反映污染物对生物体早期影响的参数。如采用生物化学测定(biochemical measurements)来检测污染物对生物体造成的损伤,或采用生物化学方法(biochemical approches,biochemical methods)和生物标志物(biological markers)研究污染物对生物体暴露的影响,尽管这些方法采用的名称不一致,但其本质和内容则是相同的,即研究污染物与生物体内的有关生化成分的反应,并用所产生的影响来反映污染物的作用。这种作用是以分子水平上的反应为基础的,无论污染物对生态系统的影响多么复杂或最终影响如何,早期的作用必然是从对生物个体内的分子水平上的作用开始,然后逐步在细胞→器官→个体→种群→群落→生态系统各个水平上反映出来。这种早期的作用在保护种群和生态系统上具有极大的预测价值。从污染物作用方式及靶点来看,目前的研究主要有以下几个方面:① 用有关酶的活性作为生物机体功能和器官损伤的标记。这些酶主要是一些组织酶、胞内酶和血清中器官专一性的同工酶。② 用污染物对生物体解毒系统基因的活化引起 mRNA、蛋白质及酶活性的增加来反映特定化学物质的早期作用,这些生物大分子主要是生物体解毒系统的各种酶或蛋白质。③ 用环境化学物质对受作用机体内 DNA 的化学修饰所引起的 DNA 改变来反映化学污染物的潜在致毒作用。

上述许多研究结果及有关参数已被作为污染物生物效应指标用于污染物的环境监测和风险的早期预警,并具有很好的应用前景。

3. 污染物生物效应的生物标志物及其检测

由于对工业化学品与农药产生不良健康影响的最低剂量,及其如何影响人类健康的原因知之不多,甚至完全不知,从而导致了外推技术的发展,如利用动物试验结果预测人群健康影响,即由动物试验得到的某些化合物的急性和慢性毒性的结果外推至人。但采用这种方法有一定的局限性。首先,我们并不清楚哪一种动物能最好地代表人,如有机磷农药的神经毒性是以鸡或猫的试验为最多;过敏反应试验的最好代表则是豚鼠。其次,有些化学物质与动物体内的某些球蛋白有关,而这种球蛋白在人体内却很少表达,因而在动物身上发生的某些损伤不一定与污染物对人类健康的影响相一致。此外,用数学模式外推法预测污染物的危险性是以某些假设为基础的,如用某一化学物质直接或间接作用于脱氧核糖核酸(DNA)而诱发癌症,这种物质便被认为是化学致癌物。但后来发现某些代谢产物也是致癌物,若将代谢产物的代谢途径加以抑制,或许根本不会产生致癌物。因而这种外推模式并不很适用。相比之下,生物标志物能为环境污染物危险性评价提供更及时和更精确的科学依据。

(1)生物标志物的基本概念:一般而言,污染物首先必须进入生物体并到达靶点后才可能发生生物学变化。广义上说,从暴露到效应产生,其间的级联生物效应都可用适当的生物标志物进行检测。这些生物化学反应,从分子的相互作用到细胞损伤,甚至整个生物体的毒性显现都反映了生物系统与环境因素的相互作用。这些作用可发生在分子、细胞及生物个体水平上,并使生物体产生功能、生理及生物化学变化。如果在生物体结构严重损害前,出现这些生物及生物化学反应,生物标志物将有助于确定生物体所处的污染状态及其潜在危害,为严重的污染物毒性伤害提供早期警报。

对污染物危险性评价的需求,推动了生物标志物研究和检测的发展。生物标志物可以用于检测生物暴露于环境污染物的剂量和效应、生物体遗传性或诱发性的敏感性差异,以及由环境污染物引发的各种疾病的早期诊断。用于风险评价的理想生物标志物应该是能定量检测的,在一定系统中发生化学、生物化学及功能或形态的变化,并由某种化学物质导致病理变化或显示出明显的毒性。为选择适用于风险评价的生物标志物,必须对毒性机理、剂量和与其相对应的关系有所了解。美国环境保护署发表的有关生物标志物的报告中,将生物标志物概括为穿过机体屏障,并进入机体组织或体液的环境污染物或其产生的生物效应。对其检测的结果可作为生物体暴露、效应及易感性的指示物。1987 年美国国家科学院国家研究委员会确定生物标志物的定义为生物学体系或样品的信息指示剂(indicators signalling events in biological systems or samples),并将其划分为三类,即暴露标志物、效应标志物和易感性标志物。每种生物标志物都具有其特性,且在环境健康评价中有潜在的关系,理想生物标志物的基本特点如下:

● 暴露标志物。外部暴露是指外源性物质作用于机体的接触量,而内部剂量是指体内所吸收的量,暴露标志物指示外源性物质的存在和它与机体内部的相互作用。一般利用数学模式、化学或物理的方法分析食品、空气、水、土壤等来评价暴露;也可采用检测血、尿、唾液、脑脊髓液和其他生物样品来评价暴露。而用暴露生物标记监测法评价暴露要比数学模式或环境样品分析法评价更为准确。它所具备的化学特异性能够指示环境污染物的接触剂量与相应的生物效应的相关性,并可通过常规实验技术进行微量鉴定和检测,即测定体内某些外源性物质或检测该物质与体内内源性物质相互作用的产物及与暴露有关的其他指标。

● 效应标志物。能够指示疾病的出现,病兆的早期预示或某些造成疾病的周边事件,其监测结果可以预示有害健康的发展趋势。效应标志物代表着健康危害的持续性,可以对其进行定性或定量检测,对有害物质暴露的早期响应可以通过靶组织功能的改变显示出来。如染色体损伤,靶基因突变或刺激素状态的改变等。生物效应标志物应对其引发的疾病有特异性和针对性,并与该疾病的发展有量的相关性。通过测定生物机体中某一内源性成分,指示产生的疾病或产生的障碍及机体功能容量所发生的改变等。

● 易感性标志物。能够指示个体之间或人群之间机体对环境因素影响有关的响应差异。它是生物体内接触某种外源性物质激发的特别敏感的标志物,它与个体免疫功能差异和靶器官有关,即与体内抵抗环境有害物质造成健康危害的要素测定有关。易感性标志物表现有遗传特性和代谢作用的差异、免疫球蛋白水平的变化、机体对环境损伤的恢复能力等。

从暴露到临床疾病的发生顺序和个体易感性的响应,疾病发生过程中各阶段的生物标志物的关系及其各要素之间的作用如图 5-23 所示。

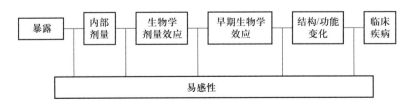

图 5-23 各种生物标志物之间的关系及其作用

易感性标志物的基本原理是个体内部差异的指示,这种差异能提供个体抵抗环境诱导疾病的能力或敏感度,可分为三种类型:一是各种酶对化学物质的解毒或增加毒性的平衡能力在个体之间和物种形成的群组之间存在差异,这些内部差异通常能用来说明机体对化学品暴露效应易感性的高低;二是反映环境因素引起 DNA 损伤修复能力上的基因变化,缺乏DNA 修复基因的机体可能以 DNA 加合物的方式表现出更为明显的 DNA 损伤,如染色体数的改变、结构上的修饰(如染色体断裂、重排或交换)、被激活的癌基因和它们的蛋白加合物及癌症的高发病率等;三是内部基因先天缺陷以致增加癌症风险。普遍认为癌症是多阶段过程,需要一系列的基因改变或产生临床可检测到的肿瘤诱变过程。如果已经具有一个或多个必需的基因变化,那么就减少了化学污染物可引发癌症所需的步骤,机体所面临的危险将较为严重。

生物机体中各种酶的产生有着很大的差别,这些酶既可以活化亲电性代谢产物的形成并与 DNA 共价结合,也可以对化学污染物起催化降解作用。在代谢途径中涉及许多酶,它们中的大多数源于人类进化过程并生来具有抗毒的能力。在每组酶里,都有一些酶以各种形式对不同的化学物质起代谢作用。如细胞色素 P450 酶类大约有 40 种酶是从祖先的一个普通细胞色素基因演化形成的,且代谢化学物质的能力也不尽相同。因此,一些可反映生物指标的酶也是具有重要生物学意义的生物标志物。

根据污染物性质来选择相应的生物标志物作为研究对象有助于阐明、评价和预示环境污染物引起生物系统(动植物与人)和生态系统(自然景观与环境)可能发生的变化情况。近年来,人们非常重视生物标志物在环境质量评价、化学品毒性评价、环境风险评价和环境修复后的质量评价等多方面的应用。用于环境监测的常见生物标志物列于表 5-3。

表 5-3　环境监测中常见生物标志物的基本特点与应用范围

生物标志物	生物化学反应	生物层次	响应时间	检出限	应用范围
DNA 损伤	加合物	分子	早期	低	修复/分析
DNA 损伤	链破裂	分子	早期	中	修复
蛋白质异常	加合物	分子	早期	中	分析
混合功能氧化酶	酶感应	分子	早期	中	物种变异性
代谢产物	非生命化学物质	生化	早期	低	化学物质形态
胆碱酯酶	酶抑制	分子	早期	中	物种变异性
血红素生物合成	不正常卟啉	生化	中	中	物种变异性
血液化学	各种实体细胞	生化	中	高	物种变异性
状况指数	各种实体细胞、组织	生化	中/迟	高	两种有效性
免疫能力	吞噬作用	细胞	中/迟	中	分析
染色体畸变	DNA 不正常	亚细胞	中/迟	高	分析
酶改变焦点	瘤损伤	亚细胞	中/迟	中	分析
细胞转化	坏死/肿瘤	细胞/组织	迟	高	分析

（2）生物标志物的研究及检测：环境化学物质的暴露标志物和因化学物质暴露所带来的有损于环境与健康的效应标志物的研究及检测，是在应用生物学指标的科学基础上发展起来的具有可靠性、实用性的科学方法，并可将其用于环境与健康研究中的风险评价。因此，所谓生物学的标记是指对某些所获得信息的应用，而不是指这一特异信息本身。理想的生物标志物应具有其特异性和应用性。如果采取检测动物或者人的血、尿、组织中化学物质或其代谢产物作为其生物标志物，则有可能受到接触时间等因素的限制。目前广泛提及的生物标志物大多是关于生物大分子加合物的应用。近期的研究结果表明，选择大分子加合物（作为生物有效剂量的测定）和癌基因活化（作为效应标志物）相结合的方法具有很强的生物合理性。DNA 加合物是由亲电性化学污染物与 DNA 共价结合的产物，如不可修复，DNA 加合物则可能导致基因突变和癌症初期的形成。蛋白质加合物（如血蛋白加合物或尿蛋白加合物）可作为一种比较容易获得的与 DNA 形成加合物的替代物。

污染物进入生物体内后，经体内的酶系统活化，产生中间代谢产物，这类具有强亲电性的代谢产物可与生物体内的脂类、蛋白质、核酸和多糖的亲核中心发生反应，形成稳定的或不稳定的加合物。DNA 是生物体内极为重要的生物大分子，是生物体重要的遗传物质，如果生物体 DNA 受到外源物质攻击而发生变化和损伤（如形成 DNA 加合物或甲基化比例改变），而体内的修复系统不能及时修复这种变化和损伤时，其特有的遗传学性质就会受到影响。污染物与细胞 DNA 相互作用形成共价结合物被认为是化学致癌或致突变过程启动的关键步骤，污染物与 DNA 之间的相互作用反映出污染物的遗传学毒性，许多具有化学致癌作用和致突变作用的污染物都可以引起不同类型的 DNA 损伤。

亲电性化合物与 DNA 分子上的亲核基团共价结合而形成加合物，造成 DNA 损伤。DNA 加合物的检测有助于对某种受试化学物质的遗传毒性作用或致突变、致癌潜能作出评价，已有较多检测 DNA 加合物的方法，如荧光分光光度法、高效液相色谱（HPLC）法、气相色谱-质谱法、免疫分析和 ^{32}P 后标记法等。目前 ^{32}P 后标记法已成为最为灵敏的 DNA 加合物检测方法，可以测定 1 加合物/$[10^{10\sim11}$（正常核酸）]（即 1 个双倍基因组中检出 1 个加合物）。

尽管污染物-DNA 加合物的检测是必不可少的，但在化学品致癌作用中不一定总是有效的（如图 5-24 所示）。因此，某些毒理学研究发现可利用蛋白质加合物作为 DNA 加合物标志物的替代物。在实际工作中，被激活的癌基因已普遍地被用于恶性肿瘤的诊断。很多研究已证明，许多环境致癌物是在代谢过程中被活化为亲电性物质，进而与 DNA 或蛋白质亲核位置反应，并在反应过程中产生代谢产物——大分子加合物。人们认为蛋白质加合物是重要的剂量计（dosimeters），对其研究及检测便于科学考察个体之间的代谢差异。从加合物的剂量-反应关系、在生物体内存留时间和取样方便等方面来看，血红蛋白加合物是化学污染物生物监测最有希望的指标。因为外源性物质在体内能与大分子共价结合，存留时间的长短取决于与其共价结合大分子的生命期。DNA 的生命期依赖于化合物的稳定性和特殊修复系统，一般为半天到数周，血浆蛋白为 20 d 左右，血红蛋白为 4 个月。由于血红蛋白加合物与 DNA 加合物之间存在着剂量关系，而在血红蛋白加合物中至今尚未发现它的修复系统，相比之下，血红蛋白加合物更能代表体内水平。随着对血红蛋白加合物研究的深入，血红蛋白这一特异性指标可能作为生物标志物，由于血红蛋白样品比较容易获得，且在慢性接触时具有蓄积性，以其作为生物标志物具有实际应用前途，有可能克服测尿中代谢产物时接触者一旦脱离接触则难以测出的缺陷。

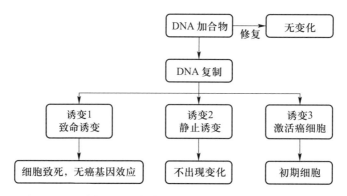

图 5-24   污染物-DNA 加合物可能诱导产生的几种生物效应

排泄物中生物大分子的检测可以表示机体暴露于污染物的内剂量水平的生物标记。其中备受关注的这类生物标记主要是指尿中烷基化核酸碱基的研究。测定尿中的 DNA 加合物有可能克服在大量采集样品方面遇到的具体困难。从器官组织样品或血液样品得到的 DNA 加合物的数据资料,可能不足以提供全身受到污染物剂量影响的有关信息,但尿中烷基化核酸碱基水平可代表生物体整体受污染物剂量影响的全面信息,所以用其作为烷基化剂暴露的生物标记在理论和实际应用方面都有一定意义。尿中的烷基化核酸碱基的含量水平,不仅可以作为暴露污染物危险性的生物标记,而且可以作为估计污染物抑制效果的生物标记,以尿液作为生物指标检测对象所提供的信息必然代表了污染物接触剂量经过全身代谢全过程的最终产物。

环境污染物多种多样,其致病机理及在生物体内的代谢途径与形成加合物各有差异。为了研究并开发更有代表性,与暴露相关性更高的生物标志物及更准确、更可靠地反映环境中有害物质与人体健康关系的生物样品(如 DNA 加合物,尿蛋白或血红蛋白加合物,或者某些有害金属等),必须建立和完善具有高选择性和高灵敏度,且具有特异性生物样品的分析方法(如气相色谱-质谱法、串联质谱法、毛细管电泳法、免疫化学法及 ^{32}P 后标记法等现代生物监测分析法),才能简便而准确地获得有关的生物标记数据。

普遍采用的生物标志物检测方法是直接检测接触物及其代谢产物。运用高灵敏的检测技术分析血、尿、毛发、组织、呼出气中化学物质及其代谢产物作为内剂量,或者采用具有生物学意义的数据为基础的数学模型,来研究与剂量反应相关的污染物代谢动力学。

大分子加合物(污染物与 DNA 或蛋白质的加合物)的检测结果表明,外源性物质已达到靶细胞并与遗传物质反应,可将其作为生物标志物来指示并确认其基因操作程度和修复功能的改变,以及致病的可能进程。因此,大分子加合物的检测可能在污染物危险性评价、疾病预防和早期诊断中起重要作用。常用的检测方法有如下三种。

● 免疫分析法。免疫分析法使用专一性的抗体对特定的 DNA 加合物进行分析。所用抗体可以是单克隆抗体或多克隆抗体。该技术普遍用于竞争性放射免疫分析(RIA),酶联免疫吸附分析(ELISA)及紫外灵敏酶的放射性免疫分析(USERIA)等。其中酶联免疫吸附分析方法能达到每 10^7 个核苷酸中 1 个 DNA 加合物的检测水平。这种方法的缺点是不适于检测和定量由复杂化合物形成的加合物,因为它必须利用专一性抗体。

● 同步荧光检测(SFS)法。待测 DNA 经酸水解和在 Tris-EDTA 体系中进行分离后,在一定波长下,用荧光分光光度计对 DNA 加合物进行检测。SFS 法的专一性很强,特别适用于苯并[a]芘加合物的检测。Weston 曾把 HPLC 与 SFS 结合起来用于 DNA 加合物的检测。SFS 分析操作简单且相当灵敏,可检测到每 $10^7 \sim 10^8$ 个核苷酸中 1 个加合物的水平。但是,此法还不能有效地排除杂质干扰。

● ^{32}P 后标记法:^{32}P 后标记法是很灵敏的广谱性 DNA 加合物检测方法,它能检测到 10^{10} 个核苷酸中 1 个加合物的水平。待分离的 DNA 先经微球菌核酸酶和脾磷酸二酯酶消化,所产生的脱氧核苷酸-磷酸盐用 T4 多核苷酸激酶和(α-^{32}P)ATP 标记,而后产生(5-^{32}P)-脱氧核糖核苷酸 3,5′-二磷酸盐。加合物在薄层色谱(TLC)的一个反相板上进行分离,并被反转到聚乙酰胺纤维素 TLC 板上。用放射自显影检测加合物,并且能从板上观测激发光点,用闪烁计数器计数进行定量估算。此方法不需要专一性抗体,灵敏度高,特别适用于环境污染物的 DNA 加合物检测,缺陷是缺乏专一性的定性信息。

作为生物标志物的大分子加合物在污染物危险性评价研究中尚存在以下问题和局限性:一是个体和各个实验室之间的差异较大;二是对职业性污染物接触评价来说,大多数实验样品量较小,因而限制了分析精度和统计分析的能力;三是在针对性研究中,难以获得某些污染物-DNA 加合物的专一性靶组织;四是有些研究中的背景差异较大,从而造成研究结果不一致等。尽管如此,生物标志物在生态环境和生命科学的研究中已得到了越来越多的应用。科学家利用生物检测手段,根据生物标志物的检测结果分析和揭示病因,并及时提出防治措施。总之生物标志物检测将为环境污染物风险性评价,个体健康情况预测和采取必要防治措施提供有效和实用的方法。

4. 基因芯片技术及其在生物效应检测中的应用

生物芯片技术是近年来在生命科学领域中迅速发展起来的一项新技术,主要指通过微加工技术和微电子技术在固体芯片表面构建微型生物化学分析系统,以实现对蛋白质、DNA及其他生物组分的准确、快速、大信息量的检测。常用的生物芯片分为基因芯片、蛋白质芯片和芯片实验室三大类。

基因芯片是指按特定的排列方式固定有大量 DNA 探针/基因片段的硅片、玻片、塑料片等。基因芯片技术在近几年得到了长足的发展,目前在该技术平台上开展的研究主要集中在基因表达谱分析、新基因发现、基因突变及多态性分析、基因组文库作图、疾病诊断和预测、药物筛选、基因测序和基因毒理学分析等领域。基因芯片技术应用于毒理学研究已成为该领域热点之一,它可以帮助科学家解决诸多的基因毒理学问题,提高基因毒理学研究的效率和准确性。美国国家环境健康科学研究所(NIEHS)的研究人员提出基因芯片技术可应用于生物效应的检测。如通过评价分子信号对化学物质暴露的响应确定毒性专一的基因表达模式;阐述环境物质引起基因表达变化的反应机制;使用毒性诱导的基因表达作为毒物暴露的生物标记;研究将一种化合物的毒性影响推及另一种化合物的方法;研究混合化学物质毒性的相互作用;解释低剂量暴露与高剂量暴露对基因表达影响的对应关系;研究毒物与毒物诱导因子表达的剂量-效应关系;在毒物暴露前后进行生物个体间基因表达的比较;研究年龄、食物与其他因素对基因表达的影响等。

(1)毒物靶标的筛选:基因芯片作为一种高效集成化的分析手段能够选择合适的靶标和提高筛选效率。基因芯片可以从疾病及药物两个角度对生物体的多个参量同时进行研究以发掘、筛选靶标(疾病相关分子)同时获得大量其他相关信息。利用基因芯片可以比较正常组织及病变组织中大量相关基因表达的变化,发现疾病相关基因作为药物筛选的靶标,这种筛选具有平行和快速的特点。由鼠的 113 种 cDNA 作为微阵列单元组成的基因芯片可以检验鼠肝被暴露到肝毒素(包括对乙酰氨基酚或其相应代谢物、多环芳烃、苯并[a]芘等)时的基因响应。

(2)污染物的分类与分级:组织中基因表达的变化可以是病理学、生理学或环境暴露的结果。这些变化可以通过 cDNA 或寡核苷酸基础上的微阵列进行研究,这些研究包括基因组 DNA 的序列变化分析、筛选突变的个体或基因多态性研究。基因芯片技术用于毒物(或药物)作用下受体基因组目标模式的变化,具有并行解释上千种基因的能力。根据基因芯片测定的基因谱图对暴露于不同类型毒性物质的基因表达信号进行分析和比较,结合并发的毒性响应,微芯片技术能够直接对污染物的影响进行分类和分级。根据测定的毒物信号获得一系列基因表达变化信息,在甄别处理样品与未处理样品基因诱导和抑制信号的基础上,交叉分类所有实验数据并选择交叉样品系列的不同信号评价毒性,根据响应信号的不同评价原型污染物的等级。

(3)毒性机制及剂量-效应关系的确定:可采用 cDNA 微阵列技术确定污染物潜在的风险。基因芯片技术可以评价模型系统,并通过体内和体外试验比较基因表达的变化来确定其化学影响的结果。在那些确定的模型系统中,用已知毒性物质,如多环芳烃、生殖毒素、氧胁迫和雌激素化合物等处理,毒性物质所导致的信号响应将改变基因芯片上基因表达的信号,这些信号代表组织或分子对毒性物质的响应。分子对不同毒性物质的反应将诱导很多对毒性产生响应的指示基因在表达上的变化,且一套基因表达对一类特殊化合物的响应是特定的。这种方法尤其适于低剂量毒物试验。同样可根据已知毒性物质所确定的响应基因,用未知的、怀疑的有毒污染物处理同样系统产生的信号与一个或多个标准信号进行比较来确定。还可以标记确定化合物作为潜在的致突变、致畸、致癌物质或毒物,并通过反应信号传导途径的确定来阐明其致毒机理。

基因芯片可以确定化合物作用的潜在目标和实现药物依赖性在基因表达中的区分。特制的 cDNA 芯片可以确定人体及其他生物体内毒性反应的作用目标。cDNA 芯片允许同时测定受体反应、共栖物代谢酶、细胞循环组分、癌基因、肿瘤基因、DNA 碱基对基因、雌激素响应基因、氧胁迫基因和其他与机体健康有关的基因。随着芯片技术的发展,人们可以很容易地评价污染物的剂量-效应关系。

一般来说,基因的表达总是在毒性作用下被改变,包括直接和间接的毒物暴露。肝毒素能够通过不同的机理引起肝损伤,基因芯片技术可用来确定与肝毒素毒性相关的基因转录。当前,毒理学面临的挑战是在给定的实验条件下确定毒物作用下基因表达的特征和特有的模型。基因芯片技术提供了一个理想平台以用于这种平行分析,并将成为新的毒理学检验的基础。在很多情况下,用芯片技术测定基因表达的变化可以使毒性指标更特征化、更灵敏和更易测量。

科学家们可通过对毒性诱导的基因表达图谱进行测定和比较,确定其毒性和反应机制。在一个或多个定义的模型系统中,剂量-效应关系和时间过程参数用于估计给定的原型毒物毒性,然后细胞被固定毒性水平的化合物处理,收获 RNA,毒性诱导基因表达的变化通过在基因芯片上的杂交被确定。为了更好的表征细胞生理过程对不同类型毒物损伤的响应结果,在芯片中包含一些功能基因和对 PAHs、二噁英类化合物、雌激素化合物及氧胁迫响应的基因,通过怀疑毒物响应结果与已知毒物响应结果的比较,并在同一模型系统中研究未知毒物的反应机制。

(4)改进的生物评价方法:基因与环境相互关系研究主要考虑的是对癌症、糖尿病、心脏病、哮喘和神经紊乱等多因子疾病的评价。个体的基因组成可以影响人体暴露环境后患病的危险性,基因芯片可以反映出环境胁迫下来自不同个体的基因表达谱发生的变化,确定新的致突变、致畸、致癌物和药物的毒性,改进现有的检验模型,了解毒物的反应机理等。基因表达信号能够测定不同类型的组织特异基因,而且新的化合物能够通过特征信号被筛选出来,通过基因芯片可以迅速地评价不同个体对环境胁迫的响应。这有助于生物评价方法的选择或替代性生物方法的发现,同时减少实验时间、降低成本以及减少试验动物的使用。将芯片技术加入到标准的生物评价方法中可显著地提高生物评价的灵敏性和判断性。另外,通过研究暴露毒性物质的持续时间与产生的基因表达图谱的相关性,基因芯片还可用于研究急性与慢性毒性之间的相关性和确定毒物的其他作用。基因芯片已用于测量潜在环境化学污染物对生物基因表达图谱的影响,通过将样品暴露前后的基因表达图谱进行比较,获得毒性暴露的特征和相应的安全因子。NIEHS已开始进行环境基因组目标的研究,以确定包括在环境疾病中的 200 个基因共同的序列多态性。

基因芯片技术发展虽然还存在很多现实问题,但基于其对生命信息进行大规模平行处理的能力,利用基因芯片可以快速、高效、并行地获得大量信息,基因芯片将成为生命科学研究和医学诊断的革命性方法。同时,用基因芯片可以精确分析有毒污染物对生物体基因表达变化的影响,并对有毒污染物进行分类和分级,确定其反应机理。基因芯片技术在环境化学领域已呈现出广阔的应用前景,随着研究的深入和技术的完善,基因芯片一定会在环境化学研究领域发挥更大作用。

四、化学物质环境风险评估

化学物质环境风险评估是通过分析化学物质的固有危害属性及其在生产、加工、使用和废弃处置全生命周期过程中,进入生态环境及向人体暴露等方面的信息,科学确定化学物质对生态环境和人体健康的风险程度,为科学制定和实施化学物质风险控制措施提供决策依据。

1. 化学物质危害识别

(1)化学物质环境危害识别:环境危害识别是确定化学物质具有的生物和生态毒理效应,一般包括急性毒性效应和慢性毒性效应。通常是采用化学物质对藻、溞、鱼(代表三种不同营养级)的毒性效应,代表对内陆水环境和海洋水环境的危害;采用对摇蚊、带丝蚓、狐尾藻等生物的毒性效应,代表对沉积物的危害;采用对植物、蚯蚓、土壤微生物的毒性效应,代表对陆生生物环境的危害;采用对活性污泥的毒性效应,代表对污水处理系统微生物环境的危害。对大气环境的危害通常包括全球气候变暖、消耗臭氧层、酸雨效应等非生物效应及特定的环境生物效应,评估中重点考虑化学物质对大气环境的生物和生态效应。对顶级捕食者的评估,重点考虑亲脂性化学物质通过食物链的蓄积。

(2)化学物质健康危害识别:健康危害识别重点关注化学物质的致癌性、致突变性、生殖发育毒性、重复剂量毒性等慢性毒性效应及致敏性等。一种化学物质可能具有多种毒性效应。

通常用四类数据定性化学物质的危害性,即流行病学调查数据、动物体内试验数据、动物体外试验数据及其他数据(如计算毒理学数据)。其中,流行病学调查数据是确定化学物质对人体健康危害的最可靠资料,但一般较难获得;而且,由于许多混杂因子(如共暴露污染物)、目标人群差异性、样本量、健康影响滞后性等的影响,难以确定化学物质与健康危害的因果关系。目前,动物试验数据依旧是化学物质健康危害识别的主要数据来源。

2. 化学物质剂量-效应评估

(1)化学物质环境危害的剂量-效应评估:利用化学物质的生物和生态毒理学数据,针对不同评估对象,推导预测其无效应浓度(PNEC),如 PNEC$_水$、PNEC$_{沉积物}$、PNEC$_{土壤}$、PNEC$_{微生物}$等。PNEC 是指通常不会产生不良效应的浓度,其值一般根据最低半数致死浓度(LC$_{50}$)、半数效应浓度(EC$_{50}$)或无观察效应浓度(NOEC)除以合适的评估系数(AF)推导获得。在化学物质的生物和生态毒性效应数据充分时,也可采用其他方法推导 PNEC,如采用物种敏感度分布法等。

在通常情况下,水环境的生物和生态毒性效应数据相对丰富,其他评估对象如土壤、沉积物等化学物质的生物和生态毒性效应数据相对缺乏,此时可采用其他方法推导 PNEC。如土壤相关数据缺失时,可采用相平衡分配法推导土壤环境的 PNEC,即根据 PNEC$_水$和水土分配系数($K_{土壤-水}$)推导 PNEC$_{土壤}$,但用该方法推导的 PNEC$_{土壤}$一般用于筛查是否需要开展后续的毒性测试,不能替代采用土壤生物和生态毒性数据推导的 PNEC。

(2)化学物质健康危害的剂量-效应评估:根据毒性机理的不同,健康危害的剂量-效应评估分为以下两种情况:一是有阈值的剂量-效应评估。即化学物质超过一定剂量(阈值),才会造成毒性效应,这一阈值称作"未观察到有害效应的剂量水平"(NOAEL)。当NOAEL 无法得到时,可以用"可观察到有害效应的最低剂量水平"(LOAEL)作为毒性阈值。确定 NOAEL 或 LOAEL 后,进一步计算该化学物质对人体无毒害效应的安全阈值。如每日可耐受摄入量(TDI),即人体终生每天都摄入该剂量以下的化学物质,也不会引起健康危害效应。需要强调的是估算安全阈值的假设前提是人一生均处于化学物质的暴露中。安全阈值一般是用 NOAEL 除以不确定性系数(UF)获得。不确定性系数一般考虑种间差异、个体差异和其他不确定性因子(如数据的可靠性、暴露时间等)。由于化学物质在不同物种体内代谢作用不同,个体对化学物质的敏感性不同,通常不确定性系数不超过 10 000。二是无阈值的剂量-效应评估。即并不存在一个下限值,摄入任何剂量的化学物质都有一定概率导致健康危害的情形,比如与遗传毒性有关的致癌性问题等。对于无阈值的剂量-效应评估,通常通过数学模型,在给定的可接受风险概率下计算安全剂量。

化学物质的安全阈值或安全剂量除采用上述方法获得外,也可根据具体情况采用基准剂量法(BMD)进行计算。

3. 化学物质暴露评估

(1)化学物质环境暴露评估:一般而言,需针对不同评估对象,推导化学物质的预测环境浓度(PEC),如 PEC$_水$、PEC$_{沉积物}$、PEC$_{土壤}$等。PEC 可基于环境实测数据和模型计算进行推导。考虑到环境暴露评估的不确定性,当 PEC 通过环境实测数据和模型计算同时获得时,通常应对存在的以下情况进行具体分析:一是模型计算的 PEC 结果若等于基于监测的 PEC 结果时,说明最重要的暴露源均已考虑在内。应基于专业判断而采用更具可信度的结果。

二是模型计算的 PEC 结果若大于基于监测的 PEC 结果时,一方面说明模型可能没有很好地模拟环境实际状况,或有关化学物质的降解过程未充分考虑;另一方面则说明监测数据也可能不可靠,或仅代表环境背景浓度。如果基于监测的 PEC 结果是根据大量有代表性的样品推导的结果,则应优先采用;但如果模型假定的最差情形是合理的,则可采用模型计算的 PEC 结果。三是模型计算的 PEC 结果若小于基于监测的 PEC 结果时,需要考虑模型是否合适。如在模型中相关排放源并未考虑在内,或者可能过高估算了化学物质的降解性等。

环境暴露评估应当考虑化学物质生产使用与排放的不同情况,建立暴露场景时应当考虑地形和气象等条件的差异性。如果使用暴露模型,一般采用通用的标准环境,即预先设立相关的默认环境参数。环境参数可以是实际环境参数的平均值,或合理最差暴露场景下的环境参数值,如温度、大气、水、土壤的密度,水环境中悬浮物浓度,悬浮物中固相体积比、水相体积比、有机碳质量比等。

(2)化学物质健康暴露评估:通过环境间接暴露的人体健康暴露评估,主要是基于地表水、地下水、大气和土壤中化学物质的预测环境浓度,估算人体对化学物质每日的总暴露量。通常以化学物质对人体的外暴露剂量表示。通常考虑三种暴露途径,即吸入、摄入和皮肤接触,并按以下步骤进行:评估人体不同暴露途径相关介质中化学物质的浓度。评估人体对每类介质的摄入率。综合人体对各介质的摄入率及介质中化学物质的浓度,计算摄入总量(必要时,考虑各摄入途径下的生物利用率)。

由于人群行为的差异,导致不同人群的暴露差异性较大。暴露场景的选择对风险评估结论具有重大影响。完全科学合理地选择一个暴露场景极为困难,需要综合考虑各方面因素,进行折中处理,通常选择"合理的最差场景"和"典型场景"。事故和滥用导致的暴露一般不予考虑,但已采取的风险管控措施应考虑在内。

4. 化学物质风险表征

(1)化学物质环境风险表征:环境风险表征是指定性或定量表示在不同评估对象中化学物质暴露水平与预测无效应浓度之间的关系。对于同一种化学物质,暴露的评估对象不同,则风险表征结果也不同。

- 定量风险表征。对可以获得预测环境浓度(PEC)以及预测无效应浓度(PNEC)的化学物质,将评估对象中化学物质的 PEC 与 PNEC 进行比较,分别表征化学物质对不同评估对象的环境风险。如果 PEC/PNEC≤1,表明未发现化学物质存在不合理环境风险;如果 PEC/PNEC>1,表明化学物质存在不合理环境风险。鉴于风险评估存在不确定性,对上述两种情形,可根据具体情况,采用证据权重、专家判断等方式决定是否需要进一步收集暴露与毒性数据,开展进一步风险评估,以最终确定是否存在不合理风险。

- 定性风险表征。当无法获得化学物质的 PEC 或 PNEC 时,可采用定性方法表征潜在环境风险发生的可能性。如当 PEC 不能合理估算时,若定性暴露评估表明该化学物质的环境暴露不会对任何评估对象产生明显影响,则环境风险可不予关注;若定性暴露评估表明该化学物质存在明显的环境暴露,则需要根据化学物质的生物累积性潜力、具有类似结构的其他物质相关数据等进行综合的专业判断。

对 NEC 不能合理估算的情形,如短期测试未发现毒性效应而长期生态毒性数据缺乏时,需要定性评估以确定是否有必要开展进一步的长期毒性测试。定性评估时应考虑环境暴露水平及慢性毒性效应发生的可能性。

（2）化学物质健康风险表征：化学物质健康风险表征是指定性或定量地表示人体的化学物质暴露水平与安全阈值或安全剂量之间的关系。对同一种化学物质，暴露场景和暴露人群不同，其健康危害效应不同，则风险表征结果也不同。

通过比较人体总暴露量与安全阈值（TDI）或安全剂量之间的关系表征化学物质的健康风险：化学物质的暴露量小于安全阈值或安全剂量，表明未发现化学物质存在不合理健康风险；化学物质的暴露量大于或等于安全阈值或安全剂量，表明化学物质存在不合理健康风险。

鉴于风险评估存在不确定性，对于上述两种情形，可根据具体情况，采用证据权重、专家判断等方式决定是否需要进一步收集暴露与毒性数据，开展进一步风险评估，以最终确定是否存在不合理风险。若无法获得化学物质的人体健康安全阈值或安全剂量时，可采用定性方法表征潜在人体健康风险发生的可能性。

五、复杂混合物危险性评价

20 世纪 80 年代，美国环境保护署对以往各种危险性评价方法进行了分析和总结，提出了以下多种复杂混合物危险性评价方法。

1. 实际测量法

将混合物看作单一物质，直接测试接触混合物对健康的影响。目前，已报道有柴油废气和污染地下水危险性评价报告。然而，使用该方法进行危险性评价还较少。其原因是复杂混合物随着时间、来源、成分、成分间的理化反应等变化使其毒性有很大变动，限制了实际测量法在危险性评价中的使用。

2. 相似混合物法

该方法通常使用在构成上与待测混合物相似的混合物资料评估待测混合物。首先，需要判定两者的相似程度；其次，要有已知混合物的体内资料才能评价待测混合物的毒性或致癌性。这些要求较为严苛，很难做到。常用的方法是以体外资料为基础进行比较。如一个混合物体外、体内资料的关系可以确定，则从理论上讲，体外测试结果就可确定相似混合物的体内致癌强度。

3. 平行外推法

在掌握啮齿类动物接触化学物质的体内与体外资料时，进一步探索人的离体细胞或组织的反应，如其体外反应与啮齿类动物的体外反应相同，则可将后者的体内反应外推到人。该方法为应用体外资料进行人体危险性评价提出了评价模型。

4. 以成分为基础的方法

（1）剂量相加法：包括① 危害指数法。以每日允许摄入量（ADI）或参照剂量（RfD）为标准对混合物各成分进行标化，即将混合物中各成分的剂量除以该成分的 ADI 或 RfD，得到每种成分的危害商（hazard quotient），再求出各成分危害商之和，即得到该混合物的危害指数（hazard index，HI）。危害指数法特别适于混合物各成分通过相同机制作用于同一靶器官引起相同毒性时的混合物危险性评价。当各成分通过多种机制作用于多个器官系统时，建议计算每个毒性作用终点各自的危害指数，分别加以评价。应当注意危害指数仅能作为接触混合物时非致癌危险性的近似估计，而不能作为绝对危险性看待。② 字母数字权重法。由于上述数学模式只能做出加和作用和协同作用的评估，因此有可能过高估计某些混合物的危险性。在计算危害指数时,将兼顾加和效应、协同效应、拮抗效应等不同作用情况的方法称为字母数字权重法(alphanumeric weight-evidence),用以弥补上述评价方法的缺陷。其方法是根据混合物联合作用机制、毒理学意义、体内或体外资料及接触途径等因素,标以代表权重数值的字母统计计分,并求和获得其结果 D。$D = 0$ 时为加和效应作用;$D > 1$ 时为协同效应作用;$D < 1$ 时为拮抗效应作用。③ 毒性等同因子法。毒性等同因子(toxicity equivalency factor)法适用于化学结构类似的混合物的毒性或致癌强度的评价。其原理是将一个混合物成分的短期测试所得的某观察终点的强度与参照标准进行比较,该参照标准为该类同系物中研究最多与毒性强度最大的化合物。各成分的相对强度用每种化合物的毒性等同因子(TEF)表示。TEF 与混合物中该化合物浓度的乘积称为毒性等量(toxicity equivalent,TEQ)。混合物中各成分的 TEQ 之和即被认为是对混合物的毒性或致癌性强度的评价。由于参照标准强度已知,这样就可以对混合物的危险性做出评价。

(2)效应相加法:该方法通常用于对低剂量化学混合物致癌危险性评价。其基本设想是混合物的成分通过不同机制作用于同一靶部位,因此机体对混合物成分的效应是相加的。危险性则是剂量和致癌强度的乘积,致癌强度使用其 95% 可置信限的上限。混合物致癌危险性是各成分的危险性总和。其数学模型为

$$P = \sum_{i=1}^{n} D_i B_i \tag{5-119}$$

式中:P——致癌危险性;

D_i——第 i 个混合物剂量;

B_i——致癌强度;

n——混合物中的成分数。

5. 接触低剂量复杂混合物危险性评价

在工作和生活环境中人们经常接触的是低浓度混合物。已有研究对接触复杂混合物危险性进行了评价,结果证实低剂量下可以发生混合物联合作用效应。接触低剂量非致癌性混合物的危险性评价方法可分为 3 个步骤:① 确定单一成分的观察终点的阈剂量。一般是在无作用剂量(NOAEL)和最低有害作用剂量(LOAEL)之间,可以从各成分的亚慢性或慢性毒性试验获得,也可以从化学物质登记注册资料得到。② 以相同毒性终点测得混合物的 NOAEL、LOAEL。③ 确定接触所致的有害作用与混合物各成分 NOAEL 和 LOAEL 之间的关系。

对混合物致癌危险性评价不能用上述方法,主要原因是绝大多数遗传毒性致癌物不存在阈剂量。因此,参照阈剂量确定"低剂量"是不可能的。一些研究对致癌混合物成分之间的联合作用效应进行了观察,其所使用的混合物成分剂量绝大部分是已知引起肿瘤发病率增加的剂量,只有很少的研究是以混合物成分单独不引起肿瘤形成的剂量评价低水平接触混合物的致癌性。

混合物危险性评价有许多尚待解决的问题。由于环境中混合物的复杂程度、对各成分作用机制了解程度、已有资料可用性等方面的差别,致使很难有一种能满足对所有混合物进行危险性评价的通用方法。绝大部分成功评价是根据作用机制选择了相应的方法。在研究混合物危险性评价方法时,确定加和、协同和拮抗等联合作用效应的条件是十分有意义的。许多研究提示,当低剂量混合物成分因相同机制引起同类毒性效应时,往往发生加和作用效

应,"低剂量"或"低水平"的定义不很明确。荷兰营养与食品研究所就这一危险性预测原则对具有共同机制和不同机制的混合物进行了研究。结果表明,当剂量低于各成分的 NOAEL 时,既不能支持也不能否定加和作用效应的假设;当剂量达到或超过各成分的阈剂量时便出现可识别的有害作用;当混合物各成分的剂量水平都低于各自阈剂量很多时,非致癌的有害作用是不会发生的;而当剂量刚好低于相应的阈剂量时,如在 NOAEL 水平时,则有害作用是可能发生的;在等于或高于各成分的阈剂量时,加和、协同和拮抗作用效应均可以发生。应该指出,上述危险性评价的规律在多数情况下是适用的。但也有例外,尤其在外推到人体时更应慎重。因为人体在敏感性上差别很大,而且人比试验动物接触更多的化学物质,如酒精、治疗药物和其他环境化学物质,这些化学物质可能增加或降低混合物对人体的毒性。总之,接触化学混合物的危害性评价和危险性评价方法仍应进行更多且更为深入的研究。

6. 发展及应用现状

在北美洲,美国环境保护署(EPA)、美国食品和药物管理局(FDA)、美国有毒物质和疾病登记署(ATSDR)以及加拿大卫生部(HC)、加拿大环境与气候变化委员会(ECCC)参与了多种化学品联合暴露评估的联合研发。EPA 在《2016—2019 年战略研究行动计划》中提出的针对混合化学物质风险评估策略类似上述 WHO/IPCS 框架,同时详细提供了关于如何筛选和建立共同毒性效应机制组的方法和程序。2017 年,美国科学院在《利用 21 世纪科学推动风险评估》报告中提出累积暴露评估及考虑不同信息来源的集成性和综合性。2018 年,ATSDR 发表了《评估复合化学物质对健康影响的评估框架》。加拿大环境评估审查办公室(CEARO)发布了《人体及生态环境累积性评估指南》,并于 2017 年提出类似 HO/IPSC 框架的分层式综合评估框架,同时讨论了杀虫剂复合使用的累积性风险。

在欧洲,欧盟化学药品管理局(ECHA)发布的《杀虫剂管理条例》提出应考虑联合风险,并要求采用上述分层式混合化学物质评价策略,评价和管控杀虫剂的生产和使用,同时还具体规定采纳不同毒性终点($NOEC/EC_{50}$)的毒性效应及其不确定性等。欧洲食品安全管理局(EFSA)也致力于发展和推进分层式联合风险评估策略,并于 2015 年 5 月组建了欧洲测试与风险评估战略联盟(EuroMix),其目标主要为开发混合化学物质分层式测定策略、生物评估模型和方法等,以实现混合化学物质风险评估,并应对复合污染所带来的风险隐患,其中包括内分泌干扰物评估战略(EDCMix),重点研究内分泌干扰物混合物对儿童的影响。2018 年,EFSA 发布了《多种途径暴露于混合化学物质对人类、动物及生态环境影响的风险评估指南草案》及《混合化学物质基因毒性风险评估指南》。2019 年 EFSA 制定了一个统一框架供科学小组应用,用来评估化学混合物在食品和饲料中的潜在综合影响。该方法是欧盟目前对单一物质监管的有效补充,并为化学混合物使用提供依据。该方法建立在评估化学混合物潜在问题现有方法和国际经验基础上,首先明确暴露于化学混合物的对象——人、农场动物或者鸟类和蜜蜂等野生动物,之后明确剂量,估计混合物或其各个组分的毒性效应,最后通过比较联合暴露和毒性联合作用效应来量化风险。该科学工具是经过 EFSA 和欧洲、国际合作伙伴多年筹备后推出的。在 2018 年就此框架进行了公众意见征询,收到了300 多条评论,并与利益相关者进行了接触,确保指导框架的可行性,针对农药和污染物已开始使用这些原则和工具。归根结底,该框架主要为欧盟和国家风险管理人员提供支持,以便能够在需要考虑多种化学物质混合风险时做出明智的决策。德国联邦风险评估所(BfR)和德国联邦环境局(UBA)联合开发了《德国植物保护产品中复合污染物累积性风险评估指南》,其中涉及目的及技术程序等。

在亚洲,化学混合物风险评估研究开展较早,但从立法到监管层面的应用和推进目前尚处于空白。我国从事该项研究主要集中在污染物、农业投入品对人体及生态环境的联合风险,储备了大量复合污染暴露的基础数据,在联合毒性效应、机制研究和模型研发等方面取得了一定进展和成效,也逐步得到了相关部门的高度重视。韩国环境保护署通过设置科研项目开展相关基础性研究,基于常用 136 种生物化学物质评估,发现其中 28 种呈现明显联合暴露风险。2019 年韩国通过了《生物化学物质监管法案》,进一步推动此项工作的开展。

第七节　污染物的生态效应

污染物进入生态系统后,对生态系统的危害和影响及生态系统所产生的不良反应性变化,一直是人们所关注的重要问题。

生态系统是指一定空间内生物与非生物成分通过物质循环、能量流动、信息交换而相互依存所构成的生态学功能单位。其中生物成分即生物群落,非生物成分则是生物群落所处的环境。污染物进入生态系统,参与生态系统的物质循环和能量流动,势必对生态系统的组分、结构和功能产生某些影响,这种由于污染物进入生态系统所表现出的生态系统的响应即为污染物的生态效应。这种响应的主体包括生物个体(动物、植物、微生物和人类),也包括生物群体,甚至整个生态系统。

一、污染物在生态系统中的归趋

1. 污染物在生态系统中归趋的一般过程

污染物进入生态系统,其归趋一般包括以下三个过程。

(1)转移(transport, translocation):污染物进入生态系统从所处区室(compartment)的一处迁移到另一处,或自某一区室迁移到另一区室的过程。其本质是物理性迁移过程。

(2)代谢(metabolism)或转化(transformation):污染物进入生态系统,经生物化学作用而发生形态变化,产生代谢产物的过程。其性质则是生物化学性转化过程。

(3)矿化(mineralization)或降解(degradation):污染物进入生态系统,通过化学和生物化学作用分解成简单的无机物小分子及 CO_2 和水。

并非所有污染物的归趋都涉及以上三个过程。如重金属若是以原子或离子形态存在于生态系统中,并不像杀虫剂那样发生降解过程。此外,某些污染物在生态系统中可能进入所谓沉积库(sink,指生态系统中的一个区室或区室的一个部分),进入其内部的污染物将暂时地或永久性地失去其重新进入其他区室的能力。这种污染物的沉积作用可以通过吸附或蓄积(deposit)而发生。矿化过程也可发生在沉积库中,但其速度通常很慢。地球上的最终沉积库是大洋底泥,许多污染物进入该沉积库之前即已被降解。

2. 污染物在生态系统中归趋的特性

进入环境的污染物在生态系统中的归属表现为以下特性。

(1)可持久性(persistence):污染物在生态系统中保持其所有形态的程度称为污染物的可持久性。污染物的可持久性取决于污染物在生态系统中的可移动性和转化程度。从污染物生态效应来看,污染物的可持久性包括生物活性的可持久性和残留物的可持久性,如百草枯在土壤中具有生物活性(生物效应)的时间少于1天,其残留物不可吸附在土壤颗粒上。但事实上,其残留物具有长期可持久性。污染物的可持久性有多种定量表达方式。在土壤介质中,降解时间(degradation time)是应用最广的一种定量表达:指50%(DT_{50})或90%(DT_{90})的某种物质被分解所需要的时间。DT可以通过残留物测试以一级或二级函数模型计算。对于一级函数模型,物质的降解速率是恒定的,DT不依赖于物质的原始浓度。对于所有其他情形,物质的降解曲线随降解过程而逐渐趋于平缓。如杀虫剂的降解过程表明,在许多情形中,杀虫剂能迅速达到DT_{50},但此后降解速率明显下降,形成一先陡后缓下降曲线。有多种方案试图以降解时间为依据对污染物的可持久性进行分类。如有人将降解时间在12周以下的物质视作非可持久性物质;而降解时间在1a以上者为高可持久性物质。还有人根据DT_{50}提出了一个杀虫剂分类系统,即$DT_{50}<20$ d为低持久性杀虫剂,20 d$<DT_{50}<90$ d为中持久性杀虫剂,而$DT_{50}>90$ d则为高可持久性杀虫剂。

(2)可移动性(mobility):污染物在生态系统各环境介质间的迁移行为称为污染物的可移动性,如化学污染物自土壤表层至地下水的淋溶过程。根据某些物理化学参数可对其可移动性予以估测。如在土壤分析中,可移动性的标准可根据水溶解度($S_w>30$ mg/L)、分配系数($K_{oc}=300\sim500$或更小)及降解时间($DT_{90}>100$ d)确定。由于土壤中污染物的可移动性缺少单一的测量参数,在实验研究中则用渗滤液中所含特定污染物的质量分数作为评估指标。无论用何种测量方法,可移动性均不能完全予以表达。因此,此类实验结果只是一种粗略的评估。

(3)可挥发性(volatility):挥发性强的污染物容易从土壤、生物体表面及水体经蒸发作用(evaporation)进入大气。除了物质的化学结构以外,蒸气压和水体转换率对挥发性具有关键作用。根据土壤实验结果,蒸发率与土壤含沙量成正比(亦即与分配系数成反比)。而且土壤的含水量越高,可挥发性也越高。污染物(如农药)从植物体表蒸发比从土壤蒸发容易些,因为土壤有较高的吸附容量。亨利常数是描述化学物质由水进入空气的一个重要指标,它被定义为化学物质在气相和液相的浓度比。

(4)生物有效性(bioavailability):污染物在生态系统中能够被生物体所吸收利用的部分较其在生态环境中存在的绝对量具有更重要的意义,正是这些可利用部分决定这种污染物的生物效应。污染物的生物有效性是指污染物能被生物吸收利用或对生物产生毒性效应的性质,可由间接的毒性数据或生物体浓度数据来评估。污染物的生物有效性取决于多种因素,其中包括污染物的物理化学性质、所处介质的成分和性质、介质中污染物的种类和数量及相互作用,以及生物体的接触或吸收污染物的可能性和生理状态等。这表明污染物的生物有效性并非是以单个实验就能确定的污染物特性。

二、污染物生态效应及其研究方法

环境污染物进入生态系统对生态系统的结构与功能产生某些不利影响。这种影响是污染物在种群、个体及其以下各级作用水平上产生影响的综合效应。由于污染物的生态效应是一种复杂的综合效应,其研究方法表现出明显的结构性、综合性和整体性特点。

研究污染物的生态效应多在半野外或野外条件下进行。这些研究方法有些是用于研究效应,另一些则同时用于研究效应与归趋,还有一些主要用于研究归趋。根据人工控制程度的大小,可以将这些研究方法分为三类。

1. 模拟微系统试验研究

模拟微系统试验(microcosm test)以模拟微系统作为其试验系统,又称为微宇宙实验。模拟微系统是指在实验室、温室、甚至气候箱等人工控制条件下建立与重复,用以模拟选定的生态系统成分相互作用及其过程的系统。早期此类系统多用于归趋实验,近年来转而被用于效应试验。应用此类系统能同时测定若干效应参数,如微生物及动物生态系统的结构与功能参数。然而,由于试验设计、运用方式及研究目的方面的差异,迄今应用此类方法所得到的结果之间缺乏可比性。对于此类试验已指定了一些参考试验程序。

模拟微系统试验包括一系列用于某种特殊目的或具有一般用途的试验技术。这些技术多用于水生生态系统研究,用于陆生生态系统的实例并不多见。

用于水生生态系统的模拟微系统试验中有三种重要的且被广泛应用的技术,即 SAM、MFM 和 PFU。SAM(standardized aquatic microcosm)是标准水生模拟微系统,该技术建立于20 世纪 70 年代,并已形成标准试验程序。SAM 的试验系统虽然只有 3 L 的容积,但由其所测得的参数(如藻类和无脊椎动物种群的多度和优势度、营养物质循环及污染物的归趋)却与在野外测得参数吻合得很好。MFM(mixed flask microcosm)是混合烧杯模拟微系统,是一种更小的系统,其容积只有 1 L,但其有效性与 SAM 同样好。事实上由于其系统更简单,结果更容易解释,许多研究工作更多的应用 MFM。PFU(polyurethane foam unit)是一种用聚氨酯泡沫塑料块采集和研究水体中生物群落的技术,又可称为人造基质群落试验。其基本原理是,对于微型动物(主要是原生动物)来说,水体中的 PFU 即为一个小岛。在一定条件下,微型动物在 PFU 中的群集速度随种类上升而下降,在一定时间后达到平衡。达到平衡的时间和种数的多少取决于环境条件。当污染物浓度高时,微型动物群集速度慢,且平衡时物种数少。PFU 技术能测量大量生物学参数(包括生态系统各种综合性功能参数)。在某些情况下,PFU 能直接用于野外条件下污染物的生态效应测试(如废水对河流有机体的影响等)。根据已积累的资料,PFU 技术中对化学污染物最敏感的参数是原生动物的种类数。这一特点使其普及性受到很大限制,因为该参数的确定通常只有训练有素的原生动物专家才能胜任。

模拟微系统的突出优点是可重复性和可操作性强。然而,仅根据其模拟试验结果尚不能对污染物的效应做出一般性结论。影响模拟微系统试验结果外推可信度的因素可能是多方面的。其影响因素首先是该系统并不反映真实的生态系统,其装置太小,在实际生态系统中所发生的过程,如水生生态系统中有机体及非生物成分的流动等在此类装置中受到限制。更重要的是,模拟微系统并不是微缩生态系统,而仅是模拟生态系统某些特征的小片块。其结构是试验者选定的(如用于食物链研究的系统),故与真实系统相差甚远。另一个重要影响因素是该系统的反应性噪比低,即系统对胁迫的反应常被各种偶然因素引起的变化所掩盖。这使得试验者很难对反应的显著性进行检测,从而影响其结果外推的可信度。

2. 半模拟微系统试验研究

半模拟微系统试验(mesocosm test)是指在野外条件下的部分人工控制试验。此类试验在野外真实环境条件下进行,气候及环境介质等基本环境因素与正常环境相同,但通常有人为边界,受试物与试验生物由试验者确定。所以半模拟微系统试验是模拟微系统试验与纯粹野外试验的一种过渡试验。其试验空间可大可小,小至 1 m³,大至数百 m³。此类试验的最大优点是能在真实气候条件下研究潜在污染物对生态系统的影响,但同时又没有产生环境污染的风险。

根据不同研究目的,已设计了大量用于水生生态系统的半模拟微系统试验技术,如人造河流系统、人造池塘系统及自然区段的人为封闭系统。如将动物或藻类装入笼中或有渗透孔的袋中,然后暴露在河水或湖水中,以检测水中污染物对浮游生物群落的影响,可用塑料袋形成一个装有自然河水或湖水的封闭系统,然后研究其袋中群落的变化。

陆生生态系统的半模拟微系统试验以栅笼或栅栏构成一定的限制空间,将其中的动物暴露在野外以研究污染物的效应。如可将地甲虫或蚯蚓等土壤动物置于一定的容器(如栅笼)中,并置于土壤中一定深度。以此可以研究农业化学物质(如杀虫剂和除草剂)对这些动物的影响。在草地生态系统中,可以用钢板围成一定的区室以研究污染物在这些区室中的归趋和效应。

3. 野外试验研究

野外试验(field test)是以真实生态系统为试验系统,测试污染物对生态系统的结构效应与功能效应。生态系统的所有条件基本上保持自然状态,试验者可以控制的变量是污染物的种类和数量。野外试验的重要特点是不能重复,也无严格意义上的对照。为了解释试验结果,通常必须选择一个同类生态系统作为比较参考系。此外,野外试验的持续时间可能达数年之久。

类似的实验也应用于各种陆生生态系统(如山毛榉林或市区杂草群落)。试验者将化学物质施于生态系统中,然后综合分析,包括动物、植物、微生物及化学参数在内的各项数据,并以对照点比较以揭示系统对胁迫的反应。在此类实验中,地被物(枯枝落叶层)的分解或整个土壤生物群落的取食活动等参数可以作为生态系统功能变化的有用指标。

三、污染物生态风险评价

生态风险评价是 20 世纪 80 年代发展起来的一种新的环境影响评价方法,是用定量方法评估各种环境污染物(包括物理、化学和生物污染物)对生态系统可能产生的风险及该风险可接受程度的一套程序。近年来,生态风险评价在世界各国颇受重视,特别是人们已认识到人类自身是全球生态系统的组成部分,生态系统发生不良改变直接或通过食物链途径间接影响甚至危害人类自身的健康。进行污染物的生态风险评价,应用数学手段并结合生态毒理学研究结果,预测污染物对生态系统或其中某些部分产生有害影响的可能性,为保护和管理环境提供科学依据。

1. 污染物生态风险评价的一般程序

污染物生态风险评价的基本范式及流程如图 5-25 所示。

首先需了解所要评价的环境特征及污染情况,判断是否需要进行生态风险评价。如果需要评价,再选定评价终点,并将暴露评价与效应评价的结果综合起来进行风险表征及评价风险产生的可能性与影响程度。评价结果为风险管理提供科学依据。

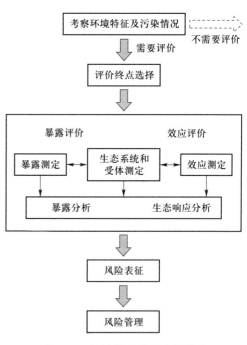

图 5-25   污染物生态风险评价的
基本范式及流程

2. 污染物生态风险评价的基本方法

污染物生态风险评价的核心内容是定量地进行风险分析、表征和评价。因此应设计定量描述环境变化产生影响的程序与方法。在生态风险评价中主要应用数值模型作为评价工具，归纳起来有以下三类模型。

（1）物理模型（physical models）：通常用于生态风险评价的物理模型是实验室内各种实验数据，如水蚤类、鱼类毒性试验的结果。这些实验生物代表某些生物或整个水生生物的反应情况。污染源及其受纳水体的反应数据也可作为评价的依据。预测某个水库是否发生富营养化，常常利用附近类似的、已发生富营养化水库的资料，即应用类比研究的方法进行评价。渔业科学家提出的某些数字模型和计算机技术也可应用于评价污染对鱼类资源可能产生影响的生态风险评价。

（2）统计学模型（statistical models）：应用回归方程、主成分分析或其他统计技术来归纳和表述所获得的观测数据之间的关系，做出定量估计。如毒性试验中的剂量-效应回归模型和毒性数据外推模型。

（3）数学模型（mathematical models）：生态风险评价一般要求在已知的情况下预测未来或其他区域可能发生的情况，对于大幅度和长期的预测，只用统计学模型是不够的。一般来说，应用于生态风险评价的数学模型有四类：一是归趋模型（fate models），模拟污染物在环境中的迁移、转化与归趋，包括在生物与环境之间的交换，生物食物链（网）中的迁移、积累等各种模型；二是效应模型（effect models），模拟污染物对生物的影响与胁迫作用，包括个体效应模型（organism-level effect models），如毒物动力学模型、力能学和生长模型等，涉及个体生物的吸收、积累及导致死亡的风险；三是种群效应模型（population-level effect models），包括模拟毒物对种群生长、繁殖、扩散、积聚的影响模型，以及模拟毒物与种群关系或浓度-效应关系模型等，其中包括许多在渔业资源管理中发展起来的模型；四是群落与生态系统模型（community and ecosystem models），在效应模型中此类模型最为多样，包括微宇宙、中宇宙、区域与自然景观生态系统中的能流模型、物质循环模型、自然生态系统食物网集合模型等。

不确定性（uncertainty）是风险评价的主要特点。风险就是某种有害影响可能出现的概率或产生不良影响的程度。引起不确定性的因素主要有三个方面，一是自然界固有的随机性；二是人们对事物认识的片面性；三是实验和评价处理中的人为误差，也就是自然差异、参数误差和模型误差等。而定量描述这些不确定性则是生态风险评价的核心。由于生物与生物、生物与环境之间的关系十分复杂，用统计学和数学模型加以描述时存在着不同争议。因此，有关模型还需要加以验证。验证方法包括实验性检验、参考权威评论和实际应用检验等。此外，还要吸收专家意见。在生态风险评价中专家判断常常具有重要的作用。

3. 水环境生态风险评价方法与模型

（1）风险熵（risk quotient，RQ）法（熵值法）：是指环境中污染物的测量浓度（MEC）与预测的无效应浓度（PNEC）之间的比值，该比值被用来评估目标生物的生态风险；PNEC 的估算则根据毒理学的相关浓度（LC_{50} 或 EC_{50}）与安全系数（f）的比值获得；风险熵计算公式为

$$RQ = \frac{MEC}{PNEC} = \frac{MEC}{\dfrac{LC_{50} \text{或} EC_{50}}{f}} \tag{5-120}$$

根据风险熵值可将生态风险水平划分为 4 级标准：RQ<1.00 为无显著风险；1.00≤RQ<10.0

时为较小的潜在负效应;10.0≤RQ、<100 时为显著的潜在负效应;RQ≥100 时则为预期的潜在负效应。

(2) AQUTOX 模型:是由美国环境保护署开发的一种综合的水生生态系统模型,可以预测化学物质的环境行为并评估其生态风险,如水生生态系统中营养物质和有机物质的生态风险。该模型不仅可以预测直接毒性作用效应,即由化学物质对单一物种的急性和慢性毒性数据(LC_{50} 或 EC_{50})计算水生生态系统生物量的变化,还可以预测由食物网引起的间接生态效应,如碎屑量的增加将导致碎屑在营养循环中作用的增强及分解过程中溶解氧的消耗。模型中各个种群的生理参数主要来源于 AQUTOX 模型数据库或文献资料。

(3) 物种敏感度分布(species sensitivity distribution, SSD)曲线法:最初是由美国科学家Stephaan 和荷兰科学家 Kooijman 于 20 世纪 70 年代末提出的一种生态风险评价方法,当可获得的毒性数据较多时,SSD 可以用来计算 PNEC。SSD 假定在生态系统中不同物种可接受的效应水平跟随一个概率函数,称为种群敏感度分布,并假定有限的生物种是从整个生态系统中随机取样的。因此,可以认为评估有限物种的可接受效应水平适合整个生态系统。SSD 的斜率和置信区间揭示了风险估计的确定性,一般用作最大环境许可浓度阈值(HC_x,通常 x 取值 5),HC_5 表示该浓度下受到影响的物种不超过总物种数的 5%,或达到 95% 物种保护水平时的浓度。虽然选择保护水平是任意的,但它反映了统计考虑(HC_x 浓度太低,风险预测不可靠)和环境保护需求(HC_x 值应尽可能地小)的折中。

4. 沉积物和土壤中重金属的生态风险评价方法与模型

(1) 地积累指数法(index of geo-accumulation, Igeo):是德国海德堡大学学者 Müller 等在 1969 年研究河底沉积物时提出的一种计算沉积物中重金属元素污染程度的方法,通过式(5-121)计算 Igeo 值来评价某种特定化学污染物造成的环境风险程度。

$$Igeo = \log_2\left(\frac{C_n}{k \times B_n}\right) \tag{5-121}$$

式中:Igeo——地积累指数;

C_n——元素 n 在沉积物中的浓度;

B_n——元素 n 的环境背景值;

k——考虑各地岩石差异或成岩作用可能引起环境背景值的变动而选取的修正指数,通常用来表征岩石地质、沉积特征及其他影响。

(2) Hakanson 潜在生态风险指数法:是瑞典科学家 Hakanson 于 1980 年提出的一种生态风险评价方法。这是目前较为常用的评价沉积物中重金属污染程度的方法之一,可确定重金属的毒性作用系数,还考虑了沉积物中污染物的毒性作用及其在沉积物中普遍的迁移转化规律,通过污染物总量分析与区域背景值进行比较,消除了区域差异及异源污染的影响。沉积物中单个污染物的潜在生态风险参数(E_r^i)为

$$E_r^i = T_r^i \times C_f^i \tag{5-122}$$

式中:E_r^i——沉积物中单个污染物的潜在生态风险参数;

T_r^i——某一污染物质的毒性系数,反映了不同污染物的毒性水平和生物对不同污染物的敏感程度,揭示了单个污染物对人体和水生生态系统的危害;C_f^i 为某一污染物的污染参数,为全球工业化前沉积物中污染物含量 C_n^i 和表层沉积物中污染

物含量实测值 c_i 的比值；多种污染物的综合污染指数（C_d）为

$$C_d = \sum C_f^i$$

综合潜在生态风险指数（RI）是由单个污染物的潜在生态风险参数（E_r^i）之和组成。

$$RI = \sum E_r^i = \sum T_r^i C_f^i \tag{5-123}$$

由式（5-122）和式（5-123）可以划分潜在生态风险程度：即若 $E_r^i < 10$、RI < 30 为低生态风险；若 $10 \leqslant E_r^i < 20$，$30 \leqslant RI < 60$ 时为中生态风险；若 $20 \leqslant E_r^i < 40$，$60 \leqslant RI < 120$ 时为较高生态风险；若 $40 \leqslant E_r^i < 80$，$RI \geqslant 120$ 时为高生态风险；若 $E_r^i \geqslant 80$ 时则为极高生态风险。利用 Hakanson 潜在生态风险指数法计算得到的结果，不仅可以反映出单一重金属元素污染对环境造成的影响，而且还能够反映出多种重金属并存时对环境造成的综合影响。

（3）物种敏感度分布曲线法：土壤理化性质差异对重金属污染的毒性作用效应有很大影响，因此，充分考虑生物有效性的影响对完善土壤介质中重金属物种敏感度分布（SSD）曲线模型的意义重大。为了消除这种影响，一些学者建立了生物毒害模型，对不同土壤对应毒性进行归一化预测，并结合这些生物毒害模型，进一步构建土壤介质中的 SSD 模型，所得到的研究结果更为科学和更易推广使用。

目前，在现有的生态风险评价方法中，有的方法只能应用于某种环境介质中，如风险熵法、AQUTOX 模型；而有的方法可以应用于不同的环境介质，如物种敏感度分布曲线法既可以应用于水环境中，也可以应用于土壤环境中。应用风险熵法可确定某污染物是否具有生态风险，并可以明确其生态风险程度大小，适宜于水环境中低浓度污染物的生态风险评价，但其缺点是不能确定风险等级和危害的概率。该方法简单、实验费用低，能简要地解释风险，适用于单个化合物毒理效应评估。

AQUTOX 模型在风险评价中不仅考虑了污染物的直接毒性效应，还考虑了污染物通过食物网传递引起的间接生态效应。目前，该模型被广泛用于北美地区水体中有机氯农药、多环芳烃、多氯联苯及酚类化合物的生态风险评价，还被用来评价我国松花江硝基苯污染事件的生态风险。

物种敏感度分布（SSD）曲线法目前已经被多个国家和机构确立为制定环境基准的方法，并应用于生态环境风险评价中。但由于目前还未有权威研究证明 SSD 曲线属于某一特定的曲线分布，因此尚无具体原则可以指导不同的研究者从现有的多种拟合模型中选择适宜的拟合方法。

地积累指数法（Igeo）不但考虑了人为污染因素和环境地球化学作用对背景值的影响，还考虑了自然成岩作用可能引起的背景值变动，弥补了其他评价方法的不足。

Hakanson 潜在生态风险指数法不仅考虑了重金属含量，还将重金属的生态效应、环境效应与毒理学联系在一起，进而对潜在的生态危害进行评价。Igeo 主要考虑了重金属的富集程度，而 Hakanson 潜在生态风险指数法在此基础上还考虑了不同重金属的生物毒性的影响。相比较而言，Hakanson 潜在生态风险指数法的评价结果更加全面和准确。

近年来，我国在污染物生态风险评价技术与方法方面取得了一些研究进展，但是相关的技术方法还不成熟，今后应加强对新污染物的生态风险评价方法及不同环境介质中多种污染物共存时导致的生态风险研究，丰富生态风险评价方法体系，为环境监测与风险管控提供技术支持。

第八节   化学污染物的结构-效应关系

分子是构成物质的基本单位,物质的物理、化学及生物学性质都是以分子为基础的。了解物质的分子组成及结构特点对解释和预测物质的物理、化学和生物学性质是很有必要的。大量研究表明,化学污染物的分子结构与其效应之间存在着内在联系。揭示这种结构-效应关系将有助于从深层次上认识污染物的效应,并为其预测提供便利而快捷的手段和工具。

100 多年前,就在 1869 年门捷列夫出版其元素周期表的几乎同一时期,Gum-Brown 和 Frazer 已开始研究化学物质分子的理化常数与其效应的关系。然后人们开始注意到化学物质分子中取代基的某些性质与其效应的定量关系。这些早期研究的特点是关注化学物质分子结构的某一物理化学参数与效应的相互关系。但外源性物质进入生物体产生效应并不仅仅取决于单个分子结构物理化学参数,而是多个分子结构物理化学参数综合作用的结果。自 20 世纪 60 年代以来,人们已开始以多参数综合研究结构-效应的相互关系,并形成了一个新的研究领域,即定量结构-活性关系(quantitative structure-activity relationship,QSAR)研究,它是通过化学物质分子结构信息和分子的物理化学性质及其生物效应的关系,观测该化学物质的环境行为,以筛选具有潜在危害性的化学物质。近十多年来,由于分子的物理化学性质测定技术的改进和发展,计算机技术的广泛应用,QSAR 研究得到了迅速发展,促使其从描述性向推理性,从定性向定量,从宏观状态向微观结构发展。

QSAR 是基于对分子结构的特征分析,进行环境污染物各种状态的、生物的、化学的及物理化学性质的量变规律研究。QSAR 研究是建立环境化学污染物的物理化学性质数据库和环境效应数据库不可或缺的组成部分。同时,建立环境化学污染物 QSAR 模型更有助于从已测定的数据库中最大限度地获取信息。通过环境化学污染物 QSAR 研究还可发现和确定影响化合物环境效应的关键分子结构因素,对定向合成高效、低毒、环境友好的新化合物有指导意义。

美国《有毒物质控制法》(TSCA)中已承认可用 QSAR 法的计算结果替代一些测试数据,并建立了一些应用模式;QSAR 的生态模型模式还可以预测环境污染物在环境中的时空分布及其在生态环境中的行为,并应用于对混合物物理化学性质的预测,因而成为当前以环境污染物的化学特性参数为基础研究污染物生态效应的一种预测方法。环境污染物的QSAR 模型的研究,已成为当今环境化学的前沿课题之一。

一、分子结构参数表征

对于溶于水的环境污染物的生物活性,涉及化学污染物在生物体表面的吸附、通过细胞膜的磷脂双分子层、与酶反应中心结合及其分子结构改变等过程。对于微溶于水的环境污染物的生物活性,还涉及污染物的溶解、水相扩散等过程。因此,从物质本身结构出发,影响污染物生物活性的参数就有溶解性、分子大小、疏水性能、电荷分布、空间排列等参数,这些参数构成了环境化学污染物的分子结构参数表征。影响环境化学污染物活性的参数大致可以分为三类。

1. 疏水性参数

环境化学污染物必须溶解在生物的脂肪组织中才能致毒。化学污染物疏水性越强,越倾向于溶解在脂肪中。早在 19 世纪末,Meyer 和 Overton 发现醇类等的辛醇-水分配系数影响其生物麻醉性能。Hansch 和 Leo 等认为在所有可能因素中,化合物分配行为最能影响其生物活性。化合物疏水性能大小影响着化合物在细胞膜上的吸附、积累、界面传输及与酶蛋白的结合等过程。目前描述化合物疏水性的参数有 Hansch 推荐的辛醇-水分配系数 K_{ow}、疏水取代基常数 π、疏水片断常数 f 等。

(1)辛醇-水分配系数(K_{ow}):用以描述环境污染物在生物组织与水相间的分配行为,Hansch 等在 1962 年推荐以正辛醇作为微生物脂肪组织的近似替代物质。正辛醇具有一个极性亲水羟基,又含有疏水的长脂链,在结构上具有生物脂肪组织类似特点,且很多化合物均能溶解在正辛醇中。K_{ow} 的定义如下:

$$K_{ow} = \frac{\text{平衡时 } i \text{ 物质在正辛醇相中浓度}}{i \text{ 物质在水相中浓度}} = \left[\frac{c_{i,O}}{c_{i,W}}\right]_e$$

K_{ow} 除通过摇瓶法用高效液相色谱法(HPLC)测得外,还可以根据化合物的分子结构估算,由此引入了两个重要的疏水结构参数 π 和 f。

(2)疏水取代基常数 π:Hansch 定义疏水取代基常数 π 为

$$\pi_X = \lg K_{ow,X} - \lg K_{ow,H} \tag{5-124}$$

若假定 $\pi_H = 0$,知道母体化合物的 $K_{ow,H}$ 和取代基的 π_X,由式(5-124)便可估算其衍生物的 $K_{ow,X}$。Hansch 等于 1979 年发表了各种取代基的 π 值。

(3)疏水片段常数 f:上述关于 $\pi_H = 0$ 的假设是不严格的。对于一个长链化合物,π_X 的加和会导致 K_{ow} 的较大误差。为此,Leo 和 Hansch 又提出了疏水片段常数 f。所谓"片段"是指与孤立碳原子键合的原子和原子团。不同的片段,甚至同一片段在分子中位置不同,其 f 也不同,因而除片段外,Leo 和 Hansch 还考虑了 14 种结构因子(包括键的不饱和度、支链、柔软性、卤代、氢键等)的贡献 F。

$$\lg K_{ow} = \sum f + \sum F \tag{5-125}$$

Leo-Hansch 疏水片段常数是估算 K_{ow} 的经典方法,适合于许多化合物,与实验值吻合较好。此外,化合物水溶解度亦可作为其疏水性参数而加以应用。

2. 电性参数

在环境化学污染物与生物体的作用过程中,分子(或离子)间的相互作用会影响化合物与生物组织作用的强度和范围。这些相互作用力包括分子永久偶极-永久偶极间相互作用(取向力)、分子永久偶极-诱导偶极间相互作用(诱导力)、分子瞬间偶极-瞬间偶极间相互作用(色散力)以及离子-离子间相互作用、离子-分子偶极间相互作用,其相互作用强度可用电性参数来描述。电性参数反映物质的电荷分布情况,对生物活性的影响主要体现在化合物反应中心电子云密度高低上。QSAR 中常用的电性参数可分为以下三类。

(1)取代基常数(σ):在对芳香醇离解常数研究中,Hammett 引入 σ 来反映取代基的电效应

$$\sigma_X = \lg K_X - \lg K_H \tag{5-126}$$

式中:K_H、K_X——取代前、后的离解常数。

Hammett 取代基常数 σ 是 QSAR 中最经典的取代基电性参数。后人则根据取代基—X

的性质及其与苯环的相互作用,不断发展和完善了 Hammett 的思想。

（2）分子折射系数(M_R）：分子折射系数定义为

$$M_R = \frac{n^2-1}{n^2+2} \times \frac{M}{\rho} \tag{5-127}$$

M_R 的量纲是摩尔体积。它既作为一种体积量度应用于 QSAR 中,同时也是一个与分子色散力有关的电性参数。Hansch 等认为可以用 M_R 描述取代基与分子之间的非疏水作用力。

（3）氢键指数：取代基与化合物间的氢键作用可显著影响化合物溶解度、分配系数及其与生物组织的键合。但目前尚无很好的定量描述取代基与化合物氢键作用的参数。已有的尝试包括以下几类。

- Seiler IH 指数：Seiler 定义 IH 指数为

$$\text{IH} = \lg K_{ow} - \lg K_{环己烷/水} \tag{5-128}$$

- Fujita 0-1 指数：Fujita 等人认为,当取代基与化合物形成氢键时,指数取 1,否则取 0。
- Charton 指数：即为取代基与化合物形成氢键的个数。
- Abraham K_α 和 K_β 指数：Abraham 等人以取代基作为氢键供体的能力 K_α 和作为氢键受体的能力 K_β 来度量氢键。

（4）全分子参数：只用取代基参数有时并不能完全反映整个分子中的电效应,QSAR 还用到以下全分子电性参数。

- 酸解离常数 pK_a：表示化合物的酸碱性质,能反映分子直接电性效应。
- 偶极矩 μ：

$$\mu = Qd \tag{5-129}$$

式中：d——分子的偶极长度。

Q——偶极一端的电荷量。

偶极矩是极性分子电性质的重要参数之一。

- 溶剂光谱参数：Kamlet 和 Taft 等通过溶剂对电子光谱效应的研究提出了所谓"溶剂光谱参数",其中包括 $V_m/100$、$\pi*$、α、β（可通过光谱技术获得）。$V_m/100$ 是分子体积参数（为空间参数）；$\pi*$ 是分子 π-共轭极化参数；α 和 β 是氢键供体和受体作用参数。

（5）量子化学参数：量子化学从微观角度更深刻、细致地揭示了分子的结构,尤其是分子中的中性作用。QSAR 中常用的量子化学参数列于表 5-4。

表 5-4　QSAR 中常用的量子化学参数

与电荷有关的参数	与能量有关的参数	与电荷、能量均有关的参数
原子电荷密度	前线轨道能量 E_{homo}	亲核极化度
原子净电荷	最低空轨道能量 E_{lumo}	亲电极化度
原子电荷	分子轨道的特征值差异	前线极化度
前线轨道电子密度 HOMO	总反应能	分子静电场势
自由价	库仑反应能	—

综上所述,各电性参数从不同角度揭示了物质的电性特点。对于具有相同骨架不同取代基的一系列物质,在选用电性参数时通常采用取代基参数进行描述;对于需要描述物质整体电性效应的情况,则常采用全分子参数来描述;量子化学参数虽然从微观角度更深刻、细致地揭示了分子中的电性作用,但计算较为复杂。

3. 空间参数

分子空间参数反映了物质分子大小、基团或原子之间的空间排列及变形情况,这些因素均影响着物质的传递过程及酶与生物体反应中心的接触。目前,QSAR 中常用的空间参数有体积参数、形状参数等。

（1）体积参数:主要包括分子摩尔质量（M）,它是分子大小最简单的度量,广泛应用于 QSAR 中,M 越大的化合物,其疏水性一般也越强）;摩尔体积（$V_m = M/\rho$）;范德华半径 r（主要用于描述取代基的空间效应）;表面积（S）等。

（2）形状参数:包括取代基空间参数、拓扑结构参数等。

- 取代基空间参数 E_S:Taft 最早定量估算取代基空间效应,提出了取代基空间参数 E_S

$$E_S = \lg k_X - \lg k_H \tag{5-130}$$

式中:k_H、k_X——取代前、后化合物的水解速率常数。

Charton 报道了 E_S 与范德华半径 r 有下列相关关系:

$$E_S = -1.84 r_X + 3.48 \tag{5-131}$$

Charton 还更简单地以取代基 X 与 H 原子的范德华半径差作为空间效应常数 U:

$$U_X = r_X - r_H \tag{5-132}$$

- 拓扑结构参数:从分子的拓扑结构研究分子活性不仅简单易行,而且不需考虑复杂的电效应,已被证明是有效的研究方法。1947 年,Wiener 引入了第一个拓扑结构参数——径数 W,定义为分子碳骨架中的成键总数。以 2,3-二甲基戊烷为例,其分子碳骨架如图 5-26 所示。

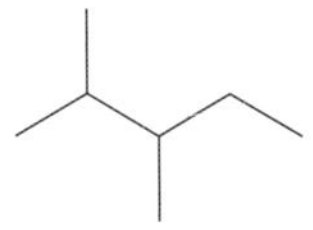

图 5-26　2,3-二甲基戊烷分子碳骨架

该化合物分子共 6 根键,故 $W=6$。尽管 W 的物理意义简单,所含信息量少,但 W 与许多化合物的 T_b、ΔH_f、V_m 及 n_m 等物理化学参数均有较好的相关性。

1952 年,Platt 引入另一个拓扑结构参数 F 来反映烷烃的结构与其活性的关系。定义 F 为碳骨架中各键的相邻键数之和。对于 2,3-二甲基戊烷,则有 $F = 2+2+4+2+3+1 = 14$。

1964 年 Gordon 和 Scantlebury 提出指数 N_2 反映 C—C—C 片段的组合方式数。显然,

$$N_2 = F/2$$

1971 年 Hosoya 对饱和烃定义了指数 Z:

$$Z = \sum p(k)$$

式中:$p(k)$——碳骨架上互不相邻的 k 根键的组数,设 $p(0)=1$,$p(1)=W$。
对于 2,3-二甲基戊烷,则有 $p(0)=1$,$p(1)=W=6$,$p(2)=8$,$p(3)=2$,
则 $Z = p(0)+p(1)+p(2)+p(3) = 1+6+8+2 = 17$。

1979 年,Balaban 提出中心指数 B,以逐步剔除法寻找碳骨架的“中心”或“双中心”。首先剔除碳骨架上所有的末端碳原子,然后再剔除剩余骨架上所有的末端碳原子,如此下去,

直到最后只剩下一个或两个碳原子,此即原分子的中心或双中心碳原子。记第 i 步删除的末端碳原子个数为 V_i,定义中心指数 B 为

$$B = \sum V_i^2$$

对于 2,3-二甲基戊烷,寻找中心碳原子的过程如图 5-27 所示。

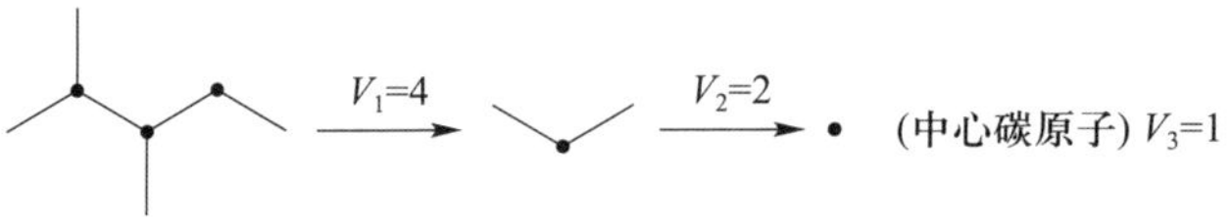

图 5-27   2,3-二甲基戊烷共碳中心

由图 5-27 可得

$$B = V_1^2 + V_2^2 + V_3^2 = 16 + 4 + 1 = 21$$

1979 年,Kier 等在 Gutman 指数和 Randic 指数的基础上,提出了分子连接性指数 χ,经不断发展和完善,成为目前 QSAR 中最为成功的拓扑结构指数。

分子连接性指数用点价 δ 表示分子骨架中原子的相邻基团或非氢原子的数目,即为原子与邻位非氢原子或基团形成的 σ 键的数目。对 C 原子来说,$\delta = 4 - h_i$,其中 4 表示碳原子价态,h_i 表示与 C 原子直接相连的氢原子数目。分子连接性指数 χ 则是用分子点价乘积平方根的倒数来表示,即

$$\chi = \sum (\delta_i)^{-\frac{1}{2}} \tag{5-133}$$

χ 是根据分子构型计算出来的常数,反映了分子的连接情况和分枝的多少。分子连接性指数的计算项目可分为:零阶项 ${}^0\chi_a$、一阶项 ${}^1\chi_b$、二阶项 ${}^2\chi_p$、三阶项 ${}^3\chi_c$ 以及更高阶项。计算公式分别列于表 5-5。其中,δ 表示构成键的原子点价,i、j、k、$\cdots$ 等表示分子中依次排列的各碳原子。在计算 ${}^n\chi$ 时,须根据需要把分子剖析成若干不同的子图(碎片或片段)。

对于 2,3-二甲基戊烷,首先计算每个原子的成键个数 δ_i。
其零阶项为

$${}^0\chi_a = \sum (\delta_i)^{-\frac{1}{2}} = \frac{1}{\sqrt{1}} + \frac{1}{\sqrt{1}} + \frac{1}{\sqrt{3}} + \frac{1}{\sqrt{3}} + \frac{1}{\sqrt{2}} + \frac{1}{\sqrt{1}} + \frac{1}{\sqrt{1}} = 5.862$$

其一阶项为

$${}^1\chi_b = \sum (\delta_i\delta_j)^{-\frac{1}{2}} = \frac{1}{\sqrt{1 \times 3}} + \frac{1}{\sqrt{1 \times 3}} + \frac{1}{\sqrt{3 \times 3}} + \frac{1}{\sqrt{2 \times 3}} + \frac{1}{\sqrt{1 \times 3}} + \frac{1}{\sqrt{1 \times 2}} = 3.181$$

其二阶项为

$${}^2\chi_p = \sum (\delta_i\delta_j\delta_k)^{-\frac{1}{2}} = \frac{1}{\sqrt{1 \times 3 \times 1}} + \frac{1}{\sqrt{1 \times 3 \times 3}} + \frac{1}{\sqrt{1 \times 3 \times 3}} + \frac{1}{\sqrt{3 \times 3 \times 1}} + \frac{1}{\sqrt{3 \times 3 \times 2}}$$

$$+ \frac{1}{\sqrt{1 \times 3 \times 2}} + \frac{1}{\sqrt{1 \times 2 \times 3}} = 2.630$$

其三阶项为

$${}^3\chi_c = \sum (\delta_i\delta_j\delta_k\delta_l)^{-\frac{1}{2}} = \frac{1}{\sqrt{1 \times 3 \times 1 \times 3}} + \frac{1}{\sqrt{3 \times 3 \times 1 \times 2}} = 0.569$$

表 5-5　分子连接性指数的计算公式

计算公式	片段种类	名称
$^{0}\chi_{a}=\sum\left(\delta_{i}\right)^{-\frac{1}{2}}$	原子（atom）	零级（阶）原子指数
$^{1}\chi_{b}=\sum\left(\delta_{i}\delta_{j}\right)^{-\frac{1}{2}}$	键（bond）	一级（阶）键指数
$^{2}\chi_{p}=\sum\left(\delta_{i}\delta_{j}\delta_{k}\right)^{-\frac{1}{2}}$	径（path）	二级（阶）径指数
$^{3}\chi_{c}=\sum\left(\delta_{i}\delta_{j}\delta_{k}\delta_{l}\right)^{-\frac{1}{2}}$	簇（cluster）	三级（阶）簇指数
$^{4}\chi_{pc}=\sum\left(\delta_{i}\delta_{j}\delta_{k}\delta_{l}\delta_{m}\right)^{-\frac{1}{2}}$	径/簇（path/cluster）	四级（阶）径簇指数
$^{n}\chi=\sum\left(\delta_{i}\delta_{j}\delta_{k}\delta_{l}\delta_{m}\cdots\delta_{n}\right)^{-\frac{1}{2}}$	环（cycle）	n 级（阶）环指数

在以上分子连接性指数中，$^{0}\chi_{a}$ 相当于 Gutman 的 $\sum$ 指数，$^{1}\chi_{b}$ 相当于 Randic 的 χ 指数。当分子中有非饱和键时，须作价校正，即

$$\delta^{v}=Z^{v}-h \tag{5-134}$$

式中：Z——原子价中子数；

h——该原子上键接的 H 原子个数。

经价校正后的 χ 称为价指数 χ^{v}。对于 1,3-丁二烯，则有

$$\overset{2}{C}=\overset{3}{C}-\overset{3}{C}=\overset{2}{C}$$

其一级价指数为

$$^{1}\chi^{v}=\left(2\times3\right)^{-\frac{1}{2}}+\left(3\times3\right)^{-\frac{1}{2}}+\left(3\times2\right)^{-\frac{1}{2}}=0.408+0.333+0.408=1.149$$

而 1,3-丁二烯的简单一级分子连接性指数为

$$^{1}\chi=\left(1\times2\right)^{-\frac{1}{2}}+\left(2\times2\right)^{-\frac{1}{2}}+\left(2\times1\right)^{-\frac{1}{2}}=0.707+0.500+0.707=1.914$$

显然，价指数包括了化合物的不饱和程度的信息，比简单连接性指数更合理。对于饱和烷烃，两者是相等的。

若分子中含有杂原子（如 O、N、Cl 等），还须作相应的杂原子校正。杂原子对污染物性质的影响不仅包括饱和键或不饱和键的影响，还包括孤对电子的影响。以 R—OH 为例，氧原子具有一个与碳原子形成的饱和键，且具有 4 个孤对电子（2 对），其价键特征值可以根据式（5-134）计算，即：$\delta^{v}=Z^{v}-h=6-1=5$。除了原子的价键电子之外，原子的其他内核电子在许多反应中也非常重要，发挥着直接和间接的作用，如影响其电子亲和性和分子解离能等。考虑到内核电子影响的价键特征值，其计算公式调整为

$$\delta^{v}=\left(Z^{v}-h\right)/\left(Z-Z^{v}-1\right) \tag{5-135}$$

式中：Z——原子含有的电子数目；

Z^{v}——能够参与形成价键的电子数目。

显然，原子越大，其含有的电子数目越多，其原子价键特征值就越小。

由此可见，一个分子所含有的不同层次信息，包括几何结构、空间构型、轨道电子构型分布及内核电子的作用等，都可以通过分子连接性指数定量地表示出来。由此得到的指数成为关联其分子结构及环境行为的基础。

二、污染物定量分子结构-性质/活性关系

分子是构成物质的基本单位,而分子是由通过化学键相联结的若干原子组成,分子中原子及化学键的性质决定了分子的结构和性质。而分子中某些结构或组成上的变化对于其物理性质、化学性质及生物学性质有很大影响。因此,分子性质与其结构之间存在着某种函数关系,通过这种函数关系表达式可对未知分子的性质及其活性进行预测。这就需要人们对分子结构-性质/活性相关性进行定量研究。

1. 定量结构-性质关系(quantitative structure-property relationship,QSPR)

分子的许多性质可以通过实验确定,而分子的性质则取决于分子本身的结构,只要分子结构确定,其性质也就确定了。在一定条件下,可以根据实验测定的性质推测分子结构的信息,因为性质是结构的反映,人们可以通过改变分子内部结构而达到改变分子性质的目的。

分子的性质可分为两种,一种性质具有加和性,称加和性质,即分子的性质等于分子各组成部分相应性质之和,如原子化热、分子量、摩尔折射率等;另一种性质不具有加和性,只取决于分子本身的结构性质,称结构性质,即分子的性质主要取决于分子内原子的排列顺序及键的性质,如沸点和溶解度等。早期的 QSPR 研究,主要是以物质的加和性质为基础。

1885 年,Kopp 证明用分子量与相对密度之比表示的摩尔体积具有近似的加和性。后来 Sugden 证明等张比容也具有加和性,以后又有人证明摩尔折射率也有相似的结果。

1920 年,Rajans 认识到邻位基团或原子对 ΔH_f 的影响。因此,进行热力学性质数据处理时须考虑邻位原子或基团的影响。

1949 年,Franklin 在计算 ΔH_f 时,除考虑键的贡献外,还考虑了一些特殊基团,如—CH$_2$—、—CH=CH$_2$ 及—CHO 等的贡献。

1966 年,Somayazulu 和 Zwolinski 通过将大量的不同分子碎片代入许多参数方程,对原子化热、生成热以及蒸发热的实验值进行多元回归,建立和完善了基团法或碎片法,使计算变得更加精确。

近年来,不断有新的研究方法用以建立污染物的 QSPR,其中不仅包括加和性质,也包括其结构性质。

(1)线性溶剂化能量相关(linear solvation energy relationship,LSER)法:Kamlet 等人认为,溶解过程本质上由三个与能量有关的步骤构成:在溶剂中形成一个溶质分子能进入的窝穴;单个溶质分子必须从溶质相中分离出来,并嵌入窝穴中去;溶质与溶剂间必须存在吸引力。据此可认为,影响化学污染物水溶解度的有三个能量因素:在水中形成一个窝穴(吸热过程);形成氢键(放热过程);溶质与溶剂间的偶极作用(放热过程)。因此,化学污染物水溶解度取决于三项能量贡献的线性组合,并表示为

$$溶解度 = 常数项 + 体积项 + 氢键项 + 偶极项$$

即
$$\lg S_W = S_0 + mV_1/100 + a\alpha + b\beta + c\pi \tag{5-136}$$

式中:S_W——溶解度;

　　　S_0——-常数项;

　　　V_1——范德华体积,表征溶质分子在溶剂中形成窝穴所产生的能量效应,除以 100 是

使其与另三项数值在一个数量级上;

α、β——氢键项,表征形成氢键所产生的能量效应;

π——偶极项,表征溶剂与溶质之间偶极与偶极作用或偶极与诱导偶极间作用所产生的能量效应;

m、a、b、c——常数。

(2)分子连接性指数(molecular connection index,MCI)法:分子连接性指数是预测污染物物理化学参数较好的方法,已广泛用来预测污染物的物理化学参数。如用原子半径分子连接性指数 D 预测氮杂环类化合物的水溶解度,即

$$\lg S_w = 2.96 - 1.64\,^2D + 1.31\,^5D \tag{5-137}$$

化合物的二阶和五阶原子半径连接性指数与氮杂环类化合物的溶解度呈良好的相关性($r^2 = 0.974$)。这表明该指数能很好地反映氮杂环类有机化合物的分子形状与分子大小,可用以预测一些物质性质的物理化学参数。

(3)量子化学计算法:量子化学计算法是获取分子结构参数的重要手段,与 Hansch 模型中的超热力学参数及分子连接性指数相比,量子化学参数具有如下优点:一是量子化学参数可以在新化合物未投入使用之前,对其毒性及物理化学性质进行预测,因而有利于有毒有害化学品的风险评价与管理,进而实现"污染预防";二是量子化学参数具有明确的物理化学意义,有利于应用 QSPR 方程研究影响污染物物理化学性质的分子结构特征;三是量子化学参数可以快速而准确地通过计算而获得,不需要实验测定,从而节省实验费用、设备及时间。因此,量子化学方法在化学污染物定量结构-性质/活性关系研究中具有广泛应用前景。

将量子化学参数引入 LSER,建立理论线性溶剂化能量相关(theoretical linear solvation energy relationship,TLSER)法,Wilson 和 Famini 等人做出了可贵的尝试,得出的理论线性溶剂化能量相关(TLSER)模型为:

$$某种性质(XYZ) = 截距项(XYZ_0) + 容积因子 + 偶极因子 + 氢键因子$$

即:

$$XYZ = XYZ_0 + aV_{mc} + b\pi_I + c\varepsilon_b + dq^- + e\varepsilon_a + fq^+ \tag{5-138}$$

式中:π_I=化合物的极化常数(α)/化合物的本征体积(V_{mc});

ε_b=[溶质的最高占有轨道能(E_{homo})-水的最低未占有轨道能(E_{lumo})]/100;

ε_a=[溶质的最低未占有轨道能(E_{lumo})-水的最高占有轨道能(E_{homo})]/100;

q^+和 q^-——分子中氢原子最正的静电荷和分子中原子最负的静电荷。

量子化学原理表明,前线轨道能,即最高占有轨道能(E_{homo})和最低未占有轨道能(E_{lumo})是两个非常重要的分子性质参数。其中,E_{homo}表示某个分子与其他分子相互作用时给出电子的能力,E_{lumo}则表示某个分子与其他分子相互作用时接受电子的能力。前线轨道能量差($E_{lumo} - E_{homo}$)则反映一个分子的外层电子从最高占有轨道跃迁到最低空轨道时所需能量的大小。

Wilson 和 Famini 等应用 MNDO 法计算得到化合物的量子化学参数,并应用上式的 TLSER 模型对活性炭吸附系数($\lg A$),HPLC 保留因子($\lg K_{50}$)、辛醇-水分配系数($\lg K_{ow}$)、水解速率($\lg K_{OH}$)及酸性常数(pK_a)等进行了回归分析,得出的结果不亚于应用 LSER 模型得出的结果。

2. 污染物定量结构-活性关系

污染物的定量结构-活性关系(QSAR)研究最初作为定量药物设计的一个研究分支领域,是为了适应合理设计生物活性分子的需要而发展起来的。它对于设计和筛选生物活性显著的药物,以及阐明药物的作用机理等均具有指导作用,因此日益受到重视。近年来,计算机技术的发展和应用,使 QSAR 研究提高到了一个新的水平。QSAR 的研究日益成熟,其应用范围也迅速扩大。目前,QSAR 不仅已成为定量药物设计的一种重要方法,而且在环境化学领域中也得到了广泛应用,许多研究者通过各种污染物定量结构-活性关系的研究,建立了多种具有生物活性及毒性预测能力的环境模型,对已进入环境的污染物及尚未投入市场的新化合物的生物活性及毒性乃至其环境行为进行了成功的预测、评价和筛选。QSAR 已显示出极为广阔的应用前景。

(1) 辛醇-水分配系数(K_{ow})法:在毒理学研究中,K_{ow} 是一个重要的物理化学参数。随着 K_{ow} 的增大,其毒性增强,当 K_{ow} 增加到一定值时,低水溶性化合物的 K_{ow} 增大,其毒性减弱。因此,通常用 K_{ow} 项对低水溶性化合物的毒性进行修正。

生物活性的广义定义是产生预期生物效应所需剂量或浓度的倒数。通常可用半数效应剂量或浓度(EC_{50})或半数致死剂量或浓度(LC_{50})作为化学药物疗效或毒性水平的指标。某化合物的 K_{ow} 与其生物活性的关系一般有

$$\lg (1/LC_{50}) = a\lg K_{ow} - b(\lg K_{ow})^2 + c \qquad (5-139)$$

$\lg K_{ow}$ 与毒性数据有较高的相关性,已被许多学者所证实。对不同种类化合物的毒性数据进行回归分析,均获得了较好的相关性。

(2) LSER 法:Kamlet 等人认为,化合物的性质及毒性与其溶质和溶剂反应有关,其分子特征可用 4 个参数描述,称为溶剂化色散参数(solvatochromic parameters),即 V_m 表征溶质分子体积;π 表征分子的极性;α 表征质子供体的能力;β 则表征质子受体的能力。Kamlet 分析了 32 种化合物的 4 种参数与一种金鱼的毒性数据,获得了较好结果,即

$$\lg (LC_{50}) = 3.19 - 3.29V_m/100 - 1.14\pi + 4.60\beta - 1.52\alpha \quad (n = 32, s = 0.19, r = 0.983)$$

式中:n——化合物的数目;

$\quad\quad s$——方程的标准偏差;

$\quad\quad r$——线性相关系数。

但 LSER 的局限性是化合物的这 4 种参数难以获得,其中 V_m 可以用结构参数及键长和键角通过计算得到,也可以用 McGowam 法进行估算,其他参数则可用紫外及可见光谱测得,也可用其他参数得到。

(3) 分子连接性指数(MCI)法:分子连接性指数与污染物的毒性数据有较好的相关性已有许多报道,如 Schulth 等研究了一系列含氮杂环分子对淡水纤毛虫(cilrate)的毒性,即得

$$-\lg C = 0.911\,^1\chi^v - 2.969 \quad (n = 24, s = 0.27, r = 0.962)$$

分子连接性指数法的不足之处是分子连接性指数缺乏明确的物理意义,因而在实际应用中受到限制。

(4) Free-Wilson(基团贡献模型法)法:Free-Wilson 法假设分子中任一位置上所存在的某个取代基始终以等量改变其相对活性的对数值。其数学表达式为

$$\lg\left(\frac{1}{c}\right) = A + \sum_i \sum_j G_{ij} X_{ij} \qquad (5\text{-}140)$$

式中:A——基准化合物的理论活性对数值;

G_{ij}——第 j 取代位置上取代基 i 的基团活性贡献;

X_{ij}——指示变量,用以表示取代基 i 在第 j 位置上的有无,若有取代基 i 时,$X_{ij}=1.0$,无取代基 i 时,$X_{ij}=0.0$。

用最小二乘多重回归法将数据拟合成式(5-140)加以计算。从此模型可以看出,任一特定取代基的活性贡献大小取决于它在分子中的不同位置。

Free-Wilson 法未假定任何模型参数,仅用物理性质作为其决定生物活性的关联因素,因而所得结果提供信息不多。由于该法是建立在对已知活性化合物回归分析基础上,对于不属于该系列的化合物,就无法预测其新化合物的毒性。

(5)量子化学计算法:一般认为,化学污染物的生物活性的强弱直接取决于污染物-受体间相互作用的强弱,这种相互作用包括生成化学键、产生氢键或范德华力相互作用等,但其基础显然都是污染物-受体间电子的相互作用。用化学反应理论来处理污染物-受体之间的作用,需从分子水平上详细解析整个作用过程。但目前对于受体的性质,多数尚不能从分子水平上予以阐明,所能了解的仅是污染物分子结构及其效应。因此,只能通过研究一系列污染物分子结构与生物活性之间的定量关系,从而获得污染物-受体间相互作用的信息。此时,量子化学就成了一个非常有用的工具,它能够全面详细地描述污染物分子的电子结构。应用分子的量子化学参数,对苯砜基环烷酸酯类化合物的毒性进行逐步回归分析可得如下 QSAR 方程,即为修改后的 TLSER(MTLSER)模型。

对于大型蚤:

$$-\lg \mathrm{EC}_{50} = -3.35 + 0.020\,8\alpha - 0.226\mu + 12.0q^+ + 7.39q^-$$

$$n = 28 \quad \gamma^2 = 0.924 \quad s = 0.105 \quad F = 83.0 \quad P = 0.000\,0$$

$$-\lg \mathrm{LC}_{50} = -4.33 + 0.019\,6\alpha - 0.240\mu - 10.3q^+ + 7.99q^-$$

$$n = 28 \quad \gamma^2 = 0.933 \quad s = 0.093 \quad F = 95.5 \quad P = 0.000\,0$$

对于发光细菌有:

$$-\lg \mathrm{EC}_{50} = -2.40 + 0.019\,8\alpha - 0.175\mu - 11.8q^+ + 6.64q^-$$

$$n = 28 \quad r^2 = 0.909 \quad s = 0.108 \quad F = 66.8 \quad P = 0.000\,0$$

式中:n——化合物的数目;

r^2——复相关系数;

s——方程的标准偏差;

F——方程方差分析的方差比;

P——显著性水平。

以上 QSAR 方程的相关关系显著,方程中具有较大的相关系数和较小的标准偏差,方程预测值与实测值很接近,因而可以应用这些方程预测同系列化合物对大型蚤和发光细菌的毒性。故 MTLSER 模型应用于拟合苯砜基环烷酸酯类化合物对大型蚤和发光细菌的急性毒性是成功的。

此研究还表明,分子极化率(α)和偶极矩(μ)是影响该系列化合物毒性最显著的变量,化合物的毒性随着分子极化率的增大而增大,这是因为极化率与分子体积成正比,而具有较大体积的分子易于分配到极性较弱的生物相中,因而增大其毒性。此系列化合物的毒性随着偶极矩的增大而减小,这是因为具有较大偶极矩的分子与水分子间存在着偶极-偶极相互作用,容易分配到水中,因而使其毒性减小。此外,该系列化合物的毒性随着 q^+ 的增大而减小,随着 q^- 的增大而增大,这意味着具有较大 q^+ 的分子与水分子间存在着氢键相互作用,易于分配到水相中,使毒性减小;q^- 较大的分子与生物体内靶分子间存在氢键相互作用,容易分配到生物体内,从而使其毒性增大。

量子化学在 QSAR 研究中的应用还处于发展阶段,仍具有许多缺陷和不足,因此在进行此类研究之前,应当充分注意到其适用范围和限度。污染物的生物活性不仅取决于化学污染物与受体之间的电子作用,还受到化学污染物生物转运过程的影响,而目前利用量子化学方法处理生物转运过程尚存在一定困难。因此,量子化学方法主要应用于处理以下几种情况:系列化合物之间的生物传输性能相近,它们的生物活性差别主要取决于其电子结构之间的差别;化学污染物的电子结构对其生物活性起主导作用,此时可以认为生物转运过程对生物活性的影响甚微;化学污染物的活性是通过体外实验测得的,排除了生物转运过程对其活性的影响。

在一个 QSAR 方程中同时使用量子化学参数和疏水性参数是解决上述问题的一种尝试。实际上,化学污染物的生物转运过程最终也与电子结构有关。因此,随着研究的进一步深入,可以预期,用量子化学参数同时描述与生物活性有关的生物转运和电子相互作用是有可能实现的。

量子化学法是在真空状态下对化学污染物分子进行处理,而实际上化学污染物分子是在各种溶剂中呈现活性。目前,尚无能够在溶剂体系中准确处理化学污染物分子较为实用的计算方法。此外,量子化学计算一般未考虑反应过程中的熵变。以上这些都可能造成处理结果与实际情况不符。量子化学法在 QSAR 研究中具有巨大优越性。随着有关实验技术、计算机技术及量子化学计算机方法的进一步发展,量子化学法必将会取得更大进展和突破。

(6) 三维定量结构-活性关系:传统的 QSAR 方法是以分子的二维结构为基础的。分子的二维结构只能反映原子间的连接顺序、方式以及可能的几何异构体,不能区分其对映体和各种构象异构体。事实上化学污染物与其受体是在三维空间反应的,化合物的手性和构象与其生物活性密切相关。因此,传统的 QSAR 方法所描述的结构-活性关系只是一种粗略近似。20 世纪 70 年代末,Jorgenson 在研究甲状腺素类化合物时,首次根据酶的三维结构进行了药物设计;而后 QSAR 与计算机分子图形学结合使其发展到一个新的阶段,即 3D-QSAR 阶段。3D-QSAR 以配基和受体的三维结构特征为基础,根据分子的内能变化和分子间相互作用的能量变化,定量分析分子三维结构与生物活性间的关系。3D-QSAR 通过计算被研究化合物的优势构象和分子中的原子电荷,确定被研究化合物构象在网格中的定位规则,并设计能容纳所有被研究化合物构象式的三维网格,根据定位规则将分子在空间进行叠加,计算每个化合物构象的一系列空间参数(如立体排斥能、静电势等),最后用偏最小二乘法得出最佳组分数和 3D-QSAR 模型。

通过 3D-QSAR 模型可预测未知化合物的活性,同时获得的等高图还可反映出决定化合物生物活性的各效应基团。3D-QSAR 研究可分为受体结构已知和未知两种情况。当受体结构已知时,3D-QSAR 可提供新的先导化合物的结构特征,多用于研究抑制剂或底物与酶之间相互作用的机制及酶的活性部位。如对 DHFR 抑制剂、人体免疫缺陷病毒（HIV-1）蛋白酶抑制剂、5-羟色胺（5-HT）受体拮抗剂的研究等。更多情况下,受体结构是难以获得的,其纯品也不易获得。此外,环境化学污染物作用对象的生物学种属不同,性质各异,生物靶标酶亦不同,即便是同一种酶,对于不同的靶标生物,其结构也有差别。此时,3D-QSAR 研究可以定量地描述配基与受体之间的相互作用特性,根据化合物的效应关系及计算机图形显示的化合物优势构象,推测其受体图像,并预测同母体化合物的生物活性。

　　3D-QSAR 研究方法很多,如比较分子场分析（comparative molecular field analysis,CoMFA）法、假设活性网格（hypothetical active site lattice,HASL）法、比较分子矩分析（comparative molecular moment analysis,CoMMA）法等。目前常用的是 CoMFA 法。该方法于 1988 年由 Cramer 提出,Cramer 假设分子-受体相互作用可用分子和探针原子间的空间场-静电场相互作用表示,反映了化合物与受体相互作用的三维结构。CoMFA 法以作用场（空间场、静电场等）反映分子整体性质,并与生物活性建立定量关系,表达了分子与受体作用的本质。传统 2D-QSAR 使用的立体参数,只给出分子总体积或粗略的分子立体形状,对描述分子的构型和构象却无能为力。具有生物活性的光学异构体,其对映体的活性很低甚至全无。在受体结合部位的手性环境中,配基在立体化学上的差异对其生物活性起着重要作用,仅了解其二维结构是不够的。3D-QSAR 从微观水平上揭示了分子与受体相互作用的空间特征,突破了传统 2D-QSAR 在分子结构与分子构象表征上存在的局限性。

　　3D-QSAR 采用偏最小二乘法（partial least squares,PLS）进行回归,可以分析上百甚至上千个独立变量与一个或数个因变量之间的关系,打破了维数的限制;而传统 QSAR 所用的多元线性回归方法无法克服自变量数目大大超过因变量数目所带来的缺陷。另外,3D-QSAR 还可解决一些传统 QSAR 不能解决的问题。如用传统 QSAR 式对 N'-p-氟基和 p-羟基苯取代的喹啉酮酸类抗菌药进行预测,得出其抗菌活性很低的结果,与实测值不符。通过 3D-QSAR 研究,提出在其受体模型部分有两个不利于抑菌活性的区域,一个区域位于喹啉酮环的平面之上,另一个区域相当于苯环的间位取代基部分。这就解释了为什么 N'-p-氟基和 p-羟基苯取代的喹啉酮酸类抗菌药活性很强的原因。又如对于类固醇,用传统 QSAR 很难分析其结构-活性关系,但用 CoMFA 法就能解决这个难题。虽然 3D-QSAR 与传统 QSAR 方法各异,维数不同,但却具有一定的对应性和相似性。利用已有的 2D-QSAR 成果进行 3D-QSAR 研究,可以大大推动 QSAR 的发展。

　　3D-QSAR 发展至今,已成为计算机辅助药物设计的基本手段与分析方法。同时,在生物化学、生物医学和生态毒理学等方面,3D-QSAR 可用于研究酶的活性、生物体抗病毒能力、化合物致癌及致畸性等。近年来,3D-QSAR 已用于研究多种酶（如水解酶、氧化还原酶、连接酶）的作用物和抑制剂、受体（如 5-HT 受体、ET_A 受体、GHRH 受体等）和运输载体。此外,3D-QSAR 在肿瘤学、抗菌剂、生物体新陈代谢等方面也有一些应用。利用 3D-QSAR 解决环境化学问题才刚刚起步。目前,对于一些除草剂,如光系统Ⅱ（PSⅡ）抑制剂和光合作用抑制剂——嘧啶硫苯甲酸类化合物等,已研究了其三维定量结构-效应关系。

　　3D-QSAR 与传统 QSAR 相结合,研究污染物水解、光解、生物降解及土壤吸附等环境行为,将有助于深入探讨其环境行为的作用机理。同时,对于广泛使用的一些污染严重的化合物（如除草剂、杀虫剂、洗涤剂等）,在已有的 2D-QSAR 研究基础上进行 3D-QSAR 分析,进而了解化合物产生毒性的部位和作用机理,筛选出高效、低毒的化合物,可达到减少污染、保护环境的目的。

3. 污染物联合作用毒性效应 QSAR 研究进展

对于化学污染物混合体系联合作用毒性效应的危险性评价,传统的做法是对其进行全样品分析,即对所有单一化学污染物进行定性确认和定量分析,然后评价多种化学污染物联合作用毒性效应。然而,大多数化学污染物组成复杂,对其化学成分进行全样品分析难度较大。

目前,较常见的研究包括从生态毒理学入手,计算混合物联合作用毒性效应指标,从而定性判断多种化合物联合作用毒性效应类型;或利用定量结构-活性关系(QSAR)模型预测化合物毒性效应。因其简便、高效的特点,有研究者将建立 QSAR 模型的方法应用于定量预测混合物联合作用毒性效应的领域中,如首先构建单个化合物 QSAR 模型预测多种化合物混合体系的单个化合物毒性作用效应,再根据其物质类型选用浓度加和(CA)或独立作用(IA)概念对于不同组成类型的多种化学污染物联合作用毒性效应进行预测。随着研究的深入,构建了一些混合物体系的联合作用毒性效应与其整体参数间的关系。例如,通过混合物的正辛醇-水分配系数 lg $K_{ow(mix)}$ 预测麻醉型化合物联合作用毒性效应;建立基于分子结构参数的有机污染物毒性作用类型判别模型,构建基于有机污染物分子结构的联合作用毒性效应 QSAR 方程,预测不同类型二元有机污染物对发光细菌的联合作用毒性效应等。然而,这些方法均基于混合物联合作用毒性效应方式为浓度加和(CA)作用的假设,即混合物中各组分均可通过相同的作用机理或相同的作用位点产生毒性效应,因此而降低了预测模型的适用范围。除浓度加和作用外,联合作用方式还有独立作用(IA),即混合物中各组分之间作用位点各不相同,所产生的生物学效应互不影响。为克服现有模型的局限性,研究者们又提出了两阶段预测模型(TSP),分步应用浓度加和机制和独立作用机制进行混合物联合作用毒性效应预测;也有研究者借鉴模糊数学理论建立了模糊整合浓度加和-独立作用模型(INFCIM),综合考虑两种作用机制。然而,若混合物中各组分之间具有相互作用(协同作用、拮抗作用),其作用机制更为复杂,难以找到合适的结构参数来建立有效的 QSAR 模型,相关研究报道尚不多见。当前,混合物联合作用毒性效应及其机制的研究尚处于起步阶段,还存在以下一些问题。

从混合物毒性实验所采用的模式生物来说,在混合物毒性研究中多采用明亮发光杆菌等低等生物为实验模式生物进行研究,对于如小鼠、斑马鱼等营养级别稍高的实验模式生物,其毒性机制及其联合作用毒性效应是否适用仍未可知。

从混合物毒性表征手段来说,目前在混合物联合作用毒性效应 QSAR 预测模型中,采用的测试终点多为致死率等宏观指标,尚缺乏更准确的微观实验手段。

针对以上问题,后续的研究工作应包括:以高等生物为实验模式生物,建立一个从低等生物联合作用毒性效应向高等生物联合作用毒性效应外推模型。采用基因组学和代谢组学方法,从微观水平进一步揭示反应型化合物混合毒性的分子生物学机制,建立更为通用的预测多元混合非等毒性比联合毒性作用效应的 QSAR 模型。

在后续研究中,还可以从以下三个方面进一步完善混合物联合作用毒性效应的定量预测:采用代谢组学等方法,进一步揭示混合物联合作用毒性效应的机制,由二元混合物推至多元混合物,为深入研究提供理论支持。应用计算化学工具,寻找其他能够表征混合物联合作用毒性效应的结构参数,并构建相关预测模型。替代多元线性回归方法,采用神经网络、支持向量机等具有自学习功能的非线性算法计算模型。

4. 化学污染物定量结构-活性关系研究展望

自 Hansch 和 Free-Wilson 等用统计方法,借助计算机技术建立结构-活性关系表达式,标志着 QSAR 时代的开始。此后,QSAR 研究迅猛发展,方兴未艾。尽管还有人对此持怀疑态度,但 QSAR 的应用已遍及化学、药学、生物学和环境科学,并已获得巨大成功。环境化学 QSAR 研究逐渐倾向于探索有机污染物环境过程机制与实际应用方法,通过有毒化学物质生物活性预测新方法研究,针对生物活性和生态影响预测评价的瓶颈问题进行重点突破,带动相关的多学科理论和方法学创新机制的建立。由于 QSAR 研究具有重要的理论和应用价值,吸引着越来越多的学者投入到该领域的研究中,QSAR 研究目前呈现出五大发展趋势。

(1)综合性:QSAR 主要研究化合物结构与生物活性之间的定量函数关系,是一个覆盖化学、生命科学与环境科学的交叉学科,且 QSAR 研究发展至今,越来越多地借助于数理统计方法和计算机技术的最新进展,研究者必须熟悉化学、生物学、数学、环境科学和计算机科学与技术的相关知识。

(2)理论性:早期的 QSAR 研究比较注重定量结构-活性相关模型的预测功能。人们习惯于采用一些经验参数定量描述化合物结构。现代 QSAR 研究则更注重定量模型的理论性,人们期望得到一个成功的运算模型,能够从本质上揭示和描述生物活性的作用机制,从而达到控制有害的生物毒性,提高有用的生物活性的根本目的。相比于传统的经验参数,量子化学参数对化合物电子结构的描述更加全面、细致,物理意义更加明确,理论性更强,因而越来越多的 QSAR 模型引入了量子化学参数。

(3)智能化:化合物的生物活性作用是一个复杂的作用过程,受到诸多因素的影响,如化合物的富集、转运、代谢及解毒等;化合物的结构也是多种多样的,包括电子结构、立体结构等。其中一些结构对特定的生物活性影响较大,而另一些结构则影响较小,其相互间的关系复杂多样,当化合物结构范围较宽时,要在化合物结构因素与生物活性作用之间建立满意的运算关系,必须借助更为先进的多变量分析方法和计算机的自适应功能。因此,判别分析、聚类分析、模式识别、人工神经网络等善于处理复杂问题的多变量分析方法被越来越多地用于 QSAR 研究,并辅以计算机自适应功能的应用。

(4)程序化:QSAR 模型的建立往往是基于对大量化合物的分析,包括化合物生物活性参数、化合物结构参数等,还需从诸多参数中筛选对生物活性具有显著影响的变量和参数,计算及分析工作十分繁杂,且易出错。近期发展起来的 QSAR 专家系统使得化合物参数计算,重要变量筛选、模式分析及模型建立等完全程序化,不仅方便了 QSAR 模型的建立过程,也为那些不熟悉化学或生物学知识却需要使用 QSAR 模型的环境管理工作者和环境立法工作者提供了方便。

(5)实用性:随着工农业的发展,越来越多的人工合成化合物进入生态环境,这些化合物经过复杂的迁移、转化、归趋过程,最终达到一定的暴露浓度,产生各种多样的毒性效应。通过实验方法对化合物进行全面的危险性评价是一个耗时、费力的过程。而 QSAR 研究既可对化学物质暴露水平作出预测,又可对化学污染物的生物效应作出评价,为化学污染物危险性评价提供一种简便、实用的方法和途径。

QSAR 研究目前已是"百家争鸣",各种各样的方法都应尝试、检验、讨论、修正,甚至淘汰。QSAR 研究的核心仍然是方法学问题,包括化合物结构的描述方法、理论模型的推导方法、函数关系的建立方法等;未来的 QSAR 研究,除了深入探索分子结构信息之外,更注重向理论性和综合性发展,并不断发展和完善其自身的方法学体系。

当前,QSAR 主要从以下几方面开展深入的研究:① 深化 QSAR 建模技术的研究;② 利用三维结构-活性关系技术推测未知受体结构研究;③ 非单调剂量-效应曲线作用下的 QSAR;④ 发展完善复合污染体系联合毒性作用效应的 QSAR 研究;⑤ 模型稳健性和建模方法的不确定性表征的研究;⑥ 结构描述符与生物活性指标选择的研究。

问题与习题

1. 试说明污染物与环境及生物有机体之间的关系主要包含哪些内容?

2. 已知葡萄糖在空气中完全燃烧:
$$C_6H_{12}O_6(s) + 6O_2(g) = 6CO_2(g) + 6H_2O(l) \qquad \Delta_r G_m^\ominus = -2\,879.0 \text{ kJ/mol}$$
是一个不可逆过程,贮存在反应物分子中的能量以热的形式而散失。但在糖酵解过程中,每 1 mol 葡萄糖完全降解后,净增 36 mol ATP。ATP 生成反应为
$$ADP + P_i \longrightarrow ATP \qquad \Delta_r G_m^\ominus = 31.4 \text{ kJ/mol}$$
试计算葡萄糖经过生物过程降解成 CO_2 和 H_2O 的效率。

3. 试简单说明环境污染物跨膜运输的方式,并比较其异同。

4. 试用化学热力学理论说明脂溶性化合物在生物膜中较其在水中更稳定。

5. 试说明污染物分子与生物体内蛋白质结合的方式。

6. 试简单说明环境污染物生物转化有几种反应类型,各有何特点。

7. 在活塞流装置中研究酶促反应 $CO_2(aq) + H_2O \xrightarrow{E} H^+(aq) + CHO_2^-(aq)$
该反应条件为 pH7.1,0.5 ℃,$c_{E,0}$ 为 2.8×10^{-9} mol/L,实验测得该反应的初速 r_0 随 $c_{CO_2,0}$ 变化数据如下:

$c_{CO_2,0}$(mol/L)	1.25	2.50	5.00	20.00
r_0(mol/L,s)	0.082	0.048	0.080	0.155

试计算该反应的米氏常数 K_M 和反应速率常数 k。

8. 根据竞争性抑制反应历程,若抑制剂量较酶量大很多,试用动力学稳态法推导其速率方程。若抑制度 ε 的定义为 $\varepsilon = (r_0 - r)/r_0$,其中 r 和 r_0 分别为有抑制剂和无抑制剂时的酶促反应速率,试求其抑制度的表示式。

9. 试举例说明化合物结构特征对环境污染物微生物降解反应速率的影响。

10. 试用动力学方法推导生物富集系数定义式。

11. 已知 4,4'-二氯联苯的辛醇-水分配系数 K_{ow} 为 380 000,试估算 4,4'-二氯联苯在鱼体中的生物富集系数。

12. 已知二苯醚的水溶解度为 21 mg/L,试估算二苯醚在鱼体中的生物富集系数。

13. 试简述影响环境污染物生物富集的主要因素。

14. 试说明生物积累与生物富集及生物放大的异同。

15. 写出食物链生物积累模型,并说明其物理意义。

16. 试简述环境污染物的生物毒性效应有几种主要类型,各有何特点。

17. 常用的污染物毒性参数有几种表示方法,各有何特点。

18. 试简述环境污染物联合作用毒性效应有几种类型,应如何测定。

19. 如何评估和预测污染物联合作用毒性效应?

20. 试简述生物标志物的基本概念及分类,并举例说明环境监测中常见的生物标志物。

21. 试简述基因芯片技术在环境科学中的应用。

22. 如何评估化学物质环境风险?

23. 试简述复杂混合物危险性评价方法。

24. 试简述环境污染物在生态系统中归趋的一般过程及其特性。

25. 试简述环境污染物生态效应的常规研究方法,并比较其异同。

26. 试简述环境污染物生态风险评价的一般程序及基本方法。

27. 试简述水环境和土壤环境生态风险评价方法。

28. 试简单说明环境污染物活性的结构表征参数的类别及特点。

29. 试计算异戊烷分子的拓扑结构参数:$W,F,N_2,B,{}^0\chi_a,{}^1\chi_b,{}^2\chi_p,{}^3\chi_c,{}^4\chi_{pc}$。

30. 试简述 QSAR 研究发展趋势。

主要参考文献

1. 王连生.环境化学进展[M].北京:化学工业出版社,1995.

2. 王连生.环境健康化学[M].北京:科学出版社,1994.

3. 熊治廷.环境生物学[M].武汉:武汉大学出版社,2000.

4. 何燧源.环境毒物[M].北京:化学工业出版社,2002.

5. 黄铭洪.环境污染与生态恢复[M].北京:科学出版社,2003.

6. 翟中和,王喜忠,丁明孝.细胞生物学[M].北京:高等教育出版社,2000.

7. 胡玉佳.现代生物学[M].北京:高等教育出版社,1998.

8. 潘瑞炽.植物生理学[M].北京:高等教育出版社,2001.

9. 吴平,印莉萍,张立平,等.植物营养分子生理学[M].北京:科学出版社,2001.

10. Lippard S J,Berg J M.生物无机化学原理[M].席振峰,姚光庆,项斯芬,等,译.北京:北京大学出版社,2000.

11. 徐立红,张甬元,陈宜瑜.分子生态毒理学研究进展及其在水环境保护中的意义[J].水生生物学报,1995,19(2):171-185.

12. 袁勤生.现代酶学[M].上海:华东理工大学出版社,2001.

13. 邹承鲁.酶学研究的现状与展望[J].中国生物化学与分子生物学报,1999,15(3):351-354.

14. 鲍伦军,张远标,吴宏中,等.卤代有机物生物降解研究进展[J].中国卫生检验杂志,2002,12(3):376-380.

15. 孙艳,钱世均.芳香族化合物生物降解的研究进展[J].生物工程进展,2001,21(1):42-46.

16. 金志刚,张彤,朱怀兰.污染物生物降解[M].上海:华东理工大学出版社,1997.

17. 孟紫强.环境毒理学[M].北京:中国环境科学出版社,2000.

18. 印木泉.遗传毒理学[M].北京:科学出版社,2002.

19. 戴树桂.环境化学[M].2 版.北京:高等教育出版社,2006.

20. 叶常明.多介质环境污染研究[M].北京:科学出版社,1997.

21. 尹大强,刘树深,桑楠,等.持久性有机污染物的生态毒理学[M].北京:科学出版社,2019.

22. 刘树深.化学混合物毒性评估与预测方法[M].北京:科学出版社,2017.

23. 国家生态环境部,国家卫生健康委员会.化学物质环境风险评估技术方法框架性指南(试行)[Z].2019.

24. 沈宏,周培疆.环境有机污染物对藻类生长作用的研究进展[J].水生生物学报,2002,26(5):529-535.

25. 郑振华,周培疆.复合污染研究的新进展[J].应用生态学报,2001,12(3):469-473.

26. 郑振华,周培疆.污染物复合作用的研究和评价方法[M]//周培疆.21世纪可持续发展之环境保护(下卷).武汉:武汉大学出版社,2001,168-173.

27. Atanassova I.Competitive effect of copper,zinc,cadmium and nickel on ion adsorption and desorption by soil clays [J].Water,air,& soil pollution,1998,113(1/4):115-125.

28. Forget J,Pavillon J F,Beliaeff B.Joint action of pollutant combinations (pesticides and metals) on survival (LC_{50} values) and acetylcholinesterase activity of *Tigriopus brevicornis* (copepoda,harpacticoida) [J].Environmental toxicology and chemistry,1999,18(5):912-918.

29. Moreau C J,Klerks P L,Haas C N.Interaction between phenanthrene and zinc in their toxicity to the sheepshead minnow (*Cyprinodon variegaus*) [J].Archives of environmental contamination and toxicology,1999,37(2):251-257.

30. Ullrich S M,Tanton T W,Abdrashitova S A.Mercury in the aquatic environment:A review of factors affecting methylation [J].Critical reviews in environmental science and technology,2001,31(3):241-293.

31. Nicholson S.Ecocytological and toxicological responses to copper in *Perna viridis* (L.) (Bivalvia:Mytilidae) haemocyte lysosomal membranes [J].Chemosphere,2001,45(4-5):399-407.

32. Wong P K.Effects of 2,4-D,glyphosate and paraquat on growth,photosynthesis and chlorophyll-a synthesis of *Scenedesmus quadricauda* Berb 614 [J].Chemosphere,2000,41(1-2):177-182.

33. Halling-Sørensen B.Algal toxicity of antibacterial agents used in intensive farming [J].Chemosphere,2000,40(7):731-739.

34. Leboulanger C,Rimet F,de Lacotte M H,et al.Effects of atrazine and nicosulfuron on freshwater microalgae [J].Environment international,2001,26(3):131-135.

35. Nakai S,Inoue Y,Hosomi M.Algal growth inhibition effects and inducement modes by plant-producing phenols [J].Water Research,2001,35(7):1851-1859.

36. 唐学玺,李永祺.对硫磷对三角褐指藻核酸和蛋白质合成动态的影响[J].生态学报,2000,20(4):598-600.

37. 周新文,朱国念,孙锦荷,等.混合重金属离子诱导的鲫鱼肝脏 DNA 的断裂与修复[J].核技术,2002,25(6):408-412.

38. Sannino F,Gianfreda L.Pesticide influence on soil enzymatic activities [J].Chemosphere,2001,45(4-5):417-425.

39. 秦涛,赵立新,徐晓白,等.环境致癌物风险评价和生物标记物研究[J].化学进展,1997,9(1):22-35.

40. 万斌.生态毒理学中生物标志物研究进展[J].国外医学卫生学分册,2000,27(2):110-114.

41. 庞叔薇,徐晓白.环境分析化学发展趋向[J].大学化学,2002,17(1):1-11.

42. 裘著革,戴树桂,孙咏梅.DNA 链断裂作为醛类污染物接触标志物的研究[J].中国环境科学,2000,20(5):441-444.

43. 郭栋生,袁小英,张志强.太原市大气飘尘中多环芳烃与 DNA 的结合反应[J].中国环境科学,2000,20(1):5-7.

44. 刘淑芬,方清明,金祖亮,等.蛋白质加合物作为分子生物标志物的分析研究[J].环境科学,2000,21(5):6-11.

45. 马立人,蒋中华.生物芯片[M].北京:化学工业出版社,2000.

46. Cooney C M.Analyzing toxicants on a chip [J].Environmental science & technology,2000,34(11):244A-245A.

47. Bartosiewicz M,Trounstine M,Barker D,et al.Development of a toxicological gene array and quantitative assessment of this technology [J].Archives of biochemistry and biophysics,2000,376(1):66-73.

48. Yu Z,Ford B N,Glickman B W.Identification of genes responsive to BPDE treatment in HeLa cells Using cDNA expression assays[J].Environmental and molecular mutagenesis,2000,36(3):201-205.

49. 孙铁珩,周启星.污染生态学研究的回顾与展望[J].应用生态学报,2002,13(2):221-223.

50. 黄玉瑶.内陆水域污染生态学——原理及应用[M].北京:科学出版社,2001.

51. Brunström B,Halldin K.Ecotoxicological risk assessment of environmental pollutants in the Arctic[J]. Toxicology Letters,2000,112-113,111-118.

52. Calow P.Ecological risk assessment:risk for what? How do we decide?[J].Ecotoxicology and environmental safety,1998,40(1-2):15-18.

53. 殷浩文.生态风险评价[M].上海:华东理工大学出版社,2001.

54. 王连生,韩朔睽,等.有机物定量结构-活性相关[M].北京:中国环境科学出版社,1993.

55. 王连生,韩朔睽,等.分子结构、性质与活性[M].北京:化学工业出版社,1998.

56. 王飞越,陈雁飞.有机物的结构-活性定量关系及其在环境化学和环境毒理学中的应用[J].环境科学进展,1994,2(1):27-38.

57. 戴家银,靳立军,王连生.分子拓扑学参数及其在定量结构-活性相关(QSAR)研究中的应用[J].环境科学进展,1998,6(4):57-63.

58. 张大仁,赵立新.基于遗传算法的PLS分析在QSAR研究中的应用[J].环境科学,2000,21(6):11-15.

59. 堵锡华.分子连接性指数(^mJ)与有机物毒性的相关性[J].环境化学,2001,20(2):151-155.

60. 王振东,杨锋,周培疆.分子连接性指数对部分有机污染物溶解度及疏水参数的预测[J].环境化学,2003,22(4):380-384.

61. 许禄,吴亚平,胡昌玉,等.苯胺类化合物结构-毒性定量构效关系研究[J].中国科学(B辑),2002,30(1):1-7.

62. 周家驹,陈红明,谢桂荣,等.三维定量结构-活性关系研究中的受体作用位点模型方法[J].化学进展,1998,10(1):55-61.

63. 徐满,张爱茜,韩朔睽,等.三维定量构效关系研究进展[J].环境科学研究,2002,15(1):45-47.

64. 侯廷军,骆宏鹏,廖宁,等.基于遗传算法的分子场分析方法研究[J].计算机与应用化学,2000,17(1):1-2.

65. 李爱秀,王瑾玲,苏华庆,等.嘧啶硫苯甲酸类的三维构效关系研究[J].计算机与应用化学,2000,17(1):27-28.

66. 周卫红,文欣,孙命,等.光系统Ⅱ抑制剂的三维构效关系和相关性研究[J].计算机与应用化学,2000,17(1):9-19.

67. Freidig A P,Verhaar H J M,Hermens J L M.Quantitative structure-property relationships for the chemical reactivity of acrylates and methacrylates[J].Environmental toxicology and chemistry,1999,18(6):1133-1139.

68. Gokhale V M,Kulkarni V M.Understanding the antifungal activity of terbinafine analogues using quantitative structure-activity relationship(QSAR)models[J].Bioorganic & medicinal chemistry,2000,8(10):2487-2499.

69. Patlewicz G Y,Rodford R A,Ellis G,et al.A QSAR model for the eye irritation of cationic surfactants[J]. Toxicology in vitro:an international journal published in association with BIBRA,2000,14(1):79-84.

70. Sabljic A.QSAR models for estimating properties of persistent organic pollutants required in evaluation of their environmental fate and risk[J].Chemosphere,2001,43(3):363-375.

71. Zhang L,Zhou P J,Yang F,et al.Computer-based QSARs for predicting mixture toxicity of benzene and its derivatives[J].Chemosphere,2007,67(2):396-401.

72. 王婷,林志芬,田大勇,等.有机污染物的混合毒性QSAR模型及其机制研究进展[J].科学通报,2015,60(19):1771-1780.

73. Qu R, Xiao K K, Hu J P, et al. Predicting the hormesis and toxicological interaction of mixtures by an improved inverse distance weighted interpolation [J]. Environment international, 2019, 130, 104892.

74. Debnath A K. Three dimensional quantitative structure-activity relationship study on cyclic urea derivatives as HIV-1 protease inhibitors: application of comparative molecular field analysis [J]. Journal of medicinal chemistry, 1999, 42(2): 249-259.

75. Baurin N, Vangrevelinghe E, Morin-Allory L, et al. 3D-QSAR CoMFA study on imidazolinergic I_2 ligands: a significant model through a combined exploration of structural diversity and methodology [J]. Journal of medicinal chemistry, 2000, 43(6): 1109-1122.

郑重声明

高等教育出版社依法对本书享有专有出版权。任何未经许可的复制、销售行为均违反《中华人民共和国著作权法》，其行为人将承担相应的民事责任和行政责任；构成犯罪的，将被依法追究刑事责任。为了维护市场秩序，保护读者的合法权益，避免读者误用盗版书造成不良后果，我社将配合行政执法部门和司法机关对违法犯罪的单位和个人进行严厉打击。社会各界人士如发现上述侵权行为，希望及时举报，我社将奖励举报有功人员。

反盗版举报电话　　（010）58581999　58582371

反盗版举报邮箱　dd@hep.com.cn

通信地址　北京市西城区德外大街4号　高等教育出版社法律事务部

邮政编码　100120

读者意见反馈

为收集对教材的意见建议，进一步完善教材编写并做好服务工作，读者可将对本教材的意见建议通过如下渠道反馈至我社。

咨询电话　400-810-0598

反馈邮箱　hepsci@pub.hep.cn

通信地址　北京市朝阳区惠新东街4号富盛大厦1座

　　　　　高等教育出版社理科事业部

邮政编码　100029

防伪查询说明

用户购书后刮开封底防伪涂层，使用手机微信等软件扫描二维码，会跳转至防伪查询网页，获得所购图书详细信息。

防伪客服电话　　（010）58582300